STIRNRÄDER
MIT GERADEN ZÄHNEN

Zahnformen, Betriebsverhältnisse und Herstellung

Von

Earle Buckingham

Professor für Normung und Meßtechnik am Massachusetts Institute of Technology

Deutsche Bearbeitung
von
Dipl.-Ing. Georg Olah

Mit 215 Abbildungen im Text
und 37 Tabellen

Berlin
Verlag von Julius Springer
1932

ISBN-13:978-3-642-98762-5 e-ISBN-13:978-3-642-99577-4

DOI: 10.1007/978-3-642-99577-4

Softcover reprint of the hardcover 1st edition 1932

Berlin
Verlag von Julius Springer
1932

Vorwort des Verfassers.

Das Verzahnungsproblem ist alt, zu seiner vollständigen Lösung ist noch ein weiter Weg. Neue und stets schwierigere Anforderungen werden fortlaufend an die Verzahnung gestellt. Neue Werkstoffe, verbesserte Herstellungsverfahren kommen zur Anwendung. Die schematische Anwendung konventioneller Zahnformen ohne Rücksicht auf die Grundlagen der Verzahnungstheorie steht jedoch einer vollen Ausnützung dieser Errungenschaften vielfach entgegen.

Die Entstehung des Formfräsverfahrens stellte den Werkzeugfabrikanten vor die Aufgabe der Gestaltung der Zahnformen. Die Mehrzahl der Zahnradfabrikanten war froh, diese Aufgabe auf andere abwälzen zu können. Die Beschränkungen, die dem Formverfahren auferlegt sind, führten zur Einführung bestimmter normalisierter Zahnformen. Ein großer Teil dieser Normenbestimmungen wurde auf die nach dem Abwälzverfahren hergestellten Verzahnungen übertragen, ohne Rücksicht darauf, daß die dem Abwälzverfahren auferlegten Beschränkungen andersartig sind. Es war eine Forderung der Wirtschaftlichkeit, die ja bei jedem Produktionsvorgang ausschlaggebend ist, beim Formfräsverfahren die Anzahl der für die Herstellung der verschiedenen Zähnezahlen benötigten Werkzeuge auf ein Mindestmaß zu beschränken. Dies führte zur Festlegung ganz bestimmter Zahnabmessungen für jede Zähnezahl. Bei dem Abwälzverfahren jedoch können zusammenarbeitende Räder stets durch ein einziges Werkzeug erzeugt werden, ohne Rücksicht auf Zähnezahl und festgelegte Zahnabmessungen, wenn nur ein reines Evolventenprofil gewählt wird. Eine wirtschaftliche Zahnraderzeugung erfordert in erster Linie eine Standardisierung und Vereinfachung der Werkzeuge und erst in zweiter Linie eine Standardisierung der Zahnabmessungen.

Zweck dieses Buches ist, in möglichst einfacher und klarer Form die grundlegenden Eigenschaften der Stirnräder darzustellen. Verfasser hofft, daß das Buch dazu dienen wird, eine bessere Ausnützung der Vorteile der verbesserten Herstellungsverfahren herbeizuführen. Es wurde versucht, eine vollständige mathematische Darstellung des Gegenstandes in möglichst einfacher Form zu geben und gleichzeitig hinreichende Erläuterungen im Text zu bringen, um ein Verständnis des Gegenstandes auch ohne Durcharbeitung der mathematischen Ableitungen zu ermöglichen. Um die Anwendung des Materials zu vereinfachen, sind eine ganze Anzahl Tabellen eingefügt.

Ein Urheberrecht beansprucht der Verfasser nur für gewisse Teile dieses Werkes. Seine Hauptaufgabe bestand in der Auswahl und Ordnung des von vielen anderen gelieferten Materials zu einer Art von Nachschlagewerk, wie er selbst es sich wünschen würde. Der Vollständigkeit halber wurden in Fällen, in denen exakte Kenntnisse fehlen, bestimmte Annahmen gemacht, die, so oft ein solcher Fall vorlag, deutlich als solche gekennzeichnet wurden. Die Quellen wurden in allen Fällen, soweit sie dem Verfasser bekannt waren, von ihm angeführt. Eine etwaige Nichtanführung von Quellen beruht auf Unkenntnis der Herkunft des Materials seitens des Verfassers.

Den Gegenstand dieses Buches bilden in erster Linie Evolventenverzahnungen. Entsprechend der natürlichen Einteilung des Materials in Zahnformen, Arbeitsweise und Herstellung der Verzahnungen ist das Buch in drei Teile gegliedert.

Earle Buckingham.

Vorwort zur deutschen Ausgabe.

Als ich die deutsche Bearbeitung des Werkes von Professor Buckingham übernahm, tat ich es in der Überzeugung, daß dieses Werk das Verständnis für die Grundgedanken der Verzahnungstheorie, der Betriebsbedingungen und Dimensionierung der Zahnräder, Messung und Herstellung derselben zu vertiefen und darüber hinaus dem deutschen Leser neue Gesichtspunkte zu eröffnen vermag. Um nur wenige Punkte herauszugreifen: Die neueren amerikanischen Versuchsergebnisse bezüglich Zahnfestigkeit, Abnützung und dynamischer Zusatzbeanspruchung der Zähne, die Analyse der einzelnen Herstellungsverfahren und Werkzeuge, ihrer Fehlerquellen und Verbesserungsmöglichkeiten dürften einem jeden, der mit Zahnraderzeugung und Getriebebau zu tun hat, wertvolle Anregungen geben.

Ich war bestrebt, das Werk nach Form und Inhalt den deutschen Verhältnissen anzupassen, und habe es als meine weitere Aufgabe betrachtet, die technischen Fortschritte seit Erscheinen der amerikanischen Originalausgabe zu berücksichtigen.

Neu hinzugefügt wurden Abschnitte über die deutsche Normung des Bezugsprofils und über das DIN-System für kleine Zähnezahlen. Bezeichnungen und Kurzzeichen wurden, soweit nur möglich, entsprechend den DIN-Vorschriften gewählt. Sämtliche Zahlenbeispiele, Formeln und Tabellen wurden auf das metrische Maßsystem umgerechnet und die Dimensionen der einzelnen Größen beigefügt.

Im herstellungstechnischen Teil wurde eine Anzahl neuer, insbesondere deutscher Erzeugnisse aufgenommen.

Der Abschnitt über Festigkeit und Abnützung der Zähne wurde durch auszugsweise Veröffentlichung der Ergebnisse der seit dem Erscheinen der Originalausgabe am Massachusetts Institute of Technology durchgeführten Versuche wesentlich erweitert. Der diesbezügliche Versuchsbericht des Forschungsausschusses der American Society of Mechanical Engineers wurde mir von Prof. Buckingham freundlichst zur Verfügung gestellt. Neu aufgenommen wurde die Dimensionierung auf Wärmestauung nach der Formel der Zahnradfabrik Friedrichshafen.

Ich hielt es ferner für zweckmäßig, die theoretischen Darlegungen des Verfassers stellenweise zu ergänzen und angenäherte Rechnungsverfahren durch genauere zu ersetzen; u. a. wurde die Ermittelung des Überdeckungsgrades bei unterschnittenen Profilen ausführlicher behandelt; für die Größe des Unterschnittes wurde eine genauere Annäherungsformel nebst Ableitung gebracht und die Zahlenwerte der Tabellen, die Abmessungen und Überdeckungsgrad von unterschnittenen Profilen enthalten, entsprechend abgeändert. Auch die Theorie der Hinterarbeitung des Abwälzfräsers wurde etwas abweichend von der amerikanischen Originalausgabe behandelt.

Ich möchte nicht versäumen, Herrn Prof. Buckingham für die freundliche Unterstützung, ferner den Firmen, die mir liebenswürdigerweise Klischees ihrer Erzeugnisse zur Verfügung gestellt haben, und der Verlagsbuchhandlung Julius Springer für die sorgfältige Ausstattung des Buches meinen Dank auszusprechen.

Berlin, im Dezember 1931.

Georg Olah.

Inhaltsverzeichnis.

A. Die Zahnformen.

Seite

I. Der Eingriff von zusammengehörigen Zahnprofilen 1

Die Grenzbedingung für den Eingriff zusammengehöriger Zahnprofile
S. 9. — Allgemeinverzahnung S. 10. — Zykloidenverzahnung S. 10. —
Die Orthozykloide S. 10. — Die Epizykloide S. 12. — Die Hypozykloide
S. 13. — Die Zykloidennormalen S. 14. — Die Anwendung auf Zahnformen
S. 15. — Zykloidenverzahnungen bei Kapselgebläsen S. 16. — Kreis-
segmentprofile S. 18. — Vielkeilwellen S. 18.

II. Die Evolvente und ihre Eigenschaften 19

Der Eingriff zweier Evolventenprofile S. 22. — Der Eingriff einer Evolvente und einer Geraden S. 25. — Zusammenfassung der Eigenschaften der
Evolvente S. 26. — Verwendung der Evolvente für Zahnradprofile S. 27.
— Überdeckungsgrad S. 28. — Das wirksame Profil S. 31. — Wälzen
und Gleiten S. 32. — Die Bestimmung der Gleitgeschwindigkeit S. 37. —
Die Unterschneidung bei der Evolventenverzahnung S. 38. — Zahn-
und Lagerdrücke S. 40.

III. Evol

entrigonometrie 41

IV. Normale Zahnformen 69

Das 14½°-Mischverzahnungssystem S. 72. — Die Erzeugung der Zähne
im Formfräsverfahren S. 76. — Die Analyse des Formfräsverfahrens
S. 78. — Die Exzentrizität der Verzahnung S. 79. — Fehler bei zu tiefem
Fräsen S. 80. — Der Eingriff von Rädern, die mit ihren Zähnezahlen
nicht entsprechenden Fräsern geschnitten werden S. 81. — Die Verbesserung der Eingriffsverhältnisse S. 81. — Das reine Evolventenverzahnungssystem mit 14½° Eingriffswinkel S. 96. — Die Analyse des
reinen Evolventenverzahnungssystems mit 14½° Eingriffswinkel S. 96.
— Das 20°-System mit normaler Zahnhöhe S. 103. — Analyse des 20°-
Systems mit normaler Zahnhöhe S. 104. — Das 20°-Stumpfverzahnungs-
system S. 110. — Analyse des 20°-Stumpfverzahnungssystems S. 111. —
Vergleich der deutschen mit den amerikanischen Verzahnungssystemen
S. 118. — Die deutsche Normung des Verzahnungssystems S. 119.

V. Weitere Ausführungsmöglichkeiten der Evolventenverzahnung. Profilverschiebung 121

Das unterschnittsfreie, durch Profilverschiebung gebildete, 14½°-Satz-
verzahnungssystem S. 125. — Das unterschnittsfreie Satzfräsersystem
mit normalen Achsenabständen S. 153. — Weitere Verzahnungssysteme
S. 170. — Getriebe mit mehr als 2 Rädern; Getriebe mit anormalen
Achsenabständen S. 171. — Räder mit sehr kleinen Zähnezahlen S. 174.
— Das DIN-System für kleine Zähnezahlen S. 179. — Annäherungsverfahren zur Bestimmung der Abmessungen bei „V"-Getrieben S. 204.

B. Kraftübertragung durch Zahnräder.

Seite

VI. Die Betriebsverhältnisse bei Rädergetrieben 208
Das Heulen der Zahnräder S. 208. — Einfluß der Profil- und Teilungs-
ungenauigkeiten S. 209. — Einfluß der Exzentrizität auf die Geräusche
S. 211. — Einfluß der Oberflächenrauheit S. 212. — „Die Musik der
Räder" S. 212. — Resonanzerscheinungen S. 213. — Harmonische Ver-
hältnisse S. 214. — Einfluß der Radkörper und des Räderkastens S. 216.
— Schieberäder S. 217. — Elastische Kupplungen S. 218. — Die Schmie-
rung von Zahngetrieben S. 218. — Schmierschichtbildung S. 219. —
Die Schmiermittel S. 220. — Schmierungssysteme S. 222. — Die Schmierung von Kammwalzen S. 223. — Die Wärmeentwicklung beim Zahn-
eingriff S. 224. — Öl als Kühlmittel S. 224. — Kritische Umlaufzahlen
S. 227.

VII. Die Bestimmung der Zahndrücke 229
Zahn- und Lagerdrücke S. 232. — Zusammensetzung von Lagerdrücken
S. 234. — Geschwindigkeiten und Umfangskräfte bei Umlaufrräderge-
trieben S. 238. — Differentialgetriebe mit festem Steg S. 254.

VIII. Bruch- und Abnutzungsfestigkeit der Zähne 257
Bruchfestigkeit der Zähne S. 257. — Die zusätzliche dynamische Beanspruchung S. 265. — Neuere Untersuchungen an der Lewis-Räderprüfmaschine S. 266. — Theoretisch korrekte Verzahnung S. 269. —
Einfluß der Verzahnungsfehler auf die Trägheitskräfte S. 270. — Flankenablösung infolge Beschleunigung S. 271. — Die größte aus statischer
Nutzbelastung und dynamischer Zusatzbeanspruchung entstehende
resultierende Beanspruchung S. 272. — Einfluß der rotierenden Massen
S. 272. — Die Bestimmung der wirksamen Masse S. 273. — Die wirksame Masse von Radkörpern S. 280. — Bestimmung der Trägheitskräfte
S. 282. — Bestimmung der Entfernung der zusammenarbeitenden Flanken
infolge der dynamischen Wirkungen S. 283. — Berechnung der größten,
aus der statischen und dynamischen Beanspruchung resultierenden Beanspruchung S. 283. — Die experimentelle Prüfung des neuen Rechnungsverfahrens S. 285. — Vereinfachte Annäherungsrechnung S. 287. —
Beanspruchung bei zusammengesetzten Rädergetrieben S. 290. — Zusammenfassende Darstellung des zur Zeit noch üblichen Rechnungsganges
S. 291. — Elastische Räder S. 297. — Die Abnützung der Zähne S. 298.
— Dimensionierung auf Wärmestauung S. 313. — Der Einfluß der Übergangsrundung auf die Spannungsverteilung S. 314. — Der Wirkungsgrad
der Stirnradgetriebe S. 315.

C. Bearbeitung und Messung der Zähne.

IX. Die Messung der Zähne 321
Warum soll die Zahndicke gemessen werden? S. 323. — Wie kann die
Zahndicke gemessen werden? S. 324. — Warum soll die Exzentrizität
der Zahnprofile gemessen werden? S. 336. — Wie kann die Exzentrizität von
Verzahnungen gemessen werden? S. 337. — Warum soll das Fluchten
der Zähne geprüft werden? S. 340. — Wie kann das Fluchten der Zähne
gemessen werden? S. 340. — Warum soll die Zahnteilung gemessen werden? S. 340. — Wie kann die Teilung gemessen werden? S. 341. — Warum
soll die Zahnform gemessen werden? S. 348. — Wie kann die Zahnform
gemessen werden? S. 349. — Warum sollen die Gesamtfehler der Räder
gemessen werden? S. 361. — Wie können die Gesamtfehler gemessen
werden? S. 361.

Seite

X. Erzeugung der Zähne im Abwälzfräsverfahren 368
 Einfluß der Maschinenungenauigkeiten S. 370. — Der Abwälzfräser für
Evolventenverzahnung S. 372. — 90 °-Fräser S. 383. — Einstellung eines
gegebenen Fräsers in verschiedenen Schrägstellungswinkeln S. 384. —
Fräser mit korrigierter Steigerung S. 387. — Das von einem gegebenen,
in verschiedenen Schrägstellungswinkeln eingestellten Fräser erzeugte
Übergangsprofil S. 389. — Der Einfluß der Spannuten und der Hinterarbeitung des Fräsers S. 394. — Die Schneidverhältnisse beim Abwälzfräser S. 409.

XI. Das Hobeln der Zähne 411
 Das Hobeln der Zähne mit einem zahnradartigen Werkzeug S. 412. —
Das Schneidrad S. 413. — Das Hinterarbeiten des Schneidrades S. 419.
— Das Hobeln der Zähne mit einem zahnstangenförmigen Schneidwerk-
zeug S. 427. — Vergleich des Abwälzfräs- und Hobelverfahrens S. 432.

XII. Das Schleifen der Zähne 435
 Das Läppen der Zähne S. 449. — Das Glätten der Zähne S. 452.

Sachverzeichnis 453

A. Die Zahnformen.

I. Der Eingriff von zusammengehörigen Zahnprofilen.

Zahnprofile können die mannigfaltigsten Formen annehmen. Die Hauptaufgabe der Verzahnungen besteht in der Übertragung einer Drehbewegung von einer Welle auf eine andere. Im allgemeinen wird eine gleichförmige Übertragung verlangt.

Die Verzahnungstheorie verhilft außer zur Lösung des Problems der Übertragung von Drehbewegungen auch zur Lösung anderer Fragen, z. B. des Fräsens der Vielkeilwellen nach dem Abwälzverfahren.

Die zur Zeit meist gebrauchte Zahnform ist die Evolvente; in besonderen Fällen finden indessen auch andere Zahnformen Verwendung. Um die großen Vorteile der Evolventenform sowohl in der Theorie als auch in der Praxis zu verstehen, ist die Kenntnis der Grundlagen des Zusammenarbeitens zweier Verzahnungen, d. h. des Eingriffes erforderlich. In diesem Abschnitt behandeln wir daher die Gesetzmäßigkeiten der Zahnprofile, die zur Übertragung einer gleichförmigen Drehbewegung dienen. Derartige Profile nennen wir zusammengehörige Profile.

Dem Wesen nach sind zwei zusammengehörige Zahnprofile nichts anderes als zwei miteinander arbeitende Kurvenscheiben zur Erzeugung der gewünschten relativen Bewegung. Mit gewissen Einschränkungen kann das eine der beiden Profile beliebig gewählt werden; dieses bestimmt das Gegenprofil.

Wir wollen als Beispiel das Zusammenarbeiten zweier Hebel betrachten; der eine Hebel trägt einen Zapfen, welcher im Schlitz des zweiten Hebels eingreift (Abb. 1). Der Hebel mit dem Zapfen ist das treibende, der Hebel mit dem Schlitz das getriebene Glied. Das treibende Glied dreht sich gleichförmig in der Pfeilrichtung. Das Übersetzungsverhältnis der Winkelgeschwindigkeiten des treibenden und des getriebenen Gliedes wird vom Verhältnis $a:b$ bestimmt (Abb. 1). Das getriebene Glied dreht sich b/a mal so schnell wie das treibende. Wenn die Längen a und b in jeder Eingriffslage unverändert bleiben, so ist das Übersetzungsverhältnis gleichbleibend.

Die Längen a und b werden durch den Schnittpunkt der gemeinsamen Eingriffsnormale der zusammenarbeitenden Profile mit der Verbindungslinie der Drehpunkte beider Hebel, der Mittenlinie, bestimmt. Eine Normale ist eine Gerade, die zur Tangenten einer Kurve im Berührungspunkt beider senkrecht steht. So ist z. B. die Normale zu einer Geraden eine Senkrechte hierzu und die Normale zu einem Kreis eine Gerade durch den Mittelpunkt.

In Lage a) in Abb. 1 sind die Abstände a und b gleich. In dieser Lage sind daher die Winkelgeschwindigkeiten beider Hebel gleich. In Lage b), bis zu der sich das treibende Glied gegenüber seiner ursprünglichen Lage um 30° gedreht hat, ist b kürzer und a länger als ursprünglich, daher ist die Winkelgeschwindigkeit des getriebenen Gliedes (d. h. des Gliedes mit dem Schlitz) kleiner als die des treibenden Gliedes. In Lage c), die einer Drehung des treibenden Gliedes um 60° von seiner ursprünglichen Lage aus entspricht, ist die Länge von b gleich null, während a doppelt so groß wie anfänglich ist. In dieser Lage ist die Winkelgeschwindigkeit des getriebenen Gliedes gleich null. Ist der Schlitz genügend lang, so würde sich bei einer weiteren Bewegung des treibenden Gliedes das getriebene Glied in entgegengesetzter Richtung wie anfänglich bewegen.

Es ist klar, daß das Zusammenarbeiten zweier Hebel entsprechend Abb. 1 keine gleichförmige Bewegung bei der Übertragung von einer Welle zur

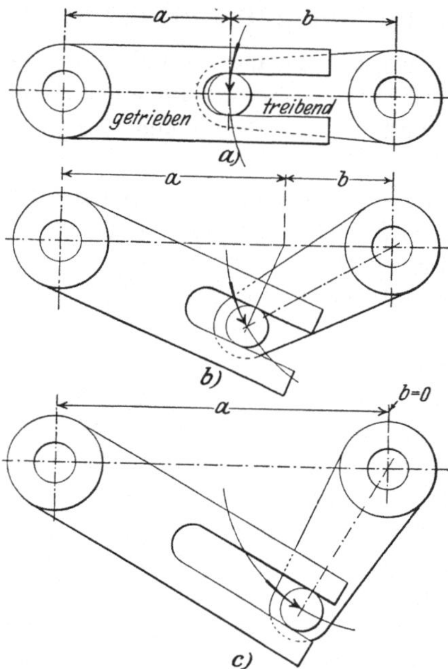

Abb. 1. Übertragung einer drehenden Bewegung durch Hebel.

andern ergibt. Damit die Bewegungsübertragung gleichförmig bleibt, müssen a und b in jeder Eingriffslage gleich bleiben. Hieraus ergibt sich folgendes Grundgesetz für zusammenarbeitende Zahnprofile:

Eine gleichförmige Bewegungsübertragung von einer Welle zur andern mit Hilfe von Verzahnungen hat zur Voraussetzung, daß die gemeinsame Eingriffsnormale der Zahnprofile durch einen bestimmten unveränderlichen Punkt der Mittenlinie geht.

Dieser bestimmte Punkt auf der Mittenlinie heißt der Wälzpunkt, in dem sich die Wälzkreise beider Räder gegenseitig berühren. Der Durchmesser der Wälzkreise bestimmt sich dadurch, daß beim Abrollen beider Kreise aufeinander ohne Gleiten zwischen den Winkelgeschwindigkeiten beider Kreise das gewünschte Übersetzungsverhältnis bestehen soll. Die Wälzkreisdurchmesser sind mit den Umlaufzahlen umgekehrt proportional; bei gleicher Umlaufzahl sind die Durchmesser gleich, bei einem Übersetzungsverhältnis von 1:2 ist der Wälzkreisdurchmesser des langsamer laufenden Rades doppelt so groß wie der Wälzkreisdurchmesser des schneller laufenden usw. Die Zahnhöhen können sich symtrisch oder unsymmetrisch zum Wälzkreis verteilen, sie können aber auch ganz außerhalb oder ganz innerhalb des Wälzkreises liegen.

Wie vorher angeführt, können die Profile des einen Rades beliebig gewählt und hieraus die zugehörigen Gegenprofile entwickelt werden. Zu jedem Zahnprofil gehört auch ein Gegenprofil der mit dem gegebenen Zahnprofil zusammenarbeitenden Zahnstange. Beim Zusammenarbeiten zweier Zahnprofile wandert der Berührungspunkt beider Profile entlang der Eingriffslinie. Wird für ein bestimmtes Profil die Wälzbahn (Wälzkreis, Wälzlinie) angenommen, so bestimmt sich die Eingriffslinie eindeutig, ganz gleich, wie das Gegenrad gestaltet ist. Umgekehrt wird auch bei gegebener Wälzbahn das Zahnprofil durch die Eingriffslinie eindeutig bestimmt. Bei gegebenem Zahnprofil ist die Konstruktion der Eingriffslinie zu einer beliebigen Wälzbahn sehr einfach. Viel schwieriger ist es, zu einer gegebenen Eingriffslinie das Zahnprofil zu konstruieren. Diese Aufgabe wird wesentlich vereinfacht, wenn zu bestimmten Punkten der Eingriffslinie die zugehörigen Verdrehungen oder Verschiebungen bekannt sind.

Zur näheren Erklärung des Vorhergehenden wollen wir hier einige Aufgaben lösen; abgesehen von einigen mathematisch leichter erfaßbaren Zahnformen werden derartige Aufgaben am besten zeichnerisch gelöst. Die Profile werden, um die gewünschte Genauigkeit zu erhalten, zweckmäßig in vergrößertem Maßstabe aufgetragen. An folgenden Beispielen sollen die bei der zeichnerischen Lösung verwendeten Methoden gezeigt werden.

1. Aufgabe: Gegeben ein willkürlich angenommenes Zahnprofil, zu bestimmen die Eingriffslinie.

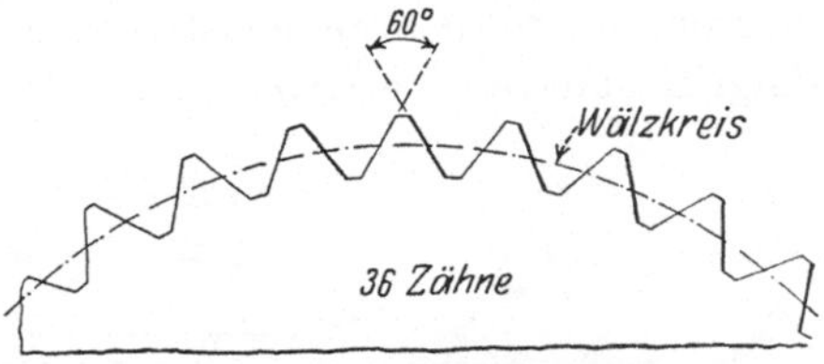

Abb. 2. Geradliniges Zahnprofil.

In Abb. 2 ist eine Gerade als Zahnprofil gewählt worden. Der Wälzkreis ist in der Mitte der Zahnhöhe angenommen. Die Zähnezahl sei 36, entsprechend einer Winkelteilung von $10°$.

Um die Eingriffslinie zu bestimmen, drehen wir das Zahnprofil um seine Achse in verschiedene Lagen. In jeder Lage wird vom Wälzpunkt aus eine Senkrechte auf das Profil gefällt. Der Schnittpunkt der Senkrechten mit dem Zahnprofil ist ein Punkt der Eingriffslinie. In diesem Punkt erfolgt in der momentanen Lage der Eingriff des gegebenen Profils mit einem beliebigen Gegenprofil. Durch Bestimmung einer Anzahl solcher Punkte kann die Eingriffslinie konstruiert werden. Zweckmäßig wählt man die aufeinander folgenden Lagen in gleichen Winkelabständen, da dies später die Konstruktion des Gegenprofils erleichtert.

Abb. 3 zeigt die Konstruktion der Eingriffslinie des gewählten Profils. Die linke Seite der Abbildung bei a) zeigt die aufeinander folgenden

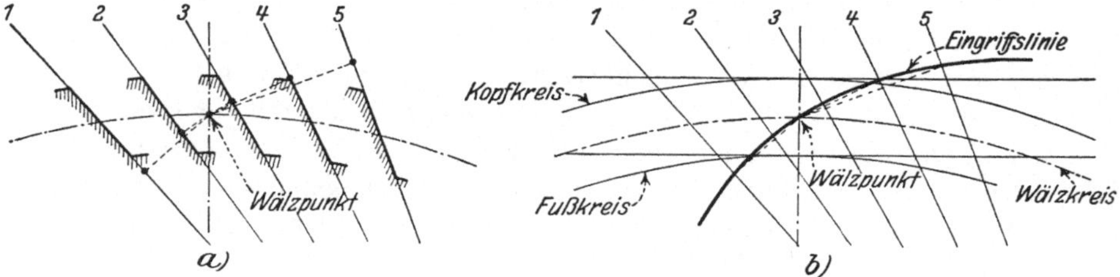

Abb. 3. Bestimmung der Eingriffslinie eines geradlinigen Profils.

Lagen des Zahnprofils und die in jeder Lage vom Wälzpunkt auf das Zahnprofil gefällten Senkrechten. Die Schnittpunkte, d. h. die Eingriffspunkte sind durch schwarze Punkte gekennzeichnet. Die aufeinander folgenden Lagen des Zahnprofils sind numeriert. Die Abstände zwischen den aufeinander folgenden Lagen betragen in diesem Beispiel je 5⁰ = eine halbe Teilung. Bei Lösung konkreter Aufgaben wird die Zeichnung in stark vergrößertem Maßstabe mit wesentlich kleineren Abständen zwischen den aufeinander folgenden Lagen des Zahnprofils ausgeführt.

2. Aufgabe: Gegeben ein willkürlich angenommenes Zahnprofil, zu bestimmen das Gegenprofil der zugehörigen Zahnstange.

Wir wählen das gleiche Profil wie in Abb. 3. Um das Gegenprofil zu erhalten, werden zunächst, wie bei der 1. Aufgabe, eine Reihe von Eingriffspunkten bestimmt (Abb. 4). Die Wälzbahn der Zahnstange

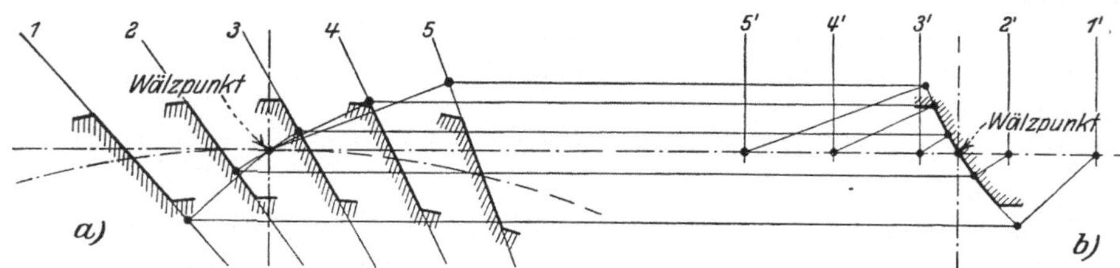

Abb. 4. Bestimmung des zum geradlinigen Radzahnprofil gehörigen Zahnstangenprofils.

ist eine Gerade (strichpunktierte Linie in 4b)). Es werden auf derselben Abstände aufgetragen, die den Längen der Wälzkreisbögen zwischen zwei aufeinander folgenden Lagen des Zahnradprofils entsprechen. In diesem Beispiel entsprechen diese Abstände der Länge je eines Wälzkreisbogens mit einem Zentriwinkel von 5⁰. Die Abstände an der Wälzbahn der Zahnstange bei b) sind in umgekehrter Reihenfolge wie die aufeinander folgenden Lagen des Profils bei a) numeriert. Abb. 4b) zeigt das zu bestimmende Zahnstangenprofil in einer Lage, in welcher dasselbe durch den Wälzpunkt geht. Der Wälzpunkt ist in dieser Lage gleichzeitig auch der Eingriffspunkt; das Radprofil in der entsprechenden Lage geht auch durch den Wälzpunkt.

Der Lage *1* des Radprofils in Abb. 4a) entspricht eine Lage des Zahnstangenprofils, die von der in Abb. 4b) gezeichneten Profillage um einen Betrag nach links entfernt ist, der dem am Wälzbogen gemessenen Abstand zwischen Wälzpunkt und Radprofil in Abb. 4a) entspricht. Um in die gezeichnete Lage des Zahnstangenprofils zu gelangen, muß dieses um den gleichen Betrag zurück nach rechts verschoben werden. Hierbei gelangt die Normale im Eingriffspunkt *1* in Lage *1'*. Der in Lage *1* eingreifende Zahnstangenprofilpunkt verschiebt sich hierbei auf einer zur Wälzbahn der Zahnstange parallelen Geraden.

Der der Lage *1* entsprechende Profilpunkt der Zahnstange läßt sich hiernach durch eine Parallelogrammkonstruktion bestimmen, indem man vom Eingriffspunkt eine Parallele zur Zahnstangenwälzbahn und vom Punkt *1'* der letzteren eine Parallele zur Eingriffsnormalen zieht. Der Schnittpunkt beider ist der gesuchte Profilpunkt. Weitere Profilpunkte werden in gleicher Weise bestimmt.

Die Schraffierung auf der einen Seite des mit dem angegebenen Profil zusammenarbeitenden Zahnstangenprofils deutet den Körper des Zahnes an. Das gleiche Zahnstangenprofil würde auch mit einem beliebigen Gegenradprofil zum gegebenen Zahnradprofil zusammen arbeiten; jedoch müßte in diesem Fall der Körper des Zahnes und hiermit die Schraffierung auf der anderen Seite des Zahnstangenprofils liegen.

3. Aufgabe: Gegeben ein willkürlich angenommenes Zahnprofil, zu bestimmen das Profil eines Gegenrades.

Wir wählen das gleiche Profil wie in Abb. 3. Das Gegenprofil einer zugehörigen Verzahnung wird in ähnlicher Weise konstruiert wie das zugehörige Zahnstangenprofil. Der Unterschied besteht nur darin, daß an die Stelle von linearen Abständen und Geraden Winkelteilungen und Kreisbögen treten. Zunächst wird ein Wälzkreis von gewünschtem Durchmesser gezogen und auf diesen werden die Winkelteilungen, die denen am ursprünglichen Wälzkreis entsprechen, aufgetragen. Ist der Wälzkreisdurchmesser des Gegenprofils dem des gegebenen Profils gleich, so sind auch die Winkelteilungen an beiden Wälzkreisen gleich. Ist dagegen der Wälzkreisdurchmesser des Gegenprofils doppelt so groß wie der des ursprünglichen Profils, so sind die Winkelteilungen des ersteren halb so groß wie die des letzteren usw. Mit andern Worten: Die einander entsprechenden Bogenlängen an beiden Wälzkreisen müssen gleich sein.

In Abb. 5 ist der Wälzkreisdurchmesser des Gegenprofils gleich dem des angegebenen Profils. Die einander entsprechenden Winkelteilungen von Rad und Gegenrad sind demnach gleich; wir nehmen beide mit 5° an. Abb. 5a) entspricht der Abb. 3a), das gewählte Zahnprofil ist jedoch in umgekehrter Lage gezeichnet. Die Abstände am Wälzkreise des Gegenprofils [Abb. 5b)] sind umgekehrt numeriert wie die auf-

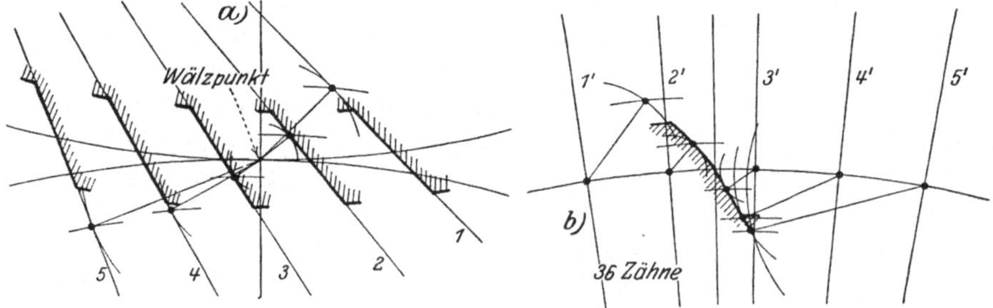

Abb. 5. Bestimmung des Gegenprofils zu einem geradlinigen Zahnprofil.

einander folgenden Lagen des Profils bei a). Anstatt durch Parallelogrammkonstruktion beim Zahnstangenprofil werden hier die gesuchten Profilpunkte durch Übertragung kongruenter Dreiecke gefunden. Vom Wälzkreismittelpunkt des gesuchten Profils wird ein Kreisbogen geschlagen mit einem Halbmesser, der dem Abstand z. B. des Eingriffspunktes *1* und des Wälzkreismittelpunktes vom gesuchten Profil in Abb. 5a) entspricht. Weiterhin wird vom Punkte *1'* des Wälzkreises in Abb. 5b) ein Bogen mit einem Halbmesser geschlagen, der dem Abstand zwischen Eingriffspunkt *1* und Wälzpunkt in Abb. 5a) entspricht. Der Schnittpunkt beider Kreise ergibt den gesuchten Profilpunkt. Die weiteren Punkte des Gegenprofils werden auf die gleiche Weise bestimmt.

Es wurde an besonderen Abbildungen gezeigt, wie die Eingriffslinie, das Zahnprofil der zugehörigen Zahnstange und das eines beliebigen Gegenrades bestimmt werden können, um die einzelnen Konstruktionen übersichtlicher zu gestalten. Es steht bei der praktischen Durchführung dieser Konstruktionsaufgaben jedoch dem nichts im Wege, sie in der gleichen Zeichnung zu vereinigen.

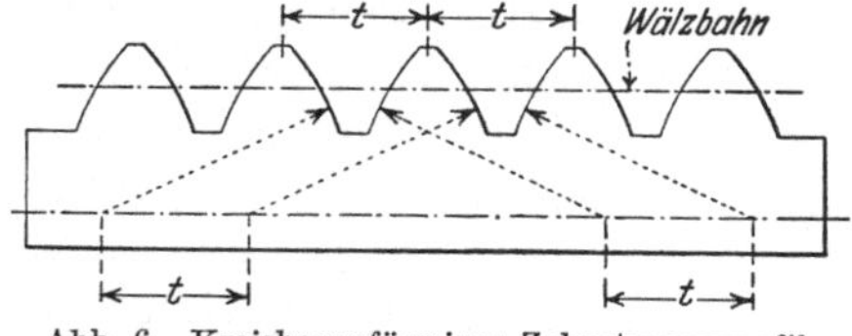

Abb. 6. Kreisbogenförmiges Zahnstangenprofil.

4. Aufgabe: Gegeben ein willkürlich angenommenes Zahnstangenprofil, zu bestimmen die Eingriffslinie und das Profil eines Gegenrades.

In Abb. 6 ist ein Kreisbogen als Zahnstangenprofil gewählt worden. Zur Bestimmung der Eingriffslinie werden gleiche Abstände auf die Wälzbahn der Zahnstange aufgetragen [Abb. 7a)].

Diese Punkte bestimmen verschiedene Lagen des Zahnstangenprofils. Da das letztere die Form eines Kreisbogens hat, werden zweckmäßig auch die Bogenmittelpunkte aufgetragen. Die aufeinanderfolgenden Lagen des Profils sowie die entsprechenden Mittelpunkte werden wie vorhin numeriert. In jeder Lage wird vom Wälzpunkt aus eine Normale auf das Profil gefällt. Da das Profil die Form eines Kreisbogens hat, geht diese Normale durch den entsprechenden Bogenmittelpunkt. In jeder Lage des Profils ergibt sich der entsprechende Eingriffspunkt als der Schnittpunkt des Profils und der zugehörigen Normalen, die Ver-

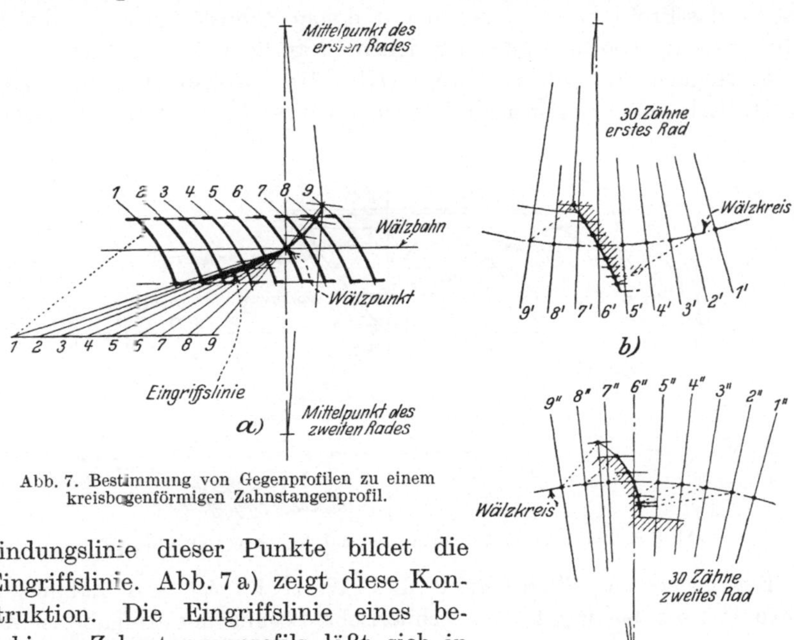

Abb. 7. Bestimmung von Gegenprofilen zu einem kreisbogenförmigen Zahnstangenprofil.

bindungslinie dieser Punkte bildet die Eingriffslinie. Abb. 7 a) zeigt diese Konstruktion. Die Eingriffslinie eines beliebigen Zahnstangenprofils läßt sich in ähnlicher Weise bestimmen.

Abb. 7 b) und c) zeigen die Bestimmung des Profils von zwei verschiedenen Gegenrädern. Auf den Wälzkreis von gewünschtem Durchmesser werden Bogenabstände aufgetragen, die den Abständen an der Wälzlinie der Zahnstange entsprechen. Die Abstände an dem Wälzkreise des Gegenrades sind umgekehrt numeriert wie die an der Wälzlinie der Zahnstange; sie kennzeichnen die aufeinander folgenden Lagen des zu bestimmenden Gegenprofils. Die gesuchten Profilpunkte werden wie bei der 3. Aufgabe bestimmt. Um z. B. den dem Eingriffspunkt 9 in Abb. 7 a) entsprechenden Punkt des Gegenprofils zu bestimmen, schlagen wir vom Punkt 9' am Wälzkreis des Gegenprofils einen Kreis mit dem Abstand von Wälzpunkt zum Eingriffspunkt 9 in Abb. 7 a) als Halbmesser. Vom Wälzkreismittelpunkt des Gegenrades in Abb. 7 b) schlagen wir hiernach einen zweiten Kreis mit dem Abstand des entsprechenden Wälzkreismittelpunktes in Abb. 7a) vom Eingriffspunkt *9* als Halbmesser. Der Schnittpunkt beider Kreise gibt den ersten Punkt des Profils des Gegenrades. Die weiteren Punkte des Gegenprofils werden in gleicher Weise bestimmt.

Abb. 7b) und c) zeigen Verzahnungen mit gleichem Wälzkreishalbmesser, die miteinander und auch mit dem angenommenen Zahnstangenprofil arbeiten können; das Profil bei b) kämmt mit einem Zahnstangenzahn, dessen Körper links von dem angenommenen Profil liegt (balliger Zahn), das Profil bei c) dagegen mit einem Zahnstangenzahn, dessen Körper rechts von dem angenommenen Profil liegt (hohler Zahn).

5. Aufgabe: Gegeben eine willkürlich angenommene Eingriffslinie, zu bestimmen das zugehörige Zahnstangenprofil.

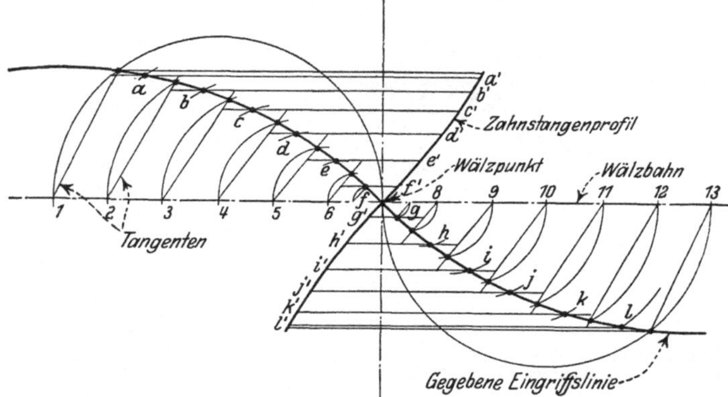

Abb. 8. Bestimmung des Zahnstangenprofils bei gegebener Eingriffslinie.

Bei gegebener Eingriffslinie und Wälzbahn ist das Zahnprofil mathematisch bestimmt. Die rechnerische Lösung der Aufgabe ist indessen nicht ganz einfach.

Das folgende zeichnerische Verfahren ergibt eine gute Annäherungslösung. Je größer der Maßstab der Zeichnung und je kleiner die auf der Wälzlinie aufgetragenen Abschnitte, um so genauer ist die Annäherung. Es ist in der Tat möglich, diese Annäherung so weit zu führen, daß die Fehler der Ausführung viel größer als die der Zeichnung werden. Bei diesem Verfahren zerlegt man das gesuchte Profil in Teilabschnitte, die als annähernd geradlinig angesehen werden können. Die Größe der Fehler bei diesem Verfahren hängt daher von der Änderung der Krümmung des Zahnstangenprofils zwischen zwei aufeinander folgenden Abschnitten ab. Der Fehler ist jedoch gewöhnlich sehr klein.

In Abb. 8 ist die Eingriffslinie willkürlich angenommen. Zu bestimmen ist das Profil der zugehörigen Zahnstange mit der strichpunktierten wagerechten Geraden als Wälzbahn. Zunächst werden auf die

Wälzlinie gleiche Abschnitte, deren Teilpunkte der Reihe nach numeriert sind, aufgetragen. Hiernach wird z. B. durch Punkt *1* und den Wälzpunkt ein Halbkreis gelegt. Bei den übrigen Teilpunkten sind nur die bis zur Eingriffslinie reichenden Bögen der entsprechenden Halbkreise eingetragen. Die Verbindungsgerade zwischen dem Wälzpunkt und dem durch den Schnitt mit dem Halbkreise bestimmten Eingriffspunkt ist die Normale des zu dem betreffenden Eingriffspunkt gehörenden Zahnstangenprofilabschnittes. Die Verbindungsgerade zwischen einem beliebigen Teilpunkt und dem entsprechenden Eingriffspunkt steht senkrecht zu der Profilnormalen, da sie die Sehnen eines Halbkreises bilden. Die Verbindungsgerade ist daher eine Tangente des Zahnstangenprofils in der Eingriffslage. In Abb. 8 sind die zu den Punkten *1* bis *13* gehörenden Tangenten eingetragen.

Mit Hilfe dieser Tangenten wird nun das Zahnstangenprofil entwickelt. Die durch die Halbkreisbögen bestimmten Eingriffspunkte teilen die Eingriffslinie in Abschnitte, diese werden halbiert und die Halbierungspunkte mit $a, b, c \ldots$ bezeichnet. Von diesen Punkten aus zieht man Parallelen zu der Wälzlinie, dieselben werden entsprechend mit $a\,a'$, $b\,b'$, $c\,c' \ldots$ bezeichnet.

Durch den Wälzpunkt zieht man hiernach zwischen den parallelen Geraden $f\,f'$ und $g\,g'$ eine Normale zur Eingriffslinie im Wälzpunkt Hiermit ist der erste Abschnitt des Zahnstangenprofils bestimmt. Vom Schnittpunkt dieser Normalen mit der Geraden $f\,f'$ zieht man eine Parallele zu der Tangente *6* bis zum Schnittpunkt mit der Geraden $e\,e'$, wodurch sich der zweite Abschnitt des Zahnstangenprofils ergibt. Derselbe Prozeß wird so lange wiederholt, bis das ganze Profil bestimmt ist. Durch dieses Verfahren erhält man ein Profil, das aus einer Reihe von geraden Abschnitten besteht. Nun zeichnet man eine möglichst glatte Kurve, die die geraden Abschnitte berührt. Diese Kurve ist das gesuchte Zahnstangenprofil. Ist das Zahnstangenprofil bestimmt, so kann das Profil eines beliebigen Rades nach Abb. 7 bestimmt werden.

Die Grenzbedingung für den Eingriff zusammengehöriger Zahnprofile. Wird die Eingriffslinie von einem um den Mittelpunkt des Rades geschlagenen Kreis von außen oder innen berührt, so kann ein korrekter Eingriff über den äußersten bzw. innersten Punkt der Eingriffslinie hinaus nicht mehr erfolgen. Ein korrekter Eingriff findet nur auf der Eingriffslinie statt; wird z. B. in Abb. 9 a) die Zahnhöhe vom Kreis a aus bis zum gestrichelten Kopfkreis erhöht, so können die Profilabschnitte außerhalb des Kreises a nicht mehr zum korrekten Eingriff kommen. Abb. 9 b) zeigt ähnliche Verhältnisse; ein korrekter Eingriff kann innerhalb des Kreises c nicht erfolgen. Wird um den Mittelpunkt des Gegenrades ein Kreis durch den Berührungspunkt zwischen Eingriffslinie und Kreis c mit dem Halbmesser b geschlagen, so darf der

Kopfkreishalbmesser nicht größer als b werden, wenn man einen falschen Eingriff vermeiden will.

Allgemeinverzahnung. In den bisher behandelten Beispielen wurde die Forderung der Paarungsmöglichkeit zweier beliebiger Radprofile,

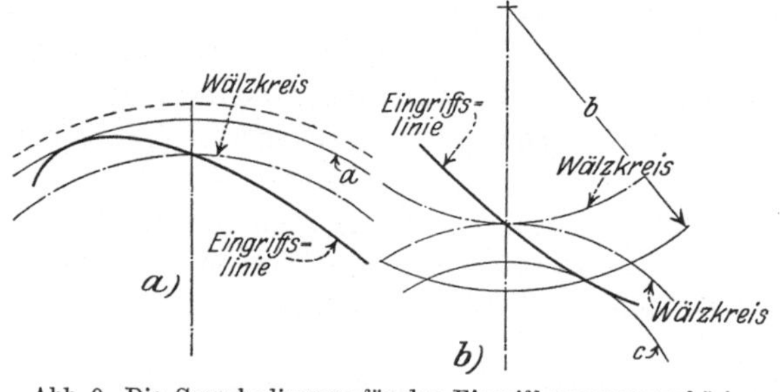

Abb. 9. Die Grenzbedingung für den Eingriff zusammengehöriger Zahnprofile.

die mit dem gleichen Zahnstangenprofil als Gegenprofil gepaart werden können, nicht gestellt. Das Profil in Abb. 7 b) kämmt z. B. mit dem Profil in Abb. 7 c); zwei gleiche Profile nach Abb. 7 b) oder zwei gleiche Profile nach Abb. 7 c) kämmen jedoch nicht miteinander. Die Bedingung der Paarungsmöglichkeit zweier beliebiger Räder, d. h. **die Bedingung der Allgemeinverzahnung ist die Symmetrie der Eingriffslinie in bezug auf den Wälzpunkt.** Ein Zahnstangenprofil, das diese Bedingung erfüllt, liegt auch symmetrisch zum Wälzpunkt. Ein derartiges Zahnstangenprofil sei kurz Bezugsprofil genannt. Sämtliche Räder, die mit dem Bezugsprofil kämmen, können auch untereinander gepaart werden. Abb. 8 zeigt eine symmetrische Eingriffslinie und das zugehörige symmetrische Bezugsprofil.

Zykloidenverzahnung. Eine der ersten für Zahnprofile verwendeten Kurven war die Zykloide. Die Zykloidenverzahnung hat theoretisch verschiedene Vorzüge. Da aber ihre genaue Herstellung mit großen Schwierigkeiten verbunden und sie sehr empfindlich gegen ungenau eingehaltene Achsabstände ist, ist sie bei handelsüblichen Rädern beinahe vollkommen verschwunden.

Zykloidenprofile zur Kraftübertragung werden zur Zeit kaum noch verwendet, sie finden indessen vielfach in Kapselgebläsen Verwendung. Sie greifen hierbei ebenso ineinander wie ein Zahnräderpaar; ihre Aufgabe besteht indessen nicht in Bewegungsübertragung, die meistens durch gleichachsige normale Zahnräder erfolgt, sondern in Verdrängung von Gasen und Flüssigkeiten. Eine kurze Analyse der Zykloide könnte also von Interesse sein.

Die Orthozykloide. Die Orthozykloide ist eine Kurve, die von einem Punkt eines Kreises beschrieben wird, der, ohne zu gleiten, sich auf einer festen Geraden abrollt. Wählt man den Punkt, in welchem diese Kurve die Gerade berührt, als Anfangspunkt eines rechtwinkligen Koordinatensystems, so läßt sich die Gleichung dieser Kurve wie folgt ableiten:

In Abb. 10 ist

a = Halbmesser des Rollkreises
ψ = Verdrehungswinkel des Rollkreises in einer bestimmten Lage.

Der Abstand zwischen dem Anfangspunkt und dem Berührungspunkt des Rollkreises mit der Abszissenachse ist $a\,\psi$, entsprechend einem Kreisbogen mit dem Halbmesser a und dem Zentriwinkel ψ.

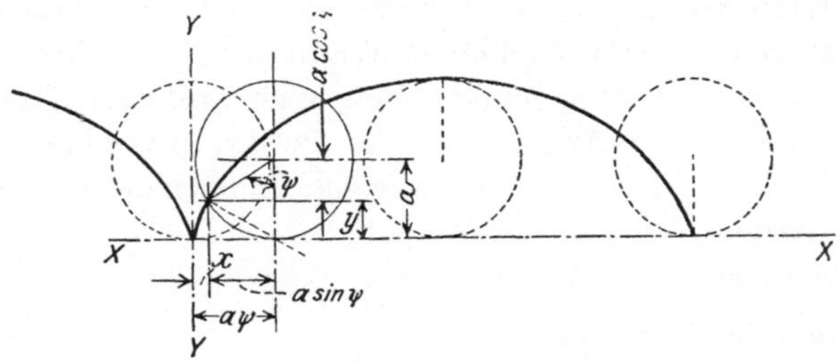

Abb. 10. Die Erzeugung der Orthozykloide.

Der beschreibende Punkt am Rollkreise liegt in einem Abstande von $a \sin \psi$ von der zur Rollgeraden senkrechten Mittellinie des Rollkreises. Nach Abb. 10 wird

$$x = a(\psi - \sin \psi) \,. \tag{1}$$

Der beschreibende Punkt am Rollkreise liegt in einem Abstande von $a \cos \psi$ unter der wagerechten Mittellinie dieses Kreises. Hieraus ergibt sich

$$y = a(1 - \cos \psi) \,. \tag{2}$$

Diese beiden Gleichungen bilden die formell einfachste Darstellung der Orthozykloide. Durch Eliminieren der dritten Veränderlichen ψ können die beiden Gleichungen (1) und (2) in einer einzigen Gleichung zusammengefaßt werden. Aus Gleichung (2) folgt:

$$\cos \psi = \frac{a - y}{a} \,,$$

$$\sin \psi = \sqrt{1 - \cos^2 \psi} = \frac{\sqrt{2\,a\,y - y^2}}{a} \,,$$

$$\psi = \arccos \frac{a - y}{a} \,.$$

Diese Werte in Gleichung (1) eingesetzt, erhält man

$$x = a \arccos \left(\frac{a - y}{a} \right) - \sqrt{2\,a\,y - y^2} \,. \tag{3}$$

Die Gleichungen (1) und (2) sind im allgemeinen in der Anwendung bequemer als die Gleichung (3). Aus den Gleichungen (1) und (2) läßt sich der von der Kurventangente und der X-Achse eingeschlossene Winkel Φ wie folgt ableiten:

$$\operatorname{tang} \Phi = \frac{dy}{dx} = \frac{\sin \psi \, d\psi}{(1 - \cos \psi)\, d\psi} = \frac{\sin \psi}{1 - \cos \psi}. \tag{4}$$

Die Epizykloide. Ein Punkt eines Kreises, der einen zweiten feststehenden Kreis von außen berührt und sich auf ihm, ohne zu gleiten, abrollt, beschreibt eine Epizykloide. Wählt man den Mittelpunkt des festen Kreises als Anfangspunkt eines rechtwinkligen Koordinatensystems und geht die Y-Achse durch den Punkt, in welchem die Kurve den festen Kreis berührt, so können die Gleichungen der Kurve wie folgt abgeleitet werden:

In Abb. 11 sind:

$a =$ Halbmesser des festen Kreises
$b =$ Halbmesser des Rollkreises
$\psi =$ der Winkel, den die Mittellinie beider Kreise in einer bestimmten Lage des Rollkreises mit der Y-Achse einschließt
$\beta =$ Zentriwinkel am Rollkreis, der dem abgewälzten Bogen entspricht.

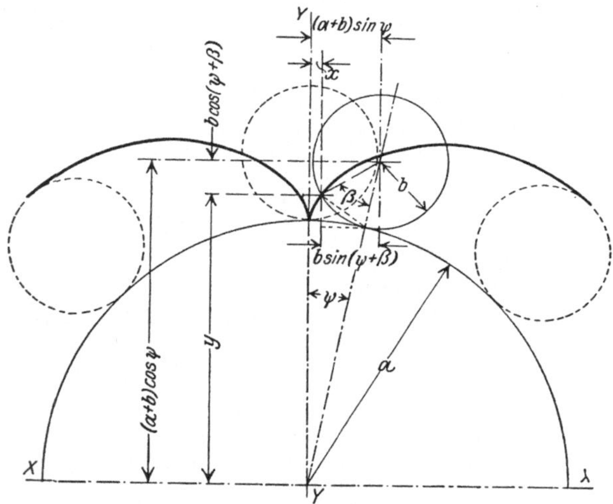

Abb. 11. Die Erzeugung der Epizykloide.

Die Länge des Bogens am festen Kreis zwischen dem Berührungspunkt beider Kreise und der Y-Achse beträgt $a\psi$, die Länge des Bogens am Rollkreise zwischen dem beschreibenden Punkt und dem Berührungspunkt beider Kreise beträgt $b\beta$. Infolge der Gleichheit beider Bögen ist

$$a\psi = b\beta, \qquad \beta = \frac{a}{b}\psi.$$

Aus Abb. 11 folgt:

$$x = (a + b)\sin\psi - b\sin(\psi + \beta) = (a + b)\sin\psi - b\sin\left(\frac{a + b}{b}\right)\psi, \quad (5)$$

$$y = (a + b)\cos\psi - b\cos(\psi + \beta) = (a + b)\cos\psi - b\cos\left(\frac{a + b}{b}\right)\psi. \quad (6)$$

Diese beiden Gleichungen bilden die formell einfachste Darstellung der Epizykloide. Sie können durch Eliminieren der dritten Veränderlichen in einer Gleichung zusammengefaßt werden. Diese Gleichung ist jedoch für den praktischen Gebrauch zu verwickelt.

Aus den Gleichungen (5) und (6) läßt sich der von der Kurventangente und der X-Achse eingeschlossene Winkel Φ wie folgt ableiten:

$$\operatorname{tang}\Phi = \frac{dy}{dx} = \frac{(a + b)\left[\sin\left(\frac{a + b}{b}\right)\psi - \sin\psi\right]d\psi}{(a + b)\left[\cos\psi - \cos\left(\frac{a + b}{b}\right)\psi\right]d\psi} = \frac{\sin\left(\frac{a + b}{b}\right)\psi - \sin\psi}{\cos\psi - \cos\left(\frac{a + b}{b}\right)\psi}. \quad (7)$$

Die Hypozykloide. Ein Punkt eines Kreises, der einen zweiten feststehenden Kreis von innen berührt und sich auf ihm, ohne zu gleiten,

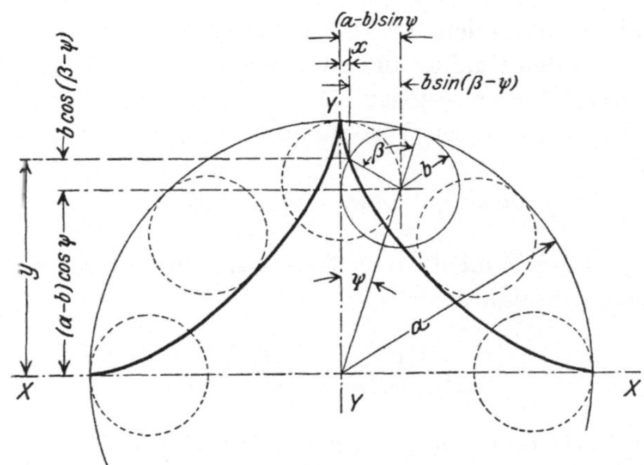

Abb. 12. Die Erzeugung der Hypozykloide.

abrollt, beschreibt eine Hypozykloide. Wählt man den Mittelpunkt des festen Kreises als Anfangspunkt eines Koordinatensystems und geht die Y-Achse durch den Punkt, in welchem die Kurve den festen Kreis berührt, so können die Gleichungen der Kurve folgendermaßen abgeleitet werden:

In Abb. 12 sind:

a = Halbmesser des festen Kreises
b = Halbmesser des Rollkreises
ψ = der Winkel, den die Mittellinie beider Kreise in einer bestimmten Lage des Rollkreises mit der Y-Achse einschließt
β = Zentriwinkel am Rollkreis, der dem abgewälzten Bogen entspricht.

Es ergibt sich wie bei der Epizykloide:

$$a\,\psi = b\,\beta\,, \qquad \beta = \frac{a}{b}\,\psi\,.$$

Aus Abb. 12 folgt:

$$x = (a-b)\sin\psi - b\sin(\beta-\psi) = (a-b)\sin\psi - b\sin\left(\frac{a-b}{b}\right)\psi, \quad (8)$$

$$y = (a-b)\cos\psi + b\cos(\beta-\psi) = (a-b)\cos\psi + b\cos\left(\frac{a-b}{b}\right)\psi. \quad (9)$$

Die beiden Gleichungen bilden die formell einfachste Darstellung der Hypozykloide. Der von der Kurventangente und der X-Achse eingeschlossene Winkel Φ kann aus diesen Gleichungen folgendermaßen bestimmt werden:

$$\operatorname{tang}\Phi = \frac{dy}{dx} = \frac{(a-b)\left[\sin\psi + \sin\left(\frac{a-b}{b}\right)\psi\right]dy}{(a-b)\left[\cos\left(\frac{a-b}{b}\right)\psi - \cos\psi\right]dy} = \frac{\sin\psi + \sin\left(\frac{a-b}{b}\right)\psi}{\cos\left(\frac{a-b}{b}\right)\psi - \cos\psi}. \quad (10)$$

Die Zykloidennormalen. In Abb. 10 ist eine gestrichelte Gerade von dem beschreibenden Punkte aus zum Berührungspunkt des Rollkreises und der festen Geraden gezogen. Die Längen der Katheten des rechtwinkligen Dreiecks, dessen Hypotenuse die gestrichelte Linie bildet, sind gleich

$$a\sin\psi \quad \text{bzw.} \quad a(1-\cos\psi).$$

Der Kotangens des Winkels, den diese gestrichelte Linie mit der negativen X-Achse einschließt, beträgt:

$$\frac{a\sin\psi}{a(1-\cos\psi)} = \frac{\sin\psi}{1-\cos\psi}\,.$$

Der gleiche Wert ergab sich aus Gleichung (4) für den Tangens des von der Kurventangente und der X-Achse eingeschlossenen Winkels Φ. Hieraus folgt, daß die gestrichelte Gerade und die Kurventangente einen rechten Winkel miteinander bilden, d. h. die gestrichelte Gerade ist eine Normale der Orthozykloide. Die Normale der Orthozykloide geht daher durch den auf dem Rollkreis liegenden beschreibenden Punkt und durch den momentanen Berührungspunkt des Rollkreises mit der festen Geraden.

In Abb. 11 ist eine gestrichelte Gerade von dem beschreibenden Punkte aus zum momentanen Berührungspunkt des festen Kreises und des Rollkreises gezogen. Von diesem Berührungspunkt aus ist eine zweite gestrichelte Gerade parallel zur X-Achse und von dem beschreibendem Punkt aus eine Gerade parallel zur V-Achse gezogen.

Die Längen der Katheten des auf diese Weise gebildeten Dreiecks
betragen:

$$b\left[\cos\psi - \cos\left(\frac{a+b}{b}\right)\psi\right] \quad \text{bzw.} \quad b\left[\sin\left(\frac{a+b}{b}\right)\psi - \sin\psi\right].$$

Der Kotangens des Winkels, den die beiden Katheten miteinander
einschließen, beträgt:

$$\frac{b\left[\sin\left(\frac{a+b}{b}\right)\psi - \sin\psi\right]}{b\left[\cos\psi - \cos\left(\frac{a+b}{b}\right)\psi\right]} = \frac{\sin\left(\frac{a+b}{b}\right)\psi - \sin\psi}{\cos\psi - \cos\left(\frac{a+b}{b}\right)\psi}. \tag{11}$$

Der gleiche Wert ergab sich aus Gleichung (7) für den Tangens des
von der Kurventangente und der X-Achse eingeschlossenen Winkels Φ.
Hieraus folgt, daß die Normale der Epizykloide durch den auf dem Rollkreis liegenden, die Kurve beschreibenden Punkt und durch den Berührungspunkt des festen Kreises mit dem Rollkreise hindurchgeht.

Man findet auf die gleiche Weise, daß die Normale zu der Hypozykloide ebenfalls durch den auf dem Rollkreis liegenden beschreibenden Punkt und den Berührungs-
punkt des festen Kreises und
des Rollkreises hindurchgeht.

**Die Anwendung auf Zahn-
formen.** Bei Verwendung der
Zykloide als Zahnprofil bildet
der Berührungspunkt des Rollkreises und der Linie, auf die
er sich abwälzt, den Wälzpunkt.
Der beschreibende Punkt stellt
einen Eingriffspunkt zwischen
zwei zusammenarbeitenden Zykloidenprofilen dar. Die Eingriffslinie wird durch den Rollkreis gebildet. Bei zusammengehörigen Zykloidenprofilen
sind demnach die Rollkreise

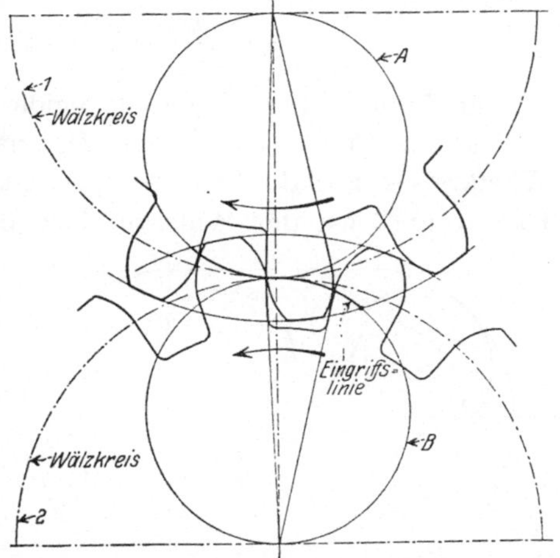

Abb. 13. Die Eingriffslinie bei Zykloidenverzahnung.

identisch. Die festen Kreise, auf welchen sich die Rollkreise abrollen, um die Zykloide zu erzeugen, sind die Wälzkreise der Zahnräder
bzw. die Wälzgeraden der Zahnstange. Die Bedingung, daß die Eingriffsnormale durch den Wälzpunkt geht, wird nach den obigen mathematischen Ableitungen erfüllt. Abb. 13 zeigt ein Räderpaar mit Zykloidenverzahnung. Das Kopfprofil des Rades *1* wird durch Abwälzen des Rollkreises *B* auf Wälzkreis *1* gebildet; der beschreibende Punkt auf dem
Rollkreis bewegt sich vom Wälzkreis bis zum Kopfkreis und beschreibt

hierbei eine Epizykloide. Das entsprechende hypozykloidale Fußprofil des Gegenrades entsteht durch Abwälzen des Rollkreises B auf dem Wälzkreis 2.

Das hypozykloidale Fußprofil des Rades 1 entsteht durch Abwälzen des Rollkreises A auf Wälzkreis 1, das hiermit zusammenarbeitende Gegenprofil als Epizykloide durch Abwälzen des Rollkreises A auf Wälzkreis 2. Die dick ausgezogenen Bögen der Kreise A und B bilden die Eingriffslinie für die eine Flanke. Das Zahnprofil setzt sich aus einem epizykloidalen Kopf und einem hypozykloidalen Fuß zusammen, die sich im Wälzpunkt berühren. Bei einem Zahnstangenprofil werden Kopf und Fuß Orthozykloiden.

Ist der Durchmesser des Rollkreises halb so groß wie der des festen Kreises, so läßt sich die Gleichung der Hypozykloide wie folgt vereinfachen:

$$a = 2\,b\,.$$

Nach Gleichung (8) wird

$$x = \frac{a}{2}\,(\sin\psi - \sin\psi) = 0\,,$$

nach Gleichung (9) wird

$$y = \frac{a}{2}\,(\cos\psi + \cos\psi) = a\cos\psi\,.$$

Die Zykloide fällt in diesem Sonderfall mit der Y-Achse zusammen; sie ist also eine radiale Gerade. Demnach muß man, um unterhalb des Wälzkreises radiale Flanken zu erhalten, den Rollkreisdurchmesser halb so groß wie den Wälzkreisdurchmesser wählen.

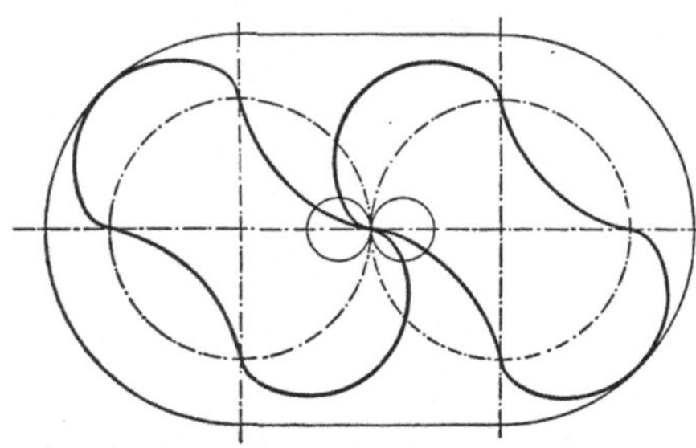

Abb. 14. Kapselgebläse mit zweiflügeligen, zykloidalen Verdrängern.

Zykloidenverzahnungen bei Kapselgebläsen. Die Zykloidenform wird für Verdränger bei Kapselgebläsen, insbesondere bei den sogenannten Rootschen Gebläsen viel verwendet. Auch bei Öl- und Wasserpumpen würde diese Form einen höheren Wirkungsgrad ergeben, als die gebräuchliche Evolventenform; sie würde aber zur Erzielung des höheren Wirkungsgrades eine höhere Herstellungsgenauigkeit erfordern. Die Verdränger sind im Prinzip zusammenarbeitende Zahnräder; der Pressungswinkel wird jedoch so groß, daß der eine Verdränger den andern nicht während des ganzen Kreislaufes antreiben kann; zum Antrieb werden daher besondere, mit den Verdrängern gleichachsige Stirnräder verwendet.

In Abb. 14 sind Verdränger von zykloidaler Form mit je zwei Flügeln dargestellt. In diesem Fall ist der Rollkreisdurchmesser ein Viertel des Wälzkreisdurchmessers. Bei einer dreiflügeligen Form beträgt der Rollkreisdurchmesser ein Sechstel des Wälzkreisdurchmessers.

Einer der Nachteile der Zykloidenform besteht in der Schwierigkeit der Herstellung. Kleine Verdränger lassen sich indessen nach dem später zu beschreibenden Fellows-Verfahren herstellen, wobei das Werkzeug als ein mit dem zu erzeugenden Werkstück zusammenarbeitendes Zykloidenrad ausgebildet ist. Zweckmäßig wählt man hierbei den Wälzkreisdurchmesser des Werkzeuges doppelt so groß wie den Rollkreisdurchmesser. Hierbei wird der hypozykloidale Teil des Werkzeugprofils geradlinig.

Wir wollen z. B. annehmen, daß der Wälzkreisdurchmesser des Verdrängers in Abb. 14 100 mm beträgt. Der Rollkreisdurchmesser beträgt ein Viertel des Wälzkreisdurchmessers, also 25 mm. Mit einem halbkreisförmigen Hilfswerkzeug von 50 mm Durchmesser läßt sich nach dem Fellows-Verfahren der epizykloidale Teil des Schneidrades erzeugen, wobei der Durchmesser des Halbkreises als das hypozykloidale Gegenprofil des zu erzeugenden epizykloidalen Schneidradprofiles angesehen werden kann (Abb. 15). Diese Epizykloide zusammen mit einer durch den Mittelpunkt gezogenen Geraden

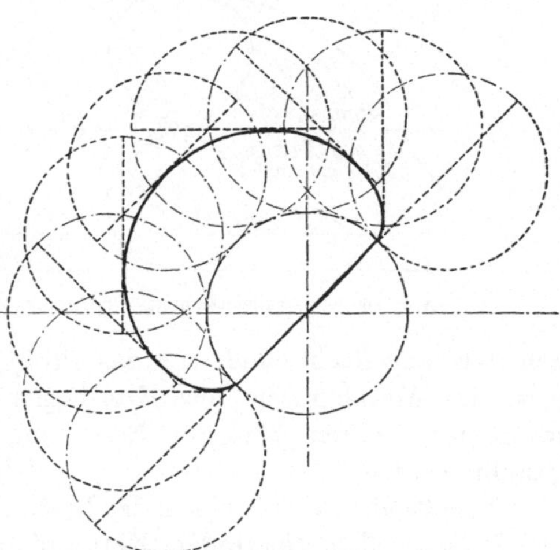

Abb. 15. Erzeugung einer Epizykloide durch eine gerade Hypozykloide.

gibt das Profil eines einflügeligen Schneidrades, mittels welchem die gewünschte Form des Verdrängers erzeugt werden kann. Diese Methode wurde zuerst von Paul M. Mueller bei der Pratt and Whitney Company angewendet.

Sind die Verdränger verhältnismäßig breit, so ist diese Form des Schneidrades nicht zu verwenden, da der übliche Aufbau solcher Zahnradbearbeitungsmaschinen es nicht gestattet, in einer so beträchtlichen Höhe über dem Werktisch zu arbeiten, wie es dadurch erforderlich wäre, daß das Profil des Schneidrades durch die Achse geht. Es könnte immerhin eine zweiflügelige Schablone nach diesem Verfahren erzeugt werden, die zur Herstellung eines Formfräsers oder als Hobelschablone benutzt werden könnte. Es könnte aber auch ein zweiflügeliges Schneidrad nach diesem Verfahren hergestellt werden; mit diesem letzteren könnte man das Werkstück auf einer Fellows-Maschine erzeugen, wenn nur die Hublänge derselben ausreicht.

Kreissegmentprofile. Bei Benutzung von Abwälzfräsmaschinen oder Zahnradhobelmaschinen mit zahnstangenartigem Werkzeug sind derartige Profile einfacher und genauer zu erzeugen als Zykloidenprofile. Das Profil der Bezugszahnstange ist in Annäherung an die Zykloidenform aus Kreisbögen zusammengesetzt (Abb. 16). Theoretisch ist die Kreisform ebenso korrekt wie die Zykloidenform, da ja die Symmetriebedingung für die Allgemeinverzahnung erfüllt ist. Die Eingriffslinie wird anstatt durch zwei Kreise durch zwei geschlossene Kurven gebildet, die in der Nähe der Wälzlinie beinahe geradlinig und in der Nähe des

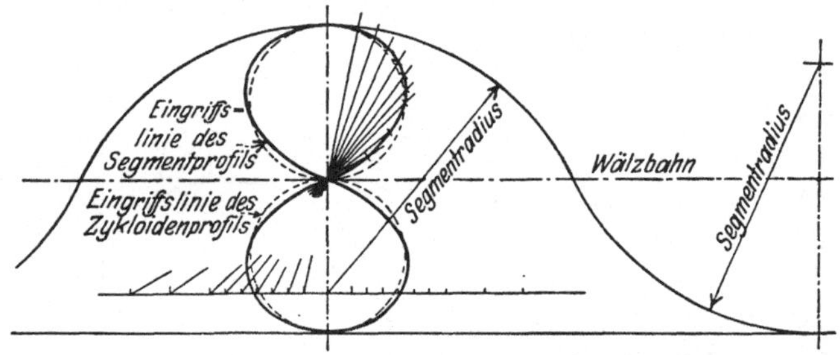

Abb. 16. Kreissegmentförmiges Profil eines Zahnstangenwerkzeuges.

Scheitels abgeflacht sind. Da das Profil des Zahnstangenwerkzeuges bzw. des Abwälzfräsers aus Kreisbögen besteht, können die Hilfswerkzeuge, Lehren usw. zur Erzeugung derselben sehr genau hergestellt werden.

Vielkeilwellen. Das Problem der Bestimmung der Abwälzfräserprofile für Vielkeilwellen, Sperräder, Kettenräder usw. ist ein Verzahnungsproblem. Es soll z. B. das Zahnstangenprofil zur Erzeugung einer geradflankigen Vielkeilwelle entsprechend Abb. 17 bestimmt werden.

Zunächst muß die Wälzlinie gewählt werden. In diesem Beispiel sei der Wälzkreis mit dem Kopfkreis der Vielkeilwelle zusammenfallend angenommen.

Sodann muß die Eingriffslinie bestimmt werden, um feststellen zu können, ob bei der gewählten Wälzlinie ein vollkommener Eingriff der Zähne des Werkzeuges und des Werkstückes möglich ist. Gäbe es nämlich zwischen Kopfkreis und Fußkreis einen mit der Vielkeilwelle konzentrischen Berührungskreis zur Eingriffslinie, so wäre eine korrekte Erzeugung nicht möglich, s. Abb. 9. In diesem Fall müßte eine andere Wälzlinie gewählt werden. Die Bestimmung der Eingriffslinie wurde bereits in Abb. 3 gezeigt.

Der nächste Schritt besteht in der Ermittlung des Zahnstangenprofils. Diese Aufgabe ist bereits in Abb. 4 gelöst worden. Die Konstruktion ist am oberen Teil der Abb. 17 in doppeltem Maßstabe dargestellt.

Die so bestimmte Form ergibt das Profil des Abwälzfräsers zur Herstellung der gewünschten Form. Theoretisch müßte das so ermittelte Profil wegen der seitlichen Nachschneidewirkung des Abwälzfräsers korrigiert werden. In den meisten Fällen ist aber der hierdurch ver-

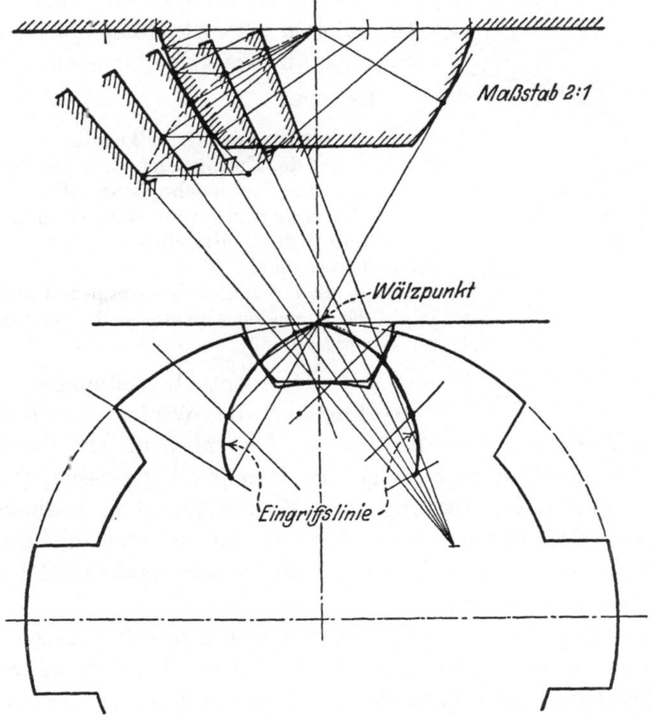

Abb. 17. Bestimmung des Profils eines Zahnstangenwerkzeuges für eine Vielkeilwelle.

ursachte Fehler kleiner als der etwaige Fehler in der Ermittlung des Fräserprofils, so daß eine weitere Verfeinerung der Methode selten erforderlich wird.

II. Die Evolvente und ihre Eigenschaften.

Der Anwendungsbereich der Zykloidenverzahnung ist im Vergleich zur Evolventenverzahnung sehr beschränkt. Zur Zeit wird für Zahnradprofile fast ausschließlich die Evolventenverzahnung verwendet. Sie erfüllt alle Anforderungen, die an eine Verzahnung gestellt werden und hat außerdem so viele andere wertvolle Eigenschaften, daß sie als Zahnkurve einzig dasteht. Diese Eigenschaften ermöglichen verschiedenartige, dem jeweiligen Verwendungszweck besonders angepaßte Ausführungsformen, und zwar im Gegensatz zu allen andern Zahnkurven, ohne Anwendung teurer Sonderwerkzeuge. Um diese Vorzüge begreiflich zu machen, wird die Evolvente in diesem Abschnitt gesondert behandelt.

Jeder Punkt einer Geraden, die sich, ohne zu gleiten auf einem Kreis abwälzt, beschreibt eine Kreisevolvente[1] (Abb. 18). Der Kreis, auf welchem die Abwälzung stattfindet, ist der Grundkreis. Die Gleichung der Kreisevolvente kann wie folgt abgeleitet werden:

Es seien:

$g =$ Halbmesser des Grundkreises

$b =$ Länge der Erzeugenden, d. h. des Abschnittes zwischen dem beschreibenden Punkt und dem Berührungspunkt mit dem Grundkreis

$r =$ Länge des Leitstrahles

$\vartheta =$ Polarwinkel

$\alpha =$ Winkel zwischen Leitstrahl und der auf der Erzeugenden errichteten Senkrechten (Pressungswinkel)

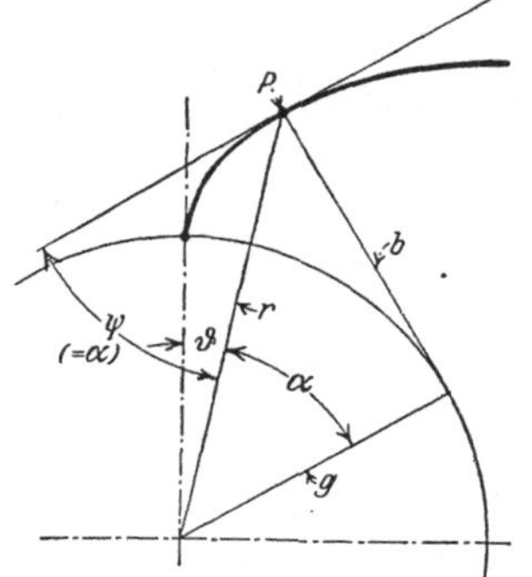

Abb. 18. Die Erzeugung der Evolvente.

Bei Evolventenberechnungen ist es zweckmäßig, die Winkel im Bogenmaß an einem Kreis mit dem Halbmesser 1 anzugeben. Die Größe eines Winkels von 360° beträgt daher, im Bogenmaß gemessen, $2\,\pi$, entsprechend dem vollen Umfang eines Kreises mit dem Halbmesser 1. Die Winkel werden in den folgenden Gleichungen stets im Bogenmaß angegeben; eine Ausnahme bilden nur die Winkelangaben bei den trigonometrischen Funktionen.

In Abb. 18 ist die Länge der Erzeugenden gleich der Länge des zum Zentriwinkel $\vartheta + \alpha$ gehörenden Bogens, da die Erzeugende von dem entsprechenden Teil des Grundkreisumfanges abgewickelt bzw. auf ihm abgewälzt worden ist. Es folgt daher:

$$b = g\,(\vartheta + \alpha)\,.$$

Gleichzeitig bildet b auch eine Kathete eines rechtwinkligen Dreiecks; es ist daher

$$b = g\,\mathrm{tang}\,\alpha\,.$$

Faßt man diese beiden Gleichungen zusammen, so erhält man:

$$g\,(\vartheta + \alpha) = g\,\mathrm{tang}\,\alpha\,,$$

$$\vartheta + \alpha = \mathrm{tang}\,\alpha\,,$$

$$\vartheta = \mathrm{tang}\,\alpha - \alpha\,. \tag{12}$$

---

[1] In dem Nachfolgenden ist, wenn von einer Evolvente gesprochen wird, stets die Kreisevolvente gemeint.

In demselben rechtwinkligen Dreieck ist:

$$r = \frac{g}{\cos \alpha} \,. \tag{13}$$

Die beiden letzten Gleichungen bilden die formell einfachste Darstellung der Kreisevolvente. Durch Eliminieren der Veränderlichen α können sie in einer einzigen Gleichung zusammengefaßt werden. In Abb. 18 ist

$$\tan \alpha = \frac{b}{g} \,,$$

$$b = \sqrt{r^2 - g^2} \,,$$

daher

$$\tan \alpha = \frac{\sqrt{r^2 - g^2}}{g} = \sqrt{\left(\frac{r}{g}\right)^2 - 1}$$

oder

$$\alpha = \operatorname{arc\,tang} \sqrt{\left(\frac{r}{g}\right)^2 - 1} \,.$$

Diese Werte in Gleichung (12) eingesetzt, erhält man

$$\vartheta = \sqrt{\left(\frac{r}{g}\right)^2 - 1} - \operatorname{arc\,tang} \sqrt{\left(\frac{r}{g}\right)^2 - 1} \,. \tag{14}$$

Gleichung (14) ist die Polargleichung der Kreisevolvente. Der Winkel ψ zwischen Leitstrahl und Kurventangente kann aus folgender bekannter Beziehung der analytischen Geometrie abgeleitet werden:

$$\tan \psi = r \frac{d\vartheta}{dr} \,,$$

$$\frac{d\vartheta}{dr} = \frac{\dfrac{r}{g^2}}{\sqrt{\left(\frac{r}{g}\right)^2 - 1}} - \frac{\dfrac{r}{g^2}}{\dfrac{r^2}{g^2}\sqrt{\left(\frac{r}{g}\right)^2 - 1}} = \left(\frac{r}{g^2}\right) \frac{\left(\frac{r}{g}\right)^2 - 1}{\dfrac{r^2}{g^2}\sqrt{\left(\frac{r}{g}\right)^2 - 1}} = \frac{\sqrt{\left(\frac{r}{g}\right)^2 - 1}}{r}$$

$$r \frac{d\vartheta}{dr} = \tan \psi = \sqrt{\left(\frac{r}{g}\right)^2 - 1} = \tan \alpha \,, \tag{15}$$

es ist also

$$\psi = \alpha \,.$$

Die Tangente der Evolvente liegt daher senkrecht zur Erzeugenden (Abb. 18). Die Erzeugende ist eine Normale der Kreisevolvente.

Der Krümmungshalbmesser ist in jedem Evolventenpunkt gleich der Länge der Erzeugenden zwischen diesem Punkt und dem Berührungspunkt der Erzeugenden und des Grundkreises, da der letzte Punkt als Schnittpunkt zweier unendlich benachbarter Normalen den Krümmungsmittelpunkt bildet; der Krümmungshalbmesser in jedem Punkt beträgt

$$b = \sqrt{r^2 - g^2} \,.$$

Eine zum Grundkreis tangentiell bewegliche Rolle (Abb. 19) wird von einer als Nockenscheibe ausgebildeten, sich mit gleichförmiger Winkelgeschwindigkeit drehenden Evolventenkurve mit gleichförmiger Geschwindigkeit angetrieben; die Steigung für eine Umdrehung der Nockenscheibe ist gleich dem Umfang des Grundkreises; sie beträgt bei einem Grundkreishalbmesser a $2\,a \cdot \pi$.

Die Eingriffslinie ist eine Tangente des Grundkreises. Sie ist eine Gerade, und daher in bezug auf jeden ihrer Punkte

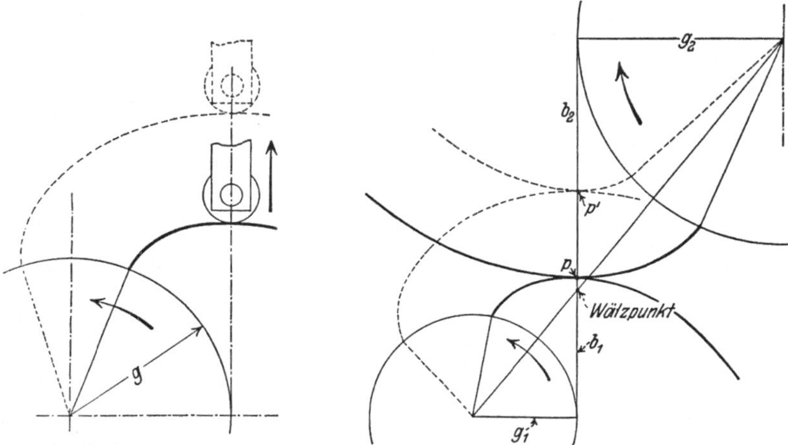

Abb. 19. Evolventennocke zur Erzeugung einer gleichförmigen Steigung.

Abb. 20. Der Eingriff zweier Evolventenprofile.

symmetrisch. Dies ist eine Eigenschaft der Kreisevolvente, die sie von allen andern Zahnkurven unterscheidet.

Der Eingriff zweier Evolventenprofile. Die Verhältnisse beim Eingriff zweier Evolventenprofile sind in Abb. 20 dargestellt.

Der Berührungspunkt der beiden Evolventen ist derjenige Profilpunkt, in welchem die Tangenten beider Kurven zusammenfallen. Die Tangenten liegen stets senkrecht zu den Kurvenerzeugenden. Die durch den Berührungspunkt gehenden Erzeugenden beider Kurven liegen demnach auf einer Geraden. Die Erzeugende der einen Evolvente bildet also die Fortsetzung der Erzeugenden der andern Evolvente. Der Eingriffspunkt von zwei zusammenarbeitenden Evolventenprofilen befindet sich daher auf der gemeinsamen Tangente der beiden Grundkreise (Abb. 20).

Dreht sich Evolvente *1* mit gleichförmiger Winkelgeschwindigkeit, so ändert sich die Länge ihrer Erzeugenden, d. h. die Entfernung b_1 von ihrem Berührungspunkt mit dem Grundkreis g_1 bis zum Eingriffspunkt P gleichförmig. Verläuft die Drehung in der in Abb. 20 angedeuteten Drehrichtung, so wird die Erzeugende länger. Gleichzeitig verkürzt sich aber bei Drehung der Evolvente 2 ihre Erzeugende b_2, d. h. die Entfernung vom Punkte P bis zu dem Berührungspunkt mit dem Grundkreise g_2 auch gleichförmig um den gleichen Betrag, da die Summe der Längen beider Erzeugenden, d. h. der zwischen beiden Grundkreisen liegende Abschnitt der Eingriffslinie unverändert bleibt. Dies bedeutet, daß die zweite Evolvente sich in der in Abb. 20 angedeuteten Pfeilrichtung gleichförmig drehen muß.

Das Verhältnis der Winkelgeschwindigkeiten ist ausschließlich von dem Verhältnis der Grundkreishalbmesser abhängig. Beim Zusammenarbeiten von Evolventenverzahnungen kommt es auf den Achsenabstand nicht an. Eine Berührung beider Profile kann nur längs der gemeinsamen Tangente der beiden Grundkreise erfolgen. Sind die Durchmesser der beiden Grundkreise gleich, so sind auch die Verdrehungen und die Winkelgeschwindigkeiten gleich groß. Ist der Durchmesser des einen Kreises doppelt so groß wie der des anderen, so ist die Winkelgeschwindigkeit des größeren halb so groß wie die des kleineren, da ja bei diesem Übersetzungsverhältnis in der gleichen Zeit die Erzeugenden um die gleichen Beträge ab- bzw. aufgewickelt werden. Es liegen hier dieselben Verhältnisse vor, wie bei zwei Riemenscheiben, die durch einen gekreuzten Riemen miteinander verbunden sind.

Demnach ist das Verhältnis der Winkelgeschwindigkeiten zweier zusammenarbeitender Evolventenprofile dem Verhältnis ihrer Grundkreishalbmesser umgekehrt proportional. Ist $\omega_1 =$ Winkelgeschwindigkeit der ersten Evolvente,

$\qquad \omega_2 =$ Winkelgeschwindigkeit der zweiten Evolvente,

$\qquad g_1 =$ Grundkreishalbmesser der ersten Evolvente,

$\qquad g_2 =$ Grundkreishalbmesser der zweiten Evolvente, so ist

$$\frac{\omega_1}{\omega_2} = \frac{g_2}{g_1}.$$

Das gleiche Übersetzungsverhältnis läßt sich auch durch runde Scheiben erzielen, die sich gegenseitig durch Reibung mitnehmen. Solche Scheiben sind allgemein als „Wälzscheiben" bekannt, ihre Durchmesser entsprechen den Wälzkreisdurchmessern. Man kann bei einer Evolventenverzahnung nur von einem Wälzkreisdurchmesser sprechen, wenn man sie mit einer zweiten Evolventenverzahnung in Eingriff bringt. Dies ist eine Eigentümlichkeit der Evolvente, durch die sie sich von allen andern Zahnkurven unterscheidet. Alle andern Zahnkurven sind von einer bestimmten Wälzlinie aus zu entwickeln. Ein Evolventenrad hat keinen bestimmten Wälzkreis, vielmehr ergibt er sich erst aus der Lage des Gegenrades. Die Form einer Evolvente ist ausschließlich vom Grundkreisdurchmesser abhängig.

In Abb. 21 sind zwei zusammenarbeitende Evolventenprofile mit verschiedenen Grundkreisdurchmessern dargestellt. Die gemeinsame Tangente der beiden Grundkreise ist die Eingriffslinie. Es ist bereits gezeigt worden, daß die Grundkreishalbmesser mit den Winkelgeschwindigkeiten umgekehrt proportional sind. Es läßt sich weiterhin zeigen, daß die Wälzkreishalbmesser R_1 und R_2 mit den Grundkreishalbmessern g_1 und g_2 direkt proportional sind.

Der Schnittpunkt der gemeinsamen Tangente der beiden Grundkreise, d. h. der Eingriffslinie und der Mittenlinie

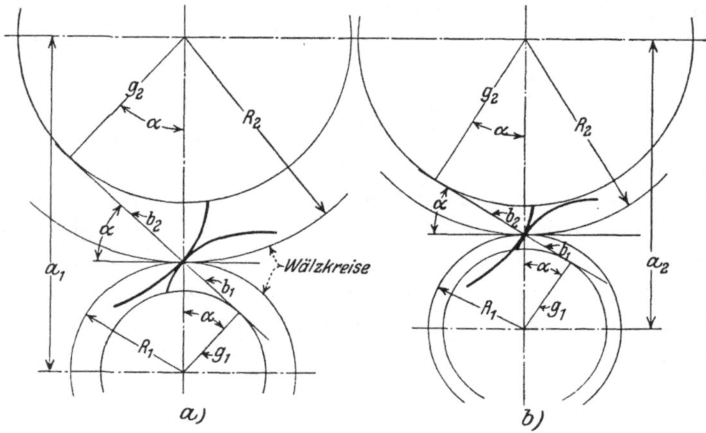

Abb. 21. Einfluß des Achsenabstandes auf Eingriffswinkel und Wälzkreisdurchmesser.

bestimmt den Wälzpunkt und hiermit die Halbmesser und R_2 der beiden Wälzkreise.

Um die Proportionalität der Grundkreis- und Wälzkreishalbmesser zu zeigen, betrachten wir die zwei ähnlichen Dreiecke in Abb. 21, bei welchen R_1 die Hypotenuse des einen, R_2 die des andern Dreieckes und g_1 die Kathete des ersteren, g_2 die Kathete des zweiten Dreieckes bilden.

Aus der Ähnlichkeit der Dreiecke folgt:

$$\frac{R_1}{R_2} = \frac{g_1}{g_2}.$$

Der Winkel, den die gemeinsame Tangente der beiden Grundkreise mit der Senkrechten zu der Mittenlinie bildet, ist der Eingriffswinkel. Es kann von einem Eingriffswinkel nur bei einer Evolventenräderpaarung mit gegebenem Achsenabstand, nicht dagegen bei einem einzelnen Evolventenrad gesprochen werden. Es besteht zwischen Wälzkreisdurchmesser und Eingriffswinkel ein ganz bestimmter Zusammenhang. Zu jedem Wälzkreisdurchmesser gehört ein bestimmter Eingriffswinkel. Der Eingriffswinkel ist der Pressungswinkel am Wälzkreis.

In Abb. 21 a) und in Abb. 21 b) sind zwar die Grundkreishalbmesser und dementsprechend die Profile gleich, die Wälzkreishalbmesser und die Eingriffswinkel infolge der verschiedenen Achsenabstände verschieden.

Ist a der Achsenabstand, so ist

$$a = R_1 + R_2,$$

$$R_1 = \frac{g_1 R_2}{g_2},$$

$$a = \frac{g_1 R_2}{g_2} + R_2 = R_2 \frac{g_1 + g_2}{g_2}.$$

Hieraus ergibt sich

$$R_2 = \frac{g_2 a}{g_1 + g_2}, \tag{16}$$

und

$$R_1 = \frac{g_1 a}{g_1 + g_2}. \tag{17}$$

Wenn $\alpha =$ Eingriffswinkel, so ist nach Abb. 21

$$\cos \alpha = \frac{g_1 + g_2}{a}. \tag{18}$$

Die Wälzkreishalbmesser und der Eingriffswinkel eines Evolventenräderpaares sind durch die Grundkreishalbmesser und den Achsenabstand eindeutig bestimmt.

Der Eingriff einer Evolvente und einer Geraden. In Abb. 22 ist ein Evolventenprofil dargestellt, das mit einer Geraden kämmt. Die Gerade ist eine Tangente der Evolvente, sie liegt daher senkrecht zu der Eingriffslinie. Wird die in Richtung der Eingriffslinie geführte Gerade durch Drehung des Evolventenprofils zwangläufig verschoben, so ist ihre Verschiebung gleichförmig, wenn das Evolventenprofil sich gleichförmig dreht; die Größe der Verschiebung

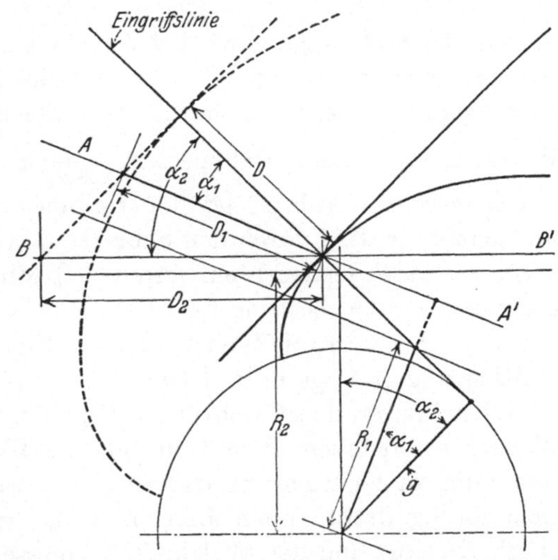

Abb. 22. Evolventenprofil im Eingriff mit einem geradlinigen Profil.

ist gleich der Abwickelung der Erzeugenden vom Grundkreis. Bei einer bestimmten Verdrehung des Evolventenprofils ist die Verschiebung der Geraden lediglich von dem Grundkreishalbmesser der Evolvente abhängig. Bei einer vollen Umdrehung ist die Verschiebung längs der Eingriffslinie gleich dem Umfange des Grundkreises.

Es sei nunmehr angenommen, daß die Gerade in der Richtung AA' geführt wird. Bezeichnet D_1 die Strecke, die die Gerade längs der Linie AA' beschreibt, D dagegen die Strecke, um die die Gerade bei gleicher Verdrehung des Evolventenprofils längs der Eingriffslinie verschoben wird und α_1 den Winkel zwischen der Eingriffslinie und der Linie AA', so ist

$$D_1 = \frac{D}{\cos \alpha_1}.$$

Da sich D gleichförmig ändert und α_1 gleichbleibend ist, so ändert sich auch D_1 gleichförmig. Da ferner $\cos \alpha_1$ niemals größer als 1 sein kann, kann D_1 niemals kleiner als D werden. Bewegt sich daher die Gerade, mit welcher das Evolventenprofil kämmt, in der Richtung AA', so ist die Strecke, um die sich die Gerade verschiebt — gleiche Verdrehung des Evolventenprofils vorausgesetzt — größer als die entsprechende Strecke bei einer Verschiebung längs der Eingriffslinie; die Bewegung bleibt aber gleichförmig, so lange sich die Evolvente gleichförmig dreht.

Bei einer vollen Umdrehung des Evolventenprofils wird

$$D = 2\pi g \quad \text{und} \quad D_1 = \frac{2\pi g}{\cos \alpha_1}.$$

Die gleiche Bewegung wie bei Verschiebung der Geraden in Richtung AA' bei einer bestimmten Verdrehung des Evolventenprofils, entsteht auch beim Abwälzen einer mit AA' parallelen „Wälzgeraden" auf einem Wälzkreis mit dem Halbmesser $\dfrac{g}{\cos \alpha_1}$ bei gleicher Verdrehung des Wälzkreises. In Abb. 22 ist der Halbmesser des Wälzkreises mit R_1 bezeichnet, er wird durch den Schnittpunkt der Eingriffslinie mit einer zur Linie AA' senkrechten, durch den Mittelpunkt des Grundkreises gelegten Geraden bestimmt.

α_1 ist der **Eingriffswinkel** beim Eingriff der Evolvente mit der in Richtung AA' geführten Geraden.

Wird die Gerade in Richtung BB' geführt, so kann der entsprechende Wälzkreishalbmesser R_2 auf die gleiche Weise bestimmt werden. Die Bewegung in der Richtung BB' ist gleichförmig, falls sich die Evolvente gleichförmig dreht. Beim Eingriffswinkel α_2 ist die Verschiebung D_2 gleich $D/\cos \alpha_2$ und der Wälzkreishalbmesser R_2 gleich $g/\cos \alpha_2$.

Zusammenfassung der Eigenschaften der Evolvente. Auf Grund der obigen Ausführungen können wir die Eigenschaften der Evolvente wie folgt zusammenfassen:

1. Die Form der Evolvente ist lediglich von ihrem Grundkreisdurchmesser abhängig.

2. Bei einem Evolventenräderpaar ist bei gleichförmiger Winkelgeschwindigkeit des treibenden Rades die Winkelgeschwindigkeit des getriebenen Rades auch gleichförmig, unabhängig vom Achsenabstand.

3. Das Verhältnis der Winkelgeschwindigkeiten ist lediglich von dem Verhältnis der Grundkreishalbmesser abhängig, die Winkelgeschwindigkeiten sind den Grundkreishalbmessern umgekehrt proportional.

4. Die gemeinsame Tangente der beiden Grundkreise bildet die Eingriffslinie. Zwei Evolventen können nur längs der gemeinsamen Tangente ihrer Grundkreise im Eingriff stehen.

5. Die Eingriffslinie einer Evolvente ist eine Gerade. Es kann ein jeder beliebiger Punkt an dieser Geraden als Wälzpunkt angenommen werden, die Eingriffslinie bleibt immer symmetrisch in bezug auf den Wälzpunkt.

6. Der Schnittpunkt der gemeinsamen Tangente der beiden Grundkreise und der Mittenlinie bestimmt die Wälzkreishalbmesser der zusammenarbeitenden Evolventenprofile. Bei einem Evolventenprofil kann von einem Wälzkreis nur die Rede sein, wenn es mit einem anderen Evolventenprofil im Eingriff steht oder mit einer Geraden kämmt, die in einer bestimmten Richtung geführt wird.

7. Die Wälzkreishalbmesser von zwei zusammenarbeitenden Evolventenprofilen sind den Grundkreishalbmessern direkt proportional. Der Eingriffswinkel zweier zusammenarbeitender Evolventenprofile ist der Winkel, den die gemeinsame Tangente der Grundkreise mit der Normalen zu der Mittenlinie bildet.

8. Bei einer Evolventenverzahnung kann man nur dann von einem Eingriffswinkel sprechen, wenn sie mit einer zweiten Evolventenverzahnung im Eingriff steht, oder wenn sie mit einer Geraden kämmt, die in einer bestimmten unveränderlichen Richtung geführt wird.

9. Der Eingriffswinkel eines Evolventenprofils, das mit einer Geraden kämmt, die in einer bestimmten Richtung geführt wird, ist der Winkel zwischen der Eingriffslinie und der Bewegungsrichtung der Geraden.

10. Der Wälzkreishalbmesser eines Evolventenprofils, das mit einer Geraden kämmt, die in einer bestimmten Richtung geführt wird, wird vom Schnittpunkt eines vom Grundkreismittelpunkt auf die Bewegungsrichtung gefällten Lotes mit der Eingriffslinie bestimmt.

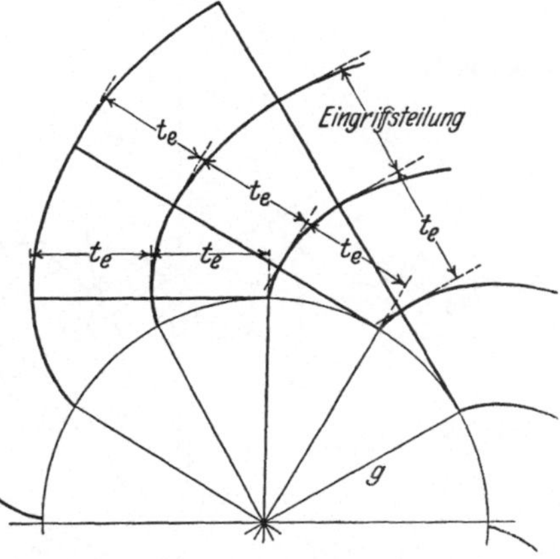

Abb. 23. Die Entstehung der aufeinanderfolgenden Flanken.

Verwendung der Evolvente für Zahnradprofile. Wird die Evolvente für Zahnradprofile verwendet, so werden von ein und demselben Grundkreis eine Anzahl Evolventen entwickelt, um die Profile der aufeinanderfolgenden Zähne zu bilden. Da die Zähne symmetrisch sind, genügt es, nur eine von beiden Zahnflanken zu untersuchen.

In Abb. 23 ist die Entwicklung der linken Flanke einiger Zähne dargestellt. Man stelle sich einen Faden mit Knoten in gleichen Abständen vor, der um den Umfang des Grundkreises gewickelt ist. Wird der Faden abgewickelt, so beschreibt jeder Knoten eine Evolvente.

Der Abstand der Evolventen voneinander, gemessen auf einer beliebigen Tangente des Grundkreises, ist stets gleich groß. Dieser Abstand entspricht der Länge eines Bogens am Grundkreise zwischen den Anfangspunkten von zwei aufeinanderfolgenden Evolventen; er wird **Eingriffsteilung** des Zahnrades genannt.

Es sei:

$$t_e = \text{Eingriffsteilung}$$
$$g = \text{Halbmesser des Grundkreises}$$
$$Z = \text{Zähnezahl des Zahnrades}$$

so ist

$$t_e = \frac{2\,\pi\,g}{Z}. \tag{19}$$

Bei zwei zusammenarbeitenden Zahnrädern muß die Eingriffsteilung gleich groß sein, um einen stoßfreien, fortlaufenden Eingriff zu gewährleisten.

Überdeckungsgrad. Es ist eines der wichtigsten Erfordernisse bei der Konstruktion von Zahnrädern für Kraftübertragung, die Evolventenprofile so zu wählen, daß, bevor zwei zusammenarbeitende Zähne außer Eingriff kommen, die nächstfolgenden zwei Zähne sich bereits im Eingriff befinden.

Die Eingriffslänge im Winkelmaß ist der Winkel, den ein Zahn von Anfang bis Ende seines Eingriffes beschreibt. Der Teilwinkel ist der Zentriwinkel zwischen zwei aufeinanderfolgenden gleich liegenden Flanken. Wie aus dem Obigen hervorgeht, muß die Eingriffslänge im Winkelmaß größer sein als der Teilwinkel, d. h. der Quotient beider Größen muß > 1 werden. Dieser Quotient wird mit Überdeckungsgrad bzw. Eingriffsdauer ε bezeichnet.

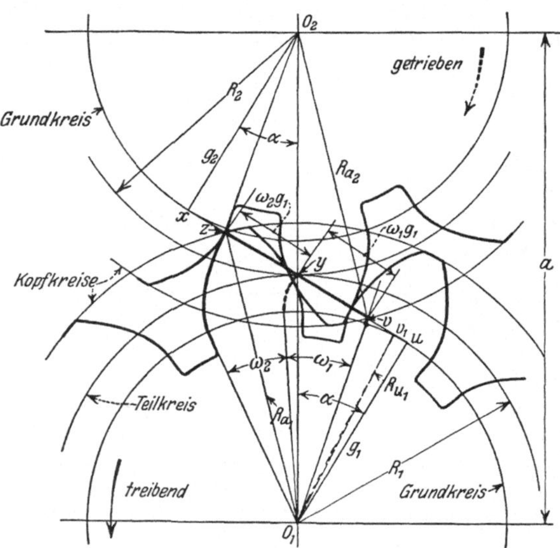

Abb. 24. Die Eingriffslänge bei der Evolventenverzahnung.

In Abb. 24 wird der Eingriff durch die Kopfkreise beider Räder begrenzt. Der Eingriffspunkt verschiebt sich während des Eingriffes eines Zahnes entlang dem stark ausgezogenen Abschnitt der Eingriffslinie zwischen den Kopfkreisen. Einer Drehung der Räder um eine Teilung entspricht eine Verschiebung um den Betrag der Eingriffsteilung entlang der Eingriffslinie. Der Überdeckungsgrad kann auch als Quotient der stark ausgezogenen Eingriffsstrecke an der Eingriffslinie und der Eingriffsteilung bestimmt werden, Zähler und Nenner sind ja mit der Eingriffslänge im Winkelmaß bzw. mit dem Teilwinkel proportional.

Die Eingriffslänge im Winkelmaß kann in einen Zugangswinkel und einen Abgangswinkel unterteilt werden. Der Zugangswinkel ist der Winkel, den eine Flanke vom Beginn des Eingriffes bis zum Wälzpunkt, der Abgangswinkel jener Winkel, den eine Flanke vom Wälzpunkt bis zum Ende des Eingriffes beschreibt.

In Abb. 24 sind:

$$\alpha = \text{Eingriffswinkel}$$
$$\omega_1 = \text{Zugangswinkel}$$
$$\omega_2 = \text{Abgangswinkel}$$
$$Z_1 = \text{Zähnezahl des treibenden Rades}$$
$$Z_2 = \text{Zähnezahl des getriebenen Rades}$$
$$a = \text{Achsenabstand}$$
$$R_1 = \text{Wälzkreishalbmesser des treibenden Rades}$$
$$R_2 = \text{Wälzkreishalbmesser des getriebenen Rades}$$
$$R_{a_1} = \text{Kopfkreishalbmesser des treibenden Rades}$$
$$R_{a_2} = \text{Kopfkreishalbmesser des getriebenen Rades}$$
$$t_e = \text{Eingriffsteilung}$$
$$g_1 = \text{Grundkreishalbmesser des treibenden Rades}$$
$$g_2 = \text{Grundkreishalbmesser des getriebenen Rades.}$$

ω_1, w_2, sowie der Überdeckungsgrad können, wie folgt, abgeleitet werden. Der Zugangswinkel im Bogenmaß ergibt sich als Quotient des Abstandes $y\,v$ und des Grundkreishalbmessers g_1.

Es ist:

$$y\,v = x\,v - x\,y\,,$$
$$x\,y = R_2 \sin \alpha\,,$$
$$x\,v = \sqrt{(R_{a_2})^2 - g_2^2}\,.$$

Hieraus ergibt sich:

$$\omega_1 = \frac{\sqrt{(R_{a_2})^2 - (g_2)^2} - R_2 \sin \alpha}{g_1}\,. \tag{20}$$

Der Abgangswinkel ergibt sich in gleicher Weise als Quotient der Eingriffsstrecke $y\,z$ durch g_1. Es ist:

$$y\,z = z\,u - y\,u\,,$$
$$y\,u = R_1 \sin \alpha\,,$$
$$z\,u = \sqrt{(R_{a_1})^2 - g_1^2}\,.$$

Hieraus ergibt sich:

$$\omega_2 = \frac{\sqrt{(R_{a_1})^2 - (g_1)^2} - R_1 \sin \alpha}{g_1} . \tag{21}$$

Der Überdeckungsgrad ε ergibt sich zu

$$\varepsilon = \frac{z\,v}{t_e} ,$$

$$z\,v = y\,z + y\,v ,$$

$$z\,v = \sqrt{(R_{a_1})^2 - g_1^2} + \sqrt{(R_{a_2})^2 - g_2^2} - (R_1 + R_2) \sin \alpha .$$

Da

$$R_1 + R_2 = a ,$$

so ist

Überdeckungsgrad $= \varepsilon = \dfrac{\sqrt{(R_{a_1})^2 - (g_1)^2} + \sqrt{(R_{a_2})^2 - g_2^2} - a \sin \alpha}{t_e}$ $\tag{22}$

Bei kleinen Zähnezahlen wird zuweilen bei der Bearbeitung der Zähne der in der Umgebung des Grundkreises liegende Abschnitt des Evolventenprofils durch Unterschnitt zerstört[1]. Die Begrenzung der Eingriffstrecke erfolgt hierbei häufig durch die innere Begrenzung des nicht zerstörten Profils und nicht durch den Kopfkreis des Gegenrades.

Es sei:

$R_{u_1} =$ Halbmesser des Kreises, der durch den innersten Profilpunkt gelegt wird, beim treibenden Rad

$R_{u_2} =$ Halbmesser des Kreises, der durch den innersten Profilpunkt gelegt wird, beim getriebenen Rad.

Es ist stets:

$$R_{u_1} > g_1 \qquad \text{und} \qquad R_{u_2} > g_2 .$$

Die dem Zugangswinkel entsprechende Eingriffstrecke kann nie größer als

$$y\,v_1 = y\,u - u\,v_1 = R_1 \sin \alpha - \sqrt{(R_{u_1})^2 - g_1^2}$$

werden. Ist $y\,v_1 > y\,v$, also

$$R_1 \sin \alpha - \sqrt{(R_{u_1})^2 - (g_1)^2} > \sqrt{(R_{a_2})^2 - (g_2)^2} - R_2 \sin \alpha$$

oder

$$\sqrt{(R_{u_1})^2 - (g_1)^2} + \sqrt{(R_{a_2})^2 - (g_2)^2} < a \sin \alpha ,$$

so wird der Überdeckungsgrad durch den Unterschnitt des ersten Rades nicht beeinflußt. Ist dagegen $y\,v_1 < y\,v$, also

$$\sqrt{(R_{u_1})^2 - (g_1)^2} + \sqrt{(R_{a_2})^2 - (g_2)^2} > a \sin \alpha ,$$

---

[1] Siehe Seite 38.

so muß an Stelle von yv mit yv_1 gerechnet werden. Ist das zweite Rad nicht unterschnitten, so ergibt sich der Überdeckungsgrad in diesem Fall zu

$$\varepsilon = \frac{\sqrt{(R_{a_1})^2 - (g_1)^2} - \sqrt{(R_{u_1})^2 - (g_1)^2}}{t_e}. \tag{22a}$$

Ist nur das getriebene Rad unterschnitten, so wird bei

$$\sqrt{(R_{u_2})^2 - (g_2)^2} + \sqrt{(R_{a_1})^2 - (g_1)^2} < a \sin \alpha$$

der Überdeckungsgrad durch den Unterschnitt nicht beeinflußt. Für

$$\sqrt{(R_{u_2})^2 - (g_2)^2} + \sqrt{(R_{a_1})^2 - (g_1)^2} > a \sin \alpha$$

ergibt sich:

$$\varepsilon = \frac{\sqrt{(R_{a_2})^2 - (g_2)^2} - \sqrt{(R_{u_2})^2 - (g_2)^2}}{t_e}. \tag{22b}$$

Sind beide Räder unterschnitten, so können folgende vier Fälle eintreten:

1.
$$\sqrt{(R_{u_1})^2 - (g_1)^2} + \sqrt{(R_{a_2})^2 - (g_2)^2} < a \sin \alpha,$$
$$\sqrt{(R_{u_2})^2 - (g_2)^2} + \sqrt{(R_{a_1})^2 - (g_1)^2} < a \sin \alpha.$$

Der Überdeckungsgrad wird durch Gleichung (22) bestimmt.

2.
$$\sqrt{(R_{u_1})^2 - (g_1)^2} + \sqrt{(R_{a_2})^2 - (g_2)^2} > a \sin \alpha,$$
$$\sqrt{(R_{u_2})^2 - (g_2)^2} + \sqrt{(R_{a_1})^2 - (g_1)^2} < a \sin \alpha.$$

Der Überdeckungsgrad wird durch Gleichung (22a) bestimmt.

3.
$$\sqrt{(R_{u_1})^2 - (g_1)^2} + \sqrt{(R_{a_2})^2 - (g_2)^2} < a \sin \alpha,$$
$$\sqrt{(R_{u_2})^2 - (g_2)^2} + \sqrt{(R_{a_1})^2 - (g_1)^2} > a \sin \alpha.$$

Der Überdeckungsgrad wird durch Gleichung (22b) bestimmt.

4.
$$\sqrt{(R_{u_1})^2 - (g_1)^2} + \sqrt{(R_{a_2})^2 - (g_2)^2} > a \sin \alpha,$$
$$\sqrt{(R_{u_2})^2 - (g_2)^2} + \sqrt{(R_{a_1})^2 - (g_1)^2} > a \sin \alpha.$$

Der Eingriff wird nach beiden Seiten durch den innersten Profilpunkt begrenzt. Der Überdeckungsgrad ergibt sich zu

$$\varepsilon = \frac{a \sin \alpha - \sqrt{(R_{u_1})^2 - (g_1)^2} - \sqrt{(R_{u_2})^2 - (g_2)^2}}{t_e}. \tag{22c}$$

Das wirksame Profil. Das wirksame Profil ist derjenige Teil des Zahnprofils, der mit dem Gegenprofil längs der Eingriffslinie in Berührung kommt. Ist das wirksame Profil bei mindestens einem Rad wesentlich kürzer als das Gesamtprofil, so tritt ein starkes Gleiten ein. Bei geringem Gleiten erstreckt sich das wirksame Profil beinahe über die ganze Zahnhöhe.

Die Höhe des wirksamen Profils kann folgendermaßen bestimmt werden:

Beim treibenden Rad ist die Höhe des wirksamen Profils gleich $R_{a_1} - o_1 v$. $o_1 v$ ergibt sich aus dem rechtwinkligen Dreieck $o_1 u v$ (Abb. 24). In diesem Dreieck ist:

$$u v = a \sin \alpha - \sqrt{(R_{a_2})^2 - (g_2)^2}\,,$$
$$o_1 v = \sqrt{g_1^2 + (u v)^2}\,.$$

Hieraus ergibt sich die Höhe des wirksamen Profils bei dem treibenden Rad zu

$$R_{a_1} - \sqrt{(g_1)^2 + \left[a \sin \alpha - \sqrt{(R_{a_2})^2 - (g_2)^2}\right]^2}\,,$$

bei dem getriebenen Rad auf die gleiche Weise zu

$$R_{a_2} - \sqrt{(g_2)^2 + \left[a \sin \alpha - \sqrt{(R_{a_1})^2 - (g_1)^2}\right]^2}\,.$$

Bei unterschnittenen Rädern sind obige Werte nur maßgebend, falls sie kleiner sind, als $R_{a_1} - R_{u_1}$ bei den treibenden und $R_{a_2} - R_{u_2}$ bei dem getriebenen Rad. Anderenfalls wird das wirksame Profil nach innen vom Unterschnitt — und nicht vom Kopfkreis des Gegenrades bestimmt. Das wirksame Profil ergibt sich dann zu $R_{a_1} - R_{u_1}$ bei dem treibenden und $R_{a_2} - R_{u_2}$ bei dem getriebenen Rad[1].

Wälzen und Gleiten. Es ist bereits darauf hingewiesen worden, daß der Krümmungshalbmesser in jedem Evolventenpunkt durch die Länge der Erzeugenden bestimmt wird. Abb. 25 zeigt die aufeinander folgenden Lagen der Erzeugenden bei gleichen Winkel-

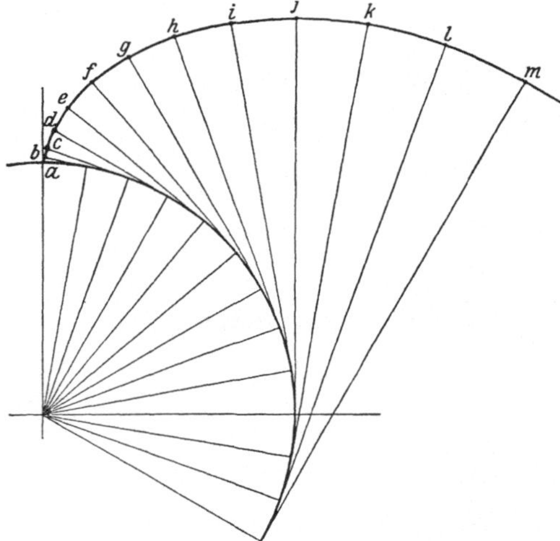

Abb. 25. Die Änderung des Krümmungshalbmessers an der Evolvente.

intervallen. Im Anfangspunkte a ist die Länge der Erzeugenden gleich O. Bei b ist sie unendlichfach länger; bei c ist sie doppelt so lang wie bei b; bei d ist sie anderthalb mal so lang wie bei c; bei e ist sie einundein-

---

[1] Falls der Eingriff sowohl beim treibenden als auch beim getriebenen Rad durch den Unterschnitt begrenzt wird (Seite 31, Fall 4), so ist die Höhe des wirksamen Profils am treibenden Rad

$$\sqrt{(g_1)^2 + \left[a \sin \alpha - \sqrt{(R_{u_2})^2 - (g_2)^2}\right]^2} - R_{u_1}\,,$$

am getriebenen Rad

$$\sqrt{(g_1)^2 + \left[a \sin \alpha - \sqrt{(R_{u_1})^2 - (g_1)^2}\right]^2} - R_{u_2}\,.$$

drittelmal so lang wie bei d; usw. Der verhältnismäßige Zuwachs des Krümmungshalbmessers bei gleichen Winkelintervallen ist in der Umgebung des Grundkreises am stärksten; er verringert sich immer mehr mit wachsendem Abstand vom Grundkreis. Die Kurve ist in der Nähe des Grundkreises sehr empfindlich, sie hat einen kleinen und rasch sich ändernden Krümmungshalbmesser, sie wird um so weniger empfindlich, je mehr sie sich vom Grundkreise entfernt.

Die genaue Erzeugung derartiger empfindlicher Kurven ist außerordentlich schwierig, ganz gleich, ob dieselben für Verzahnungen im engeren Sinne oder für Nocken verwendet werden. **Das wirksame Profil einer Evolventenverzahnung soll sich daher nur dann bis zum Grundkreise oder dessen nächster Umgebung erstrecken, wenn keine andere Lösung möglich ist.**

Aus Abb. 25 ist ersichtlich, daß der Kurvenabschnitt ab viel kürzer als bc, bc wiederum kürzer ist als cd usw. Die Kurvenabschnitte, die während der Drehung um gleiche Winkelintervalle in Eingriff kommen, sind also verschieden lang; sie sind um so länger, je weiter sie vom Grundkreis liegen. Bei einem bestimmten Evolventenprofil ist durch die Größe der Winkelintervalle und durch die Entfernung vom Grundkreis die Länge der Kurvenabschnitte eindeutig bestimmt, ganz unabhängig davon, ob das Evolventenprofil mit einem Evolventengegenprofil von beliebigem Grundkreisdurchmesser oder mit einer Geraden (Zahnstange) oder mit einer Rolle zusammenarbeitet.

Sind zwei Evolventen im Eingriff, so entsteht zwischen ihnen infolge der verschiedenen Längen der miteinander zusammenarbeitenden Kurvenabschnitte eine kombinierte Wälz- und Gleitwirkung.

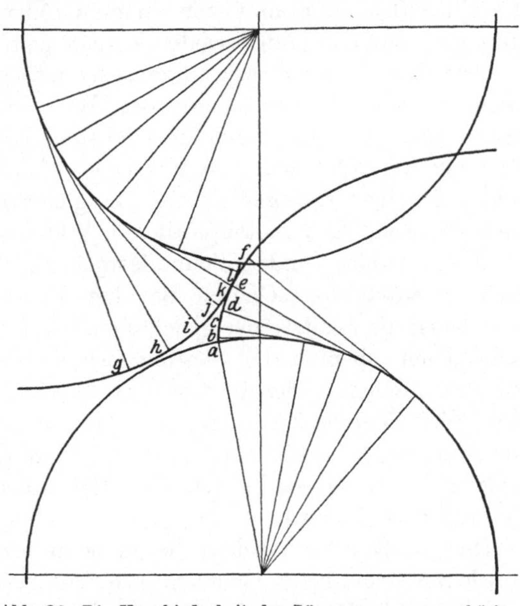

Abb. 26. Die Verschiedenheit der Längen zusammengehöriger Profilabschnitte verursacht Gleitung.

In Abb. 26 sind zwei Evolventen mit gleichen Grundkreishalbmessern im Eingriff dargestellt, deren Erzeugende in gleichen Winkelintervallen aufgetragen sind. Der Abschnitt ab der einen Evolvente kommt mit dem Abschnitt gh der andern Evolvente in Eingriff. ab liegt viel näher zu seinem Grundkreise als gh und ist dementsprechend viel kürzer. Die beiden Profile müssen daher aneinander gleiten, um den Unterschied in ihren Längen auszugleichen. Der Abschnitt bc ist länger als ab, der Abschnitt hi kürzer als gh. Der Abschnitt bc ist zwar noch immer kürzer als hi, der durch Gleitung auszugleichende Längenunterschied ist jedoch geringer als zwischen ab und gh. Der Längenunterschied zwischen cd und ij wird noch kleiner, dementsprechend auch das Gleiten. Abschnitt cd an der unteren Evolvente ist noch immer kürzer als der Gegenabschnitt ij. Die Abschnitte de und jk sind beinahe gleich lang, der Abschnitt de an der unteren Evolvente ist indessen etwas länger, das in diesem Abschnitt noch geringfügige Gleiten findet von nun an in umgekehrter Richtung statt. Die weiteren Abschnitte der unteren Evolvente werden allmählich länger, dagegen die der oberen Evolvente kürzer, so daß das Gleiten in einem dem ursprünglichen entgegengesetzten Sinne sich allmählich wieder vergrößert. Das Gleiten zwischen zwei zusammenarbeitenden Evolventenprofilen ändert sich demnach ständig im Laufe des Eingriffes; es nimmt von einem Größtwert bis Null ab, um im entgegengesetzten Sinne wieder anzusteigen.

Die Gleitverhältnisse gestalten sich am übersichtlichsten beim Gleiten zweier runder Scheiben aufeinander. Bei gleichen Umfangsgeschwindigkeiten und entgegengesetztem Drehsinn wälzen sich beide Scheiben ohne Gleiten aufeinander ab. Die sich aufeinander wälzenden Strecken beider Scheiben sind gleich lang. Die gleichen Verhältnisse liegen beim Eingriff zweier Evolventenprofile am Wälzpunkt vor.

Wird die eine runde Scheibe festgehalten, während die andere sich dreht, so entsteht ein Gleiten. Bei einer Umdrehung der sich drehenden Scheibe ist die Gleitstrecke gleich dem Scheibenumfang, und zwar ist es ganz gleich, ob man die Gleitung der sich drehenden Scheibe relativ zur festen Scheibe oder die Gleitung der festen Scheibe relativ zur sich drehenden Scheibe betrachtet. Der Unterschied besteht darin, daß die Gleitwirkung bei der festen Scheibe sich auf einen einzigen Punkt konzentriert, während sie bei der sich drehenden Scheibe auf den ganzen Umfang verteilt wird.

Die gleichen Verhältnisse liegen beim Eingriff zweier Evolventenprofile am Grundkreis des einen Evolventenprofils vor. Der am Grundkreis liegende Profilabschnitt entspricht der festen Scheibe, der zugehörige Abschnitt am Kopf des Gegenprofils entspricht der sich drehenden Scheibe.

Ein Gleiten entsteht auch dann, wenn die Umfangsgeschwindigkeiten der beiden in entgegengesetzter Richtung laufenden Scheiben verschieden sind. Die Gleitstrecke in einer bestimmten Zeit ist wiederum gleich groß, ganz gleich, ob man die Gleitung der ersten Scheibe an der zweiten oder die Gleitung der zweiten Scheibe an der ersten betrachtet. Die Gleitwirkung verteilt sich jedoch bei der mit größerer Umlaufsgeschwindigkeit laufenden Scheibe auf einen größeren Abschnitt als bei der Scheibe mit kleinerer Umfangsgeschwindigkeit. Die Gleitwirkung ist um so größer, je größer die Gleitstrecke und je kürzer der Profilabschnitt, auf den die Gleitwirkung verteilt wird. Als Maßstab für die Gleitwirkung kann die spezifische Gleitung — d. h. das Verhältnis der Gleitstrecke zum Profilabschnitt, auf dem die Gleitwirkung stattfindet — gewählt werden.

Bei zwei mit gleichbleibenden, jedoch mit voneinander verschiedenen Umfangsgeschwindigkeiten sich drehenden Scheiben ist die spezifische Gleitung konstant; bei Evolventenprofilen ist sie in den verschiedenen Eingriffslagen verschieden. Die Gleitwirkung an der Kopfkante des einen Profils entspricht der Gleitwirkung an der schneller umlaufenden, die Gleitwirkung an der Fußflanke des Gegenprofils der Gleitwirkung an der langsamer umlaufenden Scheibe. Die spezifische Gleitung beim Eingriff von Evolventenprofilen kann folgendermaßen bestimmt werden:

In Abb. 27 seien:

Z_1 = Zähnezahl des treibenden Rades
Z_2 = Zähnezahl des getriebenen Rades
g_1 = Grundkreishalbmesser des treibenden Rades
g_2 = Grundkreishalbmesser des getriebenen Rades
b_1 = Länge der Erzeugenden bis zum Eingriffspunkt beim treibenden Rad
b_2 = Länge der Erzeugenden bis zum Eingriffspunkt beim getriebenen Rad
r_1 = Halbmesser des treibenden Rades am Eingriffspunkt
r_2 = Halbmesser des getriebenen Rades am Eingriffspunkt
a = Achsenabstand
α = Eingriffswinkel.

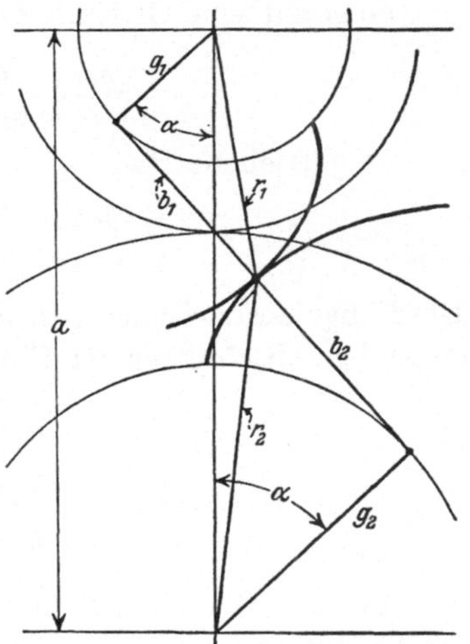

Abb. 27. Die Bestimmung der spezifischen Gleitung zwischen zwei Evolventenprofilen.

Ein beliebiger, unendlich kleiner Abschnitt des Evolventenprofils kann als Kreisbogen betrachtet werden, dessen Halbmesser gleich dem Krümmungshalbmesser der Evolvente an der betreffenden Stelle, d. h. gleich der Länge der Erzeugenden ist. Der Zentriwinkel dieses Bogens, der mit φ_1 am treibenden, und mit φ_2 am getriebenen Rad bezeichnet werden soll, ist gleichzeitig derjenige Verdrehungswinkel des betreffenden Rades, bei welchem der angenommene Kurvenabschnitt (Bogen) vom Anfang bis Ende in Eingriff kommt. Nimmt man am Rad- und Gegenradprofil zusammengehörige Abschnitte an, so sind die zugehörigen Zentriwinkel umgekehrt proportional mit den Zähnezahlen.

$$\varphi_1 : \varphi_2 = Z_2 : Z_1 .$$

Die Länge der Kurvenabschnitte am treibenden und getriebenen Rad ist:

$$b_1\,\varphi_1 \quad \text{und} \quad b_2\,\varphi_2 ,$$

die entsprechende Gleitstrecke beträgt:

$$b_1\,\varphi_1 - b_2\,\varphi_2$$

bzw.

$$b_2\,\varphi_2 - b_1\,\varphi_1 .$$

Den Gleitweg an der Flanke desjenigen Rades, für welches die spezifische Gleitung bestimmt werden soll, nehmen wir dann als positiv an, wenn der unendlich kleine Abschnitt desselben im untersuchten Eingriffspunkt länger ist als der zugehörige Gegenabschnitt. Entgegengesetztenfalls erhält die Gleitstrecke ein negatives Vorzeichen.

Die spezifische Gleitung ergibt sich für das treibende Rad

$$\frac{b_1\,\varphi_1 - b_2\,\varphi_2}{b_1\,\varphi_1} = \frac{b_1\,Z_2 - b_2\,Z_1}{b_1\,Z_2} , \tag{23}$$

für das getriebene Rad

$$\frac{b_2\,\varphi_2 - b_1\,\varphi_1}{b_2\,\varphi_2} = \frac{b_2\,Z_1 - b_1\,Z_2}{b_2\,Z_1} . \tag{24}$$

Die Länge des zwischen den Berührungspunkten mit den Grundkreisen liegenden Abschnittes der Eingriffslinie beträgt:

$$b_1 + b_2 = a \sin \alpha ,$$
$$b_1 = \sqrt{(r_1)^2 - (g_1)^2} , \tag{25}$$
$$b_2 = a \sin \alpha - b_1 . \tag{26}$$

An dem am Grundkreise liegenden Profilpunkt des treibenden Rades ergibt sich die spezifische Gleitung wie folgt:

$$b_1 = 0 ,$$
$$r_1 = g_1 .$$

Die spezifische Gleitung

$$= \frac{0 - b_2\,Z_1}{0} = -\infty .$$

In gleicher Weise finden wir, daß die spezifische Gleitung am Grundkreise des getriebenen Rades ebenfalls $-\infty$ beträgt. Am Wälzpunkt ist:

$$b_1 = g_1 \, \text{tang} \, \alpha ,$$
$$b_2 = g_2 \, \text{tang} \, \alpha ,$$

die spezifische Gleitung am treibenden Profil

$$= \frac{g_1 Z_2 \tang \alpha - g_2 Z_1 \tang \alpha}{g_1 Z_2 \tang \alpha} = \frac{g_1 Z_2 - g_2 Z_1}{g_1 Z_2},$$

da aber

$$g_1 : g_2 = Z_1 : Z_2,$$

so ist

$$g_1 Z_2 - g_2 Z_1 = 0.$$

Es wird also die spezifische Gleitung $= 0$.

Im Wälzpunkt rollen also Profil und Gegenprofil ohne zu gleiten, aufeinander ab.

Ein Zahnstangenprofil kann als ein Evolventenprofil mit unendlich großem Grundkreis betrachtet werden. Die Längen der Zahnstangenprofilabschnitte, die gleichen Winkelteilungen am Zahnrad entsprechen, sind gleich groß (s. Abb. 28). Um die spezifische Gleitung bei der Paarung eines Evolventenrades mit einer Zahnstange zu bestimmen, geht man vom Wälzpunkt aus, wo, wie bereits angegeben, reines Wälzen ohne Gleiten stattfindet. An dieser Stelle ist die Länge eines unendlich kleinen Profilabschnittes der Zahnstange gleich der Länge des entsprechenden unendlich kleinen Profilabschnittes am Zahnrad. Der Krümmungshalbmesser des Zahnradprofils in diesem Punkte beträgt $g_1 \tang \alpha$ (s. Abb. 28). Die Länge eines beliebigen Profilabschnittes am Rade beträgt $b_1 \varphi_1$, der entsprechende Abschnitt am Zahnstangenprofil

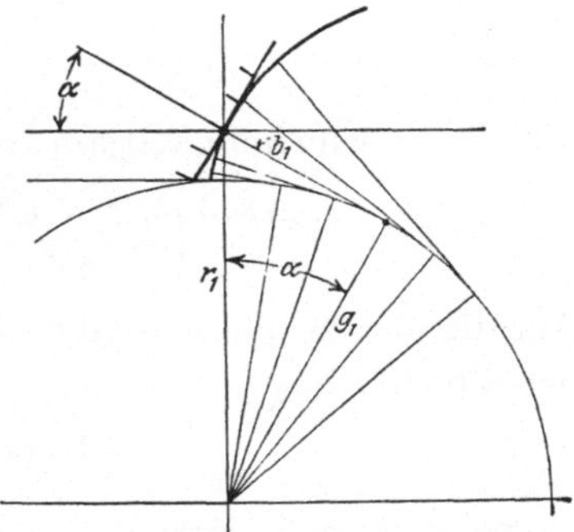

Abb. 28. Die Bestimmung der spezifischen Gleitung zwischen einem Evolventenprofil und einem geradflankigen Zahnstangenprofil.

$$g_1 \tang \alpha \cdot \varphi_1.$$

Hieraus ergibt sich die spezifische Gleitung am Zahnradprofil

$$= \frac{b_1 \varphi_1 - g_1 \tang \alpha \cdot \varphi_1}{b_1 \varphi_1} = \frac{b_1 - g_1 \tang \alpha_1}{b_1}. \tag{27}$$

Die spezifische Gleitung am Zahnstangenprofil

$$\frac{g_1 \tang \alpha - b_1}{g_1 \tang \alpha}. \tag{28}$$

Die Bestimmung der Gleitgeschwindigkeit. Die Gleitgeschwindigkeit wird durch die in der Zeiteinheit zurückgelegte Gleitstrecke bestimmt. Sie ergibt sich als Produkt der Geschwindigkeit, mit welcher der Eingriffspunkt auf dem Profil wandert und der spezifischen Gleitung. Einer Verdrehung von φ_1 am treibenden Rad entspricht ein Wälzbogen von

$$\frac{g_1}{\cos\alpha}\,\varphi_1$$

am Wälzkreis, der Eingriffspunkt wandert hierbei um den Bogen $b_1\varphi_1$ am Profil entlang. Das Verhältnis der Umfangsgeschwindigkeit am Wälzkreis und der Geschwindigkeit, mit welcher der Eingriffspunkt am treibenden Profil wandert, beträgt also

$$\frac{g_1}{\cos\alpha} : b_1\,.$$

Ist V gleich der Umfangsgeschwindigkeit am Wälzkreis, so ergibt sich die Geschwindigkeit, mit der der Eingriffspunkt am treibenden Profil wandert, zu

$$V\frac{b_1\cos\alpha}{g_1}\,,$$

die Gleitgeschwindigkeit am treibenden Profil zu

$$V\frac{b_1\cos\alpha}{g_1}\left(\frac{b_1 Z_2 - b_2 Z_1}{b_1 Z_2}\right) = V\cos\alpha\left(\frac{b_1 Z_2 - b_2 Z_1}{g_1 Z_2}\right). \qquad (29)$$

Auf die gleiche Weise ergibt sich die Gleitgeschwindigkeit am getriebenen Profil

$$= V\cos\alpha\left(\frac{b_2 Z_1 - b_1 Z_2}{g_2 Z_1}\right). \qquad (30)$$

Dem absoluten Werte nach sind beide gleich, infolge der bezüglich des Vorzeichens der Gleitstrecke getroffenen Vereinbarung sind die Vorzeichen verschieden; sie kennzeichnen die Art des Gleitens.

Die Unterschneidung bei der Evolventenverzahnung. Nach den vorhergehenden Entwicklungen berührt die Eingriffslinie bei einer Evolventenverzahnung den Grundkreis. Ein korrekter Eingriff kann nur bis zum

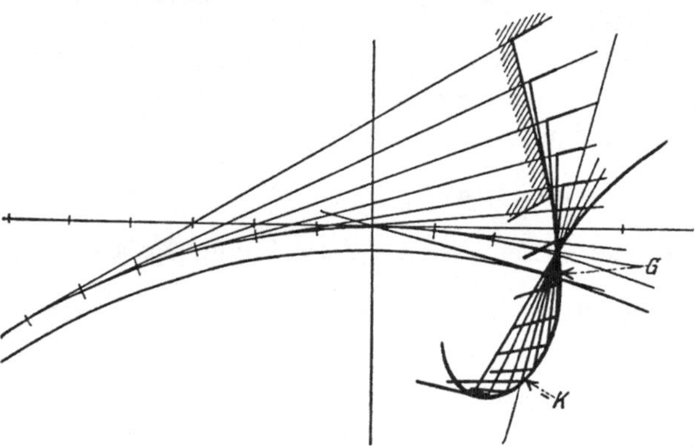

Abb. 29. Die Unterschneidung eines Evolventenzahnes durch ein bis unterhalb des Grundkreises sich erstreckendes Zahnstangenzahnprofil.

Berührungspunkt der Eingriffslinie mit dem Grundkreis erfolgen (vgl. Abb. 9). In Abb. 29 sind die Verhältnisse beim Kämmen eines Rades mit Evolventenverzahnung mit einem Zahnstangenprofil mit scharfer Kopfkante K dargestellt. Ein korrekter Eingriff wäre nur bis zum Punkte G möglich. Erstreckt sich das Profil des Zahnstangenzahnes unterhalb G z. B. bis K, so kann der Profilabschnitt GK mit der Evolvente nicht mehr in korrekten Eingriff kommen. Beim Zusammenarbeiten beider angenommenen Profile wälzt sich die Wälzgerade der Zahnstange auf dem Wälzkreis des Rades ab. Bei diesem Vorgange beschreibt der Punkt K des Zahnstangenprofiles relativ zum Rade eine aus Abb. 29 ersichtliche Kurve, die den Zahnfuß unterhalb des Grundkreises unterschneidet. Es wird aber auch ein Teil des Evolventenprofiles weggeschnitten; in dem in Abb. 29 angenommenen Falle wird der ganze, zwischen dem Grundkreis und dem Wälzkreis liegende Abschnitt unterschnitten. Ein derartiger Unterschnitt entsteht z. B., wenn das Zahnrad mit dem zahnstangenartigen Werkzeug erzeugt wird. Soll umgekehrt ein mit einem beliebigen Werkzeug erzeugtes Evolventenrad mit einem bis zum Punkte K reichenden Zahnstangenprofil kämmen, so muß der Zahn des Rades mindestens entsprechend der Unterschnittskurve GK unterschnitten werden, damit kein falscher Eingriff (interference) der Kopfkante des Zahnstangenzahnes mit dem unterhalb des Grundkreises liegenden Fußprofil des Rades stattfinden kann.

Ein Unterschnitt ist abgesehen von der Schwächung des Zahnes durch die Unterhöhlung des Zahnfußes auch deshalb schädlich, weil ein Teil des wirksamen Evolventenprofiles am Rade weggeschnitten und dadurch die Eingriffsdauer verkürzt wird. Durch zweckmäßige Wahl der Zahnhöhe ist daher ein Unterschnitt möglichst zu vermeiden. Zu diesem Zweck sollte die scharfe Kante K des Zahnstangenzahnes bzw. die Kopflinie nicht unterhalb des Punktes liegen, in dem der Grundkreis von der Eingriffslinie berührt wird.

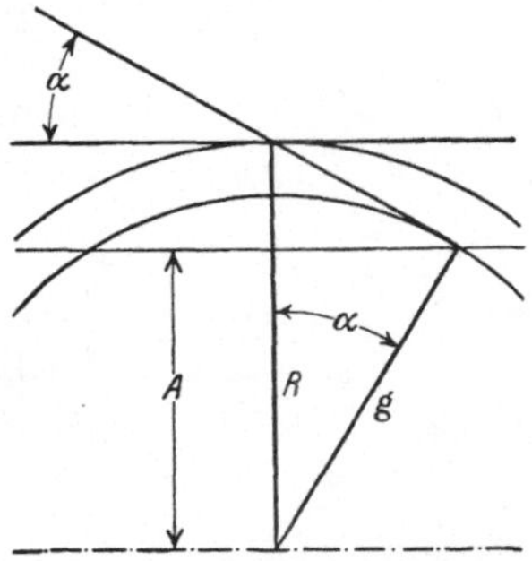

In Abb. 30 sei:

$A =$ kleinster Abstand zwischen der Kopflinie eines Zahnstangenprofils mit scharfen Kanten und dem Grundkreismittelpunkt, bei welchem noch kein Unterschnitt erforderlich ist

$g =$ Grundkreishalbmesser

$R =$ Wälzkreishalbmesser der Evolvente

$\alpha =$ Eingriffswinkel.

Abb. 30. Der kleinste Abstand eines Zahnstangenprofils vom Grundkreismittelpunkt bei Vermeidung der Unterschneidung.

Dann ist

$$A = g \cos \alpha = R \cos^2 \alpha . \qquad (31)$$

Wenn zwei Evolventen im Eingriff stehen, dürfen sich aus dem gleichen Grunde ihre Kopfkreise nicht über die Berührungspunkte der Eingriffslinie mit den Grundkreisen erstrecken, wenn ein Unterschnitt vermieden werden soll.

In Abb. 31 sind:

B_1 = größter Kopfkreishalbmesser des treibenden Rades, bei welchem noch kein Unterschnitt des getriebenen Rades erforderlich ist

B_2 = größter Kopfkreishalbmesser des getriebenen Rades, bei welchem noch kein Unterschnitt des treibenden Rades erforderlich ist

a = Achsenabstand

g_1 = Grundkreishalbmesser des treibenden Rades

g_2 = Grundkreishalbmesser des getriebenen Rades

R_1 = Wälzkreishalbmesser des treibenden Rades

R_2 = Wälzkreishalbmesser des getriebenen Rades

α = Eingriffswinkel

dann ist

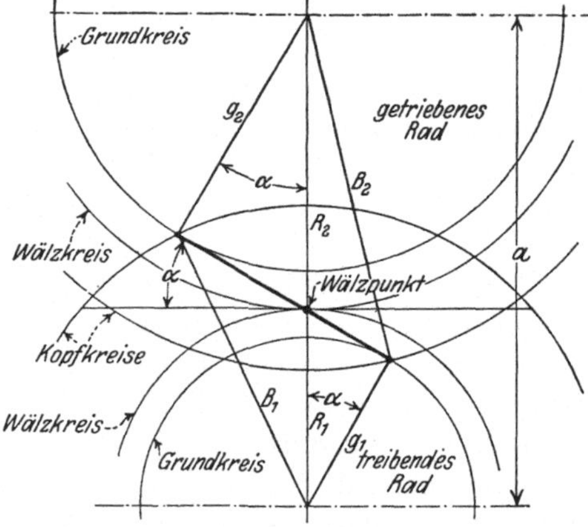

Abb. 31. Die größtzulässigen Kopfkreishalbmesser bei Vermeidung der Unterschneidung.

$$B_1 = \sqrt{(g_1)^2 + (a \sin \alpha)^2} \quad (32)$$

und

$$B_2 = \sqrt{(g_2)^2 + (a \sin \alpha)^2}. \quad (33)$$

Zahn- und Lagerdrücke. Der Zahndruck ist der bei der Kraftübertragung zwischen der treibenden und getriebenen Flanke auftretende Normaldruck. Die tangentielle Reibungskomponente wird in den folgenden Betrachtungen nicht berücksichtigt. Der Zahndruck wird bei Rädern mit Evolventenverzahnung längs der Eingriffslinie ausgeübt; bei konstanter Kraftübertragung ist sowohl die Richtung als auch die Größe des Zahndruckes konstant. Dies ist eine weitere wertvolle Eigenschaft der Evolvente.

In Abb. 32 sei:

W = am Umfange des Wälzkreises wirkende tangentielle Umfangskraft

P = Zahndruck

α = Eingriffswinkel

dann ist:

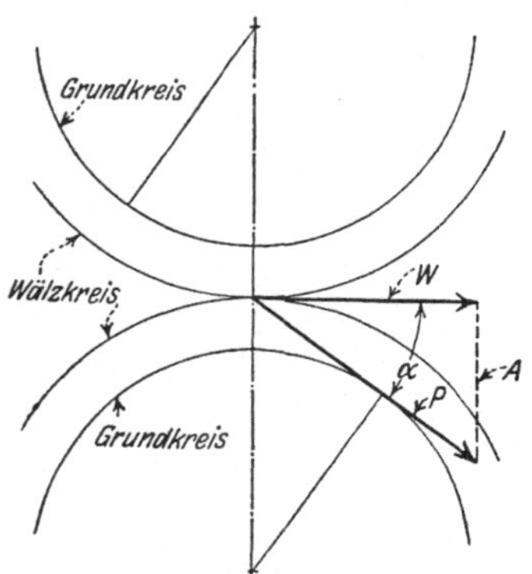

Abb. 32. Der Zahndruck längs der Eingriffslinie.

$$P = \frac{W}{\cos \alpha}. \quad (34)$$

Der Lagerdruck bei Zahnrädern kann in ähnlicher Weise ermittelt werden.

In Abb. 32 sei A die Kraft, welche die Zahnradwellen voneinander zu entfernen sucht.

$$A = W \text{ tang } \alpha.$$

Sie wird oft mit dem Gesamtlagerdruck verwechselt, obgleich sie nur eine Komponente des letzteren bildet. Die andere Komponente ist die Umfangskraft W. Der gesamte Lagerdruck bei einem einzigen Räderpaar ist

$$P = \sqrt{W^2 + A^2} = \frac{W}{\cos \alpha}\,. \tag{35}$$

Der gesamte Lagerdruck und der Zahndruck sind bei einem einzigen Räderpaar gleich groß. Bei einem zusammengesetzten Getriebe sind die Lagerdrücke die Resultanten der einzelnen Zahndrücke, sie ergeben sich durch Zusammensetzung der einzelnen Zahndruckkomponenten für jede einzelne Lagerstelle.

Bei gegebenem Drehmoment bzw. gegebener Umfangskraft wird bei den gebräuchlichen Eingriffswinkeln zwischen $14\frac{1}{2}^0$ und 25^0 die Größe des Zahndruckes nur wenig vom Eingriffswinkel beeinflußt.

Z. B. nehmen wir an, daß die Umfangskraft

$$W = 1000 \text{ kg}\,,$$

$$\alpha = 14\tfrac{1}{2}^0$$

beträgt, dann ist der Zahndruck

$$P = \frac{1000}{\cos 14\tfrac{1}{2}^0} = 1035 \text{ kg}\,.$$

Ist

$$W = 1000 \text{ kg}\,,$$

$$\alpha = 25^0\,,$$

so wird

$$P = \frac{1000}{\cos 25^0} = 1103 \text{ kg}\,.$$

Bei einer Änderung des Eingriffswinkels von $14\frac{1}{2}^0$ auf 25^0 wird der Zahndruck nur um nicht ganz 7% erhöht. Bei einer Änderung des Eingriffswinkels wird in erheblichem Maße nur die Richtung und nicht die Größe des Zahndruckes geändert.

III. Evolventrigonometrie.

Die Evolvente hat eine Anzahl geometrischer Eigenschaften, die bei ihrer Anwendung für Zahnradprofile außerordentlich wertvoll sind. Praktisch werden die Vorteile, die die Evolventenverzahnung bietet, vielfach nicht ausgenützt, da die rechnerischen Grundlagen der Ermittelung der Zahnabmessungen nicht allgemein bekannt sind. Die Evolventenberechnungen sind zwar zuweilen umfangreich, jedoch mit Hilfe einiger grundlegender Sätze lassen sie sich verhältnismäßig einfach durchführen. Evolventenberechnungen sind grundsätzlich nicht schwieriger als die trigonometrische Bestimmung von ebenen Dreiecken.

Der Evolventenzahn kann gewissermaßen als ein Dreieck betrachtet werden, dessen Grundlinie durch einen Kreisbogen und die beiden kongruenten Seiten durch die Evolventenflanken gebildet werden. Das Rechnungsverfahren für Evolventenverzahnungen kann daher mit „Evolvententrigonometrie" bezeichnet werden.

Abb. 33 zeigt eine Evolvente, deren Gleichung in dem vorangehenden Abschnitt wie folgt abgeleitet wurde.

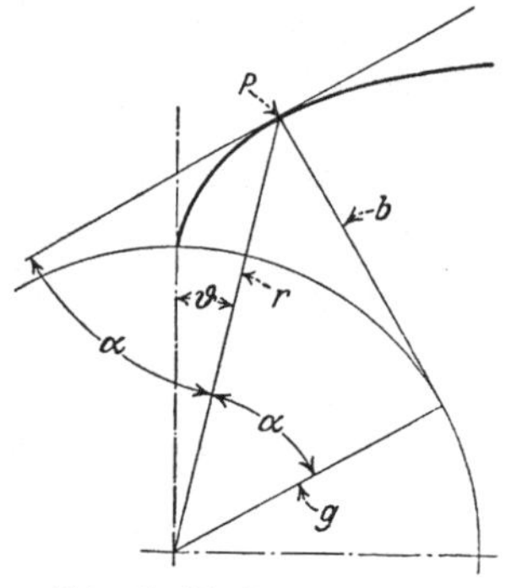

Sind

g = Grundkreishalbmesser
r = Länge des Leitstrahles
ϑ = Polarwinkel
α = der von Leitstrahl und Kurventangente eingeschlossene Winkel (Pressungswinkel),

so ist

$$\vartheta = \operatorname{tang} \alpha - \alpha \qquad (36)$$

und

$$r = \frac{g}{\cos \alpha}. \qquad (37)$$

Abb. 33. Die Entstehung der Evolvente.

Mit Hilfe dieser beiden grundlegenden Gleichungen können die Evolventenberechnungen unschwer durchgeführt werden. Aus Gleichung (36) ist ersichtlich, daß zwischen den beiden Winkeln ϑ und α eine bestimmte Beziehung besteht. ϑ wird am zweckmäßigsten im Bogenmaß angegeben, er ergibt sich nach Gleichung (36) als Differenz von $\operatorname{tang} \alpha$ und dem im Bogenmaß gemessenen Winkel α. ϑ ist lediglich von α abhängig; er wird „Evolventenfunktion" von α genannt und in den folgenden Gleichungen mit $\operatorname{inv} \alpha$ bezeichnet[1].

Die Größe der Evolventenfunktion wurde für verschiedene Werte von α in Tabelle 1 zusammengestellt; diese Tabelle wird ebenso wie die trigonometrischen Tabellen gehandhabt. Die Tabelle der Evolventenfunktion in Verbindung mit den üblichen trigonometrischen Tabellen ermöglicht die Evolventenberechnungen in ähnlicher Weise wie die Berechnung der ebenen Dreiecke auszuführen.

Die Methoden der Evolvententrigonometrie sollen im folgenden an einer Reihe von Aufgaben erläutert werden. Zunächst werden die erforderlichen Gleichungen abgeleitet und hiernach zahlenmäßige Aufgaben gelöst.

6. Aufgabe: Gegeben die Zahndicke und der Pressungswinkel eines Evolventenrades an einem bestimmten Halbmesser, zu bestimmen die Zahndicke an einem andern Halbmesser.

---

[1] Da eine deutsche Bezeichnung für diese Funktion dem Übersetzer nicht bekannt ist, wurde die amerikanische Bezeichnung inv = involute = Evolvente übernommen.

Tabelle 1. Werte der Evolventenfunktion inv $\alpha = \mathrm{tang}\,\alpha - \alpha$.

Minuten	0°	1°	2°	3°	4°
0	0,00000 00000 00	0,00000 177	0,00001 418	0,00004 790	0,00011 364
1	00 08	186	454	871	507
2	00 66	196	491	952	651
3	01 22	205	528	0,00005 034	796
4	05 25	215	565	117	943
5	10 26	225	603	201	0,00012 090
6	17 72	236	642	286	239
7	28 14	247	682	372	389
8	42 01	258	722	458	541
9	59 81	270	762	546	693
10	82 05	281	804	634	847
11	0,00000 001C9 20	0,00000 294	0,00001 846	0,00005 724	0,00013 002
12	141 78	306	888	814	158
13	180 26	319	931	906	316
14	225 14	333	975	998	474
15	276 91	346	0,00002 020	0,00006 091	634
16	336 06	360	065	186	796
17	403 10	375	111	281	958
18	478 50	389	158	377	0,00014 122
19	562 76	404	205	474	287
20	656 38	420	253	573	453
21	0,00000 00759 84	0,00000 436	0,00002 301	0,00006 672	0,00014 621
22	873 64	452	351	772	790
23	0998 27	469	401	873	960
24	1134 23	486	452	975	0,00015 132
25	1281 99	504	503	0,00007 078	305
26	1442 07	522	555	183	479
27	1614 95	540	608	288	655
28	1802 12	559	662	394	831
29	2001 08	579	716	501	0,00016 010
30	2215 31	598	771	610	189
31	0,00000 02444 31	0,00000 618	0,00002 827	0,00007 719	0,00016 370
32	2688 57	639	884	829	552
33	2948 59	660	941	941	736
34	3224 86	682	999	0,00008 053	921
35	3517 87	704	0,00003 058	167	0,00017 107
36	3828 10	726	117	281	294
37	4156 07	749	178	397	483
38	4502 24	772	239	514	674
39	4867 13	796	301	632	866
40	5251 22	821	364	751	0,00018 059
41	0,00000 05655 01	0,00000 846	0,00003 427	0,00008 871	0,00018 253
42	06078 98	871	491	992	449
43	06523 63	897	556	0,00009 114	646
44	06989 46	923	622	237	845
45	07476 95	950	689	362	0,00019 045
46	07986 60	978	757	487	247
47	08518 89	0,00001 005	825	614	450
48	09074 33	034	894	742	654
49	09653 41	063	964	870	860
50	10256 61	092	0,00004 035	0,00010 000	0,00020 067
51	0,00000 10884 43	0,00001 123	0,00004 107	0,00010 132	0,00020 276
52	11537 37	153	179	264	486
53	12215 91	184	252	397	698
54	12920 56	216	327	532	911
55	13651 79	248	402	668	0,00021 125
56	14410 11	281	478	805	341
57	15196 00	315	554	943	559
58	16009 97	349	632	0,00011 082	778
59	16852 50	383	711	223	998
60	0,00000 17724 08	0,00001 418	0,00004 790	0,00011 364	0,00022 220

Evolventtrigonometrie.

Tabelle 1 (Fortsetzung).

Minuten	5⁰	6⁰	7⁰	8⁰	9⁰
0	0,00022 220	0,00038 45	0,00061 15	0,00091 45	0,00130 48
1	443	8 77	1 59	2 03	1 21
2	668	9 09	2 03	2 60	1 95
3	894	9 42	2 48	3 18	2 68
4	0,00023 123	9 75	2 92	3 77	3 42
5	352	0,00040 08	3 37	4 35	4 16
6	583	0 41	3 82	4 94	4 91
7	816	0 74	4 27	5 53	5 66
8	0,00024 049	1 08	4 73	6 12	6 41
9	284	1 41	5 18	6 72	7 16
10	522	1 75	5 64	7 32	7 92
11	0,00024 761	0,00042 09	0,00066 10	0,00097 92	0,00138 68
12	0,00025 001	2 44	6 57	8 52	9 44
13	243	2 78	7 03	9 13	0,00140 20
14	486	3 13	7 50	9 73	0 97
15	731	3 47	7 97	0,00100 34	1 74
16	977	3 82	8 44	0 96	2 51
17	0,00026 225	4 17	8 92	1 57	3 29
18	474	4 53	9 39	2 19	4 07
19	726	4 88	9 87	2 81	4 85
20	978	5 24	0,00070 35	3 43	5 63
21	0,00027 233	0,00045 60	0,00070 83	0,00104 06	0,00146 42
22	489	5 96	1 32	4 69	7 21
23	746	6 32	1 81	5 32	8 00
24	0,00028 005	6 69	2 30	5 95	8 80
25	266	7 06	2 79	6 59	9 60
26	528	7 43	3 28	7 22	0,00150 40
27	792	7 80	3 78	7 86	1 20
28	0,00029 058	8 17	4 28	8 51	2 01
29	325	8 54	4 78	9 15	2 82
30	594	8 92	5 28	9 80	3 63
31	0,00029 864	0,00049 30	0,00075 79	0,00110 45	0,00154 45
32	0,00030 137	9 68	6 29	1 11	5 27
33	410	0,00050 06	6 80	1 76	6 09
34	686	0 45	7 32	2 42	6 91
35	963	0 83	7 83	3 08	7 74
36	0,00031 242	1 22	8 35	3 75	8 57
37	522	1 61	8 87	4 41	9 41
38	804	2 00	9 39	5 08	0,00160 24
39	0,00032 088	2 40	9 91	5 75	1 08
40	374	2 80	0,00080 44	6 43	1 93
41	0,00032 661	0,00053 19	0,00080 96	0,00117 11	0,00162 77
42	950	3 59	1 50	7 79	3 62
43	0,00033 241	4 00	2 03	8 47	4 47
44	533	4 40	2 56	9 15	5 33
45	827	4 81	3 10	9 84	6 18
46	0,00034 123	5 22	3 64	0,00120 53	7 04
47	421	5 63	4 18	1 22	7 91
48	720	6 04	4 73	1 92	8 77
49	0,00035 021	6 45	5 27	2 62	9 64
50	324	6 87	5 82	3 32	0,00170 51
51	0,00035 628	0,00057 29	0,00086 38	0,00124 02	0,00171 39
52	934	7 71	6 93	4 73	2 27
53	0,00036 242	8 13	7 49	5 44	3 15
54	552	8 56	8 05	6 15	4 03
55	864	8 98	8 61	6 87	4 92
56	0,00037 177	9 41	9 17	7 58	5 81
57	492	9 85	9 74	8 30	6 71
58	809	0,00060 28	0,00090 31	9 03	7 60
59	0,00038 128	0 71	0 88	9 75	8 50
60	0,00038 448	0,00061 15	0,00091 45	0,00130 48	0,00179 41

Tabelle 1 (Fortsetzung).

Minuten	10°	11°	12°	13°	14°
0	0,00179 41	0,00239 41	0,00311 71	0,00397 54	0,00498 19
1	0,00180 31	0,00240 51	3 02	9 09	0,00500 00
2	1 22	1 61	4 34	0,00400 65	1 82
3	2 13	2 72	5 67	2 21	3 64
4	3 05	3 83	6 99	3 77	5 46
5	3 97	4 95	8 32	5 34	7 29
6	4 89	6 07	9 66	6 92	9 12
7	5 81	7 19	0,00321 00	8 49	0,00510 96
8	6 74	8 31	2 34	0,00410 08	2 80
9	7 67	9 44	3 69	1 66	4 65
10	8 60	0,00250 57	5 04	3 25	6 50
11	0,00189 54	0,00251 71	0,00326 39	0,00414 85	0,00518 35
12	0,00190 48	2 85	7 75	6 44	0,00520 22
13	1 42	3 99	9 11	8 05	2 08
14	2 37	5 13	0,00330 48	9 65	3 95
15	3 32	6 28	1 85	0,00421 26	5 82
16	4 27	7 44	3 22	2 88	7 70
17	5 23	8 59	4 60	4 50	9 58
18	6 19	9 75	5 98	6 12	0,00531 47
19	7 15	0,00260 91	7 36	7 75	3 36
20	8 12	2 08	8 75	9 38	5 26
21	0,00199 09	0,00263 25	0,00340 14	0,00431 02	0,00537 16
22	0,00200 06	4 43	1 54	2 66	9 07
23	1 03	5 60	2 94	4 30	0,00540 98
24	2 01	6 78	4 34	5 95	2 90
25	2 99	7 97	5 75	7 60	4 82
26	3 98	9 16	7 16	9 26	6 74
27	4 97	0,00270 35	8 58	0,00440 92	8 67
28	5 96	1 54	0,00350 00	2 59	0,00550 60
29	6 95	2 74	1 42	4 26	2 54
30	7 95	3 94	2 85	5 93	4 48
31	0,00208 95	0,00275 15	0,00354 28	0,00447 61	0,00556 43
32	9 95	6 36	5 72	9 29	8 38
33	0,00210 96	7 57	7 16	0,00450 98	0,00560 34
34	1 97	8 79	8 60	2 67	2 30
35	2 99	0,00280 01	0,00360 05	4 37	4 27
36	4 00	1 23	1 50	6 07	6 24
37	5 02	2 46	2 96	7 77	8 22
38	6 05	3 69	4 41	9 48	0,00570 20
39	7 07	4 93	5 88	0,00461 20	2 18
40	8 10	6 16	7 35	2 91	4 17
41	0,00219 14	0,00287 41	0,00368 82	0,00464 64	0,00576 17
42	0,00220 17	8 65	0,00370 29	6 36	8 17
43	1 21	9 90	1 77	8 09	0,00580 17
44	2 26	0,00291 15	3 26	9 83	2 18
45	3 30	2 41	4 74	0,00471 57	4 20
46	4 35	3 67	6 23	3 31	6 22
47	5 41	4 94	7 73	5 06	8 24
48	6 47	6 20	9 23	6 81	0,00590 28
49	7 53	7 47	0,00380 73	8 57	2 30
50	8 59	8 75	2 24	0,00480 33	4 34
51	0,00229 66	0,00300 03	0,00383 75	0,00482 10	0,00596 38
52	0,00230 73	1 31	5 27	3 87	8 43
53	1 80	2 60	6 79	5 64	0,00600 48
54	2 88	3 89	8 31	7 42	2 54
55	3 96	5 18	9 84	9 21	4 60
56	5 04	6 48	0,00391 37	0,00490 99	6 67
57	6 13	7 78	2 91	2 79	8 74
58	7 22	9 08	4 45	4 58	0,00610 81
59	8 31	0,00310 39	5 99	6 39	2 89
60	0,00239 41	0,00311 71	0,00397 54	0,00498 19	0,00614 98

Evolventtrigonometrie.

Tabelle 1 (Fortsetzung).

Minuten	15°	16°	17°	18°	19°
0	0,00614 98	0,00749 3	0,00902 5	0,01076 0	0,01271 5
1	7 07	51 7	05 2	79 1	75 0
2	9 17	54 1	07 9	82 2	78 4
3	0,00621 27	56 5	10 7	85 3	81 9
4	3 37	58 9	13 4	88 4	85 4
5	5 48	61 3	16 1	91 5	88 8
6	7 60	63 7	18 9	94 6	92 3
7	9 72	66 1	21 6	97 7	95 8
8	0,00631 84	68 6	24 4	0,01100 8	99 3
9	3 97	71 0	27 2	03 9	0,01302 8
10	6 11	73 5	29 9	07 1	06 3
11	0,00638 25	0,00775 9	0,00932 7	0,01110 2	0,01309 8
12	0,00640 39	78 4	35 5	13 3	13 4
13	2 54	80 8	38 3	16 5	16 9
14	4 70	83 3	41 1	19 6	20 4
15	6 86	85 7	43 9	22 8	24 0
16	9 02	88 2	46 7	26 0	27 5
17	0,00651 19	90 7	49 5	29 1	31 1
18	3 37	93 2	52 3	32 3	34 6
19	5 55	95 7	55 2	35 5	38 2
20	7 73	98 2	58 0	38 7	41 8
21	0,00659 92	0,00800 7	0,00960 8	0,01141 9	0,01345 4
22	0,00662 11	03 2	63 7	45 1	49 0
23	4 31	05 7	66 5	48 3	52 6
24	6 52	08 2	69 4	51 5	56 2
25	8 73	10 7	72 2	54 7	59 8
26	0,00670 94	13 3	75 1	58 0	63 4
27	3 16	15 8	78 0	61 2	67 0
28	5 39	18 3	80 8	64 4	70 7
29	7 62	20 9	83 7	67 7	74 3
30	9 85	23 4	86 6	70 9	77 9
31	0,00682 09	0,00826 0	0,00989 5	0,01174 2	0,01381 6
32	4 34	28 5	92 4	77 5	85 2
33	6 59	31 1	95 3	80 7	88 9
34	8 84	33 7	98 2	84 0	92 6
35	0,00691 10	36 2	0,01001 2	87 3	96 3
36	3 37	38 8	04 1	90 6	99 9
37	5 64	41 4	07 0	93 9	0,01403 6
38	7 91	44 0	09 9	97 2	07 3
39	0,00700 19	46 6	12 9	0,01200 5	11 0
40	2 48	49 2	15 8	03 8	14 8
41	0,00704 77	0,00851 8	0,01018 8	0,01207 1	0,01418 5
42	7 06	54 4	21 7	10 5	22 2
43	9 36	57 1	24 7	13 8	25 9
44	0,00711 67	59 7	27 7	17 2	29 7
45	3 98	62 3	30 7	20 5	33 4
46	2 30	65 0	33 6	23 9	37 2
47	8 62	67 6	36 6	27 2	40 9
48	0,00720 95	70 2	39 6	30 6	44 7
49	3 28	72 9	42 6	34 0	48 5
50	5 61	75 6	45 6	37 3	52 3
51	0,00727 96	0,00878 2	0,01048 6	0,01240 7	0,01456 0
52	0,00730 30	80 9	51 7	44 1	59 8
53	2 66	83 6	54 7	47 5	63 6
54	5 01	86 3	57 7	50 9	67 4
55	7 38	88 9	60 8	54 3	71 3
56	9 75	91 6	63 8	57 8	75 1
57	0,00742 12	94 3	66 9	61 2	78 9
58	4 50	97 0	69 9	64 6	82 7
59	6 88	99 8	73 0	68 1	86 6
60	0,00749 27	0,00902 5	0,01076 0	0,01271 5	0,01490 4

Tabelle 1 (Fortsetzung).

Minuten	20°	21°	22°	23°	24°
0	0,01490 4	0,01734 5	0,02005 4	0,02304 9	0,02635 0
1	94 3	38 8	10 1	10 2	40 7
2	98 2	43 1	14 9	15 4	46 5
3	0,01502 0	47 4	19 7	20 7	52 3
4	05 9	51 7	24 4	25 9	58 1
5	09 8	56 0	29 2	31 2	63 9
6	13 7	60 3	34 0	36 5	69 7
7	17 6	64 7	38 8	41 8	75 6
8	21 5	69 0	43 6	47 1	81 4
9	25 4	73 4	48 4	52 4	87 2
10	29 3	77 7	53 3	57 7	93 1
11	0,01533 3	0,01782 1	0,02058 1	0,02363 1	0,02698 9
12	37 2	86 5	62 9	68 4	0,02704 8
13	41 1	90 8	67 8	73 8	10 7
14	45 1	95 2	72 6	79 1	16 6
15	49 0	99 6	77 5	84 5	22 5
16	53 0	0,01804 0	82 4	89 9	28 4
17	57 0	08 4	87 3	95 2	34 3
18	60 9	12 9	92 1	0,02400 6	40 2
19	64 9	17 3	97 0	06 0	46 2
20	68 9	21 7	0,02101 9	11 4	52 1
21	0,01572 9	0,01826 2	0,02106 9	0,02416 9	0,02758 1
22	76 9	30 6	11 8	22 3	64 0
23	80 9	35 1	16 7	27 7	70 0
24	85 0	39 5	21 7	33 2	76 0
25	89 0	44 0	26 6	38 6	82 0
26	93 0	48 5	31 6	44 1	88 0
27	97 1	53 0	36 5	49 5	94 0
28	0,01601 1	57 5	41 5	55 0	0,02800 0
29	05 2	62 0	46 5	60 5	06 0
30	09 2	66 5	51 4	66 0	12 1
31	0,01613 3	0,01871 0	0,02156 4	0,02471 5	0,02818 1
32	17 4	75 5	61 4	77 0	24 2
33	21 5	80 0	66 5	82 5	30 2
34	25 5	84 6	71 5	88 1	36 3
35	29 6	89 1	76 5	93 6	42 4
36	33 7	93 7	81 5	99 2	48 5
37	37 9	98 3	86 6	0,02504 7	54 6
38	42 0	0,01902 8	91 6	10 3	60 7
39	46 1	07 4	96 7	15 9	66 8
40	50 2	12 0	0,02201 8	21 4	72 9
41	0,01654 4	0,01916 6	0,02206 8	0,02527 0	0,02879 1
42	58 5	21 2	11 9	32 6	85 2
43	62 7	25 8	17 0	38 2	91 4
44	66 9	30 4	22 1	43 9	97 6
45	71 0	35 0	27 2	49 5	0,02903 7
46	75 2	39 7	32 4	55 1	09 9
47	79 4	44 3	37 5	60 8	16 1
48	83 6	49 0	42 6	66 4	22 3
49	87 8	53 6	47 8	72 1	28 5
50	92 0	58 3	52 9	77 7	34 8
51	0,01696 2	0,01963 0	0,02258 1	0,02583 4	0,02941 0
52	0,01700 4	67 6	63 3	89 1	47 2
53	04 7	72 3	68 4	94 8	53 5
54	08 9	77 0	73 6	0,02600 5	59 8
55	13 2	81 7	78 8	06 2	66 0
56	17 4	86 4	84 0	12 0	72 3
57	21 7	91 2	89 2	17 7	78 6
58	25 9	95 9	94 4	23 5	84 9
59	30 2	0,02000 7	99 7	29 2	91 2
60	0,01734 5	0,02005 4	0,02304 9	0,02635 0	0,02997 5

Evolvententrigonometrie.

Tabelle 1 (Fortsetzung).

Minuten	25°	26°	27°	28°	29°
0	0,02997 5	0,03394 7	0,03828 7	0,04301 7	0,04816 4
1	0,03003 9	0,03401 6	36 2	10 0	25 3
2	10 2	08 6	43 8	18 2	34 3
3	16 6	15 5	51 4	26 4	43 2
4	22 9	22 5	59 0	34 7	52 2
5	29 3	29 4	66 6	43 0	61 2
6	35 7	36 4	74 2	51 3	70 2
7	42 0	43 4	81 8	59 6	79 2
8	48 4	50 4	89 4	67 9	88 3
9	54 9	57 4	97 1	76 2	97 3
10	61 3	64 4	0,03904 7	84 5	0,04906 4
11	0,03067 7	0,03471 4	0,03912 4	0,04392 9	0,04915 4
12	74 1	78 5	20 1	0,04401 2	24 5
13	80 6	85 5	27 8	09 6	33 6
14	87 0	92 6	35 5	18 0	42 7
15	93 5	99 7	43 2	26 4	51 8
16	0,03100 0	0,03506 7	50 9	34 8	60 9
17	06 5	13 8	58 6	43 2	70 1
18	13 0	20 9	66 4	51 6	79 2
19	19 5	28 0	74 1	60 1	88 4
20	26 0	35 2	81 9	68 5	97 6
21	0,03132 5	0,03542 3	0,03989 7	0,04477 0	0,05006 8
22	39 0	49 4	97 4	85 5	16 0
23	45 6	56 6	0,04005 2	93 9	25 2
24	52 1	63 7	13 1	0,04502 4	34 4
25	58 7	70 9	20 9	11 0	43 7
26	65 3	78 1	28 7	19 5	52 9
27	71 8	85 3	36 6	28 0	62 2
28	78 4	92 5	44 4	36 6	71 5
29	85 0	99 7	52 3	45 1	80 8
30	91 7	0,03606 9	60 2	53 7	90 1
31	0,03198 3	0,03614 2	0,04068 0	0,04562 3	0,05099 4
32	0,03204 9	21 4	75 9	70 9	0,05108 7
33	11 6	28 7	83 9	79 5	18 1
34	18 2	35 9	91 8	88 1	27 4
35	24 9	43 2	99 7	96 7	36 8
36	31 5	50 5	0,04107 6	0,04605 4	46 2
37	38 2	57 8	15 6	14 0	55 6
38	44 9	65 1	23 6	22 7	65 0
39	51 6	72 4	31 6	31 3	74 4
40	58 3	79 8	39 5	40 0	83 8
41	0,03265 1	0,03687 1	0,04147 5	0,04648 7	0,05193 3
42	71 8	94 5	55 6	57 5	0,05202 7
43	78 5	0,03701 8	63 6	66 2	12 2
44	85 3	09 2	71 6	74 9	21 7
45	92 0	16 6	79 7	83 7	31 2
46	98 8	24 0	87 7	92 4	40 7
47	0,03305 6	31 4	95 8	0,04701 2	50 2
48	12 4	38 8	0,04203 9	10 0	59 7
49	19 2	46 2	12 0	18 8	69 3
50	26 0	53 7	20 1	27 6	78 8
51	0,03332 8	0,03761 1	0,04228 2	0,04736 4	0,05288 4
52	39 7	68 6	36 3	45 2	98 0
53	46 5	76 1	44 4	54 1	0,05307 6
54	53 4	83 5	52 6	63 0	17 2
55	60 2	91 0	60 7	71 8	26 8
56	67 1	98 5	68 9	80 7	36 5
57	74 0	0,03806 0	77 1	89 6	46 1
58	80 9	13 6	85 3	98 5	55 8
59	87 8	21 1	93 5	0,04807 4	65 5
60	0,03394 7	0,03828 7	0,04301 7	0,04816 4	0,05375 1

Tabelle 1 (Fortsetzung).

Minuten	30°	31°	32°	33°	34°	35°
0	0,05375 1	0,05980 9	0,06636 4	0,07344 9	0,08109 7	0,08934 2
1	84 9	91 4	47 8	57 2	22 9	48 5
2	94 6	0,06001 9	59 1	69 5	36 2	62 8
3	0,05404 3	12 4	70 5	81 8	49 4	77 1
4	14 0	23 0	81 9	94 1	62 7	91 4
5	23 8	33 5	93 4	0,07406 4	76 0	0,09005 8
6	33 6	44 1	0,06704 8	18 8	89 4	20 1
7	43 3	54 7	16 3	31 2	0,08202 7	34 5
8	53 1	65 3	27 7	43 5	16 1	48 9
9	62 9	75 9	39 2	55 9	29 4	63 3
10	72 8	86 6	50 7	68 4	42 8	77 7
11	0,05482 6	0,06097 2	0,06762 2	0,07480 8	0,08256 2	0,09092 2
12	92 4	0,06107 9	73 8	93 2	69 7	0,09106 7
13	0,05502 3	18 6	85 3	0,07505 7	83 1	21 1
14	12 2	29 2	96 9	18 2	96 6	35 6
15	22 1	40 0	0,06808 4	30 7	0,08310 0	50 2
16	32 0	50 7	20 0	43 2	23 5	64 7
17	41 9	61 4	31 6	55 7	37 1	79 3
18	51 8	72 1	43 2	68 3	50 6	93 8
19	61 7	82 9	54 9	80 8	64 1	0,09208 4
20	71 7	93 7	66 5	93 4	77 7	23 0
21	0,05581 7	0,06204 5	0,06878 2	0,07606 0	0,08391 3	0,09237 7
22	91 6	15 3	89 9	18 6	0,08404 9	52 3
23	0,05601 6	26 1	0,06901 6	31 2	18 5	67 0
24	11 6	36 9	13 3	43 9	32 1	81 6
25	21 7	47 8	25 0	56 5	45 7	96 3
26	31 7	58 6	36 7	69 2	59 4	0,09311 1
27	41 7	69 5	48 5	81 9	73 1	25 8
28	51 8	80 4	60 2	94 6	86 8	40 6
29	61 9	91 3	72 0	0,07707 3	0,08500 5	55 3
30	72 0	0,06302 2	83 8	20 0	14 2	70 1
31	0,05682 1	0,06313 1	0,06995 1	0,07732 8	0,08528 0	0,09384 9
32	92 2	24 1	0,07007 5	45 5	41 8	99 8
33	0,05702 3	35 0	19 3	58 3	55 5	0,09414 6
34	12 4	46 0	31 2	71 1	69 3	29 5
35	22 5	57 0	43 0	83 9	83 2	44 3
36	32 8	68 0	54 9	96 8	97 0	59 2
37	42 9	79 0	66 8	0,07809 6	0,08610 8	74 2
38	53 1	90 1	78 7	22 5	24 7	89 1
39	63 3	0,06401 1	90 7	35 4	38 6	0,09504 1
40	73 6	12 2	0,07102 6	48 3	52 5	19 0
41	0,05783 8	0,06423 2	0,07114 6	0,07861 2	0,0866 64	0,09534 0
42	94 0	34 3	26 6	74 1	80 4	49 0
43	0,05804 3	45 4	38 6	87 1	94 3	64 1
44	14 6	56 5	50 6	0,07900 0	0,08708 3	79 1
45	24 9	67 7	62 6	13 0	22 3	94 2
46	35 2	78 8	74 7	26 0	36 3	0,09609 3
47	45 5	90 0	86 7	39 0	50 3	24 4
48	55 8	0,06501 2	98 8	52 0	64 4	39 5
49	66 2	12 3	0,07210 9	65 1	78 4	54 6
50	76 5	23 6	23 0	78 1	92 5	69 8
51	0,05886 9	0,06534 8	0,07235 1	0,07991 2	0,08806 6	0,09685 0
52	97 3	46 0	47 3	0,08004 3	20 7	0,09700 2
53	0,05907 7	57 3	59 4	17 4	34 8	15 4
54	18 1	68 5	71 6	30 6	49 0	30 6
55	28 5	79 8	83 8	43 7	63 1	45 9
56	39 0	91 1	95 9	56 9	77 3	61 1
57	49 4	0 06602 4	0,07308 2	70 0	91 5	76 4
58	59 9	13 7	20 4	83 2	0,08905 7	91 7
59	70 4	25 0	32 6	96 4	20 0	0,09807 1
60	0,05980 9	0,06636 4	0,07344 9	0,08109 7	0,08934 2	0,09822 4

Evolవententrigonometrie.

Tabelle 1 (Fortsetzung).

Minuten	36°	37°	38°	39°	40°	41°
0	0,09822	0,10778	0,11806	0,12911	0,14097	0,15370
1	838	795	824	930	117	392
2	853	811	842	949	138	414
3	869	828	859	968	158	436
4	884	844	877	987	179	458
5	899	861	895	0,13006	200	480
6	915	878	913	025	220	503
7	930	894	931	045	241	525
8	946	911	949	064	261	547
9	961	928	957	083	282	569
10	977	944	985	102	303	591
11	0,09992	0,10961	0,12003	0,13122	0,14324	0,15614
12	0,10008	978	021	141	344	636
13	024	995	039	160	365	658
14	039	0,11011	057	180	386	680
15	055	028	075	199	407	703
16	070	045	093	219	428	725
17	086	062	111	238	448	748
18	102	079	129	258	469	770
19	118	096	147	277	490	793
20	133	113	165	297	511	815
21	0,10149	0,11130	0,12184	0,13316	0,14532	0,15838
22	165	146	202	336	553	860
23	181	163	220	355	574	883
24	196	180	238	375	595	905
25	212	197	257	395	616	928
26	228	215	275	414	638	950
27	244	232	293	434	659	973
28	260	249	312	454	680	996
29	276	266	330	473	701	0,16019
30	292	283	348	493	722	041
31	0,10308	0,11300	0,12367	0,13513	0,14743	0,16064
32	323	317	385	533	765	087
33	339	334	404	553	786	110
34	355	352	422	572	807	133
35	371	369	441	592	829	156
36	388	386	459	612	850	178
37	404	403	478	632	871	201
38	420	421	496	652	893	224
39	436	438	515	672	914	247
40	452	455	534	692	936	270
41	0,10468	0,11473	0,12552	0,13712	0,14957	0,16293
42	484	490	571	732	979	317
43	500	507	590	752	0,15000	340
44	516	525	608	772	022	363
45	533	542	627	792	043	386
46	549	560	646	812	065	409
47	565	577	664	833	087	432
48	581	595	683	853	108	456
49	598	612	702	873	130	479
50	614	630	721	893	152	502
51	0,10630	0,11647	0,12740	0,13913	0,15173	0,16525
52	647	665	759	934	195	549
53	663	682	778	954	217	572
54	679	700	797	974	239	596
55	696	718	815	995	261	619
56	712	735	834	0,14015	282	642
57	729	753	853	035	304	666
58	745	771	872	056	326	689
59	762	788	891	076	348	713
60	0,10778	0,11806	0,12911	0,14097	0,15370	0,16737

Tabelle 1 (Fortsetzung).

Minuten	42°	43°	44°	45°	46°	47°
0	0,16737	0,18202	0,19774	0,21460	0,23268	0,25206
1	760	228	802	489	299	240
2	784	253	829	518	330	273
3	807	278	856	548	362	307
4	831	304	883	577	393	341
5	855	329	910	606	424	374
6	879	355	938	635	456	408
7	902	380	965	665	487	442
8	926	406	992	694	519	475
9	950	431	0,20020	723	550	509
10	974	457	047	753	582	543
11	0,16998	0,18482	0,20075	0,21782	0,23613	0,25577
12	0,17022	508	102	812	645	611
13	045	534	130	841	676	645
14	069	559	157	871	708	679
15	093	585	185	900	740	713
16	117	611	212	930	772	747
17	142	637	240	960	803	781
18	166	662	268	989	835	815
19	190	688	296	0,22019	867	849
20	214	714	323	049	899	883
21	0,17233	0,18740	0,20351	0,22079	0,23931	0,25918
22	262	766	379	108	963	952
23	286	792	407	138	995	986
24	311	818	435	168	0,24027	0,26021
25	335	844	463	198	059	055
26	359	870	490	228	091	089
27	383	896	518	258	123	124
28	408	922	546	288	156	159
29	432	948	575	318	188	193
30	457	975	603	348	220	228
31	0,17481	0,19001	0,20631	0,22378	0,24253	0,26262
32	506	027	659	409	285	297
33	530	053	687	439	317	332
34	555	080	715	469	350	368
35	579	106	743	499	382	401
36	604	132	772	530	415	436
37	628	159	800	560	447	471
38	653	185	828	590	480	506
39	678	212	857	621	512	541
40	702	238	885	651	545	576
41	0,17727	0,19265	0,20914	0,22682	0,24578	0,26611
42	752	291	942	712	611	646
43	777	318	971	743	643	682
44	801	344	999	773	676	717
45	826	371	0,21028	804	709	752
46	851	398	056	835	742	787
47	876	424	085	865	775	823
48	901	451	114	896	808	858
49	926	478	142	927	841	893
50	951	505	171	958	874	929
51	0,17976	0,19532	0,21200	0,22989	0,24907	0,26964
52	0,18001	558	229	0,23020	940	0,27000
53	026	585	257	050	973	035
54	051	612	286	081	0,25006	071
55	076	639	315	112	040	107
56	101	666	344	143	073	142
57	127	693	373	174	106	178
58	152	720	402	206	140	214
59	177	747	431	237	173	250
60	0,18202	0,19774	0,21460	0,23268	0,25206	0,27285

4*

Evolvententrigonometrie.

Tabelle 1 (Fortsetzung).

Minuten	48°	49°	50°	51°	52°	53°
0	0,27285	0,29516	0,31909	0,34478	0,37237	0,40202
1	321	554	950	522	285	253
2	357	593	992	567	332	305
3	393	631	0,32033	611	380	356
4	429	670	075	656	428	407
5	465	709	116	700	476	459
6	501	747	158	745	524	511
7	538	786	199	790	572	562
8	574	825	241	834	620	614
9	610	864	283	879	668	666
10	646	903	324	924	716	717
11	0,27683	0,29942	0,32366	0,34969	0,37765	0,40769
12	719	981	408	0,35014	813	821
13	755	0,30020	450	059	861	873
14	792	059	492	104	910	925
15	828	098	534	149	958	977
16	865	137	576	194	0,38007	0,41030
17	902	177	618	240	055	082
18	938	216	661	285	104	134
19	975	255	703	330	153	187
20	0,28012	0,30295	745	376	202	239
21	0,28048	0,30334	0,32787	0,35421	0,38251	0,41292
22	085	374	830	467	299	344
23	122	413	872	512	348	397
24	159	453	915	558	397	450
25	196	492	957	604	446	502
26	233	532	0,33000	649	496	555
27	270	572	042	695	545	608
28	307	611	085	741	594	661
29	344	651	128	787	643	714
30	381	691	171	833	693	767
31	0,28418	0,30731	0,33213	0,35879	0,38742	0,41820
32	455	771	256	925	792	874
33	493	811	299	971	841	927
34	530	851	342	0,36017	891	980
35	567	891	385	063	941	0,42034
36	605	931	428	110	990	087
37	642	971	471	156	0,39040	141
38	680	0,31012	515	202	090	194
39	717	052	558	249	140	248
40	755	092	601	295	190	302
41	0,28792	0,31133	0,33645	0,36342	0,39240	0,42355
42	830	173	688	388	290	409
43	868	214	731	435	340	463
44	906	254	775	482	390	517
45	943	295	818	529	441	571
46	981	335	862	575	491	625
47	0,29019	376	906	622	541	680
48	057	417	949	669	592	734
49	095	457	993	716	642	788
50	133	498	0,34037	763	693	843
51	0,29171	0,31539	0,34081	0,36810	0,39743	0,42897
52	209	580	125	858	794	952
53	247	621	169	905	845	0,43006
54	286	662	213	952	896	061
55	324	703	257	999	947	116
56	362	744	301	0,37047	998	171
57	400	785	345	094	0,40049	225
58	439	826	389	142	100	280
59	477	868	434	189	151	335
60	0,29516	0,31909	0,34478	0,37237	0,40202	0,43390

Tabelle 1 (Fortsetzung).

Minuten	54⁰	55⁰	56⁰	57⁰	58⁰	59⁰
0	0,43390	0,46822	0,50518	0,54503	0,58804	0,63454
1	446	881	582	572	879	534
2	501	940	646	641	954	615
3	556	0,47000	710	710	0,59028	696
4	611	060	774	779	103	777
5	667	119	838	849	178	858
6	722	179	903	918	253	939
7	778	239	967	988	328	0,64020
8	833	299	0,51032	0,55057	403	102
9	889	359	096	127	479	183
10	945	419	161	197	554	265
11	0,44001	0,47479	0,51226	0,55267	0,59630	0,64346
12	057	539	291	337	705	428
13	113	599	356	407	781	510
14	169	660	421	477	857	592
15	225	720	486	547	933	674
16	281	780	551	618	0,60009	756
17	337	841	616	688	085	839
18	393	902	682	759	161	921
19	450	962	747	829	237	0,65004
20	506	0,48023	813	900	314	086
21	0,44563	0,48084	0,51878	0,55971	0,60390	0,65169
22	619	145	944	0,56042	467	252
23	676	206	0,52010	113	544	335
24	733	267	076	184	620	418
25	789	328	141	255	697	501
26	846	389	207	326	774	585
27	903	451	274	398	851	668
28	960	512	340	469	929	752
29	0,45017	574	406	541	0,61006	835
30	047	635	472	612	083	919
31	0,45132	0,48697	0,52539	0,56684	0,61161	0,66003
32	189	758	605	756	239	087
33	246	820	672	828	316	171
34	304	882	739	900	394	255
35	361	944	805	972	472	340
36	419	0,49006	872	0,57044	550	424
37	476	068	939	116	628	509
38	534	130	0,53006	188	706	593
39	592	192	073	261	785	678
40	650	255	141	333	863	763
41	0,45708	0,49317	0,53208	0,57406	0,61942	0,66848
42	766	380	275	479	0,62020	933
43	824	442	343	552	099	0,67019
44	882	505	410	625	178	104
45	940	568	478	698	257	189
46	998	630	546	771	336	275
47	0,46057	693	613	844	415	361
48	115	756	681	917	494	447
49	173	819	749	991	574	532
50	232	882	817	0,58064	653	618
51	0,46291	0,49945	0,53885	0,58138	0,62733	0,67705
52	349	0,50009	954	211	812	791
53	408	072	0,54022	285	892	877
54	437	135	090	359	972	964
55	526	199	159	433	0,63052	0,68050
56	585	263	228	507	132	137
57	644	326	296	581	212	224
58	703	390	365	656	293	311
59	762	454	434	730	373	398
60	0,46822	0,50518	0,54503	0,58804	0,63454	0,68485

In Abb. 34 seien:

$r_1 =$ gegebener Halbmesser

$T_{d1} =$ Zahndicke, gemessen als Bogen am Kreise mit Halbmesser r_1

$\alpha_1 =$ gegebener Pressungswinkel (gleich dem Eingriffswinkel, falls die Zahndicke am Wälzkreis gegeben ist)

$r_2 =$ Halbmesser, an welchem die Zahndicke zu bestimmen ist

$T_{d2} =$ zu bestimmende Zahndicke, gemessen als Bogen am Kreise mit dem Halbmesser r_2

$\alpha_2 =$ der Pressungswinkel am Halbmesser r_2 .

Da die Zahnform symmetrisch ist, kann man von der halben Zahndicke ausgehen. Der halbe Zahndickenwinkel (Zahndickenwinkel = der

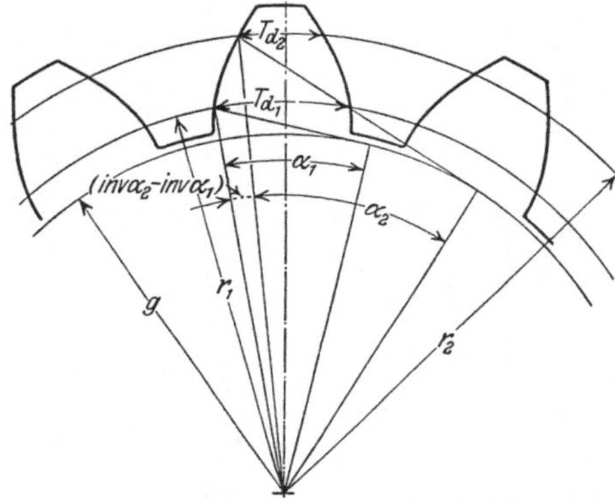

Abb. 34. Die Bestimmung der Zahndicken an verschiedenen Halbmessern.

der Zahndicke entsprechende Zentriwinkel) am Halbmesser r_1 beträgt im Bogenmaß $\dfrac{T_{d1}}{2\,r_1}$.

Der halbe Zahndickenwinkel am Grundkreis beträgt $\dfrac{T_{d1}}{2\,r_1} + \operatorname{inv} \alpha_1$. $\operatorname{inv} \alpha_1$ kann aus der Tabelle der Evolventenfunktion entnommen werden.

Der halbe Zahndickenwinkel $\dfrac{T_{d2}}{2\,r_1}$ am Halbmesser r_2 ergibt sich als Unterschied des halben Zahndickenwinkels am Grundkreis und der Evolventenfunktion von α_2. α_2 kann aus der Gleichung (37) wie folgt bestimmt werden:

$$g = r_1 \cos \alpha_1 , \tag{38}$$

$$\cos \alpha_2 = \frac{g}{r_2} = \frac{r_1 \cos \alpha_1}{r_2} . \tag{39}$$

Nach dem Vorhergehenden ist

$$\frac{T_{d2}}{2\,r_2} = \frac{T_{d1}}{2\,r_1} + \operatorname{inv} \alpha_1 - \operatorname{inv} \alpha_2 ,$$

hieraus folgt:

$$T_{d2} = 2\,r_2 \left(\frac{T_{d1}}{2\,r_1} + \operatorname{inv} \alpha_1 - \operatorname{inv} \alpha_2 \right) . \tag{40}$$

Die gesuchte Zahndicke ist durch die Gleichungen (38) bis (40) bestimmt. Es sei z. B.

$$T_{d1} = 15{,}708 \text{ mm}$$
$$\alpha_1 = 20^0$$
$$r_1 = 120 \text{ mm}$$
$$r_2 = 127{,}5 \text{ mm}.$$

Gleichung (38) ergibt

$$g = 120 \, \cos 20^0 = 112{,}763 \text{ mm} \, .$$

Gleichung (39) ergibt

$$\cos \alpha_2 = \frac{112{,}763}{127{,}5} = 0{,}88441 \, ,$$

so daß

$$\alpha_2 = 27^0 \, 49' \, 13''$$

wird.

Aus Gleichung (40) bestimmt sich T_{d_2} zu

$$T_{d_2} = 255 \left[\frac{15{,}708}{240} + \text{inv} \, 20^0 - \text{inv} \, (27^0 \, 49' \, 13'') \right] .$$

Aus der Tabelle der Evolventenfunktionen entnehmen wir die Werte

$$\text{inv} \, 20^0 = 0{,}014904 \, ,$$

$$\text{inv} \, (27^0 \, 49' \, 13'') = 0{,}042138 \, ,$$

hieraus ergibt sich

$$T_{d_2} = 255 \, (0{,}06545 + 0{,}014904 - 0{,}042138) = 9{,}744 \, \text{mm} \, .$$

7. Aufgabe: Gegeben die Zahndicke bei einem bestimmten Halbmesser; zu bestimmen der Halbmesser, bei welchem der Zahn spitz ausläuft.

In Abb. 35 seien:

$r_1 =$ gegebener Halbmesser
$\alpha_1 =$ Pressungswinkel am Halbmesser r_1
$T_{d_1} =$ Zahndicke am Halbmesser r_1
$r_2 =$ der Halbmesser, bei welchem die Zahndicke gleich 0 ist.

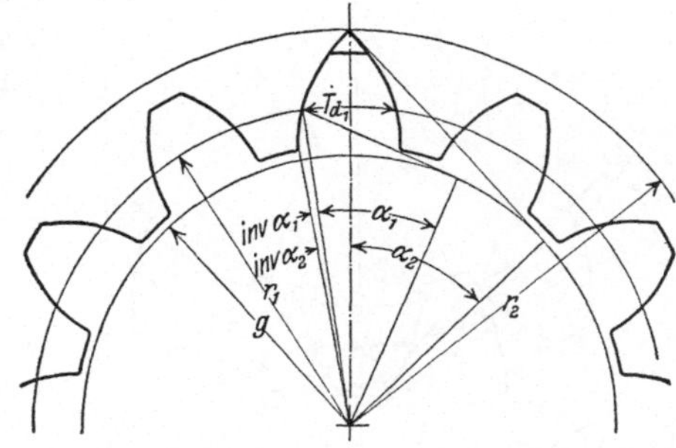

Abb. 35. Die Bestimmung des Halbmessers, an welchem der Zahn spitz ausläuft.

Setzt man in Gleichung (40) $T_{d_2} = 0$, so ergibt sich

$$2 \, r_2 \left(\frac{T_{d_1}}{2 \, r_1} + \text{inv} \, \alpha_1 - \text{inv} \, \alpha_2 \right) = 0$$

oder

$$\frac{T_{d_1}}{2 \, r_1} + \text{inv} \, \alpha_1 - \text{inv} \, \alpha_2 = 0$$

$$\text{inv} \, \alpha_2 = \frac{T_{d_1}}{2 \, r_1} + \text{inv} \, \alpha_1 \, . \tag{41}$$

Aus Gleichung (37) folgt:

$$r_2 = \frac{g}{\cos \alpha_2} = \frac{r_1 \cos \alpha_1}{\cos \alpha_2} \, . \tag{42}$$

Die Gleichungen (41) und (42) bilden die Lösung der Aufgabe. Als Beispiel seien die gleichen Zahlenwerte angenommen wie in Aufgabe 6.

$$r_1 = 120 \text{ mm}$$
$$\alpha_1 = 20^0$$
$$T_{d_1} = 15{,}708 \text{ mm} .$$

Aus Gleichung (41) folgt:

$$\operatorname{inv} \alpha_2 = \frac{15{,}708}{240} + \operatorname{inv} \alpha_1 = 0{,}06545 + 0{,}014904 = 0{,}08035 .$$

Aus der Tabelle der Evolventenfunktionen entnehmen wir

$$\alpha_2 = 33^0\,54'\,22'' .$$

Aus Gleichung (42) folgt:

$$r_2 = \frac{120 \cos 20^0}{\cos 33^0\,54'\,22''} = \frac{120 \cdot 0{,}93969}{0{,}82995} = 135{,}864 \text{ mm} .$$

8. Aufgabe: Gegeben die Zahndicken bei einem zusammenarbeitenden Räderpaar, zu bestimmen der Achsenabstand bei spielfreiem Eingriff.

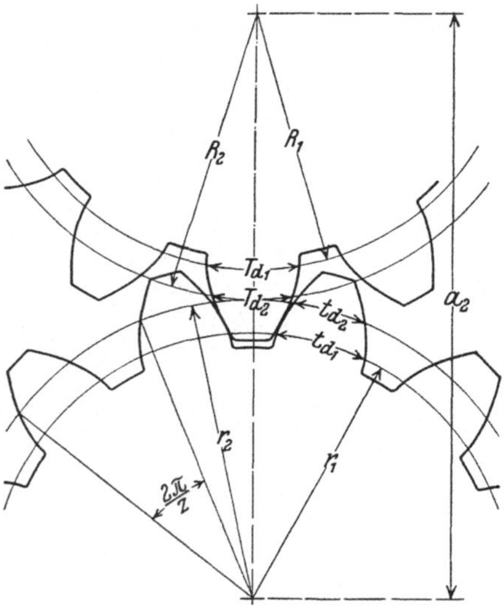

In Abb. 36 seien:

Abb. 36. Bestimmung des Achsenabstandes bei spielfreiem Gang.

$r_1 =$ Halbmesser des kleinen Rades, an welchem die Zahndicke gegeben ist.

$t_{d_1} =$ Zahndicke am Halbmesser r_1

$z =$ Zähnezahl des kleinen Rades

$\alpha_1 =$ Pressungswinkel an den Halbmessern r_1 und R_1

$R_1 =$ Halbmesser des größeren Rades, an welchem die Zahndicke gegeben ist

$T_{d_1} =$ Zahndicke am Halbmesser R_1

$Z =$ Zähnezahl des großen Rades

$r_2 =$ Wälzkreishalbmesser des mit dem großen Rade im Eingriff stehenden kleinen Rades

$t_{d_2} =$ Zahndicke am Halbmesser r_2

$\alpha_2 =$ Pressungswinkel an den Halbmessern r_2 und R_2

$R_2 =$ Wälzkreishalbmesser des mit dem kleinen Rade im Eingriff stehenden großen Rades

$T_{d_2} =$ Zahndicke am Halbmesser R_2

$a_1 =$ Achsenabstand bei dem Eingriffswinkel α_1

$a_2 =$ Achsenabstand bei dem Eingriffswinkel α_2.

Aus Gleichung (40) erhalten wir die Zahndicken an den Halbmessern

r_2 und R_2 wie folgt:

$$t_{d_2} = 2\,r_2 \left(\frac{t_{d_1}}{2\,r_1} + \operatorname{inv} \alpha_1 - \operatorname{inv} \alpha_2 \right),$$

$$T_{d_2} = 2\,R_2 \left(\frac{T_{d_1}}{2\,R_1} + \operatorname{inv} \alpha_1 - \operatorname{inv} \alpha_2 \right).$$

Die Teilung am Wälzkreise ist bei spielfreiem Gang gleich der Summe beider Zahndicken an den Wälzkreisen. Andererseits ist, da z. B. auf dem Umfang des Wälzkreises mit dem Halbmesser r_2 z Teilungen aufgehen, eine Teilung

$$= \frac{\text{Umfang des Wälzkreises}}{\text{Zähnezahl}} = \frac{2\,\pi\,r_2}{z}.$$

Hieraus ergibt sich:

$$t_{d_2} + T_{d_2} = \frac{2\,\pi\,r_2}{z}.$$

Die zu den gleichen Pressungswinkeln gehörigen Halbmesser sind mit den Zähnezahlen proportional, es ist daher

$$R_1 = \frac{Z}{z}\,r_1 \quad \text{und} \quad R_2 = \frac{Z}{z}\,r_2.$$

Durch Einsetzen dieser Werte in die Gleichung für T_{d2} erhält man

$$T_{d_2} = \frac{2\,Z}{z}\,r_2 \left(\frac{T_{d_1}\,z}{2\,Z\,r_1} + \operatorname{inv} \alpha_1 - \operatorname{inv} \alpha_2 \right).$$

Hieraus ergibt sich:

$$t_{d_2} + T_{d_2} = \frac{2\,\pi\,r_2}{z} =$$
$$= 2\,r_2 \left[\frac{t_{d_1}}{2\,r_1} + \operatorname{inv} \alpha_1 - \operatorname{inv} \alpha_2 + \frac{Z}{z} \left(\frac{T_{d_1}\,z}{2\,Z\,r_1} + \operatorname{inv} \alpha_1 - \operatorname{inv} \alpha_2 \right) \right].$$

Die Auflösung auf α_2 ergibt:

$$\operatorname{inv} \alpha_2 = \frac{z\,(t_{d_1} + T_{d_1}) - 2\,\pi\,r_1}{2\,r_1\,(z + Z)} + \operatorname{inv} \alpha_1 . \qquad (43)$$

Aus Gleichung (37) folgt:

$$r_2 = \frac{r_1 \cos \alpha_1}{\cos \alpha_2} \quad \text{und} \quad R_2 = \frac{R_1 \cos \alpha_1}{\cos \alpha_2}.$$

Da

$$r_1 + R_1 = a_1, \quad \text{und} \quad r_2 + R_2 = a_2,$$

so ist

$$a_2 = \frac{a_1 \cos \alpha_1}{\cos \alpha_2} . \qquad (44)$$

Sind bei zwei zusammenarbeitenden Rädern die Zahndicken bekannt, so ergibt sich aus den Gleichungen (43) und (44) der Achsenabstand beider Räder beim spielfreien Gang. — Es sei z. B.

$$r_1 = 120 \quad \text{mm}, \qquad R_1 = 180 \quad \text{mm},$$
$$t_{d_1} = 17{,}10 \text{ mm}, \qquad T_{d_1} = 16{,}20 \text{ mm},$$
$$\alpha_1 = 20^0,$$
$$z = 24, \qquad\qquad Z = 36,$$
$$a_1 = 300 \text{ mm}.$$

Aus Gleichung (43) folgt:

$$\operatorname{inv} \alpha_2 = \frac{24\,(17{,}10 + 16{,}20) - 240\,\pi}{240\,(24 + 36)} + 0{,}014904 = 0{,}01804.$$

Aus der Tabelle der Evolventenfunktion entnehmen wir

$$\alpha_2 = 21^0\ 16'\ 5'',$$

hieraus folgt:

$$\cos \alpha_2 = 0{,}93189.$$

Aus Gleichung (44) folgt:

$$a_2 = \frac{300 \times 0{,}93969}{0{,}93189} = 302{,}518 \text{ mm}.$$

9. Aufgabe: Gegeben die Zahndicken bei einem Paar gleicher zusammenarbeitender Zahnräder, zu bestimmen der Achsenabstand bei spielfreiem Eingriff.

Diese Aufgabe ist eine vereinfachte Form der vorangehenden (vgl. Abb. 36).

Die erforderlichen Gleichungen können aus den Gleichungen (43) und (44) abgeleitet werden, indem man die Werte für beide Zahnräder gleich setzt. Wir erhalten daher aus der Gleichung (43):

$$\operatorname{inv} \alpha_2 = \frac{2\,(z\,t_{d_1} - \pi\,r_1)}{4\,z\,r_1} + \operatorname{inv} \alpha_1 = \frac{z\,t_{d_1} - \pi\,r_1}{2\,z\,r_1} + \operatorname{inv} \alpha_1$$
$$= \frac{t_{d_1}}{2\,r_1} - \frac{\pi}{2\,z} + \operatorname{inv} \alpha_1. \tag{45}$$

$$a_1 = 2\,r_1 \qquad \text{und} \qquad a_2 = 2\,r_2,$$
$$a_2 = \frac{a_1 \cos \alpha_1}{\cos \alpha_2}. \tag{46}$$

Die Gleichungen (45) und (46) ergeben die Lösung der Aufgabe.

Nehmen wir z. B. an:

$$r_1 = 120 \text{ mm} \qquad\qquad z = 24$$
$$t_{d1} = 17{,}10 \text{ mm} \qquad\quad a_1 = 240 \text{ mm}.$$
$$\alpha_1 = 20^0$$

Aus Gleichung (45) ergibt sich:

$$\operatorname{inv} \alpha_2 = \frac{17{,}10}{240} - \frac{3{,}1416}{48} + 0{,}014904 = 0{,}020704.$$

Aus der Tabelle der Evolventenfunktion entnehmen wir:

$$\alpha_2 = 22^0\ 13'\ 33'',$$

so daß

$$\cos \alpha_2 = 0,92570$$

wird.

Aus Gleichung (46) ergibt sich:

$$a_2 = \frac{240 \cdot 0,93969}{0,92570} = 243,624 \text{ mm}.$$

10. Aufgabe: Gegeben bei einem Rade die Zahndicke und der Pressungswinkel am Halbmesser r_2, zu bestimmen die Lage einer mit dem Rad spiel- frei zusammenarbeiten- den Zahnstange mit be- kannten Abmessungen und Eingriffswinkel.

In Abb. 37 seien:

r_2 = Halbmesser des Rades, an welchem die Zahndicke be-. kannt ist

T_{d2} = Zahndicke am Halbmes- ser r_2

α_2 = Pressungswinkel am Halb- messer r_2

α_1 = Eingriffswinkel der Zahn- stange

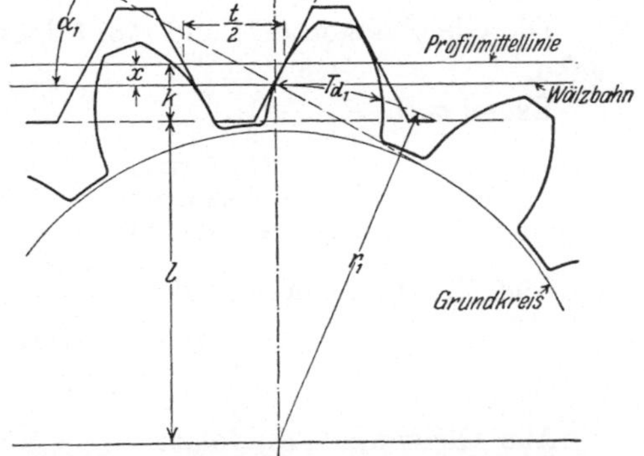

Abb. 37. Die Bestimmung der Lage einer mit einem Rad spielfrei kämmenden Zahnstange relativ zu demselben.

r_1 = Halbmesser des Zahnrades, an welchem der Pressungswinkel α_1 beträgt

T_{d1} = Zahndicke am Halbmesser r_1

t = Teilung der Zahnstange

k = Kopfhöhe der Zahnstange bzw. der Abstand der Zahnkopflinie der Zahn- stange von der Profilmittellinie, d. h. der Linie, an welcher die Zahndicke die halbe Teilung beträgt

l = Abstand des Zahnradmittelpunktes von der Zahnkopflinie der Zahnstange bei spielfreiem Eingriff

z = Zähnezahl des Rades.

Aus Gleichung (39) folgt:

$$r_1 = \frac{r_2 \cos \alpha_2}{\cos \alpha_1}, \tag{47}$$

ferner folgt aus Gleichung (40):

$$T_{d1} = 2\,r_1 \left(\frac{T_{d2}}{2\,r_2} + \text{inv}\,\alpha_2 - \text{inv}\,\alpha_1 \right).$$

Der Kreis mit dem Halbmesser r_1 ist der Wälzkreis, der beim Zu- sammenarbeiten des Rades mit der Zahnstange entsteht. Bei spiel-

freiem Eingriff ist die Summe der Zahndicke des Rades am Wälzkreis
und der Zahndicke der Zahnstange an der Wälzlinie gleich der Teilung
der Zahnstange. Die Zahndicke der Zahnstange an der Wälzlinie ergibt sich demnach zu $t - T_{d_1}$. Ist x der Abstand der Wälzgeraden
von der Profilmittellinie, so ist

$$x = \left[\frac{t}{2} - (t - T_{d_1})\right]\frac{\operatorname{cotg}\alpha_1}{2} = \left(T_{d_1} - \frac{t}{2}\right)\frac{\operatorname{cotg}\alpha_1}{2},$$
$$l = r_1 - (k - x) = r_1 - k + x.$$

Durch Einsetzen der Werte von T_{d_1} und x erhält man:

$$l = r_1 - k + \frac{\operatorname{cotg}\alpha_1}{2}\left[2\,r_1\left(\frac{T_{d_2}}{2\,r_2} + \operatorname{inv}\alpha_2 - \operatorname{inv}\alpha_1\right) - \frac{t}{2}\right]. \qquad (48)$$

Die Gleichungen (47) und (48) bilden die Lösung der gestellten Aufgabe.

Es sei z. B.

$$\begin{aligned}
r_2 &= 127{,}5\ \text{mm}, & \alpha_1 &= 20^0, \\
T_{d_2} &= 10{,}2\ \text{mm}, & t &= 31{,}416\ \text{mm}, \\
\alpha_2 &= 27^0\ 49'\ 13'', & k &= 10\quad\ \text{mm}.
\end{aligned}$$

Aus Gleichung (47) folgt:

$$r_1 = \frac{127{,}5 \cdot 0{,}88441}{0{,}93969} = 120\ \text{mm}.$$

Aus Gleichung (48) folgt:

$$l = 120 - 10 + 1{,}37375\,[240\,(0{,}0400 + 0{,}042138 - 0{,}014904) - 15{,}708]$$
$$= 110{,}586\ \text{mm}.$$

11. Aufgabe: Gegeben die Lage einer mit einem Zahnrad
spielfrei zusammenarbeitenden Zahnstange mit bekannten
Abmessungen, zu bestimmen die Zahndicke des Zahnrades.

Diese Aufgabe ist die Umkehrung der vorangehenden. Es ist bei der
6. Aufgabe gezeigt worden, wie die Zahndicke bei einem beliebigen
Halbmesser bestimmt werden kann, wenn sie an einem bestimmten
Halbmesser bekannt ist. Wir beschränken uns daher in dieser Aufgabe
auf die Bestimmung der Zahndicke am Wälzkreis.

Aus Abb. 37 folgt:

$$r_1 = \frac{z\,t}{2\,\pi}. \qquad (49)$$

Bei der vorangehenden Aufgabe ergab sich:

$$x = l + k - r_1.$$

Nach Abb. 37 ist

$$T_{d_1} = 2\,x\,\operatorname{tang}\alpha_1 + \frac{t}{2}.$$

Durch Einsetzen des Wertes von x erhält man:

$$T_{d_1} = 2\,(l + k - r_1)\,\operatorname{tang} \alpha_1 + \frac{t}{2}\,. \tag{50}$$

Gleichung (49) und (50) stellen die Lösung der gestellten Aufgabe dar. Nehmen wir z. B. an:

$$\alpha_1 = 20^0 \qquad\qquad z = 24$$
$$t = 31{,}416 \text{ mm} \qquad l = 111{,}60 \text{ mm}$$
$$k = 10 \text{ mm}$$

Aus Gleichung (49) folgt:

$$r_1 = \frac{24 \cdot 31{,}416}{2 \cdot 3{,}1416} = 120 \text{ mm}\,.$$

Aus Gleichung (50) folgt:

$$T_{d_1} = 2 \cdot 0{,}36397\,(111{,}60 + 10 - 120) + 15{,}708 = 16{,}872 \text{ mm}\,.$$

12. Aufgabe. Gegeben Achsenabstand und Eingriffswinkel bei einem spielfreien Räderpaar, zu bestimmen die Lagen von spielfrei mit den einzelnen Rädern zusammenarbeitenden Zahnstangen, deren Eingriffswinkel nicht mit dem Eingriffswinkel der Räderpaarung übereinstimmt.

Es sind:

$a_2 =$ Achsenabstand bei einem Eingriffswinkel α_2

$Z =$ Zähnezahl des getriebenen Rades

$z =$ Zähnezahl des treibenden Rades

$\alpha_2 =$ Eingriffswinkel beim Achsenabstand a_2

$T_{d_2} =$ Zahndicke des getriebenen Rades am Wälzkreis entsprechend dem Achsenabstand a_2

$t_{d_2} =$ Zahndicke des treibenden Rades am Wälzkreis entsprechend dem Achsenabstand a_2

$\alpha_1 =$ Eingriffswinkel der Zahnstange

$a_1 =$ Achsenabstand der Räder beim Eingriffswinkel α_1

$T_{d_1} =$ Zahndicke des getriebenen Rades am Wälzkreis entsprechend dem Achsenabstand a_1

$t_{d_1} =$ Zahndicke des treibenden Rades am Wälzkreis entsprechend dem Achsenabstand a_1

$t =$ Teilung der Zahnstange

$k =$ Kopfhöhe der Zahnstange

$L =$ Abstand der Zahnkopflinie der mit dem getriebenen Rad spielfrei kämmenden Zahnstange vom Mittelpunkt desselben

$l =$ Abstand der Zahnkopflinie der mit dem treibenden Rad spielfrei kämmenden Zahnstange vom Mittelpunkt desselben.

Aus Gleichung (44) folgt:

$$a_1 = \frac{a_2 \cos \alpha_2}{\cos \alpha_1}\,. \tag{51}$$

Die Summe der Zahndicken an den Wälzkreisen bei spielfreiem Gang ist gleich der Teilung. Hieraus folgt:

$$T_{d_2} + t_{d_2} = \frac{2\,\pi\,a_2}{Z + z},$$

da $2\,\pi\,a_2 = 2\,\pi(R_2 + r_2) =$ Summe der Wälzkreisumfänge am treibenden und getriebenen Rad, $Z + z =$ Anzahl der Teilungen, die in $2\,\pi\,a_2$ enthalten sind.

Gleichung (48) ergibt für das treibende Rad:

$$l = r_1 - k + \frac{\operatorname{cotg}\alpha_1}{2}\left[2\,r_1\left(\frac{t_{d_2}}{2\,r_2} + \operatorname{inv}\alpha_2 - \operatorname{inv}\alpha_1\right) - \frac{t}{2}\right].$$

Für das getriebene Rad ergibt sich in ähnlicher Weise:

$$L = R_1 - k + \frac{\operatorname{cotg}\alpha_1}{2}\left[2\,R_1\left(\frac{T_{d_2}}{2\,R_2} + \operatorname{inv}\alpha_2 - \operatorname{inv}\alpha_1\right) - \frac{t}{2}\right].$$

Addiert man die beiden letzten Gleichungen, berücksichtigt man ferner, daß

$$R_1 + r_1 = a_1\,,$$

$$\frac{r_1}{r_2} = \frac{R_1}{R_2} = \frac{a_1}{a_2}$$

und

$$T_{d_2} + t_{d_2} = \frac{2\,\pi\,a_2}{Z + z}\,,$$

so erhält man

$$L + l = a_1 - 2\,k + \frac{\operatorname{cotg}\alpha_1}{2}\left[2\,a_1\left(\frac{\pi}{Z + z} + \operatorname{inv}\alpha_2 - \operatorname{inv}\alpha_1\right) - t\right]. \tag{52}$$

Aus den Gleichungen (51) und (52) läßt sich bei der gestellten Aufgabe die Summe der Abstände der Zahnstangenkopflinien von den Mittelpunkten der entsprechenden Räder bestimmen. Nehmen wir z. B. an:

$$
\begin{aligned}
a_2 &= 307{,}5 \text{ mm} & t &= 31{,}416 \text{ mm} \\
Z &= 36 & k &= 10 \quad\ \text{ mm} \\
z &= 24 & \alpha_1 &= 20^0 \\
\alpha_2 &= 23^0\ 32'\ 30''
\end{aligned}
$$

Aus Gleichung (51) folgt:

$$a_1 = \frac{307{,}5 \cdot 0{,}91667}{0{,}93969} = 300 \text{ mm}\,.$$

Aus Gleichung (52) folgt:

$$L + l = 300 - 20 + \frac{2{,}7475}{2} \times$$

$$\times \left[600\left(\frac{3{,}1416}{60} + 0{,}024798 - 0{,}014904\right) - 31{,}416\right] = 288{,}15 \text{ mm}\,.$$

13. Aufgabe. Gegeben die Zahndicke eines Zahnrades, zu bestimmen die Lage einer in die Zahnlücke eingesetzten Rolle.

In Abb. 38 seien:

$g =$ Halbmesser des Grundkreises

$r_1 =$ der Halbmesser, an dem die Zahndicke bekannt ist

$\alpha_1 =$ Pressungswinkel am Halbmesser r_1

$T_{d_1} =$ Zahndicke am Halbmesser r_1

$W =$ Halbmesser der Rolle

$r_2 =$ Abstand vom Zahnradmittelpunkt bis zum Rollenmittelpunkt

$\alpha_2 =$ Pressungswinkel am Halbmesser r_2

$Z =$ Zähnezahl des Zahnrades.

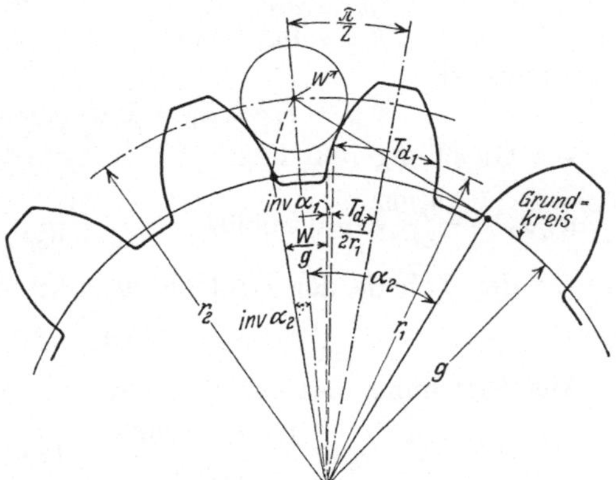

Abb. 38. Bestimmung der Lage einer in die Zahnlücke gelegten Rolle.

Der Winkel zwischen der Zahnmittellinie und der Lückenmittellinie beträgt im Bogenmaß π/Z.

Der Zentriwinkel zwischen der Zahnmittellinie und dem Anfangspunkt der Evolvente am Grundkreise beträgt im Bogenmaß

$$\frac{T_{d_1}}{2\,r_1} + \operatorname{inv} \alpha_1 \,.$$

In Abb. 38 ist eine weitere Evolvente gestrichelt eingetragen, die von demselben Grundkreis aus, wie die Evolventenflanke, erzeugt ist, und die durch den Rollenmittelpunkt hindurchgeht. Der Zentriwinkel zwischen dem Anfangspunkt dieser zweiten Evolvente und der Zahnmittellinie im Bogenmaß beträgt

$$\frac{T_{d_1}}{2\,r_1} + \operatorname{inv} \alpha_1 + \frac{W}{g} \,.$$

Der Zentriwinkel zwischen dem Anfangspunkt der durch den Rollenmittelpunkt hindurchgehenden Evolvente und der Zahnlückenmittellinie beträgt im Bogenmaß $\operatorname{inv} \alpha_2$. Hiernach ist

$$\operatorname{inv} \alpha_2 = \frac{T_{d_1}}{2\,r_1} + \operatorname{inv} \alpha_1 + \frac{W}{g} - \frac{\pi}{Z} \,. \tag{53}$$

Aus Gleichung (42) folgt:

$$r_2 = \frac{r_1 \cos \alpha_1}{\cos \alpha_2} \,. \tag{54}$$

Gleichung (53) und (54) bilden die Lösung der gestellten Aufgabe.

Nehmen wir z. B. an:

$$r_1 = 120 \text{ mm} \qquad\qquad W = 9 \text{ mm}$$
$$\alpha_1 = 20^0 \qquad\qquad\qquad Z = 24$$
$$T_{d1} = 15{,}708 \text{ mm}$$

sodann ist

$$g = r_1 \cos \alpha_1 = 120 \cdot 0{,}93969 \text{ mm..}$$

Aus Gleichung (53) folgt:

$$\operatorname{inv} \alpha_2 = \frac{15{,}708}{240} + 0{,}014904 + \frac{9}{120 \cdot 0{,}93969} - \frac{3{,}1416}{24} = 0{,}029267\,.$$

Aus der Tabelle der Evolventenfunktion ergibt sich:

$$\alpha_2 = 24^0\, 48'\, 43''.$$

Aus Gleichung (54) erhalten wir:

$$r_2 = \frac{120 \times 0{,}93969}{0{,}90769} = 124{,}230 \text{ mm}\,.$$

Im zweiten Abschnitt wurden die für den Überdeckungsgrad und für die Unterschneidung maßgebenden Beziehungen abgeleitet. Die folgenden Zahlenbeispiele sollen diese Beziehungen erläutern.

14. Aufgabe. Es ist der Überdeckungsgrad (Eingriffsdauer) bei einem unterschnittsfreien Evolventenräderpaar zu bestimmen.

Es sei:

α = Eingriffswinkel
a = Achsenabstand
z_1 = Zähnezahl des treibenden Rades
z_2 = Zähnezahl des getriebenen Rades
R_{a_1} = Kopfkreishalbmesser des treibenden Rades
R_{a_2} = Kopfkreishalbmesser des getriebenen Rades
g_1 = Grundkreishalbmesser des treibenden Rades
g_2 = Grundkreishalbmesser des getriebenen Rades
R_1 = Wälzkreishalbmesser des treibenden Rades
R_2 = Wälzkreishalbmesser des getriebenen Rades
t_e = Eingriffsteilung.

Aus Gleichung (37) folgt:

$$g_1 = R_1 \cos \alpha\,, \tag{55}$$
$$g_2 = R_2 \cos \alpha\,. \tag{56}$$

Gleichung (19) ergibt:

$$t_e = \frac{2\,\pi\,g_1}{z_1} = \frac{2\,\pi\,g_2}{z_2}\,. \tag{57}$$

Gleichung (22) ergibt für den Überdeckungsgrad:

$$\varepsilon = \frac{\sqrt{(R_{a_1})^2 - (g_1)^2} + \sqrt{(R_{a_2})^2 - (g_2)^2} - a \sin \alpha}{t_e}\,.* \tag{58}$$

---

* Überdeckungsgrad bei unterschnittenen Zahnprofilen siehe Seite 31, Gl. (22 a—c).

Der Überdeckungsgrad läßt sich aus den Gleichungen (55) bis (58) errechnen.

Es sei z. B.

$$\alpha = 20^0 \qquad\qquad R_{a1} = 32 \text{ mm}$$
$$a = 70 \text{ mm} \qquad\qquad R_{a2} = 42 \text{ „}$$
$$z_1 = 30 \qquad\qquad R_1 = 30 \text{ „}$$
$$z_2 = 40 \qquad\qquad R_2 = 40 \text{ „}$$

Gleichung (55) ergibt:

$$g_1 = 30 \cdot 0,939\,69 = 28,191 \text{ mm},$$

Gleichung (56) ergibt:

$$g_2 = 40 \cdot 0,939\,69 = 37,588 \text{ mm},$$

Gleichung (57) ergibt:

$$t_e = \frac{2 \cdot 3,1416 \cdot 28,191}{30} = 5,904 \text{ mm}.$$

Der Überdeckungsgrad ergibt sich hiernach aus Gleichung (58) zu

$$\varepsilon = \frac{\sqrt{(32)^2 - (28,191)^2} + \sqrt{(42)^2 - (37,588)^2} - 70 \cdot 0,342\,02}{5,904} = 1,70.$$

15. Aufgabe. Der untere Grenzwert des Fußkreishalbmessers eines Rades ist so zu bestimmen, daß bei der Erzeugung des Rades mit einem zahnstangenartigen Werkzeug sich noch kein Unterschnitt ergibt.

Es sei:

r_{gr} = Grenzwert des Fußkreishalbmessers bei Vermeidung des Unterschnittes, kurz Grenzfußkreishalbmesser genannt

R = Wälzkreishalbmesser

α = Eingriffswinkel.

Gleichung (31) ergibt für eine scharfkantige Zahnstange:

$$r_{gr} = R \cos^2 \alpha. \tag{59}$$

Falls der Zahnstangenzahn am Kopf abgerundet ist, so kann er um den Betrag der Abrundung höher sein, ohne einen Unterschnitt zu erzeugen.

Falls ϱ = Höhe der Abrundung, so ist

$$r_{gr} = R \cos^2 \alpha - \varrho. \tag{60}$$

Es sei z. B.

$$R = 100 \text{ mm}, \qquad\qquad \alpha = 20^0, \qquad\qquad \varrho = 3 \text{ mm},$$

dann ist

$$r_{gr} = 100 \cdot (0,93969)^2 - 3 = 85,3 \text{ mm}.$$

16. Aufgabe. Die Höhe des Evolventenprofilabschnittes ist zu bestimmen, die beim Unterschnitt weggeschnitten wird.

Wird der in der vorhergehenden Aufgabe ermittelte Grenzwert des Fußkreishalbmessers unterschritten, so wird ein Teil des Evolventenprofils in der Umgebung des Grundkreises von der Kopfkante des Zahnstangenzahnes weggeschnitten, während er außer Eingriff kommt. Die genaue Bestimmung des weggeschnittenen Betrages erfordert umständliche Berechnungen. Folgende einfache Annäherungsgleichung ist für alle praktischen Zwecke hinreichend genau.

Es sei:

r_{gr} = Grenzfußkreishalbmesser
R = Wälzkreishalbmesser
g = Grundkreishalbmesser
α = Eingriffswinkel
ϱ = Höhe der Abrundung an der Kopfkante des Zahnstangenzahnes
k = Kopfhöhe des Zahnstangenzahnes
u = der Betrag, um welchen der Grenzfußkreishalbmesser r_{gr} unterschritten wird.
y = die radiale Höhe des durch den Unterschnitt entfernten Evolventenprofilabschnittes.

Es ist annähernd:

$$y = \frac{u^2}{8\,g\sin^2\alpha}.\tag{61}$$

Die Ableitung der Gleichung (61) kann folgendermaßen erfolgen[1]:
Abb. 38a zeigt ein unterschnittenes Radprofil im Eingriff mit dem Zahnstangenzahn, der den Unterschnitt erzeugt. In der angenommenen Eingriffslage berührt das Zahnstangenprofil die Evolvente am Grundkreis. Wälzt sich die Wälzlinie der Zahnstange in Richtung des Pfeiles auf dem Wälzkreis des Rades ab, so beschreibt der Kopfpunkt des scharfkantig gedachten Zahnstangenzahnes eine Kurve, die das Evolventenprofil im Punkt K schneidet. Der

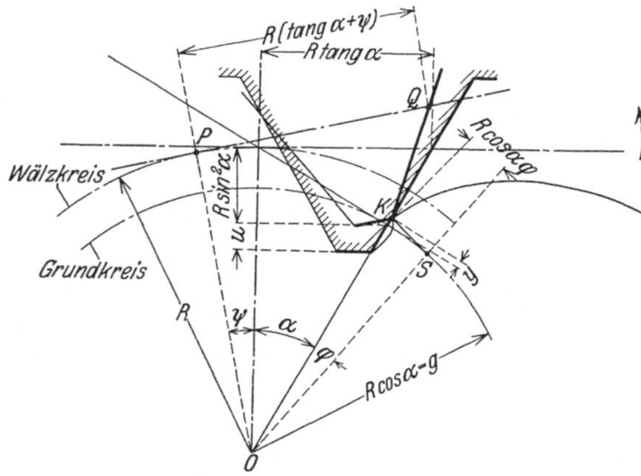

Abb. 38a. Unterschnittenes Evolventenprofil im Eingriff mit einem Zahnstangenzahn.

innerhalb von K liegende Teil des Evolventenprofils wird durch den Unterschnitt zerstört. Punkt K entspricht einem Wälzwinkel ψ der

---

[1] Vgl. Schiebel: Zahnräder, Teil I, S. 12. Berlin: Julius Springer, 1912.

Zahnstange von der gezeichneten Eingriffslage aus und einem Wälzwinkel φ der Evolventenerzeugenden von der Lage aus, in welcher die Erzeugende den Punkt am Grundkreis erzeugt.

Durch Projektion des Linienzuges $OPQK$ auf OS und KS erhält man:

$$R\cos\alpha = R\cos(\varkappa + \varphi + \psi) + R(\tang\alpha + \psi)\sin(\alpha + \varphi + \psi)$$
$$- R\frac{\sin^2\alpha}{\cos\alpha}\cos(\varphi + \psi) - \frac{u}{\cos\alpha}\cos(\varphi + \psi),$$

$$R\cos\alpha\cdot\varphi = R\sin(\alpha + \varphi + \psi) - R(\tang\alpha + \psi)\cos(\alpha + \varphi + \psi)$$
$$- R\frac{\sin^2\alpha}{\cos\alpha}\sin(\varphi + \psi) - \frac{u}{\cos\alpha}\sin(\varphi + \psi).$$

Diese beiden Gleichungen ergeben nach Division durch R und leichter trigonometrischer Umformung:

$$\cos\alpha = \cos\alpha\cos(\varphi + \psi) + \psi\sin\alpha\cos(\varphi + \psi) + \psi\cos\alpha\sin(\varphi + \psi)$$
$$- \frac{u}{R\cos\alpha}\cos(\varphi + \psi), \tag{61a}$$

$$\cos\alpha\cdot(\varphi + \psi) - \cos\alpha\cdot\psi = \cos\alpha\sin(\varphi + \psi) + \psi\sin\alpha\sin(\varphi + \psi)$$
$$- \psi\cos\alpha\cos(\varphi + \psi) - \frac{u}{R\cos\alpha}\sin(\varphi + \psi). \tag{61b}$$

Durch Multiplikation der Gleichung (61a) mit $\dfrac{\sin(\varphi + \psi)}{\cos\alpha}$, der zweiten Gleichung (61b) mit $-\dfrac{\cos(\varphi + \psi)}{\cos\alpha}$ und Addition beider Gleichungen erhält man:

$$\sin(\varphi + \psi) - (\varphi + \psi)\cos(\varphi + \psi) + \psi\cos(\varphi + \psi) = \psi.$$

$\varphi + \psi$ und ψ sind bei dem praktisch vorkommenden Unterschnitt klein; es läßt sich demnach annäherungsweise durch Reihenentwicklung[1] und Vernachlässigung der kleinen Größen höherer Ordnung setzen:

$$\sin(\varphi + \psi) = (\varphi + \psi) - \frac{(\varphi + \psi)^3}{6},$$
$$\cos(\varphi + \psi) = 1 - \frac{(\varphi + \psi)^2}{2}.$$

Dies eingesetzt, erhält man:

$$(\varphi + \psi) - \frac{(\varphi + \psi)^3}{6} - (\varphi + \psi) + \frac{(\varphi + \psi)^3}{2} + \psi - \psi\frac{(\varphi + \psi)^2}{2} = \psi,$$
$$\varphi + \psi = \tfrac{3}{2}\psi,$$
$$\varphi = \tfrac{1}{2}\psi. \tag{61c}$$

---

[1] Siehe z. B. Hütte 1, 56 (1925).

Durch Einsetzen der Annäherungswerte für $\sin(\varphi + \psi)$, $\cos(\varphi + \psi)$, in Gleichung (61a) erhält man unter Vernachlässigung der kleinen Größen höherer als erster Ordnung

$$\psi \sin \alpha - \frac{u}{R \cos \alpha} = 0,$$

$$\psi = \frac{u}{R \cos \alpha \sin \alpha} \cdot \tag{61d}$$

y ergibt sich durch Projektion des Linienzuges OSK auf die durch den Grundkreispunkt der Evolvente gehende radiale Linie.

$$y = R \cos \alpha \cos \varphi + R \cos \alpha \cdot \varphi \cdot \sin \varphi - R \cos \alpha .$$

Setzt man wie vorhin angenähert

$$\sin \varphi = \varphi - \frac{\varphi^3}{6},$$

$$\cos \varphi = 1 - \frac{\varphi^2}{2},$$

so ergibt sich, unter Vernachlässigung der Größen höherer Ordnung,

$$y = R \cos \alpha \cdot \frac{\varphi^2}{2} .$$

Unter Berücksichtigung von (61c) und (61d) erhält man

$$y = \frac{u^2}{8 R \cos \alpha \sin^2 \alpha} = \frac{u^2}{8 g \sin^2 \alpha} . \tag{61}$$

Es sei z. B.

$$R = 60 \text{ mm} \qquad\qquad k = 11{,}57 \text{ mm}$$
$$\alpha = 14\tfrac{1}{2}{}^{0} \qquad\qquad \varrho = 1{,}57 \text{ „}$$

Gleichung (60) ergibt:

$$r_{gr} = R \cos^2 \alpha - \varrho = 54{,}669 \text{ mm} .$$

Der Fußkreishalbmesser wird gleich

$$60 - 11{,}57 = 48{,}430 \text{ mm} ,$$

$$u = 54{,}669 - 48{,}430 = 6{,}239 \text{ mm} ,$$

$$g = 60 \cdot 0{,}96815 = 58{,}089 \text{ mm} .$$

Gleichung (61) ergibt:

$$y = \frac{u^2}{8 g \sin^2 \alpha} = \frac{(6{,}239)^2}{8 \cdot 58{,}089 \cdot (0{,}250\,38)^2} = 1{,}336 \text{ mm} .$$

Der Abstand R_u des innersten, durch Unterschnitt nicht zerstörten Evolventenprofilpunktes vom Radmittelpunkt beträgt $g + y$. In diesem Beispiel wird

$$g + y = 58{,}089 + 1{,}336 = 59{,}425 \text{ mm} .$$

Unterhalb des Wälzkreises bleibt also das nutzbare Evolventenprofil nur in einer Höhe von $60 - 59,425 = 0,575$ mm bestehen.

Bei den gebräuchlichen Eingriffswinkeln nimmt Gleichung (61) durch Einsetzen der Werte von α folgende Formen an:

Für $\alpha = 14\frac{1}{2}^{0}$ wird

$$y = \frac{2,0586\, u^2}{R}. \tag{62}$$

Für $\alpha = 15^{0}$ wird

$$y = \frac{1,9319\, u^2}{R}. \tag{63}$$

Für $\alpha = 17\frac{1}{2}^{0}$ wird

$$y = \frac{1,4495\, u^2}{R}. \tag{64}$$

Für $\alpha = 20^{0}$ wird

$$y = \frac{1,1369\, u^2}{R}. \tag{65}$$

Für $\alpha = 22\frac{1}{2}^{0}$ wird

$$y = \frac{0,924\, u^2}{R}. \tag{66}$$

IV. Normale Zahnformen.

Die Normung der Zahnformen in Deutschland ist in DIN 867 erfolgt. Genormt wurde ein Satzradsystem mit einer Evolventenverzahnung mit 20^{0} Eingriffswinkel.

In Amerika ist es zu einer einheitlichen Normung nicht gekommen. Es wurden vielmehr von der American Gear Manufacturers Association und dem American Engineering Standards Committee die vier gebräuchlichsten Zahnformen zur Norm erhoben. Wir behandeln in diesem Abschnitt auch die amerikanischen Systeme, da sie vielfach in Deutschland verwendet werden — und um einen Vergleich zwischen den verschiedenen Verzahnungssystemen zu ermöglichen. Am Schluß dieses Abschnittes wird die deutsche Normung und die Gesichtspunkte, die zu derselben führten, behandelt[1].

Vor der Behandlung der einzelnen Verzahnungssysteme sollen in dem Folgenden einige grundlegende Begriffe und Bezeichnungen bei Geradzahnstirnrad-Verzahnungen in Anlehnung an die diesbezüglichen Bestimmungen der DIN 868 und 869 festgelegt werden. Um dem Leser die Verfolgung des amerikanischen bzw. englischen Schrifttums zu erleichtern, werden auch die entsprechenden englischen Bezeichnungen in Klammern beigefügt.

Der Achsenabstand (center distance) a ist die Entfernung der beiden Radmitten bzw. Radachsen.

---

[1] Die deutsche Normung ist in der amerikanischen Originalausgabe dieses Werkes nicht behandelt.

Wälzpunkt (pitch point) heißt jener gedachte Punkt des Getriebes, in dem die Geschwindigkeit beider Räder gleich ist.

Wälzbahnen enthalten alle nacheinander möglichen Wälzpunkte. Bei gleichbleibendem Übersetzungsverhältnis sind diese Bahnen Wälzkreise (pitch circle) bzw. bei Zahnstangen Wälzgeraden (pitch line). Die Wälzkreise können durch runde Scheiben verwirklicht werden, die man sich mit den entsprechenden Rädern fest verbunden denken kann. Beim Zusammenarbeiten der Räder wälzen sich diese Scheiben ohne Gleiten aufeinander ab. Ebenso kann die Wälzlinie durch ein gerades Lineal verwirklicht werden.

Mittenlinie (center line) ist die Verbindungsgerade beider Radmitten.

Teilkreis (nominal pitch circle) heißt jene Bahn, auf die bei der Zahnerzeugung eine bestimmte, möglichst genormte, Teilung t (circular pitch) als Entfernung zweier gleichliegender Flanken abgetragen wird. Der Teilkreisdurchmesser wird mit d_0, der Teilkreishalbmesser mit r_0 bezeichnet.

Für zahlenmäßige Berechnungen ist es meistens bequemer, statt mit der Teilung t mit der Durchmesserteilung oder Modul (m) (module) zu rechnen. Sie bestimmt sich durch die Gleichungen

$$m = \frac{t}{\pi} = \frac{d_0}{z} = \frac{\text{Teilkreisdurchmesser}}{\text{Zähnezahl}}.$$

Modul mal Zähnezahl ergibt den Teilkreisdurchmesser, z. B. beträgt der Teilkreisdurchmesser eines Rades mit 20 Zähnen und Modul 5 $5 \cdot 20 = 100$ mm. Der Modul wird in den Ländern mit metrischem Maßsystem in Millimetern ausgedrückt, in den Ländern mit Zollsystem wird er ebenso wie die Teilung (circular pitch) in Zoll angegeben. Es wird allerdings in Amerika und in England meistens nicht mit dem Modul, sondern mit dessen reziprokem Wert (diametral pitch, d. p.) gerechnet. Der diametral pitch ergibt sich hiernach als Quotient von Zähnezahl und Teilkreisdurchmesser in Zoll. Er gibt an, wieviel Zähne auf 1 Zoll Teilkreisdurchmesser entfallen. Bei einem Rad von 2 Zoll Teilkreisdurchmesser mit 12 Zähnen beträgt z. B. der diametral pitch $\frac{12}{2} = 6$.

Bei den zur Zeit verwendeten normalen Satzverzahnungssystemen sind Teilkreis und Betriebswälzkreis identisch.

Zahnhöhe oder Lückentiefe (whole depth) ist der Abstand der Kopflinie von der Fußlinie. Kopflinie (Kopfkreis) heißt die äußere Begrenzungslinie bei ausgefüllt gedachten Zahnlücken; Fußlinie bzw. Fußkreis ist die innere Begrenzungslinie.

Kopfhöhe (addendum) ist die Höhe des Zahnes über dem Wälzkreis.

Fußhöhe (dedendum) ist die Tiefe der Zahnlücke unter dem Wälzkreise.

Gemeinsame Zahnhöhe h (working depth) ist in einem Getriebe der Abstand der beiden Kopflinien, gemessen auf der Mittenlinie. Sie ist die Summe der beiden Kopfhöhen.

Kopfspiel S_k (clearence) ist das Spiel zwischen Kopflinie und Fußlinie von Rad und Gegenrad.

Flankenspiel S_i (backlash) ist das Spiel zwischen der einen Flanke des einen und der entsprechenden Gegenflanke des andern Rades, wenn die andere Flanke des ersten und die entsprechende Gegenflanke des zweiten Rades sich berühren.

Eingriffspunkt (point of contact) ist der momentane Berührungspunkt zwischen Profil und Gegenprofil.

Eingriffslinie (line of action) ist der geometrische Ort der Eingriffspunkte bei korrektem Eingriff und gleichförmiger Übertragung.

Die Strecke, die der Eingriffspunkt vom Anfang bis Ende des Eingriffes eines Flankenpaares beschreibt, ist die Eingriffsstrecke.

Die Eingriffslänge e ist der Weg auf der Wälzbahn, um den sich eine Flanke vom Eintritt bis zum Austritt aus dem Eingriff verschiebt. Die Eingriffslänge kann auch im Winkelmaß ausgedrückt werden (angle of action).

Das wirksame Profil[1] (active profile) ist derjenige Teil des Gesamtprofiles, der entlang der Eingriffslinie mit dem Gegenprofil in Eingriff kommt.

Grundkreis ist derjenige Kreis, von welchem als Abwickelung einer Geraden (eines Fadens) das Evolventenprofil einer Evolventenverzahnung abgeleitet werden kann, wobei die Evolvente von einem beliebigen Punkt der Geraden (des Fadens) beschrieben wird.

Die Eingriffsteilung t_e (normal pitch) einer Evolventenverzahnung ist der Abstand zwischen zwei benachbarten, gleichliegenden Flanken. Sie ergibt sich als Quotient des Grundkreisumfanges und der Zähnezahl.

Der Pressungswinkel[2] (pressure angle) ist der Winkel zwischen Leitstrahl und Kurventangente.

Der Eingriffswinkel[2] (pressure angle) bei einer Evolventenverzahnung ist der Winkel zwischen Eingriffslinie und der Senkrechten zur Mittenlinie bzw. zwischen Eingriffslinie und gemeinsamer Wälzbahntangente. Der Eingriffswinkel ist der Pressungswinkel am Wälzkreis.

Interferenz (Interference) ist als Begriff in der DIN 868 nicht enthalten. Sie kommt in dieser Form im deutschen Schrifttum überhaupt nicht vor; daher wurde vom Übersetzer die englische Bezeichnung übernommen. Interferenz entsteht, wenn die Zahnflanken in Punkten in Berührung kommen, die nicht auf der Eingrifflinie liegen. Im Falle

---

[1] In DIN 868 nicht enthalten.
[2] Die englische Bezeichnung ist für beide Begriffe dieselbe.

einer Interferenz wird die Bewegungsübertragung ungleichförmig. Durch die Entfernung der Flankenteile, die zu einem derartigen falschen Eingriff kommen (Unterschneidung, undercutting), kann die Gleichförmigkeit der Übertragung wiederhergestellt werden.

Die wichtigsten der oben bestimmten Begriffe sind aus Abb. 39 zu ersehen.

Beim Entwurf der Zahnformen müssen eine Anzahl verschiedener Faktoren beachtet werden. Eine unter allen Bedingungen und in jeder Hinsicht günstigste Zahnform gibt es nicht; wie bei allen technischen Problemen, müssen auch hier Vorteile auf der einen durch Nachteile auf der andern Seite erkauft werden. Welchem Faktor eine mehr oder weniger entscheidende Bedeutung zukommt, muß von Fall zu Fall entschieden werden; das endgültige Ergebnis bildet ein Kompromiß zwischen widersprechenden Bedingungen. Doch ist ein Kompromiß, welches sich in einem Fall als das beste erwiesen hat, unter veränderten Verhältnissen natürlich noch lange nicht gerechtfertigt.

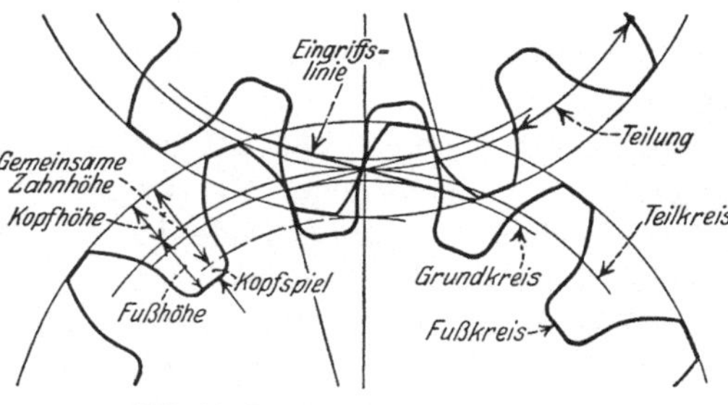

Abb. 39. Bezeichnungen an Zahnrädern.

Die erste Forderung, die an Zahngetriebe gestellt wird, ist die einer gleichförmigen Bewegungsübertragung. Um dieser Forderung zu entsprechen, müssen die Zahnprofile zusammengehörige Zahnformen darstellen. Ferner müssen diese Profile von genügender Länge sein, damit ein fortlaufendes Ineinandergreifen stattfinden kann, d. h. das nächste Flankenpaar muß schon in Eingriff gekommen sein, bevor ein Flankenpaar außer Eingriff gekommen ist. Mit anderen Worten, die Eingriffslänge muß größer sein als die Teilung zwischen zwei aufeinander folgenden Zähnen, der Überdeckungsgrad muß größer als 1 sein.

Es darf nicht außer acht gelassen werden, daß die Verbesserung der Zahnformen allein die erforderliche peinliche Genauigkeit bei der Herstellung der Zahnräder nicht ersetzen kann. Ferner muß der Getriebekasten, in den diese eingebaut werden, starr genug sein, um ein richtiges Fluchten der Wellen auch bei der schwersten Belastung zu sichern.

Das $14\frac{1}{2}°$-Mischverzahnungssystem. Die allgemeine Verwendung von bearbeiteten Zähnen ist erst eine Errungenschaft der letzten Zeit. Der überwiegende Teil aller Zähne wurde früher in Formen gegossen. Die erstrebten Profile für gleichförmige Übertragung wurden beim Form- und Gießprozeß nur grob angenähert erreicht. In der Zeit, als die Bearbeitung der Zähne immer weitere Verbreitung fand, haben sich zwei Arten von Verzahnungssystemen ausgebildet, die Zykloiden- und die Evolventenverzahnung. Die Zykloidenverzahnung ist die empfindlichere Form. Sie erfordert, um einen guten Eingriff zu gewährleisten, die genaue Einhaltung der Achsenabstände; außerdem erfordert sie, bei gleicher Güte, für einen bestimmten Zähnezahlbereich eine größere Anzahl Formfräser als die Evolventenverzahnung. Aus diesem Grunde verlor sie in kurzer Zeit ihre Bedeutung.

Der erste große Fortschritt war die Einführung des 14½⁰-Mischverzahnungssystems. Dieses System ist als das normale 14½⁰-Evolventensystem allgemein bekannt, obwohl in Wirklichkeit nur ein kleiner Teil des Profils eine Evolventenform darstellt. Es stellt ein Kompromiß zwischen der Evolvente und der Zykloide dar, da es zu einem Zeitpunkt entwickelt wurde, als beide Formen noch weit verbreitet waren.

Der Winkel von 14½⁰ ist als Eingriffswinkel des Evolvententeiles des Systems aus dem Grunde gewählt worden, weil sin 14½⁰ annäherungsweise = ¼ (genau: sin 14½⁰ = 0,25038) ist; durch diese einfache zahlenmäßige Beziehung wird dem Lehrenbauer und Zeichner das Anreißen dieses Winkels sehr erleichtert. Dieser Eingriffswinkel hat seinen Ursprung in Überlegungen betreffs der Gestaltung von gegossenen Verzahnungen; z. Z. ist er aber auch noch bei bearbeiteten Verzahnungen stark verbreitet.

Das System ist ein Satzradsystem, d. h. jedes Rad kann mit jedem andern Rad derselben Teilung gepaart werden, ohne Rücksicht auf die Zähnezahlen; der Achsenabstand ist mit der Summe der Zähnezahlen proportional. Das System beginnt mit einem 12zähnigen Triebrad als dem kleinsten Satzrad und erstreckt sich bis zur Zahnstange, die als das größte Rad des Satzes betrachtet werden kann. Da ein 12zähniges Triebrad mit genauer Evolventenform bei einem Eingriffswinkel von 14½⁰ allzusehr unterschnitten werden würde, wird nicht die reine Evolventenform verwendet, sondern die Zahnform setzt sich aus einem mittleren Evolvententeil und anschließenden Zykloiden zusammen. Der Rollkreis der Zykloide ist so gewählt, daß

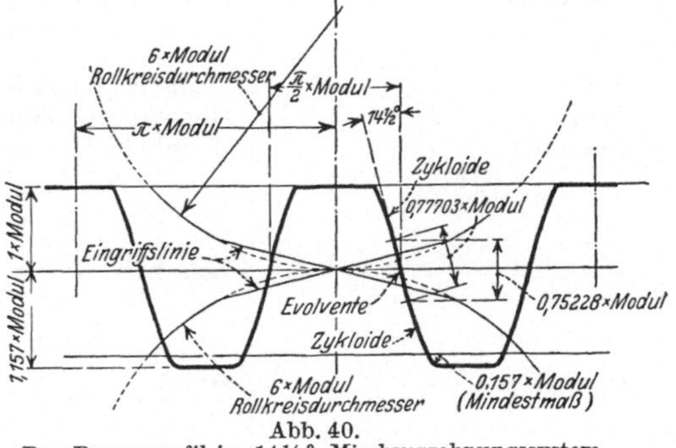

Abb. 40.
Das Bezugsprofil im 14½⁰-Mischverzahnungssystem.

am Rad mit 12 Zähnen die Flanke unterhalb des Evolventengrundkreises radial geradlinig verläuft. (Rollkreisdurchmesser = ½ Wälzkreisdurchmesser des 12zähnigen Rades).

Tabelle 2. Formeln zur Bestimmung der Zahnabmessungen von Verzahnungen mit normalen Zahnhöhen.

m = Modul
t = Teilung
z = Zähnezahl
d_a = Kopfkreisdurchmesser
d_0 = Teilkreisdurchm. = Wälzkreisdurchm.
k = Kopfhöhe = Höhe des arbeitenden Profils über den Teilkreis

$h = 2k$ = gemeinsame Zahnhöhe
S_k = Kopfspiel
f = Fußhöhe = $k + S_k$
$h + S_k$ = Zahnhöhe
t_{d_0} = Zahndicke am Teilkreis
a = Achsenabstand

Gegeben	Zu bestimmen	Formel
Modul m	Teilung t	$t = 3,1416\,m$
Teilkreisdurchmesser d_0 und Zähnezahl z	Teilung t	$t = 3,1416\,d_0/z$
Kopfkreisdurchmesser d_a und Zähnezahl z	Teilung t	$t = 3,1416\,d_a/(z + 2)$
Zähnezahl z und Teilung t	Teilkreisdurchmesser d_0	$d_0 = t \cdot z/3,1416 = 0,3183\,t\,z$
Zähnezahl z und Kopfkreisdurchmesser d_a	Teilkreisdurchmesser d_0	$d_0 = d_a \cdot z/(z + 2)$
Zähnezahl z und Modul m	Teilkreisdurchmesser d_0	$d_0 = m \cdot z$
Zähnezahl z und Teilung t	Kopfkreisdurchmesser d_a	$d_a = t \cdot (z + 2)/3,1416 = 0,3183\,t(z + 2)$
Teilkreisdurchmesser d_0 und Modul m	Kopfkreisdurchmesser d_a	$d_a = d_0 + 2\,m$
Teilkreisdurchmesser d_0 und Teilung t	Zähnezahl z	$z = 3,1416\,d_0/t$
Teilkreisdurchmesser d_0 und Modul m	Zähnezahl z	$z = d_0/m$
Teilung t	Zahndicke am Teilkreis t_{d_0}	$t_{d_0} = t/2$
Modul m	Zahndicke am Teilkreis t_{d_0}	$t_{d_0} = 1,5708\,m$
Teilung t	Kopfhöhe k	$k = t/3,1416 = 0,3183\,t$
Modul m	Kopfhöhe k	$k = m$
Teilung t	Fußhöhe $f = k + S_k$	$f = 0,3683\,t$ In Deutschland meistens: $f = 0,3713\,t$ od. $f = 0,3820\,t$
Modul m	Fußhöhe $f = k + S_k$	$f = 1,157\,m$ In Deutschland meistens: $f = 1,167\,m$ oder $f = 1,2\,m$
Teilung t	Gemeinsame Zahnhöhe h	$h = 2\,t/3,1416 = 0,6366\,t$
Modul m	Gemeinsame Zahnhöhe h	$h = 2\,m$
Teilung t	Zahnhöhe $h + S_k$	$h + S_k = 0,6866\,t$ In Deutschland meistens: $h + S_k = 0,6896\,t$ oder $h + S_k = 0,7003\,t$
Modul m	Zahnhöhe $h + S_k$	$h + S_k = 2,157\,m$ In Deutschland meistens: $h + S_k = 2,167\,m$ oder $h + S_k = 2,2\,m$
Teilung t	Kopfspiel S_k	$S_k = 0,05\,t$ In Deutschland meistens: $S_k = 0,053\,t$ oder $S_k = 0,0637\,t$
Modul m	Kopfspiel S_k	$S_k = 0,157\,m$ In Deutschland meistens: $S_k = 0,167\,m$ od. $S_k = 0,2\,m$
Teilung t	Modul m	$m = t/3,1416 = 0,3183\,t$

Tabelle 2 (Fortsetzung).

Gegeben.	Zu bestimmen	Formel
Teilkreisdurchmesser d_0 und Zähnezahl z	Modul m	$m = d_0/z$
Kopfkreisdurchmesser d_a und Zähnezahl z	Modul m	$m = d_a/(z + 2)$

Der Achsenabstand a bei einer beliebigen Räderpaarung ergibt sich als halbe Summe der Teilkreisdurchmesser.

Tabelle 3.
Die Zahnabmessungen bei Verzahnungen mit normalen Zahnhöhen.

Modul m	Teilung	Zahndicke am Teilkreis	Kopfhöhe	Gemeinsame Zahnhöhe	Fußhöhe bei einem Kopfspiel			Zahnhöhe bei einem Kopfspiel		
					$0,157\,m$	$0,167\,m$	$0,2\,m$	$0,157\,m$	$0,167\,m$	$0,2\,m$
0,5	1,571	0,785	0,5	1	0,579	0,583	0,600	1,079	1,083	1,100
0,75	2,356	1,178	0,75	1,5	0,868	0,875	0,900	1,618	1,625	1,650
1	3,142	1,571	1	2	1,157	1,167	1,200	2,157	2,167	2,200
1,25	3,927	1,963	1,25	2,5	1,446	1,458	1,500	2,696	2,708	2,750
1,5	4,712	2,356	1,5	3	1,736	1,750	1,800	3,236	3,250	3,300
1,75	5,498	2,749	1,75	3,5	2,025	2,042	2,100	3,775	3,792	3,850
2	6,283	3,142	2	4	2,314	2,333	2,400	4,314	4,333	4,400
2,5	7,854	3,927	2,5	5	2,893	2,917	3,000	5,393	5,417	5,500
3	9,425	4,712	3	6	3,471	3,500	3,600	6,471	6,500	6,600
3,5	10,996	5,498	3,5	7	4,050	4,083	4,200	7,550	7,583	7,700
4	12,566	6,283	4	8	4,628	4,667	4,800	8,628	8,667	8,800
5	15,708	7,854	5	10	5,785	5,833	6,000	10,785	10,833	11,000
6	18,850	9,425	6	12	6,943	7,000	7,200	12,943	13,000	13,200
7	21,991	10,996	7	14	8,100	8,167	8,400	15,100	15,167	15,400
8	25,133	12,566	8	16	9,257	9,333	9,600	17,257	17,333	17,600
9	28,274	14,137	9	18	10,414	10,500	10,800	19,414	19,500	19,800
10	31,416	15,708	10	20	11,571	11,667	12,000	21,571	21,667	22,000
12	37,699	18,850	12	24	13,885	14,000	14,400	25,885	26,000	26,400
15	47,124	23,562	15	30	17,356	17,500	18,000	32,356	32,500	33,000
20	62,832	31,416	20	40	23,142	23,333	24,000	43,142	43,333	44,000
25	78,540	39,270	25	50	28,927	29,167	30,000	53,927	54,167	55,000
30	94,248	47,124	30	60	34,712	35,000	36,000	64,712	65,000	66,000

Um Satzräder zu erhalten, muß das Profil der Zahnstange des Systems, d. h. das Bezugsprofil in Bezug auf den Wälzpunkt symmetrisch sein; Zahnkopf und Zahnfuß sind bei der Zahnstange Zykloiden (Abb. 40). Die Umgebung des Teil- bzw. Wälzpunktes ist entsprechend einer Evolventenverzahnung geradlinig. Auch bei den übrigen Satzrädern sind Zahnfuß und Zahnkopf zykloidal; die Rollkreisdurchmesser sind bei sämtlichen Rädern gleicher Teilung, und zwar sowohl am Zahnkopf als auch am Zahnfuß gleich groß.

Eine genaue Herstellung der Zykloidenform stößt auf große Schwierigkeiten. Eine gute Annäherung der in Abb. 40 dargestellten Zykloiden kann nach Abb. 41 mittels Kreisbögen erzielt werden. Die abgeänderte Form ist eine kreissegmentartige und bildet ebenfalls ein theoretisch richtiges Bezugsprofil für ein Satzradsystem. Z. Z. wird nur dieses Bezugsprofil verwendet. Dieses

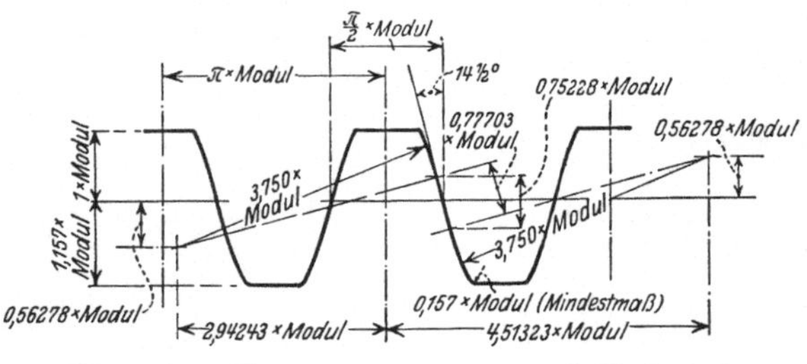

Abb. 41. Angenähertes Bezugsprofil der 14½°-Mischverzahnung.

14½°-Mischverzahnungssystem wurde von der American Gear Manufacturers Association, und von der American Engineering Standards Committee als vorläufige Norm angenommen. Die Zahnform hat folgende Abmessungen:

$$
\begin{aligned}
m &= \text{Modul} \\
\text{Kopfhöhe} &= 1\,m \\
\text{Fußhöhe} &= 1{,}157\,m \\
\text{Gemeinsame Zahnhöhe} &= 2\,m \\
\text{Zahnhöhe} &= 2{,}157\,m \\
\text{Kopfspiel} &= 0{,}157\,m
\end{aligned}
$$

In Tabelle 2 sind die Formeln zusammengestellt, mittels welcher die Abmessungen der Zähne bestimmt werden können. In Tabelle 3 sind die Hauptabmessungen der Räder für die zumeist gebrauchten Modulen zahlenmäßig angegeben.

Die Erzeugung der Zähne im Formfräsverfahren. Das 14½°-Mischverzahnungssystem wurde ursprünglich für das Formfräsverfahren entwickelt; jedoch besteht durchaus die Möglichkeit, Räder mit dieser Verzahnung auch im Abwälzverfahren herzustellen. Das erzeugende Werkzeug müßte in diesem Fall die Form eines Satzrades haben, oder, wenn es sich um ein zahnstangenartiges Werkzeug handelt, mit dem Bezugsprofil versehen sein.

Das Formfräsverfahren ist z. Z. und voraussichtlich auch in der Zukunft das meist verbreitete Verfahren für die Bearbeitung der Zähne. Es soll damit nicht gesagt werden, daß im Formfräsverfahren eine größere Anzahl von Zahnrädern als mit Hilfe anderer Verfahren hergestellt werden, sondern nur so viel, daß das Formfräsverfahren an mehr Stellen als die übrigen Verfahren angewendet wird. Der Grund ist darin zu suchen, daß man bei diesem Verfahren ohne Spezialmaschinen auskommt; vom Fräser abgesehen ist keine Sondereinrichtung notwendig. Eine normale Universal- oder Planfräsmaschine mit einem Teilkopf genügt vollkommen für Reparatur- und kleinere Fabrikationswerkstätten.

Dieses Verfahren ist indessen auch für die Erzeugung in größeren Mengen geeignet. Es sind eine Anzahl Typen von automatischen Räderfräsmaschinen nach dem Formfräsverfahren im Handel. Einzelne Typen haben eine einzige Aufspannspindel für das Werkstück; andere Typen sind mehrspindlig, sie bearbeiten gleichzeitig mehrere Räder. Es werden auch häufig zwei oder mehrere Räder hintereinander auf den gleichen Dorn gespannt. Abb. 42 zeigt eine Zahnradfräsmaschine dieser Bauart mit einer Aufspannspindel.

Abb. 42. Das Schneiden eines Rades nach dem Formfräsverfahren.

Die Fräser sind Formfräser, die so hinterarbeitet sind, daß sie an der Brustfläche scharf geschliffen werden können, ohne ihre Form zu verlieren.

Theoretisch ist für jede Zähnezahl ein besonderer Fräser erforderlich. Praktisch werden indessen aus meistens 8 oder 15 Fräsern bestehende Fräsersätze zur Erzeugung sämtlicher Zähnezahlen von 12 bis ∞ (Zahnstange) verwendet. Die Unterteilung der Zähnezahlbereiche der einzelnen Fräser ist bei den verschiedenen Herstellerfirmen verschieden. Nach Angaben einer bekannten Werkzeugfirma ist die Numerierung und Einteilung der Fräser wie folgt:

43 Zahnformfräser.

Fräser Nr.	8	für Zahnräder von	135	Zähnen	bis zur Zahnstange
,,	,, 7	,, ,,	,, 55	bis 134	Zähnen
,,	,, 6	,, ,,	,, 35	,, 54	,,
,,	,, 5	,, ,,	,, 26	,, 34	,,
,,	,, 4	,, ,,	,, 21	,, 25	,,
,,	,, 3	,, ,,	,, 17	,, 20	,,
,,	,, 2	,, ,,	,, 14	,, 16	,,
,,	,, 1	,, ,,	,, 12	,, 13	,,

Die Form des Fräserprofils ist im allgemeinen für die niedrigste Zähnezahl entwickelt, die mit dem Fräser erzeugt werden soll. Der Fräser Nr. 4 hat z. B. das theoretisch korrekte Profil für die Zähnezahl 21; die Zahnformen bei den anderen im Bereich des Fräsers liegenden Zähnezahlen werden nur annäherungsweise richtig erzeugt. Bei nicht zu hohen Anforderungen genügt diese Annäherung. Bei höheren Anforderungen wird zweckmäßig ein 15 teiliger Satz verwendet, bei welchem zwischen die einzelnen Fräser des 8 teiligen Satzes noch je ein Fräser dazwischen geschoben wird. Diese hinzukommenden Fräser sind:

Fräser Nr. 7½ für Zahnräder von 80 bis 134 Zähnen
,,　　,,　6½　,,　　　　,,　　　　　,,　42　,,　54　　,,
,,　　,,　5½　,,　　　　,,　　　　　,,　30　,,　34　　,,
,,　　,,　4½　,,　　　　,,　　　　　,,　23　,,　25　　,,
,,　　,,　3½　,,　　　　,,　　　　　,,　19　,,　20　　,,
,,　　,,　2½　,,　　　　,,　　　　　,,　15　,,　16　　,,
,,　　,,　1½　,,　　　　,,　　　　　mit 13 Zähnen.

Der Fräser Nr. 3 wird z. B. beim 15 teiligen Satz nur für 17 bis 18 Zähne verwendet, für 19 bis 20 Nr. 3½.

Für noch höhere Genauigkeiten können für jede Zähnezahl Spezialfräser verwendet werden, sie können mit beliebiger Zahnform und beliebigem Eingriffswinkel ausgeführt werden. Die Anschaffung dieser Fräser bildet eine Auslage, die bei der Herstellung von großen Mengen gleichartiger Zahnräder oft gerechtfertigt ist.

Beim Einrichten der Zahnradfräsmaschine ist eine ganz besondere Sorgfalt erforderlich, wenn man Genauigkeiten erzielen will, wie man sie vernünftigerweise fordern kann. Die Mittelebene des Fräsers muß mit der Werkstückachse fluchten. Bei manchen Fräserausführungen ist zu diesem Zweck die Mittelebene angerissen. Ferner muß die Frästiefe auch möglichst genau eingestellt werden. Die ungenaue Einstellung des Fräsers relativ zum Werkstück ist die Ursache vieler Störungen.

Die Analyse des Formfräsverfahrens[1]. Wie oben ausgeführt, wird theoretisch eine korrekte Zahnform nur bei der einen Zähnezahl erzeugt, für welche der Fräser entwickelt worden ist; bei Verwendung des Fräsers für andere Zähnezahlen ist das erzeugte Profil vom theoretisch korrekten Profil etwas abweichend. Diese Abweichung ist jedoch praktisch geringfügig. Sie kann durch eine kleine Berichtigung der Fräsereinstellung größtenteils ausgeglichen werden.

Vielfach ist der der erzeugenden Zähnezahl entsprechende Fräser nicht verfügbar. Es soll z. B. ein Rad mit 23 Zähnen hergestellt werden. Normalerweise würde man hierzu einen Fräser Nr. 4½ bzw. Nr. 4 benötigen. Sind diese nicht verfügbar, so kann durch Anwendung einer

---

[1] Vgl. Ernest Wildhaber: American Machinist **59**, 757.

Frästiefenkorrektion auch der nächst liegende Fräser Nr. 5 mit gutem Erfolg verwendet werden.

Des weiteren wird oft gewünscht, ein größeres Flankenspiel bei den Getrieben zu erzeugen, als es bei der normalen Frästiefe entsteht. Dies kann durch Tieferfräsen erreicht werden. Durch diese Maßnahme wird das Profil verzerrt und der Eingriff verändert. Die auf diese Weise entstehenden Eingriffsfehler können jedoch größtenteils durch entsprechende Anpassung der Frästiefe von Rad und Gegenrad ausgeglichen werden.

Eine Analyse der Fehler, die durch Veränderung der Frästiefe oder durch Anwendung von nicht genau der Zähnezahl entsprechenden Fräsern entstehen, zeigt, daß sie sich auf Fehler infolge Exzentrizität der Verzahnung zurückführen lassen. Die mathematische Analyse selbst ist recht verwickelt. Von einer ausführlichen Wiedergabe derselben ist hier aus verschiedenen Gründen abgesehen worden. Zunächst reicht der hier zur Verfügung stehende Raum nicht aus, um diese Frage klar und vollständig darzulegen. Zweitens wird die Mehrheit der Leser kaum ein solches Interesse für die Ableitung der Gleichungen als für diese selbst und ihre praktische Anwendung haben; drittens würden die verwickelten Ableitungen die einfachen Endergebnisse verschleiern.

In dem Folgenden werden nur die Endergebnisse der Analyse dargestellt.

Die Exzentrizität der Verzahnung. Beim Kämmen eines beliebig exzentrischen Evolventenrades mit einer Zahnstange schwankt bei gleichbleibender Winkelgeschwindigkeit des treibenden Rades die Geschwindigkeit der Zahnstange entsprechend einer reinen Sinuslinie.

Wird ein konzentrisches Rad von einem exzentrischen angetrieben, so schwankt die Umfangsgeschwindigkeit des getriebenen Rades bei gleichbleibender Umfangsgeschwindigkeit des treibenden Rades angenähert sinusförmig.

Bei den kleinen Exzentrizitäten — nur um solche handelt es sich hier — ist die Abweichung von der reinen Sinuslinie so geringfügig, daß sie vernachlässigt werden kann.

Treibt ein exzentrisches Zahnrad ein zweites exzentrisches Zahnrad, so ist die Geschwindigkeitsschwankung des getriebenen Rades aus zwei sinusförmigen Schwankungen zusammengesetzt. Sind die Zähnezahlen und die Exzentrizität bei beiden Rädern gleich groß, so können unter Umständen die Schwankungskomponenten sich gegenseitig aufheben. Sind die Zähnezahlen gleich groß, die Exzentrizitäten jedoch bei beiden Rädern verschieden, so erfolgt auch im günstigsten Falle nur ein teilweiser Ausgleich. Der resultierende Fehler ist in diesem Fall der gleiche, als wenn nur das eine Rad exzentrisch wäre, und zwar um einen Betrag, der im günstigsten Fall gleich der Differenz der einzelnen Exzentrizitäten ist. Sind die Zähnezahlen verschieden, so kann im allgemeinen von einem Ausgleich nicht die Rede sein.

Räder, die nur exzentrisch sind, sonst aber keine Fehler aufweisen, ergeben eine Übertragung mit zwar schwankendem, aber stetig ohne Sprung veränderlichem Übersetzungsverhältnis. Jeder nachfolgende Zahn übernimmt die Belastung von dem vorangehenden weich und stoßfrei. Ein stoßfreier Eingriff erfordert naturgemäß eine hinreichende Eingriffslänge, eine Forderung, die auch für stoßfrei zusammenarbeitende konzentrische Zahnräder zu stellen ist. Weiterhin muß die Zahnbelastung groß genug sein, um die Zähne der beiden Zahnräder stets im Eingriff zu halten.

Fehler bei zu tiefem Fräsen. Bei einer anormalen Frästiefe gehört zu jeder Zahnlücke ein besonderer ideeller Mittelpunkt, der nicht mit dem Drehungsmittelpunkt des Radkörpers zusammenfällt. Dies hat eine etwas andere Wirkung als die reine Exzentrizität, weil in diesem Fall jede Zahnlücke ihre eigene Exzentrizitätsmitte an Stelle einer gemeinsamen Exzentrizitätsmitte hat. In der Praxis wird meistens zu tief gefräst. Hierdurch wird das erforderliche Zahnspiel herbeigeführt, ohne welches die Räder ineinander klemmen würden.

Wird das treibende Profil zu tief gefräst, so wird die Umfangsgeschwindigkeit des getriebenen Profils veränderlich, und zwar etwas kleiner als beim theoretisch korrekten Übersetzungsverhältnis. Treibt ein derart gefrästes Evolventenzahnprofil z. B. ein Zahnstangenzahnprofil an, so bewegt sich die Zahnstange zu langsam. Der nächste Zahn kommt daher zu früh und mit einem Stoß in Eingriff. Dieser vorzeitige Eingriff ist ein Kanteneingriff, die Kopfflanke des Zahnstangenzahnes berührt im Augenblick, wo der Eingriff beginnt, nicht die Flanke des treibenden Rades, sondern sie bilden einen kleinen Winkel miteinander. Der ganze Druck wird daher so lange von der Kante des Zahnstangenzahnes übertragen, bis im Laufe der Bewegung der kleine Winkelunterschied ausgeglichen wird und treibende und getriebene Flanke in Berührung kommen. Ein derartiger Kanteneingriff ist gefährlich und sollte vermieden werden.

Die gleichen Verhältnisse bestehen auch dann, wenn das treibende, zu tief gefräste Rad ein richtig geschnittenes Gegenrad antreibt. Das getriebene Rad bleibt auch in diesem Falle etwas zurück, und jeder neue Zahneingriff beginnt mit einem Kanteneingriff.

Ist dagegen das getriebene Rad zu tief geschnitten, und das treibende Rad auf richtige Tiefe gefräst, so eilt das getriebene Rad vor. Hierbei beginnt der Eingriff auch mit einem Stoß, der sich aber infolge der lebendigen Kraft der sich bewegenden Teile weniger stark auswirkt. Außerdem findet kein ausgesprochener Kanteneingriff statt. Der Eingriff beginnt nicht an der Kopfkante des getriebenen Zahnes, sondern etwas unterhalb derselben, dies ist günstiger als ein Kanteneingriff.

Der Einfluß des Tieferschneidens ist von der Zähnezahl der Räder abhängig. Räder mit kleiner Zähnezahl sind empfindlicher als Räder mit großer Zähnezahl. Das Zurückbleiben oder Voreilen des getriebenen Rades verhält sich zu der Zähnezahl des zu tief geschnittenen Rades umgekehrt proportional. Mit anderen Worten, Getriebe mit verschiedenen Zähnezahlen, bei denen das eine Rad um einen zu seiner Zähnezahl proportionalen Betrag zu tief geschnitten ist, weisen den gleichen Fehler auf.

In dem Vorhergehenden ist angenommen worden, daß eines der Räder auf richtige Tiefe und das Gegenrad tiefer geschnitten worden ist. Weiterhin ist angenommen worden, daß die Entwicklungszähnezahlen der Fräser mit den Zähnezahlen der Räder übereinstimmen.

Werden nun beide Räder zu tief geschnitten, so können die Fehler sich teilweise oder auch praktisch vollkommen aufheben. Insbesondere heben sich die Fehler auf, wenn Rad und Gegenrad mit ihren Zähnezahlen genau entsprechenden Fräsern und um zu ihren Zähnezahlen proportionale Beträge zu tief geschnitten werden.

Der Eingriff von Rädern, die mit ihren Zähnezahlen nicht entsprechenden Fräsern geschnitten werden. Die Verwendung von nicht genau der Zähnezahl entsprechenden Fräsern hat zweierlei Folgen: Erstens, die Winkelgeschwindigkeit des getriebenen Rades ändert sich von Anfang bis Ende des Eingriffes. Zweitens, die Eingriffsdauer wird verkürzt. Ist z. B. die Zähnezahl des treibenden Rades größer als die Entwicklungszähnezahl des entsprechenden Fräsers, so beginnt der Eingriff zwar am tiefsten oder wenigstens angenähert tiefsten Punkt des wirksamen Profiles des treibenden Rades, er reicht aber nicht bis zur Kopfkante des treibenden Profiles.

An derartigen Rädern ist gleichzeitig immer nur ein Flankenpaar im Eingriff. Der tatsächliche Überdeckungsgrad ist also genau 1. Voraussetzung hierfür ist natürlich, daß die Zahnprofile lang genug sind, um den Überdeckungsgrad 1 zu erreichen, sonst würde ein Kanteneingriff erfolgen. Bei dem $14\frac{1}{2}°$-Mischverzahnungssystem ist stets eine hinreichende Profillänge vorhanden.

Die Verbesserung der Eingriffsverhältnisse. Man kann die Eingriffsverhältnisse derartiger Räder wesentlich verbessern, indem man die Frästiefe verändert und mit den hierdurch entstehenden Fehlern die Fehler infolge von Anwendung nicht genau zur Zähnezahl passender Fräser kompensiert. Auf diese Weise ist es möglich, den Eingriff in die Nähe der Teilkreise zu rücken und einen Kanteneingriff stets zu vermeiden. Es besteht außerdem die Möglichkeit, das gewünschte Flankenspiel zu erzeugen.

Es ist üblich, falls keine zu der Zähnezahl genau passenden Fräser vorhanden sind, Fräser zu verwenden, die einer niedrigeren Zähnezahl entsprechen. In vielen Fällen indessen können die Getriebe wesentlich verbessert werden, wenn man das eine Rad mit einem für eine höhere Zähnezahl, das andere Rad mit einem für eine niedrigere Zähnezahl entwickelten Fräser schneidet.

Es sei:

$z =$ Zähnezahl des treibenden Rades

$z' =$ Zähnezahl, für welche der Fräser für das treibende Rad entwickelt worden ist

$Z =$ Zähnezahl des getriebenen Rades

$Z' =$ Zähnezahl, für welche der Fräser des getriebenen Rades entwickelt worden ist

$n' =$ Kennziffer für die Geschwindigkeitsänderung während des Eingriffes

$\Delta h_z =$ Kennziffer für die zusätzliche Frästiefe zur Kompensierung der Fehler infolge Verwendung von nicht genau zu den zu erzeugenden Zähnezahlen passenden Fräsern

$\Delta h_s =$ Kennziffer für die zusätzliche Frästiefe zur Erzielung des gewünschten Flankenspieles

$\Delta h =$ resultierende zusätzliche Frästiefe bei dem treibenden Rad

$\Delta H =$ resultierende zusätzliche Frästiefe am getriebenen Rad.

n' wird bestimmt aus der Gleichung

$$n' = \frac{Z - Z'}{Z \cdot Z'} + \frac{z - z'}{z \cdot z'}. \tag{67}$$

Falls die Fräser so ausgewählt werden, daß beim einen Rad die Entwicklungszähnezahl des Fräsers höher, beim andern Rad niedriger als die Zähnezahl des entsprechenden Rades ist, so haben die beiden Glieder auf der rechten Seite der Gleichung (67) verschiedene Vorzeichen. Sind sie dem absoluten Werte nach gleich, so wird $n' = 0$, die Bewegungsübertragung beinahe vollkommen gleichförmig. Ist dies nicht zu erreichen, so ist sie möglichst klein und stets positiv zu halten. Negative Werte müssen unbedingt vermieden werden. Es ist meistens günstiger, das kleine Rad mit einem entsprechend einer höheren Zähnezahl entwickelten Fräser zu schneiden. Um die richtige Wahl des Fräsers überprüfen zu können, müssen in Gleichung (67) die gewählten Werte eingesetzt werden. Falls die rechte Seite der Gleichung (67) einen negativen oder einen zu großen Wert ergibt, so müssen die Fräser anders gewählt werden.

Die folgenden Gleichungen beziehen sich auf ein $14\frac{1}{2}^0$-Verzahnungssystem und Modul 1. Für andere Module müssen die sich ergebenden Werte mit dem Modul multipliziert werden.

$$\Delta h_z = 0{,}2\, z' \left(\frac{Z - Z'}{Z \cdot Z'} - \frac{z - z'}{z \cdot z'} \right). \tag{68}$$

Δh_z kann positiv oder negativ werden. Ein negativer Δh_z-Wert würde bedeuten, daß das treibende Rad weniger tief als das getriebene Rad gefräst werden soll.

$$\Delta h_s = 2 \cdot \text{gewünschtes Flankenspiel}[1]. \tag{69}$$

Die resultierende Vergrößerung der Frästiefe ergibt sich aus folgenden Gleichungen: Für das treibende Rad mit der Zähnezahl z:

$$\Delta h = \Delta h_s - (\Delta h_s - \Delta h_z) \frac{Z'}{Z' + z'} . \tag{70}$$

Für das getriebene Rad mit der Zähnezahl Z:

$$\Delta H = (\Delta h_s - \Delta h_z) \frac{Z'}{Z' + z'} . \tag{71}$$

Die Gleichungen (70) und (71) können dann verwendet werden, wenn beide resultierenden zusätzlichen Frästiefen positiv ausfallen; wie oben erwähnt, kann Δh_z selbst positiv oder negativ sein. In den folgenden Beispielen und Tabellen soll der 8teilige Satz mit den nebenstehenden Entwicklungszähnezahlen zugrunde gelegt werden.

Nummer des Fräsers	Entwicklungszähnezahl
8	135
7	55
6	35
5	26
4	21
3	17
2	14
1	12

Als Beispiel nehmen wir ein Räderpaar mit den Zähnezahlen 16 : 29, Modul 4, mit einem Flankenspiel von 0,24 mm an. Bei Modul 1 würde das entsprechende Flankenspiel $\frac{0,24}{4} = 0,06$ mm betragen. Für das Rad mit 16 Zähnen soll Fräser Nr. 3 und für das Rad mit 29 Zähnen Fräser Nr. 5 verwendet werden.

Es ist also:

$$z = 16 \qquad\qquad Z = 29$$
$$z' = 17 \qquad\qquad Z' = 26$$

Nach Gleichung (67) wird

$$n' = \frac{29 - 26}{29 \cdot 26} + \frac{16 - 17}{16 \cdot 17} = + 0,000303 .$$

Dieser Wert wird also positiv und sehr klein. Der Eingriff zwischen beiden Rädern wird dabei beinahe vollkommen korrekt.

Gleichung (68) ergibt:

$$\Delta h_z = 0,2 \cdot 17 \left(\frac{29 - 26}{29 \cdot 26} - \frac{16 - 17}{16 \cdot 17} \right) = 0,0260 \text{ mm} .$$

---

[1] Für einen beliebigen Eingriffswinkel α ist

$$\Delta h_z \cong \frac{\pi}{4} \tang \alpha z' \left(\frac{Z - Z'}{Z \cdot Z'} - \frac{z - z'}{z \cdot z'} \right)$$

$$\Delta h_s \cong \frac{\cotg \alpha}{2} \cdot \text{gewünschtes Flankenspiel.}$$

Gleichung (69) ergibt:

$$\Delta h_s = 2 \cdot 0{,}060 = 0{,}120 \text{ mm} \, .$$

Gleichung (70) ergibt also für die zusätzliche Frästiefe des kleinen Rades bei Modul 1:

$$\Delta h = 0{,}120 - (0{,}120 - 0{,}0260) \frac{26}{26 + 17} = 0{,}0632 \text{ mm} \, .$$

Bei Modul 4 wird die zusätzliche Frästiefe 0,253 mm.

Gleichung (71) ergibt für die zusätzliche Frästiefe des großen Rades bei Modul 1:

$$\Delta H = (0{,}120 - 0{,}0260) \frac{26}{26 + 17} = 0{,}0568 \text{ mm} \, .$$

Bei Modul 4 wird die zusätzliche Frästiefe 0,227 mm.

Normalerweise würde das 16zähnige Rad mit Fräser Nr. 2 gefräst, die zusätzliche Frästiefe gleichmäßig zwischen beiden Rädern aufgeteilt werden. Selbst in diesem Falle wäre durch zweckmäßige Wahl der zusätzlichen Frästiefen eine Verbesserung zu erzielen. Dann wäre $z' = 14$, die übrigen Werte wie oben einzusetzen.

Gleichung (67) ergibt

$$n' = \frac{29 - 26}{29 \cdot 26} + \frac{16 - 14}{16 \cdot 14} = 0{,}0129 \text{ mm} \, .$$

Die Kennziffer für die Geschwindigkeitsänderung n' wird in diesem Fall 40mal so groß, wie bei der Verwendung des Fräsers Nr. 3. Die erste Lösung würde also ein wesentlich ruhiger laufendes Räderpaar ergeben. Die zweite Lösung kann indessen durch richtige Wahl der Frästiefen verbessert werden.

Gleichung (68) ergibt:

$$\Delta h_z = 0{,}2 \cdot 14 \left(\frac{29 - 26}{29 \cdot 26} - \frac{16 - 14}{16 \cdot 14} \right) = -0{,}0139 \text{ mm} \, .$$

Gleichung (70) ergibt für das 16zähnige Rad:

$$\Delta h = 0{,}120 - (0{,}120 + 0{,}0139) \frac{26}{26 + 14} = 0{,}0330 \text{ mm} \, .$$

Bei Modul 4 würde dies einem Wert von 0,132 mm entsprechen.

Gleichung (71) ergibt für das Rad mit 29 Zähnen:

$$\Delta H = (0{,}120 + 0{,}0139) \frac{26}{26 + 14} = 0{,}0870 \text{ mm} \, .$$

Bei Modul 4 würde dies einem Wert von 0,348 mm entsprechen.

Diese Beispiele genügen, um die Anwendungsmöglichkeiten obiger Gleichungen zu zeigen. Hierbei soll noch eins beachtet werden: Sind die Entwicklungszähnezahlen der Fräser kleiner als die entsprechenden Zähnezahlen von Rad und Gegenrad, so erfolgt selten ein Kanteneingriff, selbst dann, wenn eine Korrektion der Frästiefen nicht vorgenommen wird.

Falls dagegen die Entwicklungszähnezahl des einen Fräsers größer ist als die Zähnezahl des entsprechenden Rades, so ist stets mit einem Kanteneingriff zu rechnen, wenn nicht die Frästiefen in der oben angegebenen Weise korrigiert werden.

Ein wichtiges Verzahnungsproblem liegt darin, wie man den Kanteneingriff zu Beginn des Eingriffes vermeiden kann. Sollte bei Rädern, die nach dem Formverfahren gefräst werden, aus irgendeinem Grunde die Gefahr eines Kanteneingriffes zu Beginn des Eingriffes bestehen, so kann sie stets durch Tiefenfräsen des getriebenen Rades behoben werden.

Tabelle 4 zeigt, welche Satzfräser vom 8teiligen Fräsersatz und welche korrigierten Frästiefen anzuwenden sind, um die besten Ergebnisse zu erzielen. Es ist hierbei Modul 1 und ein Flankenspiel von 0,03 mm angenommen. Bei anderen Modulen müssen die Tabellenwerte mit dem Modul multipliziert werden. Es wurde weiterhin eine normale Frästiefe von 2,157 Modul 1 angenommen. Bei anderen Werten der normalen Frästiefen ist der Unterschied zwischen dieser und 2,157 den Tabellenwerten zuzuzählen, z. B. bei einer normalen Frästiefe von 2,167 mal Modul sind die Tabellenwerte für die Frästiefen um 0,010 zu vergrößern. Die korrigierten Frästiefen beziehen sich auf Radkörper mit normalem Kopfkreisdurchmesser.

Um die Benützung dieser Tabellen zu zeigen, nehmen wir als Beispiel die Übersetzung 16/48 bei Modul 4 und einer normalen Frästiefe $=$ Zahnhöhe von 2,167 Modul an. Die Kopfkreisdurchmesser errechnen sich wie üblich für das kleine Rad:

$$d_a = (z + 2) \cdot m = (16 + 2) \cdot 4 = 72 \text{ mm},$$

für das große Rad:

$$D_a = (Z + 2) \cdot m = (48 + 2) \cdot 4 = 200 \text{ mm}.$$

Aus Tabelle 4 erhält man:

	16	48
Zähnezahl	16	48
Entwicklungszähnezahl des Fräsers . . .	17	35
Korrigierte Frästiefe für Modul 1 (normale Frästiefe = 2,157)	2,2027 mm	2,1713 mm
Korrigierte Frästiefe für Modul 1 (normale Frästiefe = 2,167)	2,2127 ,,	2,1813 ,,

Hieraus ergibt sich:

	16	48
Frästiefe für Modul 4	8,851 ,,	8,725 ,,

Die Bestimmungsgrößen dieser Räder sind also:

		16	48
Zähnezahl		16	48
Kopfkreisdurchmesser		72	200
Fräser { Modul		4	4
{ Entwicklungszähnezahl		17	35
Frästiefe mm		8,851	8,725
Flankenspiel (0,030·4) mm		0,12	

Tabelle 4. Die korrigierten Frästiefen bei verschiedenen Satzfräserkombinationen. Modul 1.

Zähnezahl des großen Rades		Zähnezahl des kleinen Rades																	
		12		13		14		15		16		17		18		19		20	
		Entwickelungs-zähnezahl des Fräsers	Korrigierte Fräs-tiefe in mm	Entwickelungs-zähnezahl des Fräsers	Korrigierte Fräs-tiefe in mm	Entwickelungs-zähnezahl des Fräsers	Korrigierte Fräs-tiefe in mm	Entwickelungs-zähnezahl des Fräsers	Korrigierte Fräs-tiefe in mm	Entwickelungs-zähnezahl des Fräsers	Korrigierte Fräs-tiefe in mm	Entwickelungs-zähnezahl des Fräsers	Korrigierte Fräs-tiefe in mm	Entwickelungs-zähnezahl des Fräsers	Korrigierte Fräs-tiefe in mm	Entwickelungs-zähnezahl des Fräsers	Korrigierte Fräs-tiefe in mm	Entwickelungs-zähnezahl des Fräsers	Korrigierte Fräs-tiefe in mm
12	Kleinrad	12	2,1870																
	Großr ad	12	2,1870																
13	Kleinrad	12	2,1947	12	2,1870														
	Großrad	12	2,1793	12	2,1870														
14	Kleinrad	12	2,1847	12	2,1764	14	2,1870												
	Großrad	14	2,1893	14	2,1976	14	2,1870												
15	Kleinrad	12	2,1901	12	2,1818	14	2,1937	14	2,1870										
	Großrad	14	2,1839	14	2,1922	14	2,1803	14	2,1870										
16	Kleinrad	12	2,1950	14	2,2062	14	2,1995	14	2,1928	14	2,1870								
	Großrad	14	2,1790	14	2,1688	14	2,1745	14	2,1812	14	2,1870								
17	Kleinrad	12	2,1818	12	2,1728	14	2,1819	14	2,1768	14	2,1704	17	2,1870						
	Großrad	17	2,1922	17	2,2012	17	2,1921	17	2,1972	17	2,2036	17	2,1870						
18	Kleinrad	12	2,1864	12	2,1774	14	2,1873	14	2,1817	14	2,1809	17	2,1925	17	2,1870				
	Großrad	17	2,1876	17	2,1966	17	2,1867	17	2,1923	17	2,1931	17	2,1815	17	2,1870				
19	Kleinrad	12	2,1906	14	2,2014	14	2,1920	14	2,1848	17	2,2037	17	2,1975	17	2,1919	17	2,1870		
	Großrad	17	2,1834	17	2,1726	17	2,1820	17	2,1892	17	2,1703	17	2,1765	17	2,1821	17	2,1870		
20	Kleinrad	12	2,1943	14	2,2055	14	2,1963	17	2,2153	17	2,2082	17	2,2020	17	2,1732	17	2,1683	17	2,1870
	Großrad	17	2,1797	17	2,1685	17	2,1777	17	2,1587	17	2,1658	17	2,1720	21	2,2008	21	2,2057	17	2,1870

Nr.																			
21	Kleinrad	12	2,1788	12	2,1690	14	2,1810	14	2,1730	14	2,1660	17	2,1838	17	2,1777	17	2,1722	17	2,1673
	Großrad	21	2,1952	21	2,2050	21	2,1930	21	2,2010	21	2,2080	21	2,1902	21	2,1963	21	2,2018	21	2,2067
22	Kleinrad	12	2,1821	12	2,1723	14	2,1846	14	2,1766	14	2,1696	17	2,1879	17	2,1817	17	2,1763	17	2,1714
	Großrad	21	2,1919	21	2,2017	21	2,1894	21	2,1974	21	2,2044	21	2,1861	21	2,1923	21	2,1977	21	2,2026
23	Kleinrad	12	2,1851	12	2,1754	14	2,1880	14	2,1800	17	2,1985	17	2,1916	17	2,1855	17	2,1890	21	2,2007
	Großrad	21	2,1889	21	2,1986	21	2,1860	21	2,1940	21	2,1755	21	2,1824	21	2,1885	21	2,1950	21	2,1733
24	Kleinrad	12	2,1879	14	2,1995	14	2,1910	14	2,1830	17	2,2020	17	2,1950	17	2,1889	21	2,2100	21	2,2045
	Großrad	21	2,1861	21	2,1745	21	2,1830	21	2,1910	21	2,1720	21	2,1790	21	2,1851	21	2,1640	21	2,1695
25	Kleinrad	12	2,1905	14	2,2024	14	2,1938	14	2,1666	17	2,2050	17	2,1982	17	2,1080	21	2,2135	21	2,2080
	Großrad	21	2,1835	21	2,1716	21	2,1802	26	2,2074	21	2,1690	21	2,1758	26	2,2054	21	2,1605	21	2,1660
26	Kleinrad	12	2,1759	12	2,1644	14	2,1780	14	2,1694	14	2,1617	17	2,1790	17	2,1719	17	2,1649	17	2,1599
	Großrad	26	2,1981	26	2,2086	26	2,1960	26	2,2046	26	2,2123	26	2,1950	26	2,2021	26	2,2091	26	2,2141
27	Kleinrad	12	2,1783	12	2,1677	14	2,1806	14	2,1719	14	2,1643	17	2,1820	17	2,1750	17	2,1680	17	2,1630
	Großrad	26	2,1957	26	2,2063	26	2,1934	26	2,2021	26	2,2097	26	2,1920	26	2,1990	26	2,2060	26	2,2110
28	Kleinrad	12	2,1805	12	2,1699	14	2,1830	14	2,1744	14	2,1668	17	2,1849	17	2,1778	17	2,1709	21	2,1957
	Großrad	26	2,1935	26	2,2041	26	2,1910	26	2,1996	26	2,2072	26	2,1891	26	2,1962	26	2,2031	26	2,1733
29	Kleinrad	12	2,1825	12	2,1720	14	2,1852	14	2,1766	17	2,1950	17	2,1875	17	2,1805	17	2,1736	21	2,1986
	Großrad	26	2,1915	26	2,2020	26	2,1888	26	2,1974	26	2,1668	26	2,1865	26	2,1935	26	2,2004	26	2,1754
30	Kleinrad	12	2,1844	14	2,1966	14	2,1874	14	2,1786	17	2,1879	17	2,1900	17	2,1829	21	2,2074	21	2,2012
	Großrad	26	2,1896	26	2,1774	26	2,1866	26	2,1954	26	2,1761	26	2,1840	26	2,1911	26	2,1666	26	2,1728
31	Kleinrad	12	2,1861	14	2,1985	14	2,1893	14	2,1806	17	2,2006	17	2,1923	17	2,1853	21	2,2099	21	2,2037
	Großrad	26	2,1879	26	2,1755	26	2,1847	26	2,1934	26	2,1737	26	2,1817	26	2,1887	26	2,1641	26	2,1703
32	Kleinrad	12	2,1878	14	2,2004	14	2,1911	14	2,1825	17	2,2024	17	2,1945	17	2,1630	21	2,2122	21	2,2061
	Großrad	26	2,1862	26	2,1736	26	2,1829	26	2,1915	26	2,1716	26	2,1795	35	2,2110	26	2,1618	26	2,1679
33	Kleinrad	12	2,1894	14	2,2021	14	2,1928	17	2,2136	17	2,2044	17	2,1965	17	2,1652	21	2,2144	21	2,2083
	Großrad	26	2,1846	26	2,1719	26	2,1812	26	2,1604	26	2,1696	26	2,1775	35	2,2088	26	2,1596	26	2,1657
34	Kleinrad	17	2,1908	14	2,2037	14	2,1944	17	2,2154	17	2,2063	17	2,1985	17	2,1672	21	2,2165	21	2,2104
	Großrad	26	2,1832	26	2,1703	26	2,1796	26	2,1586	26	2,1677	26	2,1755	35	2,2068	26	2,1575	26	2,1636
35	Kleinrad	12	2,1723	12	2,1608	14	2,1741	14	2,1646	14	2,1570	17	2,1766	17	2,1691	17	2,1624	17	2,1570
	Großrad	35	2,2017	35	2,2132	35	2,1999	35	2,2094	35	2,2170	35	2,1974	35	2,2049	35	2,2116	35	2,2170
36	Kleinrad	12	2,1737	12	2,1623	14	2,1757	14	2,1662	14	2,1579	17	2,1784	17	2,1710	17	2,1641	17	2,1582
	Großrad	35	2,2003	35	2,2117	35	2,1983	35	2,2078	35	2,2161	35	2,1956	35	2,2030	35	2,2099	35	2,2158

Tabelle 4. (Fortsetzung.)

Zähnezahl des großen Rades		Zähnezahl des kleinen Rades																	
		12		13		14		15		16		17		18		19		20	
		Entwickelungs-zähnezahl des Fräsers	Korrigierte Fräs-tiefe in mm	Entwickelungs-zähnezahl des Fräsers	Korrigierte Fräs-tiefe in mm	Entwickelungs-zähnezahl des Fräsers	Korrigierte Fräs-tiefe in mm	Entwickelungs-zähnezahl des Fräsers	Korrigierte Fräs-tiefe in mm	Entwickelungs-zähnezahl des Fräsers	Korrigierte Fräs-tiefe in mm	Entwickelungs-zähnezahl des Fräsers	Korrigierte Fräs-tiefe in mm	Entwickelungs-zähnezahl des Fräsers	Korrigierte Fräs-tiefe in mm	Entwickelungs-zähnezahl des Fräsers	Korrigierte Fräs-tiefe in mm	Entwickelungs-zähnezahl des Fräsers	Korrigierte Fräs-tiefe in mm
37	Kleinrad	12	2,1751	12	2,1636	14	2,1772	14	2,1677	14	2,1594	17	2,1801	17	2,1726	17	2,1659	17	2,1599
	Großrad	35	2,1989	35	2,2104	35	2,1968	35	2,2063	35	2,2146	35	2,1939	35	2,2014	35	2,2031	35	2,2141
38	Kleinrad	12	2,1763	12	2,1649	14	2,1786	14	2,1691	14	2,1609	17	2,1818	17	2,1743	17	2,1675	17	2,1616
	Großrad	35	2,1977	35	2,2091	35	2,1954	35	2,2049	35	2,2132	35	2,1922	35	2,1997	35	2,2065	35	2,2124
39	Kleinrad	12	2,1775	12	2,1661	14	2,1809	14	2,1705	14	2,1621	17	2,1833	17	2,1758	17	2,1690	21	2,1934
	Großrad	35	2,1965	35	2,2079	35	2,1940	35	2,2035	35	2,2119	35	2,1907	35	2,1982	35	2,2050	35	2,1806
40	Kleinrad	12	2,1787	12	2,1673	14	2,1813	14	2,1718	14	2,1633	17	2,1848	17	2,1773	17	2,1705	21	2,1951
	Großrad	35	2,1953	35	2,2067	35	2,1927	35	2,2022	35	2,2106	35	2,1892	35	2,1967	35	2,2035	35	2,1780
41	Kleinrad	12	2,1798	12	2,1683	14	2,1825	14	2,1730	17	2,1946	17	2,1862	17	2,1787	17	2,1719	21	2,1967
	Großrad	35	2,1942	35	2,2057	35	2,1915	35	2,2010	35	2,1794	35	2,1878	35	2,1953	35	2,2021	35	2,1773
42	Kleinrad	12	2,1808	12	2,1693	14	2,1836	14	3,1741	17	2,1959	17	2,1875	17	2,1800	17	2,1732	21	2,1982
	Großrad	35	2,1932	35	2,2047	35	2,1904	35	2,1999	35	2,1781	35	2,1865	35	2,1940	35	2,2008	35	2,1758
43	Kleinrad	12	2,1819	14	2,1950	14	2,1848	14	2,1753	17	2,1972	17	2,1888	17	2,1813	21	2,2066	21	2,1997
	Großrad	35	2,1921	35	2,1790	35	2,1892	35	2,1987	35	2,1768	35	2,1852	35	2,1927	35	2,1674	35	2,1743
44	Kleinrad	12	2,1827	14	2,1960	14	2,1858	14	2,1763	17	2,1984	17	2,1900	17	2,1825	21	2,2080	21	2,2011
	Großrad	35	2,1913	35	2,1780	35	2,1882	35	2,1977	35	2,1756	35	2,1840	35	2,1915	35	2,1660	35	2,1729
45	Kleinrad	12	2,1836	14	2,1971	14	2,1868	14	2,1774	17	2,1996	17	2,1912	17	2,1837	21	2,2093	21	2,2024
	Großrad	35	2,1904	35	2,1769	35	2,1872	35	2,1966	35	2,1744	35	2,1828	35	2,1903	35	2,1647	35	2,1716

Nr.																			
46	Kleinrad	12	2,1845	14	2,1980	14	2,1878	14	2,1783	17	2,2006	17	2,1922	17	2,1848	21	2,2106	21	2,2037
	Großrad	35	2,1895	35	2,1760	35	2,1862	35	2,1957	35	2,1734	35	2,1818	35	2,1892	35	2,1634	35	2,1703
47	Kleinrad	12	2,1854	14	2,1989	14	2,1887	14	2,1792	17	2,2017	17	2,1933	17	2,1858	21	2,2118	21	2,2049
	Großrad	35	2,1886	35	2,1751	35	2,1853	35	2,1948	35	2,1723	35	2,1807	35	2,1882	35	2,1622	35	2,1691
48	Kleinrad	12	2,1862	14	2,1999	14	2,1896	14	2,1801	17	2,2027	17	2,1943	17	2,1868	21	2,2130	21	2,2061
	Großrad	35	2,1878	35	2,1741	35	2,1844	35	2,1939	35	2,1713	35	2,1797	35	2,1872	35	2,1619	35	2,1679
49	Kleinrad	12	2,1869	14	2,2006	14	2,1904	17	2,2137	17	2,2037	17	2,1953	17	2,1570	21	2,2141	21	2,2072
	Großrad	35	2,1871	35	2,1734	35	2,1836	35	2,1608	35	2,1703	35	2,1787	55	2,2170	35	2,1599	35	2,1668
50	Kleinrad	12	2,1877	14	2,2015	14	2,1913	17	2,2142	17	2,2046	17	2,1962	17	2,1580	21	2,2151	21	2,2082
	Großrad	35	2,1863	35	2,1725	35	2,1827	35	2,1598	35	2,1694	35	2,1778	55	2,2160	35	2,1589	35	2,1658
51	Kleinrad	12	2,1883	14	2,2023	14	2,1921	17	2,2150	17	2,2055	17	2,1971	17	2,1590	21	2,2162	21	2,2092
	Großrad	35	2,1857	35	2,1717	35	2,1819	35	2,1590	35	2,1685	35	2,1769	55	2,2150	35	2,1578	35	2,1648
52	Kleinrad	12	2,1890	14	2,2030	14	2,1928	17	2,2159	17	2,2064	17	2,1980	17	2,1599	21	2,2170	21	2,2102
	Großrad	35	2,1850	35	2,1710	35	2,1812	35	2,1581	35	2,1676	35	2,1760	55	2,2141	35	2,1570	35	2,1638
53	Kleinrad	12	2,1897	14	2,2037	14	2,1936	17	2,2167	17	2,2072	17	2,1988	17	2,1609	21	2,2170	21	2,2112
	Großrad	35	2,1843	35	2,1703	35	2,1804	35	2,1573	35	2,1668	35	2,1752	55	2,2131	35	2,1570	35	2,1628
54	Kleinrad	12	2,1903	14	2,2044	14	2,1942	17	2,2170	17	2,2080	17	2,1996	17	2,1618	21	2,2170	21	2,2121
	Großrad	35	2,1837	35	2,1696	35	2,1798	35	2,1570	35	2,1660	35	2,1744	55	2,2122	35	2,1570	35	2,1619
55	Kleinrad	12	2,1677	12	2,1570	14	2,1692	14	2,1586	14	2,1570	17	2,1712	17	2,1627	17	2,1570	17	2,1570
	Großrad	55	2,2063	55	2,2170	55	2,2048	55	2,2154	55	2,2170	55	2,2028	55	2,2118	55	2,2170	55	2,2170
56	Kleinrad	12	2,1684	12	2,1570	14	2,1699	14	2,1593	14	2,1570	17	2,1720	17	2,1635	17	2,1570	17	2,1570
	Großrad	55	2,2056	55	2,2170	55	2,2041	55	2,2147	55	2,2170	55	2,2020	55	2,2105	55	2,2170	55	2,2170
57	Kleinrad	12	2,1690	12	2,1570	14	2,1706	14	2,1600	14	2,1570	17	2,1728	17	2,1644	17	2,1570	17	2,1570
	Großrad	55	2,2050	55	2,2170	55	2,2033	55	2,2140	55	2,2170	55	2,2012	55	2,2096	55	2,2170	55	2,2170
58	Kleinrad	12	2,1696	12	2,1570	14	2,1713	14	2,1606	14	2,1570	17	2,1736	17	2,1651	17	2,1575	17	2,1570
	Großrad	55	2,2044	55	2,2170	55	2,2027	55	2,2134	55	2,2170	55	2,2004	55	2,2089	55	2,2165	55	2,2170
59	Kleinrad	12	2,1702	12	2,1576	14	2,1719	14	2,1613	14	2,1570	17	2,1744	17	2,1659	17	2,1583	17	2,1570
	Großrad	55	2,2038	55	2,2164	55	2,2021	55	2 2127	55	2,2170	55	2,1996	55	2,2081	55	2,2157	55	2,2170
60	Kleinrad	12	2,1707	12	2,1581	14	2,1726	14	2,1619	14	2,1570	17	2,1751	17	2,1666	17	2,1590	17	2,1570
	Dronrad	55	2,2033	55	2,2159	55	2,2014	55	2,2121	55	2,2170	55	2,1989	55	2.2074	55	2,2150	55	2,2170

Tabelle 4 (Fortsetzung).

Zähnezahl des großen Rades		Zähnezahl des kleinen Rades																	
		21		22		23		24		25		26		27		28		29	
		Entwickelungs-zähnezahl des Fräsers	Korrigierte Fräs-tiefe in mm	Entwickelungs-zähnezahl des Fräsers	Korrigierte Fräs-tiefe in mm	Entwickelungs-zähnezahl des Fräsers	Korrigierte Fräs-tiefe in mm	Entwickelungs-zähnezahl des Fräsers	Korrigierte Fräs-tiefe in mm	Entwickelungs-zähnezahl des Fräsers	Korrigierte Fräs-tiefe in mm	Entwickelungs-zähnezahl des Fräsers	Korrigierte Fräs-tiefe in mm	Entwickelungs-zähnezahl des Fräsers	Korrigierte Fräs-tiefe in mm	Entwickelungs-zähnezahl des Fräsers	Korrigierte Fräs-tiefe in mm	Entwickelungs-zähnezahl des Fräsers	Korrigierte Fräs-tiefe in mm
21	Kleinrad	21	2,1870																
	Großrad	21	2,1870																
22	Kleinrad	21	2,1915	21	2,1870														
	Großrad	21	2,1825	21	2,1870														
23	Kleinrad	21	2,1957	21	2,1911	21	2,1870												
	Großrad	21	2,1783	21	2,1829	21	2,1870												
24	Kleinrad	21	2,1995	21	2,1949	21	2,1668	21	2,1870										
	Großrad	21	2,1745	21	2,1791	26	2,2072	21	2,1870										
25	Kleinrad	21	2,2030	21	2,1752	21	2,1706	21	2,1664	21	2,1870								
	Großrad	21	2,1710	26	2,1988	26	2,2034	26	2,2076	21	2,1870								
26	Kleinrad	21	2,1838	21	2,1788	21	2,1742	21	2,1700	21	2,1661	26	2,1870						
	Großrad	26	2,1902	26	2,1952	26	2,1998	26	2,2040	26	2,2079	26	2,1870						
27	Kleinrad	21	2,1871	21	2,1821	21	2,1775	21	2,1733	21	2,1694	26	2,1907	26	2,1870				
	Großrad	26	2,1869	26	2,1919	26	2,1965	26	2,2007	26	2,2046	26	2,1833	26	2,1870				
28	Kleinrad	21	2,1902	21	2,1852	21	2,1809	21	2,1764	26	2,1981	26	2,1941	26	2,1904	26	2,1870		
	Großrad	26	2,1838	26	2,1888	26	2,1931	26	2,1976	26	2,1759	26	2,1799	26	2,1836	26	2,1870		
29	Kleinrad	21	2,1930	21	2,1880	21	2,1834	21	2,1774	26	2,2013	26	2,1973	26	2,1936	26	2,1902	26	2,1870
	Großrad	26	2,1810	26	2,1860	26	2,1806	26	2,1966	26	2,1727	26	2,1767	26	2,1804	26	2,1838	26	2,1870

Nr.	Rad																		
30	Kleinrad	21	2,1957	21	2,1907	21	2,1861	26	2,2088	26	2,2043	26	2,2003	26	2,1966	26	2,1932	26	2,1899
	Großrad	26	2,1783	26	2,1833	26	2,1879	26	2,1652	26	2,1697	26	2,1737	26	2,1774	26	2,1808	26	2,1841
31	Kleinrad	21	2,1982	21	2,1932	21	2,1589	26	2,2114	26	2,2071	26	2,2031	26	2,1994	26	2,1959	26	2,1597
	Großrad	26	2,1758	26	2,1808	35	2,2151	26	2,1626	26	2,1669	26	2,1709	26	2,1746	26	2,1781	35	2,2143
32	Kleinrad	21	2,2006	21	2,1955	21	2,1616	26	2,2141	26	2,2097	26	2,2057	26	2,2020	26	2,1664	26	2,1627
	Großrad	26	2,1734	26	2,1785	35	2,2124	26	2,1599	26	2,1643	26	2,1683	26	2,1720	35	2,2076	35	2,2113
33	Kleinrad	21	2,2028	21	2,1694	21	2,1641	26	2,2165	26	2,2123	26	2,2082	26	2,2045	26	2,1692	26	2,1655
	Großrad	26	2,1712	35	2,2046	35	2,2099	26	2,1575	26	2,1618	26	2,1658	26	2,1695	35	2,2048	35	2,2085
34	Kleinrad	21	2,2048	21	2,1716	21	2,1664	26	2,2170	21	2,1573	26	2,2105	26	2,1758	26	2,1718	26	2,1682
	Großrad	26	2,1692	35	2,2024	35	2,2076	26	2,1570	35	2,2167	26	2,1635	35	2,1982	35	2,2022	35	2,2058
35	Kleinrad	21	2,1795	21	2,1738	21	2,1686	21	2,1639	21	2,1595	26	2,1826	26	2,1783	26	2,1744	26	2,1707
	Großrad	35	2,1945	35	2,2002	35	2,2054	35	2,2101	35	2,2145	35	2,1914	35	2,1957	35	2,1996	35	2,2033
36	Kleinrad	21	2,1816	21	2,1759	21	2,1707	21	2,1659	21	2,1616	26	2,1849	26	2,1807	26	2,1767	26	2,1730
	Großrad	35	2,1924	35	2,1981	35	2,2033	35	2,2081	35	2,2124	35	2,1891	35	2,1933	35	2,1973	35	2,2010
37	Kleinrad	21	2,1836	21	2,1779	21	2,1727	21	2,1679	26	2,1918	26	2,1872	26	2,1829	26	2,1790	26	2,1753
	Großrad	35	2,1904	35	2,1961	35	2,2013	35	2,2061	35	2,1822	35	2,1868	35	2,1911	35	2,1950	35	2,1987
38	Kleinrad	21	2,1854	21	2,1797	21	2,1746	21	2,1698	26	2,1939	26	2,1893	26	2,1851	26	2,1811	26	2,1775
	Großrad	35	2,1886	35	2,1943	35	2,1994	35	2,2042	35	2,1801	35	2,1847	35	2,1889	35	2,1929	35	2,1965
39	Kleinrad	21	2,1872	21	2,1815	21	2,1763	21	2,1716	26	2,1959	26	2,1913	26	2,1871	26	2,1831	26	2,1794
	Großrad	35	2,1868	35	2,1925	35	2,1977	35	2,2024	35	2,1781	35	2,1827	35	2,1869	35	2,1909	35	2,1946
40	Kleinrad	21	2,1889	21	2,1832	21	2,1780	26	2,2028	26	2,1978	26	2,1932	26	2,1890	26	2,1850	26	2,1813
	Großrad	35	2,1851	35	2,1908	35	2,1960	35	2,1712	35	2,1762	35	2,1808	35	2,1850	35	2,1890	35	2,1927
41	Kleinrad	21	2,1905	21	2,1848	21	2,1796	26	2,2046	26	2,1996	26	2,1950	26	2,1908	26	2,1868	26	2,1831
	Großrad	35	2,1835	35	2,1892	35	2,1944	35	2,1694	35	2,1744	35	2,1790	35	2,1832	35	2,1872	35	2,1909
42	Kleinrad	21	2,1920	21	2,1863	21	2,1811	26	2,2063	26	2,2014	26	2,1968	26	2,1926	26	2,1886	26	2,1849
	Großrad	35	2,1820	35	2,1877	35	2,1929	35	2,1677	35	2,1726	35	2,1772	35	2,1814	35	2,1854	35	2,1891
43	Kleinrad	21	2,1934	21	2,1878	21	2,1826	26	2,2080	26	2,2031	26	2,1985	26	2,1942	26	2,1903	26	2,1866
	Großrad	35	2,1806	35	2,1862	35	2,1914	35	2,1660	35	2,1709	35	2,1755	35	2,1798	35	2,1837	35	2,1874
44	Kleinrad	21	2,1948	21	2,1892	21	2,1839	26	2,2096	26	2,2046	26	2,2000	26	2,1958	26	2,1918	26	2,1881
	Großrad	35	2,1792	35	2,1848	35	2,1901	35	2,1644	35	2,1694	35	2,1740	35	2,1782	35	2,1822	35	2,1859
45	Kleinrad	21	2,1962	21	2,1905	21	2,1853	26	2,2111	26	2,2061	26	2,2015	26	2,1973	26	2,1933	26	2,1896
	Großrad	35	2,1778	35	2,1835	35	2,1887	35	2,1629	35	2,1679	35	2,1725	35	2,1767	35	2,1807	35	2,1844

Tabelle 4 (Fortsetzung).

Zähnezahl des großen Rades		Zähnezahl des kleinen Rades																	
		21		22		23		24		25		26		27		28		29	
		Entwickelungs-zähnezahl des Fräsers	Korrigierte Fräs-tiefe in mm	Entwickelungs-zähnezahl des Fräsers	Korrigierte Fräs-tiefe in mm	Entwickelungs-zähnezahl des Fräsers	Korrigierte Fräs-tiefe in mm	Entwickelungs-zähnezahl des Fräsers	Korrigierte Fräs-tiefe in mm	Entwickelungs-zähnezahl des Fräsers	Korrigierte Fräs-tiefe in mm	Entwickelungs-zähnezahl des Fräsers	Korrigierte Fräs-tiefe in mm	Entwickelungs-zähnezahl des Fräsers	Korrigierte Fräs-tiefe in mm	Entwickelungs-zähnezahl des Fräsers	Korrigierte Fräs-tiefe in mm	Entwickelungs-zähnezahl des Fräsers	Korrigierte Fräs-tiefe in mm
46	Kleinrad	21	2,1974	21	2,1917	21	2,1866	26	2,2125	26	2,2075	26	2,2029	26	2,1987	26	2,1947	26	2,1911
	Großrad	35	2,1766	35	2,1823	35	2,1874	35	2,1615	35	2,1665	35	2,1711	35	2,1753	35	2,1793	35	2,1829
47	Kleinrad	21	2,1986	21	2,1929	21	2,1877	26	2,2139	26	2,2089	26	2,2043	26	2,2001	26	2,1961	26	2,1924
	Großrad	35	2,1754	35	2,1811	35	2,1863	35	2,1601	35	2,1651	35	2,1697	35	2,1739	35	2,1779	35	2,1816
48	Kleinrad	21	2,1998	21	2,1941	21	2,1889	26	2,2152	26	2,2103	26	2,2056	26	2,2015	26	2,1572	26	2,1938
	Großrad	35	2,1742	35	2,1799	35	2,1851	35	2,1588	35	2,1637	35	2,1684	35	2,1725	55	2,2168	35	2,1802
49	Kleinrad	21	2,2009	21	2,1952	21	2,1901	26	2,2165	26	2,2115	26	2,2069	26	2,2027	26	2,1587	26	2,1950
	Großrad	35	2,1731	35	2,1788	35	2,1839	35	2,1575	35	2,1625	35	2,1671	35	2,1713	55	2,2153	35	2,1790
50	Kleinrad	21	2,2020	21	2,1615	21	2,1911	26	2,2170	26	2,2128	26	2,2082	26	2,2039	26	2,1601	26	2,1963
	Großrad	35	2,1720	55	2,2125	35	2,1829	35	2,1570	35	2,1612	35	2,1658	35	2,1701	55	2,2139	35	2,1777
51	Kleinrad	21	2,2030	21	2,1627	21	2,1921	26	2,2170	26	2,2139	26	2,2093	26	2,2051	26	2,1615	26	2,1572
	Großrad	35	2,1710	55	2,2113	35	2,1819	35	2,1570	35	2,1601	35	2,1647	35	2,1689	55	2,2125	55	2,2168
52	Kleinrad	21	2,2040	21	2,1638	21	2,1578	26	2,2170	26	2,2150	26	2,2105	26	2,1676	26	2,1628	26	2,1585
	Großrad	35	2,1700	55	2,2102	55	2,2162	35	2,1570	35	2,1590	35	2,1635	55	2,2064	55	2,2112	55	2,2155
53	Kleinrad	21	2,2049	21	2,1650	21	2,1590	26	2,2170	26	2,2161	26	2,2115	26	2,1688	26	2,1641	26	2,1598
	Großrad	35	2,1691	55	2,2090	55	2,2150	35	2,1570	35	2,1579	35	2,1625	55	2,2052	55	2,2099	55	2,2142
54	Kleinrad	21	2,2059	21	2,1660	21	2,1600	26	2,2170	26	2,2170	26	2,2126	26	2,1700	26	2,1653	26	2,1610
	Großrad	35	2,1681	55	2,2080	55	2,2140	35	2,1570	35	2,1570	35	2,1614	55	2,2040	55	2,2087	55	2,2130

Nr.	Rad	30		31		32		33		34		35		36		37		38	
55	Kleinrad	21	2,1736	21	2,1670	21	2,1610	21	2,1570	21	2,1570	26	2,1763	26	2,1712	26	2,1666	26	2,1622
	Großrad	55	2,2004	55	2,2070	55	2,2130	55	2,2170	55	2,2170	55	2,1977	55	2,2028	55	2,2074	55	2,2118
56	Kleinrad	21	2,1745	21	2,1680	21	2,1620	21	2,1570	21	2,1570	26	2,1774	26	2,1724	26	2,1677	26	2,1634
	Großrad	55	2,1995	55	2,2060	55	2,2120	55	2,2170	55	2,2170	55	2,1966	55	2,2016	55	2,2063	55	2,2106
57	Kleinrad	21	2,1755	21	2,1689	21	2,1629	21	2,1574	21	2,1570	26	2,1785	26	2,1735	26	2,1688	26	2,1644
	Großrad	55	2,1985	55	2,2051	55	2,2111	55	2,2166	55	2,2170	55	2,1955	55	2,2005	55	2,2052	55	2,2096
58	Kleinrad	21	2,1764	21	2,1699	21	2,1639	21	2,1584	21	2,1570	26	2,1796	26	2,1746	26	2,1699	26	2,1655
	Großrad	55	2,1976	55	2,2041	55	2,2101	55	2,2156	55	2,2170	55	2,1944	55	2,1994	55	2,2041	55	2,2085
59	Kleinrad	21	2,1773	21	2,1708	21	2,1647	21	2,1592	21	2,1570	26	2,1806	26	2,1756	26	2,1709	26	2,1666
	Großrad	55	2,1967	55	2,2032	55	2,2093	55	2,2148	55	2,2170	55	2,1934	55	2,1984	55	2,2031	55	2,2074
60	Kleinrad	21	2,1782	21	2,1716	21	2,1656	21	2,1601	21	2,1570	26	2,1816	26	2,1766	26	2,1719	26	2,1676
	Großrad	55	2,1958	55	2,2024	55	2,2084	55	2,2139	55	2,2170	55	2,1924	55	2,1974	55	2,2021	55	2,2064

Nr.	Rad	30		31		32		33		34		35		36		37		38	
30	Kleinrad	26	2,1870																
	Großrad	26	2,1870																
31	Kleinrad	26	2,1570	26	2,1870														
	Großrad	35	2,2170	26	2,1870														
32	Kleinrad	26	2,1593	26	2,1896	26	2,1870												
	Großrad	35	2,2147	26	2,1844	26	2,1870												
33	Kleinrad	26	2,1621	26	2,1589	26	2,1570	26	2,1870										
	Großrad	35	2,2119	35	2,2151	35	2,2170	26	2,1870										
34	Kleinrad	26	2,1648	26	2,1616	26	2,1585	26	2,1570	26	2,1870								
	Großrad	35	2,2092	35	2,2124	35	2,2155	35	2,2170	26	2,1870								
35	Kleinrad	26	2,1673	26	2,1641	26	2,1610	26	2,1582	26	2,1570	35	2,1870						
	Großrad	35	2,2067	35	2,2099	35	2,2130	35	2,2158	35	2,2170	35	2,1870						
36	Kleinrad	26	2,1696	26	2,1664	26	2,1633	26	2,1605	26	2,1579	35	2,1897	35	2,1870				
	Großrad	35	2,2044	35	2,2076	35	2,2107	35	2,2135	35	2,2161	35	2,1843	35	2,1870				
37	Kleinrad	26	2,1718	26	2,1687	26	2,1656	26	2,1627	35	2,1953	35	2,1923	35	2,1896	35	2,1870		
	Großrad	35	2,2022	35	2,2053	35	2,2084	35	2,2113	35	2,1787	35	2,1817	35	2,1844	35	2,1870		

Normale Zahnformen.

Tabelle 4 (Fortsetzung).

| Zähnezahl des großen Rades | | Zähnezahl des kleinen Rades | | | | | | | | | | | | | | | | | |
| | | 30 | | 31 | | 32 | | 33 | | 34 | | 35 | | 36 | | 37 | | 38 | |
		Entwickelungs-zähnezahl des Fräsers	Korrigierte Fräs-tiefe in mm	Entwickelungs-zähnezahl des Fräsers	Korrigierte Fräs-tiefe in mm	Entwickelungs-zähnezahl des Fräsers	Korrigierte Fräs-tiefe in mm	Entwickelungs-zähnezahl des Fräsers	Korrigierte Fräs-tiefe in mm	Entwickelungs-zähnezahl des Fräsers	Korrigierte Fräs-tiefe in mm	Entwickelungs-zähnezahl des Fräsers	Korrigierte Fräs-tiefe in mm	Entwickelungs-zähnezahl des Fräsers	Korrigierte Fräs-tiefe in mm	Entwickelungs-zähnezahl des Fräsers	Korrigierte Fräs-tiefe in mm	Entwickelungs-zähnezahl des Fräsers	Korrigierte Fräs-tiefe in mm
38	Kleinrad	26	2,1740	26	2,1708	26	2,1678	35	2,2009	35	2,1978	35	2,1949	35	2,1921	35	2,1895	35	2,1870
	Großrad	35	2,2000	35	2,2032	35	2,2062	35	2,1731	35	2,1762	35	2,1791	35	2,1819	35	2,1845	35	2,1870
39	Kleinrad	26	2,1760	26	2,1728	35	2,2066	35	2,2033	35	2,2002	35	2,1972	35	2,1945	35	2,1918	35	2,1893
	Großrad	35	2,1980	35	2,2012	35	2,1674	35	2,1707	35	2,1738	35	2,1768	35	2,1795	35	2,1822	35	2,1847
40	Kleinrad	26	2,1779	26	2,1747	35	2,2089	35	2,2055	35	2,2024	35	2,1995	35	2,1967	35	2,1941	35	2,1916
	Großrad	35	2,1961	35	2,1993	35	2,1651	35	2,1685	35	2,1716	35	2,1745	35	2,1773	35	2,1799	35	2,1824
41	Kleinrad	26	2,1798	35	2,2145	35	2,2110	35	2,2077	35	2,2045	35	2,2016	35	2,1988	35	2,1962	35	2,1937
	Großrad	35	2,1942	35	2,1595	35	2,1630	35	2,1663	35	2,1695	35	2,1724	35	2,1752	35	2,1778	35	2,1803
42	Kleinrad	26	2,1815	35	2,2166	35	2,2130	35	2,2097	35	2,2066	35	2,2036	35	2,2009	35	2,1982	35	2,1957
	Großrad	35	2,1925	35	2,1574	35	2,1610	35	2,1643	35	2,1674	35	2,1704	35	2,1731	35	2,1758	35	2,1783
43	Kleinrad	26	2,1831	35	2,2170	35	2,2150	35	2,2117	35	2,2085	35	2,2056	35	2,2028	35	2,2002	35	2,1977
	Großrad	35	2,1909	35	2,1570	35	2,1590	35	2,1623	35	2,1655	35	2,1684	35	2,1712	35	2,1738	35	2,1763
44	Kleinrad	26	2,1847	26	2,1815	35	2,2168	35	2,2135	35	2,2104	35	2,2074	35	2,2047	35	2,2020	35	2,1995
	Großrad	35	2,1893	35	2,1925	35	2,1572	35	2,1605	35	2,1636	35	2,1666	35	2,1693	35	2,1720	35	2,1745
45	Kleinrad	26	2,1862	26	2,1830	26	2,1800	35	2,2153	35	2,2121	35	2,2092	35	2,2064	35	2,2038	35	2,2013
	Großrad	35	2,1878	35	2,1910	35	2,1940	35	2,1587	35	2,1619	35	2,1648	35	2,1676	35	2,1702	35	2,1727
46	Kleinrad	26	2,1876	26	2,1845	26	2,1814	35	2,2170	35	2,2138	35	2,2109	35	2,2081	35	2,2055	35	2,2030
	Großrad	35	2,1864	35	2,1895	35	2,1926	35	2,1570	35	2,1602	35	2,1631	35	2,1659	35	2,1685	35	2,1710

47	Kleinrad	26	2,1890	26	2,1858	26	2,1828	26	2,1800	35	2,2154	35	2,2125	35	2,2097	35	2,2071	35	2,2046
	Großrad	35	2,1850	35	2,1882	35	2,1912	35	2,1940	35	2,1586	35	2,1615	35	2,1643	35	2,1669	35	2,1694
48	Kleinrad	26	2,1904	26	2,1872	26	2,1842	26	2,1813	35	2,2170	35	2,2141	35	2,2113	35	2,2087	35	2,2062
	Großrad	35	2,1836	35	2,1868	35	2,1898	35	2,1927	35	2,1570	35	2,1599	35	2,1627	35	2,1653	35	2,1678
49	Kleinrad	26	2,1916	26	2,1884	26	2,1854	26	2,1826	26	2,1799	35	2,2155	35	2,2128	35	2,2101	35	2,1611
	Großrad	35	2,1824	35	2,1856	35	2,1886	35	2,1914	35	2,1941	35	2,1585	35	2,1612	35	2,1639	55	2,2129
50	Kleinrad	26	2,1928	26	2,1896	26	2,1866	26	2,1838	26	2,1811	35	2,2170	35	2,2142	35	2,2110	35	2,1629
	Großrad	35	2,1812	35	2,1844	35	2,1874	35	2,1902	35	2,1929	35	2,1570	35	2,1598	35	2,1624	55	2,2111
51	Kleinrad	26	2,1940	26	2,1908	26	2,1878	26	2,1850	26	2,1823	35	2,2170	35	2,2156	35	2,1676	35	2,1646
	Großrad	35	2,1800	35	2,1832	35	2,1862	35	2,1890	35	2,1917	35	2,1570	35	2,1584	55	2,2064	55	2,2094
52	Kleinrad	26	2,1951	26	2,1919	26	2,1889	26	2,1861	26	2,1834	35	2,2170	35	2,2170	35	2,1693	35	2,1662
	Großrad	35	2,1789	35	2,1821	35	2,1851	35	2,1879	35	2,1906	35	2,1570	35	2,1570	55	2,2047	55	2,2078
53	Kleinrad	26	2,1962	26	2,1930	26	2,1900	26	2,1872	26	2,1845	35	2,2170	35	2,1740	35	2,1708	35	2,1677
	Großrad	35	2,1778	35	2,1810	35	2,1840	35	2,1868	35	2,1895	35	2,1570	55	2,2000	55	2,2032	55	2,2063
54	Kleinrad	26	2,1570	26	2,1940	26	2,1911	26	2,1883	26	2,1856	35	2,2170	35	2,1755	35	2,1723	35	2,1692
	Großrad	55	2,2170	35	2,1800	35	2,1829	35	2,1857	35	2,1884	35	2,1570	55	2,1985	55	2,2017	55	2,2048
55	Kleinrad	26	2,1581	26	2,1570	26	2,1570	26	2,1570	26	2,1570	35	2,1803	35	2,1770	35	2,1737	35	2,1707
	Großrad	55	2,2159	55	2,2170	55	2,2170	55	2,2170	55	2,2170	55	2,1937	55	2,1970	55	2,2003	55	2,2033
56	Kleinrad	26	2,1593	26	2,1570	26	2,1570	26	2,1570	26	2,1570	35	2,1817	35	2,1783	35	2,1751	35	2,1720
	Großrad	55	2,2147	55	2,2170	55	2,2170	55	2,2170	55	2,2170	55	2,1923	55	2,1957	55	2,1989	55	2,2020
57	Kleinrad	26	2,1604	26	2,1570	26	2,1570	26	2,1570	26	2,1570	35	2,1831	35	2,1797	35	2,1765	35	2,1734
	Großrad	55	2,2136	55	2,2170	55	2,2170	55	2,2170	55	2,2170	55	2,1909	55	2,1943	55	2,1975	55	2,2006
58	Kleinrad	26	2,1615	26	2,1577	26	2,1570	26	2,1570	35	2,1880	35	2,1844	35	2,1810	35	2,1778	35	2,1747
	Großrad	55	2,2125	55	2,2163	55	2,2170	55	2,2170	55	2,1860	55	2,1896	55	2,1930	55	2,1962	55	2,1993
59	Kleinrad	26	2,1625	26	2,1587	26	2,1570	26	2,1570	35	2,1892	35	2,1856	35	2,1822	35	2,1790	35	2,1759
	Großrad	55	2,2115	55	2,2153	55	2,2170	55	2,2170	55	2,1848	55	2,1884	55	2,1918	55	2,1950	55	2,1981
60	Kleinrad	26	2,1635	26	2,1598	26	2,1570	26	2,1570	35	2,1904	35	2,1868	35	2,1835	35	2,1803	35	2,1772
	Großrad	55	2,2105	55	2,2142	55	2,2170	55	2,2170	55	2,1836	55	2,1872	55	2,1905	55	2,1937	55	2,1968

Sollte bei diesen oder anderen nach dem Formverfahren hergestellten Rädern ein Kanteneingriff am getriebenen Rad infolge falscher Maschineneinstellung oder falscher Zahnform des Fräsers stattfinden, so kann man sich stets dadurch helfen, daß man das getriebene Rad etwas tiefer fräst.

Das reine Evolventenverzahnungssystem mit 14½°-Eingriffswinkel. Die verschiedenen Verzahnungssysteme wurden ursprünglich mit Rücksicht auf die Herstellungsverfahren entwickelt, mit denen die Verzahnungen erzeugt wurden. Bei Einführung des Abwälzfräs- und Hobelverfahrens wurden neue Verzahnungssysteme entwickelt. Diese wurden anfangs von schon früher bestehenden Systemen beeinflußt, jedoch im Laufe der Zeit mehr oder weniger abgeändert, um die Vorteile der neuen Herstellungsverfahren voll ausnützen zu können.

Bei Einführung des Abwälzfräsverfahrens wurde die Zahnform der nach dem Formfräsverfahren hergestellten Verzahnung zunächst im großen und ganzen beibehalten, wobei letztere wieder von den bei gegossenen Zähnen verwendeten Verzahnungen beeinflußt worden ist. Zahnabmessungen und Eingriffswinkel des für das Formverfahren entwickelten 14½°-Systems wurden zunächst bei dem Abwälzfräsverfahren beibehalten. Der schneckenförmige Abwälzfräser entsprach dem Zahnstangenprofil des Satzes, d. h. dem Bezugsprofil und, da eine geradlinige Form an Fräsern am leichtesten zu erzeugen war, wurde als Bezugsprofil das geradlinige Profil der reinen Evolventenverzahnung gewählt. Das neue Herstellungsverfahren führte also zu einem neuen 14½°-Verzahnungssystem mit reiner Evolventenverzahnung; das Bezugsprofil derselben zeigt Abb. 44. Eine Verzahnung nach diesem reinen 14½°-Evolventensystem kämmt nicht korrekt mit einer 14½°-Evolventenmischverzahnung, wie sie beim Formfräsverfahren verwendet wurde. Das 14½° reine Evolventen- und das 14½°-Mischverzahnungssystem sind zwei verschiedene, nicht untereinander austauschbare Systeme.

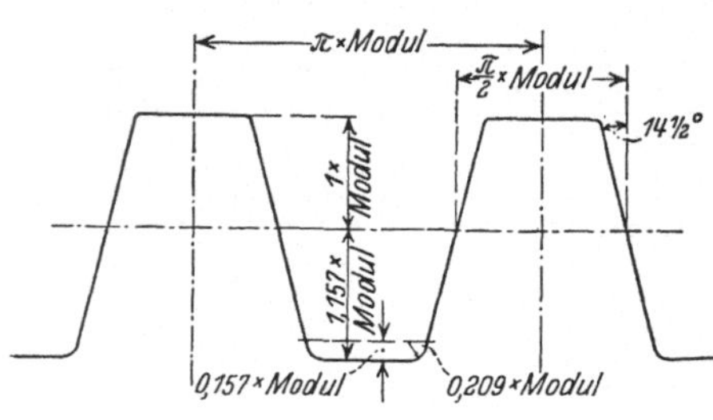

Abb. 44. Das Bezugsprofil im 14½° reinen Evolventensystem.

Die Analyse des reinen Evolventenverzahnungssystems mit 14½° Eingriffswinkel. Bei hinreichend großen Zähnezahlen ergibt dieses System sehr gute Ergebnisse. Bei kleinen Zähnezahlen wird indessen der Unterschnitt zu groß. Durch diesen Umstand ist die Anwendung dieses Verzahnungssystems für kleine Zähnezahlen begrenzt; inwieweit dies der Fall ist, soll in dem Folgenden gezeigt werden.

Bei den meisten Verzahnungssystemen hat das kleinste Rad des

Systems 12 Zähne. Wir untersuchen daher zunächst das 12zähnige Rad dieses Systems.

Es sei:

r_a = Kopfkreishalbmesser
r_o = Teilkreishalbmesser
g = Grundkreishalbmesser
k = Kopfhöhe des erzeugenden Werkzeuges (einschließlich Kopfspiel)
S_k = Kopfspiel
r_{gr} = Grenzfußkreishalbmesser
r_i = Fußkreishalbmesser
α = Eingriffswinkel
z = Zähnezahl.

Bei Modul 1, $z = 12$ ist:

$r_a = 7$ mm
$r_o = 6$,,
$r_i = 4{,}843$,,
$k = 1{,}157$,,
$S_k = 0{,}157$,,
$\alpha = 14\frac{1}{2}°$
$g = r_o \cos \alpha = 5{,}8089$ [siehe Gleichung (55)]
$r_{gr} = r_o \cos^2 \alpha - S_k = 5{,}4669$ [siehe Gleichung (60)]
u = Betrag, um welchen der Grenzwert r_{gr} unterschritten wird $= r_{gr} - r_i$
   $= 0{,}6239$ mm
y = radiale Höhe des durch den Unterschnitt entfernten Evolventenprofilabschnittes

$$y = \frac{2{,}0586\, u^2}{r_o} = 0{,}1336 \text{ mm} \quad [\text{siehe Gleichung (62)}].$$

Abb. 45 zeigt die Zahnform. Es wird der größte Teil des Profils unterhalb des Teilkreises durch den Unterschnitt entfernt. Der größte Überdeckungsgrad eines, ein Rad mit 12 Zähnen enthaltenden Getriebes ergibt sich bei der Paarung des 12zähnigen Rades mit einer Zahnstange. Der Überdeckungsgrad ist der Quotient der Eingriffsstrecke an der Eingriffslinie, begrenzt durch den Kopfkreis des Rades und den Kreis, der durch den tiefsten Punkt des unverletzt gebliebenen Evolventenprofils gelegt werden kann, durch die Eingriffsteilung.

Der zwischen Grundkreis und Kopfkreis liegende Abschnitt der Eingriffslinie beträgt $\sqrt{r_a^2 - g^2}$.

Falls r_u Halbmesser des Kreises, welcher das unverletzt gebliebene Evolventenprofil nach innen begrenzt, so ist

$$r_u = g + y.$$

Der zwischen dem Kreis mit dem Halbmesser r_u und dem Grundkreis liegende Abschnitt an der Eingriffslinie beträgt

$$\sqrt{r_u^2 - g^2}.$$

Die zwischen Kopfkreis und dem Kreis mit dem Halbmesser r_u liegende Eingriffsstrecke auf der Eingriffslinie beträgt daher

$$\sqrt{r_a^2 - g^2} - \sqrt{r_u^2 - g^2}\,.$$

Die Eingriffsteilung beträgt

$$t_e = \frac{2\,\pi\,g}{z} \quad \text{[siehe Gleichung (57)]}.$$

Der Überdeckungsgrad wird:

$$\varepsilon = \frac{\sqrt{r_a^2 - g^2} - \sqrt{r_u^2 - g^2}}{t_e} \quad \text{[siehe Gleichung (22a)]}.$$

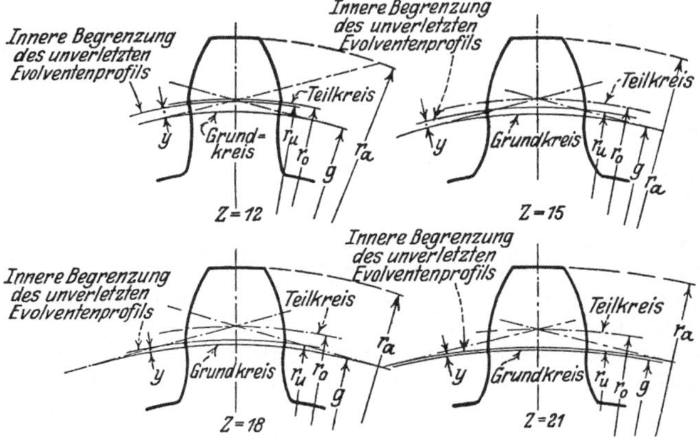

Abb. 45, 46, 47 und 48. Die Zahnformen bei den Zähnezahlen 12, 15, 18 und 21. 14½° reine Evolventenverzahnung.

In diesem Beispiel ist:

$$\sqrt{r_a^2 - g^2} = 3{,}9060 \text{ mm}\,,$$

$$r_u = 5{,}8089 + 0{,}1336 = 5{,}9425 \text{ mm}\,,$$

$$\sqrt{r_u^2 - g^2} = 1{,}253 \text{ mm}\,,$$

$$t_e = 3{,}0415 \text{ mm}\,.$$

Dies ergibt bei der Paarung eines 12zähnigen Rades mit der Zahnstange einen Überdeckungsgrad von 0,871. Die Überdeckung ist also ungenügend. Noch ungünstiger liegen die Verhältnisse, wenn das Gegenrad kleiner wird, z. B. bei der Übersetzung 12:12 wird der Überdeckungsgrad

$$\varepsilon = \frac{2\,(r_o \sin \alpha - \sqrt{r_u^2 - g^2})}{t_e} = \frac{0{,}498}{3{,}0415} = 0{,}164 \quad \text{[siehe Gleichung (22c)]}.$$

In diesem Fall wird die Eingriffsstrecke nach oben nicht vom Kopfkreis, sondern von dem Kreis des Gegenrades begrenzt, welcher durch den tiefsten Punkt des unverletzt gebliebenen Evolventenprofils des letzteren gelegt wird.

Für eine gleichförmige Übertragung kommen natürlich derartige Verzahnungen nicht in Frage.

Theoretisch würde ein Überdeckungsgrad von 1 genügen, um einen stoßfreien Übergang des Eingriffes zwischen zwei aufeinander folgenden Zähnen zu sichern. Praktisch hat es sich indessen gezeigt, daß Getriebe mit einem Überdeckungsgrad unter 1,4 mit außerordentlicher Sorgfalt erzeugt werden müssen, wenn ruhig laufende Räder verlangt werden. Für eine stoßfreie Übertragung einer nur einigermaßen großen Leistung sollte daher der Überdeckungsgrad nie unter 1,4 und wenn möglich, darüber gewählt werden. Ein Überdeckungsgrad von 1,2 sollte nur im äußersten Fall verwendet werden; für ruhig laufende Räder sind hierbei sehr große Genauigkeiten erforderlich.

Die Tabelle 5 enthält für Modul *1* und kleine Zähnezahlen die Bestimmungsgrößen für den Unterschnitt und für die Eingriffsstrecke bei dem 14 ½ ⁰ reinen Evolventensystem.

Die Abb. 46, 47, 48 zeigen die Zähne bei den Zähnezahlen 15, 18 und 21. Bei Steigerung der Zähnezahl wandert der tiefste Punkt des unverletzten Profils vom Teilkreis zum Grundkreis.

Tabelle 6 zeigt den Überdeckungsgrad bei kleinen Zähnezahlen.

Aus dieser Tabelle ist zu entnehmen, daß bei der Übersetzung 1 : 1 22 die kleinste Zähnezahl ist, bei welcher noch der Überdeckungsgrad 1,4 erreicht wird. Der gleiche Überdeckungsgrad läßt sich ferner noch bei den Übersetzungen 19/25, 20/24 und 21/23 erzielen. Bei noch kleineren Zähnezahlen wird der Überdeckungsgrad kleiner als 1,4, also praktisch für hochwertige Getriebe zu klein.

Ein genügend großer Überdeckungsgrad ist nur einer der Gesichtspunkte, die beim Entwurf von Verzahnungen beachtet werden müssen. In gewissen Fällen kann eine Herabsetzung des Überdeckungsgrades für eine stoßfreie Übertragung von Vorteil sein, namentlich dann, wenn der größere Überdeckungsgrad durch in der Nähe des Grundkreises liegende Profilteile erzielt wird. An dieser Stelle ist das Profil sehr empfindlich und infolge des kleinen und stark veränderlichen Krümmungshalbmessers nur mit Schwierigkeiten genau herstellbar.

Die Angaben in Tabelle 5 ermöglichen die Klärung dieser Verhältnisse. Wir betrachten z. B. die Übersetzung 22/22. Der kleinste Krümmungshalbmesser ist $\sqrt{r_u^2 - g^2} = 0{,}620$ mm. Die Übertragung ist in diesem Fall mit Unterschnitt günstiger, als sie ohne Unterschnitt wäre. Ohne Unterschnitt wäre zwar der Überdeckungsgrad größer, das Profil jedoch viel empfindlicher, so daß der Vorteil des größeren Überdeckungsgrades mehr als aufgewogen wird.

7*

Tabelle 5. Die Abmessungen bei dem $14\frac{1}{2}°$ reinen Evolventensystem, Modul 1.

Zähne-zahl	Teilkreis-halbmesser	Grundkreis-halbmesser	Grenzfußkreis-halbmesser	Fußkreis-halbmesser	Betrag, um welchen r_{gr} unterschritten wird	Höhe des Unter-schnittes	Halbmesser des inneren Begrenzungskreises des unverletzten Evolventenprofils	Kopfkreis-halbmesser	$\sqrt{(r_a)^2 - g^2}$	$\sqrt{(r_u)^2 - g^2}$	$r_o \sin \alpha$
z	r_o	g	r_{gr}	r_i	u	y	r_u	r_a			
12	6,00	5,80890	5,46686	4,8430	0,62386	0,13360	5,94250	7,00	3,9060	1,253	1,5023
13	6,50	6,29298	5,93552	5,3430	0,59252	0,11119	6,40416	7,50	4,0802	1,188	1,6275
14	7,00	6,77705	6,40417	5,8430	0,56117	0,09261	6,86966	8,00	4,2511	1,124	1,7527
15	7,50	7,26113	6,87283	6,3430	0,52983	0,07706	7,33819	8,50	4,4183	1,061	1,8779
16	8,00	7,74520	7,34148	6,8430	0,49848	0,06391	7,80914	9,00	4,5839	0,997	2,0030
17	8,50	8,22928	7,81014	7,3430	0,46714	0,05285	8,28213	9,50	4,7475	0,935	2,1282
18	9,00	8,71335	8,27879	7,8430	0,43579	0,04344	8,75679	10,00	4,9069	0,872	2,2534
19	9,50	9,19743	8,74745	8,3430	0,40445	0,03545	9,23288	10,50	5,0653	0,809	2,3786
20	10,00	9,68150	9,21610	8,8430	0,37310	0,02866	9,71016	11,00	5,2220	0,746	2,5038
21	10,50	10,16558	9,68476	9,3430	0,34176	0,02293	10,18851	11,50	5,3769	0,683	2,6290
22	11,00	10,64965	10,15341	9,8430	0,31041	0,01803	10,66768	12,00	5,5304	0,620	2,7542
23	11,50	11,13373	10,62207	10,3430	0,27907	0,01394	11,14767	12,50	5,6825	0,557	2,8794
24	12,00	11,61780	11,09072	10,8430	0,24772	0,01053	11,62833	13,00	5,8333	0,495	3,0046
25	12,50	12,10188	11,55938	11,3430	0,21638	0,00771	12,10959	13,50	5,9829	0,432	3,1298
26	13,00	12,58595	12,02803	11,8430	0,18503	0,00542	12,59137	14,00	6,1314	0,370	3,2549
27	13,50	13,07003	12,49669	12,3430	0,15369	0,00360	13,07366	14,50	6,2789	0,307	3,3801
28	14,00	13,55410	12,96534	12,8430	0,12234	0,00220	13,55630	15,00	6,4255	0,244	3,5053
29	14,50	14,03818	13,43400	13,3430	0,09100	0,00117	14,03937	15,50	6,5712	0,181	3,6305
30	15,00	14,52225	13,90265	13,8430	0,05965	0,00049	14,52274	16,00	6,7160	0,119	3,7557
31	15,50	15,00633	14,37131	14,3430	0,02831	0,00010	15,00643	16,50	6,8601	0,056	3,8809
32	16,00	15,49040	14,83996	14,8430	0,00000	0,00000	—	17,00	7,0035	0,0000	4,0061
33	16,50	15,97448	15,30862	15,3430	—	—	—	17,50	7,1461	—	4,1313
34	17,00	16,45855	15,77727	15,8430	—	—	—	18,00	7,2881	—	4,2565
35	17,50	16,94263	16,24593	16,3430	—	—	—	18,50	7,4295	—	4,3817
36	18,00	17,42670	16,71458	16,8430	—	—	—	19,00	7,5704	—	4,5068
37	18,50	17,91078	17,18324	17,3430	—	—	—	19,50	7,7107	—	4,6320
38	19,00	18,39485	17,65189	17,8430	—	—	—	20,00	7,8505	—	4,7572
39	19,50	18,87893	18,12055	18,3430	—	—	—	20,50	7,9898	—	4,8824
40	20,00	19,36300	18,58920	18,8430	—	—	—	21,00	8,1287	—	5,0076

Tabelle 6. Der Überdeckungsgrad bei der 14½° reinen Evolventenverzahnung.

Zähnezahl des großen Rades	Zähnezahl des kleinen Rades															
	12	13	14	15	16	17	18	19	20	21	22	23	24	25	26	27
12	0,164															
13	0,226	0,289														
14	0,288	0,350	0,413													
15	0,350	0,411	0,475	0,537												
16	0,412	0,473	0,537	0,599	0,662											
17	0,474	0,534	0,599	0,661	0,724	0,785										
18	0,536	0,595	0,660	0,722	0,786	0,847	0,909									
19	0,598	0,656	0,722	0,784	0,847	0,909	0,970	1,033								
20	0,660	0,717	0,784	0,846	0,909	0,970	1,032	1,095	1,156							
21	0,722	0,779	0,846	0,908	0,971	1,032	1,093	1,157	1,218	1,280						
22	0,784	0,840	0,908	0,970	1,032	1,093	1,155	1,218	1,279	1,342	1,403					
23	0,846	0,901	0,970	1,032	1,094	1,155	1,217	1,280	1,341	1,404	1,465	1,527				
24	0,871	0,950	1,028	1,094	1,156	1,217	1,279	1,342	1,402	1,466	1,526	1,588	1,650			
25	0,871	0,950	1,028	1,104	1,179	1,254	1,326	1,400	1,464	1,528	1,588	1,650	1,712	1,774		
26	0,871	0,950	1,028	1,104	1,179	1,254	1,326	1,400	1,472	1,543	1,615	1,686	1,755	1,826	1,892	
27	0,871	0,950	1,028	1,104	1,179	1,254	1,326	1,400	1,472	1,543	1,615	1,686	1,755	1,826	1,894	1,906
28	0,871	0,950	1,028	1,104	1,179	1,254	1,326	1,400	1,472	1,543	1,615	1,686	1,755	1,826	1,894	1,913
29	0,871	0,950	1,028	1,104	1,179	1,254	1,326	1,400	1,472	1,543	1,615	1,686	1,755	1,826	1,894	1,919
30	0,871	0,950	1,028	1,104	1,179	1,254	1,326	1,400	1,472	1,543	1,615	1,686	1,755	1,826	1,894	1,926
31	0,871	0,950	1,028	1,104	1,179	1,254	1,326	1,400	1,472	1,543	1,615	1,686	1,755	1,826	1,894	1,932
32	0,871	0,950	1,028	1,104	1,179	1,254	1,326	1,400	1,472	1,543	1,615	1,686	1,755	1,826	1,894	1,938
33	0,871	0,950	1,028	1,104	1,179	1,254	1,326	1,400	1,472	1,543	1,615	1,686	1,755	1,826	1,894	1,944
34	0,871	0,950	1,028	1,104	1,179	1,254	1,326	1,400	1,472	1,543	1,615	1,686	1,755	1,826	1,894	1,950
35	0,871	0,950	1,028	1,104	1,179	1,254	1,326	1,400	1,472	1,543	1,615	1,686	1,755	1,826	1,894	1,956
36	0,871	0,950	1,028	1,104	1,179	1,254	1,326	1,400	1,472	1,543	1,615	1,686	1,755	1,826	1,894	1,961
37	0,871	0,950	1,028	1,104	1,179	1,254	1,326	1,400	1,472	1,543	1,615	1,686	1,755	1,826	1,894	1,964
38	0,871	0,950	1,028	1,104	1,179	1,254	1,326	1,400	1,472	1,543	1,615	1,686	1,755	1,826	1,894	1,964
39	0,871	0,950	1,028	1,104	1,179	1,254	1,326	1,400	1,472	1,543	1,615	1,686	1,755	1,826	1,894	1,964
40	0,871	0,950	1,028	1,104	1,179	1,254	1,326	1,400	1,472	1,543	1,615	1,686	1,755	1,826	1,894	1,964
Zahnstange · ·	0,871	0,950	1,028	1,104	1,179	1,254	1,326	1,400	1,472	1,543	1,615	1,686	1,755	1,826	1,894	1,964

Die spezifische Gleitung ergibt sich nach den Entwicklungen des zweiten Abschnittes nach den Gleichungen (23) und (24) am Rad 1 zu

$$\frac{b_1 z_2 - b_2 z_1}{b_1 z_2},$$

am Rad 2 zu

$$\frac{b_2 z_1 - b_1 z_2}{b_2 z_1},$$

wo

$b_1 =$ Krümmungshalbmesser an einem beliebigen Punkt des Profils 1
$b_2 =$ Krümmungshalbmesser an dem entsprechenden Punkt des Profils 2
$z_1 =$ Zähnezahl des treibenden Rades
$z_2 =$ Zähnezahl des getriebenen Rades.

Am Teilkreis ist die spezifische Gleitung $= 0$. Wir bestimmen nunmehr die spezifische Gleitung zu Beginn und zum Schluß des Eingriffes.

Zu Beginn des Eingriffes ist b_1 am kleinsten, nämlich gleich 0,620 mm, b_2 ist die um b_1 verringerte Länge des zwischen den beiden Grundkreisen liegenden Abschnittes der Eingriffslinie. Bei der Übersetzung 22/22 ist also

$$b_2 = 2 r_o \sin \alpha - b_1 = 5{,}508 - 0{,}620 = 4{,}888 \text{ mm} .$$

Zähler und Nenner durch $z_1 = z_2$ dividiert, ergibt sich als spezifische Gleitung zu Beginn des Eingriffes am treibenden Rade, bzw. zum Schluß des Eingriffes am getriebenen Rade:

$$\frac{0{,}620 - 4{,}888}{0{,}620} = -6{,}87 .$$

Die spezifische Gleitung b_1 und b_2 zum Schluß des Eingriffes am treibenden bzw. zu Beginn des Eingriffes am getriebenen Rad ergibt sich durch Vertauschen der Werte von b_1 und b_2 zu

$$\frac{4{,}888 - 0{,}620}{4{,}888} = 0{,}87 .$$

Diese Werte sind in das Schaubild Abb. 49 eingetragen.

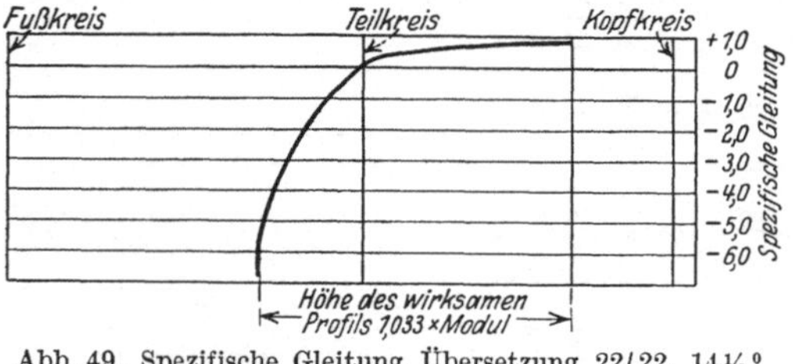

Abb. 49. Spezifische Gleitung. Übersetzung 22/22. $14\frac{1}{2}^{\circ}$ reine Evolventenverzahnung.

Wir untersuchen nun die Übersetzung 22/40. Zu Beginn des Eingriffes ist b_1 wieder gleich 0,620 mm.

Der zwischen den Grundkreisen liegende Abschnitt der Eingriffslinie beträgt

$$r_{1o} \sin \alpha + r_{2o} \sin \alpha = 7{,}7618 \text{ mm} .$$

Es ist daher zu Beginn des Eingriffes:

$$b_1 = 0{,}620 \qquad b_2 = 7{,}142$$
$$z_1 = 22 \qquad z_2 = 40$$

Spezifische Gleitung am treibenden Rad:

$$\frac{0{,}620 \cdot 40 - 7{,}142 \cdot 22}{0{,}620 \cdot 40} = -5{,}35\,.$$

Spezifische Gleitung am getriebenen Rad:

$$\frac{7{,}142 \cdot 22 - 0{,}620 \cdot 40}{7{,}142 \cdot 22} = 0{,}84\,.$$

Das wirksame Profil des treibenden Rades erstreckt sich bis zum Kopfkreis, am Schluß des Eingriffes wird daher

$$b_1 = \sqrt{r_{1a}^2 - g_1^2} = 5{,}5304\,\text{mm}\,,$$
$$b_2 = 7{,}7618 - 5{,}5304 = 2{,}2314\,\text{mm}\,.$$

Zum Schluß des Eingriffes beträgt daher die spezifische Gleitung am treibenden Rad:

$$\frac{5{,}5304 \cdot 40 - 2{,}2314 \cdot 22}{5{,}5304 \cdot 40}$$
$$= +0{,}77\,,$$

am getriebenen Rad:

$$\frac{2{,}2314 \cdot 22 - 5{,}5304 \cdot 40}{2{,}2314 \cdot 22}$$
$$= -3{,}50\,.$$

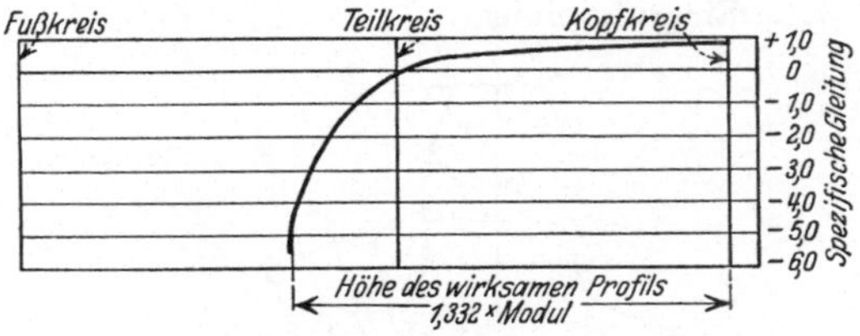

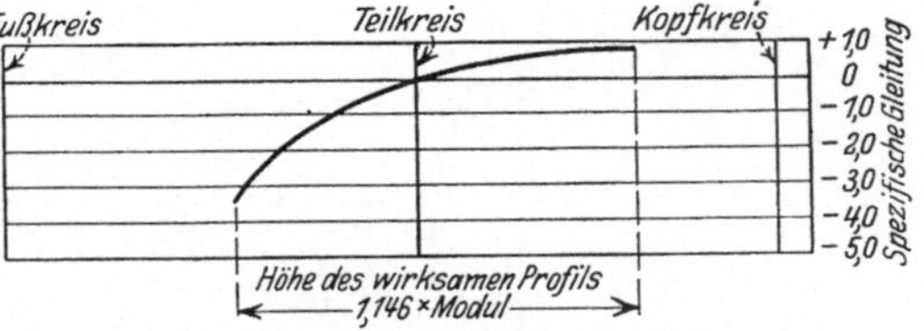

Abb. 50a. Spezifische Gleitung am kleinen Rad. Übersetzung 22:40. 14½⁰ reine Evolventenverzahnung.

Abb. 50b. Spezifische Gleitung am großen Rad. Übersetzung 22:40. 14½⁰ reine Evolventenverzahnung.

Diese Ergebnisse sind in das Schaubild Abb. 50 eingetragen.

Das 20⁰-System mit normaler Zahnhöhe. Die Notwendigkeit, auch bei kleineren Zähnezahlen, als es beim 14½⁰-System möglich ist, brauchbare Verzahnungen zu erhalten, führte zu neuen Verzahnungssystemen. Unter diesen spielt das 20⁰-System mit normaler Zahnhöhe eine wichtige Rolle.

Die Zahnabmessungen sind die gleichen wie beim 14½⁰-System, nur der Eingriffswinkel wird vergrößert. Dies ergibt kleinere Grundkreise; hierdurch wird die Erzeugung kleinerer Zähnezahlen ohne Unterschnitt ermöglicht. Weiterhin ist der Zahn kräftiger als beim 14½⁰-System. Das Bezugsprofil wird in Abb. 51 gezeigt.

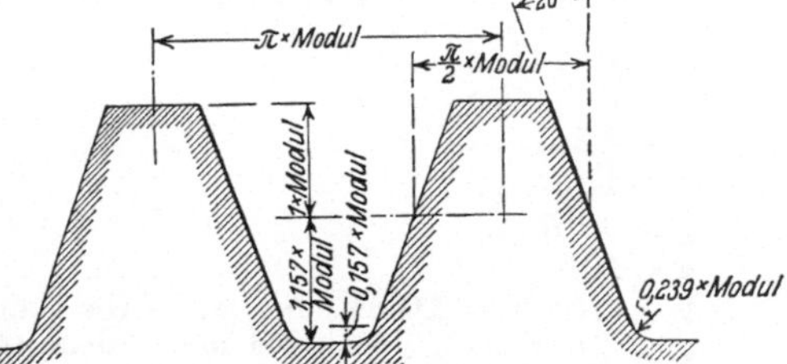

Abb. 51. Das Bezugsprofil im 20⁰-System mit normaler Zahnhöhe.

Analyse des 20°-Systems mit normaler Zahnhöhe. Es sei wieder:

$r_a =$ Kopfkreishalbmesser
$r_0 =$ Teilkreishalbmesser
$g =$ Grundkreishalbmesser
$k =$ Kopfhöhe des erzeugenden Werkzeuges (einschließlich Rundung)
$S_k =$ Kopfspiel
$r_{gr} =$ Grenzfußkreishalbmesser
$r_i =$ Fußkreishalbmesser
$\alpha =$ Eingriffswinkel
$u =$ Betrag, um welchen der Grenzwert r_{gr} unterschritten wird
$y =$ radiale Höhe des durch den Unterschnitt entfernten Profilabschnittes
$r_u =$ Halbmesser des Kreises, der das unverletzt gebliebene Evolventenprofil nach innen begrenzt
$z =$ Zähnezahl
$t_e =$ Eingriffsteilung.

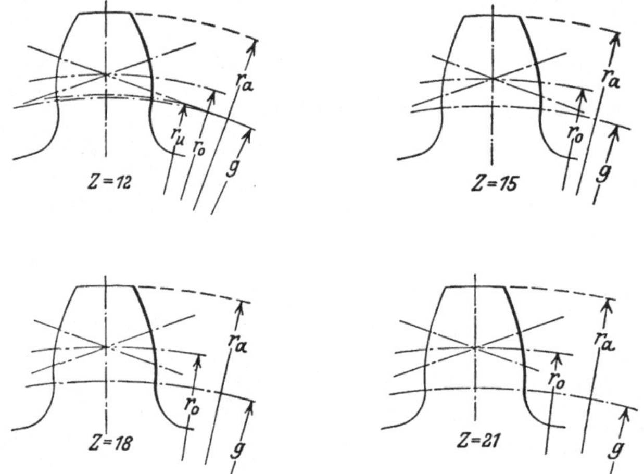

Abb. 52, 53, 54 und 55. Die Zahnformen bei den Zähnezahlen 12, 15, 18 und 21.

Für ein Rad mit 12 Zähnen, Modul 1 wird:

$r_a = 7$ mm
$r_0 = 6$ „
$r_i = 4{,}843$ „
$k = 1{,}157$ „
$S_k = 0{,}157$ „
$\alpha = 20^0$
$g = r_0 \cos \alpha = 5{,}6381$ mm   [siehe Gleichung (55)]
$r_{gr} = r_0 \cos^2 \alpha - S_k = 5{,}1411$ mm   [siehe Gleichung (60)]
$u = r_{gr} - r_i = 0{,}2981$ mm
$y = \dfrac{1{,}1369\, u^2}{r_0} = 0{,}0168$ mm   [siehe Gleichung (65)]
$r_u = g + y = 5{,}6549$ mm.

Die Zahnform wird in Abb. 52 gezeigt.

Wir bestimmen nun den Überdeckungsgrad zwischen dem 12zähnigen Rad und der Zahnstange aus der Formel:

$$\varepsilon = \frac{\sqrt{(r_a)^2 - g^2} - \sqrt{(r_u)^2 - g^2}}{t_e} \qquad \text{[siehe Gleichung (22a)]}.$$

In diesem Beispiel ist:

$$\sqrt{(r_a)^2 - g^2} = 4{,}149 \text{ mm},$$

$$\sqrt{(r_u)^2 - g^2} = 0{,}436 \text{ mm},$$

$$t_e = \frac{2\,\pi\,g}{z} = 2{,}9521 \text{ mm}.$$

Zwischen 12zähnigem Ritzel und Zahnstange ergibt sich hieraus ein Überdeckungsgrad von 1,257.

Zwischen zwei 12zähnigen Rädern ergibt sich nach Gl. (22c) ein Überdeckungsgrad von:

$$\varepsilon = \frac{2\left(r_o \sin\alpha - \sqrt{(r_u)^2 - g^2}\right)}{t_e}.$$

In diesem Beispiel ist $r_o \sin\alpha = 2{,}0521$ mm. Der Überdeckungsgrad ergibt sich aus der obigen Formel zu 1,095.

In beiden Fällen ist zwar theoretisch eine genügende Überdeckung vorhanden, sie genügt aber praktisch kaum, um eine stoßfreie Übertragung zu gewährleisten, zu welchem Zweck ein Überdeckungsgrad von mindestens 1,4 erwünscht ist.

Tabelle 7 enthält Bestimmungsgrößen für den Unterschnitt und für die Eingriffsstrecke bei kleinen Zähnezahlen. Die Abb. 52, 53, 54 und 55 zeigen die Zahnformen bei den Zähnezahlen 12, 15, 18 und 21.

Tabelle 8 enthält Werte für den Überdeckungsgrad. Man kann aus dieser Tabelle ersehen, daß bei dem Übersetzungsverhältnis $1:1$, $z = 14$ die kleinste Zähnezahl ist, bei welcher noch der Überdeckungsgrad 1,4 erreicht wird.

Man kann ohne weiteres ersehen, daß für kleine Zähnezahlen das 20⁰-System wesentlich günstigere Werte liefert, als das $14\frac{1}{2}{}^0$ reine Evolventensystem (Tabelle 6).

Wir untersuchen nunmehr die sonstigen Eigenschaften, insbesondere die kleinsten Krümmungshalbmesser der Profile und die spezifische Gleitung. Als erstes Beispiel soll die Übersetzung $14:14$ betrachtet werden. Der kleinste Krümmungshalbmesser liegt am tiefsten Punkt des unverletzt gebliebenen Profils. Er ergibt sich für $z = 14$ aus Tabelle 7 zu

$$\sqrt{r_u^2 - g^2} = 0{,}265 \text{ mm}.$$

Die spezifische Gleitung bestimmt sich aus den Gleichungen (23) und (24) für Rad *1* zu

$$\frac{b_1 z_2 - b_2 z_1}{b_1 z_2},$$

Tabelle 7. Abmessungen bei dem 20⁰-System mit normaler Zahnhöhe. Modul 1.

Zähnezahl	Teilkreishalbmesser	Grundkreishalbmesser	Grenzfußkreishalbmesser	Fußkreishalbmesser	Betrag, um welchen r_{gr} unterschritten wird	Höhe des Unterschnittes	Halbmesser des inneren Begrenzungskreises des unverletzten Evolventenprofils	Kopfkreishalbmesser	$\sqrt{(r_a)^2-g^2}$	$\sqrt{(r_u)^2-g^2}$	$r_o \sin \alpha$
z	r_o	g	r_{gr}	r_i	u	y	r_u	r_a			
12	6,00	5,63814	5,14112	4,8430	0,29812	0,01684	5,65498	7,00	4,1486	0,436	2,0521
13	6,50	6,10799	5,58263	5,3430	0,23963	0,01004	6,11803	7,50	4,3522	0,350	2,2231
14	7,00	6,57783	6,02414	5,8430	0,18114	0,00533	6,58316	8,00	4,5532	0,265	2,3941
15	7,50	7,04768	6,46565	6,3430	0,12265	0,00228	7,04996	8,50	4,7518	0,179	2,5652
16	8,00	7,51752	6,90716	6,8430	0,06416	0,00059	7,51811	9,00	4,9484	0,094	2,7362
17	8,50	7,98737	7,34867	7,3430	0,00567	0,00001	7,98738	9,50	5,1431	0,008	2,9072
18	9,00	8,45721	7,79018	7,8430	0,00000	0,00000	—	10,00	5,3362	—	3,0782
19	9,50	8,92706	8,23169	8,3430	—	—	—	10,50	5,5278	—	3,2492
20	10,00	9,39690	8,67320	8,8430	—	—	—	11,00	5,7182	—	3,4202
21	10,50	9,86675	9,11471	9,3430	—	—	—	11,50	5,9073	—	3,5912
22	11,00	10,33659	9,55622	9,8430	—	—	—	12,00	6,0954	—	3,7622
23	11,50	10,80644	9,99773	10,3430	—	—	—	12,50	6,2825	—	3,9332
24	12,00	11,27628	10,43924	10,8430	—	—	—	13,00	6,4687	—	4,1042
25	12,50	11,74613	10,88075	11,3430	—	—	—	13,50	6,6541	—	4,2753
26	13,00	12,21597	11,32226	11,8430	—	—	—	14,00	6,8388	—	4,4463
27	13,50	12,68582	11,76377	12,3430	—	—	—	14,50	7,0227	—	4,6173
28	14,00	13,15566	12,20528	12,8430	—	—	—	15,00	7,2061	—	4,7883
29	14,50	13,62551	12,64679	13,3430	—	—	—	15,50	7,3888	—	4,9593
30	15,00	14,09535	13,08830	13,8430	—	—	—	16,00	7,5710	—	5,1303

Zähnezahl des großen Rades	Zähnezahl des kleinen Rades															
	12	13	14	15	16	17	18	19	20	21	22	23	24	25	26	27
12	1,095															
13	1,181	1,269														
14	1,257	1,355	1,442													
15	1,257	1,355	1,452	1,481												
16	1,257	1,355	1,452	1,490	1,498											
17	1,257	1,355	1,452	1,497	1,506	1,514										
18	1,257	1,355	1,452	1,505	1,514	1,522	1,529									
19	1,257	1,355	1,452	1,512	1,521	1,529	1,536	1,543								
20	1,257	1,355	1,452	1,519	1,527	1,535	1,542	1,549	1,556							
21	1,257	1,355	1,452	1,525	1,533	1,541	1,548	1,555	1,562	1,569						
22	1,257	1,355	1,452	1,531	1,539	1,547	1,554	1,561	1,568	1,574	1,580					
23	1,257	1,355	1,452	1,536	1,545	1,553	1,560	1,567	1,574	1,580	1,586	1,591				
24	1,257	1,355	1,452	1,542	1,550	1,558	1,565	1,572	1,579	1,585	1,591	1,596	1,601			
25	1,257	1,355	1,452	1,547	1,555	1,563	1,570	1,577	1,584	1,590	1,596	1,601	1,606	1,611		
26	1,257	1,355	1,452	1,548	1,559	1,567	1,574	1,581	1,588	1,594	1,600	1,605	1,610	1,615	1,620	
27	1,257	1,355	1,452	1,548	1,564	1,572	1,579	1,586	1,593	1,599	1,605	1,610	1,615	1,620	1,625	1,629
28	1,257	1,355	1,452	1,548	1,568	1,576	1,583	1,590	1,597	1,603	1,609	1,614	1,619	1,624	1,629	1,633
29	1,257	1,355	1,452	1,548	1,572	1,580	1,587	1,594	1,601	1,607	1,613	1,618	1,623	1,628	1,633	1,637
30	1,257	1,355	1,452	1,548	1,576	1,584	1,591	1,598	1,605	1,611	1,617	1,622	1,627	1,632	1,637	1,641
Zahnstange . .	1,257	1,355	1,452	1,548	1,643	1,739	1,755	1,762	1,768	1,774	1,780	1,786	1,791	1,796	1,800	1,805

für Rad *2* zu

$$\frac{b_2 z_1 - b_1 z_2}{b_2 z_1}.$$

Hierbei ist:

$b_1 =$ Krümmungshalbmesser an einem beliebigen Punkt des Profils *1*
$b_2 =$ Krümmungshalbmesser an dem entsprechenden Punkt des Profils *2*
$z_1 =$ Zähnezahl des treibenden Rades
$z_2 =$ Zähnezahl des getriebenen Rades.

Am Anfang des Eingriffes ist der Krümmungshalbmesser b_1 am kleinsten; er beträgt 0,265 mm. b_2 ist die um b_1 verringerte Länge des zwischen den beiden Grundkreisen liegenden Abschnittes der Eingriffslinie. Bei der untersuchten Übersetzung ist $b_2 = 2 r_0 \sin \alpha - b_1 = 4{,}788 - 0{,}265 = 4{,}523$ mm. Zähler und Nenner durch $z_1 = z_2$ dividiert, ergibt sich als spezifische Gleitung zu Beginn des Eingriffes am treibenden Rade bzw. zum Schluß des Eingriffes am getriebenen Rade zu

$$\frac{0{,}265 - 4{,}523}{0{,}265} = -16{,}08.$$

Die spezifische Gleitung zum Schluß des Eingriffes am treibenden Rade bzw. zu Beginn des Eingriffes am getriebenen Rade ergibt sich durch Vertauschen von b_1 und b_2 zu

$$\frac{4{,}523 - 0{,}265}{4{,}523} = +0{,}94.$$

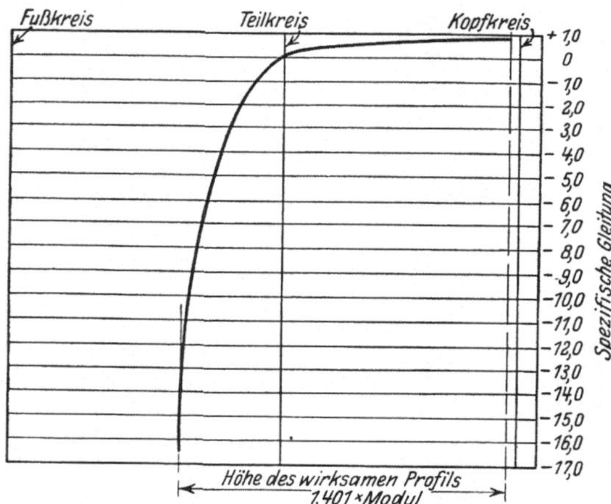

Abb. 56. Spezifische Gleitung. Übersetzung 14:14.
20°-Verzahnung mit normaler Zahnhöhe.

Die Werte für die spezifische Gleitung sind in das Schaubild Abb. 56 eingetragen.

Wir untersuchen nunmehr die Übersetzung 14 : 30. Zu Beginn des Eingriffes beträgt b_1 wieder 0,264 mm. Der zwischen den Grundkreisen liegende Abschnitt der Eingriffslinie beträgt

$$r_{1\,0} \sin \alpha + r_{2\,0} \sin \alpha = 7{,}524 \text{ mm}.$$

Es ist daher zu Beginn des Eingriffes

$$b_1 = 0{,}265 \qquad b_2 = 7{,}259 \text{ mm}$$
$$z_1 = 14 \qquad z_2 = 30$$

Spezifische Gleitung am treibenden Rad:

$$\frac{0{,}265 \cdot 30 - 7{,}259 \cdot 14}{0{,}265 \cdot 30} = -11{,}8.$$

Spezifische Gleitung am getriebenen Rad:

$$\frac{7{,}259 \cdot 14 - 0{,}265 \cdot 30}{7{,}259 \cdot 14} = +\,0{,}92\,.$$

Das wirksame Profil des kleinen treibenden Rades erstreckt sich in diesem Beispiel bis zum Kopfkreis, wo der Krümmungshalbmesser

$$\sqrt{(r_a)^2 - g^2} = 4{,}553\ \text{mm}$$

beträgt. Es ist daher zum Schluß des Eingriffes:

$$b_1 = 4{,}553\ \text{mm} \qquad b_2 = 2{,}971\ \text{mm}$$
$$z_1 = 14 \qquad\qquad z_2 = 30$$

Spezifische Gleitung am treibenden Rad:

$$\frac{4{,}553 \cdot 30 - 2{,}971 \cdot 14}{4{,}553 \cdot 30}$$
$$= +\,0{,}69\,.$$

Spezifische Gleitung am getriebenen Rad:

$$\frac{2{,}971 \cdot 14 - 4{,}553 \cdot 30}{2{,}971 \cdot 14}$$
$$= -\,2{,}28\,.$$

Diese Werte sind in das Schaubild Abb. 57 eingetragen.

Ein Vergleich der Abb. 57 mit Abb. 50 zeigt, daß der hinreichende Überdeckungsgrad der kleinen Räder im 20⁰-System nur

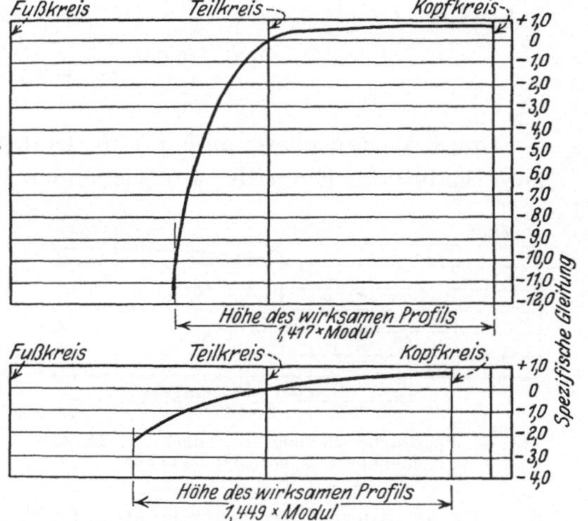

Abb. 57a und b. Übersetzung 14:30. 20⁰-Verzahnung mit normaler Zahnhöhe.

a Spezifische Gleitung am kleinen Rad. b Spezifische Gleitung am großen Rad.

dadurch erzielt wird, daß man empfindlichere Profile (größere spezifische Gleitung) in Kauf nimmt. Dies ist jedoch bei kleinen Zähnezahlen unvermeidlich. Es besteht indessen die Möglichkeit, durch zweckmäßige Gestaltung der Zahnformen diese Schwierigkeiten auf ein Mindestmaß zu beschränken. Diese Aufgabe wird im folgenden Abschnitt ausführlich behandelt.

Um einen unmittelbaren Vergleich zwischen dem 20⁰ und dem 14½⁰ reinen Evolventenverzahnungssystem zu ermöglichen, untersuchen wir noch die Übersetzung 22 : 22 bei 20⁰ Eingriffswinkel. Da hier kein Unterschnitt vorliegt, erstreckt sich das wirksame Profil bei Rad und Gegenrad bis zum Kopfkreis. Der größte Krümmungshalbmesser beträgt daher $\sqrt{r_a^2 - g^2} = 6{,}095$ mm.

Der kleinste Krümmungshalbmesser ergibt sich als die Länge des zwischen den Grundkreisen liegenden Abschnittes der Eingriffslinie, verringert um den Betrag des größten Krümmungshalbmessers. Die ganze Länge des zwischen den Grundkreisen liegenden Abschnittes der Eingriffslinie beträgt:

$$2\,r_0 \sin \alpha = 7{,}524 \text{ mm}\,,$$

der kleinste Krümmungshalbmesser ist gleich:

$$7{,}524 - 6{,}095 = 1{,}429 \text{ mm}\,.$$

Die spezifische Gleitung zu Beginn des Eingriffes am treibenden Rad bzw. zum Schluß des Eingriffes am getriebenen Rad beträgt daher:

$$\frac{1{,}429 - 6{,}095}{1{,}429} = -\,3{,}26\,.$$

Durch Vertauschen von b_1 und b_2 ergibt sich die spezifische Gleitung zum Schluß des Eingriffes am treibenden Rad bzw. zu Beginn des Eingriffes am getriebenen Rad zu

$$\frac{6{,}095 - 1{,}429}{6{,}095}$$
$$= +\,0{,}76\,.$$

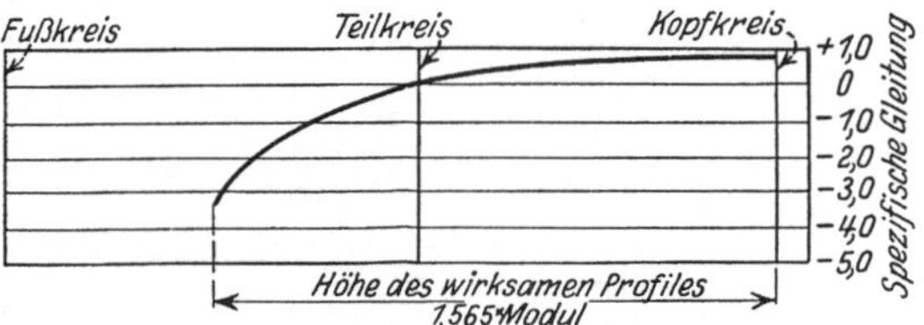

Abb. 58. Spezifische Gleitung. Übersetzung 22:22. 20°-Verzahnung mit normaler Zahnhöhe.

Die Werte sind in das Schaubild Abb. 58 eingetragen. Ein Vergleich mit dem 14½° reinen Evolventensystem (Abb. 49) zeigt die günstigeren Bedingungen bei dem 20°-System mit normaler Zahnhöhe.

Das 20°-Stumpfverzahnungssystem. Um die Schwierigkeiten bei kleinen Zähnezahlen zu bewältigen, ist als weiteres System das 20°-Stumpfverzahnungssystem geschaffen worden. In diesem System ist gegenüber dem 14½°-System der Eingriffswinkel erhöht und die Zahnhöhe verringert. Die Stumpfverzahnung wird beinahe ausschließlich mit 20° Eingriffswinkel ausgeführt; die Wahl der Zahnhöhen war zunächst nicht einheitlich.

Das folgende System wurde von der American Gear Manufacturers' Association und von der American Engineering Standards Committee als vorläufige Norm angenommen. Es ist mit sämtlichen vorhandenen Stumpfverzahnungssystemen austauschbar; die Verschiedenheit der einzelnen Systeme beeinflußt lediglich das Kopfspiel.

Die Zahnabmessungen sind folgende: wenn

$$m = \text{Modul}\,,$$

so ist

Kopfhöhe	$= 0{,}8\ m$
Fußhöhe	$= 1{,}0\ m$
Gemeinsame Zahnhöhe	$= 1{,}6\ m$
Zahnhöhe	$= 1{,}8\ m$
Kopfspiel	$= 0{,}2\ m$

Abb. 59 zeigt das Bezugsprofil.

Wenn

$$m = \text{Modul}, \qquad t = \text{Teilung}, \qquad Z = \text{Zähnezahl},$$

so ist:

Außendurchmesser	$= (Z + 1{,}6)$	m
Teilkreisdurchmesser	$= Z$	m
Fußkreisdurchmesser	$= (Z - 2)$	m
Teilung	$= 3{,}1416$	m
Zahndicke am Teilkreis	$= 1{,}5708$	m

Analyse des 20⁰-Stumpfverzahnungssystems.

Als erstes Beispiel nehmen wir ein Rad mit $z = 12$ Zähnen an.

Es sei:

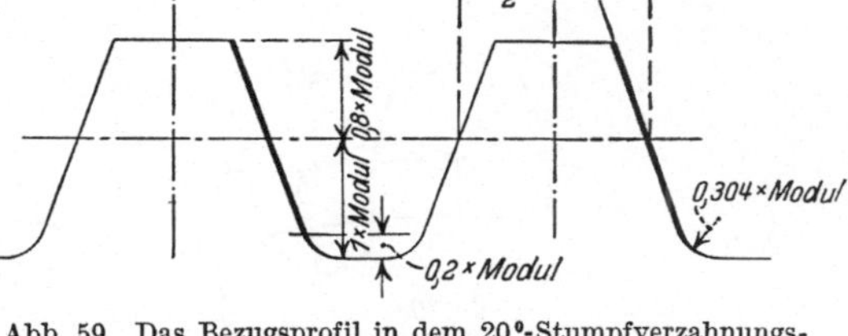

Abb. 59. Das Bezugsprofil in dem 20⁰-Stumpfverzahnungssystem.

r_a = Kopfkreishalbmesser

r_o = Teilkreishalbmesser

g = Grundkreishalbmesser

k = Kopfhöhe des erzeugenden Werkzeuges (einschließlich Kopfspiel)

S_k = Kopfspiel

r_{gr} = Grenzfußkreishalbmesser

r_i = Fußkreishalbmesser

α = Eingriffswinkel

u = Betrag, um den der Grenzwert r_{gr} unterschritten wird

y = radiale Höhe des durch den Unterschnitt entfernten Profilabschnittes

r_u = Halbmesser des Kreises, der das unverletzt gebliebene Evolventenprofil nach innen begrenzt

z = Zähnezahl

t_e = Eingriffsteilung.

Für $z = 12$, $m = 1$ ist:

$r_a = 6{,}8000$ mm

$r_o = 6{,}0000$ „

$r_i = 5{,}0000$ mm

$k = 1{,}0000$ „

$S_k = 0{,}2000$ „

$\alpha = 20^{\,0}$

$g = r_o \cos \alpha = 5{,}6381$ mm [siehe Gleichung (55)]

$r_{gr} = r_o \cos^2 \alpha - S_k = 5{,}0981$ mm [siehe Gleichung (60)]

$u = r_{gr} - r_i = 0{,}0981$ mm

$y = 0{,}0018$ mm

$r_u = g + y = 5{,}6399$ mm .

Abb. 60 zeigt die Zahnform. Zwischen Zahnstange und unterschnittenem Ritzel ergibt sich der Überdeckungsgrad zu:

$$\varepsilon = \frac{\sqrt{(r_a)^2 - g^2} - \sqrt{(r_u)^2 - g^2}}{t_e} \quad \text{[siehe Gleichung (22a)].}$$

In diesem Beispiel ist

$$\sqrt{(r_a)^2 - g^2} = 3{,}801 \text{ mm},$$
$$\sqrt{(r_u)^2 - g^2} = 0{,}143 \text{ mm},$$
$$t_e = 2{,}9521 \text{ mm}.$$

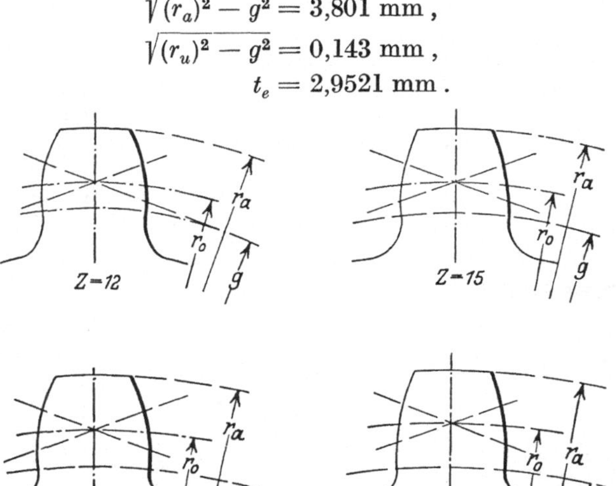

Abb. 60, 61, 62 und 63. Die Zahnformen bei den Zähnezahlen 12, 15, 18 und 21. 20°-Stumpfverzahnung.

Der Überdeckungsgrad zwischen 12 zähnigem Ritzel und Zahnstange ergibt sich hieraus zu 1,245.

Bei zwei gleichen Rädern mit $z = 12$ erstreckt sich der Eingriff nicht bis zum Unterschnitt, er wird durch die Kopfkreise begrenzt. Der Überdeckungsgrad ergibt sich zu:

$$\varepsilon = \frac{2 \left[\sqrt{(r_a)^2 - g^2} - r_o \sin\alpha\right]}{t_e} \quad \text{[siehe Gleichung (22)].}$$

In diesem Beispiel ist:

$$r_o \sin\alpha = 2{,}052 \text{ mm}.$$

Hieraus ergibt sich der Überdeckungsgrad bei der Übersetzung 12 : 12 zu 1,185.

Die Überdeckung ist zwar theoretisch hinreichend, der praktisch zu fordernde Überdeckungsgrad 1,4 wird jedoch auch hier nicht erreicht; er ist indessen größer als bei dem 14½° reinen Evolventensystem oder bei dem 20°-System mit normaler Zahnhöhe.

Tabelle 9 enthält die Bestimmungsgrößen für den Unterschnitt und für die Eingriffsstrecke bei kleinen Zähnezahlen, Modul 1. Bei diesem

Tabelle 9. Die Abmessungen bei dem 20°-Stumpfverzahnungssystem. Modul 1.

Zähne-zahl	Teilkreis-halb-messer	Grundkreis-halbmesser	Grenzfuß-kreishalb-messer	Fußkreis-halb-messer	Betrag, um welchen r_{gr} unter-schritten wird	Höhe des Unter-schnittes	Halb-messer des inneren Be-grenzungs-kreises des unverletz-ten Evol-venten profils	Kopf-kreis-halb-messer	$\sqrt{(r_a)^2 - g^2}$	$\sqrt{(r_u)^2 - g^2}$	$r_o \sin \alpha$
z	r_o	g	r_{gr}	r_i	u	y	r_u	r_a			
12	6,00	5,63814	5,09812	5,000	0,09812	0,00182	5,63996	6,80	3,8014	0,143	2,0521
13	6,50	6,10799	5,53963	5,500	0,03963	0,00028	6,10827	7,30	3,9978	0,058	2,2231
14	7,00	6,57783	5,98114	6,000	0,00000	0,00000	—	7,80	4,1919	—	2,3941
15	7,50	7,04768	6,42265	6,500	—	—	—	8,30	4,3840	—	2,5652
16	8,00	7,51752	6,86416	7,000	—	—	—	8,80	4,5745	—	2,7362
17	8,50	7,98737	7,30567	7,500	—	—	—	9,30	4,7635	—	2,9072
18	9,00	8,45721	7,74718	8,000	—	—	—	9,80	4,9513	—	3,0782
19	9,50	8,92706	8,18869	8,500	—	—	—	10,30	5,1378	—	3,2492
20	10,00	9,39690	8,63020	9,000	—	—	—	10,80	5,3233	—	3,4202
21	10,50	9,86675	9,07171	9,500	—	—	—	11,30	5,5079	—	3,5912
22	11,00	10,33659	9,51322	10,000	—	—	—	11,80	5,6916	—	3,7622
23	11,50	10,80644	9,95473	10,500	—	—	—	12,30	5,8745	—	3,9332
24	12,00	11,27628	10,39624	11,000	—	—	—	12,80	6,0568	—	4,1042
25	12,50	11,74613	10,83775	11,500	—	—	—	13,30	6,2384	—	4,2753
26	13,00	12,21597	11,27926	12,000	—	—	—	13,80	6,4194	—	4,4463
27	13,50	12,68582	11,72077	12,500	—	—	—	14,30	6,6000	—	4,6173
28	14,00	13,15566	12,16228	13,000	—	—	—	14,80	6,7800	—	4,7883
29	14,50	13,62551	12,60379	13,500	—	—	—	15,30	6,9595	—	4,9593
30	15,00	14,09535	13,04530	14,000	—	—	—	15,80	7,1386	—	5,1303

Tabelle 10. Der Überdeckungsgrad bei dem 20°-Stumpfverzahnungssystem.

Zähnezahl des großen Rades	Zähnezahl des kleinen Rades															
	12	13	14	15	16	17	18	19	20	21	22	23	24	25	26	27
12	1,185															
13	1,193	1,202														
14	1,201	1,210	1,217													
15	1,208	1,217	1,225	1,232												
16	1,215	1,224	1,232	1,239	1,245											
17	1,221	1,230	1,238	1,245	1,251	1,257										
18	1,227	1,235	1,243	1,250	1,256	1,262	1,268									
19	1,233	1,240	1,248	1,255	1,261	1,267	1,273	1,279								
20	1,238	1,245	1,253	1,260	1,266	1,272	1,278	1,284	1,289							
21	1,242	1,250	1,258	1,265	1,271	1,277	1,283	1,289	1,294	1,298						
22	1,245	1,254	1,262	1,269	1,275	1,281	1,287	1,293	1,298	1,302	1,307					
23	1,245	1,258	1,266	1,273	1,279	1,285	1,291	1,297	1,302	1,306	1,311	1,315				
24	1,245	1,262	1,270	1,277	1,283	1,289	1,295	1,301	1,306	1,310	1,316	1,320	1,323			
25	1,245	1,266	1,274	1,281	1,287	1,293	1,299	1,305	1,310	1,314	1,320	1,324	1,327	1,330'		
26	1,245	1,269	1,277	1,284	1,290	1,296	1,302	1,308	1,313	1,317	1,322	1,326	1,329	1,333	1,336	
27	1,245	1,272	1,280	1,287	1,293	1,299	1,305	1,311	1,316	1,320	1,325	1,329	1,332	1,336	1,340	1,343
28	1,245	1,275	1,283	1,290	1,296	1,302	1,308	1,314	1,319	1,323	1,328	1,332	1,335	1,339	1,343	1,346
29	1,245	1,278	1,286	1,293	1,299	1,305	1,311	1,317	1,322	1,326	1,331	1,335	1,338	1,342	1,346	1,349
30	1,245	1,281	1,289	1,296	1,302	1,308	1,314	1,320	1,325	1,329	1,334	1,338	1,341	1,345	1,348	1,351
Zahnstange	1,245	1,334	1,401	1,408	1,415	1,421	1,426	1,432	1,436	1,441	1,445	1,449	1,453	1,457	1,460	1,463

System sind nur die Räder mit 12 und 13 Zähnen unterschnitten, der Unterschnitt ist jedoch so gering, daß die Eingriffsdauer nicht nennenswert beeinflußt wird.

Die Abb. 60, 61, 62 und 63 zeigen die Zahnformen bei den Zähnezahlen 12, 15, 18 und 21.

Tabelle 10 enthält den Überdeckungsgrad bei kleinen Zähnezahlen.

Die Tabelle zeigt, daß bei kleinen Zähnezahlen der Überdeckungsgrad 1,4 nicht erreicht wird. Wie schon früher erwähnt, ist die Wahl der Zahnform stets ein Kompromiß zwischen einander widersprechenden Bedingungen. In diesem Fall ist der Überdeckungsgrad herabgedrückt worden, um einen zu großen Unterschnitt zu vermeiden. Die Verringerung des Überdeckungsgrades macht eine größere Sorgfalt bei der Erzeugung ruhig laufender Getriebe erforderlich.

Es sollen nunmehr die sonstigen Eigenschaften, Krümmungshalbmesser und spezifische Gleitung, untersucht werden.

Als erstes Beispiel soll die Übersetzung 12 : 12, Modul 1, untersucht werden. Das wirksame Profil erstreckt sich bis zum Kopf; der größte Krümmungshalbmesser beträgt hiernach

$$\sqrt{(r_a)^2 - g^2} = 3{,}8014 \text{ mm} \quad \text{(siehe Tabelle 9).}$$

Der kleinste Krümmungshalbmesser des wirksamen Profils ergibt sich als Unterschied der Länge des zwischen den Grundkreisen liegenden Abschnittes der Eingriffslinie und des größten Krümmungshalbmessers. Die Länge des zwischen den Grundkreisen liegenden Abschnittes der Eingriffslinie beträgt $2\,r_0 \sin \alpha = 4{,}1042$ mm, der kleinste Krümmungshalbmesser wird gleich $4{,}1042 - 3{,}8014 = 0{,}3028$ mm.

Die spezifische Gleitung ergibt sich wieder aus den Formeln (23) und (24) für Rad 1:

$$\frac{b_1 z_2 - b_2 z_1}{b_1 z_2},$$

und für Rad 2:

$$\frac{b_2 z_1 - b_1 z_2}{b_2 z_1},$$

wo

$b_1 =$ Krümmungshalbmesser an einem beliebigen Punkt des Profils 1
$b_2 =$ Krümmungshalbmesser an dem entsprechenden Punkt des Profils 2
$z_1 =$ Zähnezahl des treibenden Rades
$z_2 =$ Zähnezahl des getriebenen Rades.

In obigem Beispiel ist:

$$b_1 = 0{,}3028 \text{ mm}, \qquad b_2 = 3{,}8014 \text{ mm}, \qquad z_1 = z_2 = 12.$$

Die spezifische Gleitung am treibenden Rade zu Beginn und am getriebenen Rade zum Schluß des Eingriffes ist daher:

$$\frac{0{,}3028 - 3{,}8014}{0{,}3028} = -11{,}55.$$

Die spezifische Gleichung zum Schluß des Eingriffes am treibenden und zu Beginn des Eingriffes am getriebenen Rade ergibt sich durch Vertauschung von b_1 und b_2 zu

$$\frac{3,8014 - 0,3028}{3,8014}$$

$$= + 0,92.$$

Die Werte sind in Abb. 64 eingetragen.

Als nächstes Beispiel betrachten wir die Übersetzung 12 : 30. Der größte Krümmungshalbmesser am treibenden

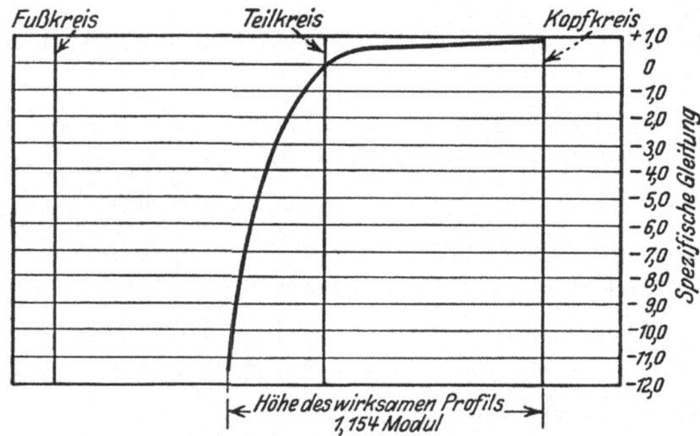

Abb. 64. Spezifische Gleitung. Übersetzung 12 : 12. 20°-Stumpfverzahnung.

Profil ist ebenso groß, wie im vorigen Beispiel; der kleinste Krümmungshalbmesser ergibt sich, da hier der Eingriff bis zur unterschnittenen Stelle erfolgt, zu

$$\sqrt{(r_u)^2 - g^2} = 0,143\,\text{mm}.$$

Der größte Krümmungshalbmesser am getriebenen Profil ergibt sich nach Abzug des kleinsten Krümmungshalbmessers am treibenden Profil von der Länge des zwischen den Grundkreisen liegenden Abschnittes der Eingriffslinie. Der letztere beträgt

$$r_{1_0} \sin \alpha + r_{2_0} \sin \alpha = 7,1824 \text{ mm}.$$

Zu Beginn des Eingriffes ist daher:

$$b_1 = 0,143 \text{ mm} \qquad b_2 = 7,039 \text{ mm}$$
$$z_1 = 12 \qquad z_2 = 30$$

Spezifische Gleitung am treibenden Rad:

$$\frac{0,143 \cdot 30 - 7,039 \cdot 12}{0,143 \cdot 30} = -18,7.$$

Spezifische Gleitung am getriebenen Rad:

$$\frac{7,039 \cdot 12 - 0,143 \cdot 30}{7,039 \cdot 12} = +0,95.$$

Zum Schluß des Eingriffes wird:

$$b_1 = 3,8014 \text{ mm}, \qquad b_2 = 3,3810 \text{ mm}.$$

Spezifische Gleitung am treibenden Rad:

$$\frac{3,8014 \cdot 30 - 3,3810 \cdot 12}{3,8014 \cdot 30} = +0,64.$$

Spezifische Gleitung am getriebenen Rad:

$$\frac{3,3810 \cdot 12 - 3,8014 \cdot 30}{3,3810 \cdot 12} = -1,81.$$

Die Werte sind in Abb. 65 eingetragen.

Zum Vergleich mit den beiden anderen Systemen untersuchen wir nun die Übersetzung 22 : 22, Modul 1 bei dem 20⁰-Stumpfverzahnungssystem. Der Eingriff reicht hier bis zum Kopfkreis; der größte Krümmungshalbmesser ergibt sich daher zu:

$$\sqrt{(r_a)^2 - g^2} = 5{,}6916 \text{ mm}.$$

Der kleinste Krümmungshalbmesser ergibt sich nach Abzug des größten Krümmungshalbmessers von der Länge des zwischen den beiden Grundkreisen liegenden Abschnittes der Eingriffslinie zu 1,8328 mm.

Die spezifische Gleitung zu Beginn des Eingriffes am treibenden und zum Schluß des Eingriffes am getriebenen Rade ergibt sich hiernach zu

$$\frac{1{,}8328 - 5{,}6916}{1{,}8328}$$
$$= -2{,}11.$$

Die spezifische Gleitung zum Schluß des Eingriffes am treibenden und zu Beginn des Eingriffes am getriebenen Rad ergibt sich zu

$$\frac{5{,}6916 - 1{,}8328}{1{,}8328}$$
$$= +0{,}68.$$

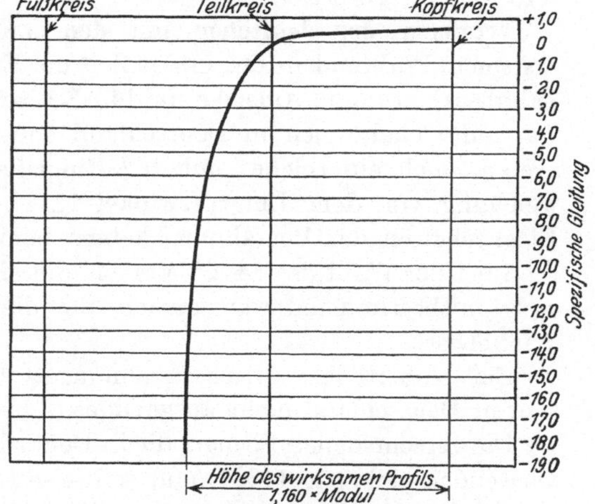

Abb. 65a. Spezifische Gleitung am kleinen Rad.
Übersetzung 12 : 30. 20⁰-Stumpfverzahnung.

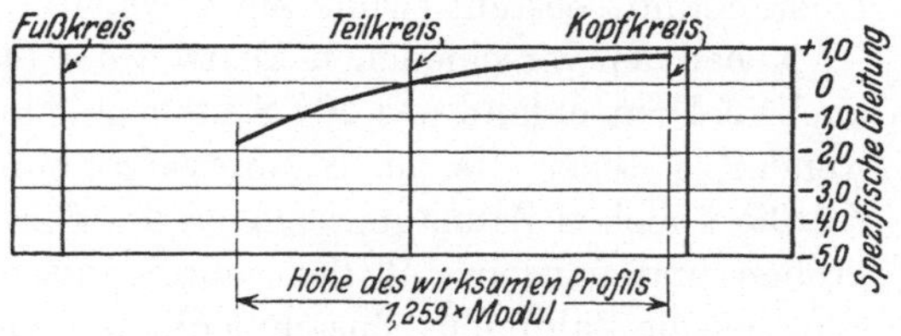

Abb. 65b. Spezifische Gleitung am großen Rad.
Übersetzung 12:30. 20⁰-Stumpfverzahnung.

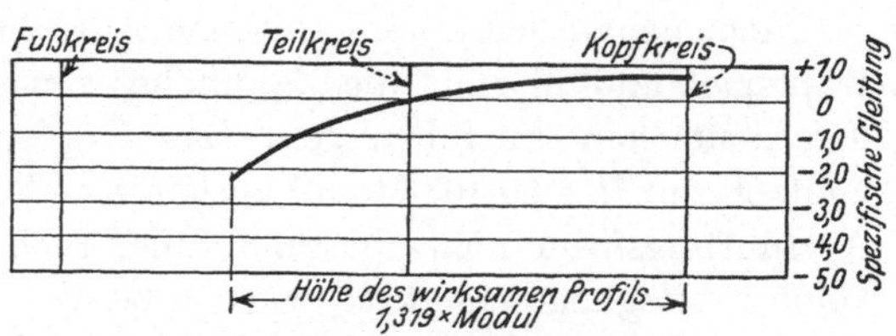

Abb. 66. Spezifische Gleitung. Übersetzung 22 : 22.
20⁰-Stumpfverzahnung.

Die Ergebnisse sind in Schaubild Abb. 66 eingetragen. Ein Vergleich mit Abb. 49 und 58 zeigt, daß die Gleitverhältnisse beim 20⁰-Stumpfverzahnungssystem am günstigsten sind.

Die 20⁰-Stumpfverzahnung wird vielfach bei Kraftwagengetrieben bei kleinen Zähnezahlen verwendet. Weiterhin wird sie bei schweren Mühlenantrieben benutzt, bei welchen die größere Bruchfestigkeit der Stumpfzähne von Vorteil ist.

Ganz allgemein ist jedoch für große Zähnezahlen über 40 Zähne die 14½° reine Evolventenverzahnung am besten geeignet, während man bei kleineren Zähnezahlen mit den 20°-Verzahnungssystemen bessere Ergebnisse erzielt.

Vergleich der deutschen mit den amerikanischen Verzahnungssystemen. Während in der ersten Zeit der Einführung der mechanischen Zahnbearbeitung in Amerika die 14½°-Mischverzahnung vorherrschend war, entwickelte sich in Deutschland neben dem 14½°-Verzahnungssystem auch ein solches mit 15° Eingriffswinkel. Die geringe Abweichung von dem Eingriffswinkel 14½° hat auf die verschiedenen Eigenschaften der Verzahnung keinen nennenswerten Einfluß[1]. Während bei der Wahl des 14½°-Winkels die einfache Beziehung sin 14½° $\cong$ ¼ mitbestimmend war, sprach für die Wahl von 15° der glatte Winkelwert.

Ein einheitliches Mischverzahnungssystem, wie in Amerika, hat sich in Deutschland nicht ausgebildet.

Die verschiedenen Firmen, die in Deutschland Formfräser herstellen, verwenden teilweise 14½°- und teilweise 15°-Eingriffswinkel. Es wird sowohl die reine Evolventen-, als auch die Mischverzahnung verwendet, wobei aber bezüglich der Abweichung von dem Evolventenprofil keine Übereinkunft besteht (wilde Zahnformen).

Neben den verschiedenen Abarten der 14½°- bis 15°-Systeme wurde auch in Deutschland das 20°-System mit normaler Zahnhöhe viel verwendet, seltener die 20°-Stumpfverzahnung.

Die üblichen Zahnabmessungen der deutschen Systeme stimmen im großen und ganzen mit den amerikanischen überein, so Kopfhöhe, gemeinsame Zahnhöhe, Zusammenhang zwischen Modul und Teilkreisdurchmesser, Wälzkreisdurchmesser, Kopfkreisdurchmesser und Achsenabstand.

Nicht genau den amerikanischen Ausführungsformen entspricht das Kopfspiel und hiermit die Zahnhöhe, sowie Fußkreisdurchmesser bei den deutschen Ausführungen. Das Kopfspiel wurde verschieden — vielfach mit ⅙ $\cong$ 0,167 Modul ausgeführt. Da eine einheitliche deutsche Ausführungsform nicht bestand, und auch in den späteren DIN 867 keine Festlegung erfolgt ist, wurden bei den Angaben für den Fußkreisdurchmesser und die Frästiefen in den Tabellen 4, 5, 7 und 9 die amerikanischen Normalabmessungen für das Kopfspiel zugrunde gelegt. Bei anderen Kopfspielen müssen Fußkreisdurchmesser und Frästiefen (Zahnhöhen) entsprechend korrigiert werden.

Verschieden ist der Aufbau der Modulreihe. Die nach DIN 780 genormten Moduln sind folgende:

---

[1] Die für den Überdeckungsgrad bei der 14½°-Verzahnung gebrachten Tabellen können annäherungsweise auch für 15° verwendet werden.

0,3, (0,35), 0,4, (0,45), 0,5, (0,55), 0,6, (0,65), 0,7, 0,8, 0,9, 1, 1,25, 1,5, 1,75, 2, 2,25, 2,5, 2,75, 3, 3,25, 3,5, 3,75, 4, 4,5, 5, 5,5, 6, 6,5, 7, 8, 9, 10, 11, 12, 13, 14, 15, 16, 18, 20, 22, 24, 27, 30, 33, 36, 39, 42, 45, 50, 55, 60, 65, 70, 75.

Die eingeklammerten Werte sollen möglichst nicht verwendet werden.

In DIN 780 sind die Moduln in Millimeter angegeben; durch Multiplikation des Moduls mit der Zähnezahl ergibt sich der Teilkreisdurchmesser auch in Millimeter.

In Amerika hingegen geht man beim Aufbau der Modulreihe vom reziproken Wert des in Zoll angegebenen Moduls, vom sogenannten Diametral Pitch, aus. Während in der DIN-Modulreihe für die Moduln ganze Zahlen oder einfache Dezimalbrüche gewählt sind, ist dies bei dem amerikanischen System für den Diametral Pitch der Fall.

Die gebräuchlichste Diametral-Pitch-Reihe ist:

½, ¾, 1, 1¼, 1½, 1¾, 2, 2¼, 2½, 2¾, 3, 3½, 4, 5, 6, 7, 8, 9, 10, 12, 14, 16, 18, 20, 24, 28, 32, 36, 40, 48.

Dem Diametral Pitch von 6 entspricht z. B. ein Modul von

$$\frac{1}{6} \text{Zoll} = \frac{25,4}{6} = 4,2333 \text{ mm} .$$

Die allgemeinen Umrechnungsformeln für Diametral Pitch in Modul in Millimeter (metrisch) lauten

$$\text{Modul in mm} = \frac{25,4}{\text{D.P.}} ,$$

$$\text{D.P.} = \frac{25,4}{\text{Modul in mm}} .$$

Bei der ausführlichen Behandlung der verschiedenen Verzahnungssysteme wurden in der deutschen Bearbeitung die Diametral-Pitch-Beziehungen überall durch Modulbeziehungen ersetzt. Die Abbildungen, Formeln und Tabellen sind trotzdem auch für das amerikanische System gültig, nur müssen die Modulwerte, mit denen die für Modul 1 geltenden Tabellenwerte zu multiplizieren sind, in Zollmaß eingesetzt aus der normalen Diametral-Pitch-Reihe abgeleitet werden.

Die deutsche Normung des Verzahnungssystems. Der Grundgedanke bei der deutschen Normung war, statt der Vielheit der Verzahnungssysteme ein einheitliches System für sämtliche Herstellungsverfahren zu schaffen. Die Vorzüge eines solchen liegen auf der Hand. Es erleichtert die Lagerhaltung, insbesondere bei den Werkzeugfabriken; es ermöglicht prinzipiell die Paarung von Rädern, die nach verschiedenen Herstellungsverfahren gefertigt worden sind. (Z. B. ein Rad nach dem Fellows-Verfahren gestoßen, das Gegenrad nach dem Abwälzverfahren geschliffen.)

Nicht alle Verzahnungssysteme lassen sich mit sämtlichen Herstellungsverfahren herstellen. Es soll z. B. ein Rad nach dem $14\frac{1}{2}°$ reinen Evolventensystem mit dem Fellows-Verfahren hergestellt werden[1]. Soll das Satzrad mit einer Zahnstange mit normaler Kopfhöhe kämmen, so muß die Eingriffslinie des erzeugenden Werkzeuges bis zur Kopflinie der Zahnstange reichen. Um diese Bedingung zu erfüllen, muß die Kopfhöhe des zahnradartigen Werkzeuges (Fellows-Schneiderad) = der Kopfhöhe $+ h$ sein (Abb. 67). Dieser Betrag h ist das durch das Fellows-Verfahren erzeugte Kopfspiel. Wie auch schon aus der Abbildung ersichtlich, wird das Kopfspiel zu groß, wenn die Erzeugung einer reinen Evolventenverzahnung mit $14\frac{1}{2}°$ Eingriffswinkel verlangt wird.

Reine Evolventenverzahnungssysteme mit nicht allzu großem Kopfspiel können beim Fellows-Verfahren nur durch Vergrößerung des Eingriffswinkels oder Verkleinerung der Kopfhöhe erzielt werden.

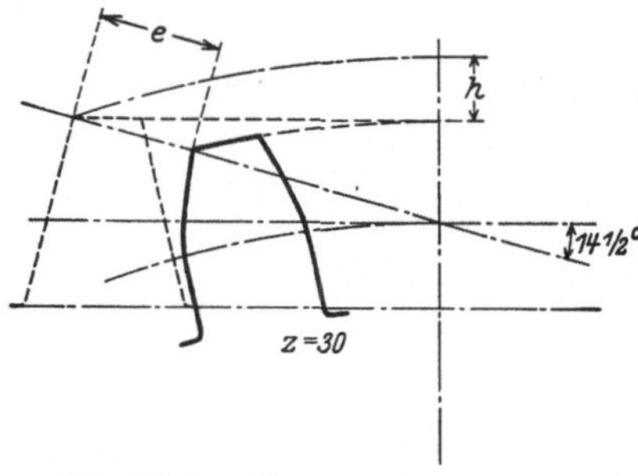

Abb. 67. Der Eingriff des Fellows-Schneidrades.
e Eingriffsverminderung bei gleicher Schnitttiefe, h zusätzliche Schnittiefe bei gleicher Eingriffslänge.

Mischverzahnungssysteme bieten große fabrikatorische Schwierigkeiten, insbesondere bei den zur Zeit am meisten verbreiteten Schleifverfahren sind sie nicht herstellbar. Sie sind daher für die Normung nicht geeignet.

Weiterhin wurde bei der Normung die Forderung gestellt, daß bei der normalen Ausführungsform der Verzahnung, bei welcher bei Paarung eines beliebigen Satzrades mit einem beliebigen anderen Satzrad Teilkreis und Wälzkreis übereinstimmen und die Achsenabstände als runde Zahlen aus der Summe der Teilkreishalbmesser sich ergeben, möglichst kleine Zähnezahlen mit noch brauchbaren Eingriffsverhältnissen erzeugbar sind.

Diese Bedingungen führten zur Wahl eines Verzahnungssystems mit $20°$-Eingriffswinkel, mit Kopfhöhe = Modul und gemeinsamer Zahnhöhe = $2 \cdot$ Modul (vgl. Abb. 51).

Der Unterschied des deutschen Normalsystems von dem schon behandelten $20°$-System mit normaler Zahnhöhe besteht lediglich in der Wahl des Kopfspiels, für welches in der deutschen Norm kein fester Wert angenommen ist. Mit Rücksicht auf die verschiedenen Herstellungsverfahren, insbesondere auf das Fellows-Verfahren, kann das Kopfspiel von 0,1 bis $0,3 \cdot$ Modul gewählt werden. Die Wahl des Kopf-

---

[1] Siehe auch S. 414.

spiels hat auf die Eingriffseigenschaften der Verzahnung gar keinen Einfluß.

Das 20°-Verzahnungssystem mit normaler Zahnhöhe entsprechend DIN 867 in der normalen Ausführungsform ist bei hinreichendem Überdeckungsgrad (über 1,4) bis zu 14 Zähnen herunter ausführbar.

V. Weitere Ausführungsmöglichkeiten der Evolventenverzahnung. Profilverschiebung.

Mit wenigen Ausnahmen werden auch heute noch die meisten Verzahnungen nach den Grundsätzen ausgeführt, die seinerzeit für gegossene, unbearbeitete Verzahnungen entwickelt worden sind. Bei allen Zahnformen, mit Ausnahme der reinen Evolventenform, müssen die einander zugeordneten Zahnprofile von den Wälzkreisen aus entwickelt werden; die so entwickelten Profile arbeiten dann und nur dann korrekt miteinander, wenn die gleichen Wälzlinien, wie die, von denen aus die Entwicklung erfolgt ist, sich aufeinander abwälzen. Bei mit den rechnerischen nicht übereinstimmenden Achsenabständen und bei der hieraus sich ergebender Verlegung der Wälzlinien ist ein korrekter Eingriff und eine gleichförmige Übertragung nicht mehr möglich. Von den Zykloiden- und Mischverzahnungssystemen beeinflußt, sind auch die im vorigen Abschnitt besprochenen, zur Zeit überwiegend angewendeten Evolventen-Satzverzahnungssysteme auf dem Wälz- bzw. Teilkreis aufgebaut; der Wälzkreis ist bei einer bestimmten Zähnezahl und Teilung eindeutig, unabhängig vom Gegenrad festgelegt.

Die Verhältnisse liegen jedoch insofern anders bei der Evolventenverzahnung, als sie auch von dem Grundkreis aus entwickelt werden kann. Jeder beliebige, zwischen Grundkreis und Kopfkreis liegende, mit diesen Kreisen konzentrische Kreis kann als Wälzkreis dienen. Es gibt keinen bestimmten Wälzkreis bei einem einzelnen Evolventenrad, die Wälzlinien ergeben sich vielmehr erst bei der Paarung zweier Evolventenräder im gegebenen Achsenabstande. Zwecks eindeutiger Bestimmung der Wälzkreisdurchmesser ist außer den Grundkreisdurchmessern noch die Annahme eines bestimmten Achsenabstandes erforderlich.

Die Evolventenform gestattet eine große Anzahl von Ausführungsformen. Eine Einschränkung der Ausführungsmöglichkeiten bedeutet einen Verzicht auf die Vorteile, die sich aus der zweckmäßigsten Wahl der Ausführungsform ergeben würden. Andererseits aber sind gewisse Einschränkungen im Interesse einer wirtschaftlichen Fertigung geboten.

Die zur Zeit zumeist verwendeten, im vorigen Abschnitt besprochenen Verzahnungssysteme — sie seien kurz „O"-Systeme genannt — erfüllen die folgenden Forderungen:

a) In einem bestimmten Verzahnungssystem wird die Zahnform eines Rades durch seine Teilung und Zähnezahl eindeutig bestimmt; sie ist unabhängig von der Zähnezahl des Gegenrades. Es können zwei beliebige Räder gleicher Teilung miteinander gepaart werden (Satzräder).

b) Die Achsenabstände bei Getrieben gleicher Teilung sind mit den Summen der Zähnezahlen von Rad und Gegenrad proportional.

Aus diesen Bedingungen ergibt sich in einem bestimmten System für alle Räderpaarungen der gleiche Eingriffswinkel und für alle Räder der gleichen Teilung die gleiche Kopf- und Zahnhöhe, unabhängig von der Zähnezahl. Die Werte des Eingriffswinkels und der Zahnhöhen ergeben sich aus einer weiteren Bedingung, die darin besteht, bei der dem System zugrunde gelegten kleinsten Zähnezahl noch brauchbare Eingriffsverhältnisse zu erhalten. Der gleichbleibende Eingriffswinkel richtet sich also nur nach der kleinsten Zähnezahl im System, obzwar größere Eingriffswinkel bei kleineren Zähnezahlen und kleinere Eingriffswinkel bei größeren Zähnezahlen günstiger wären.

Bei handelsüblichen Rädern, z. B. bei Wechselrädern für Werkzeugmaschinen, deren Abmessungen ebenso normalisiert sind, wie dies z. B. bei den Abmessungen von Schrauben und Muttern der Fall ist, ist ein derartig starres Verzahnungssystem berechtigt. Unter diesen Verhältnissen kann das $14\frac{1}{2}°$-Mischverzahnungssystem und vor allem das der DIN 867 entsprechende $20°$-System zweckmäßig verwendet werden. Derartige Räder stellen aber nur einen kleinen Bruchteil aller verwendeten Räder dar.

Die Fabrikationsbedingungen sind heute ganz andere als zur Zeit der Einführung der $14\frac{1}{2}°$-Mischverzahnung. Überlegungen, die zu dieser Zeit entscheidend waren, haben heute nur noch wenig Bedeutung. Damals waren so große Serien, die die Anschaffung eines Sonderfräsers gerechtfertigt hätten, eine große Ausnahme. Heute bilden derartige Serien die Regel. Hierzu kommt, daß zur Zeit an Stelle des Formfräsverfahrens weitgehend das Abwälzverfahren Anwendung findet. Letzteres ermöglicht die Herstellung verbesserter Zahnformen, mit normalen Werkzeugen.

Die Austauschbarkeit im üblichen Sinne geht dabei allerdings verloren. Alle Evolventenräder indessen, die die gleiche Eingriffsteilung haben, bzw. mit dem gleichen Abwälzwerkzeug erzeugt worden sind, können miteinander gepaart werden; nur die Proportionalität der Achsenabstände mit den Zähnezahlsummen bleibt nicht erhalten.

Es wird vielfach großer Wert auf die Paarungsmöglichkeit beliebiger Zähnezahlen bei normalen, mit den Zähnezahlen proportionalen Achsenabständen gelegt. Die nähere Überlegung zeigt aber, daß eine Austauschbarkeit in diesem Sinne nur beim Formfräsverfahren wichtig ist, sonst bedeutet sie lediglich eine Bequemlichkeit für den Konstrukteur, da die Berechnung am einfachsten ist.

Bei den meisten Getrieben werden die Räder nur paarweise verwendet. Eine allgemeine Austauschbarkeit hat dann nur wenig Zweck. Weiterhin ist die Formgebung der meisten Radkörper derart, daß sie nur an den Stellen verwendet werden können, für die sie bestimmt sind. Abb. 68 zeigt z. B. eine Anzahl derartiger Räder für Werkzeugma-

Abb. 68. Verschiedene Ausführungsformen von Radkörpern bei Werkzeugmaschinen.

schinen. In solchen Fällen hat eine allgemeine Austauschbarkeit nur wenig Wert.

Die Anforderungen, die zur Zeit vielfach an die Räder gestellt werden, sind derart groß, daß sie nur von mit der größten Genauigkeit hergestellten Rädern mit einer zweckmäßigen Zahnform erfüllt werden können. Dies ist auch der Grund, daß sich die Herstellung der Zahnräder mehr und mehr auf Spezialfabriken konzentriert, die ihre ganze Aufmerksamkeit und Erfahrung dieser Aufgabe zuwenden.

Mit geradverzahnten Stirnrädern sind zuweilen die an das Getriebe gestellten Anforderungen nicht zu erfüllen. In derartigen Fällen kommen vielfach Schrägzahn- oder Pfeilradgetriebe zur Anwendung. Die Achsenabstände sind auch bei diesen Getrieben meistens nicht normal. Rad und Gegenrad gehören zusammen, meistens können sie nicht einzeln in Paarungen mit anderen Übersetzungsverhältnissen verwendet werden. Weder das Fehlen einer Austauschbarkeit im Sinne einer „Satzverzahnung" noch die anormalen Achsenabstände haben sich als Nachteil erwiesen.

Schrägzahngetriebe und Pfeilradgetriebe werden vorzugsweise bei hohen Umfangsgeschwindigkeiten, geradverzahnte Stirnradgetriebe mit normaler Zahnform dagegen selten bei Umfangsgeschwindigkeiten über 12 m in der Sekunde verwendet. Wenn jedoch die letzteren besonders genau hergestellt werden und die Zahnformen so gewählt sind, daß die Eingriffsverhältnisse günstig liegen, so können sie zur Kraftübertragung bei Umfangsgeschwindigkeiten von 50 m/sec und darüber dienen.

Im Prinzip ist die Normalisierung ein erstrebenswertes Ziel, weil sie die Fabrikation wirtschaftlicher gestaltet. Wenn sie jedoch den technischen Fortschritt verhindert oder zu ungünstigen Betriebsverhältnissen führt, so ist sie zu verwerfen, oder nur auf Fälle zu beschränken, in denen die normalisierten Teile die an sie gestellten Anforderungen erfüllen können. Keine Norm sollte verwendet werden, die nicht die Anforderungen bezüglich Betriebssicherheit und Zweckdienlichkeit ebenso oder noch besser erfüllt als jede andere Konstruktion.

Zweckdienlichkeit ist hier im weitesten Sinne des Wortes gebraucht, es ist darunter die Lieferung von genügend guten Mechanismen zu einem angemessenen Preis zu verstehen; die an die Räder gestellten Anforderungen sind nicht immer streng, besonders nicht bei kleinen Umfangsgeschwindigkeiten. In solchen Fällen sind die letzten Feinheiten überflüssig; das beste Rad ist dasjenige, welches seine Funktion noch gerade erfüllt und am billigsten herzustellen ist. Bei hohen Geschwindigkeiten oder bei großer zu übertragender Leistung oder wenn größte Festigkeit bei kleinstem Gewicht gefordert wird, muß indessen jede Möglichkeit einer Verfeinerung in Betracht gezogen werden.

Zur Verbesserung der ungünstigen Eingriffsverhältnisse der normalen Satzverzahnungssysteme bei kleinen Zähnezahlen sind verschiedene Maßnahmen vorgeschlagen worden, so z. B. die Vergrößerung des Eingriffswinkels bei gleichbleibenden Kopf- und Fußhöhen, oder aber eine Vergrößerung der Kopfhöhe des kleinen Rades und eine entsprechende Verkleinerung der Kopfhöhe des Gegenrades (AEG-Verzahnung) bei gleichbleibenden Zahnhöhen und gleichbleibendem Eingriffswinkel.

Um das Bestmögliche aus der Evolventenverzahnung herauszuholen, müssen indessen sowohl Eingriffswinkel als auch die Zahnabmessungen variiert werden können. Dies wäre wirtschaftlich nicht durchführbar, wenn hierdurch für jedes Rad Sonderwerkzeuge erforderlich wären. Beim

Abwälzverfahren indessen sind nur eine ganz geringe Zahl normaler Werkzeuge erforderlich, um allen Anforderungen gerecht zu werden.

Das unterschnittsfreie durch Profilverschiebung gebildete 14½⁰-Satzverzahnungssystem. Die Möglichkeiten, die ein Evolventenverzahnungssystem bietet, sollen an einem Satzverzahnungssystem untersucht werden, bei dem sämtliche Räder gleicher Eingriffsteilung durch ein einziges Zahnstangenwerkzeug bzw. Abwälzfräser mit 14½⁰ Eingriffswinkel erzeugt werden. Die kleinste Zähnezahl im System sei 10.

Wir nehmen ein Bezugsprofil entsprechend Abb. 69 an. Die Zahnhöhe beträgt 2,2·Modul und das Kopfspiel 0,2·Modul. Die gemeinsame Zahnhöhe wird durch die Profilmittellinie in zwei gleiche Hälften geteilt. Auf ihr ist Zahndicke = Zahnlücke = 1,5078·Modul.

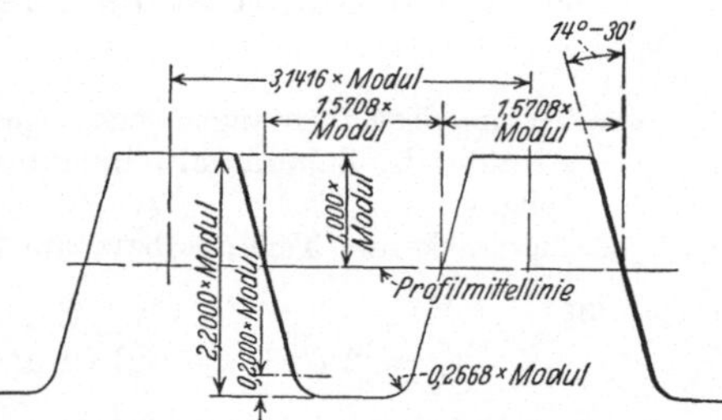

Abb. 69. Bezugsprofil in dem 14½⁰ unterschnittsfreien „*V*"-Satzverzahnungssystem.

Im Gegensatz zu den „*O*"-Rädern in den im vorigen Abschnitt besprochenen „*O*"-Systemen soll bei der Erzeugung eines Rades die Profilmittellinie des Zahnstangenwerkzeuges nicht mit seiner Teillinie zusammenfallen, d.h. die Profilmittellinie soll den Teilkreis des zu erzeugenden Rades nicht berühren, sondern sie sei um den Betrag der „Profilverschiebung" von dem Teilkreis abgerückt. Derartige Räder seien kurz „*V*"-Räder genannt.

Wir bestimmen zunächst die Abmessungen des kleinsten Rades des Satzes, d. h. des Rades mit 10 Zähnen. Die größten Schwierigkeiten treten ja bei den kleinsten Rädern auf. Werden sie zu tief geschnitten, so erhält man einen zu großen Unterschnitt, sind die Durchmesser zu groß, so werden die Zähne spitz.

Um die Zuspitzung und den Unterschnitt zu vermeiden, wählt man zweckmäßig den Fußkreisdurchmesser an der Unterschnittsgrenze.

Es sei:

r_a = Kopfkreishalbmesser

r_o = Teilkreishalbmesser = Wälzkreishalbmesser bei der Erzeugung mit einem 14½⁰-Zahnstangenwerkzeug

g = Grundkreishalbmesser

k = Kopfhöhe des zahnstangenartigen Werkzeuges einschließlich Kopfspiel (von der Profilmittellinie aus gerechnet)

S_k = Kopfspiel

r_{gr} = Grenzfußkreishalbmesser

r_i = Fußkreishalbmesser

α = Eingriffswinkel des Zahnstangenwerkzeuges

z = Zähnezahl

t_e = Eingriffsteilung.

Bei $z = 10$, Modul 1 — alle folgenden Berechnungen beziehen sich auf Modul 1 — sind die Werte wie folgt:

$z = 10$
$r_o = 5$ mm
$k = 1{,}2$ mm
$\alpha = 14\tfrac{1}{2}\,^0$
$g = r_o \cos \alpha = 4{,}8407$ mm [vgl. Gleichung (55)]
$r_i = r_{gr} = r_o \cos^2 \alpha - S_k = 4{,}4866$ mm [vgl. Gleichung (60)].

Der nächste Schritt ist die Berechnung der Zahndicke am Teilkreis. Wenn

$t =$ Teilung des Zahnstangenwerkzeuges
$l =$ Abstand des Zahnradmittelpunktes von der Kopflinie des Zahnstangenwerkzeuges
$t_{d_o} =$ Zahndicke am Teilkreis bzw. am Halbmesser r_o

so ist

$$t_{d_o} = 2\,(l + k - r_o)\,\mathrm{tang}\,\alpha + t/2 \quad \text{[s. Gleichung (50)]}.$$

Ist $x = \text{Profilverschiebung} = $ Abstand der Profilmittellinie des Werkzeuges vom Teilkreis, so ist

$$x = l + k - r_o\,,$$

$$t_{d_o} = 2\,x\,\mathrm{tang}\,\alpha + \frac{t}{2}\,. \tag{72}$$

In diesem Beispiel wird:

$$t = 3{,}1416 \text{ mm} \qquad r_o = 5{,}0000 \text{ mm}$$
$$l = r_i = 4{,}4866 \text{ mm} \qquad x = 0{,}6866 \text{ mm}$$
$$k = 1{,}200 \text{ mm}$$

Hieraus ergibt sich nach Gleichung (50) bzw. (72):

$$t_{d_o} = 1{,}9259 \text{ mm als Zahndicke am Teilkreis.}$$

Als nächster Schritt wird der Achsenabstand zweier 10 zähniger Räder bei spielfreiem Gang errechnet. Sämtliche nachfolgende Rechnungen beziehen sich auf spielfreie Getriebe. Soll ein Flankenspiel vorhanden sein, so muß entsprechend tiefer gefräst werden.

Nach Abschnitt III, Aufgabe 9 ergibt sich:

$$\mathrm{inv}\,\alpha_v = \frac{t_{d_o}}{2\,r_o} - \frac{\pi}{2\,z} + \mathrm{inv}\,\alpha \quad \text{[vgl. Gleichung (45)]},$$

$$a_v = \frac{2\,r_o \cos \alpha}{\cos \alpha_v} \quad \text{[vgl. Gleichung (46)]}.$$

In diesen Gleichungen ist:

$\alpha =$ Eingriffswinkel des Werkzeuges
$\alpha_v =$ Eingriffswinkel der Räderpaarung
$a_v =$ Achsenabstand der Räderpaarung.

In diesem Beispiel ist:

$$\text{inv } \alpha_v = \frac{1,9259}{10} - \frac{3,1416}{20} + 0,005\,545 = 0,041\,056\,.$$

Aus der Tabelle für die Evolventenfunktion im Abschnitt III ergibt sich:

$$\alpha_v = 27^{\circ}\,36'\,.$$

Hieraus ergibt sich:

$$\cos \alpha_v = 0,88620\,,$$

$$a_v = \frac{10 \cdot 0,96815}{0,88620} = 10,9247 \text{ mm}\,.$$

Der Achsenabstand ist nicht gleich der Summe der Teilkreishalbmesser wie in den aus „O“-Rädern bestehenden „O“-Getrieben, die in den „O“-Systemen des vorigen Abschnittes behandelt worden sind. Im Gegensatz zu den „O“-Getrieben seien die Getriebe mit veränderten Achsenabständen „V“-Getriebe genannt. Wir bestimmen nun die Zahnhöhe bei diesem Räderpaar. Der Achsenabstand beträgt 10,9247 mm; die Summe der Fußkreishalbmesser ist $2\,r_i = 8,9732$ mm; es bleibt hiernach zwischen den beiden Fußkreisen ein Abstand von 1,9515 mm. Er setzt sich aus der

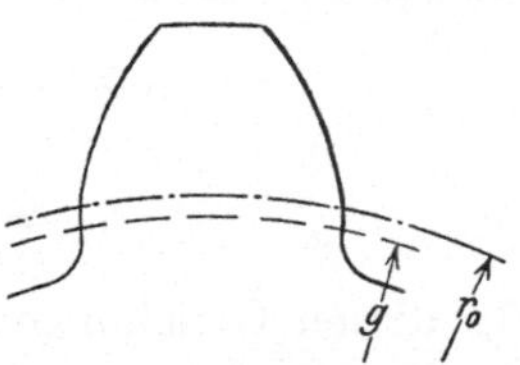

Abb. 70. Die Zahnform eines 10 zähnigen Rades in dem 14 ½ ⁰ unterschnittsfreien „V“-Satzverzahnungssystem.

gemeinsamen Zahnhöhe und aus dem doppelten Betrag des Kopfspiels zusammen. Als Kopfspiel wird, entsprechend dem Bezugsprofil, $\frac{1}{10}$ der gemeinsamen Zahnhöhe angenommen.

Es ist hiernach:

1,2 · gemeinsame Zahnhöhe	= 1,9515 mm
gemeinsame Zahnhöhe	= 1,6263 „
Kopfspiel	= 0,1626 „
Zahnhöhe	= 1,7889 „
$r_a = r_i + 1,7889$	= 6,2755 „

Um sicher zu sein, daß der Zahn nicht zu spitz ist, bestimmen wir noch die Zahndicke am Kopfkreis.

Nach Aufgabe 6, Abschnitt III ist, wenn

r_a = Kopfkreishalbmesser
t_{d_a} = Zahndicke am Kopfkreis
α_a = Pressungswinkel am Kopfkreis
r_o = Teilkreishalbmesser
t_{d_o} = Zahndicke am Teilkreis
α = Pressungswinkel am Teilkreis = Eingriffswinkel des erzeugenden Werkzeuges

$$\cos \alpha_a = \frac{r_o \cos \alpha}{r_a} \quad \text{[vgl. Gleichung (39)]}$$

$$t_{d_a} = 2\,r_a \left(\frac{t_{d_o}}{2\,r_o} + \text{inv } \alpha - \text{inv } \alpha_a \right) \quad \text{[vgl. Gleichung (40)].}$$

In diesem Beispiel ist:

$$r_a = 6{,}2755 \text{ mm}$$
$$r_o = 5{,}0000 \quad \text{,,}$$
$$t_{d_o} = 1{,}9259 \quad \text{,,}$$
$$\alpha = 14\tfrac{1}{2}^{\,0}$$
$$\cos \alpha_a = \frac{4{,}84075}{6{,}2755} = 0{,}77137 \,,$$
$$\alpha_a = 39^{\,0}\ 31'$$
$$\text{inv } \alpha_a = 0{,}13513$$
$$t_{d_a} = 12{,}5510 \left(\frac{1{,}9259}{10} + 0{,}005545 - 0{,}13513 \right) = 0{,}7907 \text{ mm} \,.$$

Abb. 70 zeigt die Zahnform des Rades.

Wir bestimmen nun den Halbmesser, an welchem die Flanken spitz auslaufen würden. Nach Aufgabe 7, Abschnitt III ist

$$\text{inv } \alpha_2 = \frac{t_{d_o}}{2\,r_o} + \text{inv } \alpha \quad [\text{vgl. Gleichung (41)}] \,,$$

$$r_2 = \frac{r_o \cos \alpha}{\cos \alpha_2} \quad [\text{vgl. Gleichung (42)}] \,.$$

In diesen Gleichungen ist

$r_o = 5{,}0000$ mm = bekannter Teilkreishalbmesser

$\alpha = 14\tfrac{1}{2}^{\,0}$ = Pressungswinkel am Halbmesser r_o = Eingriffswinkel des erzeugenden Werkzeuges

$t_{d_o} = 1{,}9259$ = Zahndicke am Halbmesser r_o

r_2 = der Halbmesser, an dem der Zahn spitz ausläuft.

Es ergibt sich

$$\text{inv } \alpha_2 = \frac{1{,}9259}{10} + 0{,}005545 = 0{,}198135 \,.$$

Aus der Tafel der Evolventenfunktion im Abschnitt III erhält man:

$$\alpha_2 = 44^0\ 1' \,,$$
$$\cos \alpha_2 = 0{,}71914 \,,$$
$$r_2 = \frac{4{,}8407}{0{,}71914} = 6{,}7312 \text{ mm} \,.$$

Da der Fußkreishalbmesser 4,4866 mm beträgt, wird die Zahnhöhe des 10zähnigen Ritzels durch die Zahnzuspitzung auf 6,7312 — 4,4866 = 2,2446 mm begrenzt. Das Bezugsprofil hat nur eine Zahnhöhe von 2,2 mm; dies ist die größtmögliche Zahnhöhe der Räder dieses Systems. Durch die Zahnzuspitzung werden also die ausführbaren Zahnhöhen nicht herabgesetzt.

Wir bestimmen nunmehr den Überdeckungsgrad zwischen zwei 10zähnigen Rädern. Nach Abschnitt III ergibt sich der Überdeckungsgrad:

$$\varepsilon = \frac{\sqrt{(r_a)^2 - g^2} + \sqrt{(R_a)^2 - G^2} - a_v \sin \alpha_v}{t_e} \quad [\text{s. Gleichung (58)}] \,.$$

In diesem Beispiel sind beide Räder gleich: es wird

$$\sqrt{r_a^2 - g^2} = 3,9924 \text{ mm},$$

$$t_e = \frac{2\pi g}{z} = 3,0415 \text{ mm} \qquad [\text{siehe Gleichung (57)}]$$

$$\alpha_v = 27^0\, 36' \qquad\qquad a_v = 10,9247 \text{ mm}$$

$a_v \sin \alpha_v = 5,0614 \text{ mm}.$

Es ist zu beachten, daß in die Gleichung (58) [s. auch die Gleichungen (22), (22c)] der Eingriffswinkel der Räderpaarung und nicht der Eingriffswinkel des erzeugenden Werkzeuges einzusetzen ist.

Hieraus ergibt sich der Überdeckungsgrad zu $\frac{2,9234}{3,0413} = 0,961$.

Dieser Überdeckungsgrad ist ungenügend. Das Räderpaar sollte daher nicht zur Kraftübertragung benutzt werden.

Wir bestimmen nunmehr die spezifische Gleitung an diesem Räderpaar. Gleichung (23) in Abschnitt II ergibt für die spezifische Gleitung am treibenden Rad

$$\frac{b_1 z_2 - b_2 z_1}{b_1 z_2}.$$

In dieser Formel ist

$b_1 =$ Krümmungshalbmesser an einem beliebigen Punkt des Profils *1*
$b_2 =$ Krümmungshalbmesser am entsprechenden Punkt des Profils *2*
$z_1 =$ Zähnezahl des treibenden Rades
$z_2 =$ Zähnezahl des getriebenen Rades.

In diesem Fall sind beide Räder gleich; die wirksamen Profile erstrecken sich bis zum Kopfkreis. Der größte Krümmungshalbmesser der Profile ergibt sich dementsprechend zu

$$\sqrt{(r_a)^2 - g^2} = 3,9924 \text{ mm}.$$

Der kleinste Krümmungshalbmesser der wirksamen Profile ergibt sich als Unterschied des zwischen den beiden Grundkreisen liegenden Abschnittes der Eingriffslinie und dem größten Krümmungshalbmesser. In diesem Beispiel ist der kleinste Krümmungshalbmesser $= 5,0614 - 3,9924 = 1,0690$ mm. Es ergibt sich hiernach als spezifische Gleitung zu Beginn des Eingriffes am treibenden und zum Schluß des Eingriffes am getriebenen Rad:

$$\frac{1,0690 - 3,9924}{1,0690} = -2,74.$$

Die spezifische Gleitung zum Schluß des Eingriffes am treibenden und zu Beginn des Eingriffes am getriebenen Rad ergibt sich durch Vertauschen von b_1 und b_2:

$$\frac{3,9924 - 1,0690}{3,9924} = +0,73.$$

Diese Werte sind in Abb. 71 eingetragen. Ein Vergleich mit den Abb. 49, 56 und 64 zeigt, daß die Gleitverhältnisse bei der Übersetzung 10 : 10 in diesem System wesentlich günstiger liegen als bei der Übersetzung 22 : 22 im $14\frac{1}{2}^0$ reinen Evolventen-„O"-System oder bei der Übersetzung 14 : 14 im 20^0-„O"-System mit normaler Zahnhöhe oder bei der Übersetzung 12 : 12 in dem 20^0-Stumpfverzahnungs-„O"-System.

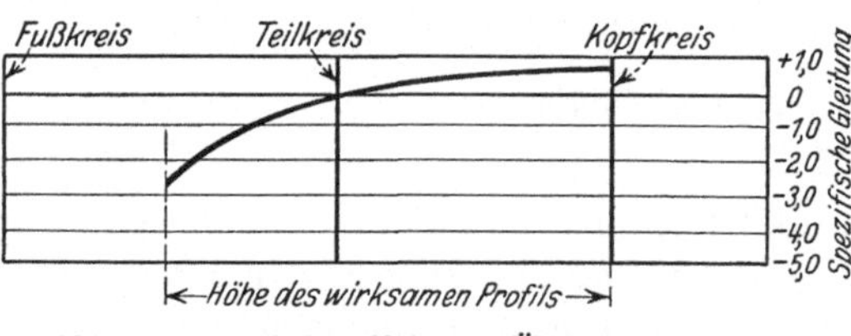

Abb. 71. Spezifische Gleitung. Übersetzung 10 : 10. $14\frac{1}{2}^0$ unterschnittsfreies „V"-Satzverzahnungssystem.

Obzwar die Übersetzung 10 : 10 in dem hier behandelten System nicht zu brauchbaren Getrieben führt, wählen wir doch die Zähnezahl 10 als Ausgangspunkt dieses Systems, da bei der Paarung eines 10 zähnigen Rades mit einem größeren Gegenrad noch ein hinreichend großer Überdeckungsgrad sich erzielen läßt.

Wir gehen jetzt zu den größeren Rädern dieses Systems über. Bei größeren Zähnezahlen sind kleinere Eingriffswinkel günstiger. Bei der Übersetzung 10 : 10 beträgt der Eingriffswinkel über 27^0. Bei mehr als 40 Zähnen ergibt ein Eingriffswinkel von $14\frac{1}{2}^0$ günstige Eingriffsverhältnisse. Es werden in diesem System sämtliche Räder mit 40 Zähnen oder darüber mit normalen Abmessungen, als „O"-Räder ausgeführt; bei der Paarung zweier Räder mit 40 Zähnen und darüber ist der Achsenabstand normal („O"-Getriebe), der Eingriffswinkel beträgt $14\frac{1}{2}^0$. Die Veränderung der Achsenabstände in diesem System beschränkt sich daher auf Getriebe, bei denen mindestens das eine Rad weniger als 40 Zähne hat. Dieses System ist daher eine Erweiterung des normalen $14\frac{1}{2}^0$-Systems mit dem Zweck, bei kleineren Zähnezahlen bessere Getriebe zu erhalten.

Die Abmessungen eines Rades mit 40 Zähnen Modul 1 sind also in diesem System die folgenden:

$r_a = 21,000$ mm $=$ Kopfkreishalbmesser
$r_0 = 20,000$ „ $=$ Teilkreishalbmesser
$r_i = 18,800$ „ $=$ Fußkreishalbmesser
$S_k = 0,2$ „ $=$ Kopfspiel
$\alpha = 14\frac{1}{2}^0$ $=$ Eingriffswinkel des Bezugsprofiles
$g = r \cos \alpha$ $= 19,3629$ mm $=$ Grundkreishalbmesser
$t_{d_0} = 1,5708$ mm $=$ Zahndicke am Teilkreis.

Wir untersuchen nun die Eingriffsverhältnisse bei der Übersetzung 40 : 40. Gleichung (58) im Abschnitt III ergibt als Überdeckungsgrad:

$$\varepsilon = \frac{\sqrt{(r_a)^2 - g^2} + \sqrt{(R_a)^2 - G^2} - a \sin \alpha}{t_e}.$$

In diesem Beispiel sind die Räder gleich. Es ist

$$\sqrt{r_a^2 - g^2} = 8{,}1287 \text{ mm}$$
$$t_e = 3{,}0415 \ \text{,,}$$
$$a = 2r_0 = 40 \ \text{,,}$$
$$a \sin \alpha = 10{,}0152 \ \text{,,}$$

Hieraus ergibt sich ein Überdeckungsgrad von

$$\frac{6{,}2422}{3{,}0415} = 2{,}052 \,.$$

Dieser Überdeckungsgrad ist sehr hoch und daher sehr günstig. Wir bestimmen nunmehr die spezifische Gleitung. Nach Abschnitt II ergibt sich die spezifische Gleitung am treibenden Rad zu

$$\frac{b_1 z_2 - b_2 z_1}{b_1 z_2} \,.$$

In dieser Formel ist:

$b_1 = $ Krümmungshalbmesser an einem beliebigen Punkt des Profils 1
$b_2 = $ Krümmungshalbmesser an dem entsprechenden Punkt des Profils 2
$z_1 = $ Zähnezahl am treibenden Rad
$z_2 = $ Zähnezahl am getriebenen Rad.

In diesem Beispiel sind beide Räder gleich; die wirksamen Profile erstrecken sich bis zum Kopfkreis. Der größte Krümmungshalbmesser der wirksamen Profile ist hiernach $\sqrt{r_a^2 - g^2} = 8{,}1287$ mm. Der kleinste Krümmungshalbmesser ergibt sich als der Unterschied des zwischen den beiden Grundkreisen liegenden Abschnittes der Eingriffslinie und des größten Krümmungshalbmessers zu $10{,}0152 - 8{,}1287 = 1{,}8865$ mm. Es ergibt sich also die spezifische Gleitung am treibenden Rad zu Beginn des Eingriffes und am getriebenen Rad zum Schluß des Eingriffes zu

$$\frac{1{,}8865 - 8{,}1287}{1{,}8865}$$

$$= -3{,}32 \,.$$

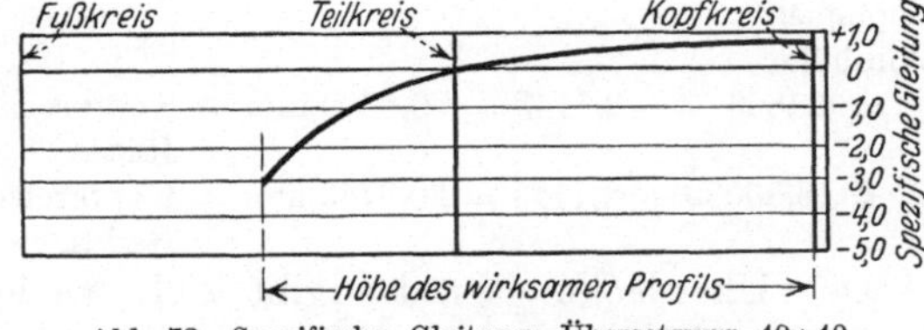

Abb. 72. Spezifische Gleitung. Übersetzung 40 : 40. 14½° unterschnittsfreies „V“-Satzverzahnungssystem.

Die spezifische Gleitung zum Schluß des Eingriffes am treibenden und zu Beginn des Eingriffes am getriebenen Rad ergibt sich durch Vertauschen von b_1 und b_2 zu

$$\frac{8{,}1287 - 1{,}8865}{8{,}1287} = +0{,}77 \,.$$

Die spezifische Gleitung ist in Abb. 72 eingetragen

Wir untersuchen nun die Übersetzung 10 : 40. Wir bestimmen zunächst Eingriffswinkel und Achsenabstand. Nach Abschnitt III, Aufgabe 8 ergibt sich:

$$\operatorname{inv}\alpha_v = \frac{z\,(t_{d_o} + T_{d_o}) - 2\,\pi\,r_o}{2\,r_o\,(z + Z)} + \operatorname{inv}\alpha \quad [\text{vgl.\,Gleichung\,(43)}],$$

$$a_v = \frac{a\cos\alpha}{\cos\alpha_v}\,[\text{vgl.\,Gleichung\,(44)}].$$

In diesem Beispiel ist:

r_o = Teilkreishalbmesser des treibenden Rades = 5,000 mm
t_{d_o} = Zahndicke des treibenden Rades am Teilkreis = 1,9259 mm
z = Zähnezahl des treibenden Rades = 10
α = Pressungswinkel am Teilkreis = Eingriffswinkel des erzeugenden Werkzeuges = 14 ½ °
R_o = Teilkreishalbmesser des getriebenen Rades = 20,000 mm
T_{d_o} = Zahndicke des getriebenen Rades am Teilkreis = 1,5708 mm
Z = Zähnezahl des getriebenen Rades = 40
a = Achsenabstand beim Eingriffswinkel 14½° („O“ Getriebe) = 25,000 mm
α_v = Eingriffswinkel des Räderpaares bei spielfreiem Kämmen
a_v = Achsenabstand bei spielfreiem Kämmen.

Es ergibt sich:

$$\operatorname{inv}\alpha_v = \frac{10\,(1{,}9259 + 1{,}5708) - 31{,}4160}{10\,(10 + 40)} + 0{,}005545 = 0{,}012647.$$

Die Tafel der Evolventenfunktionen im Abschnitt III ergibt:

$$\alpha_v = 18^0\,58'.$$

Hieraus ergibt sich:

$$\cos\alpha_v = 0{,}94571,$$

$$a_v = \frac{25 \cdot 0{,}96815}{0{,}94571} = 25{,}5931\,\text{mm}.$$

Die Zahnhöhen ergeben sich wie oben zu

$1{,}2 \cdot$ gemeinsame Zahnhöhe = $25{,}5931 - (18{,}80000 + 4{,}4866)$ = 2,3065 mm
Gemeinsame Zahnhöhe   = 1,9221 „
Kopfspiel   = 0,1922 „
Zahnhöhe   = 2,1143 „
$r_a = 4{,}4866 \; + 2{,}1143 = \; 6{,}6009$ mm = Kopfkreishalbmesser des treibenden Rades
$R_a = 18{,}80000 + 2{,}1143 = 20{,}9143$ mm = Kopfkreishalbmesser des getriebenen Rades.

Der Überdeckungsgrad ergibt sich wieder nach Gleichung (58), Abschnitt III zu

$$\varepsilon = \frac{\sqrt{(r_a)^2 - g^2} + \sqrt{(R_a)^2 - G^2} - a_v \sin\alpha_v}{t_e}.$$

In diesem Beispiel ist:

$r_a = \;\; 6{,}6009$ mm $\alpha_v = 18^0\;58'$
$g = \;\;\; 4{,}8407$ „ $\sqrt{(r_a)^2 - g^2} = \;\; 4{,}4876$ mm
$R_a = 20{,}9143$ „ $\sqrt{(R_a)^2 - G^2} = \;\; 7{,}9046$ „
$G = 19{,}3629$ „ $a_v \sin\alpha_v = \;\; 8{,}3183$ „
$a_v = 25{,}5931$ „ $t_e = \;\; 3{,}0415$ „

Der Überdeckungsgrad ergibt sich aus diesen Werten zu 1,339.

Bei günstigen Gleitverhältnissen würde dieser Überdeckungsgrad genügen. Nach Abschnitt II ergibt sich für die spezifische Gleitung am treibenden Rad $= \dfrac{b_1 z_2 - b_2 z_1}{b_1 z_2}$, am getriebenen Rad $= \dfrac{b_2 z_1 - b_1 z_2}{b_2 z_1}$. b_1 und b_2 sind die Krümmungshalbmesser des treibenden und des getriebenen Profils am Eingriffspunkt, z_1 und z_2 die entsprechenden Zähnezahlen.

Das wirksame Profil erstreckt sich bis zu den Kopfkreisen. Hieraus ergibt sich der größte Krümmungshalbmesser am treibenden Profil zu

$$\sqrt{(r_a)^2 - g^2} = 4{,}4876 \text{ mm},$$

und der größte Krümmungshalbmesser am getriebenen Profil zu

$$\sqrt{(R_a)^2 - G^2} = 7{,}9046 \text{ mm}.$$

Der kleinste Krümmungshalbmesser am treibenden Profil ergibt sich nach Abzug des größten Krümmungshalbmessers am getriebenen Profil von der Länge des zwischen den Grundkreisen liegenden Abschnittes der Eingriffslinie zu

$$8{,}3183 - 7{,}9046 = 0{,}4137 \text{ mm},$$

der kleinste Krümmungshalbmesser am getriebenen Profil ergibt sich auf ähnliche Weise zu

$$8{,}3183 - 4{,}4876 = 3{,}8307 \text{ mm}.$$

Am Anfang des Eingriffes wird daher

$$b_1 = 0{,}4137 \text{ mm} \qquad z_1 = 10$$
$$b_2 = 7{,}9046 \quad ,, \qquad z_2 = 40$$

Spezifische Gleitung am treibenden Rad:

$$\frac{0{,}4137 \cdot 40 - 7{,}9046 \cdot 10}{0{,}4137 \cdot 40} = -\,3{,}84\,.$$

Spezifische Gleitung am getriebenen Rad:

$$\frac{7{,}9046 \cdot 10 - 0{,}4137 \cdot 40}{7{,}9046 \cdot 10} = +\,0{,}79\,.$$

Am Ende des Eingriffes ist

$$b_1 = 4{,}4876 \text{ mm} \qquad b_2 = 3{,}8307 \text{ mm}.$$

Spezifische Gleitung am treibenden Rad:

$$\frac{4{,}4876 \cdot 40 - 3{,}8307 \cdot 10}{4{,}4876 \cdot 40} = +\,0{,}78\,,$$

am getriebenen Rad:

$$\frac{3{,}8307 \cdot 10 - 4{,}4876 \cdot 40}{3{,}8307 \cdot 10} = -\,3{,}68\,.$$

Diese Werte sind sehr günstig, sie sind in Abb. 73 eingetragen. Die Gleitverhältnisse am kleinen und großen Rad sind ähnlich trotz der sehr verschiedenen Zähnezahlen. Bei den normalen Zahnformen sind in derartigen Fällen die Gleitverhältnisse am kleinen Rad wesentlich ungünstiger. Die verschiedene Größe der Gleitung hat auf den Eingriff wahrscheinlich nur einen geringen Einfluß; der Wert der Bestimmung der spezifischen Gleitung liegt vielmehr in den Rückschlüssen, die man auf die Empfindlichkeit der wirksamen Profile ziehen kann. Ein scharfer Knick im Gleitungsschaubild weist auf ein empfindlicheres, schwer erzeugbares Profil hin, dessen korrekte Erzeugung stets mit Schwierigkeiten verbunden ist. Je größer die spezifische Gleitung, um so sorgfältiger muß die Erzeugung des Profils erfolgen. Wenn zwischen Klein- und Großrad die spezifische Gleitung einigermaßen ausgeglichen ist, so ist die korrekte Erzeugung des kleinen Rades nicht mit größeren Schwierigkeiten verbunden als die Erzeugung des großen Rades.

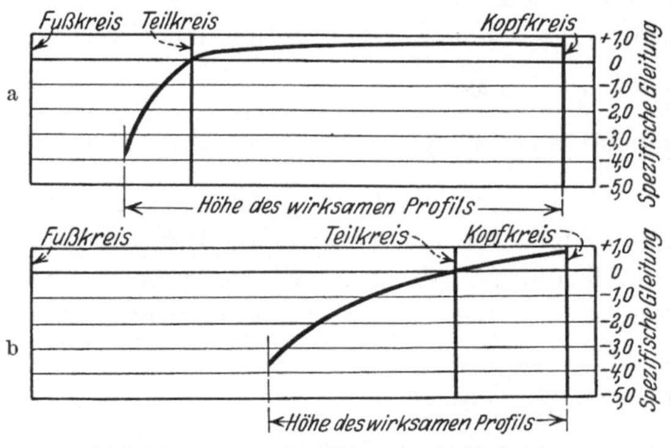

Abb. 73a. Spezifische Gleitung am kleinen Rad.
Abb. 73b. Spezifische Gleitung am großen Rad.
Übersetzung 10:40. 14½° unterschnittsfreies „V"- Satzverzahnungssystem.

Nach Festlegung der Abmessungen für die Zähnezahlen 10 und 40 sollen nunmehr die Abmessungen für alle Zähnezahlen zwischen 10 und 40 festgelegt werden. Für jede Zähnezahl wird, unabhängig von der Zähnezahl des Gegenrades, ein bestimmter Fußkreishalbmesser bzw. eine bestimmte Profilverschiebung angenommen. Der Kopfkreishalbmesser bzw. die Zahnhöhe bestimmt sich aus den Abmessungen des Gegenrades.

Der Fußkreis bei der Zähnezahl 10 liegt an der Unterschnittsgrenze, bei der Zähnezahl 40 außerhalb derselben. Die Wahl bei den Zwischengrößen erfolgt am einfachsten nach einer arithmetischen Reihe. Der Unterschied zwischen den Fußkreishalbmessern bei den Zähnzahlen 40 und 10 wird durch die Anzahl der dazwischen liegenden Zähnezahlen (30) dividiert, der so erhaltene Zuwachs + Fußkreishalbmesser bei der Zähnezahl 10 ergibt den Fußkreishalbmesser bei der Zähnezahl 11; wird zu diesem der Zuwachs addiert, so erhält man den Fußkreishalbmesser bei der Zähnezahl 12 usw. Die Bestimmungsgleichung für die Fußkreishalbmesser zwischen den Zähnezahlen 10 und 40 ergibt sich hieraus für Modul 1 zu

$$r_i = 4{,}48655 + (z - 10)\, 4{,}77115. \tag{73}$$

Für die Profilverschiebung ergibt sich hieraus die folgende Gleichung

$$x = (40 - z) \cdot 0{,}022885 = \frac{40 - z}{43{,}702}. \tag{74}$$

Tabelle 11. Die Hauptabmessungen der Räder bei Modul 1 im 14½° unterschnittsfreien „V"-Satzverzahnungssystem.

Zähnezahl z	Teilkreis-halbmesser r_o in mm	Grundkreis-halbmesser g in mm	Grenzfuß-kreishalbmesser r_{gr} in mm	Fußkreis-halbmesser r_i in mm	Zahndicke am Teilkreis t_{d_o} in mm
10	5,0	4,84074	4,48655	4,48655	1,92591
11	5,5	5,32481	4,95520	4,96367	1,91407
12	6,0	5,80889	5,42386	5,44078	1,90224
13	6,5	6,29296	5,89251	5,91790	1,89040
14	7,0	6,77703	6,36117	6,39501	1,87856
15	7,5	7,26111	6,82982	6,87213	1,86673
16	8,0	7,74518	7,29848	7,34924	1,85489
17	8,5	8,22925	7,76713	7,82636	1,84305
18	9,0	8,71333	8,23579	8,30347	1,83121
19	9,5	9,19740	8,70444	8,78059	1,81938
20	10,0	9,68148	9,17310	9,25770	1,80754
21	10,5	10,16555	9,64175	9,73482	1,79570
22	11,0	10,64962	10,11041	10,21193	1,78387
23	11,5	11,13370	10,57906	10,68905	1,77203
24	12,0	11,61777	11,04772	11,16616	1,76019
25	12,5	12,10185	11,51637	11,64328	1,74836
26	13,0	12,58592	11,98503	12,12039	1,73652
27	13,5	13,06999	12,45368	12,59751	1,72468
28	14,0	13,55407	12,92234	13,07462	1,71284
29	14,5	14,03814	13,39099	13,55174	1,70101
30	15,0	14,52221	13,85965	14,02885	1,68917
31	15,5	15,00629	14,32830	14,50597	1,67733
32	16,0	15,49036	14,79696	14,98308	1,66550
33	16,5	15,97444	15,26561	15,46020	1,65366
34	17,0	16,45851	15,73427	15,93731	1,64182
35	17,5	16,94258	16,20292	16,41443	1,62999
36	18,0	17,42666	16,67158	16,89154	1,61815
37	18,5	17,91073	17,14023	17,36866	1,60631
38	19,0	18,39481	17,60889	17,84577	1,59447
39	19,5	18,87888	18,07754	18,32289	1,58264
40	20,0	19,36295	18,54620	18,80000	1,57080
41	20,5	19,84703	—	19,3000	1,57080
42	21,0	20,33110	—	19,8000	1,57080
43	21,5	20,81517	—	20,3000	1,57080
44	22,0	21,29925	—	20,8000	1,57080
45	22,5	21,78332	—	21,3000	1,57080
46	23,0	22,26740	—	21,8000	1,57080
47	23,5	22,75147	—	22,3000	1,57080
48	24,0	23,23554	—	22,8000	1,57080
49	24,5	23,71962	—	23,3000	1,57080
50	25,0	24,20369	—	23,8000	1,57080
51	25,5	24,68776	—	24,3000	1,57080
52	26,0	25,17184	—	24,8000	1,57080
53	26,5	25,65591	—	25,3000	1,57080
54	27,0	26,13999	—	25,8000	1,57080
55	27,5	26,62406	—	26,3000	1,57080
56	28,0	27,10813	—	26,8000	1,57080
57	28,5	27,59221	—	27,3000	1,57080
58	29,0	28,07628	—	27,8000	1,57080
59	29,5	28,56036	—	28,3000	1,57080
60	30,0	29,04443	—	28,8000	1,57080

Tabelle 12. Achsenabstand, Eingriffswinkel der Räderpaarung und Zahnhöhe bei verschiedenen Übersetzungen, Modul 1 im 14½° unterschnittsfreien „V"-Satzverzahnungssystem.

a Achsenabstand in mm; b Eingriffswinkel der Räderpaarung; c Zahnhöhe in mm.

Zähnezahl des großen Rades		Zähnezahl des kleinen Rades											
		10	11	12	13	14	15	16	17	18	19	20	21
10	a	10,9247											
	b	27° 36′											
	c	1,7889											
11	a	11,4195	11,9143										
	b	27° 7′	26° 40′										
	c	1,8052	1,8214										
12	a	11,9143	12,4091	12,9039									
	b	26° 40′	26° 14′	25° 49′									
	c	1,8214	1,8376	1,8538									
13	a	12,4091	12,9039	13,3987	13,8905								
	b	26° 14′	25° 49′	25° 25′	25° 3′								
	c	1,8376	1,8538	1,8700	1,8835								
14	a	12,9039	13,3987	13,8905	14,3823	14,8741							
	b	25° 49′	25° 25′	25° 3′	24° 41′	24° 20′							
	c	1,8538	1,8700	1,8835	1,8970	1,9105							
15	a	13,3987	13,8905	14,3823	14,8741	15,3659	15,8577						
	b	25° 25′	25° 3′	24° 41′	24° 20′	24° 0′	23° 41′						
	c	1,8700	1,8835	1,8970	1,9105	1,9239	1,9373						
16	a	13,8905	14,3823	14,8741	15,3659	15,8577	16,3473	16,8369					
	b	25° 3′	24° 41′	24° 20′	24° 0′	23° 41′	23° 23′	23° 5′					
	c	1,8835	1,8970	1,9105	1,9239	1,9373	1,9488	1,9603					
17	a	14,3823	14,8741	15,3659	15,8577	16,3473	16,8369	17,3264	17,8160				
	b	24° 41′	24° 20′	24° 0′	23° 41′	23° 23′	23° 5′	22° 48′	22° 31′				
	c	1,8970	1,9105	1,9239	1,9373	1,9488	1,9603	1,9717	1,9831				
18	a	14,8741	15,3659	15,8577	16,3473	16,8369	17,3264	17,8160	18,3056	18,7930			
	b	24° 20′	24° 0′	23° 41′	23° 23′	23° 5′	22° 48′	22° 31′	22° 15′	21° 59′			
	c	1,9105	1,9239	1,9373	1,9488	1,9603	1,9717	1,9831	1,9945	2,0040			

	19	20	21	22	23	24	25	26	27	28	29	30
a			21,7143	22,2000	22,6858	23,1715	23,6558	24,1401	24,6245	25,1088	25,5931	26,0759
b			20°34'	20°21'	20°8'	19°56'	19°44'	19°32'	19°20'	19°9'	18°58'	18°47'
c			2,0576	2,0655	2,0734	2,0813	2,0879	2,0945	2,1011	2,1077	2,1143	2,1196
a		20,7428	21,2285	21,7143	22,2000	22,6858	23,1715	23,6558	24,1401	24,6245	25,1088	25,5931
b		21°1'	20°47'	20°34'	20°21'	20°8'	19°56'	19°44'	19°32'	19°20'	19°9'	18°58'
c		2,0418	2,0497	2,0576	2,0655	2,0734	2,0813	2,0879	2,0945	2,1011	2,1077	2,1143
a	19,7679	20,2554	20,7428	21,2285	21,7143	22,2000	22,6858	23,1715	23,6558	24,1401	24,6245	25,1088
b	21°29'	21°15'	21°1'	20°47'	20°34'	20°21'	20°8'	19°56'	19°44'	19°32'	19°20'	19°9'
c	2,0230	2,0324	2,0418	2,0497	2,0576	2,0655	2,0734	2,0813	2,0879	2,0945	2,1011	2,1077
a	19,2805	19,7679	20,2554	20,7428	21,2285	21,7143	22,2000	22,6858	23,1715	23,6558	24,1401	24,6245
b	21°44'	21°29'	21°15'	21°1'	20°47'	20°34'	20°21'	20°8'	19°56'	19°44'	19°32'	19°20'
c	2,0135	2,0230	2,0324	2,0418	2,0497	2,0576	2,0655	2,0734	2,0813	2,0879	2,0945	2,1011
a	18,7930	19,2805	19,7679	20,2554	20,7428	21,2285	21,7143	22,2000	22,6858	23,1715	23,6558	24,1401
b	21°59'	21°44'	21°29'	21°15'	21°1'	20°47'	20°34'	20°21'	20°8'	19°56'	19°44'	19°32'
c	2,0040	2,0135	2,0230	2,0324	2,0418	2,0497	2,0576	2,0655	2,0734	2,0813	2,0879	2,0945
a	18,3056	18,7930	19,2805	19,7679	20,2554	20,7428	21,2285	21,7143	22,2000	22,6858	23,1715	23,6558
b	22°15'	21°59'	21°44'	21°29'	21°15'	21°1'	20°47'	20°34'	20°21'	20°8'	19°56'	19°44'
c	1,9945	2,0040	2,0135	2,0230	2,0324	2,0418	2,0497	2,0576	2,0655	2,0734	2,0813	2,0879
a	17,8160	18,3056	18,7930	19,2805	19,7679	20,2554	20,7428	21,2285	21,7143	22,2000	22,6858	23,1715
b	22°31'	22°15'	21°59'	21°44'	21°29'	21°15'	21°1'	20°47'	20°34'	20°21'	20°8'	19°56'
c	1,9831	1,9945	2,0040	2,0135	2,0230	2,0324	2,0418	2,0497	2,0576	2,0655	2,0734	2,0813
a	17,3264	17,8160	18,3056	18,7930	19,2805	19,7679	20,2554	20,7428	21,2285	21,7143	22,2000	22,6858
b	22°48'	22°31'	22°15'	21°59'	21°44'	21°29'	21°15'	21°1'	20°47'	20°34'	20°21'	20°8'
c	1,9717	1,9831	1,9945	2,0040	2,0135	2,0230	2,0324	2,0418	2,0497	2,0576	2,0655	2,0734
a	16,8369	17,3264	17,8160	18,3056	18,7930	19,2805	19,7679	20,2554	20,7428	21,2285	21,7143	22,2000
b	23°5'	22°48'	22°31'	22°15'	21°59'	21°44'	21°29'	21°15'	21°1'	20°47'	20°34'	20°21'
c	1,9603	1,9717	1,9831	1,9945	2,0040	2,0135	2,0230	2,0324	2,0418	2,0497	2,0576	2,0655
a	16,3473	16,8369	17,3264	17,8160	18,3056	18,7930	19,2805	19,7679	20,2554	20,7428	21,2285	21,7143
b	23°23'	23°5'	22°48'	22°31'	22°15'	21°59'	21°44'	21°29'	21°15'	21°1'	20°47'	20°34'
c	1,9488	1,9603	1,9717	1,9831	1,9945	2,0040	2,0135	2,0230	2,0324	2,0418	2,0497	2,0576
a	15,8577	16,3473	16,8369	17,3264	17,8160	18,3056	18,7930	19,2805	19,7679	20,2554	20,7428	21,2285
b	23°41'	23°23'	23°5'	22°48'	22°31'	22°15'	21°59'	21°44'	21°29'	21°15'	21°1'	20°47'
c	1,9373	1,9488	1,9603	1,9717	1,9831	1,9945	2,0040	2,0135	2,0230	2,0324	2,0418	2,0497
a	15,3659	15,8577	16,3473	16,8369	17,3264	17,8160	18,3056	18,7930	19,2805	19,7679	20,2554	20,7428
b	24°0'	23°41'	23°23'	23°5'	22°48'	22°31'	22°15'	21°59'	21°44'	21°29'	21°15'	21°1'
c	1,9239	1,9373	1,9488	1,9603	1,9717	1,9831	1,9945	2,0040	2,0135	2,0230	2,0324	2,0418

Tabelle 12 (Fortsetzung).

a Achsenabstand in mm; b Eingriffswinkel der Räderpaarung; c Zahnhöhe in mm.

Zähnezahl des großen Rades		Zähnezahl des kleinen Rades											
		10	11	12	13	14	15	16	17	18	19	20	21
31	a	21,2285	21,7143	22,2000	22,6858	23,1715	23,6558	24,1401	24,6245	25,1088	25,5931	26,0759	26,5588
	b	20° 47′	20° 34′	20° 21′	20° 8′	19° 56′	19° 44′	19° 32′	19° 20′	19° 9′	18° 58′	18° 47′	18° 36′
	c	2,0497	2,0576	2,0655	2,0734	2,0813	2,0879	2,0945	2,1011	2,1077	2,1143	2,1196	2,1249
32	a	21,7143	22,2000	22,6858	23,1715	23,6558	24,1401	24,6245	25,1088	25,5931	26,0759	26,5588	27,0416
	b	20° 34′	20° 21′	20° 8′	19° 56′	19° 44′	19° 32′	19° 20′	19° 9′	18° 58′	18° 47′	18° 36′	18° 26′
	c	2,0576	2,0655	2,0734	2,0813	2,0879	2,0945	2,1011	2,1077	2,1143	2,1196	2,1249	2,1302
33	a	22,2000	22,6858	23,1715	23,6558	24,1401	24,6245	25,1088	25,5931	26,0759	26,5588	27,0416	27,5245
	b	20° 21′	20° 8′	19° 56′	19° 44′	19° 32′	19° 20′	19° 9′	18° 58′	18° 47′	18° 36′	18° 26′	18° 16′
	c	2,0655	2,0734	2,0813	2,0879	2,0945	2,1011	2,1077	2,1143	2,1196	2,1249	2,1302	2,1354
34	a	22,6858	23,1715	23,6558	24,1401	24,6245	25,1088	25,5931	26,0759	26,5588	27,0416	27,5245	28,0073
	b	20° 8′	19° 56′	19° 44′	19° 32′	19° 20′	19° 9′	18° 58′	18° 47′	18° 36′	18° 26′	18° 16′	18° 5′
	c	2,0734	2,0813	2,0879	2,0945	2,1011	2,1077	2,1143	2,1196	2,1249	2,1302	2,1354	2,1406
35	a	23,1715	23,6558	24,1401	24,6245	25,1088	25,5931	26,0759	26,5588	27,0416	27,5245	28,0073	28,4894
	b	19° 56′	19° 44′	19° 32′	19° 20′	19° 9′	18° 58′	18° 47′	18° 36′	18° 26′	18° 16′	18° 5′	17° 55′
	c	2,0813	2,0879	2,0945	2,1101	2,1077	2,1143	2,1196	2,1249	2,1302	2,1354	2,1406	2,1452
36	a	23,6558	24,1401	24,6245	25,1088	25,5931	26,0759	26,5588	27,0416	27,5245	28,0073	28,4894	28,9715
	b	19° 44′	19° 32′	19° 20′	19° 9′	18° 58′	18° 47′	18° 36′	18° 26′	18° 16′	18° 5′	17° 55′	17° 46′
	c	2,0879	2,0945	2,1011	2,1077	2,1143	2,1196	2,1249	2,1302	2,1354	2,1406	2,1452	2,1498
37	a	24,1401	24,6245	25,1088	25,5931	26,0759	26,5588	27,0416	27,5245	28,0073	28,4894	28,9715	29,4536
	b	19° 32′	19° 20′	19° 9′	18° 58′	18° 47′	18° 36′	18° 26′	18° 16′	18° 5′	17° 55′	17° 46′	17° 36′
	c	2,0945	2,1011	2,1077	2,1143	2,1196	2,1249	2,1302	2,1354	2,1406	2,1452	2.1498	2,1544
38	a	24,6245	25,1088	25,5931	26,0759	26,5588	27,0416	27,5245	28,0073	28,4894	28,9715	29,4536	29,9357
	b	19° 20′	19° 9′	18° 58′	18° 47′	18° 36′	18° 26′	18° 16′	18° 5′	17° 55′	17° 46′	17° 36′	17° 26′
	c	2,1011	2,1077	2,1143	2,1196	2,1249	2,1302	2,1354	2,1406	2,1452	2,1498	2,1544	2,1590
39	a	25,1088	25,5931	26,0759	26,5588	27,0416	27,5245	28,0073	28,4894	28,9715	29,4536	29,9357	30,4178
	b	19° 9′	18° 58′	18° 47′	18° 36′	18° 26′	18° 16′	18° 5′	17° 55′	17° 46′	17° 36′	17° 26′	17° 17′
	c	2,1077	2,1143	2,1196	2,1249	2,1302	2,1354	2,1406	2,1452	2,1498	2,1544	2,1590	2,1635

40	a	25,5931	26,0759	26,5588	27,0416	27,5245	28,0073	28,4894	28,9715	29,4536	29,9357	30,4178	30,8986
	b	18° 58'	18° 47'	18° 36'	18° 26'	18° 16'	18° 5'	17° 55'	17° 46'	17° 36'	17° 26'	17° 17'	17° 8'
	c	2,1143	2,1196	2,1249	2,1302	2,1354	2,1406	2,1452	2,1498	2,1544	2, 1590	2,1635	2,1669
41	a	26,0941	26,5765	27,0589	27,5413	28,0237	28,5062	28,9886	29,4710	29,9534	30,4358	30,9182	31,3983
	b	18° 54'	18° 44'	18° 34'	18° 24'	18° 14'	18° 5'	17° 54'	17° 44'	17° 34'	17° 24'	17° 15'	17° 6'
	c	2,1153	2,1205	2,1258	2,1310	2,1361	2,1412	2,1457	2,1502	2,1547	2,1591	2,1636	2,1670
42	a	26,5952	27,0776	27,5599	28,0423	28,5246	29,0070	29,4893	29,9717	30,4540	30,9364	31,4187	31,8988
	b	18° 50'	18° 40'	18° 30'	18° 20'	18° 10'	18° 0'	17° 50'	17° 40'	17° 31'	17° 22'	17° 13'	17° 4'
	c	2,1162	2,1210	2,1264	2,1313	2,1364	2,1414	2,1459	2,1505	2,1551	2,1595	2,1643	2,1671
43	a	27,0962	27,5785	28,0608	28,5431	29,0245	29,5077	29,9899	30,4722	30,9545	31,4368	31,9191	32,3992
	h	18° 46'	18° 36'	18° 26'	18° 16'	18° 6'	17° 56'	17° 47'	17° 38'	17° 29'	17° 20'	17° 11'	17° 2'
	c	2,1172	2,1220	2,1267	2,1315	2,1366	2,1415	2,1461	2,1508	2,1554	2,1600	2,1647	2,1675
44	a	27,5972	28,0794	28,5617	29,0439	29,5262	30,0084	30,4906	30,9729	31,4551	31,9374	32,4196	32,9996
	b	18° 42'	18° 32'	18° 22'	18° 12'	18° 3'	17° 54'	17° 45'	17° 36'	17° 27'	17° 18'	17° 9'	17° 0'
	c	2,1181	2,1228	2,1275	2,1322	2,1369	2 ,1416	2,1463	2,1510	2,1557	2,1604	2,1651	2,1679
45	a	28,0983	28,5805	29,0626	29,5448	30,0270	30,5092	30,9913	31,4735	31,9557	32,4378	32,9200	33,4000
	b	18° 39'	18° 29'	18° 19'	18° 9'	18° 0'	17° 51'	17° 42'	17° 33'	17° 24'	17° 15'	17° 6'	16° 58'
	c	2,1191	2,1237	2,1284	2,1330	2,1377	2,1423	2,1469	2,1516	2,1562	2,1609	2,1655	2,1683
46	a	28,5993	29,0814	29,5635	30,0456	30,5277	31,0099	31,4920	31,9741	32,4562	32,9383	33,4204	33,9004
	b	18° 35'	18° 25'	18° 16'	18° 7'	17° 58'	17° 49'	17° 40'	17° 31'	17° 22'	17° 13'	17° 4'	16° 56'
	c	2,1200	2,1246	2,1292	2,1338	2,1384	2,1430	2,1475	2,1521	2,1567	2,1613	2 ,1659	2,1687
47	a	29,1003	29,5824	30,0644	30,5465	31,0285	31,5106	31,9927	32,4747	32,9568	33,4388	33,9209	34,4008
	b	18° 32'	18° 23'	18° 14'	18° 5'	17° 56'	17° 47'	17° 38'	17° 29'	17° 20'	17° 11'	17° 2'	16° 54'
	c	2,1210	2,1255	2,1301	2,1346	2,1391	2,1437	2,1482	2,1527	2,1572	2,1618	2,1663	2,1691
48	a	29,6013	30,0833	30,5653	31,0473	31,5293	32,0113	32,4933	32,9753	33,4573	33,9393	34,4213	34,9012
	b	18° 29'	18° 20'	18° 11'	18° 2'	17° 53'	17° 44'	17° 35'	17° 26'	17° 17'	17° 8'	17° 0'	16° 52'
	c	2,1219	2,1264	2,1309	2,1353	2,1398	2,1443	2,1488	2,1533	2,1577	2,1622	2,1667	2,1695
49	a	30,1024	30,5843	31,0663	31,5482	32,0302	32,5121	32,9940	33,4760	33,9579	34,4399	34,9218	35,4016
	b	18° 26'	18° 17'	18° 8'	17° 59'	17° 50'	17° 41'	17° 32'	17° 23'	17° 14'	17° 6'	16° 58'	16° 50'
	c	2,1229	2,1273	2,1317	2,1362	2,1406	2,1450	2,1494	2,1538	2,1583	2,1627	2,1671	2,1698
50	a	30,6034	31,0853	31,5672	32,0490	32,5309	33,0128	33,4947	33,9766	34,4584	34,9403	53,4222	35,9020
	b	18° 22'	18° 13'	18° 4'	17° 55'	17° 46'	17° 37'	17° 28'	17° 20'	17° 12'	17° 4'	16° 56'	16° 48'
	c	2,1238	2,1282	2,1325	2,1369	2,1413	2,1457	2,1500	2,1544	2,1588	2,1631	2,1675	2,1701
52	a	31,0652	32,0870	32,5688	33,0505	33,5323	34,0141	34,4959	34,9777	35,4594	35,9412	36,4230	36,9028
	b	18° 16'	18° 7'	17° 59'	17° 50'	17° 41'	17° 32'	17° 24'	17° 16'	17° 8'	17° 0'	16° 53'	16° 45'
	c	2,1254	2,1298	2,1340	2,1383	2,1426	2,1469	2,1511	2,1554	2,1597	2,1639	2,1682	2,1708

Tabelle 12 (Fortsetzung).

a Achsenabstand in mm; b Eingriffswinkel der Räderpaarung; c Zahnhöhe in mm.

Zähnezahl des großen Rades		Zähnezahl des kleinen Rades											
		10	11	12	13	14	15	16	17	18	19	20	21
54	a	32,6070	33,0887	33,5704	34,0520	34,5337	35,0154	35,4971	35,9788	36,4604	36,9421	37,4237	37,9035
	b	18° 11′	18° 2′	17° 54′	17° 45′	17° 36′	17° 28′	17° 20′	17° 12′	17° 4′	16° 57′	16° 50′	16° 42′
	c	2,1271	2,1314	2,1355	2,1397	2,1439	2,1481	2,1522	2,1564	2,1606	2,1647	2,1689	2,1715
56	a	33,6088	34,0904	34,5720	35,0535	35,5351	36,0167	36,4983	36,9799	37,4614	37,9430	38,4245	38,9042
	b	18° 5′	17° 57′	17° 49′	17° 40′	17° 31′	17° 24′	17° 16′	17° 8′	17° 1′	16° 54′	16° 47′	16° 39′
	c	2,1287	2,1329	2,1370	2,1411	2,1452	2,1493	2,1533	2,1574	2,1615	2,1655	2,1696	2,1722
58	a	34,6106	35,0921	35,5736	36,0550	36,5365	37,0180	37,4995	37,9809	38,4624	38,9438	39,4252	39,9049
	b	18° 0′	17° 52′	17° 44′	17° 35′	17° 27′	17° 20′	17° 12′	17° 5′	16° 58′	16° 51′	16° 44′	16° 36′
	c	2,1304	2,1344	2,1384	2,1424	2,1464	2,1504	2,1544	2,1584	2,1624	2,1663	2,1703	2,1728
60	a	35,6124	36,0938	36,5751	37,0565	37,5378	38,0192	38,5006	38,9819	39,4633	39,9446	40,4260	40,9056
	b	17° 55′	17° 47′	17° 39′	17° 31′	17° 23′	17° 16′	17° 9′	17° 2′	16° 55′	16° 48′	16° 41′	16° 34′
	c	2,1320	2,1359	2,1398	2,1437	2,1476	2,1515	2,1554	2,1593	2,1632	2,1671	2,1710	2,1734

Zähnezahl des großen Rades		22	23	24	25	26	27	28	29	30	31	32	33
22	a	22,6858											
	b	20° 8′											
	c	2,0734											
23	a	23,1715	23,6558										
	b	19° 56′	19° 44′										
	c	2,0813	2,0879										
24	a	23,6558	24,1401	24,6245									
	b	19° 44′	19° 32′	19° 20′									
	c	2,0879	2,0945	2,1011									
25	a	24,1401	24,6245	25,1088	25,5931								
	b	19° 32′	19° 20′	19° 9′	18° 58′								
	c	2,0945	2,1011	2,1077	2,1143								

26	a	24,6245	25,1088	25,5931	26,0759	26,5588							
	b	19° 20'	19° 9'	18° 58'	18° 47'	18° 36'							
	c	2,1011	2,1077	2,1143	2,1196	2,1249							
27	a	25,1088	25,5931	26,0759	26,5588	27,0416	27,5245						
	b	19° 9'	18° 58'	18° 47'	18° 36'	18° 26'	18° 16'						
	c	2,1077	2,1143	2,1196	2,1249	2,1302	2,1354						
28	a	25,5931	26,0759	26,5588	27,0416	27,5245	28,0073	28,4894					
	b	18° 58'	18° 47'	18° 36'	18° 26'	18° 16'	18° 5'	17° 55'					
	c	2,1143	2,1196	2,1249	2,1302	2,1354	2,1406	2,1452					
29	a	26,0759	26,5588	27,0416	27,5245	28,0073	28,4894	28,9715	29,4536				
	b	18° 47'	18° 36'	18° 26'	18° 16'	18° 5'	17° 55'	17° 46'	17° 36'				
	c	2,1196	2,1249	2,1302	2,1354	2,1406	2,1452	2,1498	2,1544				
30	a	26,5588	27,0416	27,5245	28,0073	28,4894	28,9715	29,4536	29,9357	30,4178			
	b	18° 36'	18° 26'	18° 16'	18° 5'	17° 55'	17° 46'	17° 36'	17° 26'	17° 17'			
	c	2,1249	2,1302	2,1354	2,1406	2,1452	2,1498	2,1544	2,1590	2,1635			
31	a	27,0416	27,5245	28,0073	28,4894	28,9715	29,4536	29,9357	30,4178	30,8986	31,3795		
	b	18° 26'	18° 16'	18° 5'	17° 55'	17° 46'	17° 36'	17° 26'	17° 17'	17° 8'	16° 59'		
	c	2,1302	2,1354	2,1406	2,1452	2,1498	2,1544	2,1590	2,1635	2,1669	2,1703		
32	a	27,5245	28,0073	28,4894	28,9715	29,4536	29,9357	30,4178	30,8986	31,3795	31,8603	32,3412	
	b	18° 16'	18° 5'	17° 55'	17° 46'	17° 36'	17° 26'	17° 17'	17° 8'	16° 59'	16° 50'	16° 41'	
	c	2,1354	2,1406	2,1452	2,1498	2,1544	2,1590	2,1635	2,1669	2,1703	2,1737	2,1771	
33	a	28,0073	28,4894	28,9715	29,4536	29,9357	30,4178	30,8986	31,3795	31,8603	32,3412	32,8220	33,3013
	b	18° 5'	17° 55'	17° 46'	17° 36'	17° 26'	17° 17'	17° 8'	16° 59'	16° 50'	16° 41'	16° 32'	16° 23'
	c	2,1406	2,1452	2,1498	2,1544	2,1590	2,1635	2,1669	2,1703	2,1737	2,1771	2,1805	2,1827
34	a	28,4894	28,9715	29,4536	29,9357	30,4178	30,8986	31,3795	31,8603	32,3412	32,8220	33,3013	33,7806
	b	17° 55'	17° 46'	17° 36'	17° 26'	17° 17'	17° 8'	16° 59'	16° 50'	16° 41'	16° 32'	16° 23'	16° 14'
	c	2,1452	2,1498	2,1544	2,1590	2,1635	2,1669	2,1703	2,1737	2,1771	2,1805	2,1827	2,1849
35	a	28,9715	29,4536	29,9357	30,4178	30,8986	31,3795	31,8603	32,3412	32,8220	33,3013	33,7806	34,2599
	b	17° 46'	17° 36'	17° 26'	17° 17'	17° 8'	16° 59'	16° 50'	16° 41'	16° 32'	16° 23'	16° 14'	16° 6'
	c	2,1498	2,1544	2,1590	2,1635	2,1669	2,1703	2,1737	2,1771	2,1805	2,1827	2,1849	2,1871
36	a	29,4536	29,9357	30,4178	30,8986	31,3795	31,8603	32,3412	32,8220	33,3013	33,7806	34,2599	34,7392
	b	17° 36'	17° 26'	17° 17'	17° 8'	16° 59'	16° 50'	16° 41'	16° 32'	16° 23'	16° 14'	16° 6'	15° 58'
	c	2,1544	2,1590	2,1635	2,1669	2,1703	2,1737	2,1771	2,1805	2,1827	2,1848	2,1871	2,1893
37	a	29,9357	30,4178	30,8986	31,3795	31,8603	32,3412	32,8220	33,3013	33,7806	34,2599	34,7392	35,2185
	b	17° 26'	17° 17'	17° 8'	16° 59'	16° 50'	16° 41'	16° 32'	16° 23'	16° 14'	16° 6'	15° 58'	15° 49'
	c	2,1590	2,1635	2,1669	2,1703	2,1737	2,1771	2,1805	2,1827	2,1849	2,1871	2,1893	2,1915

Tabelle 12 (Fortsetzung).

a Achsenabstand in mm; b Eingriffswinkel der Räderpaarung; c Zahnhöhe in mm.

Zähnezahl des großen Rades		Zähnezahl des kleinen Rades											
		22	23	24	25	26	27	28	29	30	31	32	33
38	a	30,4178	30,8986	31,3795	31,8603	32,3412	32,8220	33,3013	33,7806	34,2599	34,7392	35,2185	35,6974
	b	17° 17′	17° 8′	16° 59′	16° 50′	16° 41′	16° 32′	16° 23′	16° 14′	16° 6′	15° 58′	15° 49′	15° 41′
	c	2,1635	2,1669	2,1703	2,1737	2,1771	2,1805	2,1827	2,1849	2,1871	2,1893	2,1915	2,1928
39	a	30,8986	31,3795	31,8603	32,3412	32,8220	33,3013	33,7806	34,2599	34,7392	35,2185	35,6974	36,1763
	b	17° 8′	16° 59′	16° 50′	16° 41′	16° 32′	16° 23′	16° 14′	16° 6′	15° 58′	15° 49′	15° 41′	15° 33′
	c	2,1669	2,1703	2,1737	2,1771	2,1805	2,1827	2,1849	2,1871	2,1893	2,1915	2,1928	2,1941
40	a	31,3795	31,8603	32,3412	32,8220	33,3013	33,7806	34,2599	34,7392	35,2185	35,6974	36,1763	36,6552
	b	16° 59′	16° 50′	16° 41′	16° 32′	16° 23′	16° 14′	16° 6′	15° 58′	15° 49′	15° 41′	15° 33′	15° 25′
	c	2,1703	2,1737	2,1771	2,1805	2,1827	2,1849	2,1871	2,1893	2,1915	2,1928	2,1941	2,1954
41	a	31,8798	32,3605	32,8413	33,3221	33,8014	34,2807	34,7600	35,2394	35,7187	36,1976	36,6764	37,1553
	b	16° 57′	16° 48′	16° 39′	16° 30′	16° 21′	16° 13′	16° 5′	15° 56′	15° 48′	15° 40′	15° 32′	15° 24′
	c	2,1706	2,1739	2,1772	2,1806	2,1828	2,1850	2,1872	2,1849	2,1917	2,1929	2,1941	2,1954
42	a	32,3801	32,8607	33,3414	33,8222	34,3015	34,7808	35,2601	35,7396	36,2189	36,6977	37,1765	37,6554
	b	16° 55′	16° 46′	16° 37′	16° 28′	16° 19′	16° 11′	16° 4′	15° 55′	15° 47′	15° 39′	15° 31′	15° 24′
	c	2,1709	2,1741	2,1773	2,1807	2,1829	2,1851	2,1873	2,1896	2,1918	2,1930	2,1942	2,1955
43	a	32,8804	33,3609	33,8415	34,3223	34,8016	35,2809	35,7602	36,2397	36,7191	37,1978	37,6766	38,1555
	b	16° 53′	16° 44′	16° 35′	16° 26′	16° 17′	16° 10′	16° 2′	15° 54′	15° 46′	15° 39′	15° 31′	15° 23′
	c	2,1712	2,1743	2,1774	2,1808	2,1830	2,1852	2,1874	2,1897	2,1920	2,1931	2,1942	2,1955
44	a	33,3807	33,8611	34,3416	34,8224	35,3017	35,7810	36,2603	36,7399	37,2193	37,6979	38,1767	38,6556
	b	16° 51′	16° 42′	16° 33′	16° 24′	16° 16′	16° 8′	16° 1′	15° 53′	15° 45′	15° 38′	15° 30′	15° 22′
	c	2,1715	2,1745	2,1775	2,1809	2,1831	2,1853	2,1875	2,1899	2,1921	2,1932	2,1943	2,1956
45	a	33,8809	34,3612	34,8417	35,3225	35,8018	36,2811	36,7604	37,2400	37,7195	38,1980	38,6768	39,1556
	b	16° 49′	16° 40′	16° 31′	16° 22′	16° 14′	16° 7′	16° 0′	15° 52′	15° 44′	15° 37′	15° 29′	15° 22′
	c	2,1717	2,1747	2,1776	2,1810	2,1832	2,1854	2,1876	2,1900	2,1923	2,1933	2,1943	2,1956
46	a	34,3811	34,8613	35,3418	35,8226	36,3019	36,7812	37,2605	37,7402	38,2197	38,6981	39,1769	39,6557
	b	16° 47′	16° 38′	16° 29′	16° 20′	16° 13′	16° 5′	15° 58′	15° 51′	15° 43′	15° 36′	15° 28′	15° 21′
	c	2,1719	2,1749	2,1777	2,1811	2,1833	2,1855	2,1877	2,1901	2,1924	2,1934	2,1944	2,1975

		34	35	36	37	38	39	40	41	42	43	44	45
47	a	34,8813	35,3614	35,8419	36,3227	36,8020	37,2813	37,7606	38,2403	38,7199	38,1982	39,6770	40,1558
	b	16° 45'	16° 36'	16° 28'	16° 19'	16° 11'	16° 4'	15° 57'	15° 50'	15° 42'	15° 35'	15° 28'	15° 20'
	c	2,1721	2,1750	2,1778	2,1812	2,1834	2,1856	2,1878	2,1902	2,1926	2,1935	2,1944	2,1957
48	a	35,3815	35,8615	36,3420	36,8228	37,3021	37,7814	38,2607	38,7405	39,2201	39,6983	40,1771	40,6559
	b	16° 43'	16° 34'	16° 26'	16° 18'	16° 10'	16° 3'	15° 56'	15° 49'	15° 42'	15° 34'	15° 27'	15° 20'
	c	2,1723	2,1751	2,1779	2,1813	2,1835	2,1857	2,1879	2,1903	2,1927	2,1936	2,1945	2,1958
49	a	35,8817	36,3616	36,8421	37,3229	37,8022	38,2815	38,7608	39,2406	39,7203	40,1984	40,6772	41,1560
	b	16° 41'	16° 33'	16° 25'	16° 17'	16° 9'	16° 2'	15° 55'	15° 48'	15° 41'	15° 33'	15° 26'	15° 19'
	c	2,1725	2,1752	2,1780	2,1814	2,1836	2,1858	2,1880	2,1904	2,1929	2,1937	2,1945	2,1958
50	a	36,3819	36,8617	37,3422	37,8230	38,3023	38,7816	39,2609	39,7407	40,2205	40,6985	41,1773	41,6561
	b	16° 40'	16° 32'	16° 24'	16° 16'	16° 8'	16° 1'	15° 54'	15° 47'	15° 40'	15° 33'	15° 26'	15° 19'
	c	2,1727	2,1753	2,1781	2,1815	2,1837	2,1859	2,1881	2,1905	2,1930	2,1938	2,1946	2,1959
52	a	37,3826	37,8624	38,3426	38,8232	39,3025	39,7819	40,2613	40,7411	41,2209	41,6988	42,1776	42,6563
	b	16° 37'	16° 29'	16° 21'	16° 14'	16° 6'	15° 59'	15° 52'	15° 45'	15° 38'	15° 31'	15° 25'	15° 18'
	c	2,1734	2,1759	2,1786	2,1817	2,1839	2,1862	2,1884	2,1908	2,1933	2,1940	2,1949	2,1961
54	a	38,3833	38,8631	39,3430	39,8233	40,3027	40,7822	41,2618	41,7415	42,2213	42,6991	43,1779	43,6565
	b	16° 34'	16° 26'	16° 19'	16° 12'	16° 4'	15° 57'	15° 50'	15° 43'	15° 36'	15° 30'	15° 24'	15° 17'
	c	2,1740	2,1765	2,1791	2,1819	2,1841	2,1865	2,1888	2,1911	2,1936	2,1943	2,1951	2,1963
56	a	39,3840	39,8637	40,3433	40,8234	41,3029	41,7825	42,2622	42,7419	43,2216	43,6994	44,1782	44,6567
	b	16° 31'	16° 24'	16° 17'	16° 10'	16° 2'	15° 55'	15° 48'	15° 41'	15° 35'	15° 29'	15° 23'	15° 16'
	c	2,1746	2,1771	2,1795	2,1821	2,1843	2,1867	2,1891	2,1914	2,1939	2,1946	2,1953	2,1965
58	a	40,3846	40,8643	41,3439	41,8236	42,3032	42,7829	43,2626	43,7423	44,2219	44,6997	45,1786	45,6569
	b	16° 29'	16° 22'	16° 15'	16° 8'	16° 0'	15° 53'	15° 46'	15° 40'	15° 34'	15° 28'	15° 22'	15° 15'
	c	2,1752	2,1777	2,1800	2,1824	2,1847	2,1871	2,1894	2,1917	2,1941	2,1948	2,1955	2,1967
60	a	41,3852	41,8649	42,3445	42,8241	43,3037	43,7833	44,2630	44,7426	45,2222	45,7000	46,1786	46,6571
	b	16° 27'	16° 20'	16° 13'	16° 6'	15° 59'	15° 52'	15° 45'	15° 39'	15° 33'	15° 27'	15° 21'	15° 15'
	c	2,1758	2,1782	2,1805	2,1828	2,1851	2,1874	2,1897	2,1920	2,1943	2,1950	2,1957	2,1969
34	a	34,2599											
	b	16° 6'											
	c	2,1871											
35	a	34,7342	35,2185										
	b	15° 58'	15° 49'										
	c	2,1893	2,1915										

Tabelle 12 (Fortsetzung).

a Achsenabstand in mm; *b* Eingriffswinkel der Räderpaarung; *c* Zahnhöhe in mm.

Zähnezahl des großen Rades		Zähnezahl des kleinen Rades											
		34	35	36	37	38	39	40	41	42	43	44	45
36	a	35,2185	35,6974	36,1763									
	b	15° 49′	15° 41′	15° 33′									
	c	2,1915	2,1928	2,1941									
37	a	35,6974	36,1763	36,6652	37,1341								
	b	15° 41′	15° 33′	15° 25′	15° 17′								
	c	2,1928	2,1941	2,1954	2,1967								
38	a	36,1763	36,6552	37,1341	37,6130	38,0904							
	b	15° 33′	15° 25′	15° 17′	15° 9′	15° 1′							
	c	2,1941	2,1954	2,1967	2,1980	2,1984							
39	a	36,6552	37,1341	37,6130	38,0904	38,5678	39,0452						
	b	15° 25′	15° 17′	15° 9′	15° 1′	14° 53′	14° 45′						
	c	2,1954	2,1967	2,1980	2,1984	2,1988	2,1992						
40	a	37,1341	37,6130	38,0904	38,5678	39,0452	39,5226	40,0000					
	b	15° 17′	15° 9′	15° 1′	14° 53′	14° 45′	14° 37′	14° 30′					
	c	2,1967	2,1980	2,1984	2,1988	2,1992	2,1996	2,2000					
41	a	37,6342	38,1130	38,5904	39,0678	39,5452	40,0226	40,5000	41,0000				
	b	15° 17′	15° 9′	15° 1′	14° 53′	14° 45′	14° 37′	14° 30′	14° 30′				
	c	2,1967	2,1980	2,1984	2,1988	2,1992	2,1996	2,2000	2,2000				
42	a	38,1342	38,6131	39,0905	39,5678	40,0452	40,5226	41,0000	41,5000	42,0000			
	b	15° 16′	15° 8′	15° 1′	14° 53′	14° 45′	14° 37′	14° 30′	14° 30′	14° 30′			
	c	2,1968	2,1980	2,1984	2,1988	2,1992	2,1996	2,2000	2,2000	2,2000			
43	a	38,6343	39,1131	39,5905	40,0679	40,5452	41,0226	41,5000	42,0000	42,5000	43,0000		
	b	15° 16′	15° 8′	15° 0′	14° 53′	14° 45′	14° 37′	14° 30′	14° 30′	14° 30′	14° 30′		
	c	2,1969	2,1981	2,1984	2,1988	2,1992	2,1996	2,2000	2,2000	2,2000	2,2000		
44	a	39,1344	39,6132	40,0900	40,5679	41,0452	41,5226	42,0000	42,5000	43,0000	43,5000	44,0000	
	b	15° 15′	15° 7′	15° 0′	14° 53′	14° 45′	14° 37′	14° 30′	14° 30′	14° 30′	14° 30′	14° 30′	
	c	2,1969	2,1981	2,1985	2,1988	2,1992	2,1996	2,2000	2,2000	2,2000	2,2000	2,2000	

45	a	39,6344	40,1132	40,5900	41,0679	41,5452	42,0226	42,5000	43,0000	43,5000	44,0000	44,5000	45,0000
	b	15° 15′	15° 7′	15° 0′	14° 52′	14° 45′	14° 37′	14° 30′	14° 30′	14° 30′	14° 30′	14° 30′	14° 30′
	c	2,1970	2,1981	2,1985	2,1988	2,1992	2,1996	2,2000	2,2000	2,2000	2,2000	2,2000	2,2000
46	a	40,1345	40,6133	41,0906	41,5680	42,0453	42,5226	43,0000	43,5000	44,0000	44,5000	45,0000	45,5000
	b	15° 14′	15° 6′	14° 59′	14° 52′	14° 45′	14° 37′	14° 30′	14° 30′	14° 30′	14° 30′	14° 30′	14° 30′
	c	2,1970	2,1982	2,1985	2,1988	2,1992	2,1996	2,2000	2,2000	2,2000	2,2000	2,2000	2,2000
47	a	40,6345	41,1133	41,5907	42,0680	42,5453	43,0226	43,5000	44,0000	44,5000	45,0000	45,5000	46,0000
	b	15° 14′	15° 6′	14° 59′	14° 52′	14° 45′	14° 37′	14° 30′	14° 30′	14° 30′	14° 30′	14° 30′	14° 30′
	c	2,1070	2,1982	2,1986	2,1989	2,1992	2,1996	2,2000	2,2000	2,2000	2,2000	2,2000	2,2000
48	a	41,1346	41,6134	42,0907	42,5680	43,0453	43,5226	44,0000	44,5000	45,0000	45,5000	46,0000	46,5000
	b	15° 13′	15° 6′	14° 59′	14° 52′	14° 45′	14° 37′	14° 30′	14° 30′	14° 30′	14° 30′	14° 30′	14° 30′
	c	2,1971	2,1982	2,1986	2,1989	2,1992	2,1996	2,2000	2,2000	2,2000	2,2000	2,2000	2,2000
49	a	41,6347	42,1134	42,5907	43,0681	43,5453	44,0226	44,5000	45,0000	45,5000	46,0000	46,5000	47,0000
	b	15° 13′	15° 5′	14° 58′	14° 52′	14° 45′	14° 37′	14° 30′	14° 30′	14° 30′	14° 30′	14° 30′	14° 30′
	c	2,1971	2,1983	2,1986	2,1989	2,1992	2,1996	2,2000	2,2000	2,2000	2,2000	2,2000	2,2000
50	a	42,1347	42,6135	43,0908	43,5681	44,0454	44,5226	45,0000	45,5000	46,0000	46,5000	47,0000	47,5000
	b	15° 12′	15° 5′	14° 58′	14° 51′	14° 44′	14° 37′	14° 30′	14° 30′	14° 30′	14° 30′	14° 30′	14° 30′
	c	2,1971	2,1983	2,1986	2,1989	2,1992	2,1996	2,2000	2,2000	2,2000	2,2000	2,2000	2,2000
52	a	43,1349	43,6137	44,0909	44,5682	45,0454	45,5226	46,0000	46,5000	47,0000	47,5000	48,0000	48,5000
	b	15° 11′	15° 5′	14° 58′	14° 51′	14° 44′	14° 37′	14° 30′	14° 30′	14° 30′	14° 30′	14° 30′	14° 30′
	c	2,1973	2,1984	2,1987	2,1990	2,1993	2,1996	2,2000	2,2000	2,2000	2,2000	2,2000	2,2000
54	a	44,1351	44,6139	45,0910	45,5682	46,0454	46,5226	47,0000	47,5000	48,0000	48,5000	49,0000	49,5000
	b	15° 11′	15° 4′	14° 57′	14° 50′	14° 44′	14° 37′	14° 30′	14° 30′	14° 30′	14° 30′	14° 30′	14° 30′
	c	2,1975	2,1985	2,1988	2,1991	2,1993	2,1996	2,2000	2,2000	2,2000	2,2000	2,2000	2,2000
56	a	45,1353	45,6140	46,0911	46,5683	46,0454	47,5226	48,0000	48,5000	49,0000	49,5000	50,0000	50,5000
	b	15° 10′	15° 4′	14° 57′	14° 50′	14° 43′	14° 37′	14° 30′	14° 30′	14° 30′	14° 30′	14° 30′	14° 30′
	c	2,1977	2,1986	2,1989	2,1991	2,1993	2,1996	2,2000	2,2000	2,2000	2,2000	2,2000	2,2000
58	a	46,1355	46,6140	47,0912	47,5683	48,0455	48,5226	49,0000	49,5000	50,0000	50,5000	51,0000	51,5000
	b	15° 10′	15° 3′	14° 56′	14° 49′	14° 43′	14° 37′	14° 30′	14° 30′	14° 30′	14° 30′	14° 30′	14° 30′
	c	2,1979	2,1987	2,1990	2,1992	2,1994	2,1996	2,2000	2,2000	2,2000	2,2000	2,2000	2,2000
60	a	47,1356	47,6140	48,0912	48,5684	49,0455	49,5226	50,0000	50,5000	51,0000	51,5000	52,0000	52,5000
	b	15° 9′	15° 3′	14° 56′	14° 49′	14° 42′	14° 36′	14° 30′	14° 30′	14° 30′	14° 30′	14° 30′	14° 30′
	c	2,1980	2,1988	2,1990	2,1992	2,1994	2,1996	2,2000	2,2000	2,2000	2,2000	2,2000	2,2000

Auf dieser Grundlage ist Tabelle 11 aufgebaut. Außer den Fußkreishalbmessern enthält sie noch die Teilkreis- und Grundkreishalbmesser, die Grenzfußkreishalbmesser und die Zahndicken am Teilkreis;
sie erleichtern die rechnerische Bestimmung von nach diesem System
ausgeführten Getrieben.

Eingriffswinkel und Achsenabstände bei einer beliebigen Paarung,
Zahnhöhen und Kopfkreishalbmesser können wie in den aufgeführten
Beispielen errechnet werden. In Tabelle 12 sind die Achsenabstände,
Eingriffswinkel der Räderpaarung und Zahnhöhen für die Zähnezahlen
10 bis 45 des kleinen und 10 bis 60 des großen Rades enthalten.

Liegt die Zähnezahl des kleinen Rades über 40, so werden die Getriebe als „O"-Getriebe, die Räder als „O"-Räder ausgeführt, die Kopf-
und Fußhöhen und Eingriffswinkel sind konstant und normal, die
Achsenabstände ergeben sich als Summe der Teilkreishalbmesser

$$a = r_o + R_o = \frac{z + Z}{2}$$

für Modul 1. Für andere Module muß der obige Wert noch mit dem
Modul multipliziert werden:

$$a = m\left(\frac{z + Z}{2}\right).$$

Aus den Tabellen 11 und 12 lassen sich die Abmessungen eines beliebigen Räderpaares bestimmen. Die Kopfkreishalbmesser ergeben sich
als Summe der in den Tabellen enthaltenen Fußkreishalbmesser und
Zahnhöhen, alle anderen Abmessungen sind direkt aus den Tabellen
zu entnehmen.

Als Beispiel berechnen wir eine Übersetzung 20 : 35. Aus Tabelle 11
erhalten wir:

Zähnezahl	20	35
Fußkreishalbmesser	9,2577 mm	16,4144 mm

und aus Tabelle 12:

Achsenabstand		= 28,0073 mm
Eingriffswinkel		= 18° 5′
Zahnhöhe		= 2,1406 „
Kopfkreishalbmesser des kleinen Rades	= 9,2577 + 2,1406	= 11,3933 „
Kopfkreishalbmesser des großen Rades	= 16,4144 + 2,1406	= 18,5550 „

Man ersieht aus Tabelle 12, daß bei einer jeden beliebigen Paarung
der Zähnezahlen zwischen 10 und 40 Achsenabstand, Eingriffswinkel
der Räderpaarung und Zahnhöhen die gleichen bleiben, wenn nur die
Summe der Zähnezahlen gleichbleibend ist. Beispielsweise haben die
Übersetzungen 10 : 40, 11 : 39, 12 : 38 alle den gleichen Achsenabstand
von 25,5931 mm, den gleichen Eingriffswinkel der Räderpaarung
von 18° 58′ und die gleiche Zahnhöhe von 2,1143 mm. Derartige Radsätze mit verschiedenen Übersetzungsverhältnissen, jedoch mit den

Tabelle 13. Der Überdeckungsgrad in dem 14½° unterschnittsfreien „V"-Satzverzahnungssystem.

Zähnezahl des großen Rades	Zähnezahl des kleinen Rades															
	10	11	12	13	14	15	16	17	18	19	20	21	22	23	24	25
10	0,961															
11	0,981	1,010														
12	1,000	1,030	1,052													
13	1,019	1,049	1,072	1,097												
14	1,038	1,068	1,092	1,117	1,142											
15	1,056	1,087	1,112	1,137	1,162	1,184										
16	1,071	1,100	1,132	1,157	1,181	1,204	1,224									
17	1,092	1,125	1,151	1,176	1,200	1,223	1,244	1,266								
18	1,109	1,143	1,170	1,195	1,218	1,242	1,264	1,286	1,308							
19	1,126	1,160	1,188	1,213	1,236	1,261	1,283	1,305	1,327	1,347						
20	1,142	1,176	1,205	1,230	1,254	1,279	1,302	1,324	1,345	1,365	1,385					
21	1,156	1,191	1,220	1,246	1,271	1,296	1,320	1,341	1,362	1,383	1,404	1,424				
22	1,169	1,205	1,234	1,261	1,287	1,312	1,337	1,358	1,379	1,401	1,423	1,443	1,459			
23	1,181	1,218	1,247	1,275	1,302	1,327	1,353	1,374	1,395	1,418	1,441	1,461	1,480	1,498		
24	1,193	1,231	1,260	1,289	1,317	1,342	1,368	1,389	1,410	1,434	1,458	1,478	1,497	1,516	1,534	
25	1,204	1,243	1,272	1,302	1,331	1,356	1,382	1,403	1,424	1,449	1,474	1,494	1,513	1,532	1,550	1,567
26	1,214	1,254	1,283	1,314	1,344	1,369	1,395	1,416	1,437	1,463	1,489	1,510	1,530	1,550	1,569	1,584
27	1,224	1,264	1,294	1,326	1,356	1,381	1,407	1,428	1,449	1,476	1,503	1,525	1,546	1,567	1,587	1,600
28	1,233	1,273	1,304	1,337	1,367	1,393	1,419	1,440	1,460	1,488	1,516	1,539	1,560	1,581	1,601	1,615
29	1,243	1,283	1,315	1,348	1,378	1,405	1,431	1,451	1,471	1,500	1,528	1,551	1,572	1,593	1,613	1,630
30	1,252	1,292	1,325	1,358	1,389	1,417	1,442	1,462	1,482	1,511	1,540	1,563	1,584	1,605	1,625	1,644
31	1,261	1,301	1,335	1,368	1,399	1,428	1,453	1,474	1,495	1,524	1,553	1,576	1,598	1,620	1,640	1,660
32	1,270	1,310	1,344	1,378	1,409	1,439	1,464	1,486	1,508	1,537	1,566	1,589	1,612	1,635	1,655	1,674
33	1,279	1,319	1,353	1,387	1,419	1,449	1,475	1,498	1,521	1,550	1,579	1,602	1,626	1,649	1,670	1,688
34	1,288	1,328	1,362	1,396	1,429	1,459	1,488	1,510	1,534	1,563	1,592	1,615	1,639	1,663	1,684	1,702
35	1,297	1,337	1,371	1,405	1,438	1,469	1,499	1,522	1,546	1,575	1,604	1,627	1,651	1,676	1,697	1,716
36	1,306	1,346	1,380	1,414	1,447	1,479	1,509	1,534	1,558	1,587	1,616	1,639	1,663	1,688	1,710	1,730
37	1,315	1,355	1,389	1,423	1,456	1,489	1,519	1,545	1,570	1,598	1,628	1,652	1,674	1,700	1,723	1,734
38	1,323	1,364	1,398	1,432	1,465	1,499	1,529	1,556	1,582	1,610	1,640	1,664	1,688	1,712	1,735	1,757
39	1,331	1,373	1,407	1,441	1,474	1,509	1,539	1,567	1,594	1,622	1,651	1,676	1,700	1,724	1,747	1,769
40	1,339	1,381	1,416	1,450	1,483	1,519	1,549	1,578	1,606	1,634	1,662	1,688	1,712	1,736	1,759	1,781

gleichen Zähnezahlsummen können infolge der Gleichheit der Achsenabstände in Getriebekästen als Übertragungsglieder zwischen zwei parallelen Wellen dienen; sie können auch, auf zwei in festem Abstand gelagerte Wellen aufgesetzt, als Aufsteckwechselräder verwendet werden. Obzwar der Achsenabstand bei den kleinen Zähnezahlen nicht mit der Summe der Zähnezahlen proportional ist, sind die Radsätze mit verschiedenen Übersetzungsverhältnissen, jedoch gleichen Zähnezahlsummen, als Übertragungsglieder zwischen zwei parallelen Wellen ebenso untereinander austauschbar wie bei den normalen „O“-Verzahnungssystemen. Die einzige Voraussetzung hierfür ist nur die richtige Wahl des Achsenabstandes entsprechend der Summe der Zähnezahlen.

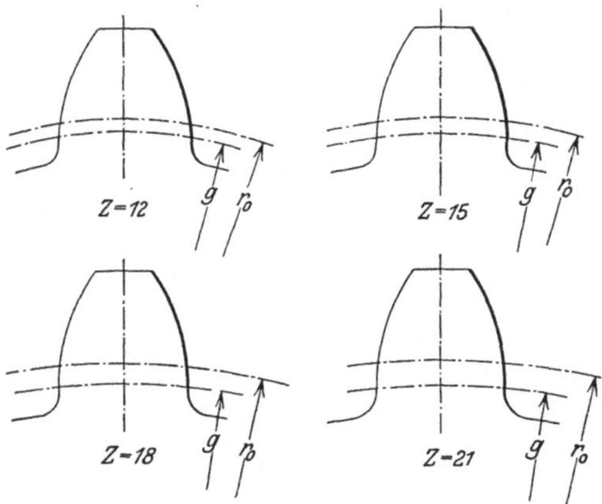

Abb. 74. Kräftige Zahnformen bei den Zähnezahlen 12, 15, 18 und 21. 14½° unterschnittsfreies „V“-Satzverzahnungssystem.

Wir betrachten nun die sonstigen Eigenschaften dieses durch Profilverschiebung entstandenen, unterschnittsfreien Satzverzahnungssystems — es sei kurz unterschnittsfreies „V“-Satzverzahnungssystem genannt — zwecks Vergleichs mit den normalen „O“-Systemen. Abb. 74 zeigt die Zähne bei den Zähnezahlen 12, 15, 18 und 21. Es ist die kräftige Zahnform zu beachten, die sich aus der Vermeidung des Unterschnittes ergibt.

Tabelle 13 zeigt den Überdeckungsgrad bei den Paarungen mit kleinen Zähnezahlen.

Wir betrachten nun die Gleitverhältnisse im Vergleich zu andern Systemen. Als erstes Beispiel betrachten wir eine Übersetzung 12 : 12 bei Modul 1. In folgender Tabelle (S. 149) sind vergleichsweise die Werte für das 20°-Stumpfverzahnungs“-O“-System und für das 14½° unterschnittsfreie „V“-Satzverzahnungssystem eingetragen.

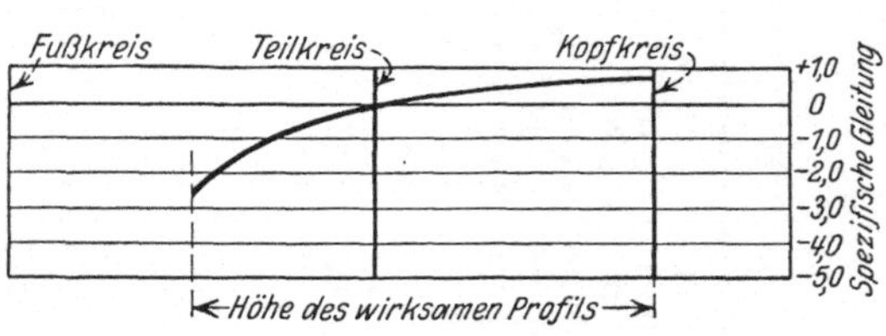

Abb. 75. Spezifische Gleitung. Übersetzung 12 : 12. 14½° unterschnittsfreies „V“-Satzverzahnungssystem.

Die spezifische Gleitung ist in Abb. 75 eingetragen. Nach der folgenden Tabelle ist der Überdeckungsgrad bei dem 14½°-„V“-System etwas geringer, die Krümmungshalbmesser sind jedoch größer, das wirksame Profil länger und die Gleitverhältnisse wesentlich günstiger als beim 20°-Stumpfverzahnungs-„O"-System. Der größere Überdeckungsgrad bei der Stumpfverzahnung geht auf Kosten des erheblich empfindlicheren Profiles. Die Schwierigkeiten bei der Herstellung einer zufriedenstellenden Verzahnung sind bei dem 14½°-„V"-System wesentlich kleiner als bei dem 20°-Stumpfverzahnungs-„O"-System. Ruhig laufende Kraftübertragungsgetriebe lassen sich bei diesem Übersetzungsverhältnis weder bei dem einen noch dem andern System erzielen, da der Überdeckungsgrad zu gering ist.

	20°-Stumpf-verzahnungs-„O"-System	14½° unter-schnittsfreies „V"-Satz-verzahnungs-system
Zähnezahl	12	12
Größter Krümmungshalbmesser des wirksamen Profils in mm	3,801	4,412
Kleinster Krümmungshalbmesser des wirksamen Profils in mm	0,303	1,207
Höhe des wirksamen Profils über dem Betriebswälzkreis in mm	0,800	0,798
Höhe des wirksamen Profils unterhalb des Betriebswälzkreises in mm	0,354	0,519
Gesamthöhe des wirksamen Profils in mm .	1,154	1,317
Spezifische Gleitung am Kopf	+ 0,92	+ 0,72
Spezifische Gleitung am Fuß	− 11,55	− 2,65
Überdeckungsgrad	1,185	1,052
Eingriffswinkel der Räderpaarung	20°	25° 49'

Als zweites Beispiel betrachten wir die Übersetzung 12 : 30 Modul 1 Die Vergleichswerte sind in folgender Tabelle (S. 150) enthalten.

Die spezifische Gleitung bei der Übersetzung 12 : 30 im unterschnittsfreien „V"-System ist in Abb. 76 eingetragen. Die Vergleichstabelle zeigt, daß im 14½°-„V"-System die Krümmungshalbmesser und die

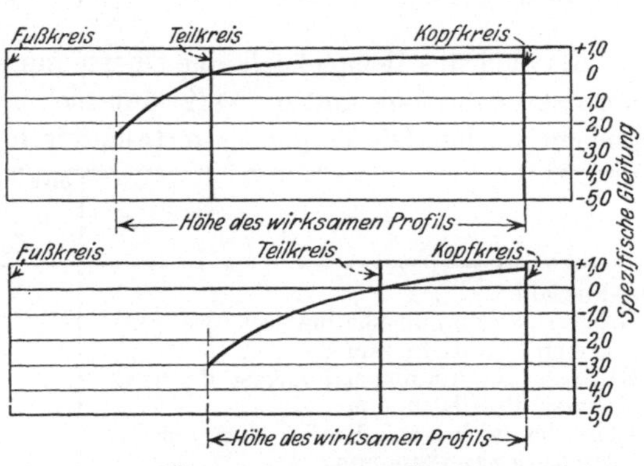

Abb. 76 a u. b. Übersetzung 12 : 30. 14½° unterschnittsfreies „V"-Satzverzahnungssystem.

a Spezifische Gleitung am kleinen Rad. b Spezifische Gleitung am großen Rad.

Höhen der wirksamen Profile größer, die Gleitverhältnisse bei Rad und Gegenrad ausgeglichen und wesentlich günstiger sind und die Eingriffsdauer länger ist als bei dem 20⁰-Stumpfverzahnungssystem. Die Eingriffswinkel der Räderpaarung sind praktisch gleich groß. Der große Unterschied in den Eingriffsverhältnissen beruht darauf, daß das eine System vom Teilkreis aus, das andere vom Grundkreis aus entwickelt ist.

	$20°$-Stumpf- verzahnungs- „O"-System	$14\frac{1}{2}°$ unter- schnittsfreies „V"-System
Zähnezahl des kleinen Rades	12	12
Größter Krümmungshalbmesser des wirk- samen Profils in mm	3,801	4,742
Kleinster Krümmungshalbmesser des wirk- samen Profils in mm	0,168	0,709
Höhe des wirksamen Profils über dem Be- triebswälzkreis in mm	0,800	1,294
Höhe des wirksamen Profils unterhalb des Betriebswälzkreises in mm	0,359	0,352
Gesamthöhe des wirksamen Profils in mm	1,159	1,646
Spezifische Gleitung am Kopf	+ 0,64	+ 0,75
Spezifische Gleitung am Fuß	− 15,68	− 2,90
Überdeckungsgrad	1,230	1,325
Eingriffswinkel	20⁰	20⁰ 34′
Zähnezahl des großen Rades	30	30
Größter Krümmungshalbmesser des wirk- samen Profils in mm	7,014	6,920
Kleinster Krümmungshalbmesser des wirk- samen Profils in mm	3,381	2,887
Höhe des wirksamen Profils über dem Be- triebswälzkreis in mm	0,744	0,576
Höhe des wirksamen Profils unterhalb des Betriebswälzkreises in mm	0,505	0,704
Gesamthöhe des wirksamen Profils in mm	1,249	1,280
Spezifische Gleitung am Kopf	+ 0,94	+ 0,74
Spezifische Gleitung am Fuß	− 1,81	− 3,10

Als nächstes Beispiel soll eine Übersetzung 14 : 14 im 20⁰-System mit normaler Zahnhöhe und im $14\frac{1}{2}°$ unterschnittsfreien „V"-System verglichen werden. Die Vergleichswerte sind in folgender Tabelle enthalten:

	$20°$-„O" System mit normaler Zahnhöhe	$14\frac{1}{2}°$ unter- schnittsfreies „V"-System
Zähnezahl	14	14
Größter Krümmungshalbmesser des wirk- samen Profils in mm	4,523	4,802
Kleinster Krümmungshalbmesser des wirk- samen Profils in mm	0,265	1,326
Höhe des wirksamen Profils über dem Be- triebswälzkreis in mm	0,983	0,868
Höhe des wirksamen Profils unterhalb des Betriebswälzkreises in mm	0,417	0,531
Gesamthöhe des wirksamen Profils in mm	1,400	1,400
Spezifische Gleitung am Kopf	+ 0,94	+ 0,72
Spezifische Gleitung am Fuß	− 16,08	− 2,62
Überdeckungsgrad	1,442	1,142
Eingriffswinkel	20⁰	24⁰ 20′

Die spezifische Gleitung in dem unterschnittsfreien „V"-System ist in Abb. 77 eingetragen. Der Überdeckungsgrad im 20⁰-„O"-System ist wesentlich größer, dieser Vorteil geht jedoch auf Kosten eines empfindlicheren Profiles.

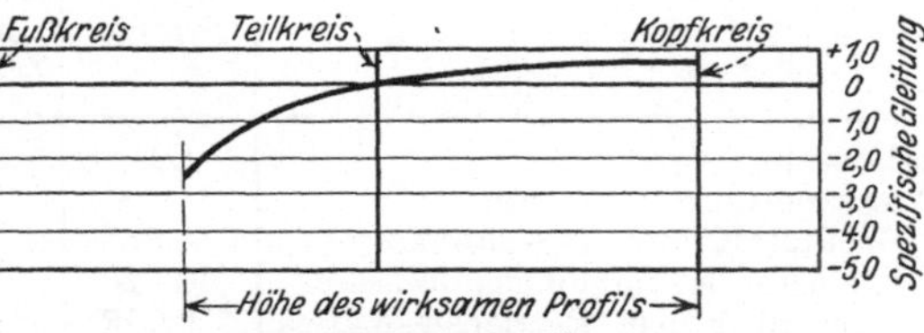

Abb. 77. Spezifische Gleitung. Übersetzung 14 : 14 14½⁰ unterschnittsfreies „V"-System.

Als nächstes Beispiel soll die Übersetzung 14 : 30 Modul 1 betrachtet werden. Die Vergleichswerte sind in folgender Tabelle enthalten:

	20⁰-„O"-System mit normaler Zahnhöhe	14½⁰ unterschnittsfreies „V"-System
Zähnezahl des kleinen Rades	14	14
Größter Krümmungshalbmesser des wirksamen Profils in mm	4,553	5,078
Kleinster Krümmungshalbmesser des wirksamen Profils in mm	0,265	0,852
Höhe des wirksamen Profils über dem Betriebswälzkreis in mm	1,000	1,250
Höhe des wirksamen Profils unterhalb des Betriebswälzkreises in mm	0,417	0,388
Gesamthöhe des wirksamen Profils in mm	1,417	1,638
Spezifische Gleitung am Kopf	+ 0,69	+ 0,74
Spezifische Gleitung am Fuß	− 11,79	− 2,41
Überdeckungsgrad	1,452	1,389
Eingriffswinkel	20⁰	20⁰ 8′
Zähnezahl des großen Rades	30	30
Größter Krümmungshalbmesser des wirksamen Profils in mm	7,259	6,956
Kleinster Krümmungshalbmesser des wirksamen Profils in mm	2,971	2,731
Höhe des wirksamen Profils über dem Betriebswälzkreis in mm	0,855	0,592
Höhe des wirksamen Profils unterhalb des Betriebswälzkreises in mm	0,595	0,691
Gesamthöhe des wirksamen Profils in mm	1,450	1,283
Spezifische Gleitung am Kopf	+ 0,92	+ 0,73
Spezifische Gleitung am Fuß	− 2,28	− 2,98

Die spezifische Gleitung in dem unterschnittsfreien „V"-System ist in Schaubild Abb. 78 eingetragen. Die spezifische Gleitung ist ausgeglichen und wesentlich günstiger als im 20⁰-„O"-System.

Als letztes Beispiel betrachten wir die Übersetzung 22 : 22 Modul 1. Bei dieser Übersetzung soll das 14½⁰ unterschnittsfreie „V"-System mit dem 14½⁰ reinen Evolventen-„O"-System, mit dem 20⁰-„O"-System mit normaler Zahnhöhe und mit dem 20⁰-Stumpfverzahnungs-„O"-System verglichen werden.

	14½°- „O“- System	20°-„O“- System mit normaler Zahnhöhe	20°- Stumpfverzahnungs-„O“- System	14½° unterschnittsfreies „V“- System
Zähnezahl	22	22	22	22
Wirksames Profil in mm:				
Größter Krümmungshalbmesser .	4,888	6,095	5,692	6,124
Kleinster Krümmungshalbmesser .	0,620	1,429	1,733	1,684
Höhe über dem Betriebswälzkreis	0,718	1,000	0,800	0,942
Höhe unterhalb des Betriebswälzkreises.	0,332	0,565	0,519	0,561
Gesamthöhe	1,033	1,565	1,319	1,503
Spezifische Gleitung:				
am Kopf	+ 0,87	+ 0,76	+ 0,69	+ 0,72
am Fuß	− 6,87	− 3,26	− 2,28	− 2,63
Überdeckungsgrad	1,403	1,580	1,307	1,462
Eingriffswinkel	14½°	20°	20°	20° 8′

Die spezifische Gleitung in dem 14½°-„V“-System ist in Abb. 79 eingetragen. Die Werte in diesem System liegen zwischen den Werten in dem 20°-„O“-System mit normaler Zahnhöhe und dem 20°-Stumpfverzahnungs-„O“-System.

Die Eingriffsverhältnisse im 14½° unterschnittsfreien „V“-System sind ausgeglichener als in den im vorigen Abschnitt behandelten „O“-Systemen. Die Zahnprofile sind — insbesondere bei kleinen Zähnezahlen — im 14½°-„V“-System weniger empfindlich und bieten daher geringere Schwierigkeiten bei der Erzeugung. Dies wird erreicht durch die Wahl größerer Eingriffswinkel für die Räderpaarung bei den kleinen Zähnezahlen (der Erzeugungsein

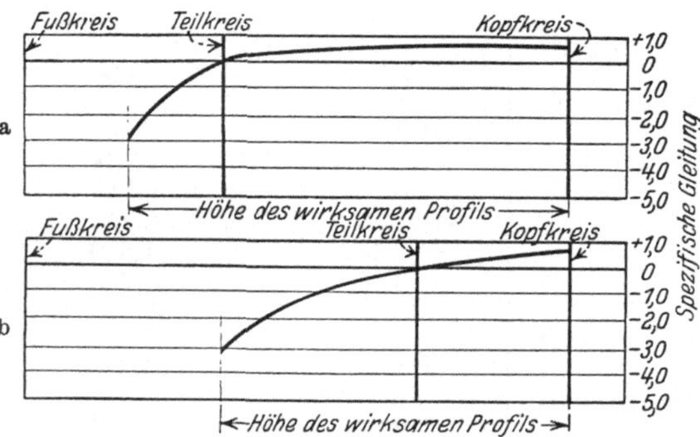

Abb. 78 a u. b. Übersetzung 14 : 30. 14½° unterschnittsfreies „V“-System.
a Spezifische Gleitung am kleinen Rad, b Spezifische Gleitung am großen Rad.

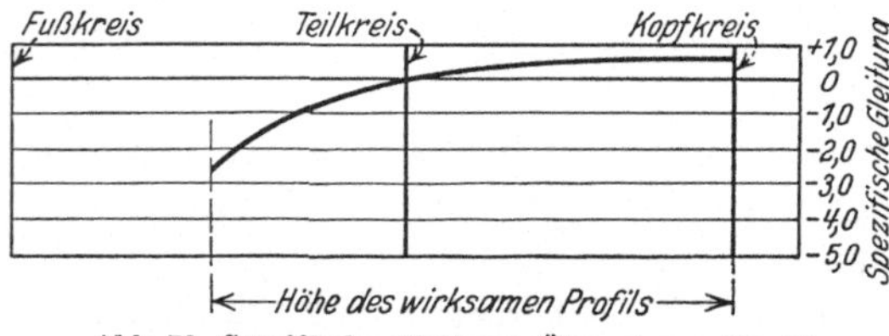

Abb. 79. Spezifische Gleitung. Übersetzung 22 : 22. 14½° unterschnittsfreies „V“-System.

griffswinkel beträgt dagegen stets 14½°) bzw. durch Vergrößerung des kleinen Rades (Profilverschiebung). Durch diese Maßnahmen wird auch bei kleinen Zähnezahlen der Unterschnitt vermieden; die spezifische Gleitung und die Festigkeit der Zähne sind bei den Zähnezahlen unter 40 im großen und ganzen gleichbleibend, im Gegensatz zu den „O"-Systemen, bei denen spezifische Gleitung und Festigkeit sich bei fallender Zähnezahl verschlechtern. Demgegenüber ist der Überdeckungsgrad im unterschnittsfreien „V"-System zuweilen niedriger, als bei der entsprechenden Ausführung in einem „O"-System, namentlich dann, wenn in dem letzteren nur ein geringfügiger Unterschnitt vorliegt. — Bei größeren Zähnezahlen indessen wird in dem unterschnittsfreien „V"-System mit Vorteil der kleine Getriebeeingriffswinkel von $14\frac{1}{2}^{0}$ verwendet; hierdurch wird ein großer Überdeckungsgrad erzielt — ein Unterschnitt findet bei den großen Zähnezahlen auch bei dem kleinen Eingriffswinkel nicht mehr statt —, Krümmungshalbmesser und spezifische Gleitung haben noch günstige Werte.

Bei Neukonstruktionen kann dieses System ohne weiteres verwendet werden, nicht aber bei schon vorhandenen Konstruktionen, bei denen die Achsenabstände festliegen. Durch Verwendung eines Satzes von einigen Abwälzwerkzeugen lassen sich indessen auch bei normalen Achsenabständen ähnliche Verhältnisse erreichen wie in dem $14\frac{1}{2}^{0}$ unterschnittsfreien „V"-System mit einem einzigen Abwälzwerkzeug. Die Aufgabe kann auf verschiedene Weise gelöst werden. Wir betrachten im folgenden die einfachste Lösung.

Das unterschnittsfreie Satzfräsersystem mit normalen Achsenabständen. (Unterschnittsfreies „V-O"-Satzfräsersystem.) Bei dem unterschnittsfreien $14\frac{1}{2}^{0}$-„V"-Satzverzahnungssystem wurde die jeweils zweckmäßigste Wahl der Zahnform lediglich durch die eine Bedingung beschränkt, daß sämtliche Räder mit gleichem Modul mit demselben Wälzwerkzeug erzeugt werden sollen. In dem jetzt zu behandelnden System wird diese Beschränkung durch eine andere ersetzt, und zwar durch die Bedingung, daß der Achsenabstand sämtlicher Räderpaarungen, wie bei den „O"-Getrieben, gleich der Summe der Teilkreishalbmesser, d. h. gleich $\frac{1}{2} \cdot$ Modul $\cdot$ Summe der Zähnezahlen sei. Um diese Bedingung bei günstigen Eingriffsverhältnissen zu erfüllen, wird dieses System statt auf ein einziges Bezugsprofil auf einen Satz von Bezugsprofilen mit verschiedenen Eingriffswinkeln und Zahnabmessungen aufgebaut. Dieses System sei unterschnittsfreies „V-O"-Satzfräsersystem genannt. Bei Modul 1 ist in diesem System der Achsenabstand stets gleich der halben Zähnezahlsumme. Im folgenden werden ebenso wie im vorhergehenden die Abmessungen nur bei Modul 1 angeführt. Bei anderen Modulen ergeben sich die Abmessungen durch Multiplikation der Modul 1-Abmessungen mit dem Modul.

Die Eingriffswinkel der Räderpaarung liegen im unterschnittsfreien „V"-Satzverzahnungssystem zwischen $14\frac{1}{2}^{0}$ und $27\frac{1}{2}^{0}$; der Erzeugungseingriffswinkel beträgt dagegen bei der Erzeugung mit einem Wälzwerkzeug mit der Teilung gleich Modul · π stets 14½°.

Da im „Satzfräsersystem" der Achsenabstand eines Getriebes als Summe der Teilkreishalbmesser sich ergibt, so ist der Eingriffswinkel der Räderpaarung stets gleich dem „Pressungswinkel" am Teilkreis; erfolgt die Erzeugung mit einem zahnstangenartigen Wälzwerkzeug mit der Teilung Modul · π, so ist der Eingriffswinkel der Räderpaarung auch gleichzeitig der Eingriffswinkel des Zahnstangenwerkzeuges.

Um bei dem „Satzfräsersystem" gleichartige Eingriffsverhältnisse wie bei dem unterschnittsfreien „V"-System zu erhalten, werden die Eingriffswinkel der Räderpaarung auch zwischen 14½° und 27½° gewählt. Durch zweckmäßige Abstufung dieses Winkelbereiches erhält man die einzelnen Glieder des Satzfräsersystems.

Zur Zeit werden bei Wälzwerkzeugen die Eingriffswinkel 14½° und 20° weitgehend verwendet. Diese beiden Eingriffswinkel werden daher auch in dem „Satzfräsersystem" beibehalten. Dieses ist hiernach eine Erweiterung bzw. eine Zusammenfassung der vorhandenen Systeme und nicht ein vollkommen neues System.

Von 14½° zu 20° ist ein zu großer Sprung, wir führen daher eine Zwischenstufe mit 17° ein. 25° wird als größter Eingriffswinkel des Systems gewählt. Zwischen 20° und 25° führen wir ebenfalls eine Zwischenstufe von 22½° Eingriffswinkel ein. Hiernach ergeben sich die folgenden fünf Eingriffswinkel für den Satz: 14½°, 17°, 20°, 22½°, 25°. 14½° und 20° kommen zur Zeit vielfach, 17° und 22½° seltener zur Anwendung. Neu eingeführt ist der 25°-Eingriffswinkel, der jedoch nur ganz selten bei den kleinsten Rädern des Systems zur Anwendung gebracht werden soll.

Tabelle 12 zeigt weiterhin, daß in dem unterschnittsfreien „V"-Satzverzahnungssystem außer der Vergrößerung des Eingriffswinkels der Räderpaarung bei den kleinen Zähnezahlen auch noch die Zahnhöhe herabgesetzt wird. Ohne die Zahnhöhenverringerung wäre die zur Vermeidung des Unterschnittes erforderliche Vergrößerung des Eingriffswinkels der Räderpaarung noch stärker.

Auch im Satzfräsersystem sei von der Zahnhöhenverringerung als Mittel zur Vermeidung des Unterschnittes Gebrauch gemacht. Der Einfachheit halber wird das Zahnspiel überall = 0,200 angenommen. Die Abmessungen der Bezugsprofile werden hiernach wie folgt gewählt:

Eingriffswinkel in Grad	25	22½	20	17	14½
Kopfhöhe in mm	0,800	0,900	1,000	1,000	1,000
Gemeinsame Zahnhöhe in mm .	1,600	1,800	2,000	2,000	2,000
Kopfspiel in mm	0,200	0,200	0,200	0,200	0,200
Zahnhöhe in mm	1,800	2,000	2,200	2,200	2,200

Diese Bezugsprofile sind in Abb. 80 dargestellt. Zahndicke und Zahnlücke sind bei sämtlichen Bezugsprofilen auf der Profilmittellinie gleich. Die Profilmittellinie unterteilt die gemeinsame Zahnhöhe in zwei Hälften. Bei Modul 1 ist die Zahndicke bzw. Zahnlücke auf der Profilmittellinie gleich 1,5708 mm.

Die Zähnezahlenbereiche, innerhalb welcher die verschiedenen Bezugsprofile bzw. Wälzwerkzeuge in Anwendung kommen sollen, seien auf folgende Weise festgelegt:

In allen Getrieben, bei welchen die Zähnezahl des kleinen Rades mindestens 40 beträgt, soll das 14½°-Profil zur Anwendung kommen. Liegt die Zähnezahl des kleinen Rades unter 40, so sollen in Anlehnung an Tabelle 12 die Anwendungsbereiche der einzelnen Satzfräser folgendermaßen gegeneinander abgegrenzt werden:

. Das 17°-Bezugsprofil kommt für die Übersetzungen zur Anwendung, bei denen nach Tabelle 12 der Eingriffswinkel der Räderpaarung im 14½° unterschnittsfreien „V"-System 14° 31′ bis 17° 20′ betragen würde.

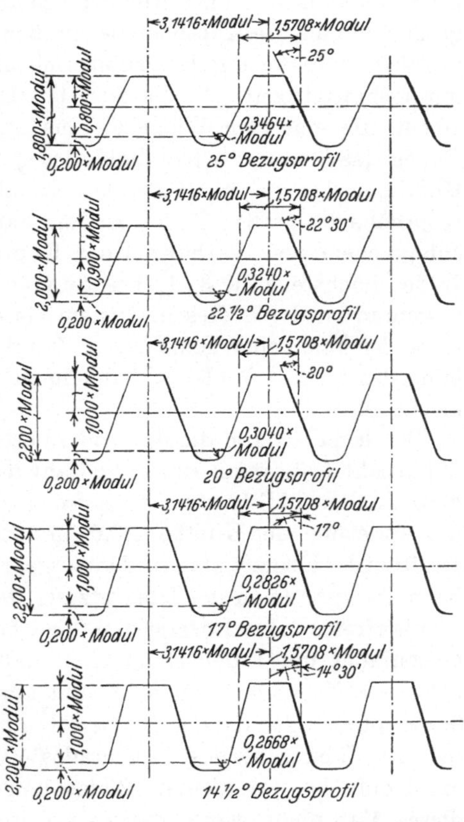

Abb. 80. Die Bezugsprofile im unterschnittsfreien „V-0"-Satzfräsersystem.

Das 20°-Bezugsprofil kommt bei den Übersetzungen zur Anwendung, bei denen nach Tabelle 12 der Eingriffswinkel der Räderpaarung im 14½° unterschnittsfreien „V"-System zwischen 17° 21′ und 20° 45′ liegen würde.

Das 22½°-Bezugsprofil kommt für die Übersetzungen zur Anwendung, bei denen nach Tabelle 12 der Eingriffswinkel der Räderpaarung im 14½° unterschnittsfreien „V"-System zwischen 20° 46′ und 23° 15′ liegen würde.

Das 25°-Bezugsprofil kommt für die Übersetzungen zur Anwendung, bei denen nach Tabelle 12 der Eingriffswinkel der Räderpaarung im 14½° unterschnittsfreien „V"-System über 23° 16′ liegen würde.

Hiernach müssen die Kopfhöhen von Rad und Gegenrad bestimmt werden. Bei gleichen Zähnezahlen sind auch die Kopfhöhen von Rad und Gegenrad gleich. Bei verschiedenen Zähnezahlen soll die Kopfhöhe des kleinen Rades, wenn die Zähnezahl desselben unter 40 liegt, größer sein als die Kopfhöhe des großen Rades, um empfindliche Zahnprofile und ungünstige Eingriffsverhältnisse zu vermeiden. In dem $14\frac{1}{2}^0$ unterschnittsfreien „V"-System beträgt z. B. bei der Übersetzung 10 : 40 die von dem Wälzkreis aus gemessene Kopfhöhe des kleinen Rades 1,4823 mm, die Kopfhöhe des großen Rades = 0,4398 mm.[1] Die Kopfhöhe des kleinen Rades beträgt also mehr als das Dreifache der Kopfhöhe des großen Rades. In dem Satzfräsersystem wählen wir dementsprechend das Verhältnis der Kopfhöhen des kleinen und großen Rades höchstens zu 3 : 1. Die Summe der Kopfhöhen von Rad und Gegenrad ist die in diesem System bei einem bestimmten Bezugsprofil stets gleichbleibende gemeinsame Zahnhöhe. Die größte mögliche Kopfhöhe des kleinen Rades soll demnach ¾ der gemeinsamen Zahnhöhe betragen.

Wir legen sodann die Änderung der Kopfhöhe bei einer bestimmten Zähnezahl fest, wenn die Zähnezahl des Gegenrades um 1 verändert wird. In dem $14\frac{1}{2}^0$ unterschnittsfreien „V"-System beträgt bei Modul 1 die Änderung der Kopfhöhe 0,04 mm, wenn man von der Übersetzung 10 : 10 zu der Übersetzung 10 : 11 übergeht; sie verringert sich auf 0,013 mm beim Übergang von der Übersetzung 10 : 39 zu 10 : 40*. In dem unterschnittsfreien „Satzfräsersystem" sei bei Änderung der Zähnezahl des Gegenrades um 1 der Einfachheit halber eine gleichbleibende Änderung der Kopfhöhe von 0,020 mm angenommen. Eine Vergrößerung der Kopfhöhe des kleinen Rades soll nur solange vorgenommen werden, bis die Zähnezahl des Gegenrades 40 erreicht; darüber hinaus soll die Kopfhöhe des kleinen Rades konstant bleiben. Auch dann soll dieses Maß nicht weiter vergrößert werden, wenn es den dreifachen Betrag der Kopfhöhe des Gegenrades, d. h. drei Viertel der gemeinsamen Zahnhöhe erreicht hat. Bei Anwendung eines bestimmten Bezugsprofiles sind in diesem System bei sämtlichen Übersetzungen bzw. Zähnezahlen die Zahnhöhen gleich. Die Vergrößerung der Kopfhöhe ist demnach stets gleich der Vergrößerung des Fußkreishalbmessers bzw. gleich der Abrückung der Profilmittellinie des Werkzeuges vom Teilkreis, d. h. gleich der Profilverschiebung x.

---

[1] Der Achsenabstand bei diesem Getriebe beträgt $a_v = 25{,}5931$ mm (vgl. Seite 132); er wird durch die Wälzkreishalbmesser im Verhältnis der Zähnezahlen geteilt. Die Wälzkreishalbmesser betragen daher 5,1186 mm bzw. 20,4745 mm; die Kopfhöhen über dem Wälzkreis sind gleich Kopfkreishalbmesser — Wälzkreishalbmesser; sie betragen also 6,6009 — 5,1186 = 1,4823 mm für das kleine Rad und 20,9143 — 20,4745 = 0,4398 mm für das große Rad.

* Bezüglich der Bestimmung der Kopfhöhe siehe Fußnote 1.

Getriebewälzkreis und Teilkreis sind im „Satzfräsersystem" identisch, da der Achsenabstand sich als Summe der Teilkreishalbmesser ergibt. Die Summe der Zahndicken am Teilkreis von Rad und Gegenrad muß demnach bei spielfreiem Gang gleich der Teilung sein. Ist

$x = $ Profilverschiebung des kleinen Rades
$X = $ Profilverschiebung des großen Rades
$t = $ Teilung
$\alpha = $ Eingriffswinkel

so ist unter Berücksichtigung von Gleichung 72 (S. 126)

$$t = 2\,(x + X)\,\mathrm{tang}\,\alpha + \frac{t}{2} + \frac{t}{2}$$

oder

$$x = -\,X\,. \tag{75}$$

Die Profilverschiebung, d. h. Kopfhöhenänderung von Rad und Gegenrad wird demnach der Größe nach gleich, dem Sinne nach entgegengesetzt; die Kopfhöhe des großen Rades wird um den gleichen Betrag verkleinert, um den die Kopfhöhe des kleinen Rades vergrößert wird. Sind die Zähnezahlen von Rad und Gegenrad gleich, so sind auch die Kopfhöhen gleich, die Profilverschiebungen gleich 0.

Ist

$z = $ Zähnezahl des kleinen Rades
$Z = $ Zähnezahl des großen Rades.

so ist nach dem Vorhergehenden

$$x = -\,X = (Z - z)\cdot 0{,}02\,, \tag{76}$$
$$\text{falls } Z \leqq 40\,, \tag{77}$$
$$\text{und } x \leqq 0{,}25\cdot\text{gemeinsame Zahnhöhe}\,, \tag{78}$$
$$x = -\,X = (40 - z)\cdot 0{,}02\,, \tag{76a}$$
$$\text{falls } Z \geqq 40\,, \tag{77a}$$
$$\text{und } x \leqq 0{,}25\cdot\text{gemeinsame Zahnhöhe}\,, \tag{78}$$

und $x = -\,X = 0{,}25\cdot$gemeinsame Zahnhöhe, falls (76) einen größeren Wert als $0{,}25\cdot$gemeinsame Zahnhöhe ergeben würde. Die Kopfhöhen von Rad und Gegenrad sind

$$= \frac{\text{gemeinsame Zahnhöhe}}{2} + x$$

bzw.

$$= \frac{\text{gemeinsame Zahnhöhe}}{2} - x\,.$$

Die obigen Formeln gelten für Modul 1.

In Tabelle 14 sind bei Modul 1 die Kopfkreishalbmesser von Rad und Gegenrad und die Eingriffswinkel des Bezugsprofils eingetragen.

Tabelle 14. Kopfkreishalbmesser bei Modul 1 und Eingriffswinkel in dem unterschnittsfreien „V-O"-Satzfräsersystem.

Zähnezahl des großen Rades		Zähnezahl des kleinen Rades											
		10	11	12	13	14	15	16	17	18	19	20	21
r_a	10	5,800											
α		25^0											
R_a		5,800											
r_a	11	5,820	6,300										
α		25^0	25^0										
R_a		6,280	6,300										
r_a	12	5,840	6,320	6,800									
α		25^0	25^0	25^0									
R_a		6,760	6,780	6,800									
r_a	13	5,860	6,340	6,820	7,300								
α		25^0	25^0	25^0	25^0								
R_a		7,240	7,260	7,280	7,300								
r_a	14	5,880	6,360	6,840	7,320	7,800							
α		25^0	25^0	25^0	25^0	25^0							
R_a		7,720	7,740	7,760	7,780	7,800							
r_a	15	5,900	6,380	6,860	7,340	7,820	8,300						
α		25^0	25^0	25^0	25^0	25^0	25^0						
R_a		8,200	8,220	8,240	8,260	8,280	8,300						
r_a	16	5,920	6,400	6,880	7,360	7,840	8,320	8,900					
α		25^0	25^0	25^0	25^0	25^0	25^0	$22^0\,30'$					
R_a		8,680	8,700	8,720	8,740	8,760	8,780	8,900					
r_a	17	5,940	6,420	6,900	7,380	7,860	8,440	8,920	9,400				
α		25^0	25^0	25^0	25^0	25^0	$22^0\,30'$	$22^0\,30'$	$22^0\,30'$				
R_a		9,160	9,180	9,200	9,220	9,240	9,360	9,380	9,400				
r_a	18	5,960	6,440	6,920	7,400	7,980	8,460	8,940	9,420	9,900			
α		25^0	25^0	25^0	25^0	$22^0\,30'$	$22^0\,30'$	$22^0\,30'$	$22^0\,30'$	$22^0\,30'$			
R_a		9,640	9,660	9,680	9,700	9,820	9,840	9,860	9,880	9,900			

r_a	19	5,980	6,460	6,940	7,520	8,000	8,480	8,960	9,440	9,920	10,400		
α		25°	25°	25°	22° 30'	22° 30'	22° 30'	22° 30'	22° 30'	22° 30'	22° 30'		
R_a		10,120	10,140	10,160	10,280	10,300	10,320	10,340	10,360	10,380	10,400		
r_a	20	6,000	6,480	7,060	7,540	8,020	8,500	8,980	9,460	9,940	10,420	10,900	
α		25°	25°	22° 30'	22° 30'	22° 30'	22° 30'	22° 30'	22° 30'	22° 30'	22° 30'	22° 30'	
R_a		10,600	10,620	10,740	10,760	10,780	10,800	10,820	10,840	10,860	10,880	10,900	
r_a	21	6,020	6,600	7,080	7,560	8,040	8,520	9,000	9,480	9,960	10,440	10,920	11,500
α		25°	22° 30'	22° 30'	22° 30'	22° 30'	22° 30'	22° 30'	22° 30'	22° 30'	22° 30'	22° 30'	20°
R_a		11,080	11,200	11,220	11,240	11,260	11,280	11,300	11,320	11,340	11,360	11,380	11,500
r_a	22	6,140	6,620	7,100	7,580	8,060	8,540	9,020	9,500	9,980	10,460	11,040	11,520
α		22° 30'	22° 30'	22° 30'	22° 30'	22° 30'	22° 30'	22° 30'	22° 30'	22° 30'	22° 30'	20°	20°
R_a		11,660	11,680	11,700	11,720	11,740	11,760	11,780	11,800	11,820	11,840	11,960	11,980
r_a	23	6,160	6,640	7,120	7,600	8,080	8,560	9,040	9,520	10,000	10,580	11,060	11,540
α		22° 30'	22° 30'	22° 30'	22° 30'	22° 30'	22° 30'	22° 30'	22° 30'	22° 30'	20°	20°	20°
R_a		12,140	12,160	12,180	12,200	12,220	12,240	12,260	12,280	12,300	12,420	12,440	12,460
r_a	24	6,180	6,660	7,140	7,620	8,100	8,580	9,060	9,540	10,120	10,600	11,080	11,560
α		22° 30'	22° 30'	22° 30'	22° 30'	22° 30'	22° 30'	22° 30'	22° 30'	20°	20°	20°	20°
R_a		12,620	12,640	12,660	12,680	12,700	12,720	12,740	12,760	12,880	12,900	12,920	12,940
r_a	25	6,200	6,680	7,160	7,640	8,120	8,600	9,080	9,660	10,140	10,620	11,100	11,580
α		22° 30'	22° 30'	22° 30'	22° 30'	22° 30'	22° 30'	22° 30'	20°	20°	20°	20°	20°
R_a		13,100	13,120	13,140	13,160	13,180	13,200	13,220	13,340	13,360	13,380	13,400	13,420
r_a	26	6,220	6,700	7,180	7,660	8,140	8,620	9,200	9,680	10,160	10,640	11,120	11,600
α		22° 30'	22° 30'	22° 30'	22° 30'	22° 30'	22° 30'	20°	20°	20°	20°	20°	20°
R_a		13,580	13,600	13,620	13,640	13,660	13,680	13,800	13,820	13,840	13,860	13,880	13,900
r_a	27	6,240	6,720	7,200	7,680	8,160	8,740	9,220	9,700	10,180	10,660	11,140	11,620
α		22° 30'	22° 30'	22° 30'	22° 30'	22° 30'	20°	20°	20°	20°	20°	20°	20°
R_a		14,060	14,080	14,100	14,120	14,140	14,260	14,280	14,300	14,320	14,340	14,360	14,380
r_a	28	6,260	6,740	7,220	7,700	8,280	8,760	9,240	9,720	10,200	10,680	11,160	11,640
α		22° 30'	22° 30'	22° 30'	22° 30'	20°	20°	20°	20°	20°	20°	20°	20°
R_a		14,540	14,560	14,580	14,600	14,720	14,740	14,760	14,780	14,800	14,820	14,840	14,860

r_a = Kopfkreishalbmesser des kleinen Rades in mm. α = Eingriffswinkel des Bezugsprofils.
R_a = Kopfkreishalbmesser des großen Rades in mm.

Die Zahnhöhe ist bei den verschiedenen Eingriffswinkeln wie folgt einzusetzen:

Eingriffswinkel:	25°	22½°	20°	17°	14½°
Zahnhöhe:	1,800 mm	2,000 mm	2,200 mm	2,200 mm	2,200 mm

Tabelle 14 (Fortsetzung).

Zähnezahl des kleinen Rades

Zähnezahl des großen Rades		10	11	12	13	14	15	16	17	18	19	20	21
29	r_a	6,280	6,760	7,240	7,820	8,300	8,780	9,260	9,740	10,220	10,700	11,180	11,660
	α	22° 30′	22° 30′	22° 30′	20°	20°	20°	20°	20°	20°	20°	20°	20°
	R_a	15,020	15,040	15,060	15,180	15,200	15,220	15,240	15,260	15,280	15,300	15,320	15,340
30	r_a	6,300	6,780	7,360	7,840	8,320	8,800	9,280	9,760	10,240	10,720	11,200	11,680
	α	22° 30′	22° 30′	20°	20°	20°	20°	20°	20°	20°	20°	20°	20°
	R_a	15,500	15,520	15,640	15,660	15,680	15,700	15,720	15,740	15,760	15,780	15,800	15,820
31	r_a	6,320	6,900	7,380	7,860	8,340	8,820	9,300	9,780	10,260	10,740	11,220	11,700
	α	22° 30′	20°	20°	20°	20°	20°	20°	20°	20°	20°	20°	20°
	R_a	15,980	16,100	16,120	16,140	16,160	16,180	16,200	16,220	16,240	16,260	16,280	16,300
32	r_a	6,440	6,920	7,400	7,880	8,360	8,840	9,320	9,800	10,280	10,760	11,240	11,720
	α	20°	20°	20°	20°	20°	20°	20°	20°	20°	20°	20°	20°
	R_a	16,560	16,580	16,600	16,620	16,640	16,660	16,680	16,700	16,720	16,740	16,760	16,780
33	r_a	6,460	6,940	7,420	7,900	8,380	8,860	9,340	9,820	10,300	10,780	11,260	11,740
	α	20°	20°	20°	20°	20°	20°	20°	20°	20°	20°	20°	20°
	R_a	17,040	17,060	17,080	17,100	17,120	17,140	17,160	17,180	17,200	17,220	17,240	17,260
34	r_a	6,480	6,960	7,440	7,920	8,400	8,880	9,360	9,840	10,320	10,800	11,280	11,760
	α	20°	20°	20°	20°	20°	20°	20°	20°	20°	20°	20°	20°
	R_a	17,520	17,540	17,560	17,580	17,600	17,620	17,640	17,660	17,680	17,700	17,720	17,740
35	r_a	6,500	6,980	7,460	7,940	8,420	8,900	9,380	9,860	10,340	10,820	11,300	11,780
	α	20°	20°	20°	20°	20°	20°	20°	20°	20°	20°	20°	20°
	R_a	18,000	18,020	18,040	18,060	18,080	18,100	18,120	18,140	18,160	18,180	18,200	18,220
36	r_a	6,500	7,000	7,480	7,960	8,440	8,920	9,400	9,880	10,360	10,840	11,320	11,800
	α	20°	20°	20°	20°	20°	20°	20°	20°	20°	20°	20°	20°
	R_a	18,500	18,500	18,520	18,540	18,560	18,580	18,600	18,620	18,640	18,660	18,680	18,700
37	r_a	6,500	7,000	7,500	7,980	8,460	8,940	9,420	9,900	10,380	10,860	11,340	11,820
	α	20°	20°	20°	20°	20°	20°	20°	20°	20°	20°	20°	20°
	R_a	19,000	19,000	19,000	19,020	19,040	19,060	19,080	19,100	19,120	19,140	19,160	19,180

		22	23	24	25	26	27	28	29	30	31	32	33
r_a	38	6,500	7,000	7,500	8,000	8,480	8,960	9,440	9,920	10,400	10,880	11,360	11,840
α		20⁰	20⁰	20⁰	20⁰	20⁰	20⁰	20⁰	20⁰	20⁰	20⁰	20⁰	20⁰
R_a		19,500	19,500	19,500	19,500	19,520	19,540	19,650	19,580	19,600	19,620	19,640	19,660
r_a	39	6,500	7,000	7,500	8,000	8,500	8,980	9,460	9,940	10,420	10,900	11,380	11,860
α		20⁰	20⁰	20⁰	20⁰	20⁰	20⁰	20⁰	20⁰	20⁰	20⁰	20⁰	17⁰
R_a		20,000	20,000	20,000	20,000	20,000	20,020	20,040	20,060	20,080	20,100	20,120	20,14 0
r_a	40	6,500	7,000	7,500	8,000	8,500	9,000	9,480	9,960	10,440	10,920	11,400	11,880
α		:0⁰	20⁰	20⁰	20⁰	20⁰	20⁰	20⁰	20⁰	20⁰	20⁰	17⁰	17⁰
R_a		20,500	20,500	20,500	20,500	20,500	20,500	20,520	20,540	20,560	20,580	20,600	20,620
r_a	41	6,500	7,000	7,500	8,000	8,500	9,000	9,480	9,960	10,440	10,920	11,400	11,880
α		20⁰	20⁰	20⁰	20⁰	20⁰	20⁰	20⁰	20⁰	20⁰	20⁰	17⁰	17⁰
R_a		21,000	21,000	21,000	21,000	21,000	21,000	21,020	21,040	21,060	21,080	21,100	21,120
r_a	42	6,500	7,000	7,500	8,000	8,500	9,000	9,480	9,960	10,440	10,920	11,400	11,880
α		20⁰	20⁰	20⁰	20⁰	20⁰	20⁰	20⁰	20⁰	20⁰	20⁰	17⁰	17⁰
R_a		21,500	21,500	21,500	21,500	21,500	21,500	21,520	21,540	21,560	21,580	21,600	21,620
r_a	43	6,500	7,000	7,500	8,000	8,500	9,000	9,480	9,960	10,440	10,920	11,400	11,880
α		20⁰	20⁰	20⁰	20⁰	20⁰	20⁰	20⁰	20⁰	20⁰	20⁰	17⁰	17⁰
R_a		22,000	22,000	22,000	22,000	22,000	22,000	22,020	22,040	22,060	22,080	22,100	22,120
r_a	44	6,500	7,000	7,500	8,000	8,500	9,000	9,480	9,960	10,440	10,920	11,400	11,880
α		20⁰	20⁰	20⁰	20⁰	20⁰	20⁰	20⁰	20⁰	20⁰	20⁰	17⁰	17⁰
R_a		22,500	22,500	22,500	22,500	22,500	22,500	22,520	22,540	22,560	22,580	22,600	22,620
r_a	45	6,500	7,000	7,500	8,000	8,500	9,000	9,480	9,960	10,440	10,920	11,400	11,880
α		20⁰	20⁰	20⁰	20⁰	20⁰	20⁰	20⁰	20⁰	20⁰	20⁰	17⁰	17⁰
R_a		23,000	23,000	23,000	23,000	23,000	23,000	23,020	23,040	23,060	23,080	23,100	23,120
		22	23	24	25	26	27	28	29	30	31	32	33
r_a	22	12,000											
α		20⁰											
R_a		12,000											
r_a	23	12,020	12,500										
α		20⁰	20⁰										
R_a		12,480	12,500										

r_a = Kopfkreishalbmesser des kleinen Rades in mm. α = Eingriffswinkel des Bezugsprofils. R_a = Kopfkreishalbmesser des großen Rades in mm. Die Zahnhöhe ist bei den verschiedenen Eingriffswinkeln wie folgt einzusetzen:

Eingriffswinkel:	25⁰	22½⁰	20⁰	17⁰	14½⁰
Zahnhöhe:	1,800 mm	2,000 mm	2,200 mm	2,200 mm	2,200 mm

Tabelle 14 (Fortsetzung).

	Zähnezahl des großen Rades		Zähnezahl des kleinen Rades											
			22	23	24	25	26	27	28	29	30	31	32	33
r_a	24		12,040	12,520	13,000									
α			20°	20°	20°									
R_a			12,960	12,980	13,000									
r_a	25		12,060	12,540	13,020	13,500								
α			20°	20°	20°	20°								
R_a			13,440	13,460	13,480	13,500								
r_a	26		12,080	12,560	13,040	13,520	14,000							
α			20°	20°	20°	20°	20°							
R_a			13,920	13,940	13,960	13,980	14,000							
r_a	27		12,100	12,580	13,060	13,540	14,020	14,500						
α			20°	20°	20°	20°	20°	20°						
R_a			14,400	14,420	14,440	14,460	14,480	14,500						
r_a	28		12,120	12,600	13,080	13,560	14,040	14,520	15,000					
α			20°	20°	20°	20°	20°	20°	20°					
R_a			14,880	14,900	14,920	14,940	14,960	14,980	15,000					
r_a	29		12,140	12,620	13,100	13,580	14,060	14,540	15,020	15,500				
α			20°	20°	20°	20°	20°	20°	20°	20°				
R_a			15,360	15,380	15,400	15,420	15,440	15,460	15,480	15,500				
r_a	30		12,160	12,640	13,120	13,600	14,080	14,560	15,040	15,520	16,000			
α			20°	20°	20°	20°	20°	20°	20°	20°	17°			
R_a			15,840	15,860	15,880	15,900	15,920	15,940	15,960	15,980	16,000			
r_a	31		12,180	12,660	13,140	13,620	14,100	14,580	15,060	15,540	16,020	16,500		
α			20°	20°	20°	20°	20°	20°	20°	17°	17°	17°		
R_a			16,320	16,340	16,360	16,380	16,400	16,420	16,440	16,460	16,480	16,500		
r_a	32		12,200	12,680	13,160	13,640	14,120	14,600	15,080	15,560	16,040	16,520	17,000	
α			20°	20°	20°	20°	20°	20°	17°	17°	17°	17°	17°	
R_a			16,800	16,820	16,840	16,860	16,880	16,900	16,920	16,940	16,960	16,980	17,000	

r_a	33	12,220	12,700	13,180	13,660	14,140	14,620	15,100	15,580	16,060	16,540	17,020	17,500
α		20°	20°	20°	20°	20°	17°	17°	17°	17°	17°	17°	17°
R_a		17,280	17,300	17,320	17,340	17,360	17,380	17,400	17,420	17,440	17,460	17,480	17,500
r_a	34	12,240	12,720	13,200	13,680	14,160	14,640	15,120	15,600	16,080	16,560	17,040	17,520
α		20°	20°	20°	20°	17°	17°	17°	17°	17°	17°	17°	17°
R_a		17,760	17,780	17,800	17,820	17,840	17,860	17,880	17,900	17,920	17,940	17,960	17,980
r_a	35	12,260	12,740	13,220	13,700	14,180	14,660	15,140	15,620	16,100	16,580	17,060	17,540
α		20°	20°	20°	17°	17°	17°	17°	17°	17°	17°	17°	17°
R_a		18,240	18,260	18,280	18,300	18,320	18,340	18,360	18,380	18,400	18,420	18,440	18,460
r_a	36	12,280	12,760	13,240	13,720	14,200	14,680	15,160	15,640	16,120	16,600	17,080	17,560
α		20°	20°	17°	17°	17°	17°	17°	17°	17°	17°	17°	17°
R_a		18,720	18,740	18,760	18,780	18,800	18,820	18,840	18,860	18,880	18,900	18,920	18,940
r_a	37	12,300	12,780	13,260	13,740	14,220	14,700	15,180	15,660	16,140	16,620	17,100	17,580
α		20°	17°	17°	17°	17°	17°	17°	17°	17°	17°	17°	17°
R_a		19,200	19,220	19,240	19,260	19,280	19,300	19,320	19,340	19,360	19,380	19,400	19,420
r_a	38	12,320	12,800	13,280	13,760	14,240	14,720	15,200	15,680	16,160	16,640	17,120	17,600
α		17°	17°	17°	17°	17°	17°	17°	17°	17°	17°	17°	17°
R_a		19,680	19,700	19,720	19,740	19,760	19,780	19,800	19,820	19,840	19,860	19,880	19,900
r_a	39	12,340	12,820	13,300	13,780	14,260	14,740	15,220	15,700	16,180	16,660	17,140	17,620
α		17°	17°	17°	17°	17°	17°	17°	17°	17°	17°	17°	17°
R_a		20,160	20,180	20,200	20,220	20,240	20,260	20,280	20,300	20,320	20,340	20,360	20,380
r_a	40	12,360	12,840	13,320	13,800	14,280	14,760	15,240	15,720	16,200	16,680	17,160	17,640
α		17°	17°	17°	17°	17°	17°	17°	17°	17°	17°	17°	17°
R_a		20,640	20,660	20,680	20,700	20,720	20,740	20,760	20,780	20,800	20,820	20,840	20,860
r_a	41	12,360	12,840	13,320	13,800	14,280	14,760	15,240	15,720	16,200	16,680	17,160	17,640
α		17°	17°	17°	17°	17°	17°	17°	17°	17°	17°	17°	17°
R_a		21,140	21,160	21,180	21,200	21,220	21,240	21,260	21,280	21,300	21,320	21,340	21,360
r_a	42	12,360	12,840	13,320	13,800	14,280	14,760	15,240	15,720	16,200	16,680	17,160	17,640
α		17°	17°	17°	17°	17°	17°	17°	17°	17°	17°	17°	17°
R_a		21,640	21,660	21,680	21,700	21,720	21,740	21,760	21,780	21,800	21,820	21,840	21,860

$r_a =$ Kopfkreishalbmesser des kleinen Rades in mm. $\alpha =$ Eingriffswinkel des Bezugsprofils.
$R_a =$ Kopfkreishalbmesser des großen Rades in mm.

Die Zahnhöhe ist bei den verschiedenen Eingriffswinkeln wie folgt einzusetzen:

Eingriffswinkel:	25°	22 ½°	20°	17°	14 ½°
Zahnhöhe:	1,800 mm	2,000 mm	2,200 mm	2,200 mm	2,200 mm

Tabelle 14 (Fortsetzung).

Zähnezahl des großen Rades		Zähnezahl des kleinen Rades											
		22	23	24	25	26	27	28	29	30	31	32	33
r_a	43	12,360	12,840	13,320	13,800	14,280	14,760	15,240	15,720	16,200	16,680	17,160	17,640
α		17^0	17^0	17^0	17^0	17^0	17^0	17^0	17^0	17^0	17^0	17^0	17^0
R_a		22,140	22,160	22,180	22,200	22,220	22,240	22,260	22,280	22,300	22,320	22,340	22,360
r_a	44	12,360	12,840	13,320	13,800	14,280	14,760	15,240	15,720	16,200	16,680	17,160	17,640
α		17^0	17^0	17^0	17^0	17^0	17^0	17^0	17^0	17^0	17^0	17^0	17^0
R_a		22,640	22,660	22,680	22,700	22,720	22,740	22,760	22,780	22,800	22,820	22,840	22,860
r_a	45	12,360	12,840	13,320	13,800	14,280	14,760	15,240	15,720	16,200	16,680	17,160	17,640
α		17^0	17^0	17^0	17^0	17^0	17^0	17^0	17^0	17^0	17^0	17^0	17^0
R_a		23,140	23,160	23,180	23,200	23,220	23,240	23,260	32,280	23,300	23,320	23,340	23,360

		34	35	36	37	38	39	40	41	42	43	44	45
r_a	34	18,000											
α		17^0											
R_a		18,000											
r_a	35	18,020	18,500										
α		17^0	17^0										
R_a		18,480	18,500										
r_a	36	18,040	18,520	19,000									
α		17^0	17^0	17^0									
R_a		18,960	18,980	19,000									
r_a	37	18,060	18,540	19,020	19,500								
α		17^0	17^0	17^0	17^0								
R_a		19,440	19,460	19,480	19,500								
r_a	38	18,080	18,560	19,040	19,520	20,000							
α		17^0	17^0	17^0	17^0	17^0							
R_a		19,920	19,940	19,960	19,980	20,000							

r_a	39	18,100	18,580	19,060	19,540	20,020	20,500						
α		17⁰	17⁰	17⁰	17⁰	17⁰	17⁰						
R_a		20,400	20,420	20,440	20,460	20,480	20,500						
r_a	40	18,120	18,600	19,080	19,560	20,040	20,520	21,000					
α		17⁰	17⁰	17⁰	17⁰	17⁰	17⁰	14⁰ 30′					
R_a		20,880	20,900	20,920	20,940	20,960	20,980	21,000					
r_a	41	18,120	18,600	19,080	19,560	20,040	29,520	21,000	21,500				
α		17⁰	17⁰	17⁰	17⁰	17⁰	17⁰	14⁰ 30′	14⁰ 30′				
R_a		21,380	21,400	21,420	21,440	21,460	21,480	21,500	21,500				
r_a	42	18,120	18,600	19,080	19,560	20,040	20,520	21,000	21,500	22,000			
α		17⁰	17⁰	17⁰	17⁰	17⁰	17⁰	14⁰ 30′	14⁰ 30′	14⁰ 30′			
R_a		21,880	21,900	21,920	21,940	21,960	21,980	22,000	22,000	22,000			
r_a	43	18,120	18,600	19,080	19,560	20,040	20,520	21,000	21,500	22,000	22,500		
α		17⁰	17⁰	17⁰	17⁰	17⁰	17⁰	14⁰ 30′	14⁰ 30′	14⁰ 30′	14⁰ 30′		
R_a		22,380	22,400	22,420	22,440	22,460	22,480	22,500	22,500	22,500	22,500		
r_a	44	18,120	18,600	19,080	19,560	20,040	20,520	21,000	21,500	22,000	22,500	23,000	
α		17⁰	17⁰	17⁰	17⁰	17⁰	17⁰	14⁰ 30′	14⁰ 30′	14⁰ 30′	14⁰ 30′	14⁰ 30′	
R_a		22,880	22,900	22,920	22,940	22,960	22,980	23,000	23,000	23,000	23,000	23,000	
r_a	45	18,120	18,600	19,080	19,560	20,040	20,520	21,000	21,500	22,000	22,500	23,000	23,500
α		17⁰	17⁰	17⁰	17⁰	17⁰	17⁰	14⁰ 30′	14⁰ 30′	14⁰ 30′	14⁰ 30′	14⁰ 30′	14⁰ 30′
R_a		23,380	23,400	23,420	23,440	23,460	23,480	23,500	23,500	23,500	23,500	23,500	23,500

r_a = Kopfkreishalbmesser des kleinen Rades in mm.
α = Eingriffswinkel des Bezugsprofils.
R_a = Kopfkreishalbmesser des großen Rades in mm.

Die Zahnhöhe ist bei den verschiedenen Eingriffswinkeln wie folgt einzusetzen:

Eingriffswinkel:	25⁰	22 ½⁰	20⁰	17⁰	14 ½⁰
Zahnhöhe:	1,800 mm	2,000 mm	2,200 mm	2,200 mm	2,200 mm

Die Tabelle enthält sämtliche Kombinationen der Zähnezahlen zwischen 10 und 45. Eine weitere Ausdehnung der Tabelle ist nicht erforderlich, da ja die Bedingungen von 40 Zähnen an konstant bleiben.

Der Achsenabstand für eine beliebige Paarung ist gleich der halben Summe der Zähnezahlen; die Zahnhöhe ist bei jedem Eingriffswinkel gleichbleibend. Für jeden Eingriffswinkel ist die zugehörige Zahnhöhe unterhalb der Tabelle vermerkt. Die Abmessungen jedes beliebigen Räderpaares können leicht aus der Tabelle entnommen werden. Als Beispiel sei ein Räderpaar 20:35 angenommen.

Aus der Tabelle ersieht man:

Zähnezahl	20	35
Kopfkreishalbmesser	11,300 mm	18,200 mm
Eingriffswinkel	20^0	
Zahnhöhe	2,200 mm	

Hieraus ergibt sich:

Fußkreishalbmesser	9,100 mm	16,000 mm
Achsenabstand	27,500 mm	

Diese Abmessungen gelten bei Modul 1, andernfalls müssen die Werte mit dem Modul multipliziert werden.

Als zweites Beispiel betrachten wir die Übersetzung 12:72. Eingriffswinkel und gemeinsame Zahnhöhe sind, wie bei der Übersetzung 12:45, 20^0 bzw. 2 mm, ebenso wird auch bei der Übersetzung 12:72 der Kopfkreishalbmesser des kleinen Rades zu 7,500 mm gewählt. Die Kopfhöhe des kleinen Rades ist um 0,500 größer als die halbe gemeinsame Zahnhöhe. Die Kopfhöhe des Gegenrades muß um den gleichen Betrag kleiner sein. Der Kopfkreishalbmesser des Rades mit 72 Zähnen beträgt hiernach 37,000 mm — 0,500 mm = 36,500 mm.

Die Abmessungen dieses Räderpaares sind daher:

Zähnezahl	12	72
Kopfkreishalbmesser	7,500 mm	36,500 mm
Fußkreishalbmesser	5,300 „	34,300 „
Eingriffswinkel	20^0	
Achsenabstand	42,000 mm	

Wir überprüfen nunmehr die Eingriffsverhältnisse in diesem System, sie müßten annähernd die gleichen sein wie bei dem $14\frac{1}{2}^0$ unterschnittsfreien „V"-Satzverzahnungssystem, da das „$V\text{-}O$"-Satzfräsersystem im großen und ganzen vom ersteren abgeleitet worden ist.

Die Überprüfung soll sich nur auf den ungünstigsten Fall, in dem die Zähnezahl des kleinen Rades 10 beträgt, erstrecken.

Als erstes Beispiel betrachten wir die Übersetzung 10:10.

Es sei:

$z =$ Zähnezahl $= 10$

$r_a =$ Kopfkreishalbmesser $= 5,800$ mm

$r_0 =$ Teilkreishalbmesser $= 5$ mm

k = Kopfhöhe des erzeugenden Werkzeuges einschließlich Kopfspiel = 1 mm
S_k = Kopfspiel = 0,2000 mm
r_i = Fußkreishalbmesser = 4 mm
α = Eingriffswinkel vom Werkzeug und von der Räderpaarung = 25°
r_{gr} = Grenzfußkreishalbmesser
g = Grundkreishalbmesser
t_e = Eingriffsteilung

$$g = r_o \cos \alpha = 4,5316 \text{ mm} \quad [\text{s. Gleichung (55)}].$$
$$r_{gr} = r_o \cos^2 \alpha - S_k = 3,9070 \text{ mm} \quad [\text{s. Gleichung (60)}].$$

Da der Fußkreishalbmesser größer ist als der Unterschnittsgrenzwert, findet ein Unterschnitt nicht statt.

Wir bestimmen nun die Zahndicke am Kopfkreis, um festzustellen, ob der Zahn nicht schon unterhalb des Kopfkreises zugespitzt ist.

Es sei

t_{da} = Zahndicke am Kopfkreis
α_a = Pressungswinkel am Kopfkreis
t_{do} = Zahndicke am Teilkreis

so ist nach Abschnitt III, Aufgabe 6

$$\cos \alpha_a = \frac{r_o \cos \alpha}{r_a} \quad [\text{s. Gleichung (39)}],$$

$$t_{da} = 2 r_a \left\{ \frac{t_{do}}{2 r_o} + \text{inv } \alpha - \text{inv } \alpha_a \right\} \quad [\text{s. Gleichung (40)}].$$

In diesem Beispiel ist

$$r_o = 5,0000 \text{ mm} \qquad t_{do} = 1,5708 \text{ mm}$$
$$r_a = 5,8000 \text{ ,,} \qquad \alpha = 25°.$$

Hieraus ergibt sich

$$\cos \alpha_a = 0,78130 \qquad \alpha_a = 38° \ 37'$$
$$\text{inv } \alpha_a = 0,12478$$

und hieraus

$$t_{da} = 0,7224 \text{ mm} = \text{Zahndicke am Kopfkreis}.$$

Der Überdeckungsgrad ergibt sich nach Abschnitt II Gleichung (22) zu

$$\varepsilon = \frac{\sqrt{(r_a)^2 - g^2} + \sqrt{(R_a)^2 - G^2} - a \sin \alpha}{t_e}.$$

In diesem Beispiel sind beide Räder gleich.

$$\sqrt{(r_a)^2 - g^2} = 3,6201 \text{ mm}$$
$$a = \text{Achsenabstand} = 10 \text{ mm}$$
$$a \sin \alpha = 4,2262 \text{ mm}$$
$$t_e = 3,1416 \cdot \cos \alpha = 2,8473 \text{ mm}.$$

Hieraus ergibt sich ein Überdeckungsgrad von 1,058. Er ist etwas größer als im 14½° unterschnittsfreien „V"-Satzverzahnungssystem.

Für die Krümmungs- und Gleitungsverhältnisse ergeben sich folgende Kennzahlen:

Größter Krümmungshalbmesser des wirksamen Profils. . . . . $= 3{,}6201$ mm
Kleinster Krümmungshalbmesser des wirksamen Profils . . . . $= 0{,}6061$ „
Spezifische Gleitung am Zahnkopf. . . . . $= + 0{,}83$ „
Spezifische Gleitung am Zahnfuß . . . . $= - 4{,}98$ „

Die spezifische Gleitung ist um einen geringen Betrag größer als im $14\tfrac{1}{2}^0$ unterschnittsfreien „V“-Satzverzahnungssystem. Bei dieser Übersetzung sind indessen die Unterschiede bei sämtlichen Kennzahlen sehr gering.

Als zweites Beispiel soll die Übersetzung 10 : 21 untersucht werden. Diese Übersetzung ist die letzte, die noch mit 25^0 Eingriffswinkel erzeugt wird. Bei dieser Übersetzung wird:

Zähnezahl . . . . $z = 10$ $\qquad$ $Z = 21$
Kopfkreishalbmesser . . . . $r_a = \;\,6{,}0200$ mm $\quad$ $R_a = 11{,}0800$ mm
Fußkreishalbmesser . . . . $r_i = \;\,4{,}2200$ „ $\qquad$ $R_i = \;\,9{,}2800$ „
Grundkreishalbmesser. . . . . $g = \;\,4{,}5316$ „ $\qquad$ $G = \;\,9{,}5163$ „
Eingriffswinkel . . . . $\qquad\qquad$ $\alpha = 25^0$
Eingriffsteilung . . . . $\qquad\qquad$ $t_e = \;\,2{,}8473$ mm
Achsenabstand. . . . . $\qquad\qquad$ $a = 15{,}5000$ „

Es ergibt sich wie oben:

Zahndicke des 10zähnigen Rades am Kopfkreis $= 0{,}6221$ mm
Überdeckungsgrad . . . . $= 1{,}080$
Zähnezahl . . . . $\qquad$ 10 $\qquad\qquad$ 21
Größter Krümmungshalbmesser des wirks. Profils $\quad$ 3,9619 mm $\qquad$ 5,6752 mm
Kleinster Krümmungshalbmesser des wirks. Profils $\quad$ 0,7859 „ $\qquad$ 2,5887 „
Spezifische Gleitung am Zahnkopf . . . . $+ 0{,}68$ $\qquad$ $+ 0{,}67$
Spezifische Gleitung am Zahnfuß . . . . $- 2{,}08$ $\qquad$ $- 2{,}21$

Der Überdeckungsgrad ist etwas kleiner als im $14\tfrac{1}{2}^0$ unterschnittsfreien „V“-Satzverzahnungssystem bei der gleichen Übersetzung. Die Gleitverhältnisse sind günstig und ausgeglichen. Auch bei dieser Übersetzung sind die Verhältnisse annähernd die gleichen wie im $14\tfrac{1}{2}^0$ unterschnittsfreien „V“-System.

Wir untersuchen nun die Übersetzung 10 : 22. Dies ist die erste Übersetzung mit $22\tfrac{1}{2}^0$ Eingriffswinkel. Bei dieser Übersetzung wird:

Zähnezahl . . . . $z = 10$ $\qquad$ $Z = 22$
Kopfkreishalbmesser . . . . $r_a = \;\,6{,}1400$ mm $\quad$ $R_a = 11{,}6600$ mm
Fußkreishalbmesser . . . . $r_i = \;\,4{,}1400$ „ $\qquad$ $R_i = \;\,9{,}6600$ „
Grenzfußkreishalbmesser . . . . $r_{gr} = \;\,4{,}0678$ „ $\qquad$ $R_{gr} = \;\,9{,}3891$ „
Grundkreishalbmesser. . . . . $g = \;\,4{,}6194$ „ $\qquad$ $G = 10{,}1627$ „
Eingriffswinkel . . . . $\qquad\qquad$ $\alpha = 22^0\,30'$
Eingriffsteilung . . . . $\qquad\qquad$ $t_e = \;\,2{,}9025$ mm
Achsenabstand. . . . . $\qquad\qquad$ $a = 16{,}0000$ „

Es ergibt sich wie oben:

Zahndicke des 10zähnigen Rades am Kopfkreis $= 0,5171$ mm
Überdeckungsgrad . . . . $= 1,253$
Zähnezahlen 10   22
Größter Krümmungshalbmesser des wirks. Profils   4,0448 mm   5,7162 mm
Kleinster Krümmungshalbmesser des wirks. Profils   0,4067 „   2,0781 „
Spezifische Gleitung am Zahnkopf . . . . $+ 0,76$ $+ 0,84$
Spezifische Gleitung am Zahnfuß . . . . $- 5,39$ $- 3,28$

Die Verhältnisse sind auch bei dieser Übersetzung ähnlich wie in dem $14\frac{1}{2}{}^0$ unterschnittsfreien „V"-Satzverzahnungssystem. Der Überdeckungsgrad ist indessen etwas größer, die Gleitverhältnisse jedoch etwas ungünstiger.

Wir betrachten nun die Übersetzung 10 : 31. Diese Übersetzung ist die letzte mit $22\frac{1}{2}{}^0$ Eingriffswinkel. Für diese Übersetzung wird:

Zähnezahl . . . . $z = 10$ $Z = 31$
Kopfkreishalbmesser . . . . $r_a = 6,3200$ mm $R_a = 15,9800$ mm
Fußkreishalbmesser . . . . $r_i = 4,3200$ „ $R_i = 13,9800$ „
Grundkreishalbmesser . . . . $g = 4,6105$ „ $G = 14,3201$ „
Eingriffswinkel . . . . $\alpha = 22^0\,30'$
Eingriffsteilung . . . . $t_e = 2,9025$ mm
Achsenabstand . . . . $a = 20,5000$ „

Es ergibt sich wie oben:

Zahndicke des 10zähnigen Rades am Kopfkreis $= 0,4995$ mm
Überdeckungsgrad . . . . $= 1,226$
Zähnezahlen 10   31
Größter Krümmungshalbmesser des wirks. Profils   4,3132 mm   7,0918 mm
Kleinster Krümmungshalbmesser des wirks. Profils   0,7531 „   3,5317 „
Spezifische Gleitung am Zahnkopf . . . . $+ 0,73$ $+ 0,67$
Spezifische Gleitung am Zahnfuß . . . . $- 2,04$ $- 2,78$

Auch bei diesem Räderpaar sind die Verhältnisse beinahe die gleichen wie im $14\frac{1}{2}{}^0$ unterschnittsfreien „V"-Satzverzahnungssystem. Der Überdeckungsgrad ist ganz wenig kleiner, die Gleitverhältnisse jedoch günstiger und gut ausgeglichen.

Die Übersetzung 10 : 32 ist die erste, bei welcher der 20^0-Eingriffswinkel verwendet wird. Bei dieser Übersetzung wird:

Zähnezahl . . . . $z = 10$ $Z = 32$
Kopfkreishalbmesser . . . . $r_a = 6,4400$ mm $R_a = 16,5600$ mm
Fußkreishalbmesser . . . . $r_i = 4,2400$ „ $R_i = 14,3600$ „
Grenzfußkreishalbmesser . . . . $r_{gr} = 4,2151$ „ $R_{gr} = 13,9283$ „
Grundkreishalbmesser . . . . $g = 4,6985$ „ $G = 15,0350$ „
Eingriffswinkel . . . . $\alpha = 20^0$
Eingriffsteilung . . . . $t_e = 2,9521$ mm
Achsenabstand . . . . $a = 21,0000$ „

Es ergibt sich wie oben:

Zahndicke des 10zähnigen Rades am Kopfkreis $= 0,2537$ mm
Überdeckungsgrad . . . . $= 1,410$
Zähnezahlen 10   32

Größter Krümmungshalbmesser des wirks. Profils   4,4043 mm   6,9412 mm
Kleinster Krümmungshalbmesser des wirks. Profils   0,2412 „   2,7781 „
Spezifische Gleitung am Zahnkopf . . . . + 0,80   + 0,80
Spezifische Gleitung am Zahnfuß . . . . — 7,99   — 4,07

Der Überdeckungsgrad ist beträchtlich größer als im $14\tfrac{1}{2}^0$ unterschnittsfreien „V"-Satzverzahnungssystem, die Gleitverhältnisse sind jedoch ungünstiger und nicht so gut ausgeglichen. Der größere Überdeckungsgrad geht auf Kosten der ungünstigeren Gleitverhältnisse. Bei dieser Übersetzung sind die Unterschiede zwischen den beiden Systemen am größten.

Als letztes Beispiel soll die Übersetzung 10 : 40 gewählt werden. Für diese Übersetzung ergeben sich folgende Werte:

Zähnezahl . . . . $z = 10$ $Z = 40$
Kopfkreishalbmesser . . . . $r_a =$ 6,5000 mm $R_a = 20,5000$ mm
Fußkreishalbmesser . . . . $r_i =$ 4,3000 „ $R_i = 18,3000$ „
Grundkreishalbmesser . . . . $g =$ 4,6985 „ $G = 18,7938$ „
Eingriffswinkel . . . . $\alpha = 20^0$
Eingriffsteilung . . . . $t_e =$ 2,9521 mm
Achsenabstand . . . . $a = 25,0000$ „

Es ergibt sich wie oben:

Zahndicke des 10zähnigen Rades am Kopfkreis = 0,1976 mm
Überdeckungsgrad . . . . = 1,398
Zähnezahl 10   40
Größter Krümmungshalbmesser des wirks. Profils   4,4916 mm   8,1879 mm
Kleinster Krümmungshalbmesser des wirks. Profils   0,3626 „   4,0589 „
Spezifische Gleitung am Zahnkopf . . . . + 0,77   + 0,82
Spezifische Gleitung am Zahnfuß . . . . — 4,64   — 3,42

Bei diesem Räderpaar sind die Verhältnisse wieder beinahe dieselben wie im $14\tfrac{1}{2}^0$ unterschnittsfreien „V"-Satzverzahnungssystem; der Überdeckungsgrad ist etwas günstiger, die Gleitverhältnisse etwas ungünstiger, jedoch noch immer günstig und ausgeglichen.

Die größten Unterschiede zwischen dem unterschnittsfreien „V-O"-Satzfräsersystem und dem $14\tfrac{1}{2}^0$ unterschnittsfreien „V"-Satzverzahnungssystem treten bei dem 10zähnigen Ritzel auf. Bei größeren Zähnezahlen des Ritzels werden die Unterschiede kleiner; in keinem Fall sind die Unterschiede sehr erheblich.

Weitere Verzahnungssysteme. Der Gedanke eines Verzahnungssystems, das von einem einzigen Bezugsprofil aus entwickelt ist, bei welchem aber die Achsenabstände nicht proportional mit den Zähnezahlsummen sind, ist nicht neu. In Deutschland ist von Hoppe ein Verzahnungssystem entwickelt worden, bei welchem sämtliche Räder des Systems miteinander gepaart werden können, die Eingriffswinkel der Räderpaarung je nach der Übersetzung veränderlich und der Achsenabstand nicht mit den Zähnezahlsummen proportional ist. Dieses System ist von

Kammerer[1] beschrieben worden. In dem von Hoppe entwickelten System sind schon die Grundgedanken des später aufgekommenen Maag-Systems enthalten.

Maag war wohl der erste, der durch Wahl zweckmäßiger Zahnformen die Vorteile der Evolventenverzahnung weitgehend ausgenutzt hat. Die Maag-Verzahnung baut sich im allgemeinen auf denselben Grundgedanken auf wie die in den vorhergehenden Abschnitten besprochenen Systeme. Es wird ein Satz von Schneidwerkzeugen verwendet, mit welchen Räder mit normalen und veränderten Achsenabständen erzeugt werden können. Die Zahnformen sind sehr günstig und gut ausgeglichen. Die Verzahnung ist schon seit 25 Jahren in Europa und seit 15 Jahren in den Vereinigten Staaten verbreitet.

Getriebe mit mehr als 2 Rädern; Getriebe mit anormalen Achsenabständen. Die Tabelle 14 für Kopfkreishalbmesser und Eingriffswinkel in dem unterschnittsfreien „V-O"-Satzfräsersystem gilt nur für aus einem einzigen Räderpaar bestehende Getriebe. Besteht dagegen eine Räderkette aus mehr als zwei Rädern, so gibt es bei kleinen Zähnezahlen verschiedene Möglichkeiten für die Bestimmung von günstigen Zahnformen. Wenn die Achsenabstände noch nicht festgelegt sind, so können z. B. sämtliche Räder mit einem $14\frac{1}{2}°$-Werkzeug geschnitten werden. Die Achsenabstände ergeben sich aus Tabelle 12 für das $14\frac{1}{2}°$ unterschnittsfreie „V"-Satzverzahnungssystem. Wir nehmen als Beispiel eine Räderkette mit den Zähnezahlen 35, 22, 40, 90. Das Rad mit 22 Zähnen ist ein Zwischenrad, das mit den Rädern mit 35 und 40 Zähnen kämmt; auch das Rad mit 40 Zähnen ist ein Zwischenrad, es kämmt mit den Rädern mit 22 und 40 Zähnen. Aus Tabelle 12 erhält man nebenstehende Werte für die Achsenabstände und Zahnhöhen:

Übersetzung	Achsenabstand in mm	Zahnhöhe in mm
35/22	28,9715	2,1498
22/40	31,3795	2,1703
40/90	65,0000	2,2000

Für jedes Zwischenrad ergeben sich aus der Tabelle zwei verschiedene Werte für die Zahnhöhen. Es muß stets der kleinere Wert ausgeführt werden, um das Kopfspiel nicht unzulässig herabzudrücken. Dies ergibt:

Zähnezahl	35	22	40	90
Zahnhöhe in mm	2,1498	2,1498	2,1703	2,2000

Sämtliche Werte verstehen sich für Modul 1.

Wenn die Achsenabstände festliegen und auf Modul 1 reduziert, gleich den halben Zähnezahlsummen sind, so ist es am zweckmäßigsten, die Kopfhöhen aller Räder der Kette gleich zu wählen und denjenigen Satzfräser zu benutzen, der beim Übersetzungsverhältnis 1 : 1 für das kleinste

---

[1] Z. V. d. I. 1903, S. 885.

Rad des Systems verwendet werden müßte. In obigem Beispiel, bei welchem die Kette aus Rädern mit den Zähnezahlen 35, 22, 40, 90 besteht, müßte demnach der 20°-Fräser verwendet werden, da die Übersetzung 22 : 22 nach Tabelle 14 zweckmäßig mit diesem Fräser ausgeführt wird. Die Kopfhöhen werden in diesem Fall alle = 1,000 mm. Wäre die kleinste Zähnezahl der Kette 16, so müßte ein 22½°-Fräser verwendet werden und die Kopfhöhen sämtlicher Räder würden 0,9000 mm betragen.

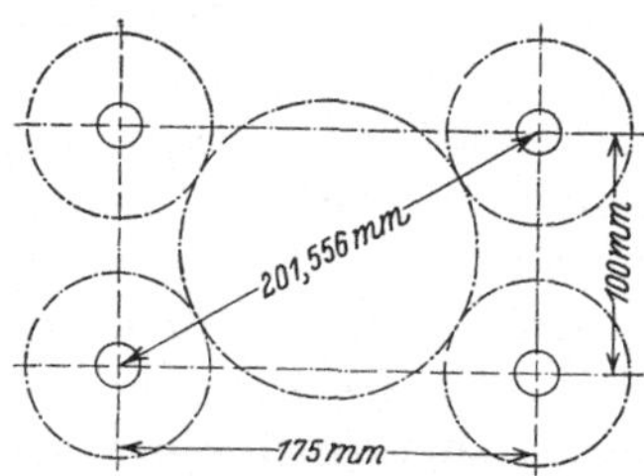

Abb. 81. Räderübersetzungen bei einem 4spindligen Bohrkopf.

Besondere Bedingungen bestehen, wenn ein Räderpaar oder eine Räderkette in bestimmten anormalen Achsenabständen kämmen soll. Abb. 81 zeigt eine Anordnung, die bei mehrspindligen Bohrköpfen verwendet wird. In dem angenommenen Falle werden die vier Bohrspindeln von dem mittleren Getrieberad angetrieben. Der Achsenabstand der Spindeln, in der diagonalen Richtung gemessen, beträgt 201,556 mm. Die Hälfte dieses Betrages, also 100,778 mm, ist der Achsenabstand zwischen dem treibenden Rad und einer beliebigen Spindel. Nehmen wir an, daß bezüglich Festigkeit Modul 2,5 für die Übertragung genügt. Um die Berechnung zu vereinfachen, reduzieren wir zunächst die Achsenabstände auf Modul 1. Durch 2,5 dividiert, ergibt sich als reduzierter Achsenabstand 40,3112 mm. Die nächstkleinste, diesem Achsenabstand entsprechende Zähnezahlsumme ist 80. Wir wählen daher in diesem Beispiel die Zähnezahl des mittleren Rades zu 50 und die Zähnezahl der Räder auf den Bohrspindeln zu 30.

Tabelle 14 würde in dem unterschnittsfreien „V-O"-Satzfräsersystem einen Eingriffswinkel des Bezugsprofils und der Räderpaarung von 17° für die Übersetzung 30 : 50 ergeben. Dementsprechend sei hier auch ein Fräser von 17° gewählt, ungeachtet des anormalen Achsenabstandes.

Wir bestimmen nun den Fußkreishalbmesser dieser Räder. Nach Abschnitt III, Aufgabe 12 ist:

$$a = \frac{a_v \cos \alpha_v}{\cos \alpha}, \qquad \text{[s. Gleichung (51)]}$$

$$r_i + R_i = a - 2k + \frac{\operatorname{ctg}\alpha}{2}\left[2a\left(\frac{\pi}{Z+z} + \operatorname{inv}\alpha_v - \operatorname{inv}\alpha\right) - t\right].$$

$$\text{[s. Gleichung (52)]}$$

In dieser Formel ist:

α = Eingriffswinkel des zahnstangenartigen Werkzeuges
α_v = Eingriffswinkel der Räderpaarung

a = Achsenabstand beim Eingriffswinkel α
a_v = Achsenabstand beim Eingriffswinkel α_v
k = Kopfhöhe des Werkzeuges einschließlich Kopfspiel
Z = Zähnezahl des großen Rades
z = Zähnezahl des kleinen Rades
t = Teilung des zahnstangenartigen Werkzeuges
R_i = Fußkreishalbmesser des großen Rades
r_i = Fußkreishalbmesser des kleinen Rades.

In diesem Beispiel ist:

$$a_v = 40{,}3112 \text{ mm} \qquad z = 30$$
$$\alpha = 17^0 \qquad k = 1{,}20000 \text{ mm}$$
$$Z = 50$$

Bei 17^0 Eingriffswinkel beträgt der normale Achsenabstand

$$\frac{50 + 30}{2} = 40 \text{ mm},$$

d. h.

$$a = 40 \text{ mm}.$$

Gleichung (51) nach $\cos \alpha_v$ aufgelöst, ergibt:

$$\cos \alpha_v = \frac{a \cos \alpha}{a_v} = \frac{40 \cdot 0{,}9563}{40{,}3112} = 0{,}9489.$$

Hieraus ergibt sich:

$$\alpha_v = 18^0\ 24' \qquad \text{inv } \alpha_v = 0{,}011515 \qquad \text{inv } \alpha = \text{inv } 17^0 = 0{,}009025.$$

Gleichung (52) ergibt mit diesen Werten:

$$R_i + r_i = 40 - 2{,}4000$$
$$+ 1{,}6354 \left[80 \left(\frac{3{,}1416}{80} + 0{,}011515 - 0{,}009025 \right) - 3{,}1416 \right],$$

$$R_i + r_i = 37{,}9258 \text{ mm}.$$

Bei dem Achsenabstand 40,3112 mm beträgt der Abstand zwischen den beiden Fußkreisen 40,3112 — 37,9258 = 2,3854 mm. Dieser Betrag setzt sich aus Zahnhöhe plus zweimal Kopfspiel zusammen. Wählt man das Kopfspiel gleich einem Zehntel der gemeinsamen Zahnhöhe, so erhält man

1,2 · gemeinsame Zahnhöhe	= 2,3834 mm
Gemeinsame Zahnhöhe	= 1,9879 ,,
Kopfspiel	= 0,1988 ,,
Zahnhöhe	= 2,1867 ,,

Nach Tabelle 14 würde sich im unterschnittsfreien ,,V-O''-Satzfräsersystem für ein Rad mit 30 Zähnen im Eingriff mit einem Rad mit 40 Zähnen oder darüber ein Kopfkreishalbmesser von 16,2000 ergeben. Wir wählen auch bei dem anormalen Achsenabstand den gleichen Wert; da das kleinere Rad das empfindlichere Profil hat, so empfiehlt es sich, die erforderliche Abänderung der normalen Ausführungsform am großen

Rad vorzunehmen. Der Fußkreishalbmesser des 30 zähnigen Rades wird demnach 16,2000 — 2,1867 = 14,0133 mm. Diesen Wert von der Summe der Fußkreishalbmesser abgezogen, erhält man als Fußkreishalbmesser des 50 zähnigen Rades 37,9258 — 14,0133 = 23,9125 mm. Für das Räderpaar ergeben sich hiernach folgende Werte:

| | Modul 1 | | Modul 2,5 | |
	Kleinrad	Großrad	Kleinrad	Großrad
Zähnezahl	30	50	30	50
Kopfkreishalbmesser in mm	16,2000	26,0992	40,500	65,248
Fußkreishalbmesser in mm.	14,0133	23,9125	35,033	59,781
Zahnhöhe in mm	2,1867		5,467	
Achsenabstand in mm.	40,3112		100,778	
Eingriffswinkel des Fräsers	17^0			

Die gleiche Aufgabe könnte auch durch Verwendung eines $14\frac{1}{2}{}^0$-Bezugsprofils oder eines 20^0-Bezugsprofils nach DIN 867 in ähnlicher Weise gelöst werden.

Mit Hilfe der im Abschnitt II und III abgeleiteten Gleichungen und der zahlreichen durchgerechneten Zahlenbeispiele können die Abmessungen beliebiger Räderpaare und Räderketten ohne Schwierigkeit rechnerisch ermittelt werden.

Räder mit sehr kleinen Zähnezahlen. — $22\frac{1}{2}{}^0$-„V-O"-System. Bisher wurde 10 als kleinste Zähnezahl angenommen. Es können jedoch auch Räder mit kleineren Zähnezahlen erzeugt werden, sie sind bisher absichtlich nicht in Betracht gezogen worden, da sie mit Rücksicht auf die ungünstigeren Eingriffsverhältnisse im allgemeinen nicht verwendet werden sollten. In besonderen Fällen sind indessen diese kleinen Zähnezahlen nicht zu vermeiden.

Die kleinste Zähnezahl, bei welcher bei einer symmetrischen Zahnform noch ein Überdeckungsgrad von 1 erreicht werden kann, ist theoretisch = 5. Wir gehen also in den folgenden Betrachtungen von der Zähnezahl 5 aus.

Bei kleinen Zähnezahlen bildet der Überdeckungsgrad die Begrenzung der Ausführungsmöglichkeit. Um einen genügend großen Überdeckungsgrad zu erhalten, müssen verhältnismäßig große Eingriffswinkel gewählt werden; denn je größer der Eingriffswinkel, um so kleiner die Grundkreise, um so länger die Eingriffsstrecke zwischen den beiden Grundkreisen und andererseits um so kleiner die Eingriffsteilung. Die hinreichende Größe des Überdeckungsgrades geht indessen auf Kosten der empfindlichen Zahnprofile und ungünstiger Gleitungsverhältnisse.

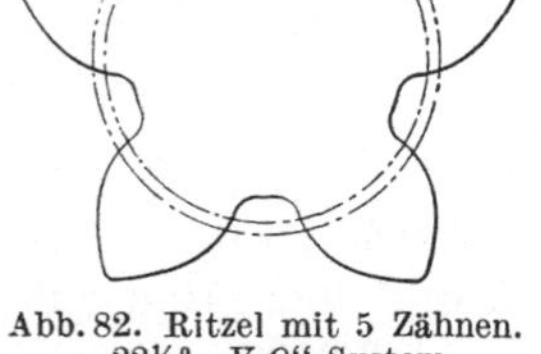

Abb. 82. Ritzel mit 5 Zähnen. $22\frac{1}{2}{}^0$-„V-O"-System.

Je kleiner die Zähnezahl, um so sorgfältiger muß die Wahl des Eingriffswinkels erfolgen, um noch einen hinreichenden Überdeckungsgrad zu erhalten, ohne zu empfindliche Profile in Kauf nehmen zu müssen.

Um einen hinreichenden Überdeckungsgrad beim 5zähnigen Ritzel zu erhalten, muß das Zahnprofil praktisch bis zum Grundkreis ausgenutzt werden. Dies ergibt eine empfindliche und schwierige Profilform. Die Höhe des Zahnes ist durch die Zuspitzung begrenzt. Es ist zwar theoretisch möglich, die Übersetzung 5 : 5 mit einem Überdeckungsgrad über 1 zu erzielen, doch würde dies Sonderfräser mit sehr großen Eingriffswinkeln bedingen. Wir sehen daher hiervon ab und betrachten ein Ritzel mit 5 Zähnen, das mit einem 22½°-Fräser erzeugt worden ist. Die gemeinsame Zahnhöhe betrage 1,80000 mm, das Kopfspiel 0,20000 mm. Der Fußkreishalbmesser wird nahe zur Unterschnittsgrenze gewählt; da der Zahn noch innerhalb der gemeinsamen Zahnhöhe zugespitzt ist, verkleinern wir den Kopfkreisdurchmesser so, daß am Kopfkreis noch eine Zahndicke von ca. 0,10000 mm bei Modul 1 stehen bleibt. Wir erhalten zahlenmäßig folgende Werte:

$$r_o = 2,5000 \text{ mm} = \text{Teilkreishalbmesser}$$
$$\alpha = 22^0\ 30' \qquad = \text{Eingriffswinkel des Fräsers}$$
$$k = 1,1000 \quad ,, \quad = \text{Kopfhöhe des Fräsers einschließlich Kopfspiel}$$
$$S_k = 0,2000 \quad ,, \quad = \text{Kopfspiel}$$
$$t = 3,1416 \quad ,, \quad = \text{Teilung des Fräsers}$$
$$g = \text{Grundkreishalbmesser}$$
$$r_{gr} = \text{Grenzfußkreishalbmesser}$$
$$g = r_o \cos \alpha = 2,3097 \text{ mm}$$
$$r_{gr} = r_o \cos^2 \alpha - S_k = 1,9339 \text{ mm}.$$

Als Fußkreishalbmesser wählen wir den aufgerundeten Wert von r_{gr}:

$$r_i = 1,9350 = \text{Fußkreishalbmesser},$$
$$t_{d_o} = 2,0140 = \text{Zahndicke am Teilkreis}.$$

Der letzte Wert ergibt sich nach Abschnitt III, Aufgabe 11, Gleichung (50):

$$t_{d_o} = 2 \tan g\, \alpha\, (r_i + k - r_o) + t/2$$
$$= 2 \tan g\, 22\tfrac{1}{2}^0\, (1,9350 + 1,10000 - 2,500) + \frac{3,1416}{2} = 2,0140 \text{ mm}.$$

Bei einer Zahnhöhe von 2,000 mm wäre der Kopfkreishalbmesser 3,9350 mm. Die Zahndicke am Kopfkreis bestimmt sich nach Abschnitt III aus

$$\cos \alpha_a = \frac{r_o \cos \alpha}{r_a} \quad [\text{s. Gleichung (39)}],$$

$$t_{d_a} = 2\, r_a \left(\frac{t_{d_o}}{2\, r_o} + \text{inv}\, \alpha - \text{inv}\, \alpha_a \right) \quad [\text{s. Gleichung (40)}].$$

In diesem Beispiel ist

$$\alpha = 22^0\ 30' \qquad\qquad r_a = 3,9350 \text{ mm}$$
$$r_o = 2,5000 \text{ mm} \qquad\qquad t_{d_o} = 2,0140 \quad ,,$$

Hieraus ergibt sich:

$$\cos \alpha_a = 0{,}58697 \qquad\qquad \alpha_a = 54^0\ 3'\ 27''$$
$$\operatorname{inv} \alpha_a = 0{,}43581 \qquad\qquad \operatorname{inv} \alpha = 0{,}02151$$
$$t_{d_a} = -\ 0{,}0905\ \text{mm}$$

Der negative Wert bedeutet, daß der Zahn schon unterhalb des angenommenen Kopfkreishalbmessers spitz wird. Bei Verringerung des Kopfkreishalbmessers auf $r_a = 3{,}8600$ mm ergibt sich:

$$\cos \alpha_a = 0{,}59836 \qquad\qquad \alpha_a = 53^0\ 14'\ 50''$$
$$\operatorname{inv} \alpha_a = 0{,}40972 \quad \text{und} \quad t_{d_a} = 0{,}1126\ \text{mm}\,.$$

Es sind hiernach folgende Werte für das Rad mit 5 Zähnen bestimmt:

$r_a = 3{,}8600$ mm = Kopfkreishalbmesser
$r_o = 2{,}5000$,, = Teilkreishalbmesser (bei $22\frac{1}{2}^0$ Pressungswinkel)
$g = 2{,}3097$,, = Grundkreishalbmesser
$r_i = 1{,}9350$,, = Fußkreishalbmesser.

Die Vergrößerung des Fußkreishalbmessers gegenüber der normalen Ausführung, die Profilverschiebung, beträgt $1{,}9350 - (2{,}500 - 1{,}1000)$ $= 0{,}5350$ mm. Der Fußkreishalbmesser des Gegenrades muß um den gleichen Betrag verkleinert werden, wenn der Achsenabstand gleich der Summe der Teilkreishalbmesser sein soll („$V\text{-}O$"-Getriebe). Die kleinste Zähnezahl, bei welcher eine derartige Herabsetzung des Fußkreishalbmessers noch ohne praktisch fühlbare Unterschneidung möglich ist, ist 19.

Es ergeben sich bei dem 19zähnigen Rad als Gegenrad des 5zähnigen Ritzels folgende Werte:

$R_a = 9{,}8650$ mm = Kopfkreishalbmesser
$R_o = 9{,}5000$,, = Teilkreishalbmesser
$R_i = 7{,}8650$,, = Fußkreishalbmesser
$G = 8{,}7769$,, = Grundkreishalbmesser
$R_{gr} = R_o \cos^2 \alpha - S_k = 7{,}9088$ mm = Grenzfußkreishalbmesser[1]
$a = 12{,}000$ mm = Achsenabstand.

---

[1] Da $R_{gr} > R_i$, findet ein geringer Unterschnitt statt. Die überschüssige Frästiefe ist

$$u = R_{gr} - R_i = 0{,}0438\ \text{mm},$$

die Höhe des durch den Unterschnitt zerstörten Profils y beträgt nach Gl. (66)

$$y = \frac{0{,}924\ u^2}{R_o} = 0{,}000\,19\ \text{mm},$$

der kleinste Krümmungshalbmesser des stehengebliebenen Profils beträgt

$$\sqrt{(G + y)^2 - 6^2} = 0{,}058\ \text{mm}\,.$$

Er ist kleiner als der durch den Kopfpunkt des Gegenrades bestimmte kleinste Krümmungshalbmesser des wirksamen Profils; der Unterschnitt hat daher auf den Eingriff keinen Einfluß.

Der Überdeckungsgrad ergibt sich aus

$$\varepsilon = \frac{\sqrt{(r_a)^2 - g^2} + \sqrt{(R_a)^2 - G^2} - a \sin \alpha}{t_e},$$

$$\sqrt{(r_a)^2 - g^1} = 3{,}0927 \text{ mm}$$
$$\sqrt{(R_a)^2 - G^2} = 4{,}5038 \text{ ,,}$$
$$a \sin \alpha = 4{,}5922 \text{ ,,}$$
$$t_e = 2{,}9025 \text{ ,,}$$

Überdeckungsgrad $\varepsilon = 1{,}035$ [vgl. Gleichung (58)].

Es ergeben sich folgende Kennziffern für die Gleitverhältnisse:

	5	19
Zähnezahl		
Größter Krümmungshalbmesser des wirksamen Profils	3,0927 mm	4,5038 mm
Kleinster Krümmungshalbmesser des wirksamen Profils	0,0884[1] ,,	1,4995 ,,
Spezifische Gleitung am Zahnkopf	+ 0,87	+ 0,92
Spezifische Gleitung am Zahnfuß ·	− 12,40	− 6,83

Die Zahnprofile bei derart kleinen Zähnezahlen sind sehr empfindlich. Abb. 82 zeigt das Rad mit 5 Zähnen.

Auf ähnliche Weise sind auch die Abmessungen bei den Zähnezahlen 6, 7, 8 und 9 entwickelt; sie sind in Tabelle 15 eingetragen. Der

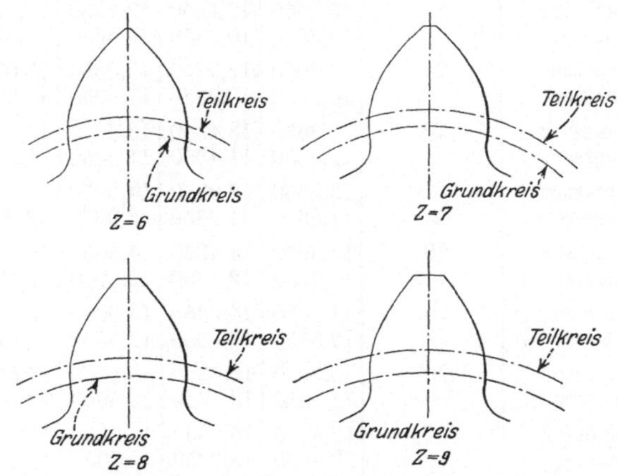

Abb. 83. Die Zahnformen bei den Zähnezahlen 6, 7, 8 und 9.
22½°-„V-O"-System.

Überdeckungsgrad ist aus Tabelle 16, die Zahnformen aus Abb. 83 ersichtlich.

Derartige kleine Zähnezahlen werden z. B. bei Motoranlassern und auch in anderen Fällen verwendet, wo es auf besonders kleine Abmessungen ankommt. Sie sollen nur in ganz besonderen Fällen zur Anwendung kommen.

---

[1] Siehe Fußnote auf Seite 176.

Tabelle 15. Kopf- und Fußkreishalbmesser bei kleinen Zähnezahlen
im $22\frac{1}{2}^0$-„V-O"-System.

	Zähnezahl des großen Rades	Zähnezahl des kleinen Rades				
		5	6	7	8	9
Kopfkreishalbmesser .	15	—	—	—	—	8,1450
Fußkreishalbmesser .		—	—	—	—	6,1450
Kopfkreishalbmesser .	16	—	—	—	8,5750	8,6450
Fußkreishalbmesser .		—	—	—	6,5750	6,6450
Kopfkreishalbmesser .	17	—	—	9,0050	9,0750	9,1450
Fußkreishalbmesser .		—	—	7,0050	7,0750	7,1450
Kopfkreishalbmesser .	18	—	9,4350	9,5050	9,5750	9,6450
Fußkreishalbmesser .		—	7,4350	7,5050	7,5750	7,6450
Kopfkreishalbmesser .	19	9,8650	9,9350	10,0050	10,0750	10,1450
Fußkreishalbmesser .		7,8650	7,9350	8,0050	8,0750	8,1450
Kopfkreishalbmesser .	20	10,3650	10,4350	10,5050	10,5750	10,6450
Fußkreishalbmesser .		8,3650	8,4350	8,5050	8,5750	8,6450
Kopfkreishalbmesser .	21	10,8650	10,9350	11,0050	11,0750	11,1450
Fußkreishalbmesser .		8,8650	8,9350	9,0050	9,0750	9,1450
Kopfkreishalbmesser .	22	11,3650	11,4350	11,5050	11,5750	11,6450
Fußkreishalbmesser .		9,3650	9,4350	9,5050	9,5750	9,6450
Kopfkreishalbmesser .	23	11,8650	11,9350	12,0050	12,0750	12,1450
Fußkreishalbmesser .		9,8650	9,9350	10,0050	10,0750	10,1450
Kopfkreishalbmesser .	24	12,3650	12,4350	12,5050	12,5750	12,6450
Fußkreishalbmesser .		10,3650	10,4350	10,5050	10,5750	10,6450
Kopfkreishalbmesser .	25	12,8650	12,9350	13,0050	13,0750	13,1450
Fußkreishalbmesser .		10,8650	10,9350	11,0050	11,0750	11,1450
Kopfkreishalbmesser .	26	13,3650	13,4350	13,5050	13,5750	13,6450
Fußkreishalbmesser .		11,3650	11,4350	11,5050	11,5750	11,6450
Kopfkreishalbmesser .	27	13,8650	13,9350	14,0050	14,0750	14,1450
Fußkreishalbmesser .		11,8650	11,9350	12,0050	12,0750	12,1450
Kopfkreishalbmesser .	28	14,3650	14,4350	14,5050	14,5750	14,6450
Fußkreishalbmesser .		12,3650	12,4350	12,5050	12,5750	12,6450
Kopfkreishalbmesser .	29	14,8650	14,9350	15,0050	15,0750	15,1450
Fußkreishalbmesser .		12,8650	12,9350	13,0050	13,0750	13,1450
Kopfkreishalbmesser .	30	15,3650	15,4350	15,5050	15,5750	15,6450
Fußkreishalbmesser .		13,3650	13,4350	13,5050	13,5750	13,6450
Kopfkreishalbmesser .	31	15,8650	15,9350	16,0050	16,0750	16,1450
Fußkreishalbmesser .		13,8650	13,9350	14,0050	14,0750	14,1450
Kopfkreishalbmesser .	32	16,3650	16,4350	16,5050	16,5750	16,6450
Fußkreishalbmesser .		14,3650	14,4350	14,5050	14,5750	14,6450
Kopfkreishalbmesser .	33	16,8650	16,9350	17,0050	17,0750	17,1450
Fußkreishalbmesser .		14,8650	14,9350	15,0050	15,0750	15,1450
Kopfkreishalbmesser .	34	17,3650	17,4350	17,5050	17,5750	17,6450
Fußkreishalbmesser .		15,3650	15,4350	15,5050	15,5750	15,6450
Kopfkreishalbmesser .	35	17,8650	17,9350	18,0050	18,0750	18,1450
Fußkreishalbmesser .		15,8650	15,9350	16,0050	16,0750	16,1450
Kopfkreishalbmesser .	kleines Rad	3,8600	4,3650	4,7950	5,2250	5,6550
Fußkreishalbmesser .		1,9350	2,3650	2,7950	3,2250	3,6550

Zahnhöhe = 2,0000 mm. Gemeinsame Zahnhöhe = 1,8000 mm.

Tabelle 16. Der Überdeckungsgrad bei kleinen Zähnezahlen im 22½°-„V-O"-System.

Zähnezahl des großen Rades	Zähnezahl des kleinen Rades				
	5	6	7	8	9
15	—	—	—	—	1,213
16	—	—	—	1,188	1,216
17	—	—	1,156	1,191	1,219
18	—	1,115	1,158	1,194	1,222
19	1,035	1,117	1,160	1,196	1,225
20	1,036	1,119	1,161	1,198	1,228
21	1,037	1,120	1,163	1,200	1,231
22	1,038	1,122	1,165	1,202	1,233
23	1,039	1,123	1,167	1,204	1,236
24	1,039	1,124	1,169	1,206	1,239
25	1,040	1,125	1,170	1,208	1,241
26	1,041	1,126	1,172	1,210	1,243
27	1,042	1,127	1,173	1,212	1,245
28	1,042	1,128	1,174	1,214	1,247
29	1,043	1,129	1,175	1,215	1,249
30	1,044	1,130	1,176	1,216	1,251
31	1,044	1,130	1,177	1,218	1,253
32	1,045	1,131	1,178	1,219	1,255
33	1,045	1,132	1,179	1,220	1,256
34	1,046	1,132	1,180	1,221	1,257
35	1,046	1,133	1,180	1,222	1,258
36	1,047	1,134	1,181	1,223	1,259
37	1,047	1,134	1,182	1,224	1,260
38	1,048	1,135	1,182	1,225	1,261
39	1,048	1,135	1,183	1,225	1,262
40	1,049	1,136	1,184	1,226	1,263
Zahnstange	1,064	1,157	1,212	1,264	1,312

Das DIN-System für kleine Zähnezahlen. Bei den bisher besprochenen Systemen wurden durch Vergrößerung des Eingriffswinkels der Räderpaarung und durch Vergrößerung der Fuß- bzw. Kopfkreishalbmesser brauchbare Eingriffsverhältnisse auch bei kleinen Zähnezahlen erzielt. Die Abweichungen von den normalen Zahnabmessungen waren so gewählt, daß ein Unterschnitt praktisch vollkommen vermieden wurde.

Das DIN-System (DIN 870) hingegen läßt einen geringen Unterschnitt zu, der immerhin den Eingriff merklich beeinflußt. Die Folge hiervon ist einerseits eine Erhöhung der Überdeckungsgrade, andererseits, wenigstens z. T. ungünstigere spezifische Gleitverhältnisse bzw. empfindlichere Zahnprofile. Durch die Erhöhung des Überdeckungsgrades wird die Erzeugung kleinerer Zähnezahlen ermöglicht als bei den bisher besprochenen Systemen.

Das DIN-System stimmt insofern mit dem 14½° unterschnittsfreien „V"-Satzverzahnungssystem überein, als auch im DIN-System sämtliche Räder mit gleichem Modul mit dem gleichen Abwälzwerkzeug erzeugt werden können, — das Bezugsprofil hat indessen einen Eingriffswinkel von 20°; es wird das gleiche Bezugsprofil nach DIN 867 verwendet, das auch zur Erzeugung der normalen „O"-Getriebe bzw. „O"-Räder dient. Die Verringerung des Unterschnittes erfolgt auch im DIN-System durch Vergrößerung der Radabmessungen, insbesondere durch Vergrößerung des Fußkreishalbmessers. Die begrifflichen und rechnerischen Grundlagen des DIN-Systems sind im Grunde genommen die gleichen wie die bereits behandelten Systeme. Der Übersichtlichkeit halber seien indessen an dieser Stelle die Grundbegriffe zusammenfassend erörtert.

Der Betrag der Fußkreisvergrößerung wird Profilverschiebung genannt. Sie ist auch gleich der Vergrößerung des Abstandes von der Kopflinie des Zahnstangenwerkzeuges von der Werkstückachse und auch gleich der Entfernung der Profilmittellinie vom Teilkreis. Die Profilmittellinie des Zahnstangenwerkzeuges ist eine, zur Wälzgeraden parallele, durch die Gleichheit von Zahndicke und Zahnlücke bestimmte Gerade. Der Teilkreisdurchmesser ist als Produkt von Zähnezahl mal Modul definiert. Der Modul wird zweckmäßig aus der normalen Modulreihe entnommen. Der Modul des zu erzeugenden Rades stimmt mit dem Modul des Zahnstangenwerkzeuges überein.

Räder ohne Profilverschiebung, d. h. normale Räder, werden kurz „O"-Räder genannt. Aus „O"-Rädern bestehende Getriebe heißen „O"-Getriebe. Der Achsenabstand bei den „O"-Getrieben ist gleich der Summe der Teilkreishalbmesser. Die Abmessungen eines „O"-Rades sind eindeutig, ohne Rücksicht auf das Gegenrad, bestimmt; „O"-Räder sind Satzräder.

Räder mit Profilverschiebung werden kurz „V"-Räder genannt. Getriebe aus „V"-Rädern heißen kurz „V"-Getriebe. Die Profilverschiebung ist positiv, wenn das Rad vergrößert, und negativ, wenn es verkleinert wird. Ist die Summe der Profilverschiebungen bei Rad und Gegenrad gleich O, so spricht man von einem „V-O"-Getriebe. Bei den „V-O"-Getrieben ist der Achsenabstand, wie bei den „O"-Getrieben, gleich der Summe der Teilkreishalbmesser. Sowohl bei „O"-, als auch bei „V-O"-Getrieben sind Wälz- und Teilkreis identisch.

Im DIN-System werden normalerweise die Getriebe als „O"-Getriebe ausgeführt, wenn die Zähnezahlen von Rad und Gegenrad über 13 liegen. Die Zähnezahlen 14 bis 16 haben zwar einen geringen Unterschnitt, der aber den Überdeckungsgrad bei dem Übersetzungsverhältnis 1:1 überhaupt nicht und auch bei größeren Gegenrädern nur unwesentlich herabdrückt.

Räder unter 14 Zähnen werden im DIN-System stets mit positiver Profilverschiebung ausgeführt. Die Größe der Profilverschiebung ist, für jede Zähnezahl besonders, eindeutig festgelegt, sie ist unabhängig von der Profilverschiebung und Zähnezahl des Gegenrades. Da durch Bezugsprofil und Profilverschiebung die Zahnform — von der Begrenzung durch den Kopfkreis abgesehen — eindeutig bestimmt ist, sind die „V"-Räder mit Zähnezahlen unter 14 im DIN-System auch Satzräder.

Vom Gegenrad abhängig ist dagegen die gemeinsame Zahnhöhe und der Kopfkreisdurchmesser bei den verschiedenen Zähnezahlen, namentlich, wenn bei sämtlichen Übersetzungen ein stets gleichbleibendes Kopfspiel verlangt wird. Bis zu einer gewissen Grenze wäre es auch möglich, die gemeinsame Zahnhöhe unveränderlich und unabhängig vom Gegenrad zu halten; dies würde aber bei „V"-Getrieben zu einer Verringerung des Kopfspieles führen. Sicherer ist es stets, das normale Kopfspiel beizubehalten und dementsprechend die gemeinsame Zahnhöhe zu' verändern.

„V"-Räder unter 14 Zähnen können im DIN-System in folgenden Kombinationen verwendet werden.

1. Es können zwei „V"-Räder unter 14 Zähnen gepaart werden. Die Achsenabstände sind in diesem Fall nicht. gleich der Summe der Teilkreishalbmesser, sie sind jedoch bei gleichen Zähnezahlsummen gleich. Ein „V"-Rad unter 14 Zähnen kann auch mit einem „O"-Rad mit 14 Zähnen oder darüber gepaart werden. In beiden Fällen entsteht ein „V"-Getriebe.

2. Beträgt bei der Paarung eines kleinen „V"-Rades unter 14 Zähnen mit einem größeren Rad die Summe der Zähnezahlen 28 oder darüber, so läßt sich das Getriebe auch als „V-O"-Getriebe ausführen, d. h. das große Gegenrad erhält eine negative, dem absoluten Wert nach gleiche, Profilverschiebung wie das kleine Rad.

Wir wollen nunmehr die rechnerischen Grundlagen des DIN-Systems untersuchen.

Die Rechnung wird für Modul 1 durchgeführt; bei anderen Modulen werden alle Längenmaße mit dem Modul multipliziert.

Es sei:

$t = \pi = $ Teilung

$\alpha = $ Eingriffswinkel des Bezugsprofils bzw. des erzeugenden Zahnstangenwerkzeuges mit der Teilung $t = \pi$

$z = $ Zähnezahl des kleinen Rades

$r_o = $ Teilkreishalbmesser des kleinen Rades

$x = $ Profilverschiebung des Werkzeuges beim kleinen Rad

$t_{d_o} = $ Zahndicke am Teilkreis des kleinen Rades

$r_v = $ Wälzkreishalbmesser des kleinen Rades bei spielfreiem Kämmen mit dem großen Rad

$r_i = $ Fußkreishalbmesser des kleinen Rades

$r_a = $ Kopfkreishalbmesser des kleinen Rades

$Z = $ Zähnezahl des großen Rades

R_o = Teilkreishalbmesser des großen Rades

X = Profilverschiebung des Werkzeuges beim großen Rad

T_{d_o} = Zahndicke am Teilkreis des großen Rades

R_v = Wälzkreishalbmesser des großen Rades bei spielfreiem Kämmen mit dem kleinen Rad

R_i = Fußkreishalbmesser des großen Rades

R_a = Kopfkreishalbmesser des großen Rades

$a = R_o + r_o$ = Achsenabstand eines „O“-Getriebes mit den gegebenen Zähnezahlen

$a_v = R_v + r_v$ = Achsenabstand des „V“-Getriebes

α_v = Eingriffswinkel des „V“-Getriebes (Pressungswinkel an den Halbmessern r_v bzw. R_v)

S_k = ein vom Zahnstangenwerkzeug am O-Rade erzeugtes Kopfspiel

h = gemeinsame Zahnhöhe eines mit dem Zahnstangenwerkzeug erzeugten O-Getriebes

h_v = gemeinsame Zahnhöhe des V-Getriebes bei dem Kopfspiel S_k.

Nach Aufgabe 10, Abschnitt III ergibt sich für Modul 1, da $t = \pi$

$$x = \left(t_{d_o} - \frac{\pi}{2}\right)\frac{\cotg \alpha}{2},$$

oder

$$t_{d_o} = \frac{\pi}{2} + 2x \tang \alpha \tag{79a}$$

und auf die gleiche Weise

$$T_{d_o} = \frac{\pi}{2} + 2X \tang \alpha. \tag{79b}$$

Gleichung (43) in Aufgabe 8 desselben Abschnittes ergibt nach Einsetzung der Werte von t_{d_o} und T_{d_o} und der Teilkreishalbmesser

$$r_o = \frac{z}{2} \quad \text{und} \quad R_o = \frac{Z}{2}$$

$$\inv \alpha_v = \frac{z\,[\pi + 2\,(x + X)\ \tang \alpha] - 2\,\pi\,\dfrac{z}{2}}{2\,\dfrac{z}{2}\,(z + Z)} + \inv \alpha,$$

oder

$$\inv \alpha_v = \frac{2\,(x + X)}{z + Z}\tang \alpha + \inv \alpha. \tag{80}$$

Nach Gleichung (44) ist

$$a_v = \frac{a \cos \alpha}{\cos \alpha_v}. \tag{81}$$

Der Achsenabstand setzt sich zusammen: aus der Summe der Fußkreishalbmesser, aus dem doppelten Kopfspiel und aus der gemeinsamen Zahnhöhe.

Der Fußkreishalbmesser eines O-Rades mit dem Teilkreishalbmesser r_o ist

$$r_o - \frac{h}{2} - S_k.$$

Infolge der Profilverschiebung x wird der Fußkreishalbmesser um x größer

$$r_i = r_o - \frac{h}{2} - S_k + x \, ,$$

dementsprechend ergibt sich der Fußkreishalbmesser des großen Rades

$$R_i = R_o - \frac{h}{2} - S_k + X \, .$$

Wir nehmen nun beim V-Getriebe das Kopfspiel unverändert zu S_k an, dann ergibt sich:

$$r_i + R_i + h_v + 2\,S_k = a_v \, .$$

Werden die obigen Werte von r_i und R_i eingesetzt, berücksichtigt man ferner $r_o + R_o = a$, so ergibt sich

$$h_v = h - [(x + X) + (a - a_v)] \, .$$

Die gemeinsame Zahnhöhe wird um den Betrag

$$h - h_v = x + X - (a_v - a) \qquad (82)$$

kleiner als bei einem „O“-Getriebe.

Die aus DIN 870 entnommene Abb. 84 zeigt Rad und Gegenrad in einer Lage, in welcher sich die beiden Bezugsprofile überdecken. Der Achsenabstand in dieser Lage ist gleich $a + x + X$. Wie aus Abb. 84 ersichtlich, findet eine Berührung der Flanken von Rad und Gegenrad nicht statt. Um einen spielfreien Eingriff (Achsenabstand a_v) zu erzielen, muß der Achsenabstand $a + x + X$ gekürzt werden. Es ist also

$$a + x + X > a_v \, ,$$

$$h - h_v = x + X + (a - a_v) > 0 \, .$$

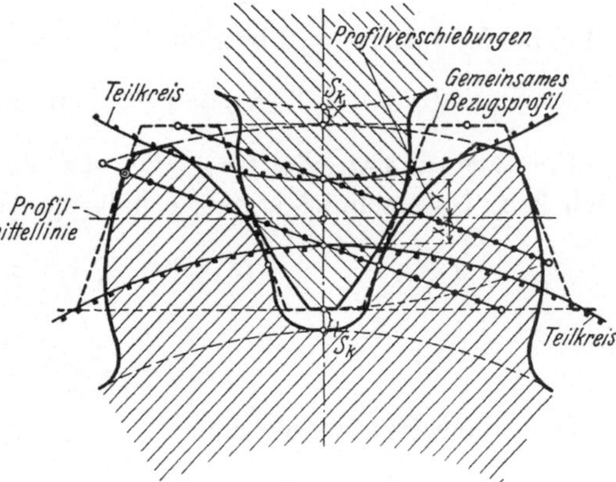

Abb. 84. Zwei „V“-Räder bei Deckung ihrer Bezugsprofile (Maschinenbau: DIN-Mitteilungen, Band 12, Heft 13, S. 456).

Dies gilt sowohl für positive, als auch für negative Profilverschiebungen. Soll also bei einem „V“-Getriebe das Kopfspiel ebenso groß wie bei einem „O“-Getriebe werden, so muß die gemeinsame Zahnhöhe um den Betrag $h - h_v$ gekürzt werden.

Ist

$$x + X = 0 \qquad (V\text{-}O\text{-Getriebe}) \, ,$$

so ergibt sich aus Gleichung (80)

$$\operatorname{inv} \alpha_v = \operatorname{inv} \alpha \qquad \text{also} \qquad \alpha_v = \alpha \, ;$$

Gleichung (81) und (82) ergeben

$$a_v = a \,,$$

$$h_v = h \,,$$

d. h. wenn die Summe der Profilverschiebungen O beträgt, so sind Eingriffswinkel, Achsenabstand und Zahnhöhe die gleichen wie bei O-Getrieben.

Die Wahl der Profilverschiebungen für kleine Zähnezahlen erfolgt nach folgenden Gesichtspunkten:

Nach Aufgabe 15, Abschnitt III, Gleichung (60) ergibt sich der Grenzfußkreishalbmesser zu

$$r_{gr} = r_0 \cos^2 \alpha - S_k \,.^*$$

Die Unterschreitung dieses Wertes führt zu einem Unterschnitt. Würde man die Profilverschiebung x_{gr} so wählen, daß der Unterschnitt ganz fortfällt, so wäre

also
$$r_0 \cos^2 \alpha - S_k = r_0 + x_{gr} - \frac{h}{2} - S_k \,,$$

$$x_{gr} = \frac{h}{2} - r_0 \sin^2 \alpha \,. \tag{83}$$

Da bei den „O“-Getrieben des DIN-Systems die gemeinsame Zahnhöhe, bei Modul 1, $h = 2$ beträgt, und $r_0 = \frac{z}{2}$, so wäre im Grenzfall

$$x_{gr} = 1 - \frac{z}{2} \sin^2 \alpha \,. \tag{84}$$

Die Grenzzähnezahl z_{gr}, bei der ohne Profilverschiebung sich noch kein Unterschnitt ergibt, erhält man aus

$$O = 1 - \frac{z_{gr}}{2} \sin^2 \alpha$$

zu
$$z_{gr} = \frac{2}{\sin^2 \alpha} \,. \tag{85}$$

Dies eingesetzt, würde sich

$$x_{gr} = \frac{z_{gr} - z}{z_{gr}} \tag{86}$$

ergeben. Bei $z < z_{gr}$ müßte zwecks Vermeidung des Unterschnittes eine aus Gleichung (86) zu bestimmende Profilverschiebung angebracht werden. Im DIN-System für kleine Zähnezahlen setzt indessen die Profilverschiebung nicht bei der Grenzzähnezahl

$$z_{gr} = \frac{2}{\sin^2 \alpha} = \frac{2}{\sin^2 20^0} \backsimeq 17 \,,$$

sondern erst bei 14 Zähnen ein; dementsprechend wird im DIN-System

---

* Es wird hierbei angenommen, daß die Höhe der Abrundung ϱ des Zahnstangenwerkzeuges gleich dem Kopfspiel S_k gewählt wird.

mit kleinen Zähnezahlen unter 14 die Profilverschiebung aus der Gleichung

$$x = \frac{14 - z}{17} \cong \frac{14 - z}{z_{gr}} \qquad (87)$$

bestimmt. Bei diesen Profilverschiebungen ergibt sich noch ein kleiner Unterschnitt.

Der Betrag u, um welchen der Grenzfußkreishalbmesser unterschritten wird, ist gleich

$$u = x_{gr} - x \cong \frac{z_{gr} - 14}{z_{gr}}, \qquad (88)$$

$$u \cong \frac{17 - 14}{17} \cong 0,1765.$$

Die radiale Höhe des durch den Unterschnitt entfernten Evolventenprofilabschnittes ist nach Aufgabe 16, Abschnitt III, Gleichung (65):

$$y = \frac{1,1369 \, u^2}{r_0} = \frac{0,0354}{r_0}. \qquad (89)$$

Die durch den Unterschnitt entfernte Eingriffsstrecke beträgt:

$$\sqrt{(g + y)^2 - g^2} = \sqrt{2 y g + y^2}.$$

y ist nun sehr klein gegenüber g. Bei der kleinsten Zähnezahl 6 ist z. B.

$$y = \frac{0,0354}{3} = 0,0118,$$

$$2 g = 6 \cos 20^0 = 5,6381.$$

y^2 kann dementsprechend neben $2 y g$ vernachlässigt werden; der Fehler beträgt nur etwa $^{1}/_{10}\%$.

Dementsprechend wird

$$\sqrt{(g + y)^2 - g^2} \cong \sqrt{2 g y} \cong \sqrt{\frac{2 \cdot g \cdot 1,1369 \, u^2 \cos 20^0}{g}} \cong u \sqrt{2,14} \cong 1,46 \, u. \quad (90)$$

Aus Gleichung (88)

$$u \cong \frac{17 - 14}{17} \cong 0,1765$$

eingesetzt, ergibt sich für sämtliche Räder unter 14 Zähnen und auch für 14 Zähne die Eingriffsstreckenverminderung infolge Unterschnittes zu

$$\sqrt{(g + y)^2 - g^2} \cong 0,258.$$

Die Gleichung (87)

$$x = \frac{14 - z}{17}$$

läßt sich auch bei Zähnezahlen über 14 anwenden, sie ergibt in diesem Fall die größte zulässige negative Profilverschiebung, die z. B. bei den „V-O"-Getrieben zur Anwendung kommen könnte. Bei Anwendung dieser Profilverschiebung findet auch infolge Unterschnittes stets die gleiche Eingriffsstreckenverminderung von 0,258 statt. Für ein großes Rad mit der Zähnezahl über 14 darf also die tatsächlich ausgeführte negative Profilverschiebung X dem absoluten Wert nach nicht den absoluten Wert der rechten Seite der Gleichung (87) überschreiten, d. h.

$$-X \leqq \frac{Z-14}{17},$$

$$X \geqq \frac{14-Z}{17}.$$

Für das kleine Rad mit 14 Zähnen oder darunter ergibt Gleichung (87) stets die anzubringende Profilverschiebung, d. h.

$$x = \frac{14-z}{17},$$

nach Addition der beiden Beziehungen erhält man

$$x + X \geqq \frac{28-(z+Z)}{17}. \tag{91}$$

Bei einem „V-O"-Getriebe ist

$$x + X = 0,$$

dies in Gleichung (91) eingesetzt, ergibt sich

$$z + Z \geqq 28.$$

„V-O"-Getriebe sind daher nur anzuwenden, wenn die Summe der Zähnezahlen 28 oder darüber beträgt, bei kleineren Zähnezahlsummen wäre der Unterschnitt des großen Rades zu groß.

Liegen die Zähnezahlen beider Räder unter 14, so ist die Summe der Profilverschiebungen

$$x + X = \frac{28-(z+Z)}{17} \quad [\text{vgl.}\,(91)]$$

lediglich von der Summe der Zähnezahlen abhängig. Da nach Gleichung (80) der Eingriffswinkel der Räderpaarung α_v durch $x + X$ und $z + Z$ bestimmt wird ($\alpha = 20^0$ gegeben) und $x + X$ nur von $z + Z$ abhängig ist, ist α_v auch durch $z + Z$ eindeutig bestimmt, ebenso der Achsenabstand a_v, der durch α_v und $a = \frac{z+Z}{2}$ nach Gleichung (81), und die gemeinsame Zahnhöhe h_v, die nach Gleichung (82) von $x + X$ und $a_v - a$ bestimmt werden.

Werden also „V"-Räder unter 14 Zähnen mit Profilverschiebungen nach DIN 870 entsprechend Gleichung (87) ausgeführt, so haben die aus zwei derartigen Rädern bestehenden Getriebe mit verschiedenen Übersetzungsverhältnissen, jedoch mit gleichen Zahnsummen, die gleichen Achsenabstände, Eingriffswinkel und Zahnhöhen. Sie können also, wie

„V-O"- oder „O"-Getriebe zur Erzielung verschiedener Übersetzungsverhältnisse zwischen zwei parallelen Wellen, z.B. auch als Aufsteckwechselräder dienen. Bei diesen Getrieben wie auch bei den Getrieben aus Rädern unter 40 Zähnen im $14\frac{1}{2}^{\circ}$ unterschnittsfreien „V"-Satzverzahnungssystem, ist die Austauschbarkeit der Räderpaare mit gleichen Zähnezahlsummen durch die lineare Beziehung zwischen Zähnezahl und Profilverschiebung ermöglicht.

Wird auf eine derartige Austauschbarkeit auch bei Getrieben Wert gelegt, die aus einem „V"-Rad unter 14 Zähnen und einem Rad mit einer Zähnezahl über 14 Zähnen bestehen, so ist mit Vorteil ein im DIN-System vorgesehenes „V-O"-Getriebe anzuwenden. „V-O"-Getriebe haben bei gleichen Zähnezahlsummen die gleichen Achsenabstände wie „O"-Getriebe und sind daher in dem obigen Sinne untereinander und mit den „O"-Getrieben austauschbar. — „V-O"-Getriebe sind indessen nur dann zu verwerden, wenn die Summe der Zähnezahlen mindestens 28 beträgt. Unter 28 Zähnen sind im DIN-System keine Möglichkeiten zur Bildung von Getrieben vorgesehen, die aus einem Rad unter und einem Rad über 14 Zähnen bestehen und die in dem Sinne austauschbar sind, daß sie bei verschiedenen Übersetzungsverhältnissen, jedoch bei den gleichen Zähnezahlsummen die gleichen Achsenabstände aufweisen. Diese Lücke könnte dadurch ausgefüllt werden, daß man das große Rad mit einer negativen Profilverschiebung nach Gleichung (87) versieht. Das kleine Rad wird mit der normal vorgesehenen Profilverschiebung nach Gleichung (87) ausgeführt. Achsenabstand Eingriffswinkel und Zahnhöhe sind dieselben wie bei einem „V"-Getriebe aus zwei Rädern unter 14 Zähnen mit der gleichen Zähnezahlsumme.

„V"-Räder werden im allgemeinen nach dem Abwälzverfahren mit einem zahnstangenartigen Werkzeug oder gegebenenfalls mit einem Fellows-Schneidrad erzeugt. Es steht jedoch prinzipiell nichts im Wege, sie auch im Formfräsverfahren zu erzeugen. Es wäre insbesondere möglich, ein 20° reines Evolventen-Satzfräsersystem aufzubauen, bei dem die kleinen Zähnezahlen unter 14 mit einer Profilverschiebung nach der DIN 870 ausgeführt werden müßten. Bei der Paarung eines Rades unter 14 Zähnen mit einem Rad über 14 Zähnen würde man indessen das große Rad zweckmäßig stets als „O"-Rad ausführen — da ja die negative Profilverschiebung und dementsprechend die Zahnform bei den „V-O"-Getrieben nicht gleichbleibend für eine bestimmte Zähnezahl ist, sondern von der Zähnezahl des Gegenrades abhängt — beim Formverfahren jedoch kann vom Satzfräser für eine bestimmte Zähnezahl stets nur die gleiche Zahnform erzeugt werden. Bei einem aus einem „V"-Rad unter 14 Zähnen und einem „O"-Rad bestehenden Getriebe sind dagegen die Zahnformen bei einer bestimmten Zähnezahl stets die gleichen, nur die Zahnhöhe bzw. der Zahnkopf muß entsprechend der Summe der Zähnezahlen und Profilverschiebungen gekürzt werden; der Erzeugung im Formverfahren mit einem Satzfräser steht also nichts im Wege. Die Paarung eines „V"-Rades mit einem „O"-Rad bietet auch Vorteile bei aus mehreren Rädern zusammengesetzten Getrieben. Es soll z. B. ein Rad mit 20 Zähnen gleichzeitig mit einem Rad von 8 Zähnen und mit einem Rad von 40 Zähnen gepaart werden. Die bequemste Ausführungsform ist dann, die Räder mit den Zähnezahlen 20 und 40 als „O"-Räder und nur das kleine Rad mit der Zähnezahl 8 als „V"-Rad auszubilden. Die Verwendung eines „V-O"-Getriebes bei der Übersetzung 8 : 20 würde zu einer anormalen Ausführung des 40er Rades führen. Bei den aus der Paarung eines „V"- und eines „O"-Rades entstehenden „V"-Getrieben sind die Achsenabstände, Eingriffswinkel und Zahnhöhen auch bei gleichen Zähnezahlsummen nicht gleichbleibend, sondern von der Zähnezahl des „V"-Rades abhängig.

Folgende zahlenmäßige Unterlagen dienen zur schnellen und bequemen Errechnung der „V-O"- bzw. „V"-Getriebe. Die Profilverschiebungen nach Gleichung

$$x = \frac{14 - z}{17}$$

sind in folgender Zusammenstellung enthalten:

Tabelle 17.
Profilverschiebungen bei kleinen Zähnezahlen nach DIN 870.

$z =$	6	7	8	9	10	11	12	13	14
$x =$	0,471	0,412	0,353	0,294	0,235	0,177	0,118	0,059	0

$z =$	15	16	17	18	19	20	21	22	23	24
$x =$	−0,059	−0,118	−0,177	−0,235	−0,294	−0,353	−0,412	−0,471	−0,529	−0,588

Die Zähnezahlen 6 bis 14 sind im DIN-System stets mit den angegebenen Profilverschiebungen auszuführen. Bei Zähnezahlen über 14 sind die angeführten Werte die äußersten zulässigen negativen Profilverschiebungen bei den großen Rädern, z. B. in „V-O"-Getrieben.

Die Abmessungen der „V-O"-Getriebe ergeben sich bei Verwendung des normalen 20°-Wälzwerkzeuges wie folgt:

Summe der Zähnezahlen $z + Z \geqq 28$
Eingriffswinkel · · · · · · · · · 20°
Gemeinsame Zahnhöhe · · · · · 2 mm
Kopfspiel · · · · · · · · · · · 0,2 „

Nach DIN 867 sind Werte von 0,1 bis 0,3 zulässig. Nimmt man nicht 0,2, sondern andere Werte für das Kopfspiel an, so ändern sich die Werte für Zahnhöhe und Fußkreishalbmesser dementsprechend.

Zähnezahl	z	Z
Profilverschiebung	x	$X = -\alpha$
Teilkreishalbmesser	$r_0 = \dfrac{z}{2}$	$R_0 = \dfrac{Z}{2}$
Kopfkreishalbmesser	$r_a = \dfrac{z}{2} + 1 + x$	$R_a = \dfrac{Z}{2} + 1 - x$
Fußkreishalbmesser	$r_i = \dfrac{z}{2} - 1{,}2 + x$	$R_i = \dfrac{Z}{2} - 1{,}2 - x$
Achsenabstand	$a = \dfrac{z + Z}{2}$	

Beispiel. Es sind die Abmessungen eines „V-O"-Getriebes 8 : 22, Modul 1, zu bestimmen. $22 + 8 = 30 > 28$; ein „V-O"-Getriebe ist also möglich.

$$r_0 = 8/2 = 4 \text{ mm}$$
$$R_0 = 22/2 = 11 \text{ „}$$
$$\text{Zahnhöhe} = 2{,}2 \text{ mm}$$
$$x = 0{,}353 \text{ mm (aus der Tabelle 17)}$$
$$r_a = 4 + 1 + 0{,}353 = 5{,}353 \text{ mm}$$
$$R_a = 11 + 1 - 0{,}353 = 11{,}647 \text{ „}$$
$$r_i = 4 - 1{,}2 + 0{,}353 = 3{,}153 \text{ „}$$
$$R_i = 11 - 1{,}2 - 0{,}353 = 9{,}447 \text{ „}$$
$$a = 4 - 11 = 15 \text{ mm.}$$

Tabelle 18. Verringerung der Kopfhöhe und Eingriffswinkel bei „V"-Getrieben mit Profilverschiebungen nach Tabelle 17.

$z + Z$	$x + X$	$h - h_v$	α_v
28	0	0	20^0
27	0,059	0,001	$20^0\,40'$
26	0,118	0,004	$21^0\,20'$
25	0,177	0,008	22^0
24	0,235	0,014	$22^0\,40'$
23	0,294	0,022	$23^0\,22'$
22	0,353	0,032	$24^0\,4'$
21	0,412	0,044	$24^0\,47'$
20	0,471	0,057	$25^0\,32'$
19	0,529	0,072	$26^0\,18'$
18	0,588	0,089	$27^0\,5'$
17	0,647	0,108	$27^0\,55'$
16	0,706	0,129	$28^0\,47'$
15	0,765	0,151	$29^0\,42'$

Bei „V"-Getrieben, bei welchen die Profilverschiebungen von Rad und Gegenrad der Tabelle 17 entsprechen, kann die Verringerung der Zahnhöhe $h - h_v$ bei gleichbleibendem Kopfspiel und der Eingriffswinkel der Räderpaarung α_v aus der nebenstehenden Tabelle entnommen werden.

Mit Hilfe dieser Tabelle ergeben sich die folgenden Werte:

Gemeinsame Zahnhöhe	$= 2 - (h - h_v)$	
Zahnhöhe	$= 2{,}2 - (h - h_v)$	
Kopfspiel	$= 0{,}2$	
Zähnezahl	z	Z
Profilverschiebung	x	X
Teilkreishalbmesser	$r_0 = \dfrac{z}{2}$	$R_0 = \dfrac{Z}{2}$
Kopfkreishalbmesser	$r_a = \dfrac{z}{2} + 1 + x - (h - h_v)$	$R_a = \dfrac{Z}{2} + 1 + X - (h - h_v)$
Fußkreishalbmesser	$r_i = \dfrac{z}{2} - 1{,}2 + x$	$R_i = \dfrac{Z}{2} - 1{,}2 + X$
Achsenabstand	$a_v = \dfrac{z + Z}{2} + x + X - (h - h_v)$	

1. Beispiel. Es sollen die Abmessungen des Räderpaares $8 : 10$ Modul 1 bestimmt werden.

$$z = 8 \qquad Z = 10$$

Aus Tabelle 17 ergibt sich:

$$x = 0{,}353 \text{ mm} \qquad X = 0{,}235 \text{ mm} \qquad z + Z = 18$$

Aus Tabelle 18 ergibt sich:

$$h - h_v = \;\; 0{,}089 \text{ mm}$$
$$\alpha_v = 27^0 \; 5'$$
$$\text{Zahnhöhe} = 2{,}2 - 0{,}089 = 2{,}111$$
$$r_0 = 4 \text{ mm} \qquad R_0 = 5 \text{ mm}$$
$$r_a = 4 + 1 + 0{,}353 - 0{,}089 = 5{,}264 \text{ mm}$$
$$R_a = 5 + 1 + 0{,}235 - 0{,}089 = 6{,}146 \;\; ,,$$
$$r_i = 4 - 1{,}2 + 0{,}353 = 3{,}153 \text{ mm}$$
$$R_i = 5 - 1{,}2 + 0{,}235 = 4{,}035 \;\; ,,$$
$$a_v = 4 + 5 + 0{,}353 + 0{,}235 - 0{,}089 = 9{,}499 \text{ mm}$$

2. Beispiel. Es sollen die Abmessungen des „V“-Getriebes 8 : 16, Modul 1, bestimmt werden. Der Achsenabstand sei der gleiche wie bei dem normalen „V“-Getriebe bei der Übersetzung 12 : 12.

Die Summe der Zähnezahlen und die Summe der Profilverschiebungen stimmen bei beiden Übersetzungen überein. Dies wird der Fall, wenn beide Räder bei der Übersetzung 8 : 16 — auch das große Rad, das normalerweise als „O“-Rad ausgeführt wird — eine negative Profilverschiebung nach Tabelle 17 erhält.

Es ist demnach

$$x = 0{,}353 \text{ mm} \qquad X = -\,0{,}118 \text{ mm} \qquad z + Z = 24$$

Tabelle 18 ergibt:

$$h - h_v = 0{,}014 \text{ mm}$$
$$\text{Zahnhöhe} = 2{,}2 - 0{,}014 = 2{,}186 \text{ mm}$$
$$\alpha_v = 22^0 \; 40'$$
$$r_0 = 4 \text{ mm} \qquad R_0 = 8 \text{ mm}$$
$$r_a = 4 + 1 + 0{,}353 - 0{,}014 = 5{,}339 \text{ mm}$$
$$R_a = 8 + 1 - 0{,}118 - 0{,}014 = 8{,}868 \;\; ,,$$
$$r_i = 4 - 1{,}2 + 0{,}353 = 3{,}153 \text{ mm}$$
$$R_i = 8 - 1{,}2 - 0{,}118 = 6{,}682 \;\; ,,$$
$$a_v = 4 + 8 + 0{,}353 - 0{,}118 - 0{,}014 = 12{,}221 \text{ mm}.$$

Tabelle 19 enthält die Werte für die Verringerung der Zahnhöhen für „V“-Getriebe, die aus einem „V“-Rad unter 14 Zähnen und aus einem „O“-Rad bestehen. Die Bestimmung der Zahnabmessungen erfolgt auf die gleiche Weise, wie bei aus zwei „V“-Rädern bestehenden „V“-Getrieben. Es ergibt sich also:

Gemeinsame Zahnhöhe	$= 2 - (h - h_v)$	
Zahnhöhe	$= 2{,}2 - (h - h_v)$	
Kopfspiel	$= 0{,}2$	
Zähnezahl	z	Z
Teilkreishalbmesser	$r_0 = z/2$	$R_0 = Z/2$
Profilverschiebung	x	O
Kopfkreishalbmesser	$r_a = z/2 + x + 1 - (h - h_v)$	$R_a = Z/2 + 1 - (h - h_v)$
Fußkreishalbmesser	$r_i = z/2 + x - 1{,}2$	$R_i = Z/2 - 1{,}2$
Achsenabstand	$a_v = \dfrac{z + Z}{2} + x - (h - h_v)$	

Tabelle 19.

DieVerringerung derZahnhöhe $h-h_v$ beiauseinem „V“-Radmitweniger als 14 Zähnen und aus einem „O“-Rad bestehenden „V“-Getrieben.

Zähnezahl des großen Rades	Zähnezahl des kleinen Rades							
	6	7	8	9	10	11	12	13
15	0,055	0,042	0,031	0,021	0,014	0,008	0,003	0,001
16	0,053	0,041	0,030	0,021	0,013	0,007	0,003	0,001
17	0,051	0,039	0,029	0,020	0,013	0,007	0,003	0,001
18	0,050	0,038	0,028	0,019	0,012	0,007	0,003	0,001
19	0,048	0,037	0,027	0,019	0,012	0,007	0,003	0,001
20	0,047	0,036	0,026	0,018	0,012	0,007	0,003	0,001
21	0,045	0,035	0,026	0,018	0,011	0,006	0,003	0,001
22	0,044	0,034	0,025	0,017	0,011	0,006	0,003	0,001
23	0,043	0,033	0,024	0,017	0,011	0,006	0,003	0,001
24	0,042	0,032	0,024	0,016	0,010	0,006	0,003	0,001
25	0,041	0,031	0,023	0,016	0,010	0,006	0,003	0,001
26	0,040	0,030	0,022	0,015	0,010	0,006	0,002	0,001
27	0,039	0,030	0,022	0,015	0,010	0,005	0,002	0,001
28	0,038	0,029	0,021	0,015	0,009	0,005	0,002	0,001
29	0,037	0,028	0,021	0,014	0,009	0,005	0,002	0,001
30	0,036	0,028	0,020	0,014	0,009	0,005	0,002	0,001
31	0,035	0,027	0,020	0,014	0,009	0,005	0,002	0,001
32	0,035	0,026	0,019	0,013	0,009	0,005	0,002	0,001
33	0,034	0,026	0,019	0,013	0,008	0,005	0,002	0,001
34	0,033	0,025	0,019	0,013	0,008	0,005	0,002	0,001
35	0,032	0,025	0,018	0,013	0,008	0,005	0,002	0,001
36	0,032	0,024	0,018	0,012	0,008	0,004	0,002	0,000
37	0,031	0,024	0,018	0,012	0,008	0,004	0,002	
38	0,031	0,023	0,017	0,012	0,008	0,004	0,002	
39	0,030	0,023	0,017	0,012	0,008	0,004	0,002	
40	0,029	0,022	0,017	0,012	0,007	0,004	0,002	
41	0,029	0,022	0,016	0,011	0,007	0,004	0,002	
42	0,028	0,022	0,016	0,011	0,007	0,004	0,002	
43	0,028	0,021	0,016	0,011	0,007	0,004	0,002	
44	0,027	0,021	0,015	0,011	0,007	0,004	0,002	
45	0,027	0,021	0,015	0,011	0,007	0,004	0,002	
46	0,027	0,020	0,015	0,010	0,007	0,004	0,002	
47	0,026	0,020	0,015	0,010	0,007	0,004	0,002	
48	0,026	0,020	0,014	0,010	0,006	0,004	0,002	
49	0,025	0,019	0,014	0,010	0,006	0,004	0,002	
50	0,025	0,019	0,014	0,010	0,006	0,004	0,002	
51	0,024	0,019	0,014	0,010	0,006	0,003	0,002	
52	0,024	0,018	0,014	0,009	0,006	0,003	0,002	
53	0,024	0,018	0,013	0,009	0,006	0,003	0,001	
54	0,023	0,018	0,013	0,009	0,006	0,003	0,001	
55	0,023	0,018	0,013	0,009	0,006	0,003	0,001	
56	0,023	0,017	0,013	0,009	0,006	0,003	0,001	
57	0,022	0,017	0,013	0,009	0,006	0,003	0,001	
58	0,022	0,017	0,012	0,009	0,006	0,003	0,001	
59	0,022	0,017	0,012	0,009	0,005	0,003	0,001	
60	0,021	0,016	0,012	0,008	0,005	0,003	0,001	
61	0,021	0,016	0,012	0,008	0,005	0,003	0,001	
62	0,021	0,016	0,012	0,008	0,005	0,003	0,001	
63	0,021	0,016	0,012	0,008	0,005	0,003	0,001	

Tabelle 19 (Fortsetzung).

Zähnezahl des großen Rades	Zähnezahl des kleinen Rades						
	6	7	8	9	10	11	12
64	0,020	0,016	0,011	0,008	0,005	0,003	0,001
65	0,020	0,015	0,011	0,008	0,005	0,003	0,001
66	0,020	0,015	0,011	0,008	0,005	0,003	0,001
67	0,020	0,015	0,011	0,008	0,005	0,003	0,001
68	0,019	0,015	0,011	0,008	0,005	0,003	0,001
69	0,019	0,015	0,011	0,008	0,005	0,003	0,001
70	0,019	0,014	0,011	0,007	0,005	0,003	0,001
71	0,019	0,014	0,011	0,007	0,005	0,003	0,001
72	0,018	0,014	0,010	0,007	0,005	0,003	0,001
73	0,018	0,014	0,010	0,007	0,005	0,003	0,001
74	0,018	0,014	0,010	0,007	0,005	0,003	0,001
75	0,018	0,014	0,010	0,007	0,004	0,003	0,001
76	0,018	0,014	0,010	0,007	0,004	0,002	0,001
77	0,017	0,013	0,010	0,007	0,004	0,002	0,001
78	0,017	0,013	0,010	0,007	0,004	0,002	0,001
79	0,017	0,013	0,010	0,007	0,004	0,002	0,001
80	0,017	0,013	0,010	0,007	0,004	0,002	0,001
81	0,017	0,013	0,009	0,007	0,004	0,002	0,001
82	0,017	0,013	0,009	0,006	0,004	0,002	0,001
83	0,016	0,013	0,009	0,006	0,004	0,002	0,001
84	0,016	0,012	0,009	0,006	0,004	0,002	0,001
85	0,016	0,012	0,009	0,006	0,004	0,002	0,001
86	0,016	0,012	0,009	0,006	0,004	0,002	0,001
87	0,016	0,012	0,009	0,006	0,004	0,002	0,001
88	0,016	0,012	0,009	0,006	0,004	0,002	0,001
89	0,015	0,012	0,009	0,006	0,004	0,002	0,001
90	0,015	0,012	0,009	0,006	0,004	0,002	0,001
91	0,015	0,012	0,009	0,006	0,004	0,002	0,001
92	0,015	0,011	0,008	0,006	0,004	0,002	0,001
93	0,015	0,011	0,008	0,006	0,004	0,002	0,001
94	0,015	0,011	0,008	0,006	0,004	0,002	0,001
95	0,015	0,011	0,008	0,006	0,004	0,002	0,001
96	0,014	0,011	0,008	0,006	0,004	0,002	0,001
97	0,014	0,011	0,008	0,006	0,004	0,002	0,001
98	0,014	0,011	0,008	0,006	0,004	0,002	0,001
99	0,014	0,011	0,008	0,006	0,004	0,002	0,001
100	0,014	0,011	0,008	0,005	0,003	0,002	0,001
101	0,014	0,011	0,008	0,005	0,003	0,002	0,001
102	0,014	0,010	0,008	0,005	0,003	0,002	0,001
103	0,014	0,010	0,008	0,005	0,003	0,002	0,001
104	0,013	0,010	0,008	0,005	0,003	0,002	0,001
105	0,013	0,010	0,008	0,005	0,003	0,002	0,001
106	0,013	0,010	0,007	0,005	0,003	0,002	0,001
107	0,013	0,010	0,007	0,005	0,003	0,002	0,001
108	0,013	0,010	0,007	0,005	0,003	0,002	0,001
109	0,013	0,010	0,007	0,005	0,003	0,002	0,001
110	0,013	0,010	0,007	0,005	0,003	0,002	0,001
111	0,013	0,010	0,007	0,005	0,003	0,002	0,001
112	0,013	0,010	0,007	0,005	0,003	0,002	0,001
113	0,013	0,010	0,007	0,005	0,003	0,002	0,001
114—120	0,012	0,009	0,007	0,005	0,003	0,002	0,001

Beispiel. Es sollen die Abmessungen eines „V"-Getriebes 8 : 16, Modul 1, bestimmt werden. Das große Rad sei normal als „O"-Rad ohne Profilverschiebung ausgeführt.

Nach Tabelle 19 ist:

$$h - h_v = 0{,}030 \text{ mm}$$
$$\text{Zahnhöhe} = 2{,}2 - 0{,}03 = 2{,}170 \text{ mm}$$
$$r_0 = 4 \text{ mm} \qquad R_0 = 8 \text{ mm}$$
$$x = 0{,}353 \text{ mm} \quad (\text{s. Tabelle 17})$$
$$r_a = 4 + 1 \ + 0{,}353 - 0{,}030 = \ 5{,}323 \text{ mm}$$
$$R_a = 8 + 1 \ - 0{,}030 \qquad\quad = \ 8{,}97 \ \text{,,}$$
$$r_i = 4 - 1{,}2 + 0{,}353 \qquad\quad = \ 3{,}153 \ \text{,,}$$
$$R_i = 8 - 1{,}2 \qquad\qquad\quad = \ 6{,}800 \ \text{,,}$$
$$a_v = 8 + 4 \ + 0{,}353 - 0{,}030 = 12{,}323 \ \text{,,}$$

Bei der Zähnezahl 6 ist der größtmögliche Kopfkreishalbmesser bzw. Zahnhöhe auch durch die Zahnzuspitzung begrenzt. Nimmt man am Kopfkreis eine Zahndicke von 0,1 mm an, so entspricht dies einem Kopfkreishalbmesser von 4,398 mm. Dies kann folgendermaßen rechnerisch bestätigt werden.

Es sei

Teilkreishalbmesser	$= r_0 = 3$ mm
Kopfkreishalbmesser	$= r_a = 4{,}398$ mm
Eingriffswinkel des Bezugsprofils	$= \alpha = 20^0$
Pressungswinkel am Kopfkreis	$= \alpha_a$
Zahndicke am Teilkreis	$= t_{d_o}$
Zahndicke am Kopfkreis	$= t_{d_a}$
Teilung des Bezugsprofils	$= t = 3{,}1416$ mm
Profilverschiebung	$= x = 0{,}471$ mm (nach Tab. 17).

Nach Gleichung (72) ist

$$t_{d_o} = 2\,x\,\text{tang}\,\alpha + \frac{t}{2} = 1{,}914\,\text{mm}.$$

Nach Gleichung (39) ist

$$\cos \alpha_a = \frac{r_0 \cos \alpha}{r_a} = 0{,}64100,$$
$$\alpha_a = 50^0\,8'$$
$$\text{inv}\,\alpha_a = 0{,}32241\,.$$

Nach Gleichung (40) ist

$$t_{d_a} = 2\,r_a \left(\frac{t_{d_o}}{2\,r_0} + \text{inv}\,\alpha - \text{inv}\,\alpha_a \right) = 0{,}101 \text{ mm}\,.$$

Bei dem angenommenen Kopfkreishalbmesser ergibt sich also tatsächlich eine Zahndicke von $\sim 0{,}1$ mm.

Die Formel

$$r_a = \frac{z}{2} + x + 1 - (h - h_v),$$

ist daher bei $z = 6$ nur gültig, falls sie kleinere Werte als 4,398 ergibt; andernfalls ist

$$r_a = 4,398 \text{ mm.}$$

Der Fußkreishalbmesser bei der Zähnezahl 6 beträgt stets

$$r_i = \frac{z}{2} - 1,2 + x,$$

die Zahnhöhe

$$h = r_a - r_i.$$

Da

$$r_i = 3 - 1,2 + 0,471 = 2,271 \text{ mm,}$$

ist die Zahnhöhe nie größer als $= 4,398 - 2,271 = 2,127$ mm.

Die Zahnhöhe des Gegenrades über 6 Zähnen ergibt sich dagegen wie sonst auch bei den „V“-Getrieben zu $2,2 - (h - h_v)$.

Überdeckungsgrad und spezifische Gleitung können auf dieselbe Weise ermittelt werden wie in den vorhergehenden Abschnitten.

Tabelle 20 zeigt die Überdeckungsgrade für diejenigen aus „V“-Rädern bestehenden Getriebe, bei denen die Profilverschiebungen von Rad und Gegenrad nach Gleichung (87) bzw. Tabelle 17 gewählt sind. In diese Gruppe fallen Getriebe, bei denen die Zähnezahlen beider Räder 14 nicht übersteigen, ferner Getriebe, bei denen die Summe der Zähnezahlen nicht über 28, die Zähnezahl des mit negativer Profilverschiebung versehenen großen Rades über 14 liegt.

Die Tabelle wurde nicht über die Zähnezahlsumme 28 hinaus fortgesetzt, da in diesem Fall normalerweise die etwaige negative Profilverschiebung des großen Rades dem absoluten Wert nach gleich der positiven Profilverschiebung des kleinen Rades gewählt, d. h. das Getriebe als „V-O“-Getriebe ausgeführt wird. Der Überdeckungsgrad bei den „V-O“-Getrieben nach DIN 870 ist nur von der Zähnezahl des kleinen Rades abhängig, da die Eingriffsstrecke durch Kopfkreis und Unterschnitt des kleinen Rades begrenzt wird. Der Überdeckungsgrad kann auch aus Tabelle 20 entnommen werden; der größte Tabellenwert bei einer bestimmten Zähnezahl des kleinen Rades ist auch der Überdeckungsgrad bei einem aus dem betreffenden kleinen Rad und einem beliebigen großen Rad bestehenden „V-O“-Getriebe. Z. B. der Überdeckungsgrad bei den „V-O“-Getrieben $8:20$, $8:30$, $8:40$, $8:100$ beträgt hiernach nach Tabelle 20 1,202.

Bei den aus „V“-Rädern unter 14 Zähnen und „O“-Rädern über 14 Zähnen bestehenden „V“-Getrieben sind die Überdeckungsgrade im großen und ganzen wieder nur vom kleinen Rad abhängig; der Überdeckungsgrad ist indessen infolge der Verringerung der Zahnhöhe etwas kleiner als im „V-O“-System. Je größer die Zähne des Gegenrades, um so kleiner die Verringerung der Zahnhöhe und um so größer der

Überdeckungsgrad. Im Grenzfall der Zahnstange (Verringerung der Zahnhöhe O) stimmt der Überdeckungsgrad mit dem des „V-O"-Getriebes überein; dies ist der größtmögliche Überdeckungsgrad bei der Paarung des betreffenden kleinen „V"-Rades mit einem „O"-Rad. Der kleinste Überdeckungsgrad entsteht bei der Paarung des kleinen „V"-Rades mit einem 14zähnigen „O"-Rad; „O"-Räder mit noch kleinerer Zähnezahl scheiden infolge der großen Unterschneidung aus. Bei allen anderen Paarungen liegt der Überdeckungsgrad zwischen diesen beiden, aus Tabelle 20 zu entnehmenden Werten. Z. B. bei der Paarung eines 8zähnigen „V"-Rades mit einem 14zähnigen „O"-Rad ist der Überdeckungsgrad nach Tabelle 20 1,187, bei der Paarung mit einer Zahnstange beträgt er 1,202. Bei allen anderen Paarungen liegt der Überdeckungsgrad zwischen diesen Werten, er ändert sich verhältnismäßig nur wenig.

Tabelle 20.

Der Überdeckungsgrad bei „V"-Getrieben. Die Profilverschiebungen x von Rad und Gegenrad sind nach Gleichung (87) bzw. Tabelle 17 gewählt.

Zähnezahl des großen Rades	Zähnezahl des kleinen Rades							
	6	7	8	9	10	11	12	13
6	0,913							
7	0,950	0,990						
8	0,983	1,024	1,061					
9	1,014	1,056	1,095	1,130				
10	1,030	1,086	1,126	1,164	1,198			
11	1,040	1,107	1,155	1,194	1,230	1,264		
12	1,043	1,114	1,175	1,224	1,261	1,297	1,330	
13	1,055	1,120	1,181	1,236	1,288	1,327	1,356	1,397
14	1,055	1,127	1,187	1,241	1,292	1,337	1,379	1,418
15	1,055	1,133	1,192	1,245	1,295	1,339	1,380	1,418
16	1,055	1,137	1,195	1,248	1,297	1,341	1,381	
17	1,055	1,141	1,198	1,250	1,299	1,341		
18	1,055	1,143	1,200	1,252	1,300			
19	1,055	1,145	1,202	1,252				
20	1,055	1,147	1,202					
21	1,055	1,147						
22	1,055							

Beim 6zähnigen Rad wird der Überdeckungsgrad auch durch die Zuspitzung des Profils begrenzt. Von 13 Zähnen des Gegenrades aufwärts beträgt der Überdeckungsgrad stets 1,055, sowohl bei der Wahl der negativen Profilverschiebung des Gegenrades nach Gleichung (87) bzw. Tabelle 17, als auch bei der Anwendung des 6zähnigen Rades in „V-O"-Getrieben oder bei der Paarung desselben mit einem „O"-Rad.

Wir vergleichen nun an einigen Beispielen das mit geringem Unterschnitt ausgeführte DIN-System mit den in den vorhergehenden Unterabschnitten behandelten, praktisch unterschnittsfreien Systemen.

13*

Für die Übersetzung 10 : 10 ergibt sich:

	„V"-System nach DIN 870	$14\frac{1}{2}^{0}$ unterschnittsfreies „V"-Satzverzahnungssystem	Unterschnittsfreies „V-O"-Satzfräsersystem
Zähnezahl..................	10	10	10
Größter Krümmungshalbmesser des wirksamen Profils in mm	4,013	3,992	3,620
Kleinster Krümmungshalbmesser des wirksamen Profils in mm	0,475	1,069	0,606
Spezifische Gleitung am Kopf.........	+ 0,88	+ 0,74	+ 0,83
Spezifische Gleitung am Fuß	− 7,45	− 2,79	− 4,98
Überdeckungsgrad	1,198	0,961	1,058

Für die Übersetzung 10 : 40 ergibt sich:

	„V-O"-System nach DIN 870	„V"-System nach DIN 870 „V"-Rad mit „O"-Rad gepaart	$14\frac{1}{2}^{0}$ unterschnittsfreies „V"-Satzverzahnungssystem	Unterschnittsfreies „V-O"-Satzfräsersystem
Zähnezahl	10	10	10	10
Größter Krümmungshalbmesser des wirksamen Profils in mm	4,099	4,088	4,488	4,492
Kleinster Krümmungshalbmesser des wirksamen Profils in mm	0,258	0,258	0,414	0,363
Spezifische Gleitung am Kopf ...	+ 0,73	+ 0,69	+ 0,78	+ 0,77
Spezifische Gleitung am Fuß. ...	− 7	− 7,7	− 3,8	− 4,6
Zähnezahl	40	40	40	40
Größter Krümmungshalbmesser des wirksamen Profils in mm	8,293	8,940	7,905	8,188
Kleinster Krümmungshalbmesser des wirksamen Profils in mm	4,452	5,110	3,831	4,059
Spezifische Gleitung am Kopf ...	+ 0,87	+ 0,88	+ 0,79	+ 0,82
Spezifische Gleitung am Fuß. ...	− 2,7	− 2,2	− 3,7	− 3,4
Überdeckungsgrad.........	1,300	1,297	1,339	1,398

Die Überdeckungsgrade sind im DIN-System beinahe überall höher
— namentlich bei der Paarung 2 kleiner Räder —, die Gleitverhältnisse sind indessen ungünstiger als bei den unterschnittsfreien
Systemen. Bei fallender Zähnezahl werden im DIN-System die Gleitverhältnisse auf Kosten des Überdeckungsgrades günstiger. Z. B. sind
sie bei der Zähnezahl 10 des kleinen Rades günstiger als bei der

Zähnezahl 12. Es wäre jedoch leicht möglich, auch bei den größeren Zähnezahlen günstigere Gleitverhältnisse — allerdings auf Kosten des Überdeckungsgrades — zu erreichen. Es wäre dazu nur nötig, den Kopf des Gegenrades etwas zu kürzen. Hierdurch würde der kleinste Krümmungshalbmesser des wirksamen Profils vergrößert werden; dies würde eine geringere spezifische Gleitung am Fuß des kleinen Rades, aber auch einen kleineren Überdeckungsgrad, bewirken.

Für die Übersetzung 12 : 12 ergibt sich:

	„V"-System nach DIN 870	14½° unterschnittsfreies „V"-Satzverzahnungssystem	Unterschnittsfreies „V-O"- Satzfräsersystem
Zähnezahl	12	12	12
Größter Krümmungshalbmesser des wirksamen Profils in mm	4,321	4,412	4,083
Kleinster Krümmungshalbmesser des wirksamen Profils in mm	0,390	1,207	0,988
Spezifische Gleitung am Kopf	+ 0,91	+ 0,72	+ 0,76
Spezifische Gleitung am Fuß	− 10,1	− 2,65	− 3,1
Überdeckungsgrad	1,330	1,052	1,087

Diese Beispiele geben schon einen Überblick über die Vor- und Nachteile der einzelnen Systeme.

Die durchgerechneten Beispiele zeigen, daß zwischen „V-O"-Getrieben und den aus der Paarung eines „V"- und eines „O"-Rades entstehenden „V"-Getrieben im DIN-System sowohl bezüglich des Überdeckungsgrades als auch bezüglich der spezifischen Gleitung nur unwesentliche Unterschiede bestehen.

Zum Vergleich mit dem für kleine Zähnezahlen entwickelten 22½°-„V-O"-System diene umstehendes Beispiel (S. 198), in dem die verschiedenen Ausführungsformen bei der Übersetzung 6:20 einander gegenübergestellt sind.

Ein Vergleich beider Systeme ergibt einen kleineren Überdeckungsgrad, jedoch wesentlich günstigere Gleitungsverhältnisse im DIN-System als im 22½°-System. Beide Ausführungsformen des DIN-Systems haben den gleichen Überdeckungsgrad, die spezifische Gleitung jedoch ist bei der Paarung des kleinen „V"-Rades mit dem großen „O"-Rad etwas günstiger.

Die im unterschnittsfreien 22½°-„V-O"-System noch mögliche Übersetzung 5:19 läßt sich im DIN-System nicht mehr ausführen, da bei dem 5zähnigen Ritzel infolge der Zahnzuspitzung ein Überdeckungsgrad von 1 nicht mehr zu erzielen ist, falls die Profilverschiebung nach Gleichung (87) gewählt wird.

	„V"-System nach DIN 870, „V"-Rad mit „O"-Rad gepaart	„V"-Syst. nach DIN 870, negative Profilverschiebung bei $Z = 20$ nach Tabelle 17 $X = -0,353$ mm	$22\frac{1}{2}{}^0$- „V-O"-System
Zähnezahl	6	6	6
Größter Krümmungshalbmesser des wirksamen Profils in mm	3,376	3,376	3,372
Kleinster Krümmungshalbmesser des wirksamen Profils in mm	0,258	0,258	0,124
Spezifische Gleitung am Kopf . . .	+ 0,80	+ 0,88	+ 0,86
Spezifische Gleitung am Fuß . . .	− 5,2	− 4,3	− 10,7
Zähnezahl	20	20	20
Größter Krümmungshalbmesser des wirksamen Profils in mm	5,305	4,511	4,851
Kleinster Krümmungshalbmesser des wirksamen Profils in mm	2,187	1,393	1,603
Spezifische Gleitung am Kopf . . .	+ 0,84	+ 0,81	+ 0,91
Spezifische Gleitung am Fuß . . .	− 4,2	− 7,1	− 6,0
Überdeckungsgrad	1,055	1,055	1,119

Andererseits lassen sich im DIN-System noch Übersetzungsverhältnisse mit wesentlich kleineren Zähnezahlsummen ausführen als im $22\frac{1}{2}{}^0$-System.

Als Beispiel hierfür soll die Übersetzung $6:9$ behandelt werden. Die Werte sind in folgender Tabelle zusammengestellt:

	6	9
Zähnezahl	6	9
Größter Krümmungshalbmesser des wirksamen Profils	3,273	3,739
Kleinster Krümmungshalbmesser des wirksamen Profils	0,280	0,746
Spezifische Gleitung am Zahnkopf	0,85	0,89
Spezifische Gleitung am Zahnfuß	− 7,9	− 5,6
Überdeckungsgrad		1,014

Bemerkenswert ist die für diese Zähnezahl verhältnismäßig günstige spezifische Gleitung. Es ist überhaupt ein Kennzeichen des DIN-Systems, daß bei den kleinsten Zähnezahlen die spezifische Gleitung wieder günstiger wird, da infolge des Unterschnittes die für die spezifische Gleitung ungünstigen Profilteile in der Umgebung des Grundkreises fortfallen.

Durch Wahl entsprechender Profilverschiebungen, bei Beibehaltung des Grundgedankens des DIN-Systems, — der Zulassung kleiner Unterschneidungen — ist es möglich, die Zähnezahlgrenzen des DIN-Systems noch weiter herabzusetzen.

Die Wahl eines größeren Unterschnittes, d. h. kleinerer Profilverschiebungen ermöglicht die Ausführung kleinerer Zähnezahlsummen bei einem Überdeckungsgrad über 1. Wählt man z. B. bei der Übersetzung 7 : 7, die im DIN-System schon zu einem Überdeckungsgrad unter 1 führen würde, eine Profilverschiebung von $\frac{6}{17}$ statt $\frac{7}{17}$ im DIN-System, so ergeben sich folgende Werte:

$$x = 0,353 \text{ mm}$$
$$h - h_v = 0,138 \text{ mm}$$
$$r_a = 3,5 + 1 \quad + 0,353 - 0,138 = 4,715 \text{ mm}$$
$$r_i = 3,5 - 1,2 + 0,353 = 2,653 \text{ mm}$$
$$a_v = 3,5 + 3,5 + 0,353 + 0,353 - 0,138 = 7,568 \text{ mm.}$$

Hieraus ergeben sich für die Eingriffsverhältnisse folgende Kennziffern:

Größter Krümmungshalbmesser des wirksamen Profils	3,379
Kleinster Krümmungshalbmesser des wirksamen Profils	0,363
Spezifische Gleitung am Zahnkopf	+ 0,89
Spezifische Gleitung am Zahnfuß	− 8,3
Überdeckungsgrad	1,022

Die gleiche Zähnezahlsumme läßt sich auch bei der Übersetzung 6 : 8 ausführen, und zwar mit folgenden Profilverschiebungen:

$$x = \frac{8}{17} = 0,471 \text{ mm}$$
$$X = \frac{4}{17} = 0,235 \text{ „}$$

Die Summe der Profilverschiebungen, Achsenabstand und Verringerung der Zahnhöhe sind die gleichen wie im vorigen Beispiel. Es ist also:

$$h - h_v = 0,138 \text{ mm}$$
$$a_v = 7,568 \text{ mm}$$
$$r_a = 3 + 1 \quad + 0,471 - 0,138 = 4,333 \text{ mm}$$
$$R_a = 4 + 1 \quad + 0,235 - 0,138 = 5,097 \text{ mm}$$
$$r_i = 3 - 1,2 + 0,470 = 2,270 \text{ mm}$$
$$R_i = 4 - 1,2 + 0,235 = 3,035 \text{ mm}$$

Die Eingriffsverhältnisse sind durch folgende Ziffern gekennzeichnet:

	6	8
Zähnezahl	6	8
Größter Krümmungshalbmesser des wirksamen Profils	3,290	3,443
Kleinster Krümmungshalbmesser des wirksamen Profils	0,299	0,452
Spezifische Gleitung am Zahnkopf	+ 0,90	+ 0,89
Spezifische Gleitung am Zahnfuß	− 7,6	− 8,7
Überdeckungsgrad	1,013	

Die Übersetzungen 6 : 7 bzw. 6 : 6 lassen sich bei Benutzung des normalen 20°-Werkzeuges nicht mehr ausführen, da ein Überdeckungsgrad über 1 nicht mehr zu erzielen ist.

Die untere Grenze für die Zähnezahl des kleinen Rades ist im DIN-System durch die Zuspitzung des Profiles und die hierdurch bedingte Begrenzung des Überdeckungsgrades bestimmt.

Eine Vergrößerung des durch die Zuspitzung gegebenen Kopfkreisdurchmessers läßt sich durch Vergrößerung der Zahndicke im Teilkreis, d. h. durch eine größere Profilverschiebung erzielen. Wir wählen daher für die Zähnezahl 5 die Profilverschiebung $\frac{11}{17} = 0,647$ statt des sich aus der DIN-Formel ergebenden Wertes von $\frac{9}{17}$. Infolge der Vergrößerung der Profilverschiebung wird naturgemäß die untere Grenze der ausführbaren Zähnezahlsumme, bei welcher noch ein Überdeckungsgrad von 1 erreicht wird, größer.

Wir bestimmen zunächst den Kopfkreishalbmesser derart, daß die Zahndicke am Kopfkreis noch 0,1 mm bei Modul 1 beträgt. Bei Annahme eines Kopfkreishalbmessers von

$$r_a = 3,930$$

ergibt sich nach Gleichung (39) für den Pressungswinkel am Kopfkreis

$$\cos \alpha_a = \frac{2,5 \cos 20^0}{3,930} = 0,59777,$$

hieraus

$$\alpha_a = 53^0\ 17'\ 20'',$$

$$\operatorname{inv} \alpha_a = 0,41099.$$

Die Zahndicke am Teilkreis ergibt sich nach Gleichung (72) für Modul 1

$$t_{d_o} = 2 \cdot 0,647 \cdot \operatorname{tang} 20^0 + 1,571 = 2,042\ \text{mm}.$$

Gleichung (40) ergibt hieraus für die Zahndicke am Kopfkreis

$$t_{d_a} = 2 \cdot 3,930 \left[\frac{2,042}{5} + 0,01490 - 0,41099 \right] = 0,096 \simeq 0,1\ \text{mm}.$$

Bei dem angenommenen Kopfkreishalbmesser beträgt also die Zahndicke am Kopfkreis tatsächlich etwa 0,1 mm. Der kleinste Krümmungshalbmesser des vom Unterschnitt noch nicht zerstörten Profils ergibt sich entsprechend der am Anfang dieses Unterabschnittes abgeleiteten Gleichung (90) zu

$$\sqrt{(g + y)^2 - g^2} \simeq \sqrt{2\,g\,y} \simeq 1,46\,u.$$

Nach Gleichung (88) ist

$$u = x_{gr} - x.$$

Nach Gleichung (86) ist

$$x_{gr} = \frac{z_{gr} - z}{z_{gr}} = \frac{17 - 5}{17} = \frac{12}{17}.$$

Da $x = \frac{11}{17}$ gewählt worden ist, ist

$$u = \frac{12}{17} - \frac{11}{17} = \frac{1}{17}.$$

Kleinster Krümmungshalbmesser $= \dfrac{1,46}{17} = 0,086\ \text{mm}.$

Hiermit sind die Hauptabmessungen des 5zähnigen Rades bestimmt. Die kleinste Zähnezahl des Gegenrades, bei welcher noch ein Überdeckungsgrad über 1 zu erzielen ist, ist 16.

In Anlehnung an das DIN-System können die großen Gegenräder mit negativen Profilverschiebungen nach Gleichung (87) ausgeführt werden. In der folgenden Tabelle 21 sind die Profilverschiebungen und die Verringerung der Zahnhöhen bei den verschiedenen Zähnezahlen des Gegenrades eingetragen.

Tabelle 21.

Paarung eines 5 zähnigen Rades mit einem großen Rad. Profilverschiebung und Verringerung der Zahnhöhe des großen Rades.

$Z =$	16	17	18	19	20	21	22	23	24	25
$X =$	$-0,118$	$-0,177$	$-0,235$	$-0,294$	$-0,353$	$-0,412$	$-0,471$	$-0,529$	$-0,588$	$-0,647$
$h - h_v =$	0,067	0,053	0,041	0,030	0,021	0,013	0,007	0,003	0,001	0

Tabelle 22. Die Verringerung der Zahnhöhe $h - h_v$ bei der Paarung eines 5zähnigen Rades mit einer Profilverschiebung von 0,647 mit einem „O"-Rad von der Zähnezahl Z.

Z	$h - h_v$	Z	$h - h_v$	Z	$h - h_v$	Z	$h - h_v$
		41	0,053	71	0,035	101	0,026
		42	0,052	72	0,034	102	0,025
		43	0,051	73	0,034	103	0,025
		44	0,050	74	0,033	104	0,025
		45	0,049	75	0,033	105	0,025
		46	0,049	76	0,033	106	0,025
17	0,091	47	0,048	77	0,032	107	0,024
18	0,089	48	0,047	78	0,032	108	0,024
19	0,086	49	0,046	79	0,032	109	0,024
20	0,084	50	0,046	80	0,031	110	0,024
21	0,081	51	0,045	81	0,031	111	0,024
22	0,079	52	0,044	82	0,031	112	0,023
23	0,077	53	0,044	83	0,030	113	0,023
24	0,075	54	0,043	84	0,030	114	0,023
25	0,073	55	0,042	85	0,030	115	0,023
26	0,072	56	0,042	86	0,030	116	0,023
27	0,070	57	0,041	87	0,029	117	0,023
28	0,068	58	0,041	88	0,029	118	0,022
29	0,067	59	0,040	89	0,029	119	0,022
30	0,065	60	0,040	90	0,028	120	0,022
31	0,064	61	0,039	91	0,028		
32	0,063	62	0,039	92	0,028		
33	0,061	63	0,038	93	0,028		
34	0,060	64	0,038	94	0,027		
35	0,059	65	0,037	95	0,027		
36	0,058	66	0,037	96	0,027		
37	0,057	67	0,036	97	0,027		
38	0,056	68	0,036	98	0,026		
39	0,055	69	0,035	99	0,026		
40	0,054	70	0,035	100	0,026		

Das Gegenrad mit 25 Zähnen hat dem absoluten Wert nach die gleiche Profilverschiebung wie das 5zähnige Rad; das Getriebe ist ein „V-O“-Getriebe. Liegt die Zähnezahl des Gegenrades über 25, so kann das Getriebe auch stets als „V-O“-Getriebe ausgeführt werden; die Profilverschiebung des großen Gegenrades beträgt hierbei stets — 0,647, die Zahnhöhe des großen Rades ist normal.

Das 5zähnige Rad läßt sich auch mit „O“-Rädern (Profilverschiebung $X = 0$) paaren; die Verringerung der Zahnhöhe des großen Rades bei verschiedenen Zähnezahlen desselben ist in der Tabelle 22 zusammengestellt.

Die Zahnhöhe bzw. der Kopfkreishalbmesser des 5zähnigen Rades wird stets durch die Zahnzuspitzung bestimmt; der Kopfkreishalbmesser beträgt bei der gewählten Profilverschiebung 3,930 mm, wie in dem Vorhergehenden gezeigt worden ist.

Die Überdeckungsgrade sind in der folgenden Tabelle 23 enthalten. Der höchstmögliche Überdeckungsgrad bei der Paarung des 5zähnigen Ritzels beträgt 1,034.

Tabelle 23. Überdeckungsgrad bei der Paarung eines fünfzähnigen mit einem Rad mit Z Zähnen.

	$Z =$	16	17	18	19	20	21
Über-dek-kungs-grad	Profilverschiebung X nach Gleichung (87)	1,009	1,018	1,025	1,031	1,038	1,038
	Profilverschiebung $X = 0$	< 1	1,002	1,006	1,010	1,013	1,016

	$Z =$	22	23	24	25	26	27	28	29	30
Über-dek-kungs-grad	Profilverschiebung X nach Gleichung (87)	1,038	usw.	von $Z = 25$ ab „V-O“-Getriebe gleichbleibend						
	Profilverschiebung $X = 0$	1,019	1,022	1,025	1,028	1,030	1,032	1,034	1,036	1,038

Die Abmessungen des 5zähnigen Rades sind für Modul 1 bei sämtlichen Übersetzungen die folgenden:

Teilkreishalbmesser $= r_0 = 2,5$ mm
Profilverschiebung $= x = 0,647$ mm
Fußkreishalbmesser $= r_i = r_0 - 1,2 + x = 1,947$ mm
Kopfkreishalbmesser $= r_a = 3,930$ mm (bestimmt durch die Zahnzuspitzung)
Zahnhöhe $= r_a - r_i = 1,983$ mm

Als Beispiel sei die Übersetzung 5 : 19 angenommen. Wird bei der ersten Ausführungsform die Profilverschiebung des großen Rades nach Gleichung (87) bzw. nach Tabelle 17 gewählt, so ergeben sich für das große Rad folgende Abmessungen:

Teilkreishalbmesser $= R_o = 9,5$ mm
Profilverschiebung $= X = -\ 0,294$ mm
Verringerung der Zahnhöhe $= h - h_v$ (nach Tabelle 21) $= 0,030$ mm
Zahnhöhe $= 2,2 - (h - h_v) = 2,170$ mm
Fußkreishalbmesser $= R_i = R_o - 1.2 + X = 8,006$ mm
Kopfkreishalbmesser $= R_a = R_o + 1 + X - (h - h_v) = 10,176$ mm
Achsenabstand $= a_e = r_o + R_o + x + X - (h - h_v) = 12,323$ mm

Wird bei der zweiten Ausführungsform das große Rad als „O"-Rad angenommen, so sind die Abmessungen die folgenden:

Teilkreishalbmesser $= R_o = 9,5$ mm
Profilverschiebung $= X = 0$ mm
Verringerung der Zahnhöhe $= (h - h_v)$ (nach Tabelle 22) $= 0,086$ mm
Zahnhöhe $= 2,2 - (h - h_v) = 2,114$ mm
Fußkreishalbmesser $= R_i = R_o - 1,2 = 8,3$ mm
Kopfkreishalbmesser $= R_a = R_o + 1 - (h - h_v) = 10,414$ mm
Achsenabstand $= a_v = r_o + R_o + x - (h - h_v) = 12,561$ mm

Die für die Eingriffsverhältnisse maßgebenden Größen sind im Vergleich zu den entsprechenden Werten bei der gleichen Übersetzung in dem praktisch unterschnittsfreien „$V\text{-}O$"-22½°-System in folgender Tabelle zusammengefaßt.

	„V"-Syst. nach DIN 870. Negative Profilverschiebung bei $Z = 19$ nach Tabelle 17 $X = -\ 0,294$	„V"-Syst. nach DIN 870. „V"-Rad mit „O"-Rad gepaart	22½°-„$V\text{-}O$"-System
Zähnezahl	5	5	5
Größter Krümmungshalbmesser des wirksamen Profils in mm	3,150	3,150	3,093
Kleinster Krümmungshalbmesser des wirksamen Profils in mm	0,108	0,169	0,088
Spezifische Gleitung am Kopf	$+\ 0,85$	$+\ 0,80$	$+\ 0,87$
Spezifische Gleitung am Fuß	$-\ 10,3$	$-\ 7,4$	$-\ 12,4$
Zähnezahl	19	19	19
Größter Krümmungshalbmesser des wirksamen Profils in mm	4,884	5,365	4,504
Kleinster Krümmungshalbmesser des wirksamen Profils in mm	1,842	2,384	1,500
Spezifische Gleitung am Kopf	$+\ 0,91$	$+\ 0,88$	$+\ 0,92$
Spezifische Gleitung am Fuß	$-\ 5,8$	$-\ 4,1$	$-\ 6,8$
Überdeckungsgrad	1,031	1,010	1,035

Die zweite Ausführungsform ergibt einen kleineren Überdeckungsgrad, jedoch eine günstigere spezifische Gleitung. Die erste mit dem 20°-Werkzeug erzeugte Ausführungsform ist sowohl in bezug auf Überdeckungsgrad, als auch auf spezifische Gleitung der dritten mit 22½°-Werkzeug erzeugten Ausführungsform gleichwertig.

Das DIN-System bzw. die Ergänzungen des DIN-Systems gestatten mit Hilfe des normalen 20^0-Werkzeuges bei kleinen Zähnezahlen die Erzeugung von im großen und ganzen gleichwertigen Getrieben, wie die in den vorangehenden Unterabschnitten behandelten praktisch unterschnittsfreien Systeme mit verschiedenen Eingriffswinkeln des Werkzeuges bzw. des Bezugsprofils. Die untere Zähnezahlgrenze liegt indessen beim DIN-System bzw. bei seinen Ergänzungen noch tiefer. Bezüglich des Anwendungsbereichs des DIN-Systems für kleine Zähnezahlen gilt das für die anderen Systeme Gesagte: Getriebe mit kleinen Zähnezahlen sollen bei hohen Beanspruchungen bzw. hohen Umfangsgeschwindigkeiten nicht verwendet werden, sondern nur in Fällen, in denen es bei kleiner Beanspruchung auf möglichst kleine Abmessungen ankommt.

In DIN 870 ist für die Übergangszeit bis zur endgültigen Einführung des 20^0-Bezugsprofils in Deutschland auch ein entsprechendes Korrektionssystem für ein Abwälzwerkzeug von 15^0 Eingriffswinkel entwickelt worden. Es wird auch bei diesem System ein kleiner Unterschnitt zugelassen. Die Profilverschiebungen ergeben sich aus der Formel

$$x = \frac{25 - z}{30}.$$

Die Eingriffsverhältnisse sind, verglichen mit dem 20^0-DIN-System, bei größeren Zähnezahlsummen — etwa über 50 — bei dem 15^0-DIN-Übergangssystem günstiger, bei kleinen Zähnezahlen dagegen sind Überdeckungsgrad und spezifische Gleitung ungünstiger. Die kleinste ausführbare Zähnezahl beträgt 8, die kleinste Zähnezahlsumme mit einem Überdeckungsgrad über 1 ist 19.

Da dieses System gegenüber dem 20^0-DIN-System prinzipiell nichts Neues bietet und nur als Übergangssystem in DIN 870 angesehen wird, sehen wir an dieser Stelle von einer ausführlichen Behandlung desselben ab.

Annäherungsverfahren zur Bestimmung der Abmessungen bei „V"-Getrieben. Die im DIN-System infolge Profilverschiebung notwendig gewordene Verringerungen der Zahnhöhen bei kleinen Zähnezahlen sind im vorigen Unterabschnitt in Tabellen zusammengefaßt worden, mit deren Hilfe — wie es gezeigt worden ist — die Errechnung der für die Herstellung erforderlichen Abmessungen mühelos erfolgen kann. Diese Tabellen sind indessen nur für die ihnen zugrunde gelegten Profilverschiebungen gültig. Die theoretisch korrekte Berechnung mit Hilfe der Tabelle 1 für die Evolventenfunktion für Getriebe mit anormalen Achsenabständen bzw. beliebigen Profilverschiebungen ist auch bereits gezeigt worden. (Vgl. Abschnitt III, Aufgabe 9, 10 und 12, ferner S. 182.)

Das folgende, angenäherte, jedoch für die meisten praktischen Fälle genügend genaue, von Geckeler stammende, von Prof. Kutzbach weiterentwickelte, und auch in DIN 870 aufgenommene, Rechnungsverfahren gestattet die Errechnung der Hauptabmessungen lediglich mit dem Rechenschieber, ohne Zuhilfenahme von Tabellen.

Es können auf diese Weise die folgenden 2 Aufgaben gelöst werden:

1. Gegeben die Profilverschiebungen, zu errechnen die Verringerung der Zahnhöhe, Achsenabstand, Zahnhöhe usw.

Nach Gleichung (80) und (81) ist der Eingriffswinkel der Räderpaarung α_v und hierdurch das Verhältnis der Achsenabstände $\dfrac{a_v}{a} = \dfrac{\cos \alpha}{\cos \alpha_v}$ bei gegebenem Eingriffswinkel α des Bezugsprofils nur von der Größe

$$\frac{2\,(x + X)}{z + Z} = B$$

abhängig. In diesen Formeln sind:

$z = $ Zähnezahl des kleinen Rades
$Z = $ Zähnezahl des großen Rades
$x = $ Profilverschiebung des kleinen Rades
$X = $ Profilverschiebung des großen Rades
$a = $ Achsenabstand des „O"-Getriebes mit den Zähnezahlen z, Z

$$\left(a = \frac{z + Z}{2} \quad \text{für Modul 1} \right)$$

$a_v = $ Achsenabstand des „V"-Getriebes mit den Profilverschiebungen x, X.

Bei den „V"-Getrieben sei dasselbe Kopfspiel angenommen wie bei den „O"-Getrieben.

Das Verhältnis $\dfrac{a_v - a}{a} = B_v$ ist auch nur von B abhängig, da ja $\dfrac{a_v - a}{a} = \dfrac{a_v}{a} - 1$.

B_v ist das Verhältnis der Achsenabstandsänderung zum Achsenabstand des „O"-Getriebes.

Nach dem Geckelerschen Annäherungsverfahren wird, bei gegebenen Profilverschiebungen, zuerst die Größe

$$B = \frac{2\,(x + X)}{z + Z}$$

zahlenmäßig bestimmt.

Die Größe B_v ergibt sich nach Geckeler annäherungsweise zu

$$B_v = \frac{B}{\sqrt[4]{1 + 13\,B}}$$

bei 20⁰ Eingriffswinkel des Bezugsprofils, und

$$B_v = \frac{B}{\sqrt[4]{1 + 26\,B}}$$

bei 15⁰ Eingriffswinkel des Bezugsprofils.

Hieraus ergibt sich der Achsenabstand

$$a_v = a\,(1 + B_v).$$

Die Verringerung der Zahnhöhe beträgt nach Formel 82

$$h - h_v = x + X - (a_v - a).$$

Die übrigen Maße sind wie bei der genauen Rechnungsmethode zu ermitteln.

2. **Gegeben der auf Modul 1 reduzierte Achsenabstand a_v, zu ermitteln die Summe der Profilverschiebungen.**

Es wird zunächst aus a_v und $a = \dfrac{z + Z}{2}$

$$B_v = \frac{a_v - a}{a}$$

bestimmt.

Nach den Geckelerschen Formeln ist annäherungsweise

$$B = B_v \sqrt{1 + 7\,B_v}$$

bei 20⁰ Eingriffswinkel des Bezugsprofils, und

$$B = B_v \sqrt{1 + 13\,B_v}$$

bis 15⁰ Eingriffswinkel des Bezugsprofils.
Hieraus ergibt sich

$$x + X = \frac{z + Z}{2} \cdot B.$$

Wird die Profilverschiebung des einen Rades nach irgendeinem Gesichtspunkt, z. B. mit Rücksicht auf den Unterschnitt gewählt, so kann aus dieser Formel die Profilverschiebung des zweiten Rades ermittelt werden. Die Verringerung der Zahnhöhe ergibt sich wieder zu

$$h - h_v = x + X - (a_v - a).$$

Nach den im vorigen Unterabschnitt durchgerechneten Beispielen lassen sich Zahnhöhe, Kopf- und Fußkreishalbmesser unschwer aus x, X und $h - h_v$ bestimmen.

Beispiel. 1. Bei der Übersetzung 8 : 12 mit den Profilverschiebungen $x_1 = \frac{6}{17}$ und $X = \frac{2}{17}$ soll der Achsenabstand und die Verringerung der Zahnhöhe bei Modul 1 ermittelt werden. Der Eingriffswinkel des Bezugsprofils sei 20⁰.
Es ist

$$B = 2\,\frac{\frac{6}{17} + \frac{2}{17}}{8 + 12} = 0{,}0470,$$

$$\sqrt[4]{1 + 13\,B} = 1{,}125,$$

$$B_v = \frac{0{,}0470}{1{,}125} = 0{,}418,$$

$$a_v = (1 + 0{,}0418)\,\frac{8 + 12}{2} = 10{,}418\,\text{mm},$$

$$h - h_v = \frac{2}{17} + \frac{6}{17} - (10{,}418 - 10) = 0{,}470 - 0{,}418 = 0{,}052\,\text{mm}.$$

Die genaue Rechnung würde ergeben:

$$\text{inv}\,\alpha_v = \text{inv}\,20^0 + \frac{2\cdot\dfrac{8}{17}}{8+12}\,\text{tang}\,20^0 \qquad \text{[s. Gleichung (80)]}$$

$$\text{inv}\,\alpha_v = 0{,}032032.$$

Nach Tabelle 1 ist

$$\alpha_v = 25^0\,31'\,45'',$$

$$a_v = \frac{10\cdot\cos 20^0}{\cos 25^0\,31\,45''} = 10{,}414\,\text{mm} \qquad \text{[s. Gleichung (81)]}$$

$$h - h_v = 0{,}470 - (10{,}414 - 10) = 0{,}056\,\text{mm}.$$

Der Unterschied zwischen genauer und angenäherter Rechnung beträgt nur 0,004 oder 1% der Achsenabstandsänderung. Dies kann in den meisten Fällen als zulässig betrachtet werden.

2. Es sei gegeben beim Übersetzungsverhältnis 8:12, Modul 2, der Achsenabstand $= 20{,}828$ mm, zu bestimmen die Summe der Profilverschiebungen. Der Eingriffswinkel des Bezugsprofils sei 20⁰.

Der gegebene Achsenabstand wird zunächst auf Modul 1 reduziert. Man erhält für Modul 1

$$a_v = \frac{20{,}828}{\text{Modul}} = \frac{20{,}828}{2} = 10{,}414\,\text{mm}\,,$$

$$a = \frac{z+Z}{2} = \frac{8+12}{2} = 10\,\text{mm}\,,$$

$$B_v = \frac{10{,}414 - 10}{10} = 0{,}0414\,,$$

$$\sqrt{1 + 7B_v} = 1{,}135\,,$$

$$B = 1{,}135\cdot 0{,}0414 = 0{,}0470\,,$$

$$x + X = \frac{8+12}{2}\cdot 0{,}0470 = 0{,}470\,\text{mm}\,.$$

Die genaue Rechnung würde ergeben:

$$\cos\alpha_v = \cos 20^0\,\frac{10}{10{,}414} = 0{,}90236 \qquad \text{[s. Gleichung (81)},$$

$$\alpha_v = 25^0\,31'\,45''.$$

Nach Tabelle 1 ist

$$\text{inv}\,\alpha_v = 0{,}03203\,,$$

$$\text{inv}\,20^0 = 0{,}01490\,,$$

$$\frac{2\cdot(x+X)}{8+12}\,\text{tang}\,20^0 = \text{inv}\,\alpha_v - \text{inv}\,20^0 = 0{,}01713 \qquad \text{[s. Gleichung (80)]}.$$

Hieraus ergibt sich

$$x + X = 0{,}471\,\text{mm}.$$

Der Unterschied zwischen der genauen und angenäherten Rechnung von 0,001 mm ist nur ca. 0,2% des errechneten Wertes.

B. Kraftübertragung durch Zahnräder.

VI. Die Betriebsverhältnisse bei Rädergetrieben.

Von einem guten Rädergetriebe wird eine stoßfreie Kraftübertragung, ein Mindestmaß von Vibrationen und Geräuschen und eine angemessene Lebensdauer verlangt. Hierzu müssen je nach Art und Gestaltung des Getriebes Bedingungen erfüllt werden, die sich einerseits auf die Gestaltung und Ausführung der Räder selbst, andererseits auf Einbau und Wartung beziehen.

Eines sei schon an dieser Stelle bemerkt: Keine Verbesserung der Zahnform kann sorgfältige Herstellung und Einbau ersetzen. Man soll im Gegenteil zwecks Ausnützung der besseren Zahnform bestrebt sein, diese mit der größtmöglichen Sorgfalt auszuführen. Eine gute Werkstattsarbeit führt auch häufig ungünstige Konstruktionen zum Erfolg.

Das Heulen der Zahnräder. Metallische Getriebe arbeiten nie vollkommen geräuschlos. Geräuschlosigkeit ist ein relativer Begriff. Auch die genauesten Räder erzeugen unter Belastung bei höheren Umfangsgeschwindigkeiten ein, wenn auch kleines Geräusch.

Das von den Rädern erzeugte Geräusch kann verschiedenartig sein. Es gibt verschiedene Zwischenstufen zwischen dem unaufdringlichen Singen bei guten Ausführungen bis zum Hämmern und Knirschen von wechselnder Intensität bei schlechten Ausführungsformen.

Die Ursachen der Zahngeräusche sind zur Zeit noch nicht vollkommen geklärt. Eines ist indessen sicher: Ein übermäßig starkes Geräusch deutet immer auf irgendwelche Fehler im Getriebe hin. Zur Erzielung eines relativ ruhigen Laufes ist das Zusammenwirken einer Anzahl von Bedingungen erforderlich, von denen die Nichterfüllung einer einzigen ausreicht, um ein Geräusch hervorzurufen. Die Frage lautet weniger, warum laufen die Räder geräuschvoll, als vielmehr, unter welchen Bedingungen laufen sie ruhig. Obgleich nicht alle Bedingungen geklärt sind, so lassen sich doch bestimmte Geräusche auf ganz bestimmte Arten von Fehlern zurückführen. Es kommt weniger auf die objektive Schallwirkung als auf die subjektive Geräuschempfindung an. Ein Geräusch in diesem Sinne kann als eine unangenehme und unerwünschte Schallwirkung bezeichnet werden.

Es gibt nur einen sicheren Weg zur Verminderung des Geräusches, er besteht in der Steigerung der Genauigkeit und Glätte der Zahnflanken. Bessere Zahnformen können auch einen günstigen Einfluß ausüben, wirklich gute Resultate ergeben sie aber auch nur im Verein mit sorgfältigster Herstellung.

Es wird schon seit längerer Zeit versucht, korrigierte Zahnformen zu finden, die auch bei geringerer Herstellungsgenauigkeit einen ruhigen Lauf gewährleisten. Diese Bestrebungen führten bis jetzt zu keinem Ergebnis und werden wahrscheinlich auch zu keinem Ergebnis führen. Selbst wenn derartige korrigierte Formen gefunden werden sollten, müßten diese voraussichtlich mit großer Genauigkeit innegehalten werden, und auch die Teilung beinahe so genau sein wie bei unkorrigierten Formen; die Herstellungsschwierigkeiten bei der korrigierten Zahnform wären jedoch größer als bei der unkorrigierten Form. Hiermit soll nicht gesagt werden, daß Profilkorrektionen stets unerwünscht seien; denn bestimmte kleine Korrektionen können oft vorteilhaft angewendet werden, um den Einfluß anderer kleiner Fehler aufzuheben oder zu verringern. Die Größe dieser Korrektionen soll jedoch stets auf ein Mindestmaß beschränkt werden. In den meisten Fällen sollten die Korrektionen wie Toleranzen beschaffen sein, d. h. der zulässige Fehler soll auf eine Art verlegt werden, daß ein Kanteneingriff am Anfang des Eingriffes vermieden wird. Der Gedanke, daß wenig Korrektion gut sei, jedoch mehr Korrektion besser, wird durch die Praxis nicht bestätigt.

Es lassen sich vier charakteristische Geräusche voneinander unterscheiden:

1. Größere Teilungsfehler und unregelmäßige Zahnprofile erzeugen ein aussetzendes, schlagendes Geräusch oder ein stetiges Brummen.

2. Exzentrische Räder erzeugen ein pulsierendes Geräusch.

3. Rauhe Zahnprofile erzeugen einen hohen quietschenden Ton. Diese Arten von Geräuschen lassen sich nur durch bessere Werkstattsarbeit verringern oder sogar beheben.

4. Es kann ein bei verschiedenen Umfangsgeschwindigkeiten sich änderndes Geräusch auftreten. Bei größeren Umfangsgeschwindigkeiten entsteht ein musikalischer Ton, dessen Höhe durch die Anzahl der sekundlichen Zahneingriffe bestimmt wird. Ein sich gleichbleibender Ton deutet auf eine gleichförmige Verzahnung. Ein Ton von veränderlicher Stärke deutet auf veränderliche Eingriffsbedingungen. Derartige Änderungen können meistens auf falsche Zahnformen oder Teilung, veränderliche Belastung oder Federung der Wellen zurückgeführt werden.

Einfluß der Profil- und Teilungsungenauigkeiten. Für eine ruhige, gleichförmige Kraftübertragung sind genaue Profile und Teilungen erforderlich. Jeder Fehler im Zahnprofil und in der Teilung erzeugt Veränderungen der Umfangsgeschwindigkeit des getriebenen Rades. Die Geschwindigkeitsänderungen verlaufen innerhalb eines sehr kurzen Zeitraumes, während der ungenaue Zahn in oder außer Eingriff kommt.

Je größer die Umfangsgeschwindigkeit, in um so kürzeren Zeiträumen erfolgen die Geschwindigkeitsänderungen.

Die Ungleichförmigkeiten erzeugen Geräusche verschiedener Art und Stärke, je nach Art und Größe der Verzahnungsfehler. Praktisch sind alle Getriebe mit einem gewissen Flankenspiel zwischen dem Zahn des einen und der Zahnlücke des Gegenrades ausgeführt. Größere Profilfehler erzeugen ein aussetzendes metallisches Klopfen, das darauf zurückzuführen ist, daß das getriebene Rad stark beschleunigt wird und hierbei die sich sonst nicht berührenden Zahnrücken von Rad und Gegenrad aufeinanderprallen.

Dies macht sich vor allen Dingen bei Leerlauf und bei kleinen Belastungen bemerkbar. Durch derartige Profilfehler wird die Bruch- und Verschleißfestigkeit auch ungünstig beeinflußt. Genaue Zahnprofile und Teilung sind bezüglich Bruch und Verschleiß noch beinahe wichtiger als bezüglich ruhigen Laufes. Vielfach kommt es auf ruhigen Lauf nur in zweiter Linie an. Bruch- und Verschleißfestigkeit sind dagegen stets von entscheidender Bedeutung.

Bei Evolventenverzahnungen wird die Eingriffsteilung sowohl durch Profil- als auch durch Teilungsfehler verändert. Die Eingriffsteilung soll bei sämtlichen Zähnen eines Rades und bei zwei zusammenarbeitenden Rädern miteinander übereinstimmen. Falls die Eingriffsteilung bei sämtlichen Zähnen des treibenden Rades, ebenso wie auch bei sämtlichen Zähnen des getriebenen Rades, gleich ist, jedoch verschieden bei treibendem und getriebenem Rad, so entsteht ein stetiger Ton, dessen Stärke von dem Unterschied der Eingriffsteilung und dessen Höhe von der Umfangsgeschwindigkeit abhängig ist. Eine ungleichförmige Eingriffsteilung bei jedem einzelnen Rad verursacht ein Brummen von wechselnder Stärke. Diese Geräusche klingen am unangenehmsten.

Selbst bei größter Sorgfalt in der Herstellung sind kleine Ungenauigkeiten nicht zu vermeiden. Man soll jedoch bestrebt sein, die unvermeidlichen Fehler so zu verlegen, daß sie ein Mindestmaß von Störungen hervorrufen. Ein Kanteneingriff ist am Anfang des Eingriffes stets zu vermeiden; er verursacht nicht nur eine plötzliche Geschwindigkeitsänderung, sondern er bewirkt mit der Zeit auch eine Aushöhlung des Fußprofiles des treibenden Rades. Wenn also infolge der unvermeidlichen Verzahnungsfehler eine Abweichung vom theoretischen Profil vorhanden ist, so soll sie möglichst derartig gelegt werden, daß ein Kanteneingriff am Anfang des Eingriffes vermieden wird. Zu diesem Zweck kann das angestrebte Profil etwas abweichend vom theoretischen Profil ausgeführt werden. Die Größe der Abweichung richtet sich nach der Größe der zu erwartenden Fehler. Die entsprechenden Profilkorrekturen können von zweierlei Art sein: Erstens, der Zahnkopf des getriebenen Rades wird etwas zurückgesetzt, zweitens, die Eingriffsteilung des treibenden Rades wird etwas größer gewählt als die Eingriffsteilung des getriebenen. Die Abweichung der Eingriffsteilungen im zweiten Fall ist als einseitige Toleranz aufzufassen. Beide Räder haben nominell die gleiche Eingriffsteilung, die Toleranzen der Eingriffsteilung beim treibenden Rad liegen zweckmäßig an der Plus-, die Toleranzen der Eingriffsteilung des getriebenen Rades an der Minusseite.

Der Evolventengrundkreis der Verzahnung soll konzentrisch zur Bohrung bzw. zum Schaft sein. Dies erfordert größte Sorgfalt bei der Herstellung. Es ist vielfach zweckmäßig, vor dem Verzahnen den Außenumfang des an einem Drehdorn aufgenommenen Rades zu überdrehen oder zu überschleifen. Der genau laufende Außenumfang kann zur Kontrolle der konzentrischen Aufspannung an der Räderbearbeitungsmaschine dienen. Auf ein genaues Laufen des Außenumfanges selbst käme es ja nicht an, er bietet aber die bequemste Kontrollmöglichkeit zur Erzielung konzentrischer Zahnprofile.

Exzentrische Räder erzeugen einen Ton von periodisch steigender und fallender Intensität, der mit Leichtigkeit von anderen Zahngeräuschen unterschieden werden kann. Dieses Geräusch ist meistens unangenehm; aber auch davon abgesehen, ist die durch Exzentrizität hervorgerufene Ungleichförmigkeit der Übertragung meistens unerwünscht.

Einfluß der Exzentrizität auf die Geräusche. Eine mathematische Analyse der exzentrischen Verzahnungen ergibt, daß sie eine theoretisch veränderliche, jedoch stetige, stoßfreie Bewegung übertragen. Jeder Zahn übernimmt die Last von dem vorhergehenden ohne Stoß. Bei einer gleichförmigen Bewegung des treibenden Rades ändert sich die Geschwindigkeit des getriebenen Rades nach dem Sinus-Gesetz. Der Eingriff ist nicht stoßweise wie bei Teilungsfehlern. Die Exzentrizität von sonst genauen Evolventenrädern erzeugt daher nicht die gleiche schädliche Wirkung wie Teilungsfehler; auf die Festigkeit der Verzahnung hat sie wenig Einfluß, da die durch sie hervorgerufenen Geschwindigkeitsänderungen immer innerhalb eines verhältnismäßig langen Zeitraumes verlaufen; die Beschleunigungen und die Trägheitskräfte bleiben dementsprechend klein. Exzentrische Räder sind vor allem aus dem Grunde zu vermeiden, weil sie unangenehme, pulsierende Geräusche erzeugen und weil die Bewegungsübertragung ungleichförmig wird.

Die Vorbedingung für einen stoßfreien Lauf von exzentrischen Rädern ist ein hinreichender Überdeckungsgrad und eine genügende Belastung, um die arbeitenden Flanken stets miteinander im Eingriff zu halten. Ist das nicht der Fall, so entsteht außer dem periodisch wechselnden Ton noch ein klopfendes Geräusch.

14*

Eine Exzentrizität ist schädlich bei Wechselrädern für genaue Teilung und für Gewindeschneiden. Selbst kleine Exzentrizitäten beeinflussen die Genauigkeit des Endproduktes. Bei Wechselrädern muß ganz besondere Sorgfalt angewendet werden, um die Exzentrizitäten auf ein Mindestmaß zu beschränken.

Einfluß der Oberflächenrauheit. Für einen ruhigen Lauf ist es besonders wichtig, die Oberflächen der Flanken so glatt wie irgend möglich auszuführen. Kaum sichtbare Oberflächenrauheiten erzeugen bei Belastung und größeren Umfangsgeschwindigkeiten ein ziemlich starkes Geräusch. Dieses ist ein deutlicher quietschender Ton, welcher bei Änderung der Umfangsgeschwindigkeit und Belastung sich mehr der Stärke nach als der Höhe nach ändert. Das Geräusch ist durchdringend und daher um so störender. Rauhe Flanken machen nicht nur einen ruhigen Lauf unmöglich, sondern sind auch für eine schnelle Abnützung verantwortlich. Sind die Oberflächenrauheiten geringfügig, so werden sie häufig beim Laufen unter Belastung geglättet, bevor eine nennenswerte Abnützung stattgefunden hat. Nach dem Einlaufen arbeiten derartige Räder ruhiger. Es können jedoch auf diese Weise nur ganz geringe Oberflächenrauheiten beseitigt werden. Bei größeren Oberflächenrauheiten wird die Genauigkeit der Verzahnung durch Abnützung zerstört, es werden größere Profil- und Teilungsfehler mit allen ihren schädlichen Wirkungen erzeugt, bevor noch die Profile geglättet sind. In anderen Fällen werden die ursprünglichen Rauheiten nach dem Einlaufen noch schlechter. Dies ist vor allem beim Zusammenarbeiten zweier weicher Stahlräder der Fall. Diese Materialien glätten sich gegenseitig nicht, sie haben vielmehr die Neigung zum Anfressen und sich gegenseitig aufzurauhen.

„Die Musik der Räder." Vor einigen Jahren hatte der Verfasser mit Herrn Charles H. Logue eine Unterredung über die in den Zahngeräuschen enthaltenen musikalischen Töne. Der größte Teil des folgenden Materials stammt von Herrn Logue.

Der Zusammenhang zwischen Maschinenbau und Akustik wird im allgemeinen nicht genügend beachtet. Obwohl sowohl Dynamik als auch Akustik Teile der Physik sind, würde man zunächst annehmen, daß diese beiden Wissensgebiete nicht viel Berührungspunkte miteinander haben. Bei näherer Betrachtung besteht indessen ein enger Zusammenhang.

„Der Unterschied zwischen Musik und Geräusch ist ganz allgemein betrachtet der Unterschied zwischen dem Angenehmen und Unangenehmen."

Bei handelsüblichen Getrieben, bei welchen das Geräusch nicht vollkommen ausgeschaltet werden kann, wird doch bis zu einem gewissen Grade ruhiger Gang verlangt; d. h. wenn schon eine Schallwirkung vorhanden ist, so soll sie möglichst unaufdringlich oder sogar angenehm sein. Meistens sind die tieferen Geräusche weniger hörbar, vielfach wird auch versucht, die Tonhöhe über die Hörbarkeitsgrenze zu erhöhen, meistens jedoch ohne Erfolg. In einzelnen Fällen ist aber auch auf diesem Wege Erfolg erzielt worden.

Die Zahngeräusche werden in erster Linie durch Fehler beim Eingriff der einzelnen Zähne erzeugt. Das menschliche Ohr kann Töne mit Schwingungszahlen zwischen 32 und 38000 Schwingungen in der Sekunde wahrnehmen. Falls also die Anzahl der Zahneingriffe in der Sekunde über 32 liegt, so ist ein stetiges Geräusch zu hören, dessen Tonhöhe durch die Anzahl der Zahneingriffe in der Sekunde bestimmt ist. Falls die Anzahl über 38000 in der Sekunde liegen würde, so wäre kein Geräusch mehr zu hören; praktisch sind indessen so hohe Geschwindigkeiten normalerweise bei Zahnrädern nicht erreichbar. Die Empfindlichkeit des menschlichen Ohres fällt indessen bei höheren Schwingungszahlen stark ab. Hieraus erklärt sich die Tatsache, daß Getriebe, die bei einer Umfangsgeschwindigkeit von 25 m/sec ruhig laufen, ohne weiteres auch bei Umfangsgeschwindigkeiten von 40 bis 60 m/sec ruhig laufen werden.

Der Ausgangspunkt der musikalischen Skala, d. h. die Schwingungszahl eines bestimmten musikalischen Tones wird nur durch die Konvention bestimmt. In praxi wird aber die absolute Schwingungszahl der einzelnen Töne meistens nicht genau inne gehalten. Die Verhältniszahlen zwischen den Schwingungszahlen der einzelnen Töne sind jedoch konstant, ganz unabhängig davon, wie man die absolute Tonhöhe bzw. die sekundlichen Schwingungszahlen eines bestimmten Tones wählt. Die Verhältniszahlen der musikalischen Skala entsprechend den weißen Tasten des Klaviers sind die folgenden:

Diese Verhältniszahlen entsprechen auch ungefähr den Schwingungszahlen in der Sekunde. Bei 256 Zahneingriffen in der Sekunde würde z. B. ein Ton entstehen, der ungefähr dem normalen c auf dem Klavier entspricht.

Resonanzerscheinungen. Bei einfachen Getrieben, die nur eine

Ton	Verhältniszahl	Ton	Verhältniszahl
c	128,0	c′	256,0
d	144,0	d′	288,0
e	160,0	e′	320,0
f	170,6	f′	341,3
g	192,0	g′	384,0
a	213,3	a′	426,6
h	240,0	h″	480,0
		c″	512,0

Räderpaarung enthalten, ist das Geräuschproblem in erster Linie ein Resonanzproblem; die Räder sind die Quelle des Geräusches, der Räderkasten verstärkt das Geräusch durch die Resonanzwirkung. Auch die Eigenfrequenz der Radkörper ist zu beachten. Wir kommen auf diesen Punkt später noch zurück. Wenn die Eigenfrequenz des Räderkastens 256 Schwingungen in der Sekunde beträgt, so werden bei den Umfangsgeschwindigkeiten Resonanzerscheinungen auftreten, bei welchen die Anzahl der Zahneingriffe 256 in der Sekunde beträgt oder in der Nähe von 256 liegt. Falls die Radkörper die gleiche Eigenfrequenz haben, so wird das erzeugte Geräusch noch weiter verstärkt. Unter diesen Verhältnissen wirkt der Räderkasten als Verstärker. Das sich ergebende Geräusch wird wesentlich stärker als das ursprünglich von der Verzahnung erzeugte. Es ist jedoch zu beachten, daß durch Resonanzwirkung nur ein schon von andern Quellen — in diesem Fall von den Zahneingriffen — erzeugtes Geräusch verstärkt werden kann. Durch Resonanzwirkung allein kann ein Geräusch nicht erzeugt werden. Die Schwierigkeit beim Bau von Musikinstrumenten (z. B. Geigen) besteht darin, einen Resonanzkasten zu finden, der bei jeder Tonhöhe eine Resonanzwirkung ausübt. Eine ideale Räderkastenkonstruktion dagegen sollte bei keiner Tonhöhe eine Resonanzwirkung ausüben.

Bei aus zwei oder mehr Räderpaaren zusammengesetzten Getrieben sind außer den Resonanz- auch die Konsonanzerscheinungen in Betracht zu ziehen. Die Kombination der Töne, die die verschiedenen Räderpaare erzeugen, kann je nach dem Verhältnis der Frequenzen der Zahneingriffe harmonisch oder disharmonisch sein. Der Unterschied zwischen Konsonanz und Dissonanz oder zwischen Harmonie und Mißklang, oder zwischen Musik und Geräusch besteht darin, daß ein Geräusch unangenehm oder störend ist, während Musik angenehme oder zumindest gleichgültige Empfindungen auslöst. Es sind also bei zusammengesetzten Getrieben möglichst harmonische Frequenzkombinationen erwünscht, da dieselben angenehmer und weicher sind und außerdem bei gleicher Intensität auf nicht so große Entfernungen vernehmbar sind wie disharmonische Kombinationen.

Harmonische Verhältnisse. Die Gesetzmäßigkeiten von Konsonanz und Dissonanz hat Helmholtz in seinem Werk über die „Tonempfindungen" untersucht.

Im allgemeinen klingen zwei Töne harmonisch, wenn das Verhältnis ihrer Frequenzen durch kleine ganze Zahlen ausgedrückt werden kann. Je kleiner die Verhältniszahlen, um so vollkommener ist die Harmonie der Töne. Folgende Verhältnisse sind harmonisch:

Verhältnis	Tonintervall	Verhältnis	Tonintervall
1 : 1	der gleiche Ton	2 : 3	vollkommene Quint
1 : 2	Oktave	2 : 5	Oktave und große Terz
1 : 3	Oktave und vollkommene Quint	3 : 4	vollkommene Quart
1 : 4	zwei Oktaven	3 : 5	große Sext
1 : 5	zwei Oktaven und große Terz	4 : 5	große Terz
1 : 6	zwei Oktaven und vollkommene Quint	5 : 6	kleine Terz

Wenn man von den Verhältniszahlen, die vollen Oktaven entsprechen, absieht, wie z. B. 1 : 8 bei drei Oktaven, 1 : 16 bei vier Oktaven, so ergibt sich im allgemeinen ein Mißklang, falls das Verhältnis durch Zahlen über 6 ausgedrückt wird. Z. B. ist das der großen Sekond entsprechende Verhältnis 8 : 9 eher disharmonisch als harmonisch.

Wir betrachten als Beispiel ein Automobilgetriebe. Sämtliche Räder auf der Vorgelegewelle haben die gleiche Umlaufszahl. Bei der Kombination von Tönen, die von zwei derartigen Rädern herrühren, wird das Verhältnis der Frequenzen durch das Verhältnis der Zähnezahlen bestimmt.

Werden die Zähnezahlen in harmonischen Verhältnissen gehalten, so sind unangenehme Geräusche vermeidbar. Wenn z. B. das stetig kämmende Rad 30 Zähne hat und das Antriebsrad für die zweite Geschwindigkeit 25 Zähne, so ergibt sich ein Verhältnis von 5 : 6, entsprechend einer Tonkombination von einer kleinen Terz. Falls das Rad für die zweite Geschwindigkeit mit 24 Zähnen ausgeführt wird, so ergibt sich ein Verhältnis 4 : 5, entsprechend einer großen Terz. Beide Kombinationen sind harmonisch. Wird das Rad für die kleine Geschwindigkeit mit 15 Zähnen ausgeführt, so ergibt sich ein Verhältnis von 1 : 2, entsprechend einer Oktave; bei 12 Zähnen des Rades für den Rückwärtsgang wird das Verhältnis 2 : 5, entsprechend einer Oktave und einer großen Terz.

Verschiedene europäische Automobilgetriebe werden zur Zeit mit gleichen Zähnezahlen sämtlicher Räder auf der Vorgelegewelle ausgeführt, die gewünschten verschiedenen Übersetzungsverhältnisse werden durch Änderung der Teilung erzielt. Auf diese Weise ergeben sämtliche Räder den gleichen Ton. Entsprechend den Erfahrungen des Verfassers war von einer Anzahl verschiedener Getriebekonstruktionen diejenige am leichtesten zum ruhigen Gang zu bringen, bei welcher die Zähnezahlen von drei von den vier Rädern auf der Vorgelegewelle harmonische Verhältnisse aufwiesen. Als am ungünstigsten erwies sich ein Getriebekasten, bei welchem die Zähnezahlenverhältnisse in hohem Maße disharmonisch waren. Die Zähnezahlverhältnisse allein waren sicher nicht hierfür verantwortlich, sie trugen jedoch mit zum Ergebnis bei.

Die vernehmbare Lautstärke ist von der Amplitude der Schwingungen, von der Dichte des vermittelnden Mediums, in welchem die Vibrationen erzeugt werden und von der Entfernung abhängig. Bei Rädergetrieben wird die Größe der Schwingungsamplituden von den durch Ungenauigkeiten hervorgerufenen Geschwindigkeitsänderungen, d. h. annäherungsweise von den relativen, auf die Wälzwege bezogenen, Wälzfehlern bestimmt. Das Medium und die Entfernung sind Faktoren, die man wenig oder gar nicht beeinflussen kann. Eine gleich starke Tonempfindung kann bei tiefer Frequenz und großer Amplitude und bei hoher Frequenz und kleiner Amplitude entstehen; es ist dann die Frage, welche Frequenz unangenehmer empfunden wird und welche. Töne von der vorhandenen Anordnung in stärkerem Maße verschluckt werden. Tiefe Töne sind im allgemeinen leichter zu unterdrücken, höhere sind durchdringender.

Bei Werkzeugmaschinen sind Räder mit feinen Teilungen oft vorzuziehen, trotz der höheren Frequenz und des durchdringenderen Geräusches, da die von den Vibrationen erzeugten Zittermarken an den Werkstücken weniger sichtbar werden, wenn sie feiner verteilt sind.

Jede Anordnung hat in dieser Hinsicht ihre besonderen Probleme.

Es muß ein Unterschied gemacht werden zwischen weichem Abrollen und geräuschlosem Gang. Eine feinere Teilung ergibt vielfach ein weicheres Abrollen, jedoch ein größeres Geräusch. Dieser scheinbare Widerspruch ist auf die günstigere Zahnform einerseits und auf die ungünstigeren relativen Fehlerwerte andererseits zurückzuführen.

Einfluß der Radkörper und des Räderkastens. Die Form der Radkörper hat vielfach einen ausgesprochenen Einfluß auf den ruhigen Lauf. Ein glockenartiger Radkörper verstärkt Schwingungen von seiner Eigenfrequenz, die von den Rädern oder auch anderen äußeren Ursachen herrühren können. Vielfach kann durch Rippen die Resonanz wesentlich verringert werden. Aus zwei Teilen zusammengesetzte Radkörper laufen oft ruhiger als aus einem Stück bestehende, da die Vibrationen an der Verbindungsstelle der zusammengesetzten Teile gedämpft oder verschluckt werden. Dies gilt sowohl für Räder als auch für Räderkästen. Derartige zweiteilige Radkörper entstehen z. B. durch Aufziehen eines Flußstahlkranzes auf einen inneren Radkörper aus Guß oder Stahlformguß. Auch aus mehreren Segmenten zusammengesetzte Räder verhalten sich ähnlich. Ein ruhiger Lauf ist in hohem Maße davon abhängig, bis zu welchem Grade Räder und Räderkästen die vom Zahneingriff erzeugten Vibrationen zu dämpfen oder zu verschlucken vermögen. Andererseits müssen im allgemeinen Radkörper bei höheren Umfangsgeschwindigkeiten einteilig ausgeführt werden. Es werden zwar auch vielfach aufgezogene Stahlkränze verwendet, jedoch besteht eine gewisse Gefahr, daß dieselben infolge der vom Zahneingriff erzeugten Vibrationen gelockert werden. Es ist jedenfalls bei hoher Umfangsgeschwindigkeit erforderlich, etwa aufgeschrumpfte Kränze auch noch mit anderen Mitteln gegen Verdrehung zu sichern.

Räder sollten stets möglichst starr gelagert werden, damit die Zähne beim Eingriff in der richtigen gegenseitigen Lage zueinander gehalten werden. Achsen oder Wellen müssen bei Stirnradgetrieben parallel sein. Auf den genauen Achsenabstand kommt es bei Evolventenverzahnung weniger an, das Fluchten der Wellen ist viel wichtiger. Die Räder sollten möglichst in der Nähe einer festen Unterstützung oder Lage-

rung angebracht werden. Weit ausragend fliegend gelagerte oder in
der Mitte von langen, unstarren Wellen angebrachte Räder sind zu
vermeiden. Die Geräusche stammen nicht immer von schlecht ausgeführten Rädern her; in einem falsch konstruierten Räderkasten arbeiten auch die besten Räder unbefriedigend.

Bei Kraftübertragung durch Zahnräder sind Geräusche nie vollkommen zu vermeiden. Bei einer ungünstigen Form des Räderkastens
können die beim Zahneingriff entstehenden, ursprünglich schwachen
Geräusche wesentlich verstärkt werden. Es ist sehr leicht, den Räderkasten zu einem wirksamen Lautsprecher zu gestalten. Große ebene
Flächen, obwohl leicht zu zeichnen, sind zu vermeiden. Bei Massen-
fabrikation eines Räderkastens, wie z. B. bei Automobilgetriebekästen,
ist es vorteilhaft, die günstigste Ausführungsform — nachdem die
Hauptabmessungen festgelegt sind — durch Versuche festzustellen
und insbesondere zu versuchen, durch zweckmäßige Gestaltung die
Geräusche möglichst abzudämpfen. Die Gestaltung des Räderkastens
ist sowohl für die Intensität als auch für die Höhe des übertragenen
Geräusches von Bedeutung. Wie schon erwähnt, ist ein solcher Räderkasten als Ideal zu betrachten, der bei keiner Frequenz eine Resonanzwirkung ausübt

Die Räder bringen außer ihren eigenen Fehlern häufig auch Fehler
von anderen Teilen des Mechanismus zum Vorschein; die zusammenarbeitenden Zähne bilden eine lose Verbindung, die sehr geeignet ist,
die Vibration in ein hörbares Geräusch zu verwandeln. Dieses Geräusch
kann noch durch den Räderkasten verstärkt werden und so zu uner-
wünschten Schallwirkungen führen.

Schieberäder. Da theoretisch die Räder sich um festliegende geometrische Achsen drehen sollen, sind sie im allgemeinen fest mit ihren
Wellen verbunden. Bei Schieberädern ist jedoch eine feste Verbindung
zwischen Radkörper und Welle nicht möglich, da ein hinreichendes
Spiel zwischen Bohrung und Welle vorhanden sein muß, um die Verschiebung zu ermöglichen. Bei Werkzeugmaschinen war es früher üblich, die Schieberäder auf Wellen mit ein oder zwei langen Paßfedern
anzubringen. Bei Automobilgetrieben und neuerdings auch bei Werkzeugmaschinen werden häufig die Vielkeilwellen verwendet und zwar
bei Automobilgetrieben mit 6 bis 12, bei Werkzeugmaschinen häufig
mit 4 Keilen.

Es ist fraglich, ob bei Schieberädern die Verwendung von einer
großen Anzahl von Keilen günstig ist. Es ist nicht möglich, die Vielkeilwellen und die entsprechenden Naben so genau herzustellen, daß
sämtliche Keile gleichmäßig tragen können, infolgedessen werden nur
wenige tragen. Als Folge hiervon werden die Räder aus der Mitte
gerückt, wobei, bei genügendem Spiel zwischen Bohrung und Welle,

mindestens drei Keile zur Anlage kommen. Falls zwei von diesen zufällig nebeneinander liegen, besteht die Möglichkeit, daß das Rad während der Umdrehung seine Lage auf der Welle wechselt und hierdurch in den Zahneingriff weitere Unregelmäßigkeiten gebracht werden, wodurch wieder neue Geräusche entstehen. Es scheint, daß eine Dreikeilwelle die beste Lösung für Schieberäder darstellen würde; in diesem Fall würden die Kräfte an den drei Keilen eine ständig zentrierende Wirkung ausüben, die von günstigem Einfluß auf den Lauf der Räder ist. Das beste Getriebe mit Schieberädern, das der Verfasser sah, war mit einer Dreikeilwelle versehen. Dies ist auch ein Punkt, der einer sorgfältigen Untersuchung wert ist.

Elastische Kupplungen. Sitzen auf den Antriebswellen außer den Rädern noch Teile mit größeren Massen, so sollten die Räder mit den letzteren möglichst nicht starr, sondern bis zu einem gewissen Grad elastisch gekuppelt werden. Dies kann durch hinreichend lange Wellen oder durch elastische Kupplungen erreicht werden. Die elastische Verbindung ist erwünscht, um den Einfluß von Verzahnungsfehlern auf die große träge Masse einerseits und den Einfluß der Trägheitskräfte auf den Zahneingriff andererseits möglichst zu verringern.

Elastische Kupplungen werden auch verwendet, um Fluchtfelder der miteinander zu verbindenden Wellen zu kompensieren. Hauptzweck der elastischen Kupplungen bei Rädertrieben ist indessen das Auffangen von Stößen jeder Art und die Dämpfung von Vibrationen, die sowohl von den Rädern als auch vom getriebenen Mechanismus herrühren können.

Die Schmierung von Zahngetrieben[1]. Beim Zahneingriff findet ein gewisses Gleiten zwischen den beiden miteinander arbeitenden Profilen statt. Bei dem Gleitvorgang entsteht eine Reibung, die zum Teil durch Schmierung aufgehoben werden kann. Befindet sich kein Schmiermittel zwischen den aufeinander gleitenden Flächen, so spricht man von einer „trockenen Reibung". Ist ein Schmiermittel in hinreichender Menge vorhanden und sind beide gleitenden Flächen durch das Schmiermittel an einer unmittelbaren Berührung miteinander gehindert, so spricht man von einer flüssigen „Reibung". Ist ein Schmiermittel in genügender Menge vorhanden, jedoch der Druck zwischen den beiden gleitenden Flächen so hoch, daß die Schmiermittelschicht herausgedrückt wird oder aber die beiden gleitenden Flächen infolge einer anderen Ursache nicht stets vom Schmiermittel getrennt werden, so spricht man von einer „halbflüssigen" oder „halbtrockenen" Reibung.

Alle Oberflächen sind mehr oder weniger rauh. Auch die mit größter Sorgfalt hergestellten und polierten Flächen zeigen unter einem Mikro-

---

[1] Dieser Abschnitt ist dem Werk „Practice of Lubrication" von Thompson entnommen.

skop mit hinreichender Vergrößerung kleine Erhebungen und Vertiefungen. Die trockene Reibung wird durch das Ineinandergreifen dieser
Oberflächenunebenheiten und durch ihre Verschiebung aufeinander erzeugt. Die Gesetze der trockenen Reibung sind folgende:

Der Reibungswiderstand ist a) direkt proportional mit dem Druck
zwischen den Flächen; b) unabhängig von der Gleitgeschwindigkeit bei
kleinen Geschwindigkeiten und bei hohen Geschwindigkeiten etwas ab-
fallend; c) unabhängig von der Größe der Oberflächen und d) in hohem
Maße abhängig von der Rauheit und Härte der Oberflächen.

Diese Gesetzmäßigkeiten gelten sowohl für gleitende als auch für
rollende Reibung. Infolge der Unregelmäßigkeiten der Oberfläche erfolgt eine Abnutzung, wobei das weichere Material sich schneller ab-
nutzt als das härtere. Abnutzung und Reibung sind geringer bei harten
und glatten als bei weichen und rauhen Oberflächen. Aufeinandergleitende Oberflächen gleichen Materials neigen mehr zum Anfressen als
solche aus verschiedenen Materialien. Aufeinandergleitende Oberflächen
sollten daher möglichst aus Werkstoffen verschiedener Härte und Zusammensetzung bestehen. Es gibt zwei Ausnahmen von dieser allgemeinen Regel: Gußeisen auf Gußeisen und gehärteter Stahl auf ge-
härtetem Stahl laufen gut aufeinander.

Obzwar die trockene Reibung unabhängig von der Oberfläche ist,
ist die Abnützung bei kleineren Oberflächen größer infolge der höheren
spezifischen Pressung.

Durch Einführung eines geeigneten dritten Mittels zwischen den
sich reibenden Oberflächen kann die trockene Reibung teilweise oder
sogar vollkommen ausgeschaltet werden. Dieses Mittel kann fest sein,
z. B. Graphit, Talg oder Bleiweiß, halbfest, wie z. B. Fette, oder flüssig,
wie z. B. Schmieröle.

Schmierschichtbildung. Das Kennzeichen einer vollkommenen
Schmierung ist das Anhaften des Schmiermittels an den aufeinandergleitenden Oberflächen und die Bildung einer Schmiermittelschicht
zwischen ihnen, die bei den vorliegenden Geschwindigkeits-, Druck- und
Temperaturverhältnissen nicht herausgedrückt wird und die Oberflächen stets voneinander trennt. Eine vollkommene Schmierung wird
jedoch, von Lagerungen mit hohen Umfangsgeschwindigkeiten abgesehen, nur selten erzielt.

Bei vollkommener Schmierung sind die aufeinandergleitenden Oberflächen stets voneinander getrennt; die Reibung ist lediglich vom
Schmiermittel abhängig. Die Gesetze der flüssigen Reibung sind gänz-
lich von den Gesetzen der trockenen Reibung verschieden. Sie können
in dem Folgenden zusammengefaßt werden:

Der Reibungswiderstand ist a) unabhängig vom Druck zwischen
den aufeinandergleitenden Flächen; b) er wächst mit der Gleitge-

schwindigkeit; c) er wächst mit der Oberfläche; d) er ist unabhängig von Zustand und Material der aufeinandergleitenden Oberflächen[1]; e) er ist abhängig von der Viskosität des Schmiermittels und von der Temperatur der Schmiermittelschicht.

Der Reibungskoeffizient der trockenen Reibung liegt zwischen 0,1 und 0,4. Bei flüssiger Reibung dagegen kann er Werte von 0,002 bis 0,010 annehmen entsprechend der Viskosität des Schmiermittels. Eine möglichst gute Annäherung an die Bedingungen der flüssigen Reibung hat daher ihre großen Vorteile, sowohl hinsichtlich einer Ersparnis an Leistungsverlusten als auch geringerer Abnutzung.

Bei kleiner Gleitgeschwindigkeit und hohem Druck ist eine vollkommene Schmiermittelschichtbildung unmöglich oder bestenfalls mit großen Schwierigkeiten verbunden. Bei den meisten Rädertrieben liegen die Schmierverhältnisse recht ungünstig, die aufeinandergleitenden Zahnflanken sind bestrebt, die Schmiermittelschicht fortzuwischen, die spezifischen Pressungen sind sehr hoch. Bei großen Umfangsgeschwindigkeiten wird das Schmiermittel durch die Zentrifugalkraft von den Zähnen abgeschleudert. Unter diesen Umständen ist eine auch nur angenähert vollkommene Schmiermittelschichtbildung beinahe unmöglich. Es findet also eine halbflüssige Reibung statt mit einem Reibungskoeffizienten zwischen 0,01 und 0,10, je nachdem, ob man sich bei guter Schmierung den Bedingungen der festen Reibung stärker nähert oder nicht. Die halbflüssige Reibung hat keine festen Gesetze. Der Reibungswiderstand besteht teilweise aus trockener und teilweise aus flüssiger Reibung; in je höherem Maße die trockene Reibung überwiegt, um so mehr kommt es auf die Adhäsion des Schmiermittels und um so weniger auf die Viskosität an. Die schmiertechnische Aufgabe liegt bei derartigen Oberflächen in der Wahl des bestmöglichen Kompromisses zwischen geringst möglicher Abnutzung und geringst möglicher Reibung. Bei kleinen Drücken und großen Umfangsgeschwindigkeiten muß vor allem eine möglichst kleine Reibung angestrebt werden, damit die Wärmeentwicklung nicht unzulässig groß wird. Diese Bedingung erfordert Schmieröle von großer Adhäsion und kleiner Viskosität. Bei hohen Drücken und kleinen Umfangsgeschwindigkeiten kommt es in erster Linie auf eine möglichst starke Herabsetzung der Abnutzung an. Diese Bedingung erfordert Schmieröle mit hoher Viskosität und großer Adhäsion.

Die Schmiermittel. Die Schmiermittel können in drei Klassen eingeteilt werden: Erstens Schmieröle; zweitens halbflüssige Schmiermittel; drittens feste Schmiermittel. Halbflüssige Schmiermittel sind bei nor-

---

[1] Eine indirekte Abhängigkeit besteht insofern, daß rauhe Oberflächen ein Abreißen der Schmiermittelschicht und hiermit einen Übergang zur flüssigen oder halbflüssigen Reibung begünstigen.

malen Zimmertemperaturen noch nicht flüssig; feste Schmiermittel bestehen aus festen Materialien, z. B. aus Graphit, Talg, Speckstein usw. Einige feste Schmiermittel können derartig fein zerteilt werden, daß sie in einer Flüssigkeit in kolloidaler Form in schwebendem Zustand verbleiben können. Ein derartiger Schmierstoff ist das „Oildag", eine kolloidale Lösung von Graphit in Öl.

Für eine wirksame Schmierung müssen die Öle entsprechend den Arbeitsbedingungen und dem Schmierungssystem gewählt werden. Im allgemeinen sollen bei hohen Geschwindigkeiten, kleinen Drücken, tiefen Temperaturen und günstigen mechanischen Bedingungen leichte Öle, bei kleinen Geschwindigkeiten, hohen Drücken, hohen Temperaturen und schlechten oder mittelmäßigen mechanischen Bedingungen schwere Öle verwendet werden. Öle pflanzlichen oder tierischen Ursprunges haben eine größere Adhäsion als Mineralöle. Eine Beimischung von einigen Prozent organischer Öle zu Mineralölen erhöht die Adhäsion der letzteren und trägt zu einer vollkommenen Trennung der aufeinandergleitenden Oberflächen bei. Es liegt am hohen Preis und an der Neigung zum Verharzen vor allem der Öle pflanzlichen Ursprungs, daß sie nicht in noch höherem Maße verwendet werden, als es zur Zeit der Fall ist. Zusammengesetzte Öle bilden mit Wasser eine Emulsion. Sie können zweckmäßig da verwendet werden, wo Wasser Zutritt zu den Rädern hat. Ein reines Mineralöl wird durch Wasser verdrängt und gibt hierdurch zu Störungen Veranlassung. Ein zusammengesetztes Öl dagegen behält seine Schmierfähigkeit.

Halbflüssige Schmiermittel oder Fette werden in schmutziger oder staubiger Umgebung verwendet, z. B. bei Zementmühlen, falls die Räder nicht vollkommen eingekapselt sind. Fett ist nur zu verwenden, wenn besondere Gründe gegen Öl sprechen.

Werden feste Schmiermittel zwischen sonst ungeschmierten Flächen eingeführt, so verbinden sich die mehr oder weniger fein zerteilten Partikelchen des Schmiermittels mit einer oder beiden der aufeinandergleitenden Oberflächen, indem die Poren und Vertiefungen der letzteren durch die Schmiermittel ausgefüllt werden. Sie wirken glättend und polierend und bedecken die ursprünglichen Oberflächen mit einer dünnen, glatten, festen Schmiermittelschicht. Hierdurch wird der Reibungskoeffizient verringert, da die trockene Reibung zwischen den ursprünglich aufeinandergleitenden rauheren Oberflächen durch die kleinere, trockene Reibung der durch das feste Schmiermittel gebildeten, glatteren Flächen ersetzt wird. Falls eine Abnützung stattfindet, so erfolgt sie weniger an den ursprünglichen Oberflächen als an den Schmiermittelteilchen, deren Kohäsion wesentlich geringer ist. Das gegenseitige Anschaben und Abschleifen der metallischen Flächen wird durch Anwendung eines festen Schmiermittels wesentlich verringert.

Eine Schmierung mit trockenen, festen Schmiermitteln ist vorteilhaft an Maschinenteilen, die bei kleinen Drücken und niedrigen Geschwindigkeiten arbeiten und bei denen nur wenig Wartung möglich ist. Wird in solchen Fällen z. B. Graphit in hinreichender Menge zugeführt und möglichst zu einer dichten, glasierten Fläche verrieben, so findet längere Zeit keine nennenswerte Abnützung oder ein Zerkratzen der Oberflächen statt, ohne daß eine weitere Wartung erforderlich wäre.

Feste Schmiermittel werden auch vielfach in Verbindung mit flüssigen verwendet, und zwar a) zur Herabsetzung der trockenen Reibung; b) zur Verringerung der Abnützung und der Gefahr des Anschabens und Abschleifens der ursprünglichen metallischen Oberflächen; c) zwecks Verringerung des Schmierölverbrauches; d) zur Glättung der aufeinandergleitenden Flächen zwecks gleichmäßiger Verteilung der Belastung auf alle Punkte derselben. Durch die gleichmäßige Belastungsverteilung wird die Herabsetzung der flüssigen Reibung durch Verwendung eines Schmieröles von geringerer Zähigkeit ermöglicht.

Falls Ketten oder Räder in öldichten Gehäusen eingeschlossen sind, ist die Verwendung von Öl gegenüber Fett vorzuziehen. Die Beimischung von pulverisiertem oder kolloidalem Graphit begünstigt oft ein weiches Abrollen der Räder.

Schmierungssysteme. Die einfachste Schmierung besteht darin, daß man die Räder in einem Ölbad laufen läßt; sie erfordert öldichte Gehäuse und ist nur für verhältnismäßig kleine Umfangsgeschwindigkeiten geeignet. Bei höheren Geschwindigkeiten wird die überschüssige, von der Verzahnung mitgeführte Ölmenge in der kurzen Zeit eines Zahneingriffes herausgedrückt und auf diese Weise stark erhitzt, auch das Geräusch wird größer. Dies erfolgt um so eher, je breiter die Räder sind und je größer die Geschwindigkeit ist. Im allgemeinen soll diese Art der Schmierung nicht bei Umfangsgeschwindigkeiten von über 5 m/sec verwendet werden.

Bei höheren Umfangsgeschwindigkeiten erfolgt die Schmierung am besten durch dünne, an die Eingriffsstelle geleitete Ölstrahlen; im allgemeinen sollen die Strahlen um so feiner sein, je höher die Geschwindigkeiten sind. Infolge der Erwärmung durch das überschüssige Öl leiden Getriebe mit sehr hohen Umfangsgeschwindigkeiten vielfach mehr unter einer reichlichen als unter einer zu geringen Schmierung. Ein großer Teil der auf die Räder gelangenden Ölmenge wird gegen die Wände des Gehäuses geworfen und zerstäubt. Räder mit sehr hohen Umfangsgeschwindigkeiten laufen infolgedessen in einem Ölnebel, der vielfach zur Schmierung der Zähne genügt. Bei Rädern mit Umfangsgeschwindigkeiten von über 20 m/sec kann eine hinreichende Schmierung schon dadurch erzielt werden, daß man einen feinen Ölstrahl gegen die Stirnwand der Radkörper leitet.

Falls bei Turbinengetrieben das gleiche Schmiersystem für die Turbinenlager und die Räder verwendet wird, besteht die Gefahr, daß das durch Wasser und Schmutz verunreinigte, durch die Turbinenlager zirkulierende Öl zu einer schnellen Abnutzung der Räder führen könnte. Aus diesem Grunde sollen die Turbinenlager und die Turbinenrädergetriebe stets mit zwei voneinander getrennten Schmiersystemen versehen werden, ganz unabhängig davon, ob gleiche oder verschiedene Schmieröle Verwendung finden. Bei zwei getrennten Schmiersystemen bleibt das Öl für die Räder länger sauber und trocken, die Räder werden in gutem Zustand erhalten und die Abnützung wird geringer.

Automobilgetriebekästen können zweckmäßig mit Öl geschmiert werden, das bis zur richtigen Höhe eingeführt werden muß. Bei zu hohem Ölstand läuft das Öl aus den Getriebekästen, eine starke Erwärmung tritt ein, auch das Geräusch wird größer. Bei zu niedrigem Ölstand tauchen die Räder nicht tief genug ein, um es an alle Teile zu befördern, die der Schmierung bedürfen. An und für sich wäre die Verwendung von Ölen mit möglichst geringer Viskosität erwünscht; der einzige Grund, daß nicht normale Maschinenöle verwendet werden, liegt darin, daß das Gehäuse nicht genügend dicht gehalten werden kann, um den Durchgang eines dünnflüssigen Öles zu verhindern. Um Ölverluste zu vermeiden, werden Öle mit höherer Viskosität verwendet, vielfach auch halbflüssige Schmiermittel, die das gesamte Getriebe schmieren. Der Verbrauch an Getriebefett ist zwar viel sparsamer, hat aber den Nachteil größerer Leistungsverluste, es verteilt sich auch nicht gleichmäßig über alle Lagerstellen, so daß vielfach, insbesondere bei mehr oder weniger schwer zugänglichen Kugel- oder Rollenlagern, Störungen entstehen können. Ein Vorteil, den die Verwendung von schweren Ölen oder Fetten in diesem Fall bietet, besteht in der Abdämpfung der Vibrationen und demzufolge der Geräusche.

Die Schmierung von Kammwalzen. Die Schmierung der Kammwalzengetriebe bildet eins der schwierigsten Schmierungsprobleme überhaupt. Die Kammwalzen sind meistens öldicht abgeschlossen, sie laufen in einem Bade, das aus besonders zusammengesetzten Ölen von hoher Adhäsion mit einer Viskosität bis zu etwa 10 Engler-Graden[1] bei 100°C Temperatur besteht. Die Getriebe sind vielfach auch nur mit Schildern abgedeckt, die von unten frei und nicht öldicht sind. Eine Ölbadschmierung kommt in diesem Fall nicht in Frage; das Schmiermittel muß während des Leerlaufes genügend an dem Zahn anhaften und eine hinreichende Schutzschicht bilden. In diesem Falle ist eine Viskosität von etwa 26 Engler-Graden[1] bei 100°C erforderlich, damit die Schmiermittelschicht dem starken Hämmern und Pochen, besonders beim Um-

---

[1] Nach Angaben der Deutschen Vacuum Oel A. G.

kehren der Walzenstraße, widersteht. Produkte von derart hoher Viskosität müssen warm aufgetragen werden.

Mit Ausnahme der Platinen- und Blechwalzwerke sind die Ballen und die Laufzapfen der Walzen dauernd mit Wasser zu berieseln zwecks Kühlung und Entfernung des Sinters, der beim Walzen der Blöcke, der Knüppel und der Pakete entsteht. Diese Bedingungen in Verbindung mit der Temperatur der Umgebung stellen an die Schmiermittel zur Schmierung der Laufzapfen und Kammwalzen hohe Anforderungen. Die Schmiermittel müssen zusammengesetze Öle sein, da reine Mineralöle der dauernden Einwirkung des warmen Wassers nicht widerstehen. Normalerweise werden die Öle mit gewissen Substanzen gemischt, die dem Produkt genügende Adhäsionsfähigkeit erteilen. Kammwalzen, die nicht mit Wasser in Berührung kommen, können indessen mit reinen Mineralölen mit Viskositäten von 6 bis 10 Engler-Graden bei 100° C entsprechend den Temperaturbedingungen und der Art der Schmierung geschmiert werden.

Die Wärmeentwicklung beim Zahneingriff[1]. Die beim Zahneingriff infolge von Reibung entwickelte Wärme wird durch Radkörper und Welle in die Lagerung und in das Gehäuse abgeleitet. Werden die Räder nicht durch ein Umlaufschmierungssystem gekühlt, so wird die ganze entwickelte Wärme durch Wärmeabgabe der Räderkastenwände, durch Strahlung und Wärmeleitung abgeführt. Räder und Räderkasten nehmen daher höhere Temperaturen an als die Umgebung. Je größer die Reibung, um so größer die Temperatursteigerung infolge der Reibungsverluste. Die Temperatursteigerung bietet einen Maßstab für die Güte des verwendeten Schmiermittels und Schmierungssystems. Wird durch Anwendung eines neuen Schmieröles oder eines neuen Schmierungssystems eine Herabsetzung der Temperatursteigerung erzielt, so spricht dies für eine höhere Güte oder bessere Eignung des neuen Schmieröles oder des neuen Schmierungssystems.

Die Temperatursteigerung ist praktisch von der Raumtemperatur unabhängig. Falls die Temperatur des Räderkastens 30° C und die Raumtemperatur 20° C beträgt, ist die Temperatursteigerung 10° C. Bei einer Raumtemperatur z. B. von 25° C und sonst unter den gleichen Bedingungen wird man meistens finden, daß sich die Temperatur des Räderkastens auch um 10° C auf 35° C erhöht. Die erzeugte Reibungswärme ist praktisch die gleiche, die Temperatur des Räderkastens muß daher entsprechend der Raumtemperatur sich erhöhen, damit die gleiche Wärmemenge abgegeben werden kann.

Öl als Kühlmittel. Bei hohen Geschwindigkeiten oder Drücken kann die entwickelte Wärmemenge so groß werden, daß sie nicht hinreichend

---

[1] Siehe Aufsatz von Allen F. Brewer in Lubrication, July 1924.

schnell vom Gehäuse an die Umgebung abgegeben werden kann. In solchen Fällen sieht man zweckmäßig ein Umlaufschmierungssystem vor, bei welchem das den Rädern zugeleitete Öl nicht nur zur Schmierung, sondern auch zur Ableitung eines großen Teiles der entwickelten Wärme dient. Die vom Öl abgeführte Wärmemenge wird von den Ölbehältern und -leitungen an die Umgebung abgegeben; falls nötig, muß eine besondere Ölkühlung vorgesehen werden.

Wird zwecks Kühlung eine größere Ölmenge zugeleitet, als zur Schmierung allein erforderlich wäre, so sollte die zusätzliche Menge an die Seitenflächen der Radkörper und nicht an die Zähne geleitet werden. Eine überschüssige Ölmenge an den Zähnen erzeugt, wie schon erwähnt, infolge des schnellen Herauspressens eine zusätzliche Erwärmung. Bei sehr hohen Umfangsgeschwindigkeiten genügt die Zuführung an die Seite allein. Die Temperatur des Räderkastens gibt zwar einen Hinweis auf die Temperatur der Räder, die der Räder ist indessen nicht unwesentlich höher. Falls die Temperaturerhöhung infolge Reibung, gemessen an der Temperatur des Räderkastens oder des Schmieröles, etwa 30^0 C übersteigt, so sollte man versuchen, das Schmierungssystem zu verbessern, gegebenenfalls eine Umlaufschmierung zwecks Kühlung anzubringen.

Infolge der Reibungswärme müssen die Räder mit hohen Umfangsgeschwindigkeiten mit hinreichendem Flankenspiel ausgeführt werden, damit infolge der Wärmeausdehnung kein Klemmen auftritt.

Die infolge der Reibungsverluste entwickelte Wärmemenge bei einem Rädergetriebe ist von so vielen veränderlichen Faktoren abhängig — wie z. B. Zustand der Zahnflanken, Geschwindigkeit, Belastung, Schmiermittel —, daß es unmöglich ist, den genauen Wert der Temperatursteigerung zu errechnen. Bestenfalls kann eine Annäherungsrechnung aufgestellt werden, die insofern einen Wert hat, als sie in vielen Fällen ein Urteil darüber ermöglicht, ob eine Umlaufschmierung erforderlich ist oder nicht. Man muß hierbei von zwei Annahmen ausgehen: Erstens bezüglich der durch die Reibung erzeugten und abzuführenden Wärmemenge und zweitens bezüglich der Wärmeabgabe der Räderkastenwände an die Umgebung.

Die Bestimmung der entwickelten Wärmemenge kann aus der bekannten übertragenen Leistung durch Annahme eines bestimmten Wirkungsgrades erfolgen. Sorgfältig hergestellte Stirnradgetriebe — und nur solche sollen betrachtet werden — arbeiten mit einem sehr hohen Wirkungsgrad. Für diese Rechnung können wir mit hinreichender Annäherung einen Leistungsverlust von 1% der übertragenen Leistung für jede Eingriffsstelle annehmen.

Die Wärmeabgabe an die Umgebung ist eine sehr schwer erfaßbare Größe; sie ist abhängig von der mehr oder weniger freien Zirkulationsfähigkeit der Luft um den Räderkasten herum. Man kann annehmen, daß bei einem Temperaturunterschied von 1^0 C zwischen der Oberfläche des Räderkastens und der Raumtemperatur im besten Falle etwa 13 Wärmeeinheiten in der Stunde, in mechanischen Einheiten 1,5 mkg/sec = 0,02 PS für 1 m² Oberfläche an die Umgebung abgegeben werden können.

Ist demnach:

ϑ = Temperaturunterschied zwischen Räderkasten und Raumtemperatur in ^{0} C
N = übertragene Leistung in PS
F = wärmeabgebende Oberfläche in m²,

so wird bei 1 % Leistungsverlust

$$\vartheta = \frac{N}{2 \cdot F} . \tag{92}$$

Unter weniger günstigeren Umständen, wenn der Räderkasten z. B. in einer Ecke oder in einem Hohlraum angebracht ist, wo die Luft an freier Zirkulation gehindert ist, wird die Wärmeausstrahlung geringer, man kann in diesem Fall etwa ⅔ des obigen Betrages, d. h. 8,7 Wärmeeinheiten pro Stunde oder in mechanischen Einheiten 1 mkg/sec = 0,0133 PS für 1 m² wärmeausstrahlende Oberfläche annehmen. Unter diesen Bedingungen wird

$$\vartheta = \frac{N}{1,33 \, F} . \tag{93}$$

Wir nehmen als Beispiel einen Getriebekasten mit einem einzigen Räderpaar, mit einer wärmeabgebenden Oberfläche von 2 m² und mit einer übertragenen Leistung von 100 PS an. Es ist also:

$$N = 100 \, \mathrm{PS},$$
$$F = 2 \, \mathrm{m}^2 .$$

Bei einem Räderkasten mit freier Luftzirkulation würde sich nach Gleichung (92) folgende Temperatursteigerung ergeben:

$$\vartheta = \frac{100}{2 \cdot 2} = 25^0 \, \mathrm{C} .$$

Unter diesen Verhältnissen wäre es nicht erforderlich, ein Umlaufschmierungssystem vorzusehen. Falls keine freie Luftzirkulation möglich ist, würde sich aus Gleichung (93) eine Temperatursteigerung von

$$\vartheta = \frac{100}{1,33 \cdot 2} = 37,5^0 \, \mathrm{C}$$

ergeben. Unter diesen Umständen wäre bei dauernder Belastung eine Umlaufschmierung vorzusehen, bei aussetzender Belastung könnte man ohne Umlaufschmierung auskommen.

Bei einem Räderkasten mit der gleichen Oberfläche und der gleichen übertragenen Leistung, der ein zweifaches Übersetzungsgetriebe enthält, müßte in die Gleichung (92) bzw. (93) für N der doppelte Wert der tatsächlich übertragenen Leistung eingesetzt werden, da die angenommene Leistung an zwei Stellen übertragen wird; die Temperatursteigerung ϑ wird auch doppelt so groß wie bei einem Räderkasten gleicher Oberfläche mit einem einfachen Übersetzungsgetriebe bei der angenommenen Leistung.

Kritische Umlaufzahlen. Es ist eine ganz bekannte Tatsache, daß einzelne Getriebe bei hohen Umfangsgeschwindigkeiten befriedigend, andere wiederum unbefriedigend ausfallen, obwohl sie mit gleicher Sorgfalt und von der gleichen Werkstatt ausgeführt worden sind. Die Zahnflanken zeigen oft Aushöhlungen, die durch Ermüdungserscheinungen oder durch die Größe der übertragenen Leistung nicht erklärt werden können. Derartige Getriebe laufen oft bei ihrer Betriebsdrehzahl sehr laut. Auch bei der größten Sorgfalt in der Wahl der Zahnform und bei der größtmöglichen Herstellungsgenauigkeit treten zuweilen derartige Störungserscheinungen auf. Sie sind oft auf die übermäßig großen Schwingungen des das ganze Getriebe umfassenden elastischen Systems zurückzuführen.

Der Schwerpunkt einer rotierenden Masse, z. B. eines auf einer Welle befestigten Radkörpers, liegt nie genau in der mechanischen Drehachse. Selbst bei einer praktisch sorgfältig ausgewuchteten Masse sind ganz geringfügige Abweichungen vorhanden. Bei Drehung der Masse tritt eine mit der Entfernung des Schwerpunktes von der mechanischen Drehachse und dem Quadrat der Umlaufzahl proportionale Zentrifugalkraft auf, die die Welle durchzubiegen und den ursprünglichen Abstand zwischen Schwerpunkt und geometrischer Drehachse zu vergrößern bestrebt ist. Der Durchbiegung der Welle wirkt die mit der Größe der Durchbiegung proportionale elastische Rückfederungskraft entgegen; es kann sich bei einer bestimmten Durchbiegung ein dynamischer Gleichgewichtszustand einstellen, in welchem Zentrifugalkraft und Rückfederungskraft sich das Gleichgewicht halten. Je langsamer die Zentrifugalkraft im Verhältnis zur Rückfederungskraft bei wachsender Durchbiegung ansteigt, d. h. je kleiner die Umlaufzahl, um so kleiner die Durchbiegung, bei welcher sich der dynamische Gleichgewichtszustand einstellen kann. Bei wachsender Umlaufzahl wird die Durchbiegung immer größer und größer; bei der „kritischen" Umlaufzahl wird das Anwachsen der Zentrifugal- und der Rückfederungskraft gleich stark, rechnerisch würden unendlich große Durchbiegungen entstehen. In der Nähe der kritischen Umlaufzahl entstehen sehr starke Schwingungen.

Wird die kritische Umlaufzahl überschritten, so kann sich ein neuer dynamischer Gleichgewichtszustand einstellen, in welchem durch die Wellendurchbiegung der ursprüngliche Abstand zwischen Schwerpunkt und mechanischer Drehachse verringert wird. Die in der Nähe der kritischen Umlaufzahl auftretenden Schwingungen verschwinden wieder.

Sind mehrere Massen vorhanden, so treten bei weiterer Erhöhung der Umlaufzahl kritische Umlaufzahlen höherer Ordnung auf, bei welchen wieder größere Schwingungen in Erscheinung treten. Ihre Amplitude wird indessen bei den kritischen Umlaufzahlen höherer Ordnung im allgemeinen kleiner als bei der niedrigsten kritischen Umlaufzahl. Außer den Biegungsschwingungen können auch Torsionsschwingungen der Wellen und hiermit auch weitere kritische Geschwindigkeiten auftreten.

Sind noch weitere Schwingungen vorhanden, deren Frequenz derjenigen der kritischen Umlaufzahl entspricht oder mit ihr in harmonischem Verhältnis steht, so werden diese Schwingungen dauernd verstärkt. Wird die Verstärkung nicht auf irgendeine Weise verhindert, so erfolgt ein Bruch.

Auch bei Rädertrieben sind kritische Geschwindigkeiten vorhanden. Man kann ganz allgemein sagen: Laufen die Räder mit Umlaufzahlen, die in der Nähe der kritischen Umlaufzahlen liegen, so arbeiten sie unbefriedigend. Falls Mißstände, wie Geräusch, Aushöhlung der Zahnflanken, schnelle Zerstörung darauf zurückzuführen sind, daß die Betriebsumlaufzahl in der Nähe der kritischen Umlaufzahl liegt, so gibt es ein sicheres Mittel, sie zu beseitigen: Man ändert die Abmessungen der Massen und Wellen derart, daß die kritische Umlaufzahl genügend weit von der Betriebsumlaufzahl verschoben wird.

Die kritischen Umlaufzahlen sind zwar rechnerisch ermittelbar, die Rechnung ist jedoch sehr verwickelt. Bei kostspieligen Getrieben ist es indessen empfehlenswert, die Rechnung trotz der Größe der aufzuwendenden Arbeit durchzuführen. Das Problem der kritischen Geschwindigkeiten ist so umfassend, daß hier nicht näher darauf eingegangen werden kann, nur die folgende Annäherungsformel für die kritische Umlaufzahl bei Biegungsschwingungen sei hier angeführt:

$$\text{Kritische Umlaufzahl/Min.} = \frac{300}{\sqrt{y}}. \tag{94}$$

Hierbei ist:

$y = $ größte Wellendurchbiegung infolge des Eigengewichtes in cm.

Die Betriebsumlaufzahl liegt zuweilen oberhalb der kritischen Umlaufzahl. Beim Anlassen sollte die kritische Umlaufzahl möglichst schnell überschritten werden, damit sich keine übermäßig großen Schwingungen ausbilden können. Die Betriebsumlaufzahlen sollten mindestens 30% ober- oder unterhalb der kritischen Umlaufzahl liegen. Falls diese nur wenig über der Betriebsumlaufzahl liegt, so ist die Welle zu verstärken, um die kritische Umlaufzahl höher zu rücken.

VII. Die Bestimmung der Zahndrücke.

Der erste Schritt zur Dimensionierung von Zahngetrieben besteht in der Bestimmung der durch die Zähne zu übertragenden Kräfte. Die Kräfte sind von der Art und Größe der zu übertragenden Leistung abhängig. Um das Verständnis der Analyse der Kraftverhältnisse zu erleichtern, werden, ihr vorangehend, einige Grundbegriffe der Mechanik kurz erläutert und die technischen Einheiten definiert.

Die Mechanik ist die Lehre von den Kräften und ihren Wirkungen.

Kraft ist die Ursache, die den Zustand der Ruhe oder den Zustand einer gleichförmig geradlinigen Bewegung einer Masse zu ändern bestrebt ist, sie wird bestimmt als Produkt der von ihr in Bewegung gesetzten frei beweglichen Masse und der Geschwindigkeitsänderung, die sie in der Zeiteinheit dieser Masse erteilt. Die technische Krafteinheit ist das Gewicht von 1 kg. Außer der Kraft gibt es zwei mechanische Grundbegriffe; es sind der Weg bzw. Abstand, gemessen in Metern bzw. Zentimetern, und die Zeit, gemessen in Sekunden, Minuten oder Stunden. Die übrigen mechanischen Begriffe werden von diesen drei Grundbegriffen, Kraft, Weg und Zeit, ihre Einheiten von den Einheiten von Kraft, Weg und Zeit abgeleitet.

Geschwindigkeit ist der in der Zeiteinheit zurückgelegte Weg, ihre Einheit ist 1 cm/sec oder 1 m/sec. Beschleunigung ist die Geschwindigkeitsänderung in der Zeiteinheit, ihre Einheit ist 1 cm/sec² oder 1 m/sec², d. h. sie entspricht einer Geschwindigkeitsänderung von 1 cm/sec bzw. 1 m/sec in einer Sekunde.

Masse ist der Quotient von der auf die frei bewegliche Masse wirkenden Kraft und der von der Kraft erzeugten Beschleunigung. Ihre Einheit ist 1 kgcm⁻¹ sec² bzw. 1 kgm⁻¹ sec², d. h. eine Masse, die von 1 kg Kraft eine Beschleunigung von 1 cm/sec² bzw. 1 m/sec² erfährt. Da das Gewicht, d. h. die Schwerkraft, die Fallbeschleunigung 981 cm/sec² oder 9,81 m/sec² erzeugt, beträgt die Masse eines Körpers von 1 kg Gewicht

$$\frac{1}{981} \cong 1{,}02 \cdot 10^{-3} \cdot \mathrm{kgcm}^{-1}\,\mathrm{sec}^2$$

oder

$$\frac{1}{9{,}81} \cong 1{,}02.\ 10^{-1}\mathrm{kgm}^{-1}\,\mathrm{sec}^2\,.$$

Falls eine Kraft keine Bewegung auslöst, sondern einen Zug oder Druck auf einen nicht frei beweglichen Körper ausübt, so erzeugt die Kraft eine Spannung. Die Spannung kann als absolute Größe und als Spannung pro Flächeneinheit definiert werden. Im ersteren Falle wird sie durch die Kräfte gemessen, durch die sie erzeugt wird.

Falls eine Kraft auf einen Körper wirkt und dieser sich in Richtung der Kraft bewegt, so leistet die Kraft eine Arbeit. Die Arbeit wird durch das Produkt von Kraft und Weg, um welches der Körper bewegt wird, gemessen. Die technische Einheit der Arbeit ist 1 mkg bzw. 1 cmkg, sie ist die Arbeit, die beim Heben von 1 kg Gewicht auf 1 m bzw. 1 cm Höhe geleistet wird.

Unter Leistung versteht man die in der Zeiteinheit geleistete Arbeit. Ihre Maßeinheit ist 1 mkg/sec, d. h. die Leistung von 1 mkg Arbeit in 1 Sekunde. 75 mkg/sec bilden eine Pferdestärke (PS). Die elektrische Leistungseinheit ist ein Kilowatt (kW) = 1,36 PS.

Für die drehende Wirkung einer Kraft um einen nicht in ihrer Eingriffslinie liegenden Punkt dient das Produkt der Kraft und der kürzesten Entfernung des

Punktes von der Eingriffslinie der Kraft als Maßstab; dieses Produkt wird **Drehmoment** genannt. Die technische Maßeinheit des Drehmomentes ist 1 mkg bzw. 1 cmkg.

Die Kraft wird durch folgende drei Merkmale bestimmt: **Größe, Richtung** und **Angriffspunkt.** Kräfte können durch gerade Linienabschnitte dargestellt werden, die in der Richtung der Kraft vom Angriffspunkt ausgehen und durch einen Pfeil begrenzt werden, der den Richtungssinn der Kraft kennzeichnet. Die vom Angriffspunkt und Pfeil begrenzte Länge des Linienabschnittes ist ein Maßstab für die Größe der Kraft. Derartige gerichtete Linienabschnitte werden auch **Vektoren** genannt.

Nach dem zweiten Newtonschen Bewegungsgesetz verhält sich ein Körper, der von zwei oder mehr Kräften angegriffen wird, derart, als ob jede einzelne Kraft **unabhängig** von der anderen wirken würde und die Wirkungen der einzelnen Kräfte sich **überlagern.** Eine einzelne Kraft, die die gleiche Wirkung am Körper erzeugt wie zwei oder mehrere gleichzeitig wirkende Kräfte, heißt die **Resultierende.** Die einzelnen zusammen wirkenden Kräfte heißen **Komponenten.** Die Bestimmung der resultierenden Kraft wird Zusammensetzung der Kräfte, die Bestimmung der Komponenten Zerlegung der Kräfte genannt.

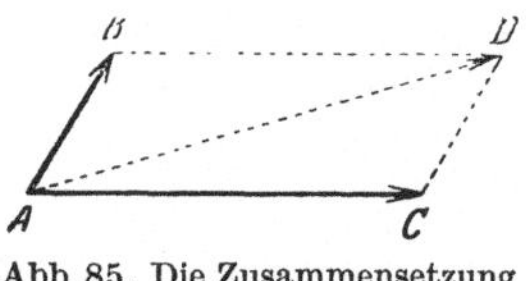

Abb. 85. Die Zusammensetzung von zwei Kräften.

Abb. 85 zeigt die Zusammensetzung der Kräfte. AB und AC sind die Komponenten, die im Punkt A wirken. Zwecks Zusammensetzung der Kräfte nehmen wir an, daß zunächst die Kraft AB und sofort danach die Kraft AC wirkt. Die Kraft AB erzeugt eine mit der Strecke AB proportionale Bewegung, die Kraft AC erzeugt eine mit der Strecke AC bzw. mit der gleichen Strecke BD proportionale Bewegung. Die resultierende Bewegung ist proportional mit AD. AD ist die resultierende Kraft, d. h. die Kraft, welche die gleiche Wirkung ausübt wie die einzelnen gleichzeitig wirkenden Komponenten. Nach Abb. 85 kann also die Zusammensetzung von zwei Kräften derart erfolgen, daß man am Ende des einen Kraftvektors AB den Vektor der anderen Kraft $BD = AC$ ansetzt. Der Endpunkt D des angesetzten Vektors BD bestimmt auch den Endpunkt des resultierenden Vektors AD. Die Reihenfolge in der Zusammensetzung kann beliebig sein. Die Zusammensetzung AC und $CD = AB$ führt zum gleichen resultierenden Vektor AB.

Als zweites Beispiel betrachten wir die Zusammensetzung der vier Kräfte AB, AC, AD und AE (Abb. 86). Die Resultierenhe AF von AB und AC ist entsprechend Abb. 85 konstruiert. Die Resultierende von AF und AD ist AG; die Resultierende von AG und AE ist AH. AH ist die Resul-

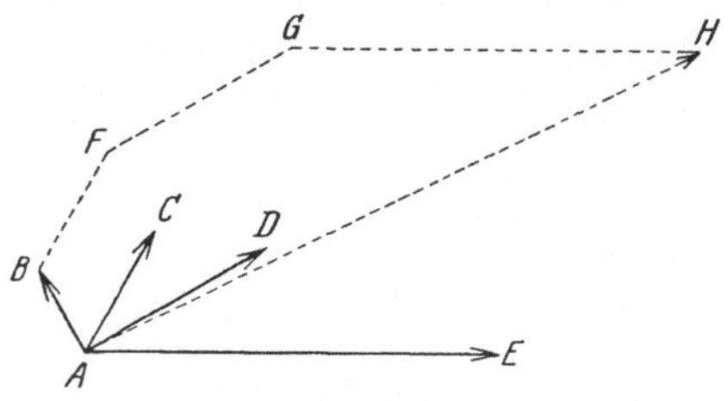

Abb. 86. Zusammensetzung mehrerer Kräfte.

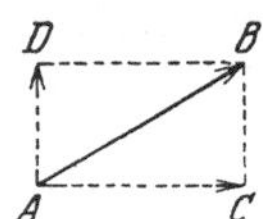

Abb. 87. Zerlegung einer Kraft.

tierende der vier Kräfte. Man erhält sie, indem man an den Endpunkt des ersten Vektors den zweiten, an den Endpunkt des zweiten den dritten und an den Endpunkt des dritten den vierten ansetzt. Der Endpunkt des letzten ist gleichzeitig der Endpunkt des resultierenden Vektors.

Abb. 87 zeigt die Zerlegung der Kraft AB in zwei zueinander rechtwinklige Komponenten. Zu diesem Zweck wird ein Parallelogramm konstruiert, dessen Seiten in die Richtungen fallen, in denen eine Zerlegung gewünscht wird und deren Diagonale von der gegebenen Kraft AB gebildet wird. Die Seiten AC und AD ergeben die Komponenten.

Die Kraftverhältnisse bei Radgetrieben lassen sich im Endergebnis auf die Kraftverhältnisse eines einzelnen Hebels zurückführen. Abb. 88 zeigt einen Hebel mit einer auf A wirkenden Kraft x und mit einer auf B wirkenden Kraft y. Der Abstand der Kraft x von der Schneide, d. h. der Hebelarm der Kraft x ist a, der Hebelarm der Kraft y ist b. Soll der Hebel im Gleichgewicht sein, so müssen die Drehmomente der Kräfte in bezug auf den Drehpunkt gleich sein, das heißt $ax = by$. Zu beachten ist hierbei, daß die

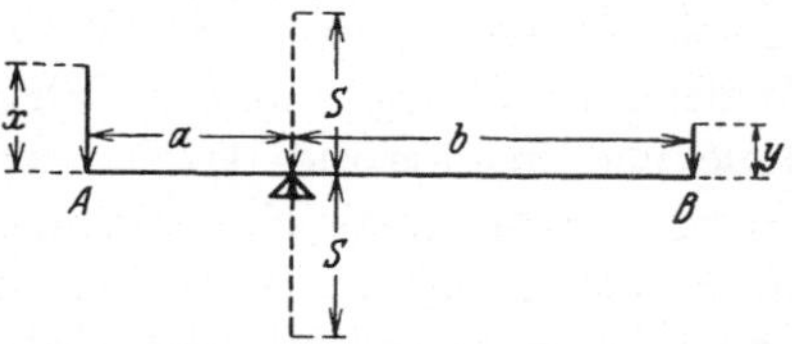

Abb. 88. Kräfte an einem Hebel.

eine Kraft im Sinne des Uhrzeigers, die andere Kraft im entgegengesetzten Sinne den Hebel zu drehen bestrebt ist. Falls die Kraft x doppelt so groß ist wie die Kraft y, so ist der Hebelarm a halb so groß wie der Hebelarm b usw. Die Kräfte sind den Hebelarmen umgekehrt proportional. Bei gewichtslos angenommenem Hebel ist die auf die Schneide ausgeübte resultierende Kraft $S = x + y$ gleich der Summe der beiden einzelnen Kräfte. Es wird ein Druck S von unten nach oben von der Schneide auf den Hebel und der gleich große Druck S von oben nach unten vom Hebel auf die Schneide ausgeübt.

Bei stillstehendem Hebel wird keine Arbeit geleistet. Wird entsprechend Abb. 89 der Hebel von der Lage AB in die Lage $A'B'$ gedreht, so leistet die Kraft x die Arbeit von $x \cdot c$ und die Kraft y die Arbeit $- yd$, da ja die Bewegung

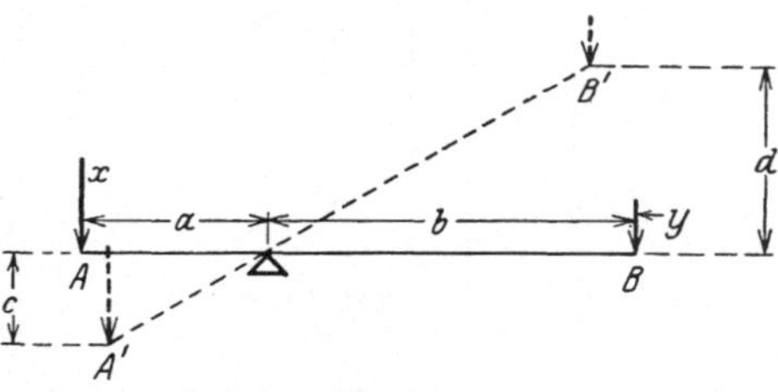

Abb. 89. Die bei der Verdrehung eines Hebels von den angreifenden Kräften geleistete Arbeit.

in einer, der Kraft y entgegengesetzten Richtung erfolgt. Da c mit a und d mit b proportional sind und $ax = by$ ist, so ist auch $xc = yd$. Bei der Bewegung des Hebels leistet die Kraft die Arbeit xc, die gleiche Arbeit wird zur Überwindung der Kraft y benötigt. Die Arbeit $xc = yd$ wird durch den Hebel übertragen. Diese Beziehungen gelten unter Vernachlässigung der Reibung.

Wird die Schneide des Hebels durch eine sich drehende Welle, die Arme des Hebels durch Räder oder Riemenscheiben ersetzt, so behalten auch die obigen Beziehungen ihre Gültigkeit. In Abb. 90 wirkt eine Kraft x auf eine, mit der Welle fest verbundene Riemenscheibe mit dem Halbmesser a und ein Kraft y auf eine, ebenfalls mit der Welle fest verbundene Riemenscheibe mit dem Halbmesser b. Das Produkt $ax = by$ ist das auf die Welle ausgeübte Drehmoment, welches die Welle auf Verdrehung beansprucht. Der Druck S tritt in diesem Fall zwischen der Welle und den Lagerungen auf; er wird als Lagerdruck bezeichnet. Falls sich die Riemenscheiben drehen, ist die übertragene Arbeit das Produkt von Kraft mal entsprechendem Weg am Umfang der Riemenscheibe, die Leistung ergibt sich als die in der Sekunde übertragene Arbeit. Je größer die übertragene Arbeit in einer gewissen Zeit ist, oder je kürzer die Zeit, innerhalb welcher eine bestimmte Arbeit geleistet wird, um so größer die Leistung.

Zahn- und Lagerdrücke. Ein Räderpaar läßt sich als Kombination zweier aufeinander drückender Hebel auffassen. Die Kraft, die die Räder auf einander ausüben, geht durch den Berührungspunkt, d. h. durch den Eingriffspunkt; sie liegt, wenn man von der Reibung absieht, senkrecht zu den sich berührenden Flanken, d. h. in der Richtung der Eingriffsnormalen. Die Eingriffsnormale — und hiermit der Zahndruck — gehen stets durch den Berührungspunkt der Wälzkreise, den Wälzpunkt. Zerlegt man den Zahndruck in eine zum Wälzkreis tangentiale und in eine radiale Komponente, so ist für die übertragene Leistung nur die erste Komponente, die Umfangskraft, maßgebend, da in Richtung der radialen Komponente keine Bewegung erfolgt und daher keine Arbeit geleistet wird. Bei der Dimensionierung der Zahnräder geht man stets von der Umfangskraft aus.

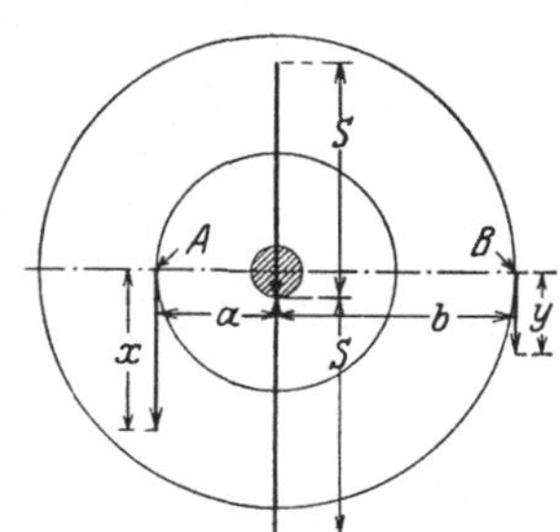

Abb. 90. Analogie zwischen Hebel und Riemenscheibenantrieb.

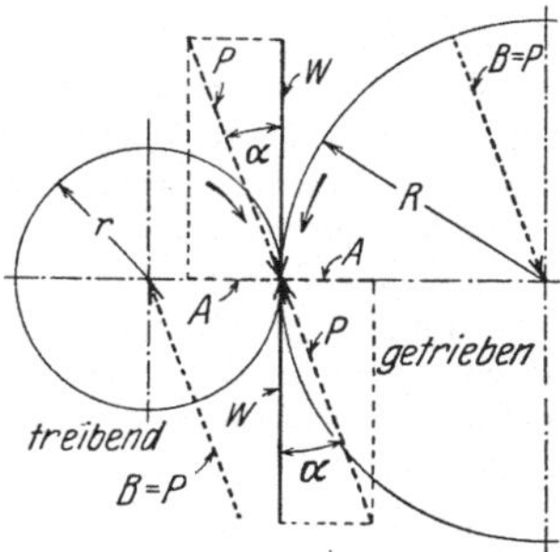

Abb. 91. Zahn- und Lagerdrücke.

Abb. 91 zeigt die Verhältnisse bei einem Evolventenräderpaar. Es ist:

r = Wälzkreishalbmesser des kleinen Rades in mm

R = Wälzkreishalbmesser des großen Rades in mm

W = Umfangskraft in kg

P = Zahndruck in kg

α = Eingriffswinkel

B = Lagerdruck in kg

A = die Kraft, die die Wellen voneinander zu entfernen bestrebt ist in kg (radiale Komponente des Zahndruckes).

W und A sind die Komponenten von B. Aus den rechtwinkligen Dreiecken in Abb. 91 ergibt sich:

$$P = \frac{W}{\cos \alpha}$$

und

$$A = W \tang \alpha \, .$$

In Abb. 91 ist das große Rad getrieben, die Bewegungen erfolgen in den Pfeilrichtungen. Falls das große Rad das kleine in den umgekehrten

Pfeilrichtungen treiben würde, bliebe das Kräftediagramm unverändert; würde aber das große Rad das kleine in der Pfeilrichtung oder das kleine Rad das große entgegengesetzt der Pfeilrichtung antreiben, so müßte das Kräftediagramm um die Mittenlinie des Getriebes (Achse A) um 180^0 umgeklappt werden. Die Größe der Kräfte bliebe indessen unverändert.

Der Vektor B (Abb. 91) ist die von der Welle auf die Lager ausgeübte Kraft, die sich je nach der Entfernung des Radkörpers von den einzelnen Lagerstellen auf diese verteilt. Sie wird Lagerdruck genannt. Die Rückwirkung des Lagers auf die Wellen ist dem Lagerdruck gleich und entgegengesetzt gerichtet; sie ist in die Abbildung nicht eingetragen.

Bei gegebener Umfangskraft bewirkt eine Änderung des Eingriffswinkels eine Änderung der Zahn- und Lagerdrücke, die aber nicht so groß ist wie im allgemeinen angenommen wird. Bei einer Änderung des Eingriffswinkels von $14\frac{1}{2}^0$ bis 25^0 ändern sich die Zahn- und Lagerdrücke nur um etwa 10%. Die größte auftretende Änderung ist die Richtungsänderung der Kräfte. — Der Lagerdruck B wird vielfach mit dem die beiden Lagerstellen auseinander pressenden Druck A verwechselt. Dieser ist jedoch nur eine Komponente des Lagerdruckes und hat, allein betrachtet, keine besondere technische Bedeutung.

Das auf die Welle des kleinen Rades ausgeübte Drehmoment beträgt $\dfrac{W r_0}{1000}$ in mkg, das Drehmoment an der Welle des großen Rades beträgt $\dfrac{W R_0}{1000}$ in mkg.

Zwecks Bestimmung der Umfangskraft bei einem Räderpaar, das eine bestimmte Leistung bei einer bestimmten Umlaufzahl zu übertragen hat, errechnen wir zunächst die Umfangsgeschwindigkeit. Wenn

$$V = \text{Umfangsgeschwindigkeit in msec}^{-1}$$
$$r = \text{Wälzkreishalbmesser in mm}$$

so ist

$$V = \frac{2\pi r \cdot \text{Umlaufzahl in der Minute}}{60\,000}. \tag{95}$$

Die Umfangskraft bestimmt sich aus folgender Gleichung:

$$W = \frac{75 \cdot \text{Leistung in PS}}{V}. \tag{96}$$

Vielfach ist nicht die Leistung, sondern das zu übertragende Drehmoment gegeben. In diesem Fall ergibt sich die Umfangskraft:

$$W = \frac{\text{Drehmoment in mkg} \cdot 1000}{r}. \tag{97}$$

Durch Kombination der Gleichungen (95) und (96) erhält man:

$$W = \frac{716\,000 \cdot \text{Leistung in PS}}{r \cdot \text{Umlaufzahl in der Min.}}. \tag{98}$$

Diese Gleichung kann zur unmittelbaren Errechnung der Umfangskraft bei gegebener Leistung und Umlaufzahl benutzt werden. Bei der Dimensionierung von Zahnrädern ist indessen auch die Bestimmung der Umfangsgeschwindigkeiten nach Gleichung (95) erforderlich, da die zulässigen Belastungsziffern von der Umfangsgeschwindigkeit abhängig sind.

Beispiel. Es soll ein Räderpaar bei 2000 Umdrehungen des kleinen treibenden Rades in der Minute eine Leistung von 10 PS übertragen. Der Wälzkreisdurchmesser des kleinen Rades betrage 100 mm, der Wälzkreisdurchmesser des großen Rades 400 mm, der Eingriffswinkel sei 20°. Es ist hiernach:

$$r = 50 \text{ mm} \qquad R = 200 \text{ mm} \qquad \alpha = 20^0$$

Umlaufszahl des kleinen Rades in der Minute:

$$n = 2000.$$

Für die Umfangsgeschwindigkeit ergibt sich:

$$V = \frac{100\,\pi \cdot 2000}{60\,000} = 10{,}47 \text{ msec}^{-1}.$$

Für die Umfangskraft ergibt sich:

$$W = \frac{75 \cdot 10}{10{,}47} = 71{,}62 \text{ kg}.$$

Drehmoment an der Welle des kleinen Rades:

$$\frac{Wr}{1000} = \frac{71{,}62 \cdot 50}{1000} = 3{,}581 \text{ mkg}.$$

Drehmoment an der Welle des großen Rades:

$$\frac{WR}{1000} = \frac{71{,}62 \cdot 200}{1000} = 14{,}324 \text{ mkg}.$$

Der Zahndruck ergibt sich zu:

$$P = B = \frac{71{,}62}{0{,}93969} = 76{,}20 \text{ kg}.$$

Die auf die verschiedenen Lagerstellen sich verteilenden Lagerdrücke betragen ebenfalls 76,20 kg, und zwar sowohl am kleinen als auch am großen Rad.

Die Reibung ist bei den bisherigen Berechnungen vernachlässigt worden. Sie hat indessen bei einzelnen Räderpaaren keinen nennenswerten Einfluß, sie ist jedoch zu berücksichtigen bei aus vielen Gliedern bestehenden Räderketten, bei Umlaufräder- und Differentialgetrieben und in Fällen, in denen große Leistungen zu übertragen sind.

Zusammensetzung von Lagerdrücken. Auch bei aus mehreren Rädern bestehenden Getrieben lassen sich die Kraftverhältnisse grundsätzlich auf die gleiche Weise bestimmen. Wirken auf eine Welle mehrere Zahndrücke, so sind diese zur Ermittlung des resultierenden Lagerdruckes zusammenzusetzen.

Abb. 92 zeigt eine Räderkette aus drei Rädern, deren Achsen in einer Ebene liegen. In diesem Beispiel treibt das kleine Rad a durch das leer mitlaufende Zwischenrad b das große Rad c. Das Zwischenrad kann als ein Hebel angesehen werden, der um die Achse des Zwischenrades drehbar ist. Die Drehmomente der beiden angreifenden Umfangskräfte und, infolge der Gleichheit der Hebelarme, auch die beiden Umfangskräfte W sind gleich.

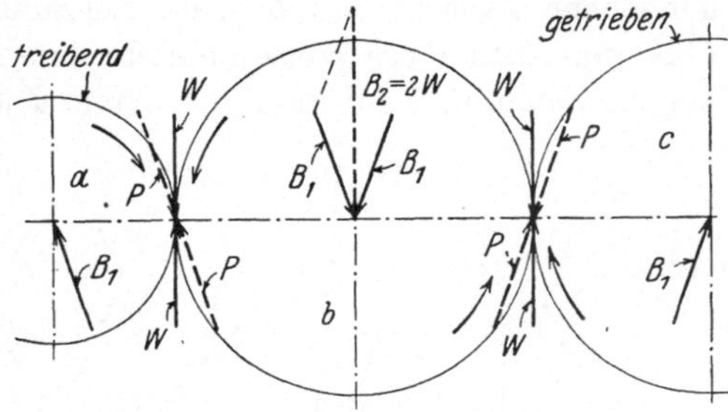

Abb. 92. Antrieb über ein Zwischenrad.

Der Zahndruck P wird gleich $\dfrac{W}{\cos \alpha}$. Die Lagerdrücke bei den Rädern a und c sind auch gleich P wie beim einzelnen Räderpaar, da ja beide Räder nur mit einem einzigen Gegenrad kämmen.

Der Lagerdruck am Zwischenrad b ist die Resultierende der Lagerdruckkomponenten, die von den einzelnen Zahneingriffen herrühren. Die Resultierende zeigt, wie aus Abb. 92 zu ersehen, nach unten, senkrecht zur Mittenlinie; ihre Größe beträgt $2\,W$. Die Umfangskraft W wird aus der gegebenen Leistung und Umlaufzahl wie bei einem einzelnen Räderpaar bestimmt. Falls in diesem Beispiel die Abmessungen der Räder a und b die gleichen sind wie in dem vorher berechneten Beispiel, und die gleiche Leistung bei der gleichen Umlaufzahl des kleinen Rades übertragen werden soll, so ergibt sich als resultierender Lagerdruck am Zwischenrad $2 \cdot 71{,}62 = 143{,}24$ kg.

Abb. 93 zeigt ein weiteres Beispiel. Es sind die gleichen Räder wie in Abb. 92 angenommen; das Zwischenrad b soll jedoch die eine Hälfte der ihm von

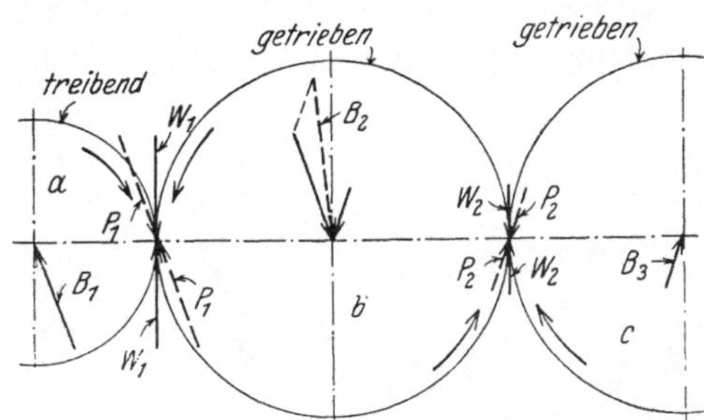

Abb. 93. Antrieb über ein Zwischenrad bei Abgabe eines Teiles der Leistung an die Zwischenradwelle.

Rad a zugeleiteten Leistung auf die Zwischenradwelle und nur die andere Hälfte auf das Rad c übertragen. Die zwischen den Rädern b und c übertragene Umfangskraft W_2 ist nur die Hälfte der Umfangskraft W_1, die zwischen den Rädern a und b übertragen wird.

Der Lagerdruck B_2 ist die Resultierende von P_1 und P_2. Falls auf Rad c eine kleinere Leistung als die Hälfte der von Rad a auf Rad b übertragenen Leistung übertragen werden soll, so wird W_2 bzw. P_2 entsprechend kleiner, entgegengesetztenfalls entsprechend größer.

Im nächsten Beispiel sei angenommen, daß das vom Rad a angetriebene Zwischenrad b seine Leistung auf zwei Räder, c und d, überträgt. Auf diese Weise entsteht eine Kette von vier Rädern. Es sei angenommen, daß auf die Räder c und d je eine Hälfte der ganzen von a

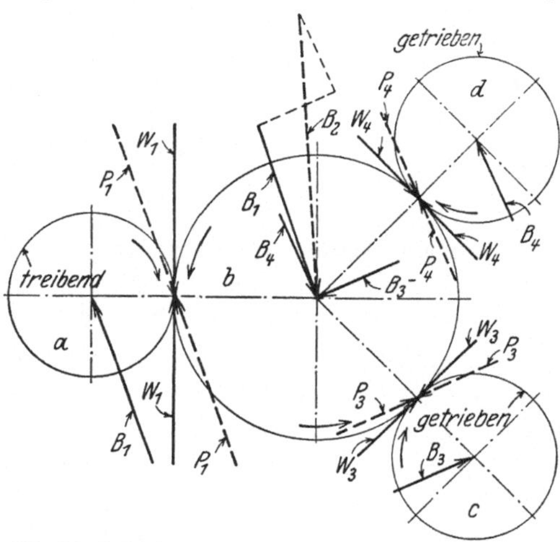

auf b übertragenen Leistung abgegeben wird. Abb. 94 zeigt die Verhältnisse.

Rad a treibt in der Pfeilrichtung und überträgt die Umfangskraft W_1 auf Rad b. Die Umfangskraft sei gleichmäßig zwischen den Rädern c und d aufgeteilt, es sei also $W_3 = W_4 = \dfrac{W_1}{2}$. Der Lagerdruck B_2 ist die Resultierende von den drei Komponenten B_1, B_3 und B_4, die von den drei einzelnen Zahneingriffen herrühren.

Abb. 94. Antrieb von zwei Rädern über ein Zwischenrad.

In allen Fällen, in denen ein Rad mit mehreren anderen gleichzeitig kämmt, erfolgt die Bestimmung des Lagerdruckes durch Zusammensetzung der von den einzelnen Zahneingriffen herrührenden Druck

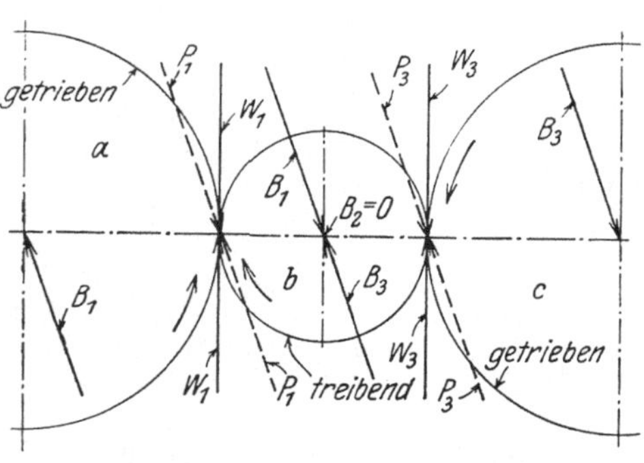

komponenten. Die Zusammensetzung erfolgt am besten graphisch. Die Längen der einzelnen Kraftvektoren werden proportional den Kräften angenommen, ihre Maßstäbe müssen von Fall zu Fall besonders festgelegt werden. Z. B. setzt man 1 cm = 100 kg oder 1 cm = 1000 kg usw. Die Größe der resultierenden Kraft kann in Zentimetern abgenommen und

Abb. 95. Antrieb von zwei Rädern durch ein Zwischenrad.

entsprechend dem Maßstab in Kilogramm umgerechnet werden.

In Abb. 95 sei angenommen, daß das Rad b in der Mitte die Räder a und c

antreibt. Die Achsen der Räder liegen in einer Ebene. Es wird ferner angenommen, daß auf die Räder a und c die gleiche Leistung übertragen wird.

Der Lagerdruck auf Rad b ist die Resultierende von den zwei der Größe nach gleichen, jedoch entgegengesetzt gerichteten Lagerdruckkomponenten B_1 und B_3, er ist also gleich 0. Falls auf die Räder a und c nicht die gleichen Leistungen übertragen werden sollten, würden die beiden auf Rad b wirkenden Zahndrücke zwar entgegengesetzt, aber nicht der Größe nach gleich sein. Die Größe der Resultierenden wäre in diesem Fall gleich dem Unterschied der Komponenten.

In Abb. 96 ist der Fall dargestellt, in dem ein zentrales Antriebsrad drei am Umfang gleichmäßig verteilte Räder antreibt und auf diese die gleiche Leistung überträgt.

Der Lagerdruck am treibenden Rad ist die Resultierende der drei einzelnen Lagerdruckkomponenten und ist gleich 0.

Die von den Rädern übertragene Leistung ist das Produkt von Umfangskraft und Umfangs-

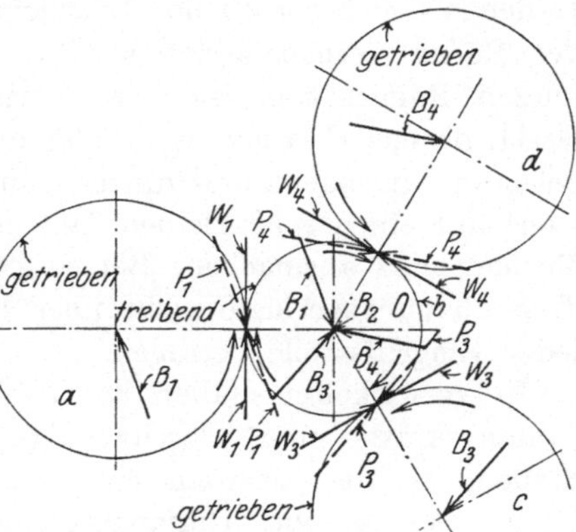

Abb. 96. Antrieb von drei Rädern durch ein Zwischenrad.

geschwindigkeit. Bei einer bestimmten übertragenen Leistung ist die Umfangskraft mit der Umfangsgeschwindigkeit umgekehrt proportional, je größer die Kräfte um so kleiner die Umfangsgeschwindigkeiten und umgekehrt. Die Umfangsgeschwindigkeiten von zwei auf der gleichen Welle angebrachten und mit der gleichen Umlaufzahl sich drehenden Rädern ist mit dem Wälzkreisdurchmesser direkt proportional. Die Umfangskräfte sind daher bei derartigen Rädern mit den Wälzkreisdurchmessern umgekehrt proportional,

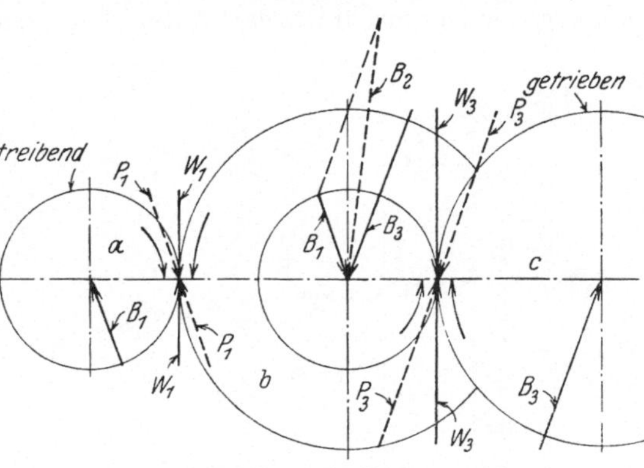

Abb. 97. Zweifaches Reduktionsgetriebe.

falls an dem einen Rad unter Vernachlässigung der Reibungsverluste die gleiche Leistung der Welle zugeleitet, wie an dem andern Rad abgeleitet wird, die Welle also leer, ohne Leistung zu verbrauchen, mitläuft.

Ein aus zwei Räderpaaren zusammengesetztes Reduktionsgetriebe zeigt Abb. 97. Falls der Wälzkreisdurchmesser des kleinen Rades an der leer mitlaufenden Zwischenwelle halb so groß ist wie der Wälzkreisdurchmesser des großen Rades auf der gleichen Welle, so ist die Umfangskraft am kleinen Rad doppelt so groß wie am großen Rad. Der Lagerdruck B_2 an der Zwischenwelle ist die Resultierende des Druckes B_1 und des doppelt so großen Druckes B_3.

Geschwindigkeiten und Umfangskräfte bei Umlaufrädergetrieben. In den bisher besprochenen Beispielen sind Eigengewicht und Reibung der Räder vernachlässigt worden. Bei einzelnen Räderpaaren oder kurzen Räderketten ist diese Vernachlässigung im allgemeinen zulässig, da das Gewicht der Räder nur einen kleinen Teil der Gesamtbelastung ausmacht und die Reibungsverluste beim Zahneingriff meistens nur einen sehr kleinen Teil der Reibungsverluste des gesamten Mechanismus ausmachen. Bei sorgfältig hergestellten Rädern sollten diese Reibungsverluste nicht über 1% der übertragenen Leistung an jeder Eingriffsstelle betragen.

In verwickelten Fällen indessen können stellenweise viel höhere Umfangskräfte und Geschwindigkeiten sich ergeben als an den Stellen, wo die Leistung ein- bzw. abgeleitet wird. Dann müssen Umfangskräfte und Umfangsgeschwindigkeiten an sämtlichen Eingriffsstellen besonders ermittelt und die Reibungsverluste ebenfalls berücksichtigt werden. Zur Ausführung derartiger Berechnungen nehmen wir auch in diesen Fällen an, daß an jeder Eingriffsstelle ein Reibungsverlust entsteht, der 1% der durch das Produkt von Umfangskraft und Wälzgeschwindigkeit bestimmten „potentiellen" Leistung beträgt. Dies ist ein guter Durchschnittswert unter den normalen Geschwindigkeits-, Schmierungs- und Kraftverhältnissen, wie sie im allgemeinen Maschinenbau vorkommen.

Außer der Berechnung der einzelnen Umfangskräfte und Reibungsverluste muß auch der Bestimmung der relativen Wälz- bzw. Umfangsgeschwindigkeiten besondere Beachtung geschenkt werden.

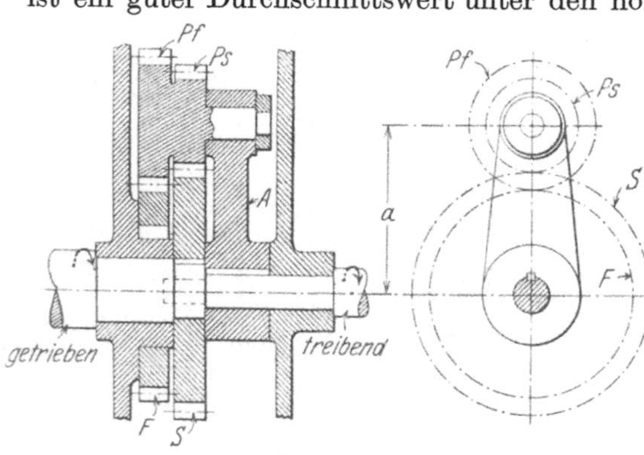

Abb. 98. Umlaufrädergetriebe.

Unter derartigen Getrieben nehmen Umlauf- oder Planetengetriebe die wichtigste Stelle ein. Sie bestehen aus Rädern, die sich um feste, und aus Rädern, die sich um umlaufende Achsen drehen. Die konstruktive Gestaltung kann sehr verschiedenartig sein. Abb. 98 zeigt eine aus Stirnrädern bestehende Anordnung.

Die um die umlaufenden Achsen sich drehenden Räder werden „Planetenräder", die sich um feste Achsen drehenden „Sonnenräder" genannt. Eins der Sonnenräder wird meistens festgehalten; es kann jedoch auch zur Einleitung einer zweiten Bewegung benutzt werden. Die Planetenräder werden in einen Arm, auch Steg genannt, gelagert. Der Steg ist bei der Anordnung nach Abb. 98 auf die treibende Welle, das umlaufende Sonnenrad auf die getriebene Welle aufgekeilt.

Zur Analyse der Umlaufrädergetriebe werden folgende Bezeichnungen benutzt

$F =$ festes Sonnenrad

$S =$ umlaufendes Sonnenrad

$Pf =$ mit dem festen Sonnenrad kämmendes Planetenrad

$Ps =$ mit dem umlaufenden Sonnenrad kämmendes Planetenrad

$A =$ der Arm oder Steg, in welchem die Planetenräder gelagert sind. In Abb. 98 bildet er das treibende Glied.

In Gleichungen angewandt, sollen diese Bezeichnungen die Wälzkreisdurchmesser der Räder in Millimeter bedeuten; den Achsenabstand zwischen Sonnen- und Planetenrädern bezeichnen wir mit a.

Wir bestimmen zunächst das Übersetzungsverhältnis des in Abb. 98 dargestellten Getriebes. Dies geschieht am einfachsten auf folgende Weise: Wir denken uns sämtliche Räder und den Steg fest miteinander verbunden und erteilen sämtlichen, fest verbunden gedachten Teilen eine volle Umdrehung. Hierbei dreht sich das Sonnenrad F, das bei der wirklich stattfindenden Bewegung stillstehen sollte, auch um eine volle Umdrehung. Um den gewünschten Bewegungszustand herzustellen, drehen wir bei stillstehendem Steg, das Sonnenrad F um eine volle Umdrehung zurück. Nach Ausführung dieser zwei Bewegungen kommt das Sonnenrad F in seine ursprüngliche Lage, der Steg führt eine volle Umdrehung aus und das Sonnenrad S eine volle Umdrehung plus oder minus dem Betrag, um welchen S bei einer Drehung des Sonnenrades F bei stillstehendem Steg gedreht wird. Diese zusätzliche Drehung des Sonnenrades S wird wie bei einer einfachen Räderkette mit festem Steg bestimmt.

Bei dem Getriebe nach Abb. 98 erfolgt die Drehung der treibenden Welle von der rechten Seite der Abbildung aus gesehen im entgegengesetzten Uhrzeigersinne; die volle Drehung der fest verbunden gedachten Teile soll auch im entgegengesetzten Uhrzeigersinne erfolgen. Als zweite Bewegung wird bei festgehaltenem Steg dem Sonnenrade F eine Umdrehung im Sinne des Uhrzeigers erteilt; das Sonnenrad S vollführt hierbei

$$\frac{F \cdot Ps}{Pf \cdot S} \text{ Umläufe im Uhrzeigersinne.}$$

Nach Vollführung beider Teilbewegungen macht hiernach das Sonnenrad S während 1 Umdrehung des Steges A im entgegengesetzten Uhrzeigersinne

$$1 - \frac{F \cdot Ps}{Pf \cdot S} \text{ Umdrehungen}.$$

Dies ist das Übersetzungsverhältnis des Umlaufrädergetriebes. Ist das Übersetzungsverhältnis positiv, so erfolgt die Drehung von treibendem und getriebenem Glied in dem gleichen Sinne, bei negativem Übersetzungsverhältnis in entgegengesetztem Sinne. Bei der Anordnung nach Abb. 98 erfolgen die Bewegungen des treibenden und getriebenen Gliedes im gleichen Sinn, wenn F kleiner ist als S und im entgegengesetzten Sinne, wenn F größer ist als S.

Es soll nun das Übersetzungsverhältnis für eine Anordnung nach Abb. 98 mit folgenden Werten durchgerechnet werden:

$$F = 275 \text{ mm} \qquad Ps = 100 \text{ mm}$$
$$S = 300 \text{ „} \qquad a = 200 \text{ „}$$
$$Pf = 125 \text{ „}$$

$$\text{Übersetzungsverhältnis} = 1 - \frac{F \cdot Ps}{Pf \cdot S} = 1 - \frac{275 \cdot 100}{125 \cdot 300} = \frac{4}{15}.$$

Wird das größere Planetenrad festgehalten, so wären folgende Zahlenwerte einzusetzen:

$$F = 300 \text{ mm} \qquad Ps = 125 \text{ mm}$$
$$S = 275 \text{ „} \qquad a = 200 \text{ „}$$
$$Pf = 100 \text{ „}$$

$$\text{Übersetzungsverhältnis} = 1 - \frac{F \cdot Ps}{Pf \cdot S} = 1 - \frac{300 \cdot 125}{100 \cdot 275} = - \frac{4}{11}.$$

Es sollen nunmehr die Umfangskräfte ermittelt werden; die Lagerdrücke ergeben sich aus den Umfangskräften auf die gleiche Weise wie bei einfachen Rädertrieben.

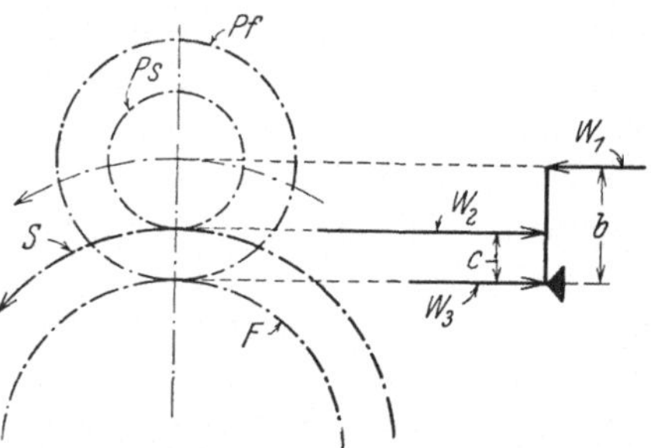

Abb. 99. Analogie zwischen Hebel und Planetenräderblock bei einem Getriebe nach Abb. 98.

Wir nehmen zunächst an, daß das feststehende Sonnenrad kleiner ist als das umlaufende Sonnenrad. Der Planetenräderblock kann nach Abb. 99 als ein Hebel angesehen werden, der sich um den Wälzpunkt des festen Sonnenrades F drehen kann; die vom Steg auf die Planetenachse ausgeübte Umfangskraft W_1 und die vom umlaufenden Sonnenrad S auf den Planetenräderblock ausgeübte Umfangskraft W_2 halten sich das Gleichgewicht. W_3 ist die Umfangskraft, die vom Planetenräderblock auf das feste Sonnenrad F ausgeübt wird. Sie ist die Resultierende von W_2 und W_1, dem absoluten Wert nach gleich dem Unterschied von W_2 und W_1, da die beiden letzteren entgegengesetzt gerichtet sind.

Nach dem Hebelgesetz ist $W_1 b = W_2 c$ und $W_3 = W_2 - W_1$. Es ist nach Abb. 99

$$c = \frac{S - F}{2} \quad \text{und} \quad b = \frac{2\,a - F}{2},$$

$$W_2 = \frac{b}{c}\,W_1 = \frac{2\,a - F}{S - F}\,W_1 \quad \text{und} \quad W_3 = W_1\left(\frac{2\,a - F}{S - F} - 1\right).$$

Falls die übertragene Leistung und die Umlaufzahl entweder der getriebenen oder der treibenden Welle gegeben sind, können die Umfangskräfte nach obigen Formeln zahlenmäßig ermittelt werden. Falls

$N =$ abzugebende Leistung in PS

$n =$ Umlaufzahl des treibenden Steges in der Minute

$V =$ Umfangsgeschwindigkeit des Angriffspunktes der treibenden Kraft, W_1,

   d. h. die Umfangsgeschwindigkeit der Planetenachse in msec^{-1}

so ist

$$V = \frac{2\,\pi\,a \cdot n}{60\,000} = 0{,}000\,104\,72 \cdot a \cdot n\;\mathrm{msec}^{-1},$$

$$W_1 = \frac{75\,N}{V} = \frac{716\,000\,N}{a \cdot n}\;\mathrm{kg}.$$

Wir nehmen in dem durchzurechnenden Beispiel eine übertragene Leistung von 2 PS und eine Umlaufzahl der treibenden Welle von 1200 Umdrehungen in der Minute an. Die Getriebeabmessungen seien wie auf S. 240 gewählt:

$$\begin{aligned} F &= 275\;\mathrm{mm} & Ps &= 100\;\mathrm{mm} \\ S &= 300\;\text{,,} & a &= 200\;\text{,,} \\ Pf &= 125\;\text{,,} \end{aligned}$$

Als Übersetzungsverhältnis ergab sich für dieses Getriebe $1 - \dfrac{F \cdot Ps}{Pf \cdot S} = +\dfrac{4}{15}$. Die getriebene Welle macht hiernach $\dfrac{4}{15} \cdot 1200 = 320$ Umdrehungen in der Minute in der gleichen Richtung wie die treibende Welle. Die Umfangskräfte ergeben sich hiernach:

$$W_1 = \frac{716\,000 \cdot 2}{200 \cdot 1200} = 5{,}967\;\mathrm{kg},$$

$$W_2 = 5{,}967\left(\frac{400 - 275}{300 - 275}\right) = 29{,}835\;\mathrm{kg},$$

$$W_3 = 5{,}967\left[\left(\frac{400 - 275}{300 - 275}\right) - 1\right] = 23{,}868\;\mathrm{kg}.$$

Die Umfangsgeschwindigkeit des Sonnenrades S beträgt

$$0{,}00010472 \cdot 150 \cdot 320 = 5{,}026\;\mathrm{msec}^{-1}.$$

Die relative Wälzgeschwindigkeit beim Räderpaar $Ps - S$, die die Räderverluste bestimmt, ist indessen viel höher, sie ist gleich der relativen Umfangsgeschwindigkeit beim fest gedachten Steg. Sie wird durch die Wälzgeschwindigkeit des Planetenrades Pf, welches sich auf dem Sonnenrad F abwälzt, bestimmt. Die Wälzgeschwindigkeiten bei den Planetenrädern sind mit ihren Durchmessern proportional. Die Wälzgeschwindigkeit des Planetenrades Pf ergibt sich aus dem Wälzkreisdurchmesser des Sonnenrades F und aus der Umlaufszahl des Steges zu

$$\frac{\pi F \cdot n}{60\,000} = \frac{3,1416 \cdot 275 \cdot 1200}{60\,000} = 17,28 \text{ msec}^{-1}.$$

Die Wälzgeschwindigkeit des Planetenrades Ps ergibt sich hieraus zu

$$17,28 \cdot \frac{Ps}{Pf} = 13,82 \text{ msec}^{-1}.$$

Ein einfaches Rädergetriebe mit festem Steg überträgt bei einer Umfangskraft von 29,83 kg bei 13,82 msec Umfangsgeschwindigkeit $29,83 \cdot 13,82 = 412,3$ mkg/sec Leistung. Bei einem Umlaufrädergetriebe kann diese aus dem Produkt von Umfangskraft und Wälzgeschwindigkeit sich ergebende Leistung als „potentielle Leistung" bezeichnet werden. Die tatsächliche Leistung bei dem durchgerechneten Umlaufrädergetriebe beträgt 2 PS oder 150 mkg/sec. In diesem Beispiel ist die potentielle Leistung beinahe die dreifache der tatsächlich übertragenen; die Reibungsverluste richten sich nach der potentiellen Leistung. Bei Annahme von 1% Reibungsverlust würde ein Verlust von 4,12 mkg/sec beim Räderpaar $Ps - S$ sich ergeben. Soll die Leistung von 2 PS abgeleitet werden, so muß dem Planetenrad Pf noch die zusätzliche Leistung von 4,12 mkg/sec zugeführt werden.

Auch beim Räderpaar $F - Pf$ ist die potentielle Leistung größer als die tatsächlich übertragene. Die Wälzgeschwindigkeit beträgt 17,28 msec, die Umfangskraft 23,867 kg, die übertragene Leistung ohne Berücksichtigung der Reibungsverluste $23,867 \cdot 17,28 = 412,3$ mkg/sec. Nehmen wir hier auch einen Reibungsverlust von 1% an, so ergibt sich auch bei diesem Räderpaar ein Verlust von 4,12 mkg/sec. Die Gesamtverluste vom ersten und zweiten Räderpaar ergeben sich hiernach zu $2 \cdot 4,12 = 8,24$ mkg/sec $= 0,11$ PS bei der Abgabe von 2 PS an der getriebenen Welle.

Um die errechneten Umfangskräfte bei 2 PS abgeleiteter Leistung zu übertragen, müssen die Räder des Umlaufrädergetriebes so bemessen sein, wie Räder eines einfachen Rädergetriebes mit festem Steg zur Übertragung von 6 PS. Bei einem Übersetzungsverhältnis von ungefähr 4 : 1 ist die potentielle Leistung, nach der die Räder dimensioniert werden müssen, ungefähr das Dreifache der tatsächlich übertragenen Leistung. Bei einem einfachen Rädergetriebe mit festem Steg würden bei dem gleichen Übersetzungsverhältnis statt der Reibungsverluste von 0,11 PS beim Umlaufrädergetriebe die Reibungsverluste nur 0,02 PS betragen. Die Umlaufrädergetriebe ergeben also bei gleicher übertragener Leistung höhere Reibungsverluste und müssen stärker dimensioniert werden.

Durch ganz geringe Änderungen an den Abmessungen der Räder bei Umlaufrädergetrieben ist es möglich, das Übersetzungsverhältnis in weitgehendem Maße und auch die Umlaufsrichtung zu ändern. Infolge der großen potentiellen Leistung werden die Umlaufrädergetriebe verhältnismäßig schwerfällig, insbesondere bei großen Übersetzungsverhältnissen; auch die Reibungsverluste werden erheblich. Sie haben ihre Berechtigung bei aussetzender Belastung, wo es auf die Leistungsverluste nicht ankommt, z. B. Kettenwinden und bei sehr kleinen Belastungen mit starker Übersetzung und geringem verfügbaren Raum.

Bei einem größeren Übersetzungsverhältnis wachsen auch die Leistungsverluste. Wir nehmen als Beispiel ein ähnliches Umlaufrädergetriebe mit einem Übersetzungsverhältnis von etwa $1:30$ statt $4:15$ bei der gleichen Leistungsabgabe von 2 PS an der getriebenen Welle und 1200 Umdrehungen der treibenden Welle in der Minute. Die Abmessungen eines derartigen Umlaufrädergetriebes sind folgende:

$$F = 300 \text{ mm} \qquad Ps = 97,5 \text{ mm}$$
$$S = 302,5 \text{ „} \qquad a = 200 \text{ „}$$
$$Pf = 100 \text{ „}$$

$$\text{Übersetzungsverhältnis} = 1 - \frac{F \cdot Ps}{Pf \cdot S} = 1 - \frac{300 \cdot 97,5}{100 \cdot 302,5} = + \frac{4}{121}.$$

Nach Abb. 99 ist wieder

$$W_1 = \frac{716000\,N}{a \cdot n} = 5,967 \text{ kg},$$

$$W_2 = W_1 \left(\frac{2\,a - F}{S - F} \right) = 5,967 \left(\frac{400 - 300}{302,5 - 300} \right) = 238,68 \text{ kg},$$

$$W_3 = W_2 - W_1 = 238,68 - 5,97 = 232,71 \text{ kg}.$$

Das Rad S läuft mit einer Umlaufzahl von

$$1200 \cdot \frac{4}{121} = 39,67 \text{ Umdr./min}.$$

Die Wälzgeschwindigkeit des Planetenrades Pf auf dem festen Sonnenrad F beträgt $0,00010472 \cdot 150 \cdot 1200 = 18,85 \text{ msec}^{-1}$.

Die Wälzgeschwindigkeit des Planetenrades Ps ist gleich

$$18,85 \cdot \frac{Ps}{Pf} = 18,38 \text{ msec}^{-1}.$$

Die übertragene potentielle Leistung des Räderpaares $S - Ps$ beträgt $238,68 \cdot 18,38 = 4387 \text{ mkg/sec}$. 1% dieser potentiellen Leistung, also $43,87 \text{ mkg/sec}$, würde sich als Reibungsverlust ergeben.

Die potentielle Leistung beim Räderpaar $F - Pf$ beträgt auch $232,7 \cdot 18,85 = 4387 \text{ mkg/sec}$, der Reibungsverlust $43,87 \text{ mkg/sec}$. Die

Gesamtreibungsverluste würden hiernach $2 \cdot 43{,}87 = 87{,}74$ mkg/sec $= 1{,}17$ PS betragen. Um 2 PS von der getriebenen Welle ableiten zu können, wäre die Einleitung von 3,17 PS erforderlich. — Bei einem dreifachen Übersetzungsgetriebe mit festem Steg würde sich nur ein Reibungsverlust von 0,06 PS ergeben.

In diesem Beispiel ist bei jedem Räderpaar die potentielle Leistung etwa 30fach so groß wie die tatsächlich übertragene bei einem Übersetzungsverhältnis von 1 : 30. Ungefähr in dem gleichen Maße wie das Übersetzungsverhältnis wächst auch das Verhältnis der potentiellen zu der tatsächlich übertragenen Leistung. Bei einem Umlaufrädergetriebe dieser Art wäre bei einem Übersetzungsverhältnis von 100 : 1 die potentielle Leistung bei jedem Räderpaar ungefähr das 100fache der tatsächlich übertragenen. Nimmt man 1% der potentiellen Leistung als Leistungsverlust an jeder einzelnen Eingriffsstelle an, so würde sich bei 2 PS abgegebener Leistung ein Verlust von 4 PS ergeben; zwecks Ableitung von 2 PS müßten also 6 PS zugeleitet werden.

Wir untersuchen nun die Verhältnisse bei Umlaufrädergetrieben, bei denen das stillstehende Sonnenrad größer als das umlaufende Sonnenrad ist und dementsprechend die Drehrichtung der treibenden und der getriebenen Welle entgegengesetzt sind. Abb. 100 zeigt diese Anordnung.

Das Übersetzungsverhältnis ergab sich zu $\left(1 - \dfrac{F \cdot Ps}{Pf \cdot S}\right)$. Ist F größer als S, so ergibt diese Formel einen negativen Wert, das heißt, das getriebene Rad S und der Steg A drehen sich im entgegengesetzten Sinne.

Der Planetenräderblock kann nach Abb. 100 als ein Hebel betrachtet werden, der sich um den Wälzpunkt des festen Sonnenrades F drehen

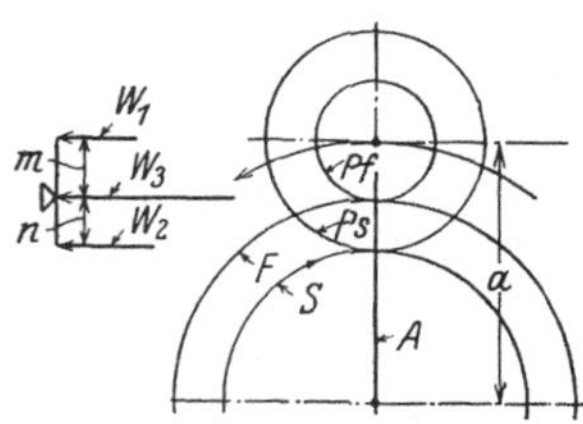

Abb. 100. Analyse eines Umlaufrädergetriebes mit Außenrädern.

kann; die vom Steg auf die Planetenachse wirkende Umfangskraft W_1 und die vom umlaufenden Sonnenrad S auf den Planetenräderblock ausgeübte Umfangskraft W_2 halten sich das Gleichgewicht. W_3 ist die Umfangskraft, die vom Planetenräderblock auf das feste Sonnenrad F ausgeübt wird. Sie ist die Resultierende von den gleichgerichteten Kräften W_1 und W_2. Nach dem Hebelgesetz ist $W_1 \cdot m = W_2 \cdot n$ und $W_3 = W_1 + W_2$.

Nach Abb. 100 ist:

$$n = \frac{F - S}{2} \quad \text{und} \quad m = \frac{2a - F}{2},$$

$$W_2 = \frac{m}{n} W_1 = W_1 \left(\frac{2a - F}{F - S}\right).$$

Ist die zu übertragende Leistung und die Umlaufzahl der treibenden oder getriebenen Welle gegeben, so lassen sich die Umfangskräfte zahlenmäßig bestimmen. Wenn

$V =$ Umfangsgeschwindigkeit des Angriffspunktes der treibenden Kraft W_1, d. h. die Umfangsgeschwindigkeit der Planetenachse in msec^{-1},

so ist

$$V = \frac{2\,\pi a \cdot n}{60\,000} = 0{,}00010472\,a \cdot n \ \text{msec}^{-1},$$

$$W_1 = \frac{75\,N}{V} = \frac{716\,000\,N}{a \cdot n}\ \text{kg},$$

wobei

$N =$ abzugebende Leistung in PS
$n =$ Umlaufzahl des Steges in der Minute.

In folgendem Beispiel sei:

$$N = 2\ \text{PS} \qquad\qquad n = 1200\ \text{Umdr./min}$$

$$F = 302{,}5\ \text{mm} \qquad Ps = 100\ \text{mm}$$
$$S = 300 \quad\ \text{„} \qquad\quad a = 200 \quad\text{„}$$
$$Pf = \ \ 97{,}5 \quad\text{„}$$

Übersetzungsverhältnis $= 1 - \dfrac{302{,}5 \cdot 100}{97{,}5 \cdot 300} = -\dfrac{4}{117}$.

Die getriebene Welle dreht sich hiernach mit $1200 \cdot \frac{4}{117} = 41$ Umdr./min entgegengesetzt dem Drehsinn der treibenden Welle.

Die Umfangskräfte ergeben sich zu

$$W_1 = \frac{716\,000 \cdot 2}{200 \cdot 1200} = 5{,}967\ \text{kg},$$

$$W_2 = W_1\left(\frac{2\,a - F}{F - S}\right) = 5{,}967\left(\frac{400 - 302{,}5}{302{,}5 - 300}\right) = 232{,}7\ \text{kg},$$

$$W_3 = W_1 + W_2 = 238{,}67\ \text{kg}.$$

Die Umfangsgeschwindigkeit des Sonnenrades S um seine eigene Achse beträgt $0{,}00010472 \cdot 150 \cdot 41 = 0{,}645\ \text{msec}^{-1}$. Die Wälzgeschwindigkeit des Räderpaares $S - Ps$ ist viel höher. Sie errechnet sich auf die folgende Weise:

Die Wälzgeschwindigkeit des Planetenrades Pf beträgt

$$0{,}00010472 \cdot 151{,}25 \cdot 1200 = 19{,}005\ \text{msec}.$$

Die Wälzgeschwindigkeit des Planetenrades Ps beträgt

$$19{,}005\,\frac{Ps}{Pf} = 19{,}495\ \text{msec}.$$

Die potentielle Leistung des Räderpaares $S - Ps$ ergibt sich zu $232{,}7 \cdot 19{,}495 = 4537\ \text{mkg/sec}$. Der Reibungsverlust ist mit 1% von diesem Wert, also mit $45{,}37\ \text{mkg/sec}$, anzunehmen.

Bei dem Räderpaar $F - Ps$ ist die potentielle Leistung $238{,}67 \cdot 19{,}005 = 4537\ \text{mkg/sec}$, der Reibungsverlust $45{,}37\ \text{mkg/sec}$. Der Gesamtreibungsverlust beträgt $90{,}74\ \text{mkg/sec} = 1{,}21\ \text{PS}$ bei einer Leistungsabgabe von 2 PS. Bei einem dreifachen Rädergetriebe mit festem Steg würde sich nur ein Reibungsverlust von etwa 0,06 PS ergeben. Bei dem Umlaufrädergetriebe mit dem Übersetzungsverhältnis von etwa 1 : 30 ergibt sich auch hier bei jedem Räderpaar eine potentielle Leistung, die etwa 30 mal so hoch wie die abgegebene ist.

In den vorhergehenden Beispielen war stets der Steg A das antreibende Glied, das Umlaufrädergetriebe ergab eine Übersetzung ins Langsame. Ist das Sonnenrad S das treibende und der Steg A das getriebene Glied, so ist das Verhältnis der Umlaufzahlen von A und S das gleiche, wie wenn A treibt; jedoch der Antrieb erfolgt ins Schnelle. Bei gleicher Leistungsabgabe und bei gleichen Geschwindigkeiten sind die Umfangskräfte an den Rädern und die Leistungsverluste praktisch gleich, unabhängig davon, ob der Antrieb vom Steg oder vom Sonnenrad S aus erfolgt.

In dem obigen Beispiel ist nur ein Planetenräderblock verwendet worden; häufig werden zwei (oder mehrere) an den gleichen Sonnenrädern angreifende und an dem gleichen Steg gelagerte Planetenräderblöcke verwendet, um die Zahndrücke an den einzelnen Eingriffsstellen und die Lagerdrücke zu reduzieren. Der Vorteil dieser Anordnung besteht darin, daß die Zahndrücke an jedem Planetenrad auf die Hälfte, die Lagerdrücke bei der Lagerung des Sonnenrades S und des Steges A auf Null reduziert werden bei gleichbleibender Leistungsübertragung und Reibungsverlusten.

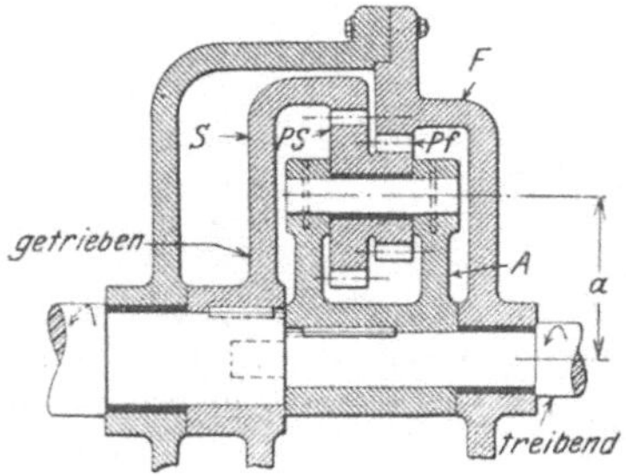

Abb. 101. Umlaufrädergetriebe mit Innenrädern als Sonnenrädern.

Bei einer anderen Ausführungsform der Umlaufrädergetriebe sind die Sonnenräder als Innenräder ausgebildet. Abb. 101 zeigt ein derartiges Getriebe.

Wir bestimmen zunächst das Übersetzungsverhältnis eines solchen Getriebes. Bei der Ausführung nach Abb. 101 ist der Steg A das treibende und das Sonnenrad S mit Innenverzahnung das getriebene Glied. Wir denken uns den mit den Rädern fest verbunden gedachten Steg in der Umlaufrichtung des Steges um 1 Umdrehung gedreht. Um zur tatsächlichen Bewegung zu gelangen, wird nun bei feststehendem Steg A das feste Sonnenrad F um eine Umdrehung zurückgedreht. Das umlaufende Sonnenrad erfährt hierbei eine Rückwärtsdrehung von $\dfrac{F \cdot Ps}{Pf \cdot S}$ Umdrehungen. Als resultierende Drehung erfährt das Sonnenrad S bei 1 Umdrehung des Steges

$$1 - \frac{F \cdot Ps}{Pf \cdot S} \text{ Umdrehungen}.$$

Es ergibt sich die gleiche Formel wie für Sonnenräder mit Außen-verzahnung. Auch in diesem Falle bedeutet ein positives Vorzeichen einen gleichen Umlaufsinn für treibende und getriebene Wellen, ein negatives einen entgegengesetzten Umlaufsinn.

Auch hier bleibt das Verhältnis der Umlaufzahlen von Steg A und Sonnenrad S unverändert, von wo man auch den Antrieb einleitet, nur erfolgt bei Einleitung von der Sonnenradseite aus eine Übersetzung ins Schnelle. Umfangskräfte und Reibungsverluste sind annähernd die gleichen, ohne Rücksicht darauf, von welcher Seite aus der Antrieb erfolgt.

Für ein Zahlenbeispiel zur Berechnung des Übersetzungsverhält-nisses derartiger Getriebe nehmen wir folgende Werte an:

$$F = 275 \text{ mm} \qquad Ps = 100 \text{ mm}$$
$$S = 300 \quad,, \qquad a = 100 \quad,,$$
$$Pf = 75 \quad,,$$

$$\text{Übersetzungsverhältnis} = 1 - \frac{275 \cdot 100}{75 \cdot 300} = -\frac{2}{9}.$$

Bei Umkehrung dieser Werte, indem man das größere Sonnenrad festhält, würden sich folgende Zahlenwerte ergeben:

$$F = 300 \text{ mm} \qquad Ps = 75 \text{ mm}$$
$$S = 275 \quad,, \qquad a = 100 \quad,,$$
$$Pf = 100 \quad,,$$

$$\text{Übersetzungsverhältnis} = 1 - \frac{300 \cdot 75}{100 \cdot 275} = +\frac{2}{11}.$$

Wir bestimmen nun die Umfangskräfte. Als erstes Beispiel nehmen wir an, daß das festgehaltene Sonnenrad kleiner ist als das umlaufende; die Kraftverhältnisse sind in Abb. 102 dargestellt.

Der Planetenräderblock kann nach Abb. 102 als ein Hebel angesehen werden, der sich um den Wälzpunkt des festen Sonnenrades drehen kann; die vom Steg auf die Planetenachse ausgeübte Um-fangskraft W_1 und die von

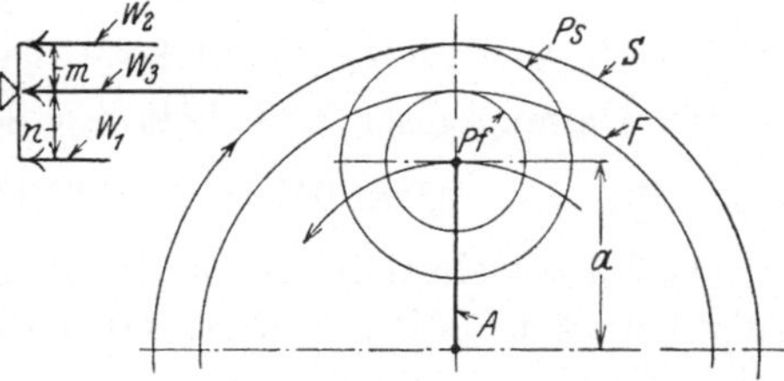

Abb. 102. Analyse eines Umlaufrädergetriebes mit Innenrädern als Sonnenrädern. Das feste Sonnenrad ist kleiner als das umlaufende Sonnenrad.

dem umlaufenden Sonnenrad S auf den Planetenräderblock ausgeübte Umfangskraft W_2 halten sich das Gleichgewicht. W_3 ist die Umfangskraft, die vom Planetenräderblock auf das feste Sonnenrad F ausgeübt wird. Sie ist die Resultierende von den gleichgerichteten Kräften W_1 und W_2.

Nach dem Hebelgesetz ist

$$W_1 n = W_2 m \quad \text{und} \quad W_3 = W_1 + W_2.$$

Aus Abb. 102 ergibt sich:

$$m = \frac{S - F}{2} \quad \text{und} \quad n = \left(\frac{F - 2a}{2}\right),$$

$$W_2 = \frac{n}{m}\, W_1 = W_1 \frac{F - 2a}{S - F}\,.$$

Es sei wieder:

$N =$ abzugebende Leistung in PS

$n =$ Umlaufzahl des Steges in der Minute

$V =$ Umfangsgeschwindigkeit des Angriffspunktes der treibenden Kraft W_1, d. h. die Umfangsgeschwindigkeit der Planetenachse in msec^{-1}

$$V = \frac{2\,\pi \cdot a \cdot n}{60\,000} = 0{,}000\,104\,72\, a \cdot n \;\text{msec}^{-1},$$

$$W_1 = \frac{75\,N}{V} = \frac{716\,000\,N}{a \cdot n}\,\text{kg}\,.$$

Wir nehmen als Zahlenbeispiel folgende Werte an:

$$
\begin{array}{ll}
N = 2\,\text{PS} & Pf = \;\;95\;\;\text{mm} \\
n = 1200\,\text{Umdr./min} & Ps = 100\;\;\text{,,} \\
F = \;\;300\,\text{mm} & a = 102{,}5\;\;\text{,,} \\
S = \;\;305\;\;\text{,,} &
\end{array}
$$

$$\text{Übersetzungsverhältnis} = 1 - \frac{F \cdot Ps}{Pf \cdot S} = 1 - \frac{300 \cdot 100}{95 \cdot 305} = -\frac{41}{1159}\,.$$

Die getriebene Welle läuft dementsprechend mit der Umlaufzahl $1200 \cdot \frac{41}{1159} = 42{,}45$ in der Minute entgegengesetzt dem Drehsinn der treibenden Welle.

$$W_1 = \frac{716\,000\,N}{a \cdot n} = \frac{716\,000 \cdot 2}{102{,}5 \cdot 1200} = 11{,}64\;\text{kg}\,,$$

$$W_2 = W_1 \left(\frac{F - 2a}{S - F}\right) = 11{,}64 \left(\frac{300 - 205}{305 - 300}\right) = 221{,}16\;\text{kg}\,,$$

$$W_3 = W_1 + W_2 = 11{,}64 + 221{,}16 = 232{,}80\;\text{kg}\,.$$

Die Umfangsgeschwindigkeit des Sonnenrades S beträgt

$$0{,}00010472 \cdot 152{,}5 \cdot 42{,}45 = 0{,}68\;\text{msec}^{-1}.$$

Die Wälzgeschwindigkeit des Planetenrades Pf auf dem festen Sonnenrad F beträgt $0{,}00010472 \cdot 150 \cdot 1200 = 18{,}85\;\text{msec}^{-1}$; die Wälzgeschwindigkeit des Planetenrades Ps ist gleich $18{,}85 \cdot \dfrac{Ps}{Pf} = 19{,}84\;\text{msec}^{-1}$.

Die potentielle Leistung beim Räderpaar $S{-}Ps$ beträgt $221{,}16 \cdot 19{,}84 = 4388\;\text{mkg/sec}$. Der Reibungsverlust wird mit 1% von diesem Wert, d. h. mit $43{,}88\;\text{mkg/sec}$ angenommen.

Am Räderpaar $F{-}Ps$ ist die potentielle Leistung gleich $232{,}80 \cdot 18{,}85 = 4388\;\text{mkg/sec}$, der Reibungsverlust $43{,}88\;\text{mkg/sec}$, der Gesamtreibungsverlust beträgt $2 \cdot 43{,}88 = 87{,}76\;\text{mkg/sec} = 1{,}17\;\text{PS}$ bei einer Übertragung von nur $2\,\text{PS}$. Um diese $2\,\text{PS}$ ableiten zu können, muß hiernach eine Leistung von $3{,}18\,\text{PS}$ zugeführt werden. Die Verluste bei

Umlaufrädergetrieben mit 2 Innen- oder 2 Außenrädern als Sonnenräder sind praktisch die gleichen.

Als zweites Beispiel für ein Getriebe dieser Art nehmen wir ein solches an, bei dem das feststehende Sonnenrad F größer ist als das umlaufende Sonnenrad S. Abb. 103 zeigt diese Anordnung.

Das Übersetzungsverhältnis ist auch in diesem Falle gleich $1 - \dfrac{F \cdot Ps}{Pf \cdot S}$.

Falls F größer ist als S, so ergibt sich aus dieser Formel bei Getrieben dieser Art ein positiver Wert; der Drehungssinn ist bei treibender und getriebener Welle gleich.

Der Planetenräderblock kann nach Abb. 103 wieder als ein Hebel angesehen werden, der sich um den Wälzpunkt des festen Sonnenrades F drehen kann; die vom Steg auf die Pla-

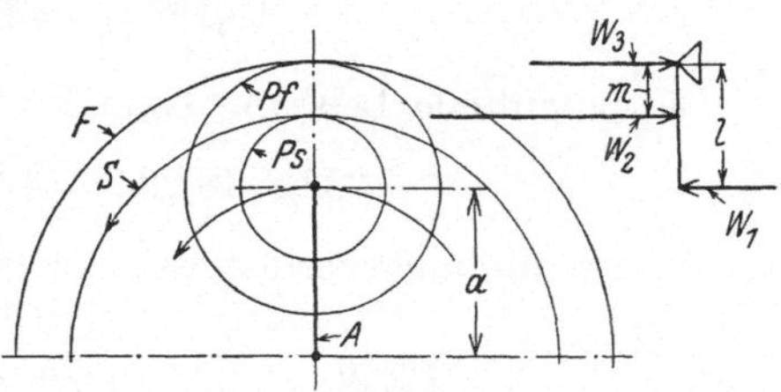

Abb. 103. Analyse eines Umlaufrädergetriebes mit Innenrädern als Sonnenrädern. Das feste Sonnenrad ist größer als das umlaufende Sonnenrad.

netenachse ausgeübte Umfangskraft W_1 und die vom umlaufenden Sonnenrad S auf den Planetenräderblock ausgeübte Kraft W_2 halten sich das Gleichgewicht. W_3 ist die Umfangskraft, die vom Planetenräderblock auf das feste Sonnenrad F ausgeübt wird. Sie ist die Resultierende von W_1 und W_2, dem absoluten Wert nach gleich dem Unterschied von W_2 und W_1, da die beiden letzteren entgegengesetzt gerichtet sind.

Nach dem Hebelgesetz ist

$$W_1\, l = W_2\, m \quad \text{und} \quad W_3 = W_2 - W_1\,.$$

Aus Abb. 103 ergibt sich:

$$m = \frac{F - S}{2} \quad \text{und} \quad l = \frac{F - 2a}{2}\,,$$

$$W_2 = \frac{l}{m}\, W_1 = W_1 \left(\frac{F - 2a}{F - S}\right)\,.$$

Für ein Zahlenbeispiel nehmen wir die folgenden Werte an:

$$N = 2\,\mathrm{PS} \qquad\qquad Ps = 95 \ \mathrm{mm}$$
$$n = 1200\,\mathrm{Umdr./min} \qquad Pf = 100 \quad ,,$$
$$S = 300\,\mathrm{mm} \qquad\qquad a = 102{,}5 \quad ,,$$
$$F = 305 \quad ,,$$

$$\text{Übersetzungsverhältnis} = 1 - \frac{F \cdot Ps}{Pf \cdot S} = 1 - \frac{305 \cdot 95}{100 \cdot 300} = + \frac{41}{1200}\,.$$

Die getriebene Welle läuft mit $1200 \cdot \frac{41}{1200} = 41$ Umdr./min.

$$W_1 = \frac{716\,000 \cdot 2}{a \cdot n} = \frac{716\,000 \cdot 2}{102{,}5 \cdot 1200} = 11{,}64 \ \mathrm{kg}\,,$$

$$W_2 = W_1 \left(\frac{F - 2a}{F - S}\right) = 11{,}64\,\frac{305 - 205}{305 - 300} = 232{,}8 \ \mathrm{kg}\,,$$

$$W_3 = W_2 - W_1 = 232{,}8 - 11{,}64 = 221{,}16 \ \mathrm{kg}\,.$$

Die Umfangsgeschwindigkeit des Sonnenrades S beträgt

$$0{,}00010472 \cdot 150 \cdot 41 = 0{,}644 \text{ msec}^{-1}.$$

Die Wälzgeschwindigkeit des Planetenrades Pf beträgt

$$0{,}00010472 \cdot 152{,}5 \cdot 1200 = 19{,}165 \text{ msec}^{-1}$$

Die Wälzgeschwindigkeit des Planetenrades Ps beträgt

$$19{,}165 \frac{Ps}{Pf} = 18{,}205 \text{ msec}^{-1}.$$

Die potentielle Leistung beim Räderpaar $S\!-\!Ps$ beträgt

$$232{,}8 \cdot 18{,}205 = 4238 \text{ mkg/sec},$$

der 1%ige Reibungsverlust ist dementsprechend gleich 42,38 mkg/sec.

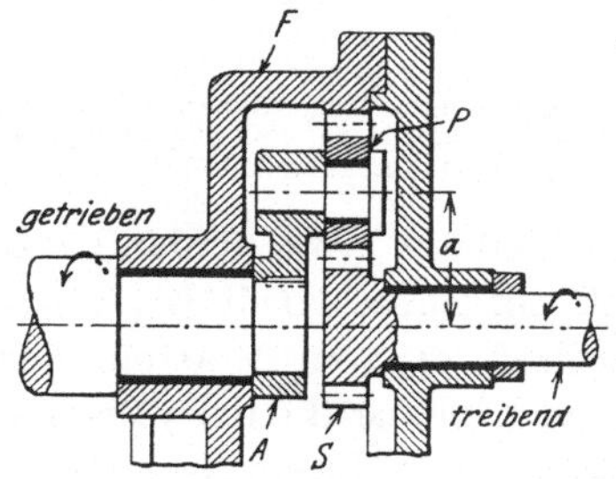

Die potentielle Leistung beim Räderpaar $F\!-\!Pf$ beträgt ebenfalls

$$221{,}16 \cdot 19{,}165 = 4238 \text{ mkg/sec},$$

der entsprechende Reibungsverlust 42,38 mkg/sec. Der Gesamtreibungsverlust beträgt 84,76 mkg/sec = 1,13 PS. Bei 2 PS abgegebener Leistung sind demnach 3,13 PS zuzuführen.

Eine stark gedrängte Ausführungsform zeigt die Abb. 104. Das eine Sonnenrad ist als Außen-, das zweite Sonnenrad als Innenrad ausgebildet; das gleiche Planetenrad kämmt mit beiden Sonnenrädern. Sowohl das Innen- als auch das Außensonnenrad können festgehalten werden, meistens wird das Sonnenrad mit Innenverzahnung festgehalten. Es bezeichnen:

Abb. 104. Umlaufrädergetriebe mit einem Innen- und einem Außenrad als Sonnenrädern und einem gemeinsamen Planetenrad.

F = festes Sonnenrad
S = umlaufendes Sonnenrad
P = das Planetenrad, das mit beiden Sonnenrädern gleichzeitig kämmt
A = Steg.

Das Übersetzungsverhältnis kann auf die gleiche Weise bestimmt werden wie bei den vorangehenden Ausführungsformen. Wir denken den mit den Rädern fest verbunden gedachten Steg in der Umlaufsrichtung des Steges um 1 Umdrehung gedreht. Um zur tatsächlichen Bewegung zu gelangen, wird nun bei feststehendem Steg A das feste Sonnenrad F um 1 Umdrehung zurückgedreht; das umlaufende Sonnenrad S erfährt hierbei $\dfrac{F}{S}$ Umdrehungen in der Umlaufrichtung des Steges. Als resultierende Bewegung vollführt das umlaufende Sonnenrad bei 1 Umdrehung des Steges $1 + \dfrac{F}{S} = \dfrac{F+S}{S}$ Umdrehungen, bzw. der Steg vollführt bei 1 Umdrehung des umlaufenden Sonnenrades S $\dfrac{S}{F+S}$ Umdrehungen. Das Verhältnis der Umlaufzahlen ergibt sich unabhängig davon, welches Glied treibt und welches angetrieben wird. Treibendes und getriebenes Glied drehen sich bei dieser Ausführungsform stets in dem gleichen Sinne.

In Abb. 104 ist das Sonnenrad S treibend, der Steg getrieben.

Für ein Zahlenbeispiel seien folgende Zahlenwerte angenommen:

$$F = 300 \text{ mm} \qquad P = 125 \text{ mm}$$
$$S = 50 \text{ „} \qquad a = 87,5 \text{ „}$$

$$\text{Übersetzungsverhältnis} = \frac{S}{S+F} = \frac{50}{50+300} = \frac{1}{7}.$$

Abb. 105 zeigt die Kraftverhältnisse. Das Planetenrad P kann als ein Hebel angesehen werden, der sich um den Wälzpunkt des festen Sonnenrades drehen kann;
die von dem umlaufenden Sonnenrad S auf das Planetenrad ausgeübte Umfangskraft W_1 und der Rückdruck W_2 des Steges auf die Planetenradachse halten sich das Gleichgewicht. W_3 ist die vom Planetenrad P auf das feste Sonnenrad F ausgeübte Umfangskraft, sie ist die Resultierende von W_1 und W_2; sie ist dem absoluten Wert nach gleich dem Unterschied von W_2 und W_1, da der Richtungssinn von W_1 und W_2 entgegengesetzt ist.

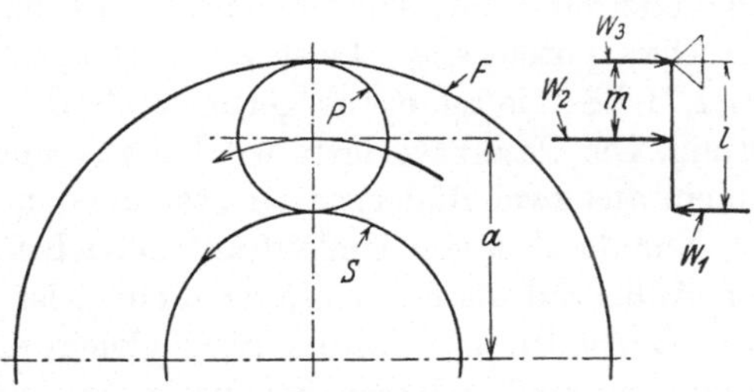

Abb. 105. Analyse eines Umlaufrädergetriebes mit einem Innen- und einem Außenrad als Sonnenrad und einem gemeinsamen Planetenrad.

Nach dem Hebelgesetz ist

$$W_1 \cdot l = W_2 \cdot m \qquad W_2 = \frac{l}{m} W_1 = 2 W_1$$
$$W_3 = W_2 - W_1 \qquad W_3 = W_2 - W_1 = W_1.$$
$$l = 2 m$$

Bei gegebener Leistung und Umlaufzahl können die Umfangskräfte leicht ermittelt werden. Wenn

$N =$ abzugebende Leistung in PS
$n =$ Umlaufzahl des treibenden Sonnenrades in der Minute
$V =$ Umfangsgeschwindigkeit des treibenden Sonnenrades in msec^{-1}

so ist

$$V = \frac{\pi \cdot S \cdot n}{60\,000} = 0,000\,104\,72 \cdot \frac{S}{2} \cdot n \text{ msec}^{-1},$$

$$W_1 = \frac{75\,N}{V} = \frac{716\,000\,N}{\dfrac{S}{2} \cdot n} \text{ kg}.$$

Wir bestimmen nun zahlenmäßig die Umfangskräfte bei dem vorher besprochenen Beispiel unter Annahme einer abzugebenden Leistung von 2 PS bei 1200 Umdrehungen der treibenden Welle in der Minute.

Es ergibt sich

$$W_1 = \frac{716\,000 \cdot 2}{25 \cdot 1200} = 47,73 \text{ kg}$$
$$W_2 = 2\,W_1 = 95,46 \text{ kg}$$
$$W_3 = W_1 = 47,73 \text{ kg}.$$

Da das Übersetzungsverhältnis $\frac{1}{7}$ beträgt, ist die Umlaufzahl des getriebenen Gliedes, d. h. des Steges $\frac{1}{7} \cdot 1200 = 171,4$ Umdr./min.

Die Wälzgeschwindigkeit des Planetenrades am festen Sonnenrad F beträgt $0,00010472 \cdot 150 \cdot 171,5 = 2,69$ msec^{-1}.

Die Wälzgeschwindigkeit zwischen P und S ist die gleiche, da ja Planetenrad P mit den Sonnenrädern F und S gleichzeitig kämmt.

Die potentielle Leistung beträgt $47,73 \cdot 2,69 = 128,4$ mkg/sec $= 1,71$ PS; sie ist etwas geringer als die tatsächlich übertragene Leistung. Die Gesamtverluste werden also auch etwas geringer sein als bei einem aus zwei Räderpaaren bestehenden Rädertrieb mit festem Steg.

Nur die Art von Umlaufrädergetrieben, bei welcher ein Innen- und ein Außenrad als Sonnenräder dienen, ist bezüglich Reibungsverlusten den Getrieben mit festem Steg gleichwertig. Die erreichbaren Übersetzungen sind indessen bei dieser Art von Umlaufrädergetrieben wesentlich geringer als bei den vorher besprochenen Anordnungen. Das größte erreichbare Übersetzungsverhältnis beträgt etwa 1 : 10. Dies erfordert schon ein Planetenrad, das um ein Vielfaches größer ist als das Sonnenrad mit Außenverzahnung.

Eine Abart dieser Konstruktion entsteht durch Verwendung eines aus zwei Rädern bestehenden Planetenräderblockes. Mit jedem Sonnenrad kämmt ein besonderes Planetenrad. Abb. 106 zeigt diese Anordnung. Wir bestimmen zunächst das Übersetzungsverhältnis. Wir denken uns zu diesem Zweck den mit den Rädern fest verbunden gedachten Steg in der Umlaufsrichtung des Steges um 1 Umdrehung gedreht. Um zur tatsächlichen Bewegung zu gelangen, wird nun bei feststehendem Steg das feste Sonnenrad um 1 Umdrehung zurückgedreht; das umlaufende Sonnenrad S erfährt hierbei $\dfrac{F \cdot Ps}{Pf \cdot S}$ Umdrehungen in der Umlaufsrichtung des Steges. Als resultierende Bewegung vollführt bei 1 Umdrehung

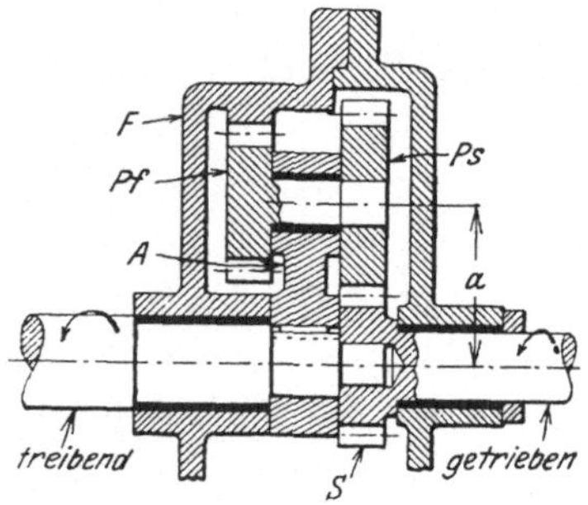

Abb. 106. Umlaufrädergetriebe mit einem Innen- und einem Außenrad als Sonnenrädern.

des Steges das umlaufende Sonnenrad $1 + \dfrac{F \cdot Ps}{Pf \cdot S} = \dfrac{Pf \cdot S + F \cdot Ps}{Pf \cdot S}$ Umdrehungen, bzw. der Steg vollführt bei 1 Umdrehung des umlaufenden Sonnenrades S $\dfrac{Pf \cdot S}{Pf \cdot S + F \cdot Ps}$ Umdrehungen. Das Verhältnis der Umlaufzahlen ergibt sich unabhängig davon, welches Glied treibt und welches getrieben wird.

Auch bei dieser Anordnung ist der Drehsinn des treibenden und des getriebenen Gliedes der gleiche. In Abb. 106 ist Sonnenrad S treibend und der Steg getrieben.

Für ein Zahlenbeispiel nehmen wir folgende Werte an:

$$F = 250 \text{ mm} \qquad Ps = 125 \ \text{ mm}$$
$$S = 50 \ \text{ ,,} \qquad\qquad a = 87{,}5 \ \text{ ,,}$$
$$Pf = 75 \ \text{ ,,}$$

$$\text{Übersetzungsverhältnis} = \frac{Pf \cdot S}{Pf \cdot S + F \cdot Ps} = \frac{75 \cdot 50}{75 \cdot 50 + 250 \cdot 125} = \frac{3}{28}.$$

Abb. 107 zeigt die Kraftverhältnisse. Der Planetenräderblock kann als ein Hebel angesehen werden, der sich um den Wälzpunkt des festen Sonnenrades F drehen kann; die von dem umlaufenden Sonnenrad S auf den Planetenräderblock ausgeübte Umfangskraft W_1 und der

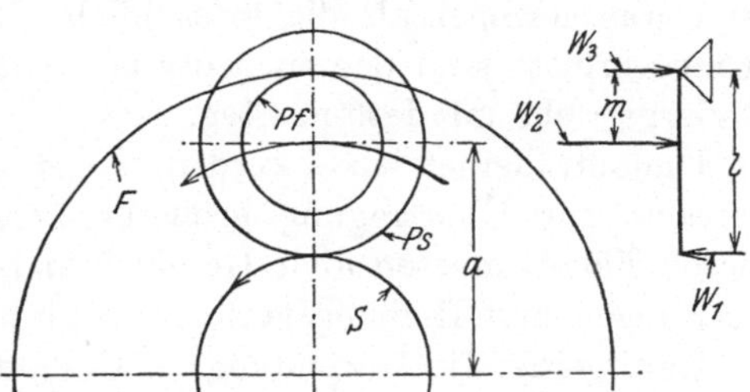

Abb. 107. Analyse eines Umlaufrädergetriebes mit einem Innen- und einem Außenrad als Sonnenrädern.

Rückdruck des Steges halten sich das Gleichgewicht. W_3 ist die von dem Planetenräderblock auf das feste Sonnenrad F ausgeübte Umfangskraft, sie ist die Resultierende von W_1 und W_2; sie ist dem absoluten Wert nach gleich dem Unterschied von W_2 und W_1, da der Richtungssinn von W_1 und W_2 entgegengesetzt ist.

Nach dem Hebelgesetz ist:

$$W_1 \cdot l = W_2 \cdot m$$
$$W_3 = W_2 - W_1$$
$$m = \frac{Pf}{2}, \qquad l = \frac{Ps + Pf}{2},$$
$$W_2 = \frac{l}{m} W_1 = W_1 \left(\frac{Ps + Pf}{Pf} \right).$$

Bei gegebener Leistung und Umlaufzahl können hiernach die Umfangskräfte leicht ermittelt werden.

Wir nehmen bei dem Getriebe nach Abb. 106 mit den angenommenen Abmessungen eine abzugebende Leistung von 2 PS an. Die Umlaufzahl des treibenden Sonnenrades S betrage wiederum 1200 Umdr./min.

W_1 ergibt sich, wie bei dem vorhergehenden Beispiel, zu

$$W_1 = \frac{716000 \cdot 2}{25 \cdot 1200} = 47{,}73 \text{ kg},$$

$$W_2 = W_1 \left(\frac{Ps + Pf}{Pf} \right) = 47{,}73 \,\frac{125 + 75}{75} = 127{,}28 \text{ kg},$$

$$W_3 = W_2 - W_1 = 79{,}55 \text{ kg}.$$

Das Übersetzungsverhältnis beträgt $\frac{3}{28}$, die Umlaufzahl der getriebenen Welle bzw. des Steges $1200 \cdot \frac{3}{28} = 128{,}5$ Umdr./min.

Die Wälzgeschwindigkeit des Planetenrades Pf am Sonnenrad F beträgt $0{,}00010472 \cdot 125 \cdot 128{,}5 = 1{,}68$ msec^{-1}. Die entsprechende Wälzgeschwindigkeit des Planetenrades Ps am Sonnenrad S ist gleich

$$1{,}68 \,\frac{Ps}{Pf} = 2{,}80 \text{ msec}^{-1}.$$

Die potentielle Leistung an der Eingriffsstelle $F{-}Pf$ bzw. $S{-}Ps$ beträgt $79{,}55 \cdot 1{,}68$ bzw. $47{,}73 \cdot 2{,}80 = 133{,}8$ mkg/sec $= 1{,}78$ PS. Sie ist etwas geringer als die tatsächlich übertragene Leistung. Die Leistungsverluste sind demnach etwas geringer als bei einem zweifachen Rädergetriebe mit festem Steg.

Umlaufrädergetriebe werden selten als einfache Übersetzungsgetriebe zur Übertragung größerer Leistungen verwendet. In allen diesen Fällen müssen aber Geschwindigkeiten, Kräfte und potentielle Leistungen und Reibungsverluste sorgfältig analysiert werden.

Häufiger ist die Anwendung der Umlaufrädergetriebe als Differentialgetriebe. In diesem Fall wird auch das zweite Sonnenrad beweglich angeordnet. Es kann zur Verzweigung des Abtriebes oder zur Zusammensetzung zweier Antriebsbewegungen verwendet werden. Im ersten Fall wird es als Ausgleichsgetriebe verwendet, wie z. B. bei Automobilhinterachsen, im zweiten Fall kann es dazu dienen, einer Bewegung eine zweite Bewegung zu überlagern. In dieser Form wird es vielfach bei Werkzeugmaschinen, insbesondere bei Räderbearbeitungsmaschinen angewendet.

Differentialgetriebe mit festem Steg. Differentialrädergetriebe müssen jedoch nicht unbedingt als Umlaufrädergetriebe ausgeführt werden, zuweilen nehmen sie die Form von Rädergetrieben mit festem Steg an. Die hierbei auftretenden großen potentiellen Leistungen und Kräfte sind hierbei oft nicht gleich zu übersehen. Abb. 108 zeigt eine derartige Anordnung.

Das Getriebe dient zum Antrieb einer Mischtrommel und von Mischarmen, die in der Trommel umlaufen. Die Trommel dreht sich mit ca. 800 Umdr./min. Die Arme vollführen relativ zum stillstehenden Gehäuse 798 Umdrehungen, also relativ zur Trommel 2 Umdr./min. Bei der relativen Bewegung der Arme zu der Trommel soll eine Nutzleistung von 1 PS geleistet werden.

Die bei diesem Getriebe benutzten Räder waren ursprünglich alle beinahe gleich groß, und zwar etwa 250 mm im Durchmesser. Falls die

Zähnezahlen der Räder A, B, C, D 27, 28, 30 und 29 betragen, so ist das Verhältnis der Umlaufzahlen der Arme und der Trommel

$$\frac{A \cdot C}{B \cdot D} = \frac{27 \cdot 30}{28 \cdot 29} = \frac{405}{406}.$$

Bei 800 Umdrehungen der Trommel bzw. des Rades A in der Minute vollführt die Hülse bzw. Rad D $800 \cdot \frac{405}{406} =$ etwa 798 Umdrehungen.

Bei der ersten Ausführung dieses Getriebes wurden die hohen potentiellen Leistungen nicht berücksichtigt. Die Räder wurden einige Minuten nach Inbetriebnahme völlig zerstört. Hiernach wurden die Räder ohne weitere Analyse der Kraftverhältnisse auf so große Umfangskräfte dimensioniert, wie sie bei einfachen Rädergetrieben bei der gegebenen Umfangs-

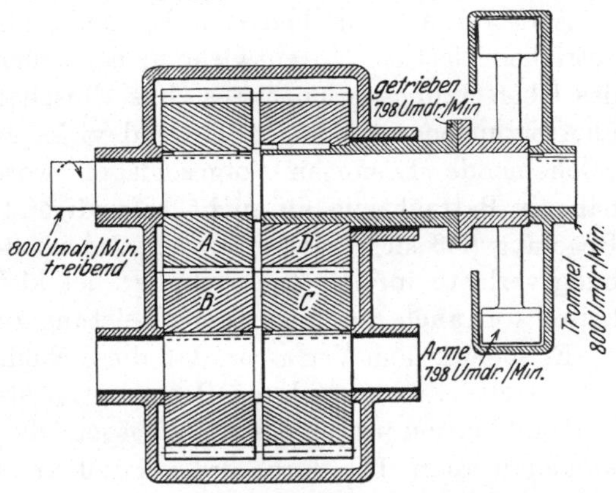

Abb. 108. Differentialantrieb mit großen potentiellen Leistungen.

geschwindigkeit bei 75 PS übertragener Leistung auftreten würden. Diese Dimensionierung erschien als überreichlich, da die abgegebene Leistung nur 1 PS betrug und das ganze Aggregat nur mit einem Motor von 10 PS angetrieben wurde. Die Räder zeigten indessen eine rapide Abnützung, und die Wärmeentwicklung war derart stark, daß das Getriebe nicht länger als eine Stunde ununterbrochen laufen konnte. Verlangt wurde jedoch ein nahezu 24 stündiger Betrieb pro Tag. Die Reibungsverluste waren derart hoch, daß die gewünschte Umlaufzahl nicht erreicht wurde, obwohl der Motor auf 13 PS überlastet wurde.

Aus der nachfolgenden Analyse sind die Ursachen dieser Schwierigkeiten klar ersichtlich. Der mittlere Durchmesser der Arme betrug etwa 350 mm. Bei der relativen Umlaufzahl 2 in der Minute ergibt dies eine relative Umfangsgeschwindigkeit von etwa 0,0366 msec^{-1}. Bei 1 PS Nutzleistung entspricht dies einer Umfangskraft von 2050 kg. Die entsprechenden Umfangskräfte an den Rädern betragen etwa $\frac{350}{250} \cdot 2050$ $= 2870$ kg. Die Umfangsgeschwindigkeit der Räder betrug bei etwa 800 Umdr./min 10,5 msec^{-1}. Die von jedem Räderpaar übertragene potentielle Leistung ist demnach $2870 \cdot 10,5 = 30100$ mkg/sec, also etwa 400 PS. Die Differentialumlaufzahl verhält sich zur absoluten Umlaufzahl ungefähr wie 1 : 400, beinahe im gleichen Verhältnis werden auch die potentiellen Leistungen erhöht. Die Verhältnisse sind also sehr ähnlich wie bei den Umlaufrädergetrieben. Die Reibungsverluste betragen in diesem Fall etwa 1% der potentiellen Leistung, d. h. 4 PS für jedes Räderpaar, also im ganzen 8 PS. Um 1 PS nutzbare Arbeit zu erzielen, müssen hiernach 9 PS zugeführt werden.

Das Getriebe wurde dementsprechend zur Übertragung von 400 PS, der Räderkasten zur Ableitung von 8 PS in Wärme umgesetzter Leistung dimensioniert. Das so umgebaute Getriebe lief anstandslos.

Seit Jahren bemühen sich Erfinder, mit Hilfe von Umlaufrädergetrieben Getriebe zu entwickeln, bei denen eine stufenlose Regelung des Übersetzungsverhältnisses ohne Einschaltung verschiedener Räderübersetzungen möglich ist. Es sind viele, auf den ersten Blick genial erscheinende Lösungen vorgeschlagen worden, die sich jedoch bei näherer Betrachtung als nicht befriedigend erwiesen. Eine stufenlose Regelung ließ sich zwar erreichen, jedoch nur auf Kosten großer Reibungsverluste infolge Zahnreibung; bei kleinen Umfangsgeschwindigkeiten war auch die übertragene Leistung zu gering.

Es scheint dem Verfasser, daß diese Nachteile in der Natur der Aufgabe liegen. Zur stufenlosen Regelung ist stets ein Differentialgetriebe in Kombination mit einem Reibungsgetriebe von irgendeiner Form verwendet worden. Die durch das verstellbare Reibungsgetriebe geregelte Differentialbewegung ist sozusagen als Zünglein an der Wage aufzufassen. Das Ergebnis sind große potentielle Leistungen und kleine effektive übertragene Leistungen. Die Leistungsabgabe entspricht dem Unterschied der teilweise ausgeglichenen großen potentiellen Leistungen abzüglich der großen Zahnreibungsverluste.

Derartige Getriebe übertragen bei den verschiedenen Umlaufzahlen der getriebenen Welle meist nicht die gleiche Leistung, sondern das gleiche Drehmoment, und hiernach eine mit der Umlaufzahl proportionale, bei kleinen Umlaufzahlen stark abnehmende Leistung; dies liegt daran, daß der Antrieb der differentiellen Bewegung zumeist durch einen regulierbaren Reibungsantrieb erfolgt, der praktisch meist nur ein konstantes Drehmoment überträgt. Sollen bei kleinen Umlaufzahlen auch größere Drehmomente übertragen werden, so werden die Abmessungen des Getriebes viel zu groß. Würde man die gleichen Leistungen mit einfachen Rädertrieben bzw. Räderketten übertragen, so könnte bei gleichen Abmessungen eine ganz wesentlich höhere Leistung bei geringeren Reibungsverlusten übertragen werden, als bei einem Differentialmechanismus mit stufenloser Regelung.

Der Verfasser will nicht behaupten, daß die Aufgabe keinesfalls zufriedenstellend gelöst werden könnte, jedoch ist zur Zeit noch keine Lösung mit einem nur einigermaßen annehmbaren Wirkungsgrad gefunden worden. Für Kraftübertragungen mit wechselndem Übersetzungsverhältnis sind bessere und einfachere Möglichkeiten vorhanden.

VIII. Bruch- und Abnutzungsfestigkeit der Zähne.

Die Frage der Festigkeit der Zähne und der unter bestimmten Verhältnissen von den Zahngetrieben übertragbaren Leistung ist zur Zeit noch nicht vollkommen gelöst.

Bei den vielen veränderlichen und nicht vollkommen geklärten Faktoren, die hierfür bestimmend sind, ist es kein Wunder, daß im Laufe der Zeit eine große Anzahl von Formeln und Regeln zur Bestimmung von Festigkeit und übertragbarer Leistung vorgeschlagen worden sind. Der Zweck dieses Abschnittes ist, eine zusammenfassende Darstellung der bisherigen Forschungsergebnisse zu geben.

Die Rädergetriebe haben die Forderung einer möglichst vibrationsfreien Kraftübertragung bei einem möglichst günstigen Wirkungsgrad und hinreichender Lebensdauer zu erfüllen. Hierbei müssen die folgenden Gesichtspunkte beachtet werden: Bruchfestigkeit der Zähne, Haltbarkeit oder „Abnützungsfestigkeit" der Zahnflanken beim Laufen in belastetem Zustande und der Wirkungsgrad der Getriebe. Jeder dieser drei Faktoren soll hier gesondert betrachtet werden[1].

Bruchfestigkeit der Zähne. Im Jahre 1879 wurden von J. H. Cooper die bis zur Zeit bekannten Regeln für die Leistungsübertragung und Festigkeit der Räder untersucht. Er fand, daß die 48 bekannten Regeln bis zu 500% verschiedene Werte ergaben. Er empfahl für gußeiserne Räder die Verwendung folgender Formel:

$$x = 140\,t\,b\,.$$

Hierin ist:

$x =$ Bruchlast in kg
$t =$ Teilung in cm
$b =$ Zahnbreite in cm.

Als Abschluß seiner Untersuchungen bemerkt er folgendes:

Es muß zugegeben werden, daß die Festigkeit der Zähne auch von der Zahnform abhängig ist; dieser Umstand ist in den bisher bekannten Formeln nicht berücksichtigt, da sie alle von der Zahndicke am Teilkreis ausgehen und die Verschiedenheit der für die Festigkeit maßgebenden Zahndicken am Zahnfuß nicht berücksichtigen.

Im Jahre 1886 fand Prof. Harkness bei Sichtung des zu seiner Zeit bekannten, bis zum Jahre 1796 zurückreichenden Schrifttums, daß die von verschiedenen Seiten empfohlenen Formeln und Konstanten für die übertragbare Leistung Werte ergeben, die bis zum Verhältnis 15 : 1 voneinander abweichen. Er fand, daß sämtliche bis zu der

---

[1] Die in der amerikanischen Ausgabe dieses Werkes in englischen Maßen angegebenen Formeln sind in der deutschen Ausgabe auf das metrische Maßsystem umgerechnet worden.

Zeit bekannte Formeln auf folgende drei Formeln zurückzuführen wären:

$$\text{übertragbare Leistung} = C\,V\,t\,b$$
$$\text{oder} = C\,V\,t^2$$
$$\text{oder} = C\,V\,t^2\,b\,.$$

In diesen Formeln ist:

$$C = \text{Konstante}$$
$$V = \text{Umfangsgeschwindigkeit in msec}^{-1}$$
$$t = \text{Teilung in cm}$$
$$b = \text{Zahnbreite in cm.}$$

Auf Grund dieser Untersuchungen empfiehlt Prof. Harkness die Verwendung folgender Formel für gußeiserne Räder:

$$\text{übertragene Leistung in PS} = \frac{0{,}468 \cdot V\,t\,b}{\sqrt{1 + 2{,}13\,V}}\,.$$

Die bisher besprochenen Formeln enthalten noch nicht sämtliche Faktoren, die die übertragbare Leistung bzw. Umfangskraft bestimmen:

1. Die physikalischen Eigenschaften des verwendeten Werkstoffes.

2. Form und Abmessung der Zähne.

3. Die Stelle am Zahnprofil, an der die größte Belastung auftritt.

4. Übertragung der Belastung durch ein oder zwei Zähne.

5. Der Einfluß der Geschwindigkeit im Hinblick auf die Stoßbeanspruchung.

6. Der Einfluß der Verzahnungsfehler, die die Stoßbeanspruchung mitbestimmen.

7. Der Einfluß der angetriebenen Massen, die gleichfalls die Stoßwirkung beeinflussen.

8. Die Art der übertragenen Belastung, und zwar ob die Belastung allmählich oder plötzlich angebracht wird, ob sie gleichbleibend oder veränderlich ist und ob plötzliche Überbelastungen auftreten.

9. Ein Sicherheitsfaktor, mit dem gerechnet werden muß, damit die tatsächlichen Beanspruchungen trotz der Unsicherheit der Rechnung die Festigkeit des betreffenden Materials nicht überschreitet.

Die erste Formel, in der dem Einfluß der Zahnform Rechnung getragen wurde, ist von Wilfried Lewis im Jahre 1892 entwickelt worden. Diese Formel wird auch zur Zeit noch weitgehend verwendet. Sie lautet:

$$W_{zul} = \sigma_{zul}\,t\,b\,y\,. \tag{99}$$

Hierbei ist:

$$W_{zul} = \text{übertragbare Umfangskraft in kg}$$
$$\sigma_{zul} = \text{zulässige Biegungsbeanspruchung des Werkstoffes in kg/cm}^2$$
$$t = \text{Teilung in cm}$$
$$b = \text{Zahnbreite in cm}$$
$$y = \text{Zahnformfaktor.}$$

Der Zahnformfaktor y ergibt sich aus der Errechnung der Biegungsbeanspruchung des Zahnes, der als ein an einem Ende eingespannter,
am anderen Ende belasteter Träger anzusehen ist. Dieser Faktor kann
nach Abb. 109 graphisch ermittelt werden.

Die in den Zahn eingezeichnete, den
Zahn berührende Parabel ist der Umriß
eines Trägers gleicher Festigkeit, der von
der senkrecht zur Zahnsymmetrielinie liegenden Komponente des an der Kopfkante
angreifenden Zahndruckes auf Biegung
beansprucht wird. — Der auf Biegung
höchstbeanspruchte Querschnitt des Zahnes
geht durch den Berührungspunkt des Zahnprofils und der Parabel; an dieser Stelle
ist die Beanspruchung die gleiche, wie bei

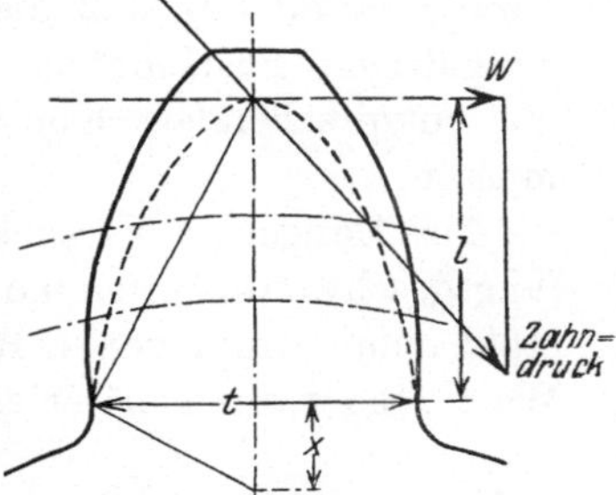

Abb. 109. Graphische Bestimmung
des Zahnformfaktors für die Lewis-
Formel.

dem durch die Parabel dargestellten Träger gleicher Festigkeit.

Die zulässige Belastung eines derartigen Trägers ergibt sich aus:

$$W' = \frac{\sigma_{zul}\, b\, s^2}{6\, l}.$$

Hierbei ist:

$W' =$ zulässige Belastung in kg
$\sigma_{zul} =$ zulässige Biegungsbeanspruchung in kg/cm²
$\quad b =$ Breite des Trägers in cm
$\quad s =$ Dicke des Trägers in cm
$\quad l =$ Länge des Trägers in cm.

Es ergibt sich aus dem rechtwinkligen Dreieck in Abb. 109:

$$x = \frac{s^2}{4\, l}.$$

Dieser Wert in obige Gleichung eingesetzt, ergibt:

$$W' = \sigma_{zul}\, b\, \frac{2\, x}{3}.$$

Zur Bestimmung des Zahnformfaktors y wird nun die aus der letzten
Formel sich ergebende zulässige Belastung der zulässigen Umfangskraft
in Gleichung (99) gleichgesetzt:

$$W_{zul} = \frac{\sigma_{zul}\, b\, 2\, x}{3} = \sigma_{zul}\, t\, b\, \frac{2\, x}{3\, t} = \sigma_{zul}\, t\, b\, y;$$

hieraus ergibt sich

$$y = \frac{2\, x}{3\, t}.$$

Die Werte für x für eine bestimmte Zahnform können nach Abb. 109
für einen gegebenen Modul bzw. für eine gegebene Teilung t graphisch ermittelt werden. Hieraus ergeben sich die Werte für y. Da x proportional

mit t, sind die y-Werte vom Modul bzw. von der Teilung unabhängig. Die y-Werte für die verschiedenen Verzahnungssysteme sind in Tabelle 24 zusammengestellt[1]. Bezüglich der zulässigen Beanspruchungen weist Lewis darauf hin, daß die bis zu dieser Zeit bekannten Angaben zur endgültigen Bestimmung derselben nicht hinreichen, daß vielmehr die entsprechenden Konstanten durch Versuche bestimmt werden müssen.

Aus Mangel an Versuchsergebnissen empfiehlt Lewis für die Umfangsgeschwindigkeiten 0,5 bis 12 m in der Sekunde für Eisen und Gußstahl eine Anzahl von I. R. Walker aus dem Jahre 1868 stammende Werte. Sie wurden später von C. S. Barth in folgende Formel gebracht:

$$\sigma_{zul} = \frac{3\,\sigma_{s\,zul}}{3 + V}. \tag{100}$$

Hierbei ist:

$\sigma_{zul} =$ bei der gegebenen Umfangsgeschwindigkeit zulässige Biegungsbeanspruchung in kg/cm²

$\sigma_{s\,zul} =$ zulässige statische Biegungsbeanspruchung in kg/cm² $= \frac{1}{3}$ der Elastizitätsgrenze des betreffenden Werkstoffes

$V =$ Umfangsgeschwindigkeit in msec⁻¹.

Von den für die Zahnfestigkeit maßgebenden Faktoren sind in der Lewis-Formel folgende berücksichtigt:

1. Festigkeit des verwendeten Werkstoffes.
2. Form und Abmessungen der Zähne.

---

[1] Anmerkung des Bearbeiters: Die Ermittelung des Formfaktors y ist nicht ganz korrekt vorgenommen worden. In einer Hinsicht rechnet man zu günstig, indem man die zusätzliche Druckbeanspruchung durch die in Richtung der Symmetrielinie des Zahnes liegenden Zahndruckkomponente vernachlässigt. Andererseits ist aber zu beachten, daß die Umfangskraft, als die zum Wälzkreis tangentielle Komponente des Zahndruckes, strenggenommen nicht identisch ist mit der im Parabelscheitelpunkt angreifenden, zur Zahnsymmetrielinie senkrechten Komponente, die für die Biegungsbeanspruchung maßgebend ist. Die letztere greift außerhalb des Wälzkreises an einem größeren Hebelarm an; die zulässige, am Wälzkreis angreifende Umfangskraft ist also etwas größer als die zulässige Biegungskomponente des Zahndruckes. In dieser Hinsicht rechnet man also zu ungünstig. Beide Fehler gleichen sich zwar zum Teil aus, die genaue Rechnung ergibt indessen bei gegebener Umfangskraft um 10 bis 30 % höhere Beanspruchungen. Zahlenmäßige Werte für die resultierende Biegungs- und Druckbeanspruchung enthält ein Aufsatz von E. J. Fearn, Machinery, London Vol. XXXVII, S. 414.
Etwas anders liegen die Verhältnisse bei Werkstoffen, bei denen die zulässige Druckbeanspruchung wesentlich höher ist als die zulässige Zugbeanspruchung. Derartige Werkstoffe sind z. B. Gußeisen, Stahlguß. Bei derartigen Werkstoffen wird durch die zusätzliche, bei der Ermittelung von y vernachlässigte Druckbeanspruchung die gefährliche größte Zugspannung herabgesetzt und nur die ungefährliche größte Druckspannung erhöht. Bei derartigen Werkstoffen könnten bei einer genaueren Rechnung die y-Werte in der Lewis-Formel etwas heraufgesetzt werden.

Tabelle 24. Zahnformfaktoren y für die Lewis-Formel.

Zähnezahl	Verzahnungssystem			
	14½° reine Evolventen und 14½°-Mischverzahnungsystem	20°-System mit normaler Zahnhöhe	20°-Stumpf-verzahnungs-system	14½° unter-schnittsfreies „V"-System
10	0,056	0,064	0,083	0,131
11	0,061	0,072	0,092	0,128
12	0,067	0,078	0,099	0,125
13	0,071	0,083	0,103	0,123
14	0,075	0,088	0,108	0,121
15	0,078	0,092	0,111	0,120
16	0,081	0,094	0,115	0,120
17	0,084	0,096	0,117	0,120
18	0,086	0,098	0,120	0,120
19	0,088	0,100	0,123	0,119
20	0,090	0,102	0,125	0,119
21	0,092	0,104	0,127	0,119
23	0,094	0,106	0,130	0,119
25	0,097	0,108	0,133	0,118
27	0,099	0,111	0,136	0,116
30	0,101	0,114	0,139	0,114
34	0,104	0,118	0,142	0,112
38	0,106	0,122	0,145	0,110
43	0,108	0,126	0,147	0,108
50	0,110	0,130	0,151	0,110
60	0,113	0,134	0,154	0,113
75	0,115	0,138	0,158	0,115
100	0,117	0,142	0,161	0,117
150	0,119	0,146	0,165	0,119
300	0,122	0,150	0,170	0,122
Zahnstange	0,124	0,154	0,175	0,124

3. Es wird angenommen, daß im ungünstigsten Fall der Zahndruck an der Kopfkante eingreift. Das trifft selten zu, in dieser Annahme ist also eine gewisse Sicherheit vorhanden.

4. Es wird angenommen, daß die ganze Belastung von einem einzigen Zahn aufgenommen wird. Auch in dieser Annahme ist schon ein Sicherheitsfaktor enthalten.

5. Einfluß der Geschwindigkeit.

9. Bezogen auf die Elastizitätsgrenze, ist ein Sicherheitsfaktor *3* eingesetzt worden.

Folgende Faktoren sind nicht berücksichtigt worden:

6. Einfluß der Verzahnungsfehler.

7. Einfluß der rotierenden Massen.

8. Art der Beanspruchung.

Bei höheren Umfangsgeschwindigkeiten sind im allgemeinen größere Genauigkeiten erforderlich, um einen ruhigen Lauf zu erzielen. Dieser

Umstand kann bei der Dimensionierung durch Wahl einer andern Konstante in der Barthschen Gleichung berücksichtigt werden. Sie lautet für Räder mit höheren Genauigkeiten:

$$\sigma_{zul} = \frac{6\,\sigma_{s\,zul}}{6 + V}.$$

(101)

Der Einfluß der rotierenden Massen und die Art der Belastung wird indirekt durch die Wahl eines großen Sicherheitsfaktors, der teilweise durch Erfahrungswerte bestimmt wurde, berücksichtigt. Die Lewis-Formel hat sich in der Praxis als brauchbar erwiesen. Im allgemeinen sind jedoch die nach der Lewis-Formel errechneten zulässigen Belastungen kleiner als die tatsächlich übertragbaren Belastungen. Dies hat sich bei einer Anzahl von Getrieben gezeigt, die höher liegenden Belastungen, als von der Lewis-Formel angegeben, standhielten.

1911 unternahm Prof. G. H. Marx eine Anzahl von Prüfungen, um die zulässigen Belastungen empirisch festzustellen. Er untersuchte gußeiserne Räder mit verschiedenen Umfangsgeschwindigkeiten, die mit einem Pronyschen Zaume abgebremst wurden, bis ein Bruch eintrat. Die erste Veröffentlichung aus dem Jahre 1912 enthält Versuchsergebnisse bei Umfangsgeschwindigkeiten bis zu 3 m in der Sekunde. In einer in Gemeinschaft mit Prof. L. E. Cutter ausgearbeiteten Veröffentlichung werden die Ergebnisse der später bis zu Umfangsgeschwindigkeiten von 10 m in der Sekunde ausgedehnten Untersuchungen dargestellt.

In einer dritten Veröffentlichung von L. J. Franklin und C. H. Smith sind die Ergebnisse von einer Anzahl unter der Leitung von Prof. Marx ausgeführten Versuche mit gußeisernen Rädern von verschiedenen handelsüblichen Genauigkeitsgraden dargestellt.

Die ersten zwei Versuchsserien sollten zur Bestimmung folgender Werte dienen:

1. Die Werte der Geschwindigkeitskoeffizienten für Geschwindigkeiten zwischen 0 und 10 msec^{-1} sollten an gußeisernen Rädern bestimmt werden. Die Zahnform bei den Versuchsrädern war teilweise nach dem $14\frac{1}{2}°$-Mischverzahnungssystem, teilweise mit $20°$ Stumpfverzahnung ausgeführt.

2. Es sollte der Einfluß des Überdeckungsgrades geklärt werden.

3. Es sollten experimentelle Werte für die Zahnformfaktoren (die Größe y in der Lewis-Formel) bestimmt werden.

Die Versuchsergebnisse wurden in folgenden Formeln zusammengefaßt:

Für das $14\frac{1}{2}°$-Mischverzahnungssystem:

$$W_{zul} = \frac{1}{S}\,K_b\,t\,b\left(0{,}154 - \frac{1{,}26}{z}\right)v\,a.$$

Für das 20°-Stumpfverzahnungssystem:

$$W_{zul} = \frac{1}{S}\, K_b\, t\, b\left(0{,}278 - \frac{2{,}69}{z}\right) v\, a\,.$$

In dieser Formel ist:

W_{zul} = zulässige Umfangskraft in kg
K_b = Zerreißfestigkeit = 2500 kg/cm² für Gußeisen
t = Teilung in cm
b = Zahnbreite in cm
z = Zähnezahl des kleinen Rades
v = Geschwindigkeitskoeffizient
a = Koeffizient zur Berücksichtigung des Überdeckungsgrades
S = Sicherheitsfaktor.

Für die letzte Größe schlägt Prof. Marx folgende Werte vor:

$S = 4$, für allmählich auftretende Belastungen bei gleichbleibender Drehrichtung
$S = 6$, für plötzlich auftretende Belastungen bei gleichbleibender Drehrichtung
$S = 8$, für plötzlich auftretende Belastungen bei wechselnder Drehrichtung.

Tabelle 25 enthält die Werte für die Geschwindigkeitskoeffizienten v und für die Koeffizienten a zur Berücksichtigung des Überdeckungsgrades, die sich aus diesen Versuchen ergaben.

Tabelle 25.
Geschwindigkeitskoeffizienten „v" und
Überdeckungsgradkoeffizienten „a" für die
Marxsche und Cuttersche Formel.

Werte von v						Werte von a			
Umfangsgeschwindigkeit in msec⁻¹	14½°-Mischverzahnungssystem	20°-Stumpfverzahnungssystem	Umfangsgeschwindigkeit in msec⁻¹	14½°-Mischverzahnungssystem	20°-Stumpfverzahnungssystem	Zähnezahlen der Paarung		14½°-Mischverzahnungssystem	20°-Stumpfverzahnungssystem
0	1,000	1,000	5	0,485	0,550	—*	—*	1,00	1,00
0,5	0,795	0,825	5,5	0,470	0,540	12	12	1,10	1,13
1	0,730	0,755	6	0,455	0,525	20	30	1,15	1,20
1,5	0,675	0,705	6,5	0,445	0,515	30	30	1,47	1,22
2	0,635	0,665	7	0,435	0,505	30	40	1,60	1,24
2,5	0,595	0,635	7,5	0,430	0,495	30	60	1,60	1,25
3	0,565	0,615	8	0,420	0,485	30	80	1,60	1,26
3,5	0,540	0,595	8,5	0,415	0,475	30	100	1,60	1,27
4	0,520	0,580	9	0,410	0,470	30	Zahnstange	1,60	1,29
4,5	0,500	0,565	9,5	0,405	0,460	100	100	1,60	1,31
5	0,485	0,550	10	0,400	0,450	100	Zahnstange	1,60	1,33

Die Formel von Marx und Cutter führt neue Koeffizienten zur Berücksichtigung des Überdeckungsgrades und verschiedene Sicherheitsfaktoren für die Arten der Belastung ein; im übrigen stimmt sie

---

* Ein einziges Flankenpaar im Eingriff.

im großen und ganzen mit der Formel von Lewis überein. Die Versuchsergebnisse lassen sich folgendermaßen zusammenfassen: Erstens, die rechnerische Ermittlung des Zahnformfaktors in der Lewis-Formel ergibt zu kleine Werte. Zweitens, ein größerer Überdeckungsgrad ergibt größere Bruchbelastungen. Drittens, die durch die Barthsche Formel errechenbaren Geschwindigkeitskoeffizienten sind im Vergleich mit den durch Versuch ermittelten Werten bei kleinen Geschwindigkeiten zu hoch und bei großen zu niedrig.

Im Jahre 1924 wurde von Franklin und Smith die dritte Serie von Versuchen zur Ermittlung des Einflusses der Genauigkeit der Verzahnung unternommen. Die Versuche wurden an gußeisernen Rädern mit 60 Zähnen und Diametral Pitch 10 (entspricht ungefähr Modul 2,5 im metrischen System) ausgeführt. Ein Satz Räder hatte Herstellungsfehler von der Größenordnung von 0,025 mm, ein zweiter Satz von etwa 0,05 mm und ein dritter Satz von etwa 0,15 mm. Die Prüfung erfolgte auf der schon von Prof. Marx benutzten Einrichtung.

Die Versuche ergaben einen ausgesprochenen Einfluß der Genauigkeit auf die Festigkeit der Zähne. Diese Abhängigkeit wird zahlenmäßig durch Einsetzen verschiedener Geschwindigkeitskoeffizienten je nach der Herstellungsgenauigkeit in die Marxsche und Cuttersche Formel berücksichtigt. Die den Versuchen von Franklin und Smith entsprechenden Werte der Geschwindigkeitskoeffizienten in Abhängigkeit von der Umfangsgeschwindigkeit und der Herstellungsgenauigkeit sind in Tabelle 26 enthalten, in Abb. 110 sind sie in Form eines Schaubildes dargestellt.

Tabelle 26. Die Geschwindigkeitskoeffizienten in Abhängigkeit von den Verzahnungsfehlern nach Franklin und Smith.

Verzahnungsfehler in mm	Umfangsgeschwindigkeit in msec^{-1}										
	0	0,5	1	1,5	2	2,5	3	3,5	4	4,5	5
0,025	1,000	0,917	0,863	0,822	0,794	0,766	0,741	0,724	0,711	0,703	0,695
0,050	1,000	0,875	0,788	0,725	0,675	0,625	0,588	0,562	0,544	0,526	0,512
0,150	1,000	0,825	0,732	0,652	0,587	0,525	0,476	0,440	0,412	0,387	0,364
	5,5	6	6,5	7	7,5	8	8,5	9	9,5	10	
0,025	0,687	0,680	0,672	0,654	0,641	0,620	0,592	0,560	0,525	0,488	
0,050	0,500	0,491	0,483	0,476	0,470	0,465	0,461	0,457	0,453	0,450	
0,150	0,352	0,340	0,328	0,317	0,306	0,296	0,287	0,278	0,270	0,262	

Die der größten Herstellungsgenauigkeit entsprechende Kurve in Abb. 110 zeigt bei hohen Geschwindigkeiten ein starkes Abfallen im Gegensatz zu den anderen Kurven. Diese Abweichung ist wahrscheinlich darauf zurückzuführen, daß die Prüfmaschine bei den betreffenden Belastungen überlastet wurde. Im Versuchsprotokoll wurde bemerkt, daß die Stahlantriebsräder von der Prüfmaschine bei den starken Belastungen beinahe vollkommen zerstört wurden. Wäre die Prüfung an einer stabileren Prüfvorrichtung vorgenommen worden, so würde wahrscheinlich die obere, der höchsten Genauigkeit entsprechende Kurve ähnlich wie die beiden andern verlaufen, etwa in der Form wie in Abb. 110 gestrichelt dargestellt. Das Absinken der oberen Kurve deutet auch auf den Einfluß der vorhergehenden Antriebsglieder auf die nachfolgenden Glieder hin. Wahrscheinlich würden sämtliche Werte bei einem stoßfreien Antrieb—zum Beispiel durch direkten Riemenantrieb — höher liegen als die tatsächlich erhaltenen Versuchswerte beim Räderantrieb. Nach diesen Versuchsergebnissen ist die Bruchbelastung

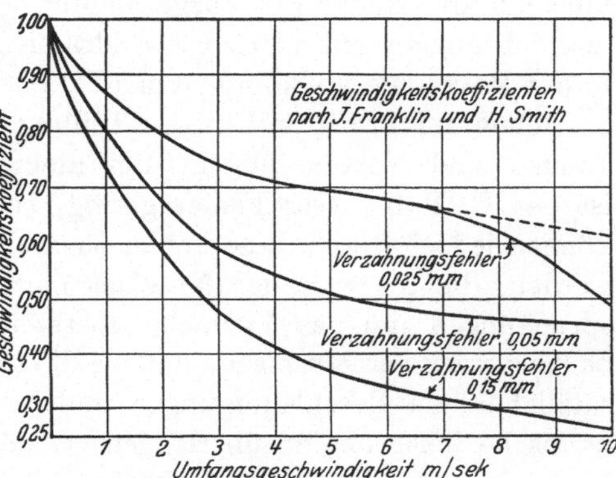

Abb. 110. Die Abhängigkeit der Geschwindigkeitskoeffizienten von den Verzahnungsfehlern.

eines einzelnen Räderpaares höher, als wenn dem betreffenden Räderpaar in Richtung des Kraftflusses ein weiteres Räderpaar vorangeht.

Es wurde bisher angenommen, daß die Geschwindigkeitsfaktoren nur von der Geschwindigkeit und Herstellungsgenauigkeit, nicht aber von Material und Belastung abhängig sind. Diese Annahme führt zu einfachen Gleichungen für die Bestimmung der zulässigen Belastung. Die Versuche zur Bestimmung des Geschwindigkeitsfaktors sind ausschließlich bei gußeisernen Rädern durchgeführt worden, die Belastung wurde bis zur Zerstörung der Räder gesteigert. Die durch diese Versuche erhaltenen Geschwindigkeitsfaktoren wurden auch für alle andern Werkstoffe verwendet.

Die zusätzliche dynamische Beanspruchung. Neuzeitliche Bestrebungen gehen dahin, sich von den nur teilweise experimentell bestätigten Annahmen über den Geschwindigkeitskoeffizienten freizumachen und die wirkliche Zahnbeanspruchung unter Berücksichtigung der rotierenden Massen möglichst exakt zu bestimmen.

Die Gesamtzahnbeanspruchung kann in 2 Komponenten zerlegt werden; die beiden Komponenten sind:

Erstens, die statische Beanspruchung, die bei der Übertragung einer zeitlich unveränderlichen Nutzleistung entsteht.

Zweitens, die zusätzliche dynamische Beanspruchung, die von Verzahnungsfehlern oder von plötzlich auftretender Belastung herrührt. Wäre es möglich, theoretisch vollkommen korrekte Verzahnungen zu erzeugen, so wäre der Antrieb absolut stoßfrei und kontinuierlich. Bei einem derartigen, vollkommen starren Räderpaar könnten bei gleichförmigem Antrieb auch bei dem getriebenen Rad keine Geschwindigkeitsschwankungen auftreten; die errechnete zulässige statische Belastung könnte bei einer jeden Geschwindigkeit übertragen werden, falls nur die Räder gut ausgewuchtet werden und die Belastung allmählich angebracht wird. Diese idealen Bedingungen werden indessen in der Praxis nie vollkommen erfüllt.

Fehler im Profil und in der Teilung verursachen stets Beschleunigungen und Verzögerungen. Bei kleinen Umfangsgeschwindigkeiten ist der Einfluß dieser Fehler gering, bei größeren Geschwindigkeiten können jedoch durch diese Fehler zusätzliche Beanspruchungen erzeugt werden, die die von der Nutzlast hervorgerufenen statischen Beanspruchungen um das Vielfache übersteigen. Die Zähne müssen demnach so stark bemessen sein, daß sie die statische Belastung und die zusätzliche, von Beschleunigungen und Verzögerungen herrührende dynamische Belastung zu übertragen vermögen.

In einem Aufsatz in der „Zeitschrift des Vereins Deutscher Ingenieure" vom Jahre 1899 bestimmte O. Lasche theoretisch die zusätzlichen Beanspruchungen, die bei hohen Umfangsgeschwindigkeiten infolge der Verzahnungsfehler entstehen können. Er errechnete bestimmte Zahlenwerte, nahm für diese jedoch nur eine bedingte Gültigkeit in Anspruch, da sie auf Voraussetzungen beruhten, die praktisch nicht vollkommen erfüllt werden.

Bei starren Werkstoffen kam er zum Ergebnis, daß die zusätzliche Beanspruchung infolge von Herstellungsfehlern proportional mit dem Quadrat der Umfangsgeschwindigkeit anwachsen müßte. Je elastischer die Zähne, desto größere Herstellungsfehler können nach Lasche zugelassen werden. Die bei den rotierenden Massen auftretenden Geschwindigkeitsschwankungen sind um so geringer, je elastischer die Zähne sind, sie absorbieren einen Teil des Stoßes, indem sie durch Federung die Zeitdauer, innerhalb welcher die Geschwindigkeitsschwankungen bei den rotierenden Massen sich abspielen, verlängern und hierdurch die Beschleunigungen und Verzögerungen und die aus ihnen sich ergebenden zusätzlichen Beanspruchungen herabsetzen.

Neuere Untersuchungen an der Lewis-Räderprüfmaschine. In einer im Mai 1916 im British Institute of Mechanical Engineers vorgetragenen Abhandlung befaßte sich D. Adamson mit dem Problem der zusätzlichen dynamischen Beanspruchung und kam zu gleichartigen Ergebnissen wie Lasche. Als Ergebnis eines Briefwechsels zwischen D. Adamson, W. Lewis und C. H. Logue schlug W. Lewis in einem im Dezember 1923 in der American Society of Mechanical Engineers gehaltenen Vortrag die Konstruktion einer Prüfmaschine zur Messung der zusätzlichen dynamischen Beanspruchung vor. Ein besonderer Forschungsausschuß wurde bei der A.S.M.E. eingesetzt. Die Prüfmaschine wurde gebaut und eine Anzahl Untersuchungen am Massachusetts Institute of Technology ausgeführt. Die ersten Versuche wurden im Jahre 1925 von J. E. Nicholas ausgeführt. Die Ergebnisse sind in einem im Jahre 1926 im „Mechanical Engineering" erschienenen Aufsatz „The Influence of Errors and Elasticity on the Strength of Gear Teeth" (Der Einfluß von Verzahnungsfehlern und Elastizität auf die Festigkeit der Zähne) zusammengefaßt worden.

Die Prüfmaschine[1] besteht aus einem schwenkbaren Rahmen, in dem zwei Prüfräderpaare von den gleichen Abmessungen gelagert sind. Der Antrieb erfolgt von einer Riemenscheibe aus; auf die horizontale Antriebswelle sind die beiden kleinen Räder nebeneinander festgekeilt; um die gleiche Welle kann der Lagerrahmen geschwenkt werden; er liegt auf einer Waage auf, durch welche das beim Antrieb durch die Riemenscheibe zugeführte Drehmoment direkt gemessen werden kann. Das eine große Rad sitzt auf einer in dem Rahmen gelagerten, langen Welle, das zweite große Rad sitzt auf einer langen, konzentrischen Hülse. Hülse und Welle sind an ihrem andern Ende durch eine Schraubenpaarung mit hoher Gewindesteigung miteinander verbunden. Durch axiale Anspannung der Schraubenpaarung können die beiden Räderpaare mit einer bestimmten anfänglichen Vorspannung gegeneinander verspannt werden; diese anfängliche Vorspannung wird durch die Federung der langen Hülse bzw. Welle erzeugt, durch Ungenauigkeiten in der Verzahnung kann sie vergrößert oder verringert werden. Die Lagerung erfolgt an sämtlichen Stellen in elektrisch isolierten Kugellagern. Durch die miteinander kämmenden Räder werden Stromkreise gelegt, die unterbrochen werden, wenn bei einem oder dem andern Räderpaar eine momentane Unterbrechung der Flankenanlage stattfindet. Die Unterbrechung der Stromkreise wird vermittels eines Telephonhörers beobachtet. Beim Anlassen und kleinen Umfangsgeschwindigkeiten findet keine Unterbrechung des Stromkreises statt, bei einer bestimmten Erhöhung der Geschwindigkeiten verursachen die Ungenauigkeiten eine zeitweilige Unterbrechung des Eingriffes. Im gleichen Moment, wie dies vom Telephonhörer angezeigt wird, wird das Tachometer abgelesen. Verschiedene Anfangsbelastungen ergeben verschiedene Geschwindigkeiten, bei welchen eine Unterbrechung des Eingriffes, d. h. eine Ablösung von treibender und getriebener Flanke voneinander stattfindet. Die einander entsprechenden Anfangsbelastungen und „Ablösungsgeschwindigkeiten" können auf diese Weise bestimmt werden. Für vollkommen starre Zähne ist die anfängliche Belastung proportional mit dem Quadrat der Ablösungsgeschwindigkeit, eine jede Abweichung von

---

[1] Ausführliche Beschreibung siehe W. Lewis: American Machinist **59**, 875.

diesem Gesetz ist auf die Elastizität und Massenwirkung zurückzuführen. Zur Erfassung letzterer Bedingungen werden die Eigenschwingungszahlen des aus Rädern, Wellen, Hülsen bestehenden gekoppelten Schwingungssystems bestimmt, die Schwingungen werden zu diesem Zweck mechanisch mittels einer Hebelübersetzung auf einen mit Schreibstift versehenen Arm übertragen, der die Schwingungsform auf einen mit einer bestimmten Geschwindigkeit bewegten Papierstreifen aufzeichnet. Auf diese Weise können die Eigenschwingungszahlen der treibenden Welle allein oder mit einem oder zwei Schwungrädern und mit und ohne Räder bestimmt werden. Diese Apparatur wurde nach den Entwürfen von H. H. Williams gebaut.

Die Verzahnungsfehler wurden in einem besonderen Apparat gemessen und in Polardiagrammen aufgezeichnet. Eine Besonderheit der benutzten Einrichtung besteht darin, daß die Prüfung sowohl unter ganz geringen Belastungen, die keine nennenswerten Durchbiegungen verursachen, als auch unter großer Belastung vorgenommen werden kann.

Die Wirkungsweise der Meßeinrichtung war derart, daß der Unterschied der Bewegungen der beiden großen Prüfräder, oder aber der Unterschied der Bewegungen eines Prüfrades und einer mit dem Prüfrad gleichachsigen runden Wälzscheibe, die von einer auf der Antriebswelle sitzenden runden Wälzscheibe getrieben wird, durch einen Registrierfühlhebel aufgezeichnet wird. Im Prinzip entspricht die Meßanordnung der auf S. 363 beschriebenen Saurerschen Meßeinrichtung.

Der ursprüngliche Zweck dieser Prüfungen war die Bestimmung des Einflusses der Verzahnungsfehler auf die Festigkeit der Zähne. Die ersten Versuchsergebnisse zeigten indessen eine starke Abhängigkeit von den elastischen Eigenschaften der verwendeten Werkstoffe. Um den Einfluß der Verzahnungsfehler richtig bewerten zu können, ist eine eingehende Analyse der dynamischen und elastischen Bedingungen des Zahneingriffes erforderlich, eine interessante Aufgabe, die bisher nicht die ihr gebührende Beachtung gefunden hat.

Eine Reihe von vier Abhandlungen auf diesem Gebiet sind von dem Zahnräderforschungsausschuß der A.S.M.E. als Forschungsberichte veröffentlicht worden. Der erste Bericht behandelt den Einfluß der elastischen Formänderungen bei theoretisch korrekten Verzahnungen, der zweite die zusätzlichen Beschleunigungsbeanspruchungen, die infolge von Verzahnungsfehlern entstehen, der dritte Bericht den elastischen Stoß, der vierte die Massenwirkung der rotierenden Massen[1]. Der Bericht über den elastischen Stoß ist von C. S. Barth ausgearbeitet, die übrigen Berichte nach seinen Richtlinien. Es wurden Gleichungen abgeleitet, die verhältnismäßig gut mit den Versuchsergebnissen über-

---

[1] Mechanical Engineering **1927,** Juni, Juli, August, September.

einstimmen. Die wesentlichsten Gesichtspunkte dieser Berichte sollen hier wiedergegeben werden.

Theoretisch korrekte Verzahnung. Mit starren, starr gelagerten Rädern mit theoretisch korrekter Evolventenverzahnung läßt sich bei jeder Geschwindigkeit eine stoßfreie und kontinuierliche Kraftübertragung erzielen. Bei gleichförmigem Antrieb erfolgt die Drehung des getriebenen Rades auch mit unveränderlicher Geschwindigkeit, die Umfangskraft ist gleichbleibend, ohne Rücksicht darauf, ob ein oder zwei Paar Zähne im Eingriff sind.

Bei elastischen Rädern indessen erzeugt die Belastung eine gewisse Deformation. Sie entsteht teilweise durch Verbiegung der Zähne, teilweise durch Zusammenpressung des Materials. Diese Deformation ist in den verschiedenen Phasen des Zahneingriffes nicht gleichbleibend. Ihre Veränderlichkeit läßt sich auf verschiedene Ursachen zurückführen, und zwar wandert erstens der Eingriffspunkt entlang dem aktiven Profil, so daß der Zahndruck in verschiedenen Abständen vom Zahngrund eingreift und demzufolge verschiedene Durchbiegungen verursacht, zweitens wird in verschiedenen Phasen des Eingriffes die Belastung von einem Flankenpaar übertragen, in anderen Phasen verteilt sich die Belastung auf zwei Flankenpaare, wodurch die Durchbiegung herabgesetzt wird.

Infolge der Veränderlichkeit der Deformationen entstehen bei elastischen Rädern selbst bei theoretisch vollkommen korrekt ausgeführter Verzahnung Geschwindigkeitsschwankungen, Beschleunigungen und Verzögerungen, die infolge der Trägheit der Massen zusätzliche Beanspruchungen hervorrufen.

Eine Beschleunigung findet statt während des Fortschreitens des Eingriffes von der Phase, in welcher die größte Deformation auftritt, bis zu der Phase mit der kleinsten Deformation. Die Verringerung der Deformation erfolgt in dem Augenblick, in dem ein neues Flankenpaar in Eingriff tritt, da das vorher im Eingriff befindliche Flankenpaar infolge der teilweisen Übernahme der Belastung durch das zweite Flankenpaar etwas entlastet wird. Die Beschleunigung erzeugt eine zusätzliche dynamische Beanspruchung; diese bewirkt eine Vergrößerung der Deformation. Durch diese sekundäre Wirkung wird die Beschleunigung und hiermit die die größere Deformation hervorrufende Trägheitskraft wieder etwas herabgesetzt. Bei kleinen Umfangsgeschwindigkeiten, wo der Einfluß der Massenträgheit gering ist, entsprechen die Änderungen der Geschwindigkeit beinahe vollkommen den Änderungen der statischen Deformation. Bei Vergrößerung der Geschwindigkeit wird der Einfluß der Trägheit größer, die Geschwindigkeitsschwankungen werden immer geringer, bis ein Zustand erreicht wird, bei welchem infolge der Trägheit eine Kraftübertragung bei beinahe konstanter Geschwindigkeit und bei beinahe gleichbleibender Deformation stattfindet. Die Belastung der Zähne ist in diesem Fall jedoch veränderlich, die Veränderung entspricht derjenigen Veränderung der statischen Belastung, die erforderlich wäre, um die statische Deformation in allen Eingriffsphasen trotz der verschiedenen elastischen Nachgiebigkeit gleichbleibend zu erhalten.

Es sei bemerkt, daß die infolge der Beschleunigung auftretende zusätzliche Belastung in erster Linie von dem gerade in Eingriff tretenden noch undurchgebogenen und unbelasteten Flankenpaar aufgenommen wird. Bei theoretisch korrekt ausgeführter Verzahnung wird wahrscheinlich aus diesem Grunde die infolge Beschleunigung auftretende zusätzliche Belastung die statische Belastung eines einzelnen Flankenpaares nicht vergrößern. Die Gesamtbelastung wird zwar erhöht, der Mehrbetrag aber auf zwei Flankenpaare verteilt. Andererseits erfolgt in der Phase, wo der Eingriff eines Flankenpaares gerade aufhört, bei kleinen Geschwindigkeiten eine Verzögerung, bei großen Geschwindigkeiten eine entsprechende Abnahme der momentan übertragenen Zahnbelastung, die von diesem Zeitpunkt ab wieder nur von einem Flankenpaar übertragen wird. Wird die Beschleunigung hinreichend groß, um eine Unterbrechung des Eingriffes bzw. eine Ablösung vom treibenden und getriebenen Flankenpaar zu verursachen, so erfolgt das Wiedereinsetzen des Eingriffes mit einem Stoß, der eine stärkere Beanspruchung als die Beschleunigungs- bzw. Verzögerungskräfte hervorruft. Bei theoretisch korrekt erzeugten Rädern und konstanter statischer Belastung tritt diese Stoßwirkung nicht auf, da die infolge von Deformation hervorgerufene zusätzliche Belastung stets kleiner als die statische Belastung ist und diese daher die Wirkung der letzteren nicht aufheben und eine Unterbrechung des Eingriffes herbeiführen kann. Bei einer theoretisch nicht korrekt ausgeführten Verzahnung muß jedoch außer den Beanspruchungen durch Beschleunigungen und Verzögerungen mit der Möglichkeit von Stoßbeanspruchungen gerechnet werden.

Einfluß der Verzahnungsfehler auf die Trägheitskräfte. Verzahnungsfehler rufen bei gleichbleibender Umlaufsgeschwindigkeit des treibenden Gliedes Beschleunigungen und Verzögerungen am getriebenen Glied hervor. Diese Geschwindigkeitsänderungen erzeugen wechselnde Trägheitskräfte, deren Größe in hohem Grade von der Masse der sich drehenden Teile, von der Art und Größe der Fehler und von der Umfangsgeschwindigkeit der Räder abhängt. Bei starren Rädern mit gegebenen Herstellungsfeldern sind die Trägheitskräfte mit dem Quadrat der Geschwindigkeit proportional. Bei elastischen Rädern indessen ruft eine größere Trägheitskraft eine größere Deformation hervor; hierdurch wird die Beschleunigung und hiermit auch die Trägheitskraft wieder etwas herabgesetzt.

Die Untersuchung der Prüfdiagramme führte zu der Folgerung, daß die Fehler wahrscheinlich im Augenblick des Eingriffswechsels von einem zum andern Flankenpaar sich am stärksten auswirken, und zwar unabhängig davon, ob es sich um Teilungs- oder Profilfehler handelt.

Bei Vorhandensein von Verzahnungsfehlern, die größer sind als die durch die Belastung erzeugte Deformation, wird die ganze Belastung von einem einzigen Flankenpaar übertragen, abgesehen vom Augenblick des Eingriffswechsels.

Es wurde bisher eine konstante Umlaufsgeschwindigkeit des treibenden Gliedes und Geschwindigkeitsänderungen lediglich beim getriebenen Glied angenommen. In Wirklichkeit verteilen sich die Geschwindigkeitsänderungen zwischen treibendem und getriebenem Glied entsprechend dem Verhältnis ihrer wirksamen Massen. Sind die wirksamen Massen gleich, so verteilen sich auch die Geschwindigkeitsänderungen des treibenden und getriebenen Gliedes gleichmäßig, die Massenwirkung sowohl beim treibenden wie beim getriebenen Glied ist halb so groß, wie die Massenwirkung beim getriebenen Glied allein bei einer konstanten Umlaufgeschwindigkeit des treibenden Gliedes sein würde.

Flankenablösung infolge Beschleunigung. In dem Augenblick, in dem das nächstfolgende Flankenpaar in Eingriff gekommen ist und die Beschleunigungsperiode beendet ist, sind noch die Flanken des treibenden und getriebenen Rades bestrebt, sich voneinander zu entfernen, da in der vorangehenden Periode die Geschwindigkeit des getriebenen Rades erhöht, die Geschwindigkeit des treibenden Rades herabgedrückt worden ist. Der Ablösung der Flanken voneinander tritt die statische Nutzbelastung entgegen. Bei starren Rädern würde sich der Betrag, um den sich die Flanken voneinander entfernen, aus folgender Arbeitsgleichung ergeben: Arbeit der statischen Belastung während der Entfernung der Flanken voneinander = Arbeit der Trägheitskraft. Der Weg, währenddessen die statische Belastung wirkt, ist gleich der größten Entfernung der Flanken voneinander, der Weg der Trägheitskraft ist gleich dem Betrag des Verzahnungsfehlers. Hieraus ergibt sich der Betrag, um den sich die Flanken voneinander entfernen, indem man das Produkt von Trägheitskraft und Verzahnungsfehler durch die statische Nutzbelastung dividiert. Sind Trägheitskraft und statische Nutzbelastung gleich groß, so entfernen sich die Flanken um den Betrag des Verzahnungsfehlers voneinander. Infolge der Elastizität der Zähne wird die Entfernung der Flanken voneinander geringer.

Diese Analyse beruht auf der Voraussetzung, daß die Belastung nur durch ein einziges Flankenpaar übertragen wird. In Wirklichkeit sind die Verhältnisse verwickelter, da wenigstens im Augenblick des Eingriffswechsels die Belastung sich auf zwei Flankenpaare verteilt. Bei relativ großen Fehlern indessen überträgt praktisch doch nur ein Flankenpaar beinahe die ganze Belastung. Bei verhältnismäßig kleinen Fehlern wird die Belastung auf beide Zähne verteilt, die Anteile der einzelnen Flankenpaare an der Gesamtbelastung sind jedoch statisch unbestimmt.

Weiterhin beruht die Analyse auf der Voraussetzung, daß durch die Deformationen und Verzahnungsfehler gleichförmige Beschleunigungen hervorgerufen werden. Diese Voraussetzung trifft wahrscheinlich selten genau zu; jedoch bewirkt der Einfluß der Elastizität des Materials und der Trägheit der sich drehenden Massen eine Annäherung an diesen Zustand. Da die Entfernung der Flanken voneinander aus der durch die Trägheitskräfte geleisteten Arbeit errechnet worden ist, würden Abweichungen von der Beschleunigung nur wenig Einfluß auf das Ergebnis haben. Die ausgeführten Versuche scheinen vielmehr darauf hinzuweisen, daß es vor allem auf die Größe und viel weniger auf die Art des Fehlers ankommt.

Die größte aus statischer Nutzbelastung und dynamischer Zusatzbeanspruchung entstehende resultierende Beanspruchung. Ist der Verzahnungsfehler größer als die elastische Deformation des Materials, so wird die Belastung von einem Flankenpaar getragen, abgesehen von dem Augenblick, wo der Eingriffswechsel zwischen zwei aufeinander folgenden Flankenpaaren stattfindet. Falls die durch einen derartigen Fehler erzeugte Beschleunigung hinreichend groß ist, um eine Entfernung der Flanken voneinander zu bewirken, so prallen sie bei der Wiederannäherung mit einem Stoß aufeinander. Hierdurch kann eine größere Beanspruchung entstehen als durch die Nutzlast. Wird die Nutzbelastung der Räder so weit gesteigert, daß die Trägheitskraft keine Entfernung der Flanken voneinander hervorrufen kann, jedoch die aus der Nutzbelastung und der Trägheitskraft resultierende Belastung in einem bestimmten Zeitpunkt den Wert 0 annimmt, so ist die größte Beanspruchung, ebenso wie bei einer plötzlich auftretenden statischen Belastung, gleich dem doppelten Betrag der statischen Beanspruchung. Wird die Nutzbelastung noch weiter erhöht, so sinkt die resultierende Belastung nicht ganz bis Null, die größte Beanspruchung ist zwar größer als die statische, jedoch nicht ganz so groß wie die doppelte statische Beanspruchung. Maßgebend für die Dimensionierung ist stets die größte Beanspruchung; tritt eine Flankenablösung und hiernach ein Aufeinanderprallen der Flanken ein, so entsteht die größte Beanspruchung während des Stoßes beim Aufeinanderprallen.

Einfluß der rotierenden Massen. Zur zahlenmäßigen Bestimmung der zusätzlichen dynamischen Beanspruchungen muß zunächst der Einfluß der rotierenden Massen geklärt werden. Die wirksame, auf den Teilkreis reduzierte Masse eines auf einer Welle sitzenden Rades ist keine konstante Größe, falls mit der gleichen Welle noch weitere rotierende Massen verbunden sind. Die Änderung der wirksamen Masse ist in hohem Maße von der Geschwindigkeit und von der Genauigkeit der Räder, von Länge und Durchmesser der Welle abhängig. Die Änderung der Massenwirkung wird durch die Elastizität der Verbindungsglieder verursacht. Bei starren Verbindungsgliedern bzw. starren Wellen und bei starr mit den Wellen verbundenen Massen wäre die wirksame Masse konstant, alle Geschwindigkeitsänderungen des Radkörpers würden in dem gleichen Maße den andern, mit dem Radkörper fest verbundenen Massen mitgeteilt werden. Die Trägheit der zusätzlichen Masse würde eine höhere Zahnbeanspruchung hervorrufen als die Trägheit des Radkörpers allein. Je größer die mit dem Radkörper verbundene Masse, um so größer die zusätzliche Zahnbeanspruchung.

Die Wellen und sonstigen Verbindungsglieder sind indessen nicht ganz starr, sondern elastisch, sie werden von den vom Radkörper auf die verbundenen Massen übertragenen Kräften verwunden. Durch die Verwindung wird die Beschleunigung der mit dem Radkörper durch die Welle verbundenen Massen herabgesetzt.

Die Analyse der zusätzlichen Beanspruchungen, die bei einem Räderpaar auftreten können, erfordert hiernach die Bestimmung folgender Größen:

1. Wirksame Massen, bezogen auf den Wälzkreis.

2. Trägheitskräfte.

3. Betrag der Entfernung der Flanken voneinander.

4. Die größte, aus statischer und dynamischer Beanspruchung resultierende Beanspruchung.

Die Gleichungen ergeben sich durch Anwendung der Regeln der Dynamik der elastischen Körper. Sie ergeben ein verhältnismäßig richtiges Bild von den tatsächlichen Beanspruchungen, da sie mit den Versuchsergebnissen an der Lewis-Prüfmaschine gut übereinstimmen. Da aber die Gleichungen auf mehr oder weniger angenähert richtigen Voraussetzungen beruhen, ist zu erwarten, daß auf Grund weiterer Versuchsergebnisse das Berechnungsverfahren noch verfeinert werden könnte.

Die Bestimmung der wirksamen Masse. Es sei:

m = die am Wälzkreis wirkende, resultierende wirksame Masse in $\text{kgm}^{-1}\text{sec}^2$

m_1 = die am Wälzkreis wirkende, wirksame Masse des treibenden Gliedes in $\text{kgm}^{-1}\text{sec}^2$

m_2 = die am Wälzkreis wirkende, wirksame Masse des getriebenen Gliedes in $\text{kgm}^{-1}\text{sec}^2$

dann ist

$$m = \frac{m_1 \cdot m_2}{m_1 + m_2}. \tag{102}$$

Falls außer den eigentlichen Radkörpern entweder am treibenden oder am getriebenen Glied noch weitere, mit den Radkörpern verbundene Massen vorhanden sind, so ist deren auf den Wälzkreis reduzierte Massenwirkung bei jeder Belastung und Umfangsgeschwindigkeit besonders zu ermitteln. Wir nehmen zunächst an, daß am getriebenen Glied außer dem Radkörper noch weitere rotierende Massen vorhanden sind, am treibenden Glied sei die einzige Masse die Masse des Radkörpers. Es sei

m_{a_2} = die mit dem angetriebenen Radkörper verbundene, auf den Wälzkreishalbmesser reduzierte Masse in $\text{kgm}^{-1}\text{sec}^2$

m_{b_2} = die Massenwirkung von m_{a_2}, auf den Wälzkreishalbmesser bezogen in $\text{kgm}^{-1}\text{sec}^2$

m_{o_2} = die auf den Wälzkreis bezogene wirksame Masse des angetriebenen Radkörpers in $\text{kgm}^{-1}\text{sec}^2$

m_{o_1} = die auf den Wälzkreis bezogene wirksame Masse des treibenden Radkörpers in $\text{kgm}^{-1}\text{sec}^2$

V = Umfangsgeschwindigkeit in msec^{-1}

ζ_{w_2} = Elastizitätsfaktor des den angetriebenen Radkörper mit den übrigen rotierenden Massen verbindenden Gliedes in kgcm^{-1}

e = größter gemessener Verzahnungsfehler beim Übergang des Eingriffes von einem Flankenpaar zum nächsten Flankenpaar in cm

f = statische Nutzlast auf 1 cm Breite des Zahnes in kgcm^{-1}

d_t = statische Deformation der Zahnprofile bei der statischen Nutzbelastung f in cm

r_1 = Wälzkreishalbmesser des treibenden Rades in cm

r_2 = Wälzkreishalbmesser des getriebenen Rades in cm.

Es ist dann

$$m_2 = m_{o_2} + m_{b_2}. \tag{103}$$

Hierin ist:

$$m_{b_2} = \frac{\sqrt{B_2^2 + 4\,A_2\,C_2} - B_2}{2\,A_2}, \tag{104}$$

$$A_2 = 190 \left(\frac{r_1 + r_2}{r_1 \cdot r_2}\right)^2 m_{a_2}\,V^2\,\text{kg}^*, \tag{105}$$

$$B_2 = (m_{o_1} + m_{o_2})\,A_2 + \zeta_{w_2}\,m_{o_1}\left(e - \frac{d_t}{2}\right)\text{kg}^2\,\text{m}^{-1}\,\text{sec}^2, \tag{106}$$

$$C_2 = \zeta_{w_2}\,m_{a_2}\,m_{o_1}\left(e - \frac{d_t}{2}\right)\text{kg}^3\,\text{m}^{-2}\,\text{sec}^4, \tag{107}$$

$$d_t = f\left(\frac{E_1\,\zeta_1 + E_2\,\zeta_2}{E_1\,\zeta_1 \cdot E_2\,\zeta_2}\right)\text{cm}. \tag{108}$$

---

* Die der Gleichung (105) entsprechende Gleichung in der amerikanischen Originalausgabe enthält noch die Teilung; neuere in einem Forschungsbericht der A.S.M.E. („Dynamic Loads on Gear Teeth", 1931) veröffentlichte Versuchsergebnisse an der Lewis-Maschine ergaben jedoch die Unabhängigkeit von der Teilung. Dieser Forschungsbericht wurde für die deutsche Ausgabe von Herrn Prof. Buckingham freundlichst zur Verfügung gestellt.

Die Konstante „190" der Gleichung (105) ist keine absolute Zahl; sie hat die Dimension einer Länge.

In Gleichung (108) ist

ζ_1 = Elastizitätszahnformfaktor des treibenden Rades (dimensionslos)
ζ_2 = Elastizitätszahnformfaktor des getriebenen Rades (dimensionslos)
E_1 = Elastizitätsmodul des Werkstoffes der treibenden Zähne in kgcm^{-2}
E_2 = Elastizitätsmodul des Werkstoffes der getriebenen Zähne in kgcm^{-2}.

Die Werte der Elastizitätszahnformfaktoren für die verschiedenen Zähnezahlen bei den verschiedenen Verzahnungssystemen sind in Tabelle 27 enthalten.

Tabelle 27. Elastizitätszahnformfaktoren.

Zähnezahl	$14\frac{1}{2}^0$ normal ζ	20^0 mit normaler Zahnhöhe ζ	20^0- Stumpfverzahnung ζ
12	0,09206	0,09659	0,10315
13	0,09382	0,09837	0,10417
14	0,09545	0,10000	0,10537
15	0,09659	0,10121	0,10604
16	0,09768	0,10179	0,10690
17	0,09871	0,10235	0,10731
18	0,09936	0,10289	0,10791
19	0,10000	0,10341	0,10849
20	0,10061	0,10392	0,10886
21	0,10121	0,10442	0,10922
23	0,10179	0,10490	0,10975
25	0,10262	0,10537	0,11026
27	0,10315	0,10604	0,11075
30	0,10367	0,10669	0,11122
34	0,10442	0,10752	0,11168
38	0,10490	0,10830	0,11212
43	0,10537	0,10904	0,11241
50	0,10582	0,10975	0,11291
60	0,10648	0,11042	0,11336
75	0,10690	0,11107	0,11387
100	0,10731	0,11168	0,11425
150	0,10772	0,11226	0,11472
300	0,10830	0,11282	0,11529
Zahnstange	0,10868	0,11336	0,11584

Ist das Verbindungsglied zwischen dem Radkörper des getriebenen Rades und den übrigen rotierenden Massen eine zylindrische Welle mit gleichbleibendem Durchmesser, so kann der Elastizitätsfaktor ζ_{w_2} rechnerisch ermittelt werden. Bei abgestuften Wellen oder bei dazwischen liegenden elastischen Kupplungen wird der Elastizitätsfaktor am besten durch Versuch bestimmt. Es sei

P_2 = eine beliebige die Verbindungswelle zwischen den Massen m_{o_2} und m_{a_2} verdrehende an dem Hebelarm r_2 wirkende Kraft in kg
T_2 = Verdrehung gemessen am gleichen Halbmesser in cm

so ist

$$\zeta_{w_2} = \frac{P_2}{T_2}. \tag{109}$$

18*

Bei einer zylindrischen Welle von gleichbleibendem Durchmesser besteht folgende Beziehung:

$$T_2 = \frac{P_2}{G_2} \frac{32\, r_2^2\, L_2}{\pi\, d_2^4}\,. \tag{110}$$

In dieser Formel ist:

r_2 = Halbmesser, an welchem die Kraft P_2 angreift in cm
L_2 = Länge der Welle in cm
d_2 = Durchmesser der Welle in cm
G_2 = Gleitmodul des Wellenmaterials in kgcm^{-2}.

Für eine zylindrische Welle ergibt sich hiernach aus Gleichung (110)

$$\zeta_{w_2} = \frac{\pi\, d_2^4\, G_2}{32\, r_2^2\, L_2}\,. \tag{111}$$

Es sei als Zahlenbeispiel angenommen, daß ein gußeisernes Rad mit Modul 8, $14\frac{1}{2}^0$ Eingriffswinkel und einer Zahnbreite von 7,5 cm mit 30 Zähnen ein gußeisernes Rad von 90 Zähnen antreibt. Das angetriebene Rad sitzt auf einer Welle von 12,5 cm $\varnothing$ und einer Länge von 23 cm. Am andern Ende dieser Welle sitzen weitere Massen. Als Gesamtnutzbelastung sei 750 kg oder 100 kg für 1 cm Zahnbreite angenommen. Die Umfangsgeschwindigkeit sei 5 msec^{-1}.

Der Zahneingriffsfehler sei zu

$$e = 0,0075 \text{ cm}$$

angenommen. Weiterhin nehmen wir folgende Massen an:

$$m_{a_2} = 30 \quad \text{kgm}^{-1}\,\text{sec}^2$$
$$m_{o_1} = 1{,}5 \,\text{kgm}^{-1}\,\text{sec}^2$$
$$m_{o_2} = 4{,}5 \,\text{kgm}^{-1}\,\text{sec}^2\,.$$

Die in Gleichung (111) einzusetzenden Werte sind folgende:

$$d_2 = 12{,}5 \text{ cm}$$
$$G_2 = 850\,000 \text{ kgcm}^{-2}$$
$$r_2 = 36 \text{ cm}$$
$$L_2 = 23 \text{ cm}\,.$$

Hieraus ergibt sich:

$$\zeta_{w_2} = \frac{3{,}1416 \cdot 12{,}5^4 \cdot 850\,000}{32 \cdot 36^2 \cdot 23} = 68\,350 \text{ kgcm}^{-1}\,.$$

Die in Gleichung (108) einzusetzenden Werte sind folgende:

$$f = 100 \text{ kgcm}^{-1}$$
$$E_1 = E_2 = 1\,050\,000 \text{ kgcm}^{-2}$$
$$\zeta_1 = 0{,}10367$$
$$\zeta_2 = 0{,}10715\,.$$

Hieraus ergibt sich:

$$d_t = 100 \cdot 0{,}00001808 = 0{,}001808 \text{ cm}\,.$$

In Gleichung (104) sind folgende Werte einzusetzen:

$$r_1 = 12\,\text{cm} \qquad V = 5\,\text{msec}^{-1}$$
$$r_2 = 36\,\text{cm} \qquad e = 0{,}0075\,\text{cm}$$

$$A_2 = 70{,}5\,V^2 = 1762\,\text{kg}*, \qquad\qquad \text{[s. Gleichung (105)]}$$
$$B_2 = 6\,A_2 + 676 = 11250\,\text{kg}^2\text{m}^{-1}\text{sec}^2, \qquad \text{[s. Gleichung (106)]}$$
$$C_2 = 20290\,\text{kg}^3\text{m}^{-2}/\text{sec}^4. \qquad\qquad \text{[s. Gleichung (107)]}$$

Aus Gleichung (104) ergibt sich:

$$m_{b_2} = 1{,}47\,\text{kgm}^{-1}/\text{sec}^2.$$

Nach Gleichung (103) ist:

$$m_2 = m_{o_2} + m_{b_2} = 4{,}5 + 1{,}47 = 5{,}97\,\text{kgm}^{-1}\text{sec}^2.$$

Nach Gleichung (102) ist:

$$m = \frac{1{,}5 \cdot 5{,}97}{1{,}5 + 5{,}97} = 1{,}200\,\text{kgm}^{-1}\text{sec}^2, \qquad \text{wobei} \quad m_1 = m_{o_1} \text{ ist.}$$

Um den Einfluß der Geschwindigkeit auf die wirksame Masse zu zeigen, wurden in Tabelle 28 für verschiedene Umlaufgeschwindigkeiten bis zu 25 msec^{-1} die wirksamen Massen eingetragen. Aus dem

Tabelle 28. Einfluß der Geschwindigkeit auf die wirksame Masse. Elastische Kopplung einer Masse mit dem getriebenen Rad.

V msec^{-1}	m_{b_2} kgm^{-1}sec^2	m_2 kgm^{-1}sec^2	m kgm^{-1}sec^2
0	30	34,5	1,44
0,5	18,4	22,9	1,41
1	10,9	15,4	1,37
1,5	7,30	11,80	1,33
2	5,25	9,75	1,30
2,5	4,00	8,50	1,27
3	3,15	7,65	1,25
3,5	2,55	7,05	1,24
4	2,05	6,55	1,22
4,5	1,74	6,24	1,21
5	1,47	5,97	1,20
6	1,09	5,59	1,18
7	0,84	5,34	1,17
8	0,66	5,16	1,16
9	0,54	5,04	1,16
10	0,44	4,94	1,15
12,5	0,29	4,79	1,14
15	0,20	4,70	1,14
17,5	0,15	4,65	1,13
20	0,12	4,61	1,13
22,5	0,09	4,59	1,13
25	0,06	4,58	1,13

* Die Rechnung wird mit dem Rechenschieber durchgeführt; die Zahlenwerte sind daher abgerundet.

Verlauf der m_{b_2}-Werte in der Tabelle ist leicht zu ersehen, daß die Massenwirkung der mit dem Radkörper durch die elastische Welle verbundenen weiteren umlaufenden Massen bei wachsender Geschwindigkeit schnell abfällt, um bei höheren Geschwindigkeiten praktisch ganz zu verschwinden.

Der Rechnungsgang ist derselbe, wenn umlaufende Massen durch ein elastisches Glied mit dem treibenden Radkörper gekoppelt sind. Dies ist z. B. praktisch der Fall, wenn das Antriebsrad direkt an der Motorenwelle sitzt oder mit diesem gekoppelt ist. In diesem Fall bestehen folgende Gleichungen:

$$m_1 = m_{o_1} + m_{b_1} \ \text{kgm}^{-1}\text{sec}^2 , \tag{112}$$

$$m_{b_1} = \frac{\sqrt{B_1^2 + 4\,A_1\,C_1} - B_1}{2\,A_1} \ \text{kgm}^{-1}\text{sec}^2 , \tag{113}$$

$$A_1 = 190 \left(\frac{r_1 + r_2}{r_1 \cdot r_2}\right)^2 m_{a_1}\,V^2\,\text{kg}* , \tag{114}$$

$$B_1 = (m_{o_1} + m_{o_2})\,A_1 + \zeta_{w_1}\,m_{o_2}\left(e - \frac{d_t}{2}\right)\text{kg}^2\text{m}^{-1}\text{sec}^2 , \tag{115}$$

$$C_1 = \zeta_{w_1}\,m_{a_1}\,m_{o_2}\left(e - \frac{d_t}{2}\right)\text{kg}^3\text{m}^{-2}\text{sec}^4 . \tag{116}$$

Als Zahlenbeispiel nehmen wir für die Massen der Radkörper, Modul, Zähnezahl, Verzahnungsfehler, Zahnelastizität, statische Belastung und Deformation infolge der statischen Belastung die gleichen Werte an wie vorhin. Es sei nun durch eine Welle von 23 cm Länge und 7,2 cm $\varnothing$ an den Radkörper des treibenden Rades eine umlaufende Masse von 15 kgm^{-1}sec^2 angekoppelt. Es ist also mit folgenden Werten zu rechnen:

$$
\begin{aligned}
m_{a_1} &= 15 \ \text{kgm}^{-1}\text{sec}^2 & G_1 &= 850\,000 \ \text{kgcm}^{-2} \\
m_{o_1} &= 1{,}5 \ \text{kgm}^{-1}\text{sec}^2 & r_1 &= 12 \ \text{cm} \\
m_{o_2} &= 4{,}5 \ \text{kgm}^{-1}\text{sec}^2 & L_1 &= 23 \ \text{cm} \\
d_1 &= 7{,}2 \ \text{cm} & d_t &= 0{,}001\,808 \ \text{cm} .
\end{aligned}
$$

Nach Gleichung (111) ist

$$\zeta_{w_1} = \frac{3{,}1416 \cdot 7{,}2^4 \cdot 850\,000}{32 \cdot 12^2 \cdot 23} = 67\,700 \ \text{kgcm}^{-1} .$$

Nach den Gleichungen (114), (115), (116) ist

$$
\begin{aligned}
A_1 &= 35{,}25\,V^2 = 881 \ \text{kg} , \\
B_1 &= 6\,A_1 + 2010 = 7296 \ \text{kg}^2\text{m}^{-1}\text{sec}^2 , \\
C_1 &= 30\,150 \ \text{kg}^3\text{m}^{-2}\text{sec}^4 .
\end{aligned}
$$

---

* Vgl. Anmerkung zu Gleichung (105).

Aus diesen Werten ergibt sich nach Gleichung (113):

$$m_{b_1} = 3{,}00 \ \mathrm{kgm^{-1}sec^2}\,.$$

Nach Gleichung (112) ist:

$$m_1 = 1{,}5 + 3{,}00 = 4{,}50 \ \mathrm{kgm^{-1}sec^2}\,.$$

Nach Gleichung (102):

$$m = \frac{4{,}5 \cdot 4{,}5}{4{,}5 + 4{,}5} = 2{,}25 \ \mathrm{kgm^{-1}sec^2}\,, \quad \text{wobei} \quad m_2 = m_{o_2} \ \text{ist.}$$

Tabelle 29 zeigt die Massenwirkung der mit dem Antriebsradkörper durch ein elastisches Zwischenglied gekoppelten Massen bei verschiedenen Umfangsgeschwindigkeiten. Die von m_{b_1} dargestellte Massenwirkung nimmt bei anwachsender Geschwindigkeit auch hier schnell ab und verschwindet praktisch bei höheren Geschwindigkeiten.

In Wirklichkeit sind meistens sowohl mit dem antreibenden als auch mit dem angetriebenen Radkörper weitere Massen elastisch gekoppelt. In diesem Fall wird die gesamte Massenwirkung am Wälzkreis, bestehend aus der Wirkung des Radkörpers und der übrigen Massen, so-

Tabelle 29. Einfluß der Geschwindigkeit auf die wirksame Masse. Elastische Kopplung einer Masse mit dem treibenden Rad.

V msec^{-1}	m_{b_1} kgm^{-1}sec^2	m_1 kgm^{-1}sec^2	m kgm^{-1}sec^2
0	15	16,5	3,53
0,5	13,7	15,2	3,47
1	11,4	12,9	3,34
1,5	9,35	10,85	3,18
2	7,70	9,20	3,03
2,5	6,40	7,90	2,86
3	5,40	6,90	2,72
3,5	4,60	6,10	2,59
4	3,95	5,45	2,46
4,5	3,45	4,95	2,36
5	3,00	4,50	2,25
6	2,40	3,90	2,09
7	1,92	3,42	1,94
8	1,58	3,08	1,83
9	1,32	2,82	1,73
10	1,12	2,62	1,65
12,5	0,77	2,27	1,51
15	0,56	2,06	1,41
17,5	0,42	1,92	1,35
20	0,33	1,83	1,30
22,5	0,27	1,77	1,27
25	0,22	1,72	1,24

wohl beim antreibenden als auch beim angetriebenen Rad mit Hilfe der angeführten Gleichungen ermittelt; aus den so bestimmten Werten ergibt sich die resultierende wirksame Masse aus Gleichung (102).

Wir nehmen als Zahlenbeispiel wieder die vorhin angeführten Werte und nehmen an, daß sowohl mit dem antreibenden als auch mit dem angetriebenen Radkörper Massen von den angegebenen Größen gekoppelt sind. Bei 5 msec^{-1} Umfangsgeschwindigkeit wurde

$$m_1 = 4{,}50 \ \mathrm{kgm^{-1}sec^2}$$
$$m_2 = 5{,}97 \ \mathrm{kgm^{-1}sec^2}$$

ermittelt.

Hieraus ergibt sich:

$$m = \frac{4{,}50 \cdot 5{,}97}{4{,}50 + 5{,}97} = 2{,}57 \, \text{kgm}^{-1}\text{sec}^2 \, .$$

Tabelle 30 zeigt den Einfluß der Geschwindigkeit auf die resultierende Masse für diesen Fall, wo sowohl mit dem antreibenden als auch mit dem angetriebenen Radkörper weitere umlaufende Massen von der angenommenen Größe elastisch gekoppelt sind. Auch in diesem Fall nimmt bei wachsender Geschwindigkeit die resultierende Masse ab.

Tabelle 30.
Annäherungswerte für die Massenfaktoren. Elastische Kopplung
von Massen mit dem treibenden und dem getriebenen Rad.

V msec^{-1}	m_1 kgm^{-1}/sec^2	m_2 kgm^{-1}/sec^2	m kgm^{-1}/sec^2	Massenfaktor
0	16,5	34,5	11,15	9,90
0,5	15,2	22,9	9,15	8,15
1	12,9	15,4	7,05	6,25
1,5	10,85	11,8	5,65	5,05
2	9,20	9,75	4,75	4,20
2,5	7,90	8,50	4,10	3,65
3	6,90	7,65	3,60	3,20
3,5	6,10	7,05	3,30	2,95
4	5,45	6,55	2,95	2,65
4,5	4,95	6,24	2,75	2,45
5	4,50	5,97	2,57	2,29
6	3,90	5,59	2,30	2,05
7	3,42	5,34	2,08	1,85
8	3,08	5,16	1,93	1,72
9	2,82	5,04	1,81	1,61
10	2,62	4,94	1,71	1,52
12,5	2,27	4,79	1,54	1,37
15	2,06	4,70	1,43	1,27
17,5	1,92	4,65	1,36	1,21
20	1,83	4,61	1,31	1,16
22,5	1,77	4,59	1,28	1,14
25	1,72	4,58	1,25	1.11

Die resultierende Massenwirkung der Radkörper allein wäre:

$$m_o = \frac{m_{o_1} \cdot m_{o_2}}{m_{o_1} + m_{o_2}} = \frac{1{,}5 \cdot 4{,}5}{1{,}5 + 4{,}5} = 1{,}125 \, \text{kgm}^{-1}\text{sec}^2 \, .$$

Die resultierende Massenwirkung m von Radkörpern und gekoppelten Massen ist nach Tabelle 30 bei kleiner Umfangsgeschwindigkeit etwa zehnmal so groß wie die Wirkung der Radkörper allein, bei hohen Geschwindigkeiten nur um etwa 15% höher. Die letzte Spalte der Tabelle 30 enthält den „Massenfaktor", der das Verhältnis der gesamten resultierenden Masse zur resultierenden Masse der Radkörper allein angibt.

Die wirksame Masse von Radkörpern. Wird der Radkörper von einer vollen Scheibe gebildet, so ist das am Wälzkreis wirkende wirksame

Gewicht gleich der Hälfte des Gesamtgewichtes; die wirksame Masse ergibt sich aus dem wirksamen Gewicht durch Division mit der Fallbeschleunigung von 9,81 msec^{-2}.

Bei größeren Radkörpern mit Speichen ist das wirksame Gewicht im Verhältnis zum Eigengewicht größer, da der größte Teil des Gewichtes im Zahnkranz konzentriert ist. Im Grenzfall wäre das auf den Wälzkreis reduzierte wirksame Gewicht gleich dem Gesamtgewicht. Das wirksame Gewicht in jedem einzelnen Fall wird durch folgende Gleichung bestimmt:

$$q = \frac{i^2}{r^2} Q \,. \tag{117}$$

Hierin ist:

$Q =$ Eigengewicht in kg $\qquad r =$ Wälzkreishalbmesser in cm
$q =$ wirksames Gewicht in kg $\qquad i =$ Trägheitshalbmesser in cm .

Im allgemeinen wird man die Berechnung mit Hilfe einer allgemeinen Annäherungsformel einer genauen Ermittlung der Abmessungen des Eigengewichtes, des Trägheitshalbmessers und des wirksamen Gewichtes vorziehen.

Für das Eigengewicht von noch nicht verzahnten Radkörpern wurde von C. H. Logue im „American Machinists' Gear Book" eine Formel angegeben, die bei allen einigermaßen normalen Ausführungsformen Verwendung finden kann. Von dem aus dieser Formel errechneten Gewicht fallen bei der Bearbeitung noch etwa 30% fort. Mit Berücksichtigung dessen würde sich für die verzahnten Radkörper folgende Annäherungsformel ergeben:

$$Q = \frac{t^2 z\, b}{36} \,. \tag{118}$$

Hierin ist:

$Q =$ Eigengewicht in kg $\qquad z =$ Zähnezahl
$t =$ Teilung in cm $\qquad b =$ Zahnbreite in cm .

Die Anwendungsmöglichkeit dieser Formel ist beschränkt, sie kann nicht verwendet werden bei sehr kleinen und bei sehr großen Zähnezahlen, die konstruktiv sehr verschieden gestaltet werden können.

Wie schon erwähnt, ist das Verhältnis des wirksamen Gewichtes zum Eigengewicht von der Gestaltung des Radkörpers abhängig, bei kleinen, scheibenförmigen Rädern ist das Verhältnis beinahe $1:2$, bei großen Rädern mit schweren Kränzen etwa $1:1$. Folgende Annäherungsgleichung berücksichtigt meistens hinreichend genau diese Verhältnisse:

$$\frac{\text{Wirksames Gewicht}}{\text{Eigengewicht}} = 0{,}5 \left(\frac{0{,}00032\, r^2 + 1}{0{,}00016\, r^2 + 1} \right) . \tag{119}$$

Aus den Gleichungen (118) und (119) ergibt sich:

$$q = \frac{1}{72}\, t^2\, z\, b \left(\frac{0{,}00032\, r^2 + 1}{0{,}00016\, r^2 + 1}\right) \mathrm{kg}\,. \qquad (120)$$

In diesen Formeln ist

$r =$ Wälzkreishalbmesser in cm
$q =$ wirksames Gewicht am Wälzkreis in kg.

Hieraus ergeben sich die wirksamen Massen am Wälzkreis von treibendem und getriebenem Rad durch Division mit 9,81 msec^{-2}

$$m_{o_1} = 0{,}00142\, t^2\, z_1\, b \left(\frac{0{,}00032\, r_1^2 + 1}{0{,}00016\, r_1^2 + 1}\right) \text{in kgm}^{-1}\text{sec}^2\,, \qquad (121)$$

$$m_{o_2} = 0{,}00142\, t^2\, z_2\, b \left(\frac{0{,}00032\, r_2^2 + 1}{0{,}00016\, r_2^2 + 1}\right) \text{in kgm}^{-1}\text{sec}^2\,. \qquad (122)$$

Bestimmung der Trägheitskräfte. Es sei:

$F_a =$ Trägheitskraft in kg
$f =$ Nutzlast für 1 cm Zahnbreite in kgcm^{-1}
$r_1 =$ Wälzkreishalbmesser des treibenden Rades in cm
$r_2 =$ Wälzkreishalbmesser des getriebenen Rades in cm
$m =$ resultierende wirksame Masse am Wälzkreis in kgm^{-1}sec^2
$V =$ Umfangsgeschwindigkeit in msec^{-1}
$e =$ Fehler im Zahneingriff in cm
$d_t =$ elastische Deformation der Zahnprofile unter der statischen Belastung in cm
$b =$ Zahnbreite in cm

so ist:

$$F_a = \frac{F_1 \cdot F_2}{F_1 + F_2}\,. \qquad (123)$$

In dieser Gleichung ist:

$$F_1 = 190 \left(\frac{r_1 + r_2}{r_1 \cdot r_2}\right)^2 m\, V^2\, \mathrm{kg}\,{}^*, \qquad (124)$$

$$F_2 = f\, b \left(\frac{e}{d_t} + 1\right) \mathrm{kg}\,, \qquad (125)$$

$$d_t = f \left(\frac{E_1\, \zeta_1 + E_2\, \zeta_2}{E_1\, \zeta_1 \cdot E_2\, \zeta_2}\right)\,. \qquad \text{[s. Gleichung (108)]}$$

Die Elastizitätszahnformfaktoren ζ_1, ζ_2 sind in Tabelle 28 enthalten.

E_1, $E_2 =$ Elastizitätsmodule der Werkstoffe der Zähne.

Für ein Zahlenbeispiel seien die in den vorangehenden Unterabschnitten angenommenen bzw. errechneten Werte eingesetzt:

$$
\begin{array}{ll}
f = 100\ \mathrm{kgcm}^{-1} & e = 0{,}0075\ \mathrm{cm} \\
r_1 = 12\ \mathrm{cm} & b = 7{,}5\ \mathrm{cm} \\
r_2 = 36\ \mathrm{cm} & \zeta_1 = 0{,}10367 \\
m = 2{,}57\ \mathrm{kgm}^{-1}\mathrm{sec}^2 & \zeta_2 = 0{,}10715 \\
V = 5\ \mathrm{msec}^{-1} & E_1 = E_2 = 1\,050\,000\ \mathrm{kgcm}^{-2}\,.
\end{array}
$$

---

* Vgl. Anmerkung zu Gleichung (105).

Aus Gleichung (108) ergibt sich

$$d_t = 0{,}001808 \text{ cm} .$$

Aus Gleichung (124)

$$F_1 = 151 \text{ kg} .$$

Aus Gleichung (125)

$$F_2 = 3862 \text{ kg} .$$

Aus Gleichung (123)

$$F_a = 145 \text{ kg} .$$

Bestimmung der Entfernung der zusammenarbeitenden Flanken infolge der dynamischen Wirkungen. Es sei k der Betrag der Entfernung in cm, so ist

$$k = \frac{F_a}{f\,b}\, e - \left(\frac{F_a}{f\,b} - 1\right)^2 \frac{d_t}{2} {}^* . \tag{126}$$

Bei dem vorhergehenden Zahlenbeispiel ist

$$f = 100 \text{ kgcm}^{-1}$$
$$b = 7{,}5 \text{ cm}$$
$$F_a = 145 \text{ kg}$$
$$e = 0{,}0075 \text{ cm}$$
$$d_t = 0{,}001808 \text{ cm} .$$

Aus Gleichung (126) ergibt sich

$$k = 0{,}00086 \text{ cm} .$$

Die Formel kann sowohl einen positiven als auch einen negativen Wert ergeben. Bei einem positiven Wert von k findet tatsächlich eine Flankenablösung statt, bei einem negativen Wert dagegen nicht. Im errechneten Beispiel ist k positiv.

Berechnung der größten aus der statischen und dynamischen Beanspruchung resultierenden Beanspruchung. Ist W_d die größte auftretende resultierende Beanspruchung bei der Stoßwirkung, so gilt mit den Bezeichnungen der vorigen Unterabschnitte

$$W_d = f\,b\left(1 + \sqrt{1 + \frac{2\,k}{d_t}}\right) . \tag{127}$$

Im vorhergehenden Zahlenbeispiel ist

$$f = 100 \text{ kgcm}^{-1}$$
$$b = 7{,}5 \text{ cm}$$
$$d_t = 0{,}001808 \text{ cm}$$
$$k = 0{,}00086 \text{ cm} .$$

Gleichung (107) ergibt hieraus

$$W_d = 1800 \text{ kg} .$$

---

* Gleichung (126) ist entsprechend dem neuesten auf S. 274 erwähnten Forschungsbericht der A.S.M.E. etwas gegenüber der entsprechenden Gleichung (106) der Originalausgabe abgeändert.

Die statische Nutzbelastung beträgt nur 750 kg; durch die Stoßwirkung steigt die Beanspruchung etwas über den doppelten Wert der statischen Beanspruchung. Die zusätzliche dynamische Beanspruchung beträgt 1050 kg.

Wird bei dem gleichen Getriebe, bei der gleichen Umfangsgeschwindigkeit eine statische Nutzbelastung von nur 75 kg, d. h. $^1/_{10}$ des im Zahlenbeispiel angesetzten Betrages angenommen, so ergibt die auf die gleiche Weise nach den Gleichungen (102) bis (127) durchgeführte Rechnung eine dynamische Zusatzbelastung von 970 kg. Bei Annahme einer statischen Belastung von nur $^1/_{10}$ des vorher angesetzten Betrages sinkt also die dynamische Zusatzbelastung in dem obigen Zahlenbeispiel nur um ca. 8 %, sie ist also, wenn das Rechnungsverfahren richtig ist, praktisch von der statischen Nutzbelastung beinahe unabhängig.

Wird das Getriebe bei einer statischen Nutzbelastung von 750 kg für Umfangsgeschwindigkeiten von 2,5 msec, 25 msec und 50 msec durchgerechnet, so ergibt sich als dynamische Zusatzbelastung

bei 2,5 msec Umfangsgeschwindigkeit . . . . 670 kg
bei 25 msec Umfangsgeschwindigkeit . . . . 2840 „
bei 50 msec Umfangsgeschwindigkeit . . . . 3600 „

Wird die Umfangsgeschwindigkeit von 2,5 msec verdoppelt, so wächst die dynamische Zusatzbelastung von 670 kg auf 1050 kg, sie vergrößert sich also im Verhältnis 1,57 : 1. Bei Verdoppelung der Umfangsgeschwindigkeit von 25 msec auf 50 msec wächst die Zusatzbelastung von 2840 kg auf 3600 kg, d. h. im Verhältnis 1,27 : 1. Während bei ganz kleinen Umfangsgeschwindigkeiten die Zusatzbelastung etwa proportional mit der Geschwindigkeit anwächst, wird bei höheren Geschwindigkeiten die Steigerung der Zusatzbelastung immer kleiner. Letztere nähert sich asymptotisch einem Grenzwert, der sich rechnerisch aus den Formeln (102) bis (127) zu

$$F_2 = f\,b\left(\frac{e}{d_t} + 1\right) \tag{125a}$$

ergibt.

In dem durchgerechneten Beispiel würde sich der Grenzwert der Zusatzbelastung zu

$$F_2 = 3862\,\text{kg}$$

ergeben. Bei Umfangsgeschwindigkeiten über 50 msec findet demnach in dem durchgerechneten Beispiel keine nennenswerte Steigerung der dynamischen Zusatzbelastung mehr statt.

Dieses Ergebnis der Theorie stimmt insofern mit den bisherigen Erfahrungen gut überein, als erfahrungsgemäß Getriebe, die bei etwa 30 bis 40 msec Umfangsgeschwindigkeit eine bestimmte statische Nutzbelastung übertragen, diese auch bei höheren Umfangsgeschwindigkeiten anstandslos vertragen.

Die experimentelle Prüfung des neuen Rechnungsverfahrens. Die bei den neuen Rechnungsverfahren zur Anwendung kommenden Gleichungen (102) bis (127) entstammen ursprünglich theoretischen Überlegungen auf dem Gebiet der Dynamik der elastischen Körper. Um die Rechnung überhaupt praktisch durchführen zu können, waren gewisse vereinfachende Annahmen erforderlich, so z. B. bezüglich der elastischen Eigenschaften der Zähne, der Beschleunigungen bei gegebenen Verzahnungsfehlern und der Kraft- und Deformationswirkungen bei einem elastischen Stoß. Weiterhin wurden zwar die Zahndeformationen und Wellenverwindungen, nicht dagegen die Wellendurchbiegungen berücksichtigt. Es wurde angenommen, daß die Verzahnungsfehler so groß sind, daß, von dem Augenblick des Eingriffswechsels abgesehen, stets nur ein Flankenpaar im Eingriff steht. Es läßt sich rein theoretisch kaum übersehen, inwieweit diese vereinfachenden Annahmen zulässig sind; zur Überprüfung des neuen Rechnungsverfahrens sind vielmehr praktische Untersuchungen an ausgeführten Getrieben erforderlich. Derartige Untersuchungen sind an der Lewis-Prüfmaschine ausgeführt worden[1]. Sie ergaben im großen und ganzen eine Bestätigung der Theorie. Einzelne Gleichungen wurden auf Grund der Versuchsergebnisse etwas abgeändert. So zeigte sich im Gegensatz zu den ursprünglichen theoretischen Erwägungen, daß die zusätzlichen Beanspruchungen von der Teilung unabhängig sind; auch die Gleichung für die Größe der Flankenablösung wurde etwas modifiziert. Diese Änderungen wurden in der deutschen Ausgabe bereits berücksichtigt. Es ergab sich in Übereinstimmung mit der Theorie, daß die zusätzliche dynamische Belastung im großen und ganzen unabhängig von der statischen Belastung ist, sie wird durch die Geschwindigkeiten, Massen, Verzahnungsfehler, durch die elastischen Eigenschaften der Werkstoffe und der Konstruktion bestimmt. Dieses Ergebnis steht im Gegensatz mit den bisher üblichen Rechnungsverfahren, bei denen mit Geschwindigkeitskoeffizienten gerechnet wird, die lediglich von der Geschwindigkeit abhängen; d. h. es wird stillschweigend angenommen, daß die dynamische Zusatzbelastung proportional mit der statischen Belastung wächst. Weiterhin scheint sich auch die theoretische Folgerung zu bestätigen, daß die zusätzliche Beanspruchung bei Erhöhung der Geschwindigkeit nicht unbegrenzt anwächst, sondern sich asymptotisch einem Grenzwert nähert.

Eine direkte Prüfung der Theorie, d. h. eine direkte Messung der tatsächlich auftretenden resultierenden Zahnkräfte ist z. B. bei metallischen Rädern technisch nicht möglich. Die Prüfung der theoretischen

---

[1] Vgl. „Progress Reports“, Mechanical Engineering 1927 Dezember; 1928 Januar, April, Juni, August, Dezember; 1929 Juli. A.S.M.E. Forschungsbericht 1931 „Dynamic Loads on Gear Teeth“.

Folgerungen mußte dementsprechend indirekt erfolgen. Hierbei wurden folgende Wege beschritten:

a) Die Größe der durch Gleichung (108) und Tabelle 27 annäherungsweise bestimmten Deformationen wurde auch experimentell überprüft.

Die mehr empirische Formel (108) wurde auf Grund von ziemlich verwickelten theoretischen Gleichungen aufgestellt, die die Durchbiegung der Zähne und die auf Grundlage der Hertzschen Gleichungen errechnete Oberflächenzusammenpressung bestimmen[1].

Die experimentelle Messung der elastischen Zahndeformationen wurde an der Lewis-Prüfmaschine mit Hilfe einer Zusatzeinrichtung vorgenommen. Außer dem Verspannen beider Prüfräderpaare durch das elastische Zwischenglied (vgl. S. 267), wurde durch eine von außen angebrachte und mittels einer Wage gemessene Belastung das eine Prüfräderpaar besonders verspannt und die Deformation mit Hilfe des auch zur Messung der Verzahnungsfehler dienenden Registriermechanismus aufgezeichnet[2]. Durch diese Meßergebnisse wurde Gleichung (108) und die Konstanten der Tabelle 27 bestätigt.

Bei rauhen Zahnflanken wurden etwas größere Deformationen festgestellt; dies ist auch zu erwarten, da ja infolge der Oberflächenrauheit die tragende Oberfläche kleiner und demzufolge die Beanspruchung und die Deformation größer werden. Nach Glättung der Flanken, z. B. durch Einlaufen, ergab sich eine gute Übereinstimmung mit Gleichung (108) bzw. Tabelle 27.

b) Bei verschiedenen statischen Belastungen und Massen (zusätzliche Schwungmassen) wurde auf der Lewis-Prüfmaschine diejenige Geschwindigkeit ermittelt, bei der gerade eine Flankenablösung stattfand. Diese konnte als Unterbrechung eines durch die Räder gelegten Stromkreises mit einem Telephonhörer wahrgenommen werden.

Auf Grund der Versuchswerte wurde mit Hilfe der Gleichungen (102) bis (126) die Größe der Flankenablösung ermittelt. Falls die Theorie richtig ist und keine weiteren störenden Einflüsse auftreten, müßte sich bei der Geschwindigkeit, bei der die Flankenablösung gerade wahrgenommen wird, rechnerisch die Flankenablösung $k = 0$ ergeben.

Diese Forderung der Theorie wurde bei harten Stahlrädern verhältnismäßig gut, bei Gußrädern weniger gut erfüllt. Die errechneten Werte ergaben sich indessen stets positiv, sie zeigten sich im großen und ganzen bei verschiedenen Geschwindigkeiten gleichbleibend. Daß die Unterbrechung des Stromkreises erst stattfand, nachdem die Flanken

---

[1] Vgl. Mechanical Engineering 1926 November. Timoshenko and Baud: „The Strength of Gear Teeth.“

[2] Vgl. „Dynamic Loads on Gear Teeth", Forschungsbericht der American Society of Mechanical Engineers (A.S.M.E.) 1931. Siehe Fußnote S. 274.

sich um einen gewissen Betrag voneinander entfernt hatten, läßt sich möglicherweise auf den Umstand zurückführen, daß die Oberflächen der Flanken mit einer leitenden Schicht bedeckt sind, nach deren Abreißen erst die Stromunterbrechung wahrgenommen werden kann.

c) Eine weitere indirekte Prüfung des neuen Rechnungsverfahrens erfolgte durch Abnützungsversuche, die bei verschiedenen Belastungen und Geschwindigkeiten unternommen wurden. Die Geschwindigkeit bzw. Belastung wurde so weit gesteigert, bis sich die ersten Spuren von Abnützung zeigten. Da das Auftreten einer Abnützung unter sonst gleichen Bedingungen von der Größe der resultierenden Zahnbelastung abhängig ist, so wäre ein Prüfstein für die Richtigkeit des Rechnungsverfahrens, ob es bei den verschiedenen Geschwindigkeiten und zugehörigen statischen Belastungen — auch bei Änderung der Massen — bei eintretender Abnützung stets die gleichen Werte für die resultierende Belastung ergäbe.

Die tatsächlich beobachteten Streuungen lagen bei sämtlichen Versuchen und bei den verschiedensten Werkstoffen (Maschinenstahl, Grauguß, Phosphorbronze, Manganbronze, Aluminium) unter $\pm 15\%$. Das sind ganz ausgezeichnete Ergebnisse, zumal man nicht auf genau gleichbleibende Werkstoffeigenschaften rechnen kann, da die Werkstoffe bei Überbeanspruchung vielfach eine Oberflächenhärtung erleiden.

Auch die Versuchsergebnisse von Marx und Cutter (S. 263) wurden auf diese Weise nachgerechnet; auch hierbei ergab die Rechnung eine gute Annäherung der Versuchswerte.

Vereinfachte Annäherungsrechnung. Die Errechnung der aus der statischen Nutzbelastung und aus der zusätzlichen dynamischen Belastung resultierenden Belastung — die kurz als äquivalente statische Belastung bezeichnet werden soll — kann nach den Gleichungen (102) bis (127) erfolgen, falls die Massen der Radkörper, die mit den Radkörpern elastisch gekoppelten Massen und die elastischen Eigenschaften der Kopplung und der Zähne bekannt sind. Das Rechnungsverfahren ist jedoch äußerst verwickelt. Es hat seine Berechtigung bei großen und teuren Getrieben und bei Massenverhältnissen, die stark von den durchschnittlichen Verhältnissen abweichen.

Normalerweise wird es kaum möglich sein, jedes Räderpaar auf diese Weise zu errechnen. Das folgende, auf den gleichen experimentellen Grundlagen aufgebaute, angenäherte, vereinfachte Rechnungsverfahren ist bequem durchzuführen und ergibt bei normalen Massenverhältnissen recht gute Annäherungswerte[1].

Bei besonders leichten Konstruktionen (z. B. Flugzeugantriebe) würde dieses Annäherungsverfahren etwas zu große Werte, bei be-

---

[1] Vgl. Buckingham: Spur Gear Teeth American Maschinist 7. Mai 1931, Seite 707. A.S.M.E. Forschungsbericht 1931 „Dynamic Loads on Gear Teeth".

sonders schweren Konstruktionen (z. B. Schwungräder) etwas zu kleine Werte ergeben.

Die bei dem angenäherten Rechnungsverfahren angewendeten Gleichungen sind die folgenden:

$$W_d = b\,(f + i)\,, \qquad (127\,\text{a})$$

$$i = f_2 \frac{1}{1 + 0{,}24\,\dfrac{\sqrt{f_2}}{V}}\,, \qquad (127\,\text{b})$$

$$f_2 = f\left(\frac{e}{d_t} + 1\right).$$

In diesen Gleichungen ist:

W_a = äquivalente statische Belastung in kg
f = statische Nutzbelastung für 1 cm Zahnbreite in kgcm^{-1}
i = zusätzliche dynamische Belastung für 1 cm Zahnbreite in kgcm^{-1}
b = Zahnbreite in cm
V = Umfangsgeschwindigkeit in msec^{-1}
e = gemessener größter Verzahnungsfehler beim Übergang des Eingriffes von einem Flankenpaar zum anderen in cm
d_t = elastische Deformation eines Flankenpaares bei der statischen Nutzbelastung f in cm.

Bei gegebenen Werkstoffen und Zahnformen ist die elastische Deformation d_t mit der statischen Nutzbelastung für die Längeneinheit f proportional, es kann also

$$\frac{f}{d_t} = C\,.$$

gesetzt werden. C ist eine Konstante, die nur von den Werkstoffen der Räder und von der Zahnform abhängig ist.

Die folgende Tabelle enthält Werte für diese Konstante.

Tabelle 31.

Werkstoffe	Zahnform		C in kgcm^{-2}
	Eingriffswinkel	Zahnhöhe	
Gußeisen und Guß-	$14\frac{1}{2}^0$	normal	56000
eisen (Temperguß und	20^0	normal	58000
Temperguß)	20^0	Kurzverzahnung	60000
Gußeisen und Stahl	$14\frac{1}{2}^0$	normal	77000
(Temperguß und	20^0	normal	80000
Stahl)	20^0	Kurzverzahnung	83000
Stahl	$14\frac{1}{2}^0$	normal	112000
und	20^0	normal	116000
Stahl	20^0	Kurzverzahnung	120000

Da die Elastizitätsmodule von Gußeisen und Bronze beinahe gleich sind, sind die für Gußeisen angesetzten Werte von C auch für Bronze gültig.

Durch Einsetzen der Konstante C nimmt die Bestimmungsgleichung von f_2 folgende Form an:

$$f_2 = f + C e. \tag{127c}$$

Durch die Gleichungen (127a), (127b), (127c) ist die zusätzliche dynamische Belastung und die aus der statischen Nutzbelastung und der dynamischen Belastung resultierende, d. h. die äquivalente statische Belastung bestimmt.

Als Beispiel sei das gleiche Getriebe angenommen, das auch nach dem genauen Rechnungsverfahren durchgerechnet worden ist. In die Gleichungen (127a bis c) sind die folgenden Werte einzusetzen:

$$f = 100 \text{ kgcm}^{-1}$$
$$b = 7,5 \text{ cm}$$
$$V = 5 \text{ msec}^{-1}$$
$$e = 0,0075 \text{ cm}$$
$$C = 56000 \text{ kg cm}^{-2}$$

Nach Gleichung (127c) ist:

$$f_2 = 100 + 56000 \cdot 0,0075 = 520 \text{ kgcm}^{-1}.$$

Nach Gleichung (127b) ist:

$$i = \frac{520}{1 + 0,24 \frac{\sqrt{520}}{5}} = 248 \text{ kgcm}^{-1}.$$

Nach Gleichung (127a) ist:

$$W_d = 7,5 (100 + 248) = 2600 \text{ kg}.$$

Die genaue Rechnung ergab für die gleichen Verhältnisse

$$W_d = 1800 \text{ kg}.$$

Die Annäherungsrechnung ergibt in diesem Fall eine um etwa 45% zu hohe Belastung; immerhin liegt der Fehler derart, daß in der Annäherungsrechnung eine gewisse Sicherheit enthalten ist.

Bei größeren Umfangsgeschwindigkeiten wird die Annäherung wesentlich besser.

Bei 25 msec^{-1} Umfangsgeschwindigkeit würde die Annäherungsgleichung

$$W_d = 3960 \text{ kg},$$

die genauere Rechnung

$$W_d = 3590 \text{ kg}$$

ergeben.

Bei 50 msec^{-1} Umfangsgeschwindigkeit ergibt die Annäherungsrechnung

$$W_d = 4260\,\mathrm{kg}\,,$$

die genaue Rechnung

$$W_d = 4350\,\mathrm{kg}\,.$$

Der Unterschied beträgt nur 10 bzw. 2%.

Wenn das Getriebe genügend stark dimensioniert ist, so darf die äquivalente statische Belastung nicht die in bezug auf Biegungsfestigkeit und in bezug auf Abnützung zulässige Belastung übersteigen. Dies wird noch an Zahlenbeispielen erläutert werden (vgl. S. 293, 310).

Beanspruchung bei zusammengesetzten Rädergetrieben. Die bisherigen Betrachtungen gelten nur für einzelne Räderpaare. Bei aus mehreren Räderpaaren zusammengesetzten Getrieben hat sich vielfach gezeigt, daß die in Richtung des Kraftflusses folgenden weiteren Räderpaare verhältnismäßig größeren zusätzlichen Beanspruchungen ausgesetzt sind als das erste Räderpaar. Dies wurde auch an der Lewis-Prüfmaschine beobachtet. An dem einen Räderpaar wird bei der Lewis-Maschine eine Leistung zugeführt, von dem zweiten in der Richtung des Kraftflusses liegenden Räderpaar die Leistung abzüglich der Reibungsverluste an die Antriebswelle zurückgeführt. Die rechnerische statische Beanspruchung ist beim zweiten Räderpaar eher noch etwas kleiner, die tatsächliche hat sich jedoch als größer erwiesen, als beim ersten Räderpaar. Die Verhältnisse bei zusammengesetzten Rädertrieben sind derartig verwickelt, daß sie nur durch eine sehr umfangreiche und schwierige Analyse erfaßt werden können. In dem Folgenden sei ein allgemeiner Überblick gegeben:

Bei aus zwei oder mehreren Räderpaaren bestehenden Getrieben mit stoßfreier Leistungszuführung am ersten Räderpaar erfolgt die Weiterleitung der Leistung an das in Richtung des Kraftflusses folgende Räderpaar infolge der Eingriffsfehler beim ersten Räderpaar in mehr oder weniger stark ausgeprägten Impulsen, je nach der Elastizität der Zähne und der Verbindungsglieder. Je nach der Phase der Impulse können die infolge von Eingriffsfehlern am zweiten Räderpaar auftretenden Beanspruchungen sowohl verstärkt als auch abgeschwächt werden. Zeitweilig wird hierdurch die zusätzliche Beanspruchung des zweiten Räderpaares größer als es bei der gleichen Leistungszuführung, bei der gleichen Umfangsgeschwindigkeit und bei einem stoßfreien Antrieb des zweiten Räderpaares der Fall sein würde. Die gesamte, beim Eingriff des ersten Räderpaares erzeugte Stoßwirkung gelangt indessen nicht zum darauffolgenden zweiten Räderpaar. Sie wird durch die Elastizität der Radkörper, der Lagerung und durch die innere Reibung teilweise absorbiert. Vor allem trägt die Verbindungswelle zwischen dem angetriebenen Rad des ersten und dem antreibenden Rad des zweiten Räderpaares zur Herabsetzung der vom ersten zum zweiten Räderpaar übertragenen Stoßwirkung bei. Diese Verhältnisse könnten rechnerisch auf die gleiche Weise erfaßt werden, wie die Wirkung von mit den Radkörpern elastisch gekoppelten Massen.

Die Größe der wirksamen Masse des Zwischenrades in einem aus antreibendem, angetriebenem Rad und Zwischenrad bestehenden Getriebe ist eine weitere unbestimmte Größe. Jeder Verzögerungstendenz des Zwischenrades, die durch Eingriffsfehler an der zweiten Eingriffsstelle hervorgerufen wird, wirken von der Antriebsseite kommende Impulse entgegen. Es wäre anzunehmen, daß sich infolgedessen die wirksame Masse des Zwischenrades vergrößern müßte. Auf den ersten Blick scheint es, daß die vergrößerte Massenwirkung sowohl an der ersten wie auch an der zweiten Eingriffsstelle in Wirksamkeit treten müßte; Versuchsergebnisse scheinen jedoch darauf hinzuweisen, daß sie sich in höherem Maße nur bei der zweiten Eingriffsstelle zeigt. Eine gegenseitige Verstärkung der Stoßwirkungen an den aufeinander folgenden Eingriffsstellen erfolgt anscheinend nur in Richtung des Kraftflusses. Zur Klärung der Frage sind Versuche geplant. Vor Abschluß dieser Untersuchungen ist die Einsetzung eines größeren Sicherheitsfaktors für die auf die ersten in Richtung des Kraftflusses folgenden weiteren Eingriffsstellen zu empfehlen.

Zusammenfassende Darstellung des zur Zeit noch üblichen Rechnungsganges. Die übliche Bruchfestigkeitsberechnung beruht auf der Annahme, daß die bei höheren Geschwindigkeiten auftretenden zusätzlichen dynamischen Beanspruchungen proportional mit den Nutzbeanspruchungen sind. Die durch die Biegungsfestigkeit der Zähne bedingte zulässige Beanspruchung kann durch die Lewis-Formel ermittelt werden:

$$W_{zul} = \sigma_{zul}\, t\, b\, y\,. \qquad \text{[s. Gleichung (99)]}$$

Hierin ist:

W_{zul} = zulässige Umfangskraft in kg

σ_{zul} = zulässige Biegungsbeanspruchung des Werkstoffes in kg/cm²

t = Teilung in cm

b = Zahnbreite in cm

y = Zahnformfaktor (s. Tabelle 24).

Die zulässige Materialbeanspruchung wird mit Hilfe der Barthschen Gleichung bestimmt, in die man je nach der Herstellungsgenauigkeit verschiedene Konstanten einsetzt. Die allgemeine Form der Barth-Gleichung ist die folgende:

$$\sigma_{zul} = \frac{A}{A + V}\, \sigma_{s\,zul}\,. \tag{128}$$

Hierin ist:

σ_{zul} = zulässige Biegungsbeanspruchung in kg/cm²
$\sigma_{s\,zul}$ = zulässige statische Biegungsbeanspruchung in kg/cm²
V = Umfangsgeschwindigkeit in msec⁻¹
A = eine von der Genauigkeit der Verzahnung abhängige Konstante in msec⁻¹
A = 3 msec⁻¹ für normale handelsübliche Räder
A = 6 msec⁻¹ für mit besonderer Sorgfalt hergestellte Räder.

Für besonders genaue Räder bei Umfangsgeschwindigkeiten von 20 msec⁻¹ und darüber empfiehlt die American Gear Manufacturers Association die Anwendung folgender Formel:

$$\sigma_{zul} = \left(\frac{5,5}{5,5 + \sqrt{V}}\right) \sigma_{s\,zul}. \tag{129}$$

Die nach diesen Formeln errechneten Geschwindigkeitskoeffizienten sind für die Umfangsgeschwindigkeiten von 0,5 bis 50 msec⁻¹ in Tabelle 32 zusammengestellt.

Tabelle 32. Geschwindigkeitskoeffizienten.

V msec⁻¹	$\dfrac{3}{3 + V}$	V msec⁻¹	$\dfrac{6}{6 + V}$	V msec⁻¹	$\dfrac{5,5}{5,5 + \sqrt{V}}$
0,5	0,857	5	0,545	20	0,551
1	0,750	6	0,500	21	0,545
1,5	0,667	7	0,461	22	0,540
2	0,600	8	0,429	23	0,535
2,5	0,545	9	0,400	24	0,530
3	0,500	10	0,375	25	0,525
3,5	0,461	11	0,353	26	0,520
4	0,429	12	0,333	27	0,515
4,5	0,400	13	0,316	28	0,510
5	0,375	14	0,300	29	0,506
5,5	0,353	15	0,286	30	0,502
6	0,333	16	0,273	31	0,498
6,5	0,316	17	0,261	32	0,494
7	0,300	18	0,250	33	0,490
7,5	0,286	19	0,240	34	0,486
8	0,273	20	0,231	35	0,482
8,5	0,261			36	0,479
9	0,250			37	0,475
9,5	0,240			38	0,472
10	0,231			39	0,468
				40	0,465
				41	0,462
				42	0,459
				43	0,456
				44	0,454
				45	0,451
				46	0,448
				47	0,446
				48	0,443
				49	0,441
				50	0,438

Die zulässige statische Belastung erhält man durch Division der Bruchfestigkeit durch einen Sicherheitskoeffizienten. Dieser kann zweckmäßig wie folgt gewählt werden:

Für allmählich auftretende Höchstbelastung bei einem einzelnen Räderpaar 3

Für plötzlich auftretende Höchstbelastung bei einem einzelnen Räderpaar 4

Für allmählich auftretende Höchstbelastung bei aus mehreren Räderpaaren zusammengesetzten Getrieben bei auf die erste Eingriffsstelle in Richtung des Kraftflusses folgenden weiteren Eingriffsstellen . . . 5

Für plötzlich auftretende Höchstbelastung bei aus mehreren Räderpaaren zusammengesetzten Getrieben bei den auf die erste Eingriffsstelle in Richtung des Kraftflusses folgenden weiteren Eingriffsstellen 6

In der folgenden Tabelle sind die Bruchfestigkeiten verschiedener Werkstoffe angeführt:

Diese Tabelle dient nur als Anhaltspunkt. Sind die physikalischen Eigenschaften des zur Verwendung kommenden Werkstoffes bekannt, so benutzt man die entsprechenden Festigkeitswerte.

Material	Bruchfestigkeit in kg/cm^2
Gußeisen	1700
Temperguß.	2500
Bronze.	2500
Stahlformguß.	3100
Maschinenstahl DIN St. 5011 .	5000— 6000
Einsatzstahl DIN EN. 15 . . .	6000— 8000*
Einsatzstahl DIN ECN 35. . .	9000—12000*
Vergütungsstahl DIN VCN 15 .	6500— 8000

* Kernfestigkeit

In den nachfolgenden Zahlenbeispielen werden Getriebe nachgerechnet, die praktisch ausgeführt worden sind und sich im Betriebe als zufriedenstellend erwiesen haben[1]. Die Zahlenbeispiele werden sowohl nach der zur Zeit üblichen Berechnungsmethode, als auch nach dem auf den Versuchsergebnissen an der Lewis-Maschine aufgebauten neuen Rechnungsverfahren durchgerechnet.

Beispiel A. Es wird eine allmählich auftretende Nutzbelastung von 170 PS mit einer Umfangsgeschwindigkeit von 1,9 msec^{-1} von einem aus einem einzigen Räderpaar bestehenden Getriebe übertragen. Das kleine Antriebsrad ist aus Einsatzstahl mit einer Kernfestigkeit von 6500 kgcm^{-2}. Das große Rad ist mit einem Kranz aus dem gleichen Material versehen, die Räder sind mit handelsüblicher Genauigkeit ausgeführt, der größte Eingriffsfehler ist etwa 0,015 cm. Die Zähnezahlen betragen

---

[1] Die in der amerikanischen Originalausgabe durchgerechneten, auch praktisch ausgeführten Getriebe mit Zoll bzw. D.-P.-Abmessungen wurden auf metrische Maße umgerechnet; die genauen Umrechnungswerte wurden etwas abgerundet.

20 und 60, Modul 12. Die Zahnform entspricht einer $14\frac{1}{2}°$-Mischverzahnung. Die Zahnbreite beträgt 15 cm. Die Rechnung gestaltet sich folgendermaßen:

$$W = \frac{170 \cdot 75}{1,9} = 6710 \text{ kg (tatsächlich übertragene Nutzbelastung)}$$

$$\sigma_{s\,zul} = \frac{6500}{3} = 2167 \text{ kgcm}^{-2}$$

$$t = 3{,}77 \text{ cm}$$
$$b = 15 \text{ cm}$$
$$y = 0{,}090 \text{ (für das kleine Rad) (aus Tabelle 24)}$$
$$A = 3 \text{ msec}^{-1}$$
$$V = 1{,}9 \text{ msec}^{-1}.$$

Gleichung (128) ergibt:

$$\sigma_{zul} = \left(\frac{3}{3 + 1{,}9}\right) \sigma_{s\,zul} = 1326 \text{ kgcm}^{-2}.$$

Gleichung (99) ergibt:

$$W_{zul} = 1326 \cdot 3{,}77 \cdot 15 \cdot 0{,}090 = 6750 \text{ kg (errechnete zulässige Belastung)}.$$

In diesem Beispiel ist die aus der Lewis-Formel mit Hilfe der Barthschen Annahme bezüglich des Geschwindigkeitskoeffizienten errechnete zulässige Belastung etwas größer als die tatsächlich übertragene Belastung. Der Geschwindigkeitskoeffizient ist in diesem Beispiel $\left(\frac{3}{3 + V}\right)$ $= 0{,}612$. Die der resultierenden Wirkung der statischen Nutzbelastung und der zusätzlichen dynamischen Beanspruchung entsprechende, auf Grund der Barthschen Gleichung errechnete, äquivalente statische Belastung beträgt bei der tatsächlich übertragenen Leistung $6710/0{,}612$ $= 10965$ kg.

Wir berechnen nun mit Hilfe des neuen Rechnungsverfahrens die äquivalente statische Beanspruchung nach den Gleichungen (102) bis (127). In diese Gleichungen sind folgende Werte einzusetzen:

$$f = \frac{6710}{15} = 447 \text{ kgcm}^{-1} \qquad z_2 = 60$$
$$\qquad\qquad\qquad\qquad e = 0{,}015 \text{ cm}$$
$$r_1 = 12 \text{ cm} \qquad\qquad b = 15 \text{ cm}$$
$$r_2 = 36 \text{ cm} \qquad\qquad \zeta_1 = 0{,}10061$$
$$V = 1{,}9 \text{ msec}^{-1} \qquad \zeta_2 = 0{,}10648$$
$$z_1 = 20 \qquad\qquad E_1 = E_2 = 2\,150\,000 \text{ kgcm}^{-2}.$$

Die Gleichungen (121) und (122) ergeben

$$m_{o_1} = 6{,}2 \text{ kgm}^{-1}\text{sec}^{-2},$$
$$m_{o_2} = 21{,}25 \text{ kgm}^{-1}\text{sec}^{-2}.$$

Es sei annäherungsweise angenommen, daß das Verhältnis der gesamten wirksamen Masse zu der wirksamen Masse der Radkörper das gleiche ist, wie bei dem auf S. 280 behandelten Zahlenbeispiel bei der gleichen Umfangsgeschwindigkeit. Man erhält dann die gesamte wirksame Masse, indem man die resultierende wirksame Masse der Radkörper mit dem aus Tabelle 30 zu entnehmenden Massenfaktor multipliziert.

Aus Gleichung (102) ergibt sich durch Multiplikation mit dem aus Tabelle 30 durch Interpolation gewonnenen Massenfaktor 4,37 für die betreffende Umfangsgeschwindigkeit:

$$m = 4,37 \left(\frac{m_{o_1} \cdot m_{o_2}}{m_{o_1} + m_{o_2}} \right) = 21,00 \ \text{kgm}^{-1}\text{sec}^2 \ .$$

Gleichung (124) ergibt:
$$F_1 = 178 \ \text{kg} \ .$$

Gleichung (108) ergibt:
$$d_t = 0,00402 \ \text{cm} \ .$$

Gleichung (125) ergibt:
$$F_2 = 31\,760 \ \text{kg} \ .$$

Gleichung (123) ergibt:
$$F_a = 177 \ \text{kg} \ .$$

Aus Gleichung (126) erhält man:

$$k = -\,0,00151 \ \text{cm}$$

und aus Gleichung (127):

$$W_d = 10\,020 \ \text{kg} \ .$$

Bei Anwendung des vereinfachten Annäherungsverfahrens ergibt sich, durch Einsetzen von

$$
\begin{aligned}
C &= 112\,000 \ \text{kgcm}^{-2} &\qquad &\text{(Tabelle 31)} \\
f_2 &= 2127 \ \text{kgcm}^{-1} &\qquad &\text{[s. Gleichung (127 c)]} \\
i &= 311 \ \text{kgcm}^{-1} &\qquad &\text{[s. Gleichung (127 b)]} \\
W_d &= 11\,370 \ \text{kg} \ . &\qquad &\text{[s. Gleichung (127 a)]}
\end{aligned}
$$

Das Annäherungsverfahren liefert in diesem Fall einen um etwa 14% höheren Wert, als die genauere Rechnung. Die Werte W_d entsprechen der, mit Hilfe der Barthschen Gleichung errechneten, der tatsächlich übertragenen Leistung entsprechenden, äquivalenten statischen Belastung von 10965 kg. Die Rechnung nach der Barthschen Gleichung einerseits, und andererseits nach dem neuen Verfahren sowohl in der genaueren, als auch in der angenäherten Form liefert in diesem Beispiel praktisch identische Werte.

Beispiel B. Eine allmählich auftretende Höchstbelastung von 300 PS wird bei der Umfangsgeschwindigkeit von 11 msec^{-1} übertragen. Das antreibende Rad besteht aus Einsatzstahl mit einer Festigkeit von 6500 kgcm^{-2}. Das angetriebene Rad ist mit einem Kranz von der gleichen Festigkeit versehen. Die Zähnezahlen sind 21 und 84, der Modul ist 8, die Zahnform ist mit 20° Eingriffswinkel und normaler Zahnhöhe ausgeführt. Der größte Eingriffsfehler beträgt 0,005 cm. Die Zahnbreite beträgt 35 cm. Die in die Gleichungen (99) und (128) einzusetzenden Werte sind folgende:

$$W = \frac{300 \cdot 75}{11} = 2045 \text{ kg} \quad \text{(tatsächlich übertragene Nutzbelastung)}$$

$$\sigma_{s\,zul} = \frac{6500}{3} = 2167 \text{ kgcm}^{-2}$$

$$t = 2,5133 \text{ cm}$$
$$b = 35 \text{ cm}$$
$$y = 0,104 \text{ (für das kleine Rad) (aus Tabelle 24)}$$
$$A = 6 \text{ msec}^{-1}$$
$$V = 11 \text{ msec}^{-1}.$$

Aus Gleichung (128) ergibt sich:

$$\sigma_{zul} = \left(\frac{6}{6 + V}\right) \sigma_{s\,zul} = 765 \text{ kgcm}^{-2}.$$

Gleichung (99) ergibt:

$$W_{zul} = 765 \cdot 2,513 \cdot 35 \cdot 0,104 = 7000 \text{ kg}.$$

In diesem Beispiel ist die in bezug auf Biegungsfestigkeit zulässige Höchstbeanspruchung etwa dreieinhalbmal so groß wie die tatsächlich übertragene statische Belastung. Der Geschwindigkeitskoeffizient in diesem Beispiel $\left(\frac{6}{6 + V}\right)$ beträgt 0,353, die der aus der statischen Nutzbelastung und der dynamischen Zusatzbelastung resultierenden Belastung entsprechende, mit Hilfe der Barthschen Gleichung errechnete, äquivalente statische Belastung beträgt $\frac{2045}{0,353} = 5800$ kg.

Es soll nun die äquivalente statische Beanspruchung nach dem neuen Verfahren nach den Gleichungen (102) bis (127) bestimmt werden. Die in diese Gleichungen einzusetzenden Werte sind folgende:

$$f = \frac{2045}{35} = 58,5 \text{ kgcm}^{-1} \qquad z_2 = 84$$
$$e = 0,005 \text{ cm}$$
$$r_1 = 8,4 \text{ cm} \qquad b = 35 \text{ cm}$$
$$r_2 = 33,6 \text{ cm} \qquad \zeta_1 = 0,10442$$
$$V = 11 \text{ msec}^{-1} \qquad \zeta_2 = 0,11138$$
$$z_1 = 21 \qquad E_1 = E_2 = 2\,150\,000 \text{ kgcm}^{-2}.$$

Aus den Gleichungen (121) und (122) erhält man:

$$m_{0_1} = 6,67 \text{ kgm}^{-1}\text{sec}^2$$
$$m_{0_2} = 30,4 \text{ kgm}^{-1}\text{sec}^2.$$

Es sei wieder angenommen, daß das Verhältnis der gesamten wirksamen Masse zu der wirksamen Masse der Radkörper das gleiche ist, wie bei dem auf S. 276—280 behandelten Zahlenbeispiel.

Aus Gleichung (102) erhält man durch Multiplikation mit dem aus Tabelle 30 durch Interpolation gewonnenen Massenfaktor für die betreffende Geschwindigkeit:

$$m = 1,46 \left(\frac{m_{0_1} \cdot m_{0_2}}{m_{0_1} + m_{0_2}}\right) = 7,98 \text{ kgm}^{-1}\text{sec}^2.$$

Gleichung (124) ergibt:

$$F_1 = 4060 \,\text{kg} \,.$$

Gleichung (108) ergibt:

$$d_t = 0,000505 \,\text{cm} \,.$$

Gleichung (125) ergibt:

$$F_2 = 22\,300 \,\text{kg} \,.$$

Gleichung (123) ergibt:

$$F_a = 3430 \,\text{kg} \,.$$

Aus Gleichung (126) erhält man:

$$k = 0,00826 \,\text{cm} \,.$$

Gleichung (127) ergibt hieraus:

$$W_d = 13\,900 \,\text{kg} \,.$$

Bei dem vereinfachten Annäherungsrechnungsverfahren ergibt sich:

$$C = 116\,000 \,\text{kgcm}^{-2} \qquad \text{(Tabelle 31)}$$
$$f_2 = 638 \,\text{kgcm}^{-1} \qquad \text{[s. Gleichung (127 c)]}$$
$$i = 412 \,\text{kgcm}^{-1} \qquad \text{[s. Gleichung (127 b)]}$$
$$W_d = 16\,500 \,\text{kg} \,. \qquad \text{[s. Gleichung (127 a)]}$$

Das Annäherungsverfahren liefert in diesem Fall einen um 19% höheren Wert als die genauere Rechnung.

Die Werte W_d entsprechen der, mit Hilfe der Barthschen Gleichung errechneten äquivalenten statischen Belastung von 5800 kg. Das neue Rechnungsverfahren ergibt demnach etwa 2,5fach so hohe Werte. Die höchst zulässige statische Biegungsbeanspruchung würde

$$\frac{7000}{0,353} = 19\,800 \,\text{kg}$$

betragen. Auch der nach dem neuen Verfahren errechnete Wert der, der tatsächlichen Beanspruchung entsprechenden, äquivalenten statischen Belastung $W_d = 13\,300$ kg bzw. $W_d = 16\,200$ kg liegt noch unterhalb der zulässigen statischen Biegungsbeanspruchung.

Elastische Räder. Um die Geräusche und Vibrationen, besonders bei hohen Umfangsgeschwindigkeiten, zu reduzieren, werden vielfach Antriebsräder aus einem elastischen Material verwendet. Derartige Materialien sind z. B. Rohhaut, Fiber, Novotext, Turbax, Bakelit, Nicarta, Fabroil. Vor allem bei elektrischen Antrieben werden derartige Räder angewendet. Das Gegenrad ist stets metallisch. Die Kennzeichen derartiger Getriebe sind so verschieden von den rein metallischen Getrieben, daß sie besonders betrachtet werden müssen. Infolge des niedrigen Elastizitätsmoduls dieser Werkstoffe bewirken die Eingriffsfehler, die Teilungs- und Zahnformfehler eine Durchbiegung der elastischen Zähne ohne eine nennenswerte Erhöhung der Beanspruchung. Hierzu kommt noch, daß die Zahnform der elastischen Räder beim Einlaufen sich sehr schnell an die Zahnform der metallischen Gegenräder anpaßt. Hierdurch wird auch schon ein großer Teil der Fehler aufgehoben. Bei derartigen Anordnungen ist es vorteilhaft, die Zähnezahlen des angetriebenen Rades als ganzes Vielfaches der Zähnezahl des antreibenden Rades zu wählen, damit die einzelnen Zähne des elastischen kleinen Rades sich möglichst wenig den Zähnen des Gegenrades anpassen müssen. Bezüglich der zulässigen Beanspruchung bei solchen Rädern sind wenig Versuchsergebnisse vorhanden. An der Lewis-Maschine am Massachusetts Institute of Technology ausgeführte Versuche ergaben negative Ergebnisse insofern, als die wesentlich geringeren Fehler der gehärteten Musterräder anscheinend eine größere Wirkung ausübten als die etwa zehnmal so großen Fehler der elastischen Räder. Unter diesen Umständen ist wohl der Einfluß der Ungenauigkeit eines elastischen Rades zu vernachlässigen.

Die American Gear Manufacturers' Association empfiehlt die Anwendung folgender, mit praktisch ausgeführten Versuchen gut übereinstimmender Formel:

$$\sigma_{zul} = \left(\frac{0{,}75}{1 + V} + 0{,}25 \right) \sigma_{s\,zul} \, . \tag{130}$$

Der Geschwindigkeitskoeffizient ist also

$$= \frac{0{,}75}{1 + V} + 0{,}25 \, .$$

Als zulässige statische Beanspruchung kann man etwa 420 kgcm^{-2} annehmen. Die bezüglich Biegungsfestigkeit aus Gleichung (130) sich ergebenden zulässigen Beanspruchungen bis zu einer Umfangsgeschwindigkeit von 15 msec^{-1} sind in nebenstehender Tabelle 33 zusammengestellt. Die zulässigen Belastungen können mit Hilfe dieser Werte wie bei metallischen Rädern aus der Lewis-Formel ermittelt werden.

Tabelle 33.
Zulässige Beanspruchung für elastische Zähne.

V msec^{-1}	σ_{zul} kgcm^{-2}	V msec^{-1}	σ_{zul} kgcm^{-2}
0,5	315	6	150
0,75	285	6,5	147
1	263	7	144
1,25	245	7,5	142
1,5	231	8	140
1,75	220	8,5	138
2	210	9	136
2,25	202	9,5	135
2,5	195	10	133
3	184	11	131
3,5	175	12	129
4	168	13	127
4,5	162	14	126
5	158	15	125
5,5	153		

Die Abnützung der Zähne. Zur richtigen Dimensionierung der Zähne sind außer der Bruchfestigkeit noch die Abnützungsverhältnisse zu berücksichtigen. Bis vor kurzem ist dem Abnützungsproblem wenig Aufmerksamkeit geschenkt worden. In den letzten Jahren sind indessen eine Anzahl Versuche auf diesem Gebiet ausgeführt worden, um Rechnungsunterlagen zu gewinnen.

Es ist schon seit langem beobachtet worden, daß insbesondere bei höheren Umfangsgeschwindigkeiten die Abnützungs- und nicht die Bruchfestigkeitsverhältnisse für die Dimensionierung maßgebend sind. Diese Erkenntnis führte zur Aufstellung verschiedener Gleichungen zur Bestimmung der zulässigen Belastung, bei welcher noch keine, die Lebensdauer unzulässig herabsetzende Abnützung stattfinden soll. Eine derartige, in den Vereinigten Staaten viel verwendete Gleichung ist folgende:

$$\frac{W_{a\,zul}}{b} = K \cdot D . \tag{131}$$

In dieser Formel ist:

$\dfrac{W_{a\,zul}}{b} =$ in bezug auf Abnützung zulässige Umfangskraft auf 1 cm Zahnbreite
     in kgcm^{-2}

$K =$ eine von der Art der Belastung abhängige Konstante in kgcm^{-2}
$D =$ Durchmesser des kleinen Rades in cm.

Für vergütete Stahlräder werden häufig folgende K-Werte angesetzt:

$K = 4{,}4$ kgcm^{-2} für einfache Rädergetriebe bei Dauerbeanspruchung mit der
    Höchstbelastung
$K = 7$ kgcm^{-2} für einfache Rädergetriebe, falls die Höchstbelastung nur selten
    auftritt.

Für $\dfrac{W_{a\,zul}}{b}$ wird vielfach auch eine von der Teilung und dem Werkstoff der Zähne und den Lagerbelastungen des Räderkastens abhängiger Höchstwert angegeben.

Die folgende Gleichung ähnlicher Art wird vielfach in England verwendet:

$$\frac{W_{a\,zul}}{b} = K \sqrt{D} .$$

Für vergütete Stahlräder sind folgende Werte einzusetzen:

$K = 20$ kgcm$^{-3/2}$ für einfache Rädergetriebe bei Dauerbeanspruchung mit der
    Höchstbelastung
$K = 28$ kgcm$^{-3/2}$ für einfache Rädergetriebe, falls die Höchstbelastung nur selten
    auftritt.

Die Umfangsgeschwindigkeit ist in diesen Gleichungen nicht berücksichtigt worden. Sie stellen Versuchswerte für hohe Umfangsgeschwindigkeiten dar. Wenn die Räder hinreichend genau hergestellt werden, um bei 25 msec^{-1} Umfangsgeschwindigkeit zufriedenstellend arbeiten zu können, scheint es, daß bei höheren Umfangsgeschwindigkeiten bis zu 40 bis 50 msec^{-1} auch beinahe die gleiche Umfangskraft bei einem gleich ruhigen Lauf übertragen werden kann.

L. Pomini empfiehlt für gußeiserne Räder folgende Formel[1]:

$$\frac{W_{a\,zul}}{b} = K\,t\,\frac{32}{V+10}\,.$$

In dieser Formel ist:

$\dfrac{W_{a\,zul}}{b}$ = zulässige Beanspruchung für 1 cm Zahnbreite in kgcm^{-1}

K = eine von der Zähnezahl des kleinen Rades und vom Übersetzungsverhältnis abhängige Konstante

t = Teilung in cm

V = Umfangsgeschwindigkeit in msec^{-1}.

Die einzusetzenden K-Werte sind in Tabelle 34 zusammengestellt. Diese Werte sind für geschmierte Räder von Modul 4 bis 20
gewonnene Erfahrungswerte.

Tabelle 34. Werte der Konstante K für die Pomini-Gleichung.

Zähnezahl des kleinen Rades	Übersetzungsverhältnis							
	1 : 1	1 : 2	1 : 3	1 : 4	1 : 5	1 : 6	1 : 8	1 : 10
12	2,80	3,40	3,80	4,20	4,36	4,54	4,80	5,00
14	3,20	3,80	4,20	4,60	4,88	5,08	5,40	5,60
16	3,50	4,20	4,64	5,06	5,36	5,58	5,84	6,10
18	3,80	4,40	5,00	5,40	5,76	5,96	6,24	6,44
20	4,20	4,90	5,40	5,90	6,20	6,40	6,88	6,90
24	5,00	5,76	6,30	6,80	7,04	7,30	7,60	7,80
28	5,70	6,40	7,04	7,60	7,88	8,14	8,50	8,64
32	6,40	7,28	7,92	8,40	8,80	9,04	9,40	
36	7,20	8,10	8,76	9,24	9,60	9,88		
40	7,90	8,84	9,56	10,28	10,44			

Im Jahre 1920 wurden eine Anzahl Abnützungsversuche von
E. R. Ross bei der Warner Gear Company mit gehärteten, überlasteten
Stahlrädern für Automobilgetriebe durchgeführt, die er in einem im
Jahre 1921 der American Gear Manufacturers' Association vorgelegten
Versuchsbericht beschreibt.

Weitere Untersuchungen wurden vom Jahre 1922 an von Professor C. W. Ham und J. W. Huckert an der Illinois-Universität
unternommen. Die Versuchsergebnisse wurden im Bulletin 149 von
der Engineering Experiment Station der Universität im Jahre 1925
veröffentlicht. Die Untersuchungen beziehen sich sowohl auf Abnützung als auch auf den Wirkungsgrad von Stirnrädern. Die kleinen
Räder waren aus Stahl, die großen aus Gußeisen. Um die Abnützung
zu beschleunigen, wurden die Räder auch bei diesen Versuchen stark
überlastet. Die Untersuchungen über die Lebensdauer werden in diesem
Bericht folgendermaßen zusammengefaßt:

---

[1] Siehe J. Chilten: „Tooth Gearing". Newcastle-on Tyne 1919.

„Diese Versuche zeigen, daß die Lebensdauer von folgenden Faktoren in erster Linie beeinflußt wird: Schmierung, Gleitverhältnisse, Vibrationen und übertragene Belastung. Die Anzahl der bei veränderten Umfangsgeschwindigkeiten durchgeführten Versuche genügte nicht, um den Einfluß der Geschwindigkeit zu bestimmen. In sämtlichen Fällen, in denen eine Abnutzung des gußeisernen Rades stattfand, erfolgte sie durch Herausquetschen des Materials am Wälzkreis. Am Zahnkopf und Zahnfuß war außer einem geringfügigen Ausbröckeln eine Abnutzung nicht feststellbar. Die Abnützung der weichen Stahlräder erfolgte infolge der Reibwirkung des Gegenrades. Am Zahnfuß derselben entstand durch Abnützung ein doppelt gekrümmtes Profil.

Der für die Lebensdauer wesentlichste Faktor ist die Oberflächenpressung. Für jedes Räderpaar besteht anscheinend eine von Eigenschaften des Materials abhängige, kritische Oberflächenpressung, unterhalb welcher die Räder beinahe unbegrenzte Zeit ohne Abnutzung laufen können und bei deren Überschreitung die Räder nur eine geringe Lebensdauer haben."

Im Jahre 1925 wurde der A.S.M.E. von den Professoren Marx, Cutter und Green eine Abhandlung über „Vergleichende Abnutzungsversuche an gußeisernen Rädern" (Some Comparative Wear Experiments on Cast-iron Gear Teeth) überreicht. Auch bei diesen Versuchen sind die Räder stark überlastet worden. Die Ergebnisse sind ähnlich wie bei den vorher besprochenen Versuchen.

Auf Grund einer Reihe von Untersuchungen an der Lewis-Maschine, die an dem Massachusetts Institute of Technology ausgeführt worden sind, im Verein mit den sonstigen Versuchsergebnissen, ist man jetzt in der Lage, den Abnützungsvorgang, seine Ursachen und seine Wirkungen zu erkennen.

Die Zahnabnützung tritt in folgenden drei Formen auf: Erstens, Abnützung infolge Ausbröckelns des Materials, vor allem am Teilkreis; zweitens, Abnützung infolge gegenseitigen Anreibens der Flanken von treibendem und getriebenem Rad; drittens, Abnützung infolge Schneidwirkung der Kopfkanten des getriebenen Rades an den Flanken des treibenden Rades zum Eingriffsbeginn.

Ein Ausbröckeln des Materials entsteht infolge einer übermäßig hohen Druckbeanspruchung. Übersteigt sie die Druckfestigkeit des Werkstoffes, so werden von der Oberfläche kleine Teilchen herausgequetscht. Ihre Größe und Form ist von den physikalischen Eigenschaften des Werkstoffes abhängig. Bei manchen Werkstoffen sind sie sehr klein, bei andern wiederum sind sie flockig und von beträchtlicher Größe.

Das anfängliche Ausbröckeln des Materials ist wahrscheinlich auf das Heraustrennen der schwachen oder irgendwie verletzten Materialteilchen zurückzuführen. Sind sie sämtlich entfernt, so findet oft kein weiteres Ausbröckeln mehr statt, wenn nur die durch die Belastung hervorgerufene Beanspruchung unterhalb der Ermüdungsgrenze des Werkstoffes liegt. Ein derartiger nur anfangs in Erscheinung tretender und nach kurzer Zeit beendeter Ausbröckelungsvorgang ist kein Grund zur Beunruhigung.

Das Ausbröckeln des Materials ist stets ein Zeichen, daß die Druckbeanspruchung die Ermüdungsgrenzbeanspruchung überschreitet. Bei plastischen, kalt bearbeitbaren Werkstoffen werden durch Überbeanspruchung die Oberflächen kalt verformt und verhärtet. Zu ihrer Zerstörung sind dann viel größere Beanspruchungen erforderlich als diejenigen, die die ursprünglichen Kaltverformungen hervorgerufen haben. Aus diesem Grunde verhält sich zum Beispiel ein Bronzerad aus einer plastischen Bronze mit kleinerer Festigkeit in bezug auf Abnützung günstiger als ein Rad aus Bronze mit höherer Festigkeit jedoch mit geringerer Plastizität.

Eine Abnützung infolge Reibwirkung findet statt, falls die die Flanken voneinander trennende Schmierschicht unterbrochen wird, oder bei Anwesenheit von Verunreinigungen wie Zunder oder Metallteilchen im Schmieröl. Sie verursachen Risse, die von der Teillinie bis zum Kopf oder Fuß der wirksamen Profile verlaufen.

Eine Abnützung infolge Schneidwirkung tritt auf, wenn, sei es durch Zahnform- oder Teilungsfehler oder durch elastische Deformation der Zähne bei Belastung oder infolge vorangehender Abnützung anderer Art ein Kanteneingriff des getriebenen Rades mit der Flanke des treibenden Rades stattfindet. Die Kopfkante beschreibt relativ zum treibenden Rad eine zykloidenartige Kurve, die zur Flanke des treibenden Rades beinahe tangential verläuft. Ganz geringe Abweichungen aus den oben erwähnten Gründen können schon zu einem Einschneiden der Kopfkanten führen. In einem solchen Fall wird die Flanke des treibenden Rades entsprechend der Relativbahn der Kopfkante ausgehöhlt und auf diese Weise eine Profilkurve von doppelter Krümmung erzeugt. Diese Schneidwirkung ist eine andere Form der Reibwirkung, sie ist jedoch weit schädlicher als die Reibwirkung an den Flanken.

Bei stark abgenutzten Rädern kann man alle drei Formen der Abnützung beobachten.

Professor Ham berichtet über Fälle, wo bei Beginn der Prüfung eine schnelle Abnützung eingesetzt hat, die aber für eine verhältnismäßig lange Zeit aussetzte oder wenigstens stark verzögert wurde. Hiernach setzte wieder eine schnelle Abnützungsperiode ein usw. Der Abnützungsvorgang wiederholte sich dauernd periodisch. Die Erklärung hierfür kann darin liegen, daß zuerst ein Ausbröckeln des Materials infolge der Überschreitung der Ermüdungsgrenze bei der Druckbeanspruchung stattfindet, wobei kleine Teilchen aus dem Material gequetscht werden. Diese Teilchen geraten in das Schmieröl und erzeugen hierdurch eine Abnützung der Flanken am treibenden und getriebenen Rad infolge Reibwirkung. Genügt diese Abnützung, um ein Einschneiden der Kopfkanten des getriebenen Rades in die Flanken des treibenden Rades zu ermöglichen, so beginnt eine Abnützung infolge Schneidwirkung; hierdurch wird wieder die Anzahl der Metallteilchen im Schmieröl vermehrt und hierdurch auch die reibende Abnützung beschleunigt. Nachdem die Kopfkanten des getriebenen Rades für sich eine freie Bahn herausgeschnitten und sich hierbei die entsprechenden Metallteilchen schon herausgelöst haben, findet keine weitere Abnützung statt, bis in einer neuen Abnützungsperiode wieder das Ausbröckeln beginnt infolge Materialermüdung durch die fortdauernde Kaltverformung. Hiernach wiederholt sich der Abnützungsvorgang in der gleichen Reihenfolge.

Falls das treibende und das getriebene Rad aus verschiedenen, insbesondere verschieden plastischen Werkstoffen bestehen, wird häufig das sprödere Rad infolge Ausbröckelns am Teilkreis ausgehöhlt und die entsprechenden Gegenflanken des plastischen Rades ausgebeult. Letzteres ist durch Kaltverformung infolge der Aushöhlung der Gegenradflanken zu erklären.

Aus dem Vorausgegangenen läßt sich die Folgerung ziehen, daß bei Verwendung reinen Schmieröles und bei Belastung unterhalb der Ermüdungsgrenze des Materials die Räder beinahe unbegrenzte Zeit ohne Abnützung miteinander laufen können, da unter diesen Umständen ein Ausbröckeln des Werkstoffes, durch das der eigentliche Abnützungsvorgang eingeleitet wird, vermieden wird.

Bei elastischen Rädern (Rohhaut, Novotext usw.) ist die einzige Art der Abnützung, wenn kein Zunder oder Schmutz vorhanden ist, die durch Schneidwirkung hervorgerufene. Sie erfolgt aus dem Grunde, weil die elastischen Zähne eine so große Deformation zulassen, daß die Kanten des eintretenden Zahnes des getriebenen Metallrades in die Flanke des elastischen Rades einschneiden können. Diese Wirkung kann dadurch verringert oder überhaupt vermieden werden, daß man das nicht metallische Rad mit einer möglichst großen Profilverschiebung versieht; am besten wird die Verzahnung als „einseitige Evolventenverzahnung" ausgebildet, d. h. die ganze Zahnhöhe des nicht metallischen Rades wird außerhalb des Wälzkreises verlegt. In diesem Fall wird der Kopfkreisdurchmesser des Gegenrades gleich dem Wälzkreisdurchmesser, die relative Bahn der Kopfkante eine Epizykloide.

Da die Ausbröckelung als Folge von Ermüdungserscheinungen durch Druckbeanspruchungen auftritt und der Abnützungsvorgang von der Ausbröckelung eingeleitet wird, wäre es logisch, die Größe der spezifischen Druckbeanspruchungen zwischen den gekrümmten

Profilen der Zähne als Maßstab für die Abnützungsverhältnisse fest-
zulegen.

C. H. Logue schlägt im Jahre 1910 im „American Machinist's
Gear Book" die Krümmung der Profile als Maßstab für die Abnützungs-
beanspruchung vor. Dieser Gedanke wurde von J. Jandesek in verschiedenen von 1920 bis 1922 veröffentlichten Aufsätzen aufgenommen.
Sie enthalten eine Anzahl auf Grund der Hertzschen Formel abgeleiteten Gleichungen, Diagramme und Berechnungen. Als Maßstab für
die Abnützungsverhältnisse wird die größte spezifische Flächenpressung
angenommen.

Die Hertzschen Gleichungen als Berechnungsgrundlagen für die Abnützungsverhältnisse wurden zuerst im Jahre 1920 vom Verfasser benutzt; im Jahre 1926 legte er der „American Gear Manufacturers'
Association" eine Abhandlung vor, die eine Reihe von Konstanten für
verschiedene Werkstoffe enthält, die von ausgeführten, seit sieben
Jahren in Betrieb befindlichen, bewährten Getrieben abgeleitet worden
sind. Die Arbeit sei hier auszugsweise wiedergegeben.

Die Berührungsverhältnisse zwischen Stirnradprofilen sind ähnliche wie bei Berührung von zwei zylindrischen Flächen. Der Unterschied besteht lediglich darin, daß bei Zahnprofilen im Laufe des Eingriffes die Krümmungshalbmesser sich dauernd ändern. Zur Bestimmung
der oberflächlichen Druckbeanspruchung an Zahnprofilen können diese
durch äquivalente, zylindrische Flächen mit der gleichen Krümmung
ersetzt werden. Da nun die Krümmungshalbmesser am Evolventenprofil veränderlich sind, entsteht die Frage, welcher Profilabschnitt für
die Dimensionierung maßgebend ist bzw. welche Profilteile zur Errechnung der maßgebenden oberflächlichen Druckbeanspruchung durch
äquivalente Zylinderflächen ersetzt werden sollen.

In vielen Fällen fängt die Abnützung in der Nähe des Wälzkreises
an. Dies liegt wahrscheinlich daran, daß bei der Berührung der Zahnflanken am Wälzkreis die Belastung von einem einzigen Flankenpaar
übertragen wird, bei Berührung des Zahnkopfes oder Zahnfußes verteilt
sich dagegen die Belastung meistens auf zwei Flankenpaare. Solange
das Gegenteil nicht erwiesen ist, ist diese Annahme eine genügende Be-
gründung für das Einsetzen der Profilkrümmungen am Wälzkreis in
die Hertzsche Gleichung zwecks Errechnung der für die Abnützung
maßgebenden Beanspruchungen, namentlich dann, wenn die gemeinsame Zahnlücke einigermaßen symmetrisch zum Wälzpunkt liegt. Dies
trifft für Verzahnungen ohne Profilverschiebung zu.

Werden zwei Zylinder mit parallelen Achsen miteinander in Berührung gebracht, so findet die Berührung entlang der gemeinsamen
Tangente statt; werden die Zylinder gegeneinander gedrückt, so ver-
breitert sich die Berührungslinie zu einer Fläche infolge der elastischen

Deformationen. Je größer der Druck, um so breiter wird die Berührungsfläche. Die Oberflächenpressung an den auf diese Weise entstehenden Druckflächen ist nicht gleichförmig verteilt. Sie ist dort am größten, wo auch die elastische Deformation am größten ist, d. h. an der ursprünglichen Berührungslinie. Die spezifischen Beanspruchungen fallen, entlang der Linie, durch welche die Berührung begrenzt wird, bis 0 herab. Diese Verhältnisse sind in Abb. 111 dargestellt. Die einer Parabel ähnliche Kurve stellt die Verteilung der spezifischen Druckbeanspruchung dar. Die Höhe des Parabelsegmentes ist die größte spezifische Belastung, ihr Flächeninhalt ist dem übertragenen Gesamtdruck proportional. Die spezifischen Druckbeanspruchungen sind in den einander berührenden Punkten der beiden Zylinder dem absoluten Werte nach gleich.

Haben die Zylinder die gleichen Abmessungen, bestehen jedoch aus einem Werkstoff mit kleinerem Elastizitätsmodul, so wird bei gleicher Gesamtdruckbelastung die Berührungsfläche größer (siehe Abbildung 112). Bei gleichem Inhalt des Parabelsegmentes wird die Höhe

Abb. 111 und 112. Druckverteilung bei zwei gegeneinander gedrückten Zylindern mit größerem bzw. kleinerem Elastizitätsmodul.

des Segmentes, d. h. die größte spezifische Druckbeanspruchung kleiner.

Es kommt vor allem auf die größte spezifische Druckbeanspruchung, die als die Höhe des Parabelsegmentes in den Abb. 111 und 112 dargestellt wird, an. Sie kann bei zwei gegeneinander gedrückten Zylindern durch die Hertzsche Gleichung bestimmt werden.

$$\sigma_D^{21} = \frac{0{,}35\,W\left(\dfrac{1}{R_1} + \dfrac{1}{R_2}\right)}{L\left(\dfrac{1}{E_1} + \dfrac{1}{E_2}\right)}.$$

In dieser Formel ist:

σ_D = größte spezifische Druckbeanspruchung in kgcm^{-2}
W = Gesamtdruck, mit welchem die Zylinder gegeneinander gedrückt werden
R_1 = Halbmesser des ersten Zylinders in cm
R_2 = Halbmesser des zweiten Zylinders in cm
L = Länge des Zylinders in cm
E_1 = Elastizitätsmodul vom Werkstoff des ersten Zylinders in kgcm^{-2}
E_2 = Elastizitätsmodul vom Werkstoff des zweiten Zylinders in kgcm^{-2}.

Die in die Hertzsche Gleichung einzusetzenden Werte der Krümmungshalbmesser R_1 und R_2 ergeben sich aus den Gleichungen

$$R_1 = \frac{D_1 \sin \alpha}{2},$$

$$R_2 = \frac{D_2 \sin \alpha}{2}.$$

In diesen Gleichungen ist:

$R_1 =$ Krümmungshalbmesser des Zahnprofils des kleinen Rades am Wälzkreis in cm

$R_2 =$ Krümmungshalbmesser des Zahnprofils des großen Rades am Wälzkreis in cm

$\alpha =$ Eingriffswinkel der Räderpaarung

$D_1 =$ Wälzkreisdurchmesser des kleinen Rades in cm

$D_2 =$ Wälzkreisdurchmesser des großen Rades in cm.

Es sei weiter:

$b =$ Zahnbreite in cm

$W_d =$ die aus der statischen Nutzbelastung und aus der dynamischen Zusatzbelastung resultierende, äquivalente statische Belastung in kg

$$K = \text{spezifischer Druckkoeffizient} = \frac{\sigma_D^2 \sin \alpha}{4 \cdot 0{,}35} \left(\frac{1}{E_1} + \frac{1}{E_2} \right)$$

$$Q = \text{Übersetzungskoeffizient} = \frac{2\,z_2}{z_1 + z_2}$$

$z_1 =$ Zähnezahl des kleinen Rades

$z_2 =$ Zähnezahl des großen Rades.

Durch Einsetzen dieser Werte nimmt die Hertzsche Gleichung folgende Form an:

$$W_d = D_1\, b\, K\, Q. \tag{133}$$

Diese Gleichung wurde zur Überprüfung der Abmessungen einer großen Anzahl verschiedener Rädergetriebe benutzt. Bei bekannten Getrieben, Abmessungen und Zahndruck wurde die Gleichung auf den spezifischen Druckkoeffizienten K aufgelöst und hieraus die größte tatsächlich auftretende spezifische Druckbeanspruchung bestimmt. Es ist wohl selbstverständlich, daß die Ergebnisse eine sehr starke Streuung aufwiesen. Dies ist zu erwarten, da nicht alle ausgeführten Rädergetriebe mit der bei der Dimensionierung zugrunde gelegten höchsten Belastung belastet werden. Eine Tatsache geht indessen einwandfrei aus dieser Untersuchung hervor: Lagen die so bestimmten spezifischen Beanspruchungen unterhalb der Elastizitätsgrenze des Materials, so hat sich keine nennenswerte Abnützung gezeigt. Wurde die Elastizitätsgrenze überschritten, so hielten die Räder in einigen Fällen stand, in andern Fällen wieder hat sich schnelle Abnützung gezeigt. Es scheint hiernach, daß die Elastizitätsgrenze einen brauchbaren Ausgangspunkt zur Berechnung der bezüglich Abnutzung zulässigen Beanspruchung nach der Hertzschen Gleichung bildet.

Zwecks genauerer Bestimmung der Beanspruchungen, die zu einer Abnützung der Zähne führen, sind am Massachusetts Institute of Technology eine große Anzahl Messungen an der Lewis-Prüfmaschine vorgenommen worden mit verschiedenen Werkstoffen und bei verschiedenen

Umfangsgeschwindigkeiten. Die Versuche dienten gleichzeitig zur Überprüfung des auf S. 273 entwickelten neuen Rechnungsverfahrens zur Bestimmung der dynamischen Zusatzbelastung. Die statische Nutzbelastung wurde direkt gemessen, die dynamische Zusatzbelastung und die resultierende Belastung wurden rechnerisch ermittelt (vgl. auch S. 283). Aus der so ermittelten „äquivalenten statischen" Belastung wurde mit Hilfe der Hertzschen Gleichungen die größte Oberflächenpressung ermittelt.

Die Belastung wurde bei den Versuchen so weit gesteigert, bis sich die ersten Zeichen einer Abnützung zeigten. Ein derartiger Versuch dauerte nur einige Minuten. Um die Räder auch zu weiteren Abnützungsversuchen verwenden zu können, wurden nach den ersten Zeichen der Abnützung die Versuche abgebrochen und die Zähne bei herabgesetzter Belastung wieder geglättet.

Die Versuche ergaben für die größte spezifische Oberflächenpressung Werte, die durchweg zwischen der Elastizitätsgrenze bzw. Ermüdungsgrenze bei Druckbeanspruchung und der Druckfestigkeit der betreffenden Werkstoffe lagen. Die Druckfestigkeit wurde nur in einigen Ausnahmefällen überschritten, in allen diesen Fällen ließ sich jedoch eine Steigerung der Skleroskophärte infolge von Kaltreckung durch Überbeanspruchung nachweisen. Daß die Elastizitätsgrenze bei den Versuchen etwas überschritten wurde (etwa um 25 bis 30%), ist daraus zu erklären, daß die Versuche ja keine Dauerversuche waren und die Abnützung sich schon nach kurzer Zeit gezeigt hatte.

In Verbindung mit den Ergebnissen der Nachrechnung von ausgeführten Getrieben ergaben also die Versuche an der Lewis-Maschine eine Bestätigung der Gültigkeit der Hertzschen Gleichungen und insbesondere auch für die Annahme, daß die in der Nähe des Wälzkreises auftretenden Oberflächenbeanspruchungen für die Abnützung maßgebend sind.

Es ist zu beachten, daß die Nachrechnung ausgeführter, in der Praxis bewährter, Getriebe Oberflächenbeanspruchungen bis zur Elastizitäts- bzw. Ermüdungsgrenze, und die Kurzversuche an der Lewis-Maschine nur um etwa 30% höhere Werte ergaben. Dies scheint die aus den Versuchen von Ham und Huckert (siehe S. 300) sich ergebende Folgerung, daß es eine kritische Belastung gäbe, unterhalb welcher die Zähne beinahe unbegrenzt hielten und bei deren Überschreitung eine rapide Abnützung stattfinde, zu bestätigen.

Er wurde neuerdings vorgeschlagen[1], die in bezug auf Abnützung zulässigen Beanspruchungen, je nach der Lebensdauer, die die Getriebe haben sollen, verschieden hoch anzusetzen; es sollte z. B. das Verhältnis

---

[1] Siehe Hofer: „Werkstatttechnik" 1931, Heft 5, S. 130.

der zulässigen Beanspruchungen bei unbegrenzter Lebensdauer und bei einer 50stündigen Lebensdauer gleich 1,8 : 10,5 gewählt werden. Diese Verhältniszahlen wurden auch durch Nachrechnung von Getrieben, die in bezug auf Abnützung Grenzfälle darstellen, ermittelt. Dieser Vorschlag steht nach dem oben Gesagten zu den amerikanischen Versuchsergebnissen in einem gewissen Widerspruch. Möglicherweise ist er darauf zurückzuführen, daß bei dem Hofer'schen Vorschlag die zusätzlichen dynamischen Beanspruchungen nicht besonders berücksichtigt sind; es besteht die Möglichkeit, daß die von Hofer durchgerechneten Getriebe durch von Zeit zu Zeit auftretende, nur ganz kurze Zeit andauernde und durch die Rechnung nicht erfaßte, dynamische Beanspruchungen eine Abnützung erleiden.

Derartige, selten in Erscheinung tretende Überlastungen können z. B. bei plötzlichen Schaltvorgängen auftreten. Bei einer kurzen Lebensdauer des Getriebes spielen sie in bezug auf Abnützung deshalb eine nicht zu große Rolle, weil sie nur außerordentlich kurze Zeit wirken; bei häufiger Wiederholung indessen könnten sie die Abnützung wesentlich beschleunigen. Von diesem Gesichtspunkt aus gesehen hat das Einsetzen erheblich geringerer zulässiger Beanspruchungen nach Hofer seine Berechtigung.

Werden dagegen die dynamischen Zusatzbeanspruchungen erfaßt, indem in Gleichung (133) nicht die statische Nutzbelastung, sondern die aus dieser und der dynamischen Zusatzbelastung resultierende äquivalente statische Belastung eingesetzt wird, so hat nach den amerikanischen Versuchsergebnissen die angesetzte Lebensdauer auf die zulässige Belastung keinen wesentlichen Einfluß. Voraussetzung hierbei ist allerdings, daß man sämtliche dynamischen Zusatzbelastungen erfaßt. Die infolge von Verzahnungsfehlern auftretenden Zusatzfehler können nach den Gleichungen (102) bis (127) bzw. annäherungsweise nach den Gleichungen (127a) bis (127c) errechnet werden. Plötzlich auftretende Belastungen, Schaltstöße usw. müßten durch besondere Zuschläge bzw. durch entsprechende Wahl des Sicherheitskoeffizienten berücksichtigt werden.

Zur Bestimmung der in bezug auf Abnützung höchst zulässigen äquivalenten statischen Belastung nimmt die Hertzsche Gleichung die folgende Form an:

$$W_{a\,zul} = \frac{D_1\, b\, K_{max}\, Q}{S_a}.\qquad(133\text{a})$$

In dieser Gleichung ist:

$W_{a\,zul}$ = in bezug auf Abnützung zulässige äquivalente statische Belastung in kg
K_{max} = Grenzwert des spezifischen Druckkoeffizienten, bei dessen Überschreitung eine Abnützung zu erwarten ist in kgcm^{-2}
S_a = Sicherheitskoeffizient.

Im übrigen gelten die gleichen Bezeichnungen wie bei Gleichung (133).

Die folgende Tabelle 35 enthält für verschiedene Werkstoffe Daten für den Grenzwert des spezifischen Druckkoeffizienten K_{max}. Die Tabelle wurde auf Grund der Versuchsergebnisse an der Lewis-Prüfmaschine und unter Berücksichtigung praktisch ausgeführter Getriebe aufgestellt. Bei der Berechnung von K_{max} wurde als Druckbeanspruchung die Ermüdungsgrenze des weicheren Materials eingesetzt.

Tabelle 35. Höchstwerte der spezifischen Druckbeanspruchungen und der spezifischen Druckkoeffizienten.

Werkstoffe	Spezifischer Druckkoeffizient in kg/cm² $$K_{\mathrm{max}} = \frac{\sigma_{D_{\mathrm{max}}}^2 \sin\alpha}{4\cdot 0,35}\left(\frac{1}{E_1}+\frac{1}{E_2}\right)$$		Höchste, zur Errechnung von K_{max} zugrunde gelegte spezifische Druckbeanspruchung in kg/cm²	Angenommene Ermüdungsgrenze bei Druckbeanspruchung in kg/cm²
	$\alpha = 14\frac{1}{2}^{\,0}$	$\alpha = 20^{\,0}$		
Stahlformguß und Stahlformguß	3,0	4,1	4200	4200
Flußstahl und Stahlformguß	3,5	4,8	4550	5600 und 4200
Flußstahl und Flußstahl .	5,3	7,2	5600	5600
Gehärteter Stahl und Stahlformguß	6,7	9,2	6300	15500 und 4200
Flußstahl und Temperguß.	8,0	11	5600	5600 und 6300
Gehärteter Stahl und Phosphorbronze	9,5	13	6000	15500 und 4900
Gehärteter Stahl und Temperguß	10	14	6300	15500 und 6300
Temperguß und Temperguß	13,5	18,5	6300	6300
Vergüteter Stahl und vergüteter Stahl.	12	16,5	8450	8450
Gehärteter Stahl und vergüteter Stahl.	14	19,5	9150	15500 und 8450
Gehärteter Stahl und gehärteter Stahl	40,5	55,5	15500	15500

Eine Heraufsetzung des Höchstwertes der Druckbeanspruchung gegenüber der Ermüdungsgrenze des weicheren Werkstoffes erfolgte dagegen in den Fällen, in denen der weichere Werkstoff beim Zusammenarbeiten mit dem härteren eine Oberflächenhärtung infolge von Kaltreckung erleidet. Diese Annahmen stimmen mit den Versuchsergebnissen an der Lewis-Prüfmaschine gut überein.

Die Wahl des Sicherheitskoeffizienten S_a muß entsprechend den jeweiligen Betriebsverhältnissen erfolgen. In den noch zu behandelnden Zahlenbeispielen werden bei praktisch ausgeführten Getrieben die tatsächlich vorhandenen Sicherheitskoeffizienten rückwärts errechnet.

In Tabelle 35 sind Werte für den Druckkoeffizienten bei $14\frac{1}{2}^{0}$ und 20^{0} Eingriffswinkel enthalten. Die Werte beziehen sich auf

glatt geschliffene oder geschnittene Flanken mit geeigneter Schmierung.

Es soll noch auf einen weiteren Faktor hingewiesen werden, und zwar
auf das Verhältnis des Durchmessers des kleinen Rades und der Zahnbreite. Es wird vielfach der doppelte Betrag des Durchmessers des
kleinen Rades als obere Grenze für die Zahnbreite angegeben. Es wäre
indessen im allgemeinen günstiger, die obere Grenze auf das eineinhalb-
fache des Durchmessers des kleinen Rades zu beschränken. Bei großen
Zahnbreiten verursacht die elastische Verdrehung des kleinen Rades
eine Konzentration der Belastung an einem Ende und hierdurch eine
starke örtliche Abnutzung.

Als Zahlenbeispiel sollen die im vorigen Abschnitt angeführten Beispiele A und B (S. 293) auf Abnutzung durchgerechnet werden. Die Werte
im Beispiel A sind folgende: Die aus der tatsächlich übertragenen Umfangskraft und der dynamischen Zusatzbeanspruchung resultierende,
äquivalente statische Belastung, errechnet nach den auf Grund der Versuchsergebnisse an der Lewis-Maschine aufgestellten Gleichungen
$W_d = 10020$ kg; desgl. annäherungsweise errechnet $W_d = 11370$ kg.

$$D_1 = 24 \text{ cm}$$
$$b = 15 \text{ cm}$$
$$K_{max} = 40{,}5 \text{ kgcm}^{-2} \quad \text{(gehärteter Stahl und gehärteter}$$
$$\text{Stahl siehe Tabelle 35)}$$
$$z_1 = 20$$
$$z_2 = 60$$
$$\alpha = 14\tfrac{1}{2}^0$$
$$Q = \frac{2 \cdot 60}{20 + 60} = 1{,}50 \, .$$

Aus Gleichung (133a) ergibt sich mit diesen Werten bei einem Sicherheitskoeffizienten $S_a = 1$

$$W_{a\,zul\,1} = 24 \cdot 15 \cdot 40{,}5 \cdot 1{,}5 = 21\,800 \text{ kg} \, .$$

Mit Rücksicht auf Abnützung ist in diesem Fall eine etwa zwei-
fache Sicherheit vorhanden:

$$\frac{W_{a\,zul\,1}}{W_d} \cong 2 \, .$$

Die höchste für die Biegung zulässige äquivalente statische Belastung
ist $\dfrac{W_{zul}}{\text{Geschwindigkeitskoeffizient}} = \dfrac{6750}{0{,}612} = 11\,030$ kg. In diesem Wert ist
noch ein Sicherheitsfaktor von 3 enthalten. Die Bruchbelastung würde
demnach bei einer rein statischen Belastung

$$W_b = 11030 \cdot 3 = 33\,090 \text{ kg}$$

betragen. Der Sicherheitsfaktor gegen Bruchgefahr beträgt in diesem
Beispiel $\dfrac{W_b}{W_d} \cong 3$.

Dieses Zahlenbeispiel entspricht einem tatsächlich ausgeführten Getriebe, bei dem die Zähne sowohl bezüglich der Biegungsbeanspruchung als auch der Abnützung standhielten.

In Beispiel B sind die Werte die folgenden:

Die aus der tatsächlich übertragenen Umfangskraft und der dynamischen Zusatzbeanspruchung resultierende äquivalente statische Belastung errechnet nach den auf Grund der Versuchsergebnisse an der Lewis-Maschine aufgestellten Gleichungen $W_d = 13\,900$ kg, desgl. annäherungsweise errechnet $W_d = 16\,500$ kg.

$$D_1 = 16,8 \text{ cm}$$
$$b = 35 \text{ cm}$$
$$K_{max} = 55,5 \text{ kgcm}^{-2} \quad \text{(gehärteter Stahl und gehärteter}$$
$$\text{Stahl siehe Tabelle 35)}$$
$$z_1 = 21$$
$$z_2 = 84$$
$$Q = \frac{2 \cdot 84}{21 + 84} = 1,60\,.$$

Aus Gleichung (133a) ergibt sich mit diesen Werten bei einem Sicherheitskoeffizienten 1

$$W_{a\,zul\,1} = 16,8 \cdot 35 \cdot 55,5 \cdot 1,6 = 52\,200 \text{ kg}\,.$$

In bezug auf Abnützung ist also in diesem Fall eine etwa 3,5fache Sicherheit vorhanden.

Die höchste bezüglich der Biegung zulässige äquivalente statische Belastung beträgt $\frac{7000}{0,353} = 19\,800$ kg. In diesem Wert ist noch ein Sicherheitsfaktor von 3 enthalten. Die Bruchbelastung würde demnach bei einer rein statischen Belastung

$$W_b = 19\,800 \cdot 3 = 59\,400 \text{ kg}$$

betragen. Der Sicherheitsfaktor gegen Bruchgefahr beträgt in diesem Beispiel $\frac{W_b}{W_d} \cong 4$.

Dieses Zahlenbeispiel entspricht ebenfalls einem tatsächlich ausgeführten Getriebe, bei dem die Zähne sowohl hinsichtlich der Biegungsbeanspruchung als auch der Abnützung standhielten.

Beispiel C. Als weiteres Beispiel sei ein Getriebe mit der Übersetzung 33 : 59 mit einem Eingriffswinkel von 14½°, Modul 3 und mit einer Zahnbreite von 3,2 cm angenommen. Die Umfangsgeschwindigkeit betrage 1,5 msec^{-1}, die zu übertragende Nutzbelastung 180 kg, der größte Verzahnungsfehler beim Übergang des Eingriffes von einem Flankenpaar zum nächsten Flankenpaar 0,005 cm.

Ein Getriebe mit etwa diesen Abmessungen[1] wurde aus Temperguß angefertigt und lief ohne Anstände einige Jahre. Hiernach wurden die Getrieberäder durch weiche Stahlräder ersetzt; nach acht Wochen wurden die Stahlräder durch Abnutzung praktisch vollkommen zerstört.

Die Berechnung soll nach dem auf Grund der Prüfergebnisse an der Lewis-Prüfmaschine abgeleiteten Annäherungsrechnungsverfahren erfolgen. Die Belastung auf die Längeneinheit beträgt:

$$f = \frac{180}{3,2} = 56,3 \ \mathrm{kgcm^{-1}},$$

für die Konstante C ist bei Temperguß nach Tabelle 31

$$C = 56000 \ \mathrm{kgcm^{-2}}$$

einzusetzen.

Gleichung (127c) ergibt nach Einsetzen von

$$e = 0,005 \ \mathrm{cm}$$

$$f_2 = 336 \ \mathrm{kgcm^{-1}}.$$

Bei Einsetzen von

$$V = 1,5 \ \mathrm{msec^{-1}}$$

ergibt Gleichung (127b)

$$i = 85,5 \ \mathrm{kgcm^{-1}}.$$

Nach Einsetzen von

$$b = 3,2 \ \mathrm{cm}$$

ergibt sich aus Gleichung (127a) für die äquivalente statische Belastung

$$W_d = 454 \ \mathrm{kg}.$$

Die Bruchbelastung infolge statischer Biegungsbeanspruchung ergibt sich aus der Lewis-Formel, in welche folgende Werte einzusetzen sind:

$$K_b = 2500 \ \mathrm{kgcm^{-2}} \quad \text{(Bruchfestigkeit von}$$
$$\text{Temperguß) (S. 293)}$$
$$t = 0,942 \ \mathrm{cm}$$
$$b = 3,2 \ \mathrm{cm}$$
$$y = 0,103 \quad \text{(siehe Tabelle 24)}.$$

Gleichung (99) ergibt mit diesen Werten für die Bruchbelastung

$$W_b = 775 \ \mathrm{kg}.$$

Der Sicherheitsfaktor als Verhältnis der Bruchbelastung und der äquivalenten statischen Belastung beträgt etwa 1,7; der Sicherheitsfaktor ist zwar nicht sehr hoch, er genügt aber, wenn man bedenkt, daß die

---

[1] Die genauen Abmessungen betrugen:
$$\text{D. P.} = 8$$
Zahnbreite · · · · · · = 1,250 inch.
Umfangsgeschwindigkeit = 300 Fuß/min
Umfangskraft · · · · = 400 lbs.
Verzahnungsfehler · · = 0,002 inch.

tatsächlich übertragene äquivalente statische Belastung etwa um 300 kg, also um etwa den doppelten Betrag der statischen Nutzbelastung, kleiner ist als die Bruchbelastung.

Die in bezug auf Abnützung höchste zulässige äquivalente statische Belastung wird nach Gleichung (133a) errechnet. In diese Gleichung werden folgende Werte eingesetzt:

$$D_1 = 9,9 \text{ cm}$$
$$b = 3,2 \text{ cm}$$
$$K_{\max} = 13,5 \text{ kgcm}^{-2} \quad \text{(siehe Tabelle 35)}$$
$$Q = \frac{2 \cdot 59}{33 + 59} = 1,28$$
$$S_a = 1 \,.$$

Gleichung (133a) ergibt

$$W_{a\,zul\,1} = 550 \text{ kg} \,.$$

Der Sicherheitsfaktor in bezug auf Abnutzung beträgt $\frac{550}{454} \cong 1,2$; die äquivalente statische Belastung ist um 96 kg, also um etwa 50 % der statischen Nutzbelastung kleiner als die in bezug auf Abnutzung höchst zulässige äquivalente statische Belastung. Die Sicherheit ist zwar etwas gering, sie hat sich jedoch in der Praxis als hinreichend erwiesen.

Die gleiche Rechnung für Stahlräder ergibt beim Einsetzen von $C = 112000$ (nach Tabelle 31) als äquivalente statische Belastung

$$W_a = 576 \text{ kg} \,.$$

Für die Bruchbelastung ergibt sich bei einer Bruchfestigkeit von 6400 kgcm^{-2}

$$W_b = 2000 \text{ kg} \,,$$

gegen Bruch ist also eine 3,5fache Sicherheit vorhanden, sie ist wesentlich höher als bei Temperguß.

Hingegen ergibt sich für die in bezug auf Abnutzung höchst zulässige äquivalente statische Belastung durch Einsetzen von

$$K_{\max} = 6,7 \text{ kgcm}^{-2}$$
$$W_{a\,zul_1} = 271 \text{ kg} \,.$$

Dies ist nur etwa 50 % der der tatsächlich übertragenen Leistung entsprechenden äquivalenten statischen Belastung.

Dieses Rechnungsergebnis erklärt ohne weiteres, warum die Tempergußräder hielten und die Stahlräder nicht.

Dimensionierung auf Wärmestauung. Die folgende, von der Zahnradfabrik Friedrichshafen aufgestellte Formel wird in Deutschland vielfach verwendet. Sie bestimmt die höchst zulässige Leistung für die Flächeneinheit, bei deren Überschreitung die Gefahr vorliegt, daß das

Getriebe sich unzulässig erwärmt und demzufolge die Flanken sich anfressen. Die Formel lautet:

$$N = \frac{m \cdot z \cdot b}{20 \cdot S_a} \, * .$$

Bei hohen Umfangsgeschwindigkeiten, bei denen eine Abschleuderung der Schmiermittelschicht durch die Zentrifugalkraft und dementsprechend eine metallische Reibung zu befürchten ist, ist

$$N = \frac{m \cdot z \cdot b}{40 \, S_a} .$$

In diesen Formeln ist:

$N =$ übertragbare Leistung in PS
$m =$ Modul in mm
$z =$ Zähnezahl des kleinen Rades
$b =$ Zahnbreite in mm
$S_a =$ Sicherheitsfaktor, der bei Ölfadenschmierung stets größer als 1 sein muß.

Bei kleinen Umfangsgeschwindigkeiten bzw. Umlaufszahlen sind die in bezug auf Bruchbeanspruchung und Abnützung höchst zulässigen Belastungen im allgemeinen wesentlich kleiner als die durch die Friedrichshafener Formel bestimmte, in Hinsicht auf Wärmestauung höchst zulässige, Belastung. Für kleine Umlaufzahlen ist daher die Friedrichshafener Formel nicht maßgebend. Ihr Gültigkeitsbereich fängt etwa bei 1000 Umdr./min an; sie umfaßt hochbeanspruchte, schnell laufende Getriebe, z. B. im Leichtfahrzeug- und Turbinenbau.

Der Einfluß der Übergangsrundung auf die Spannungsverteilung. Bei plötzlichen Querschnittsänderungen erfolgt eine Konzentration der Beanspruchung in der Nähe der Stelle, an welcher der plötzliche Übergang stattfindet. Die Erforschung von Spannungsverteilung und Konzentration der Beanspruchung in allen möglichen Querschnitten wurde durch die Entwickelung einer fotoelastischen Methode erleichtert, bei welcher Zelluloidmodelle Verwendung finden. Die Spannungsverteilung wird durch polarisiertes Licht sichtbar gemacht.

Die fotoelastische Methode wird neuerdings auch zur Untersuchung der Spannungsverteilung bei Verzahnungen verwendet. Eine diesbezügliche Abhandlung wurde von Dr. P. Heymans und A. L. Kimball im Jahre 1922 der A.S.M.E. überreicht. Eine Abhandlung ähnlichen Inhalts von Dr. S. Timoshenko und R. V. Baud wurde im Jahre 1926 der American Gear Manufacturers' Association vorgelegt. Beide Abhandlungen behandeln den Einfluß der Größe des Krümmungshalbmessers am Übergang zwischen Zahnfußprofil und Zahngrund auf die bei Belastung der Zähne auftretende Spannungskonzentration. Die größte, am Profilübergang entstehende Beanspruchung ist wesentlich

---

* **Hofer:** Werkstatttechnik **1931,** H. 5, S. 129 bis 131.

höher als die Biegungsbeanspruchung, wie sie zum Beispiel aus der Lewis'schen Formel errechnet werden kann. Dr. Timoshenko gibt in seiner Arbeit Zahlenwerte für die Spannungskonzentrationsfaktoren an, deren Größe vom Verhältnis des Halbmessers der Übergangsrundung zur Zahndicke oberhalb der Rundung abhängig ist. Die tatsächlich auftretenden größten Spannungen können als Produkt der aus der Biegungsformel ermittelten Beanspruchungen und des Timoshenko'schen Konzentrationsfaktors ermittelt werden.

Es sei

R = Halbmesser der Übergangsrundung
T = Dicke des gebogenen Trägers (Zahndicke) oberhalb der Rundung.

Die Verhältniszahl 0,10 entspricht ungefähr einem Krümmungshalbmesser = Kopfspiel bei einem Rad mit normaler Zahnform. Diese Tabelle zeigt, daß infolge des plötzlichen Querschnitt-

Verhältnis $\dfrac{R}{T}$	Spannungs-konzentrations-faktor
0,10	2,05
0,27	1,73
0,39	1,49

wechsels Spannungen auftreten, die den doppelten Betrag der nach der üblichen Rechnungsweise errechneten Biegungsbeanspruchung erreichen können. Die Festigkeit der Zähne könnte wesentlich erhöht werden durch Wahl größerer Übergangsrundungen.

Die entwickelten Werte beruhen auf Versuchen mit kreisförmigen Übergangsrundungen. Bei Rädern, die nach dem Abwälzverfahren erzeugt werden, ist indessen die tatsächliche Form der Rundung nicht kreisbogenartig. Die beim Abwälzverfahren erzeugte Form ist mehr elliptisch oder parabolisch, die Höhe der Rundung ist wesentlich größer als die Breite. Die Querschnittsänderung ist nicht so plötzlich wie bei einer kreisbogenförmigen Rundung und dementsprechend ist die Spannungskonzentration auch geringer. Die Werte der Spannungskonzentrationsfaktoren bei den Zahnformen, die nach dem Abwälzverfahren erzeugt werden, müßten durch Versuche bestimmt werden; wahrscheinlich entsprechen sie Krümmungshalbmessern in der zwei- bis dreifachen Größe des Kopfspieles. Selbst unter diesen Bedingungen ist die tatsächlich auftretende größte Beanspruchung wesentlich höher als die aus der Biegungsformel errechnete.

Der Wirkungsgrad der Stirnradgetriebe[1]. Im Jahre 1886 berichtet W. Lewis über die Ergebnisse von umfangreichen, bei W. Sellers & Co. durchgeführten Versuchen zur Bestimmung des Wirkungsgrades von Schnecken-, Schraubenrad- und Stirnradgetrieben. Das aus der An-

---

[1] Aus der Arbeit von C. W. Ham und J. W. Huckert: „An Investigation of the Efficiency and Durability of Spur Gears" Bull. **149**, Engineering Experiment Station University of Illinois.

triebsschnecke bzw. dem Antriebsrad zugeführte Drehmoment wurde durch ein Dynamometer gemessen, das an das getriebene Rad abgegebene Drehmoment durch Abbremsen festgestellt. Die Untersuchungen bezogen sich vor allem auf Schneckengetriebe; es wurden aber auch Versuche bei Stirnrädergetrieben unternommen, um die Reibungsverluste festzustellen, die Einrichtung war indessen für diesen Zweck nicht empfindlich genug, die Meßfehler waren dementsprechend sehr groß. Die Versuche ergaben Wirkungsgrade von 86 bis 99 % bei unter normalen Verhältnissen mit Sorgfalt hergestellten Stirnradgetrieben.

Bald nach Abschluß der Sellers'schen Versuche wurde von Professor J. B. Webb, vom Stevens Institute of Technology angeregt, die zu prüfenden Räder zu teilen. Geteilte Räder sollten gegeneinander in sich verspannt werden, so daß das eine zu prüfende Räderpaar zur Leistungszuführung, das zweite Räderpaar zur Zurückführung der zugeführten Leistung abzüglich der Verluste dienen sollte. Auf diese Weise ist es möglich, die Räder unter schwerer Belastung bei hoher Umfangsgeschwindigkeit und trotzdem bei kleinem Leistungsverbrauch zu prüfen; die Bremse wird vollkommen ausgeschaltet. Die Prüfmaschine wurde nach diesem Prinzip von W. Lewis ausgeführt und von dem amerikanischen Normenausschuß für Evolventenverzahnung (Committee on Standards for Involute Gears), dessen Obmann Lewis war, zur Untersuchung des Wirkungsgrades und der Abnutzungsverhältnisse vorgeschlagen.

Diese Untersuchungen wurden im Jahre 1910 von Green und Doble an dem Massachusetts Institute of Technology unter Leitung von Professor G. Lanza ausgeführt. Es wurden Prüfungen zur Bestimmung der Reibungsverluste bei verschiedenen Zahnabmessungen vorgenommen. Die Versuchsergebnisse wurden nicht veröffentlicht, dem Versuchsbericht wurden indessen von Lewis für die Reibungsverluste folgende Angaben entnommen:

„1. Eine Stumpfverzahnung mit 20° Eingriffswinkel und mit einer Kopfhöhe gleich etwa 0,24 mal Teilung ergab Reibungsverluste von weniger als 1 %.

2. Eine Verzahnung mit 22½° Eingriffswinkel und mit einer Kopfhöhe von 0,28 mal Teilung zeigte Reibungsverluste von etwa 1 %.

3. Räder mit Brown & Sharpe-Mischverzahnung von 14½° Eingriffswinkel mit einer Kopfhöhe von 0,32 mal Teilung zeigten Reibungsverluste von etwa 1,3 %.

4. Eine nach dem Bilgram-Verfahren hergestellte Verzahnung mit 15° Eingriffswinkel und Profilverschiebung, deren Größe nicht angegeben war, zeigte 2 % Reibungsverlust.

5. Die Größe der Reibungsverluste wird in viel höherem Maße von der Zahnkopfhöhe als vom Eingriffswinkel bestimmt.

6. In keinem Fall hat sich eine derartig hohe Reibung gezeigt, daß sie auf die Wahl eines bestimmten Verzahnungssystemes von wesentlichem Einfluß gewesen wäre."

1913 veröffentlichte das Committee on Standards for Involute Gears einen Bericht über weitere Versuche zur Bestimmung der Reibungsverluste. Die Versuche wurden mit der gleichen Einrichtung, die inzwischen etwas verbessert worden ist, an dem Massachusetts Institute of Technology von H. S. Waite unter Leitung von Professor Lanza und in Philadelphia von E. St. John, bei der Tabor Manufacturing Company unter der Leitung von W. Lewis ausgeführt. Diese Versuche ergaben, daß unter normalen Betriebsbedingungen die Reibungsverluste bei bearbeiteten Zähnen selten 1 bis 2% überschreiten. Die Reibungsverluste ergaben sich praktisch unabhängig vom Eingriffswinkel, sie waren in erster Linie von der Höhe des Zahnkopfes abhängig. Die Versuchsergebnisse von Green und Doble werden durch diese Versuche bestätigt.

Die verwendete Einrichtung hatte indessen noch verschiedene Fehler, vor allem konnten die Reibungsverluste der Lagerungen nicht einwandfrei festgestellt werden. Dieser Umstand führte zum Bau einer verbesserten Einrichtung, die unter dem Namen „Lewis-Prüfmaschine" bekannt ist, sie wurde 1916 auf der Illinois-Universität gebaut und wurde bei den Ham und Huckert'schen Untersuchungen verwendet.

Im Jahre 1887 wurden von Professor F. Reuleaux an der Technischen Hochschule Charlottenburg die Ergebnisse seiner mathematischen Untersuchungen über die Reibungsverluste von Stirn- und Kegelrädern veröffentlicht. Die Reibungsverhältnisse bei Zykloiden- und Evolventenverzahnungen wurden untersucht, zur Bestimmung der Reibungsverluste Formeln entwickelt und Evolventen- und Zykloidenverzahnung miteinander verglichen. Es wurden weiterhin theoretische Beziehungen zwischen Reibung und Abnutzung abgeleitet; ferner zog Reuleaux die Schlußfolgerung, daß bei Evolventenverzahnungen die Reibungsverluste größer als bei Zykloidenverzahnungen seien.

Diese Schlußfolgerung und auch andere Ergebnisse von Reuleaux wurden von W. Lewis und von anderen bestritten, die von etwas anderen Voraussetzungen ausgingen. Sie kamen zu den Reuleaux'schen vollkommen entgegengesetzten Ergebnissen.

Im Jahre 1883 wurden von Professor G. Lanza mathematische Untersuchungen veröffentlicht, die zur Klärung des zwischen Reuleaux und Lewis bestehenden Gegensatzes dienen sollten. Prof. Lanza führte aus, daß die Schlußfolgerungen sowohl von Reuleaux wie auch seiner Gegner auf rein theoretischen Grundlagen beruhten, ferner, daß ihre mathematischen Lösungen nur Annäherungen wären. Er fügte noch hinzu, daß auch die übrigen, zur Zeit bekannten Untersuchungen wie z. B. von Rankine, Hermann und Mosley auch nur Annäherungslösungen enthielten. Prof. Lanza versuchte eine Lösung zwar auf rein theoretischer Grundlage, jedoch ohne mathematische Annäherungen zur Ableitung einer Formel für die Reibungsverluste und für den Wirkungsgrad. Die Lagerreibung wurde bei diesen Untersuchungen nicht berücksichtigt.

Prof. Lanza behandelte hiernach die Voraussetzungen, auf denen diese Formeln aufgebaut sind, leitete Formeln für den Wirkungsgrad ab und bestimmte Zahlenwerte für bestimmte Fälle von Zykloiden- und Evolventenverzahnungen. Seine Schlußfolgerungen waren folgende:

„1. Ob der Wirkungsgrad einer Zykloiden- oder Evolventenverzahnung höher ist, hängt von den speziellen Abmessungen ab.

2. Der Wirkungsgrad bei Evolventenverzahnungen ist nicht unabhängig vom Eingriffswinkel, wie von G. B. Grant behauptet worden war.

3. Die Unterschiede in den Wirkungsgraden, wie sie aus diesen Formeln ermittelt werden können, sind derartig gering, daß sie von anderen unbestimmten Faktoren leicht überdeckt werden können.

4. Eine korrekte Lösung der Frage des Wirkungsgrades kann nur durch Versuch erfolgen.“

Die Geschichte der Wirkungsgraduntersuchungen zeigt, daß die genaue Bestimmung der Reibungsverluste auf große Schwierigkeiten stößt, insbesondere die Wiederholung der gleichen Versuchsbedingungen ist nicht so leicht zu erreichen. Durch die kleinste Veränderung des einen oder anderen Faktors wird anscheinend der an und für sich schon kleine Betrag des Reibungsverlustes wesentlich beeinflußt. Obzwar die Lewissche Prüfmaschine empfindlich genug ist, um die nachfolgenden, aus den Ham' und Huckert'schen Versuchen gezogenen Schlußfolgerungen zu rechtfertigen, wäre indessen für die Bestimmung des Einflusses der nicht so wesentlichen Faktoren eine noch empfindlichere Einrichtung erforderlich. Die Schlußfolgerungen aus den Ham' und Huckert'schen Versuchen sind folgende:

„1. Der Wirkungsgrad weicher Räder ist praktisch unabhängig von der zur Schmierung verwendeten Ölmenge, falls sie nur genügend groß ist, um eine Erhitzung und ein Anfressen zu verhindern.

2. Der Wirkungsgrad ist unabhängig von der Geschwindigkeit, wenigstens in dem Geschwindigkeitsbereich, in dem die Untersuchungen erfolgt sind, d. h. von 0,3 bis 7,5 msec^{-1}.

3. Der Wirkungsgrad ist praktisch unabhängig vom Eingriffswinkel.

4. Der Wirkungsgrad ist praktisch von der Größe der Belastung unabhängig; der Wirkungsgrad von guten, handelsüblichen Zahnrädern kann mit etwa 99% angesetzt werden.

5. Unter sonst gleichen Bedingungen ist der Wirkungsgrad noch von der Oberflächenbeschaffenheit der Flanken abhängig. Räder mit

rauhen Flanken haben einen kleineren Wirkungsgrad als Räder mit glatten Flanken. Der Unterschied ist jedoch nicht so groß, wie allgemein angenommen wird.

6. Bei sonst gleichen Bedingungen ist der Wirkungsgrad bei Rädern mit großer Zahnhöhe infolge der größeren Gleitung im allgemeinen etwas geringer. Andererseits aber sind bei bestimmten Übersetzungsverhältnissen bei Rädern mit großer Kopfhöhe die Vibrationen geringer als bei kleinen Kopfhöhen und demzufolge kann der Wirkungsgrad bei den ersteren höher werden.

7. Der Unterschied im Wirkungsgrad bei den verschiedenen normalen Zahnformen ist nicht so groß, daß sich die Bevorzugung einer bestimmten Zahnform mit Rücksicht auf den Wirkungsgrad rechtfertigen würde."

In Ergänzung der Ham' und Huckert'schen Versuche sind am Massachusetts Institute of Technology weitere Untersuchungen zur Bestimmung der Reibungsverluste unternommen worden, über die in dem bereits erwähnten Forschungsbericht der A.S.M.E.[1] berichtet wird.

Es war bei diesen Untersuchungen beabsichtigt, die Reibungsverluste durch Bestimmung des zugeführten Drehmomentes mit Hilfe einer Wage zu ermitteln. Diese Drehmomente waren indessen derartigen Schwankungen unterworfen, daß eine einigermaßen genaue Bestimmung durch die Wage nicht möglich war. Aus diesem Grunde wurden die Reibungsverluste durch Auslaufversuche bestimmt. Zu diesem Zweck wurde die Maschine in Gang gesetzt und hiernach der Antriebsriemen heruntergeworfen und die Auslaufzeit beobachtet. Aus der bekannten Umlaufzahl zu Beginn des Versuches, aus den bekannten Massen und aus der Auslaufzeit konnten die Reibungsverluste ermittelt werden.

Um die Reibungsverluste an den Rädern zu erhalten, wurde von der bei einer bestimmten Belastung ermittelten Reibungskraft die Reibungskraft bei Leerlauf abgezogen; hierbei wurde angenommen, daß die Reibungsverluste bei Leerlauf die Lagerverluste und die sonstigen, an der Prüfmaschine auftretenden Verluste enthielten. Um die Reibungsverluste für ein einzelnes Räderpaar zu erhalten, wurden die nach Abzug der Leerlaufverluste verbleibenden Reibungsverluste bei einer Versuchsreihe, bei der die beiden Räderpaare gleich waren, durch 2 dividiert. Hierbei wurde angenommen, daß sich die Reibungsverluste bei zwei gleichen Räderpaaren in der Lewis-Prüfmaschine gleichmäßig verteilten.

Bei den weiteren Versuchsreihen wurde als das eine Prüfräderpaar ein Räderpaar verwendet, dessen Reibungsverluste durch Prüfung mit einem zweiten gleichen schon vorher ermittelt worden waren. Die Reibungsverluste des neu hinzukommenden Räderpaares wurden als

---

[1] „Dynamic Loads on Gear Teeth" **1931**. Vgl. Fußnote S. 274.

Unterschied der Gesamtreibungsverluste der Räder und der bekannten Reibungsverluste des einen Räderpaares ermittelt. Diese zur Auswertung dienenden Annahmen sind naturgemäß nur angenähert; eine genaue Trennung der einzelnen Verlustquellen ist indessen kaum durchführbar.

Das Ergebnis dieser Versuche kann in dem Folgenden zusammengefaßt werden:

„1. Die Größe der Reibungsverluste betrug bei den Versuchsgetrieben (D. P. 10 und D. P. 3 entsprechend etwa Modul 2,5 und 8) etwa 0,15 bis 0,73% der übertragenen Leistung.

2. Die Reibungsverluste sind mit großer Annäherung der übertragenen Belastung proportional.

3. Bei gleichen Teilkreisdurchmessern der Räder sind die Reibungsverluste um so größer, je gröber die Teilung. Dies ist wohl darauf zurückzuführen, daß bei einer gröberen Teilung die Zähnezahl kleiner und dementsprechend die spezifische Gleitung größer ist."

C. Bearbeitung und Messung der Zähne.
IX. Die Messung der Zähne.

Zahnraderzeugung ist ein Produktionsproblem. Die an das Erzeugnis gestellten Anforderungen bestimmen den Produktionsgang. Gegebenenfalls führen sie zur Entwicklung neuer Arbeitsverfahren. Allzu häufig sind bei Aufnahme der Fertigung die an das Erzeugnis zu stellenden Anforderungen noch nicht endgültig festgelegt. Das erschwert den Produktionsgang insofern, als von ihm später unvorhergesehene Verfeinerungen verlangt werden. Beinahe alle neuen Produktionszweige haben mit diesen Schwierigkeiten zu kämpfen. Die Geschichte der Zahnraderzeugung bietet ein Musterbeispiel für die Schwierigkeiten und Hindernisse, die sich einem neuen Produktionszweig in den Weg stellen können. Während der Entwicklungsperiode der Herstellungsverfahren waren die für die Güte der Verzahnung maßgebenden Merkmale noch nicht ermittelt. Die Anforderungen, die man an die Getriebe stellte, wurden dauernd größer. Die Wahl zweckmäßiger Arbeitsverfahren wurde dadurch erschwert, daß eine ganze Anzahl von im großen und ganzen gleichwertigen Verfahren zur Wahl standen. Jedes dieser Verfahren hat seine Vorteile und seine Nachteile, keines überragt die anderen in jeder Hinsicht.

Die erste Bedingung für die zweckmäßige Durchführung einer Produktion ist die Kenntnis der Elemente, auf die es ankommt. Falls bei der Erzeugung von durch eine Anzahl von Elementargrößen bestimmten Körpern — z. B. von Verzahnungen — die wesentlichen Elemente herausgegriffen werden und vor allem auf die Einhaltung ihrer Genauigkeit Wert gelegt wird unter Hintanstellung der anderen unwesentlichen Elemente, so läßt sich bei den herausgegriffenen ein hohes Maß von Genauigkeit erreichen, und zwar um so höher, je kleiner die Anzahl der Elemente ist, die man herausgreift und bei welchen man die hohe Genauigkeit anstrebt.

Die zweite Bedingung ist die Entwicklung oder Auswahl zweckentsprechender Meßgeräte. Man muß in der Lage sein, Fehler aufzudecken und zu messen, um sie korrigieren zu können. Hierin liegt auch eine Schwierigkeit bei der Erzeugung von Verzahnungen. Es sind eine Anzahl wertvoller und gut durchdachter Prüfgeräte entwickelt worden.

Sie sind aber beinahe ausnahmslos Laboratoriumsinstrumente. Sie haben zwar eine wichtige Aufgabe zu erfüllen, die Produktion jedoch erfordert schnellere, einfachere und sicherere Meßverfahren.

Solange die für die Güte eines Produktes maßgebenden Faktoren nicht definitiv erkannt sind, ist es schwer möglich, brauchbare Werkstattsprüfgeräte für das betreffende Erzeugnis zu schaffen. Hierin liegt vor allem der Grund, daß bis jetzt derartige Geräte für die Prüfung der Zahnräder noch nicht entwickelt worden sind. Die Produktion muß jedoch trotz des Fehlens wirklich brauchbarer Meßmittel durchgeführt werden.

Messungen und Prüfungen sollten mehr als Vorbeugungsmittel angesehen werden, um Fehler zu vermeiden, als zur nachträglichen Feststellung derselben. Prüfmethoden, die eine Vermeidung von Fehlern ermöglichen, sind viel wertvoller als solche, die nur zum Sortieren der guten und schlechten Stücke dienen. Bei einem idealen Kontroll- und Produktionssystem würde eine periodische Prüfung der Werkzeuge und der Einrichtung allein Gewähr für gute Erzeugnisse bieten. Dies ist das Ziel, das stets erstrebt werden soll. Je mehr ein Produktionsprozeß sich diesem Idealzustand nähert, um so weniger muß das Erzeugnis selbst geprüft werden. Es kommt bei der Zahnbearbeitung vor allen Dingen auf die Messung der Werkzeuge und der Maschine an. Sie ist wesentlicher als die Messung der Werkstücke, da eine richtige Kontrolle an diesen Stellen zur Ausschaltung von Fehlern in der Fabrikation führt. Zu oft wird aber die Kontrolle nur als ein Sortierungsprozeß für das Produkt betrachtet. Eine gewisse Sortierung ist ja stets erforderlich. Dies ist aber nicht die Hauptaufgabe der Kontrolle.

Zweck der Zahnradmessung — wie überhaupt der Zweck einer jeden Maßkontrolle von beliebig geformten Werkstücken — ist die Erzielung einer bestimmten Arbeitsgenauigkeit. Die Arbeitsgenauigkeit ist stets von der Meßgenauigkeit abhängig. Um Fehler zu korrigieren, muß man sie erst messen können.

Die meßtechnische Problemstellung ist folgende:

1. Was soll gemessen werden?
2. Warum soll gemessen werden?
3. Wie soll gemessen werden?

Für die meisten maschinell erzeugten Teile sind diese Fragen einfach zu beantworten; Zahnprofile indessen weisen so viel voneinander abhängende Elemente auf, daß eine befriedigende Antwort für alle diese Elemente bis jetzt noch nicht erteilt worden ist. Im nachfolgenden werden die in Bezug auf die Güte der Verzahnung maßgebenden Fehlergrößen und ihre Messung beschrieben.

Es ist zwischen einer Kontrolle der Fabrikationseinrichtung und Werkzeuge einerseits und des Produktes andererseits zu unterscheiden. Die an der Produktionseinrichtung vorgenommenen Messungen beeinflussen die Erzeugungskosten des Werkstückes nur wenig, da die Prüfungen nur von Zeit zu Zeit vorgenommen werden müssen, selbst dann, wenn mangels einfacher Meßmethoden kompliziertere Methoden Verwendung finden müssen. Messungen, die am Produkt vorgenommen werden, müssen einfach und schnell durchführbar sein, um wirtschaftlich zu sein. Falls man die Meßeinrichtungen für Räder einerseits und die Meßeinrichtungen zur Kontrolle von Maschinen und Werkzeugen andererseits vergleicht, müssen diese verschiedenartigen Anforderungen stets im Auge behalten werden.

Die wesentlichen, zu prüfenden Elemente von Evolventenverzahnungen sind folgende: Zahndicke, Konzentrizität der Zähne, Fluchten der Zähne, Teilung und Zahnform.

Warum soll die Zahndicke gemessen werden? Falls die Zähne zu dick sind, können die Räder nicht in dem gewünschten Achsenabstand eingebaut werden. Zu dünne Zähne führen zu einem zu großen Flankenspiel bzw. toten Gang. Im extremen Falle würden die Zähne zu sehr geschwächt werden.

Die Größe des Flankenspiels ist von verschiedenen Faktoren abhängig. Je genauer der Achsenabstand in dem Räderkasten eingehalten wird, um so geringer ist das erforderliche Flankenspiel. Die Achsenabstandstoleranz in den Gehäusen sollte stets positiv sein, da eine Ausnutzung der Toleranz stets zu einer geringen Vergrößerung des Flankenspiels, jedoch nie zu einem Klemmen führt, wie dies bei einer Minustoleranz der Fall wäre. Die Größe des Flankenspiels ist auch von der Umfangsgeschwindigkeit der Räder abhängig. Bei hohen Umfangsgeschwindigkeiten ist ein größeres Flankenspiel erforderlich, um ein Klemmen der Räder infolge Wärmeausdehnung zu vermeiden. Bei mäßigen Geschwindigkeiten ist indessen ein kleines Flankenspiel von Vorteil; je kleiner das Flankenspiel, um so geringer die Neigung der Getriebe bei Leerlauf zu „hämmern". Dieser Umstand ist z. B. bei den dauernd im Eingriff befindlichen Rädern von Automobilgetrieben besonders zu beachten.

Als Fabrikationstoleranz, d. h. als Unterschied der größt- und kleinstzugelassenen Zahndicke kann bei geschliffenen Rädern etwa 0,025 mm, bei geschnittenen Rädern bis Modul 5 etwa 0,125 mm eingehalten werden. Bei größeren Modulen sind etwas höhere Toleranzen zuzulassen. Das kleinste zulässige Flankenspiel wird durch die Betriebsbedingungen bestimmt; hieraus und aus der Fabrikationstoleranz für die Zahndicke ergibt sich das größte zulässige Flankenspiel.

Die Messung der Zahndicke ist die einfachste Kontrollmessung. Bietet die periodische Kontrolle der Maschine und Werkzeuge genügend Gewähr für die Einhaltung der Genauigkeit der übrigen Elemente und wird genügend Sorgfalt beim Aufspannen der Räder verwandt, so kommt man mit dieser einzigen Messung aus.

Wie kann die Zahndicke gemessen werden? Die Messung der Zahndicke kann entweder direkt erfolgen oder aber indirekt bei gleichzeitiger Fehleranzeige von anderen Elementen.

Das einfachste Meßinstrument zur direkten Messung der Zahndicke ist die Zahnschiebelehre, wie sie in Abb. 113 gezeigt wird. Dieses Instrument hat 2 Maßstäbe mit Nonien. Ein Maßstab dient zur Bestimmung der im Sehnenmaß gemessenen Zahndicke, der zweite Maßstab zur Messung des Abstandes der Sehne vom Kopfkreis. Wird der Kopfkreisdurchmesser nicht genau eingehalten, so muß die Einstellung des entsprechenden Maßstabes der Schiebelehre korrigiert werden.

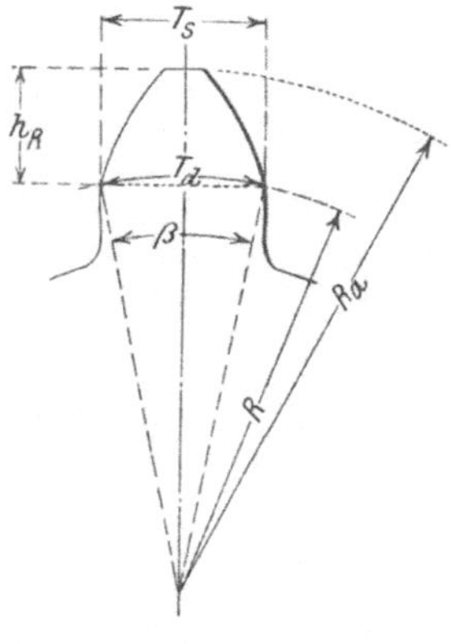

Abb. 113. Zahnschiebelehre. Die horizontale Skala zeigt die Zahndicke im Sehnenmaß, die vertikale Skala den Abstand der Sehne vom Kopfzylinder an.

Im allgemeinen ist die Zahndicke im Bogenmaß bekannt. Um mit der Zahnschiebelehre messen zu können, muß die Zahndicke im Sehnenmaß und der Abstand der Sehne vom Kopfkreis ermittelt werden können. Es sei entsprechend Abb. 114

T_d = Zahndicke im Bogenmaß, gemessen am Halbmesser r in mm

R = Halbmesser, an welchem die Zahndicke bekannt ist, in mm

R_a = Kopfkreishalbmesser des Rades in mm

T_s = Zahndicke im Sehnenmaß in mm

Abb. 114. Die mit der Zahnschiebelehre zu messenden Größen.

h_R = Abstand der Sehne vom Kopfkreis (diese Größe ist auch unter dem Namen „korrigierte Kopfhöhe" bekannt) in mm

β = Zahndicke im Winkelmaß

so ist

$$\operatorname{arc}\beta = \frac{T_d}{R}\,, \tag{134}$$

$$T_s = 2\,R\sin\frac{\beta}{2}\,, \tag{135}$$

$$h_R = R_a - R\cos\frac{\beta}{2}\,. \tag{136}$$

Als Zahlenbeispiele bestimmen wir die im Sehnenmaß gemessene Zahndicke und „korrigierte Zahnhöhe" eines durch folgende Abmessungen gegebenen Rades:

$$T_d = 15{,}600 \text{ mm}$$
$$R = 60 \qquad "$$
$$R_a = 70 \qquad "$$
$$\operatorname{arc}\beta = \frac{T_d}{R} = \frac{15{.}600}{60} = 0{,}260$$
$$\beta = 14^0\ 54'$$

$$T_s = 2\,R\sin\frac{\beta}{2} = 120\sin 7^0\ 27' = 15{,}556 \text{ mm}$$
$$h_R = R_a - \cos\frac{\beta}{2} = 70 - 60\cos 7^0\ 27'$$
$$= 10{,}506 \text{ mm}\,.$$

Die Berührung zwischen Zahnschiebelehre und Zahnflanken erfolgt an den Kanten der Meßschnäbel der Zahnschiebelehre. Berücksichtigt man die Abnutzung der Kanten nicht besonders, so erhält man falsche Ablesungen. Für genaue Messungen ist daher von Zeit zu Zeit eine Eichung der Zahnschiebelehre und eine entsprechende Korrektion der Ablesungen vorzunehmen.

Eine einfache Methode zur Eichung zeigt Abb. 115. Zur Eichung kann eine beliebige zylindrische Lehre verwendet werden. Zur Erreichung einer möglichst hohen Meßgenauigkeit ist es zweckmäßig, den Winkel zwischen Meßschnabel und der an der Berührungsstelle zwischen Meßschnabel und zylindrischer Prüflehre an

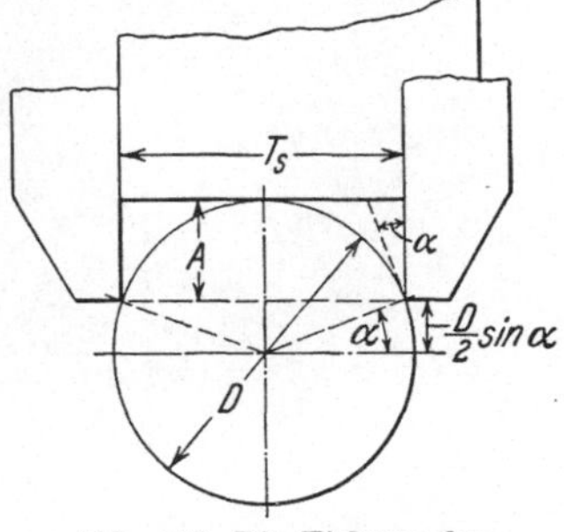

Abb. 115. Die Eichung der Zahnschiebelehre.

die letztere gezogenen Tangente gleich dem Eingriffswinkel der Verzahnung zu wählen.

Es sei:

$D =$ Durchmesser der zylindrischen Prüflehre in mm
$A =$ Höheneinstellung der Zahnschiebelehre bzw. Höhe des Segmentes in mm
$T_s =$ Dickeneinstellung der Schiebelehre oder Sehnenlänge in mm
$\alpha =$ Eingriffswinkel der zu messenden Räder

so ist

$$A = \frac{D}{2}\,(1 - \sin\alpha)\,, \tag{137}$$

$$T_s = D\cos\alpha\,. \tag{138}$$

Bei der Eichung des Gerätes erfolgt die Höheneinstellung entsprechend dem errechneten Wert A. Die Sehnenlänge wird am entsprechenden Maßstab der Schiebelehre abgelesen. Der Unterschied des errechneten und des abgelesenen Wertes ist die Korrektion, die bei der Messung der Zahndicke zuzuzählen ist. Als Beispiel errechnen wir die Einstellung zur Eichung bei Benutzung einer zylindrischen Lehre von 10 mm $\varnothing$ bei einem Eingriffswinkel von 20°. Es ergibt sich in diesem Fall:

$$D = 10 \text{ mm}$$
$$\alpha = 20°$$
$$A = \frac{D}{2}(1 - \sin \alpha) = \frac{10}{2} 0{,}65798$$
$$= 3{,}290 \text{ mm}$$
$$T_s = D \cos \alpha = 9{,}397 \text{ mm}.$$

Die an der Zahnschiebelehre bei der Tiefeneinstellung von 3,290 mm gemessene Sehnendicke betrage nur 9,380 mm; so ist das Korrektionsglied 0,017 mm. Dieses Glied ist bei der Messung der Zahndicke zu den direkten Ablesungen an der Schiebelehre zu addieren. Diese Meßgeräte überdecken einen großen Teilungs- und Eingriffswinkelbereich. Sie sind daher zweckmäßig für eine vielseitige Fabrikation bei kleinen Stückzahlen zu verwenden. Der Meßbereich eines kleineren Meßinstrumentes dieser Art liegt

Abb. 116. Optische Zahnmeßschraublehre von Zeiss.

zwischen Modul 1,25 bis Modul 12, der Meßbereich eines größeren Instrumentes zwischen Modul 2,5 bis Modul 25.

Abb. 116 zeigt die auf der gleichen Grundlage beruhende Zahnmeßschraublehre von Zeiss. Zur Erhöhung der Ablesungsgenauigkeit erfolgt die Ablesung der Maßstäbe optisch. Abb. 117 zeigt das Sehfeld. 0,02 mm können noch direkt abgelesen werden.

Auf einem anderen Prinzip beruht das auf Abb. 118 gezeigte Zahndickenmikrometer. Am äußeren Gehäuse dieses Gerätes ist eine Lehre befestigt, die der Zahnlücke eines Zahnstangenzahnes des betreffenden Verzahnungssystems entspricht. Die Mikrometerspindel wird an den Außenumfang des Rades angelegt. Ein mit der Mikrometerspindel gemessener Höhenunterschied entspricht einem Zahndickenunterschied. Wird der Kopfkreisdurchmesser des Rades nicht genau eingehalten, so müssen die Ablesungen dementsprechend korrigiert werden.

Dieses Meßgerät berührt das Zahnprofil mit ebenen Meßflächen. Für jeden Modul ist ein besonderes Gerät erforderlich. Es ist zwar ein jedes Meßgerät auch für verschiedene Eingriffswinkel des Bezugsprofils verwendbar, die Verwendung für verschiedene Eingriffswinkel erfordert indessen ziemlich umständliche Berechnungen, so daß es im allgemeinen empfehlenswerter ist, für verschiedene Eingriffswinkel auch verschiedene Meßgeräte vorrätig zu halten.

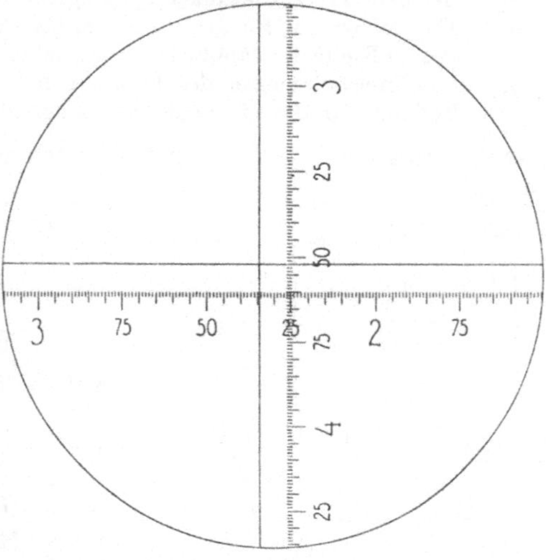

Abb. 117. Sehfeld der optischen Zahnmeßschraublehre.

Diese Meßgeräte sind vor allem für Massen- oder große Serienfabrikation gedacht. Die Geräte sind meistens so justiert, daß an der Mikrometerskala die Entfernung A des Mikrometerambosses von der Kopfkante der Zahnlückenlehre angezeigt wird (Abb. 119); stimmt der Eingriffswinkel des Gerätes mit dem des Bezugsprofils überein, so zeigt das Gerät bei der Messung eines vom normalen Bezugsprofil entwickelten Zahnes von normaler Zahntiefe die gemeinsame Zahnhöhe des betreffenden Verzahnungssystems an. Wird ein für den Eingriffswinkel α_2 entwickeltes Zahndickenmikrometer für einen anderen Eingriffswinkel α_1 benutzt, so muß folgende Berechnung aufgestellt werden:

In Abb. 119 ist:

A = Tiefeneinstellung des Mikrometers in mm

T_{d_1} = Zahndicke am Teilkreishalbmesser r_1 im Bogenmaß in mm

Abb. 118. Zahndickenmikrometer. Gemessen wird die Höhe einer an dem zu messenden Zahn anliegenden Zahnstangenzahnlücke; die Zahndicke ergibt sich durch Umrechnung.

r_1 = Teilkreishalbmesser entsprechend dem Eingriffswinkel α_1

α_1 = Eingriffswinkel des Bezugsprofils des zu messenden Rades in Graden

T_{d_2} = Zahndicke des Rades am Halbmesser r_2 im Bogenmaß in mm

r_2 = der dem Pressungswinkel α_2 entsprechende Halbmesser

α_2 = Eingriffswinkel, für den die Lehre bestimmt ist

B = größte Breite der Zahnlücke an der Lehre

r_a = Kopfkreishalbmesser des Rades in mm

t = Teilung, für die die Lehre bestimmt ist.

Nach Aufgabe 6 in Abschnitt III bestehen folgende Bezeichnungen:

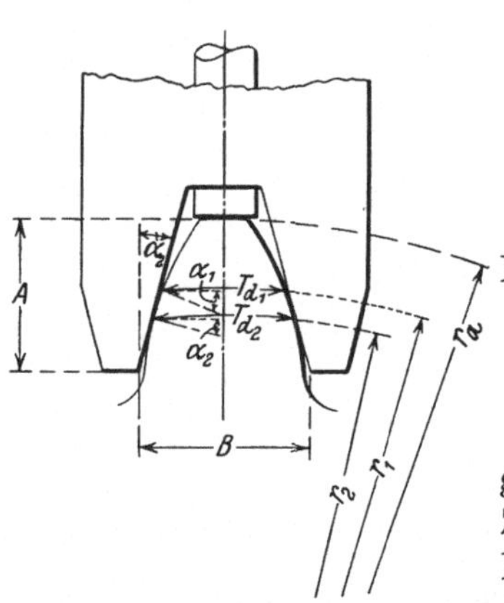

Abb. 119. Anwendung des Zahndickenmikrometers zur Messung einer Verzahnung, wenn der Eingriffswinkel des Bezugsprofils und der Lehre verschieden sind.

$$r_2 = \frac{r_1 \cos \alpha_1}{\cos \alpha_2} \qquad \text{[s. Gleichung (39)]}$$

$$T_{d_2} = 2\, r_2 \left(\frac{T_{d_1}}{2\, r_1} + \operatorname{inv} \alpha_1 - \operatorname{inv} \alpha_2 \right)$$

[s. Gleichung (40)]

Nach Abb. 119 ist:

$$A = r_a - r_2 + \frac{B - T_{d_2}}{2} \cotg \alpha_2 . \qquad (139)$$

Es sei als Beispiel ein Rad mit 20^0 Eingriffswinkel, Modul 10, 24 Zähnen und einer Zahndicke von 15,600 mm angenommen. Es soll die Einstellung einer für $14\frac{1}{2}^0$ Eingriffswinkel, Modul 10 bestimmten Lehre errechnet werden.

In diesem Zahlenbeispiel ergibt sich hiernach

$$B = \frac{t}{2} + 2 \cdot 10 \cdot \tang 14\frac{1}{2}^0 = 20,880 \text{ mm}$$

$$T_{d_1} = 15,600 \text{ mm}$$

$$r_1 = 120 \text{ mm}$$

$$\alpha_1 = 20^0$$

$$\alpha_2 = 14\frac{1}{2}^0$$

$$r_a = 130 \text{ mm}$$

$$r_2 = r_1 \cdot \frac{\cos \alpha_1}{\cos \alpha_2} = \frac{120 \cdot 0,93969}{0,96815} = 116,47 \text{ mm}$$

$$T_{d_2} = 2\, r_2 \left(\frac{T_{d_1}}{2\, r_1} + \operatorname{inv} a_1 - \operatorname{inv} a_2 \right) = 232,94 \cdot \left(\frac{15,600}{240} + 0,014904 - 0,005545 \right)$$

$$= 17,322 \text{ mm}$$

$$A = r_a - r_2 + \frac{B - T_{d_2}}{2} \cotg \alpha_2 = 130 - 116,47 + \frac{20,88 - 17,322}{2} \cotg 14\frac{1}{2}^0$$

$$= 20,41 \text{ mm} .$$

Eine weitere Meßmethode zur Bestimmung der Zahndicke besteht in der Messung des Abstandes zweier in gegenüberliegende Zahnlücken eingelegten Rollen (Abb. 120). Diese Meßmethode hat verschiedene Vorteile:

1. Die Messungen sind vom Kopfkreisdurchmesser des Rades, insbesondere von der Exzentrizität des Kopfkreisdurchmessers unabhängig.

2. Es sind keine Spezialmeßwerkzeuge erforderlich.

Andererseits erfordert aber die Bestimmung des theoretischen Abstandes zwischen den Rollen eine umfangreiche Rechnung. Aus diesem Grunde ist die Rollenmeßmethode nicht so verbreitet, wie es sonst der Fall sein könnte. Häufig werden Rollen vorrätig gehalten, die im Teilkreis an den Flanken anliegen, um die Berechnungen zu vereinfachen. Der Nachteil, daß Rollen von besonderem Durchmesser auf Lager gehalten werden müssen, wird hierbei in Kauf genommen. Diese Beschränkung ist indessen nicht erforderlich. Es können Rollen von beliebigen Durchmessern verwendet werden. Die Rechnung der theoretischen Einstellung erfolgt nach Aufgabe 13, Abschnitt III.

Es sei:

r_1 = Halbmesser, an welchem die Zahndicke bekannt ist

α_1 = Pressungswinkel am Halbmesser r_1

T_{d_1} = Zahndicke am Halbmesser r_1

W = Halbmesser der Rollen

r_2 = Abstand vom Zahnradmittelpunkt bis zum Rollenmittelpunkt

z = Zähnezahl des Rades

α_2 = Pressungswinkel am Halbmesser r_2

so ist:

$$\operatorname{inv}\alpha_2 = \frac{T_{d_1}}{2\,r_1} + \operatorname{inv}\alpha_1 + \frac{W}{r_1\cos\alpha_1} - \frac{\pi}{z},$$

[s. Gleichung (53)]

$$r_2 = \frac{r_1\cos\alpha_1}{\cos\alpha_2}. \quad \text{[s. Gleichung (54)]}$$

Abb. 120. Die Bestimmung der Zahndicke mit Rollen.

Ist die Zähnezahl eine gerade Zahl, so liegen die Rollen in zwei um 180° gegeneinander versetzte Zahnlücken. Für diesen Fall ergibt sich die Mikrometerablesung bei der Messung über die Rollen zu

$$M = 2\,(r_2 + W). \tag{140}$$

Bei ungerader Zähnezahl liegen die Rollen nicht genau einander gegenüber. Für diesen Fall gilt folgende Formel:

$$M = 2\left(r_2\cos\frac{90^0}{z} + W\right). \tag{141}$$

Tabelle 36 enthält die Werte für $\cos\dfrac{90^0}{z}$ für die ungeraden Zähnezahlen zwischen 5 und 99 zur Erleichterung dieser Berechnung. Als Zahlenbeispiel nehmen wir an, daß ein Rad mit 25 Zähnen, 20° Eingriffswinkel, Modul 2 mit Rollen von 3,75 mm ⌀ gemessen wird. Die Zahndicke am

Tabelle 36. Zahndickenmessung mit Rollen bei ungeraden Zähnezahlen.

z	$\dfrac{90^0}{z}$	$\cos\dfrac{90^0}{z}$	z	$\dfrac{90^0}{z}$	$\cos\dfrac{90^0}{z}$
			51	$1^0\,45'\,53''$	0,99953
			53	$1^0\,41'\,53''$	0,99956
5	$18^0\,0'\,0''$	0,95106	55	$1^0\,38'\,11''$	0,99959
7	$12^0\,51'\,26''$	0,97493	57	$1^0\,34'\,44''$	0,99962
9	$10^0\,0'\,0''$	0,98481	59	$1^0\,31'\,32''$	0,99965
11	$8^0\,10'\,54''$	0,98982	61	$1^0\,28'\,31''$	0,99967
13	$6^0\,55'\,23''$	0,99271	63	$1^0\,25'\,43''$	0,99969
15	$6^0\,0'\,0''$	0,99452	65	$1^0\,23'\,5''$	0,99971
17	$5^0\,17'\,39''$	0,99573	67	$1^0\,20'\,36''$	0,99973
19	$4^0\,44'\,13''$	0,99658	69	$1^0\,18'\,16''$	0,99974
21	$4^0\,17'\,9''$	0,99720	71	$1^0\,16'\,3''$	0,99976
23	$3^0\,54'\,47''$	0,99767	73	$1^0\,13'\,58''$	0,99977
25	$3^0\,36'\,0''$	0,99803	75	$1^0\,12'\,0''$	0,99978
27	$3^0\,20'\,0''$	0,99831	77	$1^0\,10'\,8''$	0,99979
29	$3^0\,6'\,12''$	0,99853	79	$1^0\,8'\,21''$	0,99980
31	$2^0\,54'\,12''$	0,99872	81	$1^0\,6'\,40''$	0,99981
33	$2^0\,43'\,38''$	0,99887	83	$1^0\,5'\,4''$	0,99982
35	$2^0\,34'\,17''$	0,99899	85	$1^0\,3'\,32''$	0,99983
37	$2^0\,25'\,57''$	0,99910	87	$1^0\,2'\,4''$	0,99984
39	$2^0\,18'\,28''$	0,99919	89	$1^0\,0'\,10''$	0,99984
41	$2^0\,11'\,42''$	0,99927	91	$0^0\,59'\,20''$	0,99985
43	$2^0\,5'\,35''$	0,99933	93	$0^0\,58'\,4''$	0,99986
45	$2^0\,0'\,0''$	0,99939	95	$0^0\,56'\,51''$	0,99986
47	$1^0\,54'\,54''$	0,99944	97	$0^0\,55'\,40''$	0,99987
49	$1^0\,50'\,12''$	0,99949	99	$0^0\,54'\,33''$	0,99987

Teilkreis sei zu 3,12 mm angenommen. Dies gibt folgende Werte:

$$r_1 = 25\ \text{mm} \qquad W = 1,875$$
$$\alpha_1 = 20^0 \qquad z = 25$$
$$T_{d_1} = 3,12\ \text{mm}$$

Gleichung (53) ergibt:

$$\operatorname{inv}\alpha_2 = \frac{3,120}{50} + 0,01490 + \frac{1,875}{25\cdot 0,93969} - \frac{3,1416}{25} = 0,03145,$$

hieraus ergibt sich

$$\alpha_2 = 25^0\,23' \quad \text{und} \quad \cos\alpha_2 = 0,90346.$$

Gleichung (54) ergibt:

$$r_2 = \frac{25\cdot 0,93969}{0,90346} = 26,002\ \text{mm},$$

$$M = 2\left(r_2\cos\frac{90^0}{z} + W\right) = 2\,(26,002\cdot 0,99803 + 1,875) = 55,652\ \text{mm}.$$

Oft muß aus dem Meßergebnis die Zahndicke ermittelt werden. Die Rechnung ist eine Umkehrung der vorhergehenden.

Bei den gleichen Bezeichnungen wie oben ergibt sich bei gerader Zähnezahl:

$$r_2 = \frac{M - 2\,W}{2},\qquad (142)$$

bei ungerader Zähnezahl

$$r_2 = \frac{M - 2\,W}{2\cos\dfrac{90^0}{z}}.\qquad (143)$$

Durch Umformung von Gleichung (54) ergibt sich:

$$\cos\alpha_2 = \frac{r_1\cos\alpha_1}{r_2},\qquad (144)$$

durch Umformung der Gleichung (53)

$$T_{d_1} = 2\,r_1\left(\frac{\pi}{z} + \mathrm{inv}\,\alpha_2 - \mathrm{inv}\,\alpha_1 - \frac{W}{r_1\cos\alpha_1}\right).\qquad (145)$$

Ist eine große Anzahl derartiger Berechnungen auszuführen, so ist zweckmäßig das in Abb. 121 dargestellte Formular zu benutzen.

Eine weitere Meßmethode zur Bestimmung der Zahndicke[1] von Evolventenverzahnungen, bei welcher normale Meßinstrumente Verwendung finden können und die vom Kopfkreisdurchmesser des Radkörpers unabhängige Werte liefert, besteht in der Messung über mehrere Zähne durch eine gewöhnliche Schiebelehre. Die Anzahl der zwischen den Meßschnäbeln liegenden Zähne ist von Zähnezahl und Eingriffswinkel abhängig. Der zu messende Betrag ist gleich dem am Grundkreis gemessenen Abstand zwischen den beiden von den Schnäbeln der Schiebelehre berührten Flanken. Dieser Abstand ist gleichbleibend und unabhängig von der Richtung, in welcher die Schiebelehre angesetzt wird. Die Bestimmung des theoretischen Abstandes zwischen den Meßschnäbeln kann auf folgende Weise ermittelt werden. Es sei:

M = Entfernung der Meßschnäbel in mm
r = Teilkreishalbmesser in mm
α = Eingriffswinkel
T_d = Zahndicke am Halbmesser r in mm
z = Zähnezahl
S = Anzahl der Zahnlücken zwischen den Meßschnäbeln

so ist

$$M = r\cos\alpha\left(\frac{T_d}{r} + \frac{2\,\pi\,S}{z} + 2\,\mathrm{inv}\,\alpha\right).\qquad (146)$$

Es ist zweckmäßig, die Profile in der Nähe des Teilkreises zu messen, da das Profil an dieser Stelle meistens frei von Korrektionen ist und die Umgebung des Teilkreises einen wesentlichen Teil des wirksamen Profils darstellt. Je größer die Zähnezahl, um so größer ist der Abstand

---

[1] Siehe Wildhaber: Amer. Mach. **59**, 551.

$z =$ Zahndickenmessung mit Rollen. Modul =..........

Gegeben die Zahndicke, gesucht das Meßergebnis der Rollenmessung			Gegeben das Meßergebnis der Rollenmessung, gesucht die Zahndicke	
$r_1 =$	Bei gerader Zähnezahl z ist $M = 2\,(r_2 + W)$		$r_1 =$	$\cos\alpha_2 = \dfrac{r_1\cos\alpha_1}{r_2}$
$\alpha_1 =$			$\alpha_1 =$	
$T_{d_1} =$	$r_2 =$		$W =$	$\cos\alpha_1 =$
$W =$	$W =$	$+$	$M =$	$r_1\cos\alpha_1 =$
$\operatorname{inv}\alpha_2 = \dfrac{T_{d_1}}{2\,r_1} + \operatorname{inv}\alpha_1 + \dfrac{W}{r_1\cos\alpha_1} - \dfrac{\pi}{z}$	Summe $=$		Bei gerader Zähnezahl z ist $r_2 = \dfrac{M - 2\,W}{2}$	$\cos\alpha_2 =$
	$M =$			$\alpha_2 =$
$\cos\alpha_1 =$	Bei ungerader Zähnezahl z ist $M = 2\left(r_2\cos\dfrac{90^0}{z} + W\right)$			$T_{d_1} = 2\,r_1\left(\dfrac{\pi}{z} + \operatorname{inv}\alpha_2 - \operatorname{inv}\alpha_1 - \dfrac{W}{r_1\cdot\cos\alpha_1}\right)$
$r_1\cos\alpha_1 =$			$M =$	
$\dfrac{T_{d_1}}{2\,r_1} =$	$\cos\dfrac{90^0}{z} =$		$2\,W =$	$\dfrac{3,1416}{z} =$
$\operatorname{inv}\alpha_1 =$	$+$	$r_2\cos\dfrac{90^0}{z} =$	Diff. $=$	$\operatorname{inv}\alpha_2 =$	$+$
$\dfrac{W}{r_1\cos\alpha_1} =$	$+$	$W =$	$+$	$r_2 =$	Summe $=$
Summe $=$	Summe $=$		Bei ungerader Zähnezahl z ist $r_2 = \dfrac{M - 2\,W}{2\cos\dfrac{90^0}{z}}$	$\operatorname{inv}\alpha_1 =$	$-$
$\dfrac{3,1416}{z} =$	$-$	$M =$		Diff. $=$
$\operatorname{inv}\alpha_2 =$			$\dfrac{W}{r_1\cos\alpha_1} =$	$-$
$\alpha_2 =$	$r_1 =$ Halbmesser, an welchem die Zahndicke gegeben oder gesucht wird	$\cos\dfrac{90^0}{z} =$	Diff. $=$
	$\alpha_1 =$ Pressungswinkel am Halbmesser r_1 $T_{d_1} =$ Zahndicke am Halbmesser r_1 $W =$ Rollenhalbmesser		
$\cos\alpha_2 =$	$r_2 =$ Abstand von Zahnrad und Rollenmittelpunkt	$2\cos\dfrac{90^0}{z} =$	$2\,r_1 =$
$r_2 = \dfrac{r_1\cos\alpha_1}{\cos\alpha_2}$	$\alpha_2 =$ Pressungswinkel am Halbmesser r_2 $M =$ Meßergebnis bei der Rollenmessung	$M =$	$T_{d_1} =$
		$2\,W =$	
$r_2 =$		Diff. $=$	
		$r_2 =$	

Abb. 121. Berechnungsformular für die Zahndickenmessung mit Rollen.

des Grundkreises vom Teilkreis, und es müssen dementsprechend um so mehr Zahnlücken von den Meßschnäbeln eingeschlossen werden, um ihre Anlage möglichst in der Nähe des Teilkreises zu erhalten.

Tabelle 37 enthält die Werte S bei verschiedenen Zähnezahlen und bei verschiedenen Eingriffswinkeln.

Als Zahlenbeispiel nehmen wir die Messung eines Rades von Modul 10, 20° Eingriffswinkel, 30 Zähne und einer Zahndicke am Teilkreis von 15,600 mm an. In diesem Fall wird

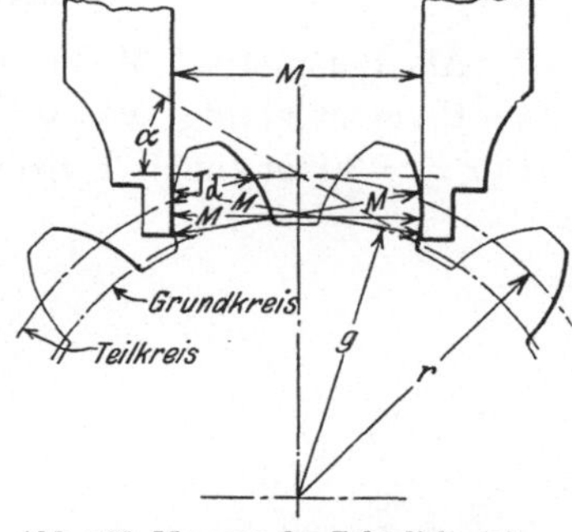

Abb. 122. Messung der Zahndicke mit einer gewöhnlichen Schiebelehre.

$$r = 150 \text{ mm} \qquad T_d = 15,600$$
$$\alpha = 20^0 \qquad z = 30$$

Tabelle 37 ergibt für 20° 30 Zähne $S = 3$. Hieraus ergibt sich

$$M = 150 \cdot \cos 20^0 \left(\frac{15,600}{150} + \frac{6\,\pi}{30} + 2 \operatorname{inv} 20^0\right) = 107{,}424 \text{ mm}.$$

Der Unterschied zwischen dem gemessenen und dem errechneten Wert ergibt direkt den Betrag, um welchen der Zahn zu dick oder zu dünn ist.

Tabelle 37. Anzahl der zwischen den Meßschnäbeln liegenden Zahnlücken bei Messung der Zahndicke mit der Schiebelehre.

$S =$	1		2		3		4		5		6		7		8	
Eingriffswinkel in °	Zähnezahl															
	von	bis	von	bis	von	bis	von	bis	von	bis	von	bis	von	bis	von	bis
14½	12	25	26	37	38	50	51	62	63	75	76	87	88	100		
17	12	21	22	32	33	42	43	53	54	64	65	74	75	85	86	96
20	12	18	19	27	28	36	37	45	46	54	55	63	64	72	73	81
22½	12	16	17	24	25	32	33	40	41	48	49	56	57	64	65	72
25	12	14	15	21	22	29	30	36	37	43	44	51	52	58	59	65

Für normale Zahnformen ohne Profilverschiebung bei normaler Zahndicke am Teilkreis (Zahn = Lücke) kann Gleichung (146) für Modul 1 auch in folgender Form geschrieben werden:

$$M_1 = \pi \left(\tfrac{1}{2} + S\right) \cos\alpha + z \cos\alpha \operatorname{inv}\alpha. \tag{147}$$

Für einen beliebigen Modul muß M_1 mit dem Betrag des Moduls multipliziert werden.

Soll die Zahndicke zur Erzielung eines Flankenspieles um $\varDelta$ kleiner gehalten werden, so ist von diesen Werten $\varDelta \cdot \cos\alpha$ abzuziehen.

Bei einer Profilverschiebung x ergibt sich für Modul 1 als Abstand der Meßschnäbel:

$$M_{1x} = M_1 + 2x\sin\alpha. \tag{148}$$

Als Beispiel sei Modul 10, 30 Zähne, 20° Eingriffswinkel und eine Profilverschiebung $x = 0,5$ (für Modul 1 gerechnet) angenommen. Für $z = 30$ ist (nach Tabelle 26) $S = 3$.

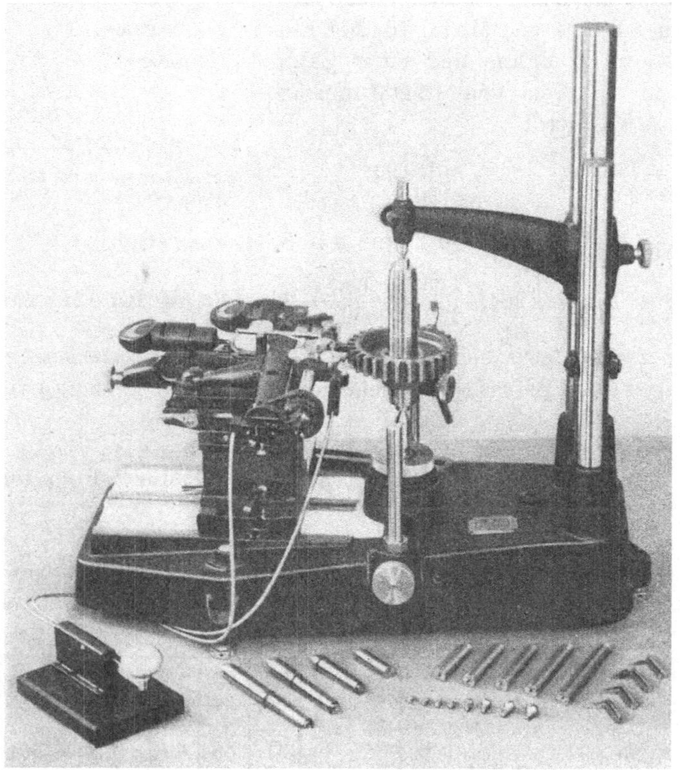

Abb. 123. Meßvorrichtung von Zeiss für Zahndicken-, Teilungs- und Exzentrizitätsmessung.

Für Modul 1 wird nach Gl. (147)

$$M_1 = 3,1416 \cdot 3,5 \cdot 0,93969 + 30 \cdot 0,93969 \cdot 0,01490 = 10,7524 \,\text{mm},$$

$$M_{1x} = 10,7524 + 2 \cdot 0,5 \cdot 0,34202 = 11,0944 \,\text{mm}.$$

Für Modul 10 ergibt sich:

$$M = 10\,M_1\,x = 110,944 \,\text{mm}.$$

Die Zahndickenmessung auf dieser Grundlage läßt sich sehr bequem auf dem in Abb. 123 gezeigten Zeiss'schen Meßgerät ausführen. Bei der

Messung der aufeinanderfolgenden Zähne wird das zwischen den Spitzen aufgenommene Rad durch eine Kugelraste gehalten. Die Meßschnäbel befinden sich auf einem Meßschlitten, der auf Kreuzschlittenführungen radial und tangential leicht beweglich angeordnet ist. Bei dieser Messung wird der vorher von Hand radial zurückgezogene Meßschlitten bei Betätigung eines Auslösehebels durch eine Federkraft bis zu einem festen Anschlag radial vorgeschoben; tangential stellt sich der Meßschlitten

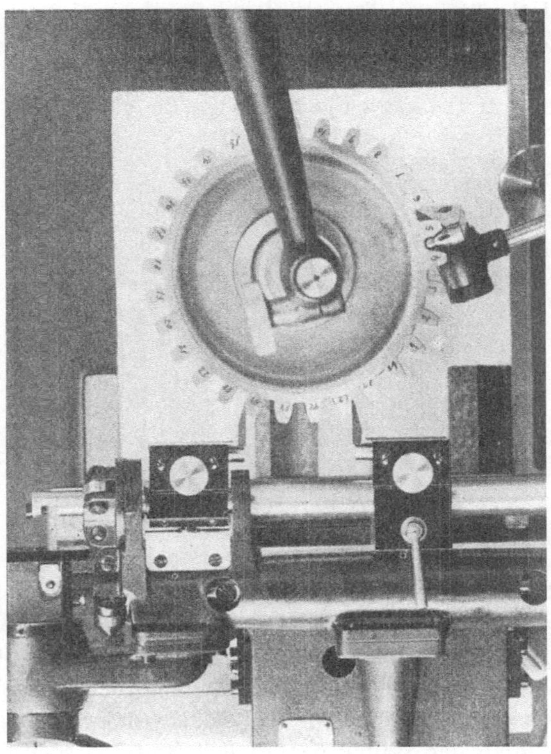

Abb. 124. Messung der Zahndicke mit der Zeiss'schen Meßvorrichtung mit zwei parallelen Meßschnäbeln.

so ein, daß der eine am Meßschlitten festgeschraubte Meßschnabel an der entsprechenden Zahnflanke des Rades zur Anlage kommt. Der zweite parallele Meßschnabel ist beweglich auf dem Meßschlitten angebracht, er wirkt auf einen Fühlhebel. Die Einstellung der parallelen Meßschnäbel kann mit Hilfe von Endmaßen erfolgen. Abb. 124 zeigt die Anordnung der Meßschnäbel bei dieser Messung.

Die Zahndicke kann auf indirektem Wege auch durch Messung des Fußkreisdurchmessers ermittelt werden. Abb. 125 zeigt die Ausführung der Messung bei einer geraden Zähnezahl. Die Messung erfolgt in diesem Falle in zwei einander genau gegenüberliegenden Zahnlücken. Bei ungerader Zähnezahl muß die Messung zwischen Zahngrund auf der einen Seite und Außenumfang an der gegenüberliegenden Seite erfolgen. Werden die Abmessungen des zu erzeugenden Werkzeuges genau eingehalten, so ergibt diese Methode in vielen Fällen eine hinreichende Meßgenauigkeit bei der Bestimmung der Zahndicke. Insbesondere bei großen Rädern, wo ein verhältnismäßig großes Flankenspiel zulässig ist, ist die Methode wegen ihrer Einfachheit sehr gut verwendbar.

Ein weiteres indirektes Prüfverfahren zur Prüfung der Zahndicke besteht in dem Abwälzen eines Räderpaares im theoretischen Achsenabstand. Auf derartige Methoden, die gleichzeitig verschieden-

Abb. 125. Messung des Fußkreisdurchmessers.

artige Fehler und die betriebsmäßige Brauchbarkeit prüfen, kommen wir noch später zurück. Zunächst sollen nur diejenigen Methoden betrachtet werden, bei denen jedes einzelne Element besonders geprüft wird[1].

Warum soll die Exzentrizität der Zahnprofile gemessen werden? Es muß schon bei dem Verzahnen der Räder Vorsorge für eine konzentrische Aufnahme der Radkörper an der Räderbearbeitungsmaschine getroffen werden. Ist dies der Fall, so läßt sich vielfach die Prüfung des Produktes vermeiden. In vielen Fällen ist eine kleine Exzentrizität be-

---

[1] Strenggenommen ist dies z. B. bei der Messung der Zahndicke mit zwei parallelen Meßschnäbeln auch nicht der Fall gewesen, da ja das Meßergebnis auch von den Teilungs- und Formfehlern abhängig ist. Da jedoch meistens in Bezug auf Teilung und Zahnform eine wesentlich höhere Genauigkeit als für die Zahndicke verlangt werden muß, müssen Teilungs- und Zahnformfehler bei der Zahndickenmessung nach dieser Methode nicht besonders beachtet werden. Ungünstiger liegen die Verhältnisse bei den vom Kopfkreis ausgehenden Meßgeräten, da der Kopfkreis in Bezug auf Exzentrizität und Durchmesser meistens nicht so genau eingehalten und dadurch die Meßgenauigkeit ungünstig beeinflußt wird.

langlos. Der Eingriff zwischen exzentrischen Evolventenrädern, die keine nennenswerten anderen Fehler aufweisen, ist stoßfrei und kontinuierlich. Die Geschwindigkeitsschwankung verläuft verhältnismäßig langsam und in Form einer beinahe reinen Sinuslinie.

Exzentrizität ist indessen bei Wechselrädern für genaue Teilung und Gewindeschneiden sehr schädlich. Auch verhältnismäßig kleine Exzentrizitäten beeinflussen hierbei die Genauigkeit der Teil- oder Gewindeschneidoperation ganz erheblich. Bei diesen Operationen ergibt der verhältnismäßig große akkumulierte Fehler bei exzentrischen Rädern starke Abweichungen zwischen der relativen Lage des Werkstückes zum bearbeitenden Werkzeug. Bei Wechselrädern muß ganz besondere Sorgfalt darauf verwendet werden, um die Exzentrizität so klein wie möglich zu halten. Die Prüfung der Exzentrizität soll in erster Linie zur Kontrolle der Aufspannung und nur in zweiter Linie zur Sortierung des Endproduktes dienen. Auch eine Prüfung der Räder selbst ist in erster Linie als Kontrolle der Aufspannung anzusehen.

Wie kann die Exzentrizität von Verzahnungen gemessen werden? Es gibt

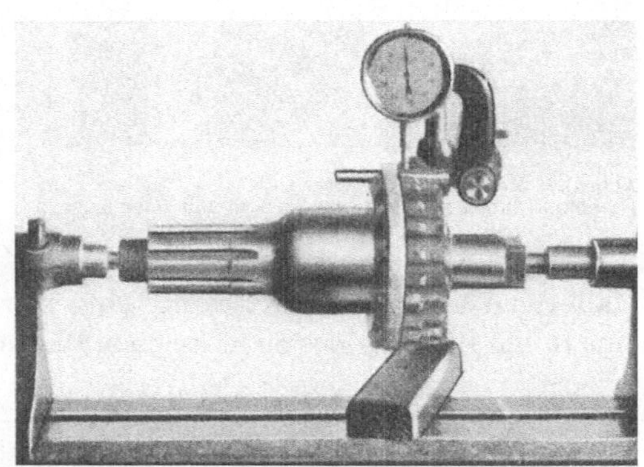

Abb. 126. Messung der Exzentrizität an einem kleinen Rad mit Hilfe eines in die Zahnlücken gelegten Stiftes.

verschiedene direkte und indirekte Verfahren zur Messung der Exzentrizität von Zahnprofilen. Wir betrachten zunächst die direkten Verfahren.

Bei einem der einfachsten und am häufigsten verwendeten Verfahren zur Prüfung der Exzentrizität werden in die Zahnlücken zylindrische Stifte gelegt, die mit einem Fühlhebel abgetastet werden. Dieses Verfahren kommt in verschiedenen Ausführungsformen zur Anwendung.

Räder mit kleinen Abmessungen werden zweckmäßig auf einem Dorn zwischen Spitzen aufgenommen. Der zylindrische Stift wird in eine Zahnlücke gelegt und mit der Meßuhr abgetastet. Der größte Ausschlag der Meßuhr wird beim Vorbeidrehen des Rades abgelesen, hiernach der Stift in die nächste Zahnlücke gelegt und auf diese Weise sämtliche Zahnlücken abgetastet. Der größte „Schlag" ist der Unterschied zwischen der größten und kleinsten Ablesung der Meßuhr. Die Exzentrizität ist die Hälfte dieses Betrages. Abb. 126 zeigt die Ausführung dieser Messung. Abb. 127 zeigt die Messung eines großen Rades, das zur Ausführung der Messung in einer großen Drehbank aufgenommen worden ist.

Diese Art der Prüfung kann besonders bei sehr großen Rädern noch auf der Räderbearbeitungsmaschine vorgenommen werden. In diesem Falle ist jedoch der Aufnahmedorn oder die Bohrung, falls letztere teilweise freiliegt bzw. nicht vom Aufnahmedorn ausgefüllt wird, auf Rundlauf zu kontrollieren.

Abb. 127. Messung der Exzentrizität an einem auf einer Drehbank aufgenommenen großen Rad mit Hilfe eines in die Zahnlücken gelegten Stiftes.

Eine weitere Ausführungsform dieser Meßanordnung zeigt Abb. 128, die vor allem für breite Räder Verwendung finden kann. Der zylindrische Dorn ragt über die Zahnlücke hinaus. Er trägt einen gebogenen Halter, an welchem eine Meßuhr aufgesetzt ist. Mit der Meßuhr wird eine in die Bohrung des zu messenden Rades gepreßte Buchse oder Dorn

Abb. 128. Messung der Exzentrizität mit einer Meßuhr, die an einem in die Zahnlücke gelegten zylindrischen Dorn befestigt ist.

abgetastet, indem der in der Zahnlücke anliegende zylindrische Dorn mit Meßuhrhalter und Meßuhr in die Lage geschwenkt wird, in welcher die Meßuhr den größten Ausschlag anzeigt.

Der in die Zahnlücken gelegte Meßstift kann durch eine Tastkugel ersetzt werden. Eine derartige Messung kann an dem in Abb. 123 ge-

Das in Abb. 130 dargestellte Zahnradprüfgerät
wird von der Firma C a r l   M a h r G. m. b. H.,
Eßlingen a. Neckar, hergestellt.

zeigten Zeiss'schen Meßgerät ausgeführt werden. Zu diesem Zweck wird am Meßschlitten ein Kugeltaster angebracht; die radiale Lage des Meßschlittens wird beim Abtasten der aufeinander folgenden Zahnlücken mit einem Fühlhebel festgestellt. Abb. 129 zeigt die Meßanordnung.

Abb. 129. Messung der Exzentrizität mit einem Kugeltaster an der Zeiss'schen Meßvorrichtung nach Abb. 124.

Eine weitere Methode zur Bestimmung der Exzentrizität besteht in der Prüfung des Achsenabstandes zwischen dem zu prüfenden Rad und einem möglichst genauen Musterrad bei spielfreiem Gang. Die Anordnung zeigt Abb. 130. Der Aufnahmedorn des einen Rades liegt relativ zum Bett der Vorrichtung fest. Der zweite Aufnahmedorn ist an einem Schlitten befestigt, der in Richtung der Mittenlinie beider Räder leicht beweglich

Abb. 130. Meßeinrichtung zur Prüfung der Exzentrizität eines Räderpaares.

angeordnet ist. Durch Federdruck werden beide Räder aneinandergedrückt, so daß sie spielfrei miteinander kämmen. Durch die Exzentrizität der Räder wird der bewegliche Schlitten verschoben. Die

Größe der Bewegung des Schlittens kann durch eine Meßuhr abgelesen werden. Der Unterschied zwischen der größten und kleinsten Meßuhrablesung ergibt den „Schlag", der halbe Betrag desselben die Exzentrizität. Bei einigen Ausführungsformen dieser Einrichtung können die Fehler nicht nur direkt durch die Meßuhr abgelesen, sondern auch in Form eines Diagrammes auf einem Papierstreifen aufgezeichnet werden.

Die Exzentrizität kann auch durch eine optische Projektionsmethode bestimmt werden. Zu diesem Zweck wird das Rad auf einem Dorn aufgenommen, eine Flanke des Rades in starker Vergrößerung auf einem Schirm projiziert, wobei eine von der projizierten Flanke in einem Winkelabstand von 90 bis 120° gelegene Flanke gegen einen festen Anschlag gedrückt wird. An dem Schirm wird entsprechend des projizierten Profils eine Linie gezogen. Nacheinander werden verschiedene Flanken bei unverändertem festen Anschlag zur Projektion gebracht. Die Abweichung der einzelnen Projektionen kann direkt am Schirm abgemessen werden. Das Meßergebnis entspricht dem akkumulierten Fehler zwischen dem projizierten Zahn und dem festen Anschlag. Akkumulierte Fehler stammen meistens von der Exzentrizität der Aufnahme her. Infolgedessen stellt diese Methode praktisch auch eine Methode zur Messung der Exzentrizität dar, da die gemessenen akkumulierten Fehler in Exzentrizitätsfehler umgerechnet werden können.

Warum soll das Fluchten der Zähne geprüft werden? Eine ungleichmäßige Verteilung der Belastung ist die Folge eines unvollkommenen Fluchtens der ineinander greifenden Zähne. Sind größere Fehler dieser Art vorhanden, so konzentriert sich die Belastung auf die eine Ecke des Zahnes; dies hat eine starke örtliche Abnützung und einen unzulässig geräuschvollen Lauf bei hohen Umfangsgeschwindigkeiten zur Folge.

Fehler im Fluchten der Zähne können ebenso wie Exzentrizitätsfehler bei guter Instandhaltung der Maschine und entsprechender Sorgfalt beim Aufspannen der Werkstücke auf ein Mindestmaß herabgedrückt werden.

Wie kann das Fluchten der Zähne geprüft werden? Der einfachste und sicherste Weg zur Prüfung des Fluchtens der Zähne besteht darin, daß man das zu prüfende Räderpaar auf parallele, im richtigen Achsenabstand gelagerte Wellen spannt und solange unter Belastung laufen läßt, bis sich die Druckstellen an den Flanken markieren. Die Zähne sollten möglichst auf der ganzen Zahnbreite tragen.

Größere Geradzahnstirnräder legt man zur Prüfung des Fluchtens der Zähne zweckmäßig auf eine Platte; Bohrung und Flanken können mit einem Prüfwinkel geprüft werden.

Warum soll die Zahnteilung gemessen werden? Eine ungleichförmige Teilung erzeugt einen stoßweisen Eingriff und geräuschvollen Lauf. Auch

die Beanspruchung der Zähne wird durch die ungleichförmige Teilung
erhöht und hierdurch die zulässige Nutzbelastung herabgesetzt.

Die Genauigkeit der Teilung wird in erster Linie durch die Genauigkeit der Räderbearbeitungsmaschine und des erzeugenden Werkzeuges bestimmt. Auch die Teilungsmessungen an den Rädern sollen
daher vor allem zu dem Zweck vorgenommen werden, um hiermit die
Genauigkeit der Maschine und Werkzeuge zu kontrollieren und erst in
zweiter Linie zur eigentlichen Kontrolle des Werkstückes. Zeigen sich
größere Teilungsfehler, so sollten sowohl die erzeugenden Werkzeuge
als auch die Maschinen kontrolliert werden, um die Fehlerquellen festzustellen und entsprechende Schritte zu ihrer Behebung zu unter-

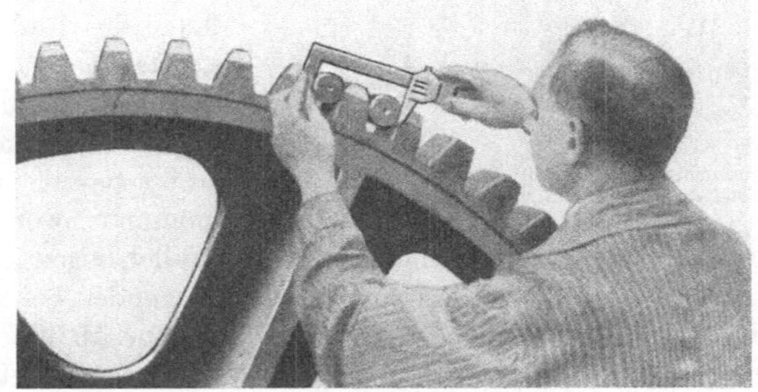

Abb. 131. Teilungsmessung mit Hilfe von in die Zahnlücken gelegten Stiften
und einer Schiebelehre.

nehmen. Starke Teilungsfehler sollen immer ein Warnungszeichen
sein, um die Produktion zu unterbrechen und die Einrichtung zu
kontrollieren.

Wie kann die Teilung gemessen werden? Auch zur Teilungsmessung
gibt es verschiedene Verfahren, von denen das einfachste wieder in
der Verwendung von zylindrischen Stiften besteht, die man in zwei benachbarte Zahnlücken legt und deren Abstand man durch Messung
mit einer Schiebelehre oder Mikrometerschraube bestimmt. Die zylindrischen Stifte werden nacheinander in die aufeinanderfolgenden
Zahnlücken gelegt. Der Unterschied der aufeinanderfolgenden Meßergebnisse ist ein Maß für die Teilungsfehler. Diese Anordnung zeigt
Abb. 131. Eine etwas andere Ausführungsform der gleichen Meßmethode
zeigt Abb. 132. Die beiden zylindrischen Dorne ragen über die Zahnlücken hinaus. An dem einen Dorn wird an einem gebogenen Halter
eine Meßuhr befestigt. Durch Herumschwenken der Meßuhr um die
Achse des ersten in der Zahnlücke anliegenden Dornes wird der überragende Teil des zweiten Meßdornes abgetastet. Die Dorne werden
nacheinander in die aufeinanderfolgenden Lücken gelegt, die Ab-

weichungen der größten Meßuhrablesungen sind ein Maß für die Teilungsfehler.

Eine von den obigen vollkommen abweichende Meßmethode kommt bei der Messung mit dem Odontometer, einem einfach zu bedienenden handlichen Meßinstrument, in Anwendung. Das in Abb. 133 dargestellte Instrument hat einen Meßbereich von Modul 2,5 bis Modul 8; es kann für jeden beliebigen Eingriffswinkel verwendet werden. Die Messung kann in jeder beliebigen Lage des Rades, insbesondere auch, während das Rad noch auf der Bearbeitungsmaschine aufgespannt ist, vorgenommen werden. Die

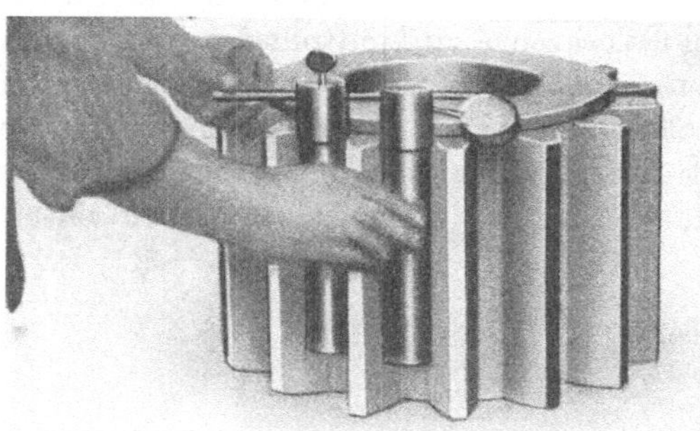

Abb. 132. Teilungsmessung mit Hilfe von in die Zahnlücken gelegten Dornen und einer Meßuhr.

Meßflächen des Odontometers sind als zwei parallel liegende Flanken einer Zahnstange ausgebildet, die an zwei gleichliegenden benachbarten Flanken des zu messenden Rades anliegen. Die eine Meßfläche A ist relativ zum Gehäuse des Meßinstrumentes fest, die zweite Meßfläche B ist beweglich. Durch eine dritte Fläche C wird die Fläche A gegen die eine zu messende Flanke gedrückt. Die Flächen B und C sind verstellbar angeordnet, um das Meßinstrument zur Messung von Rädern mit verschiedenen Modulen verwenden zu können.

Die bewegliche Meßfläche B ist an zwei dünnen Blattfedern D aufgehängt, die als spielfreie Lagerungen dienen. Die Bewegung der Meßfläche B wird durch einen Übersetzungshebel F mit der Übersetzung 5 : 1 auf die Meßuhr E übertragen. Um die Wirkungsweise des Instrumentes zu verstehen, muß man auf eine wesentliche Eigenschaft der Evolventenverzahnung zurückgreifen. Abb. 134 zeigt eine Reihe von Evolventen, die zum gleichen Grundkreis gehören und im gleichen Winkelabstand aufeinander folgen. Zieht man Tangenten an den Grundkreis,

Abb. 133. Odontometer zur Messung der Eingriffsteilung.

so sind die durch die aufeinanderfolgenden Schnittpunkte begrenzten Abschnitte alle gleich lang, ganz unabhängig von der Lage der Tangenten. Ihre Länge entspricht der Eingriffsteilung. Abb. 135 zeigt die Profilteile, an welchen die Odontometermessungen erfolgen. Die eine Meßflanke wird an die eine zu prüfende Flanke des Rades gelegt und das ganze Meßinstrument an der anliegenden Flanke abgewälzt. Sobald die Lage M erreicht ist, kommt die zweite Meßflanke mit der benachbarten zu prüfenden Flanke in Berührung. Der Abstand der beiden Meßflächen und hiermit die Anzeige der Meßuhr bleibt bei weiterer Abwälzung des Instrumentes von der Lage M in die Lage N bei Prüfung eines theo-

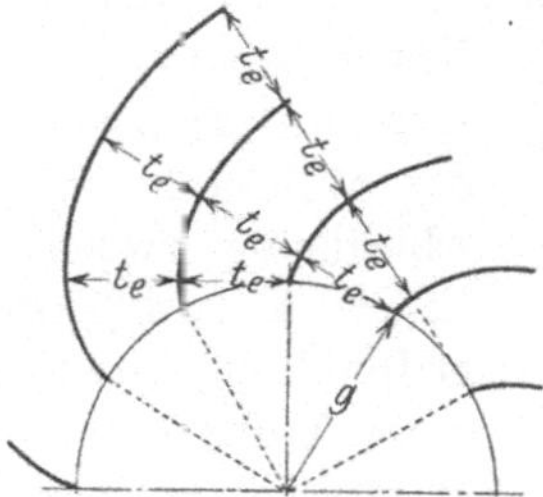

Abb. 134. Evolventenschar.

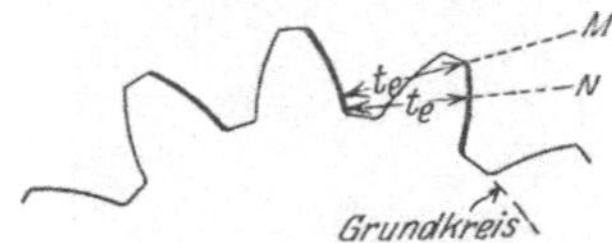

Abb. 135. Schema der odontometrischen Messung der Eingriffsteilung.

retisch korrekten Evolventenprofils konstant. Im Laufe der Abwälzung bleibt daher der Zeiger der Meßuhr eine Weile stehen. Derjenige Betrag, den der stehengebliebene Zeiger anzeigt, wird abgelesen.

Im allgemeinen wird das Meßinstrument als Vergleichsinstrument zur Messung der Gleichförmigkeit der Teilungen eines einzelnen Rades

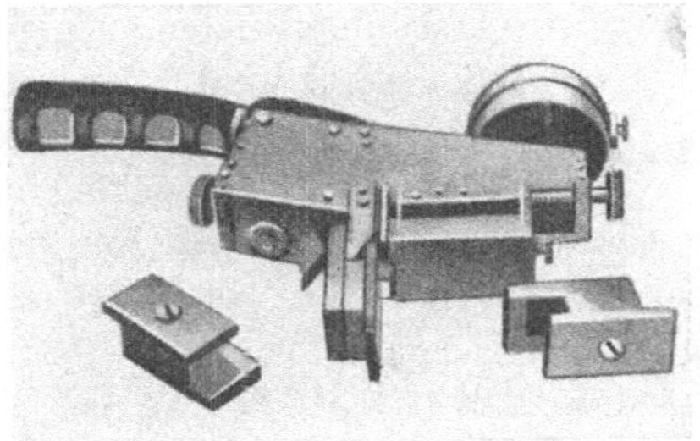

Abb. 136. Einstellung des Odontometers mit Hilfe von Parallelmeßblöcken.

Abb. 137. Odontometer für große Räder.

von zusammengehörigen Rädern und austauschbaren Rädern verwandt. Bei zusammengehörigen Rädern sollen die durch das Odontometer gemessenen Eingriffsteilungen übereinstimmen. Soll eine Absolutmessung erfolgen, so kann der Abstand der beiden Meßflächen mit Hilfe von Parallelmeßblöcken eingestellt werden (s. Abb. 136). Ein größeres Instrument dieser Art mit einem Meßbereich von Modul 6 bis Modul 20 zeigt Abb. 137. Das Meßinstrument ist mit zwei Meßuhren auf jeder Seite vorgesehen, so daß die Prüfung beider Flanken eines auf der Räderbearbeitungsmaschine horizontal aufgespannten Rades möglich ist.

Statt der einen ebenen Meßfläche des Odontometers kann dieselbe auch zylindrisch oder kugelförmig ausgebildet werden. Geht die Eingriffsnormale durch die Achse des Zylinders bzw. durch den Mittelpunkt der Kugel, so entspricht der Abstand der einen ebenen Meßfläche und der Anlagestelle des Zylinders bzw. der Kugel auch der Eingriffsteilung. Meßinstrumente dieser Art werden von Maag und auch von Zeiss gebaut. Im Gegensatz zu dem Odontometer, das während der ganzen Abwälzung zwischen den Lagen M und N die Eingriffsteilung anzeigt, zeigen diese Meßinstrumente nur in einer ganz bestimmten Lage die Eingriffsteilung an. Dies macht sich als Maximalausschlag des Meßinstrumentes in der betreffenden Lage bemerkbar. Im Gegensatz zur Odontometermessung, wo die Anzeige des zeitweilig stehenbleibenden Zeigers gewertet wird, wird bei diesen Meßinstrumenten der Maximalausschlag des Zeigers gewertet. Das Maag'sche Gerät zur Prüfung der Eingriffsteilung zeigt Abb. 138. Auch bei dem Maag'schen Gerät ist eine beiderseitige Meßuhrablesung möglich.

Abb. 138. Eingriffsteilungsmeßgerät von Maag.

Auch die Messung der Eingriffsteilung läßt sich auf dem in Abb. 123 gezeigten Zeiss'schen Gerät durchführen. Abb. 139 zeigt die Anordnung der Tastkörper. Die Messung erfolgt stets in bestimmten, durch die Kugelraste fixierten Lagen des Radkörpers. Die Meßgenauigkeit der Zeiss'schen und der Maag'schen Eingriffsteilungsmeßgeräte und des Odontometers kann mit etwa 0,002 mm angesetzt werden.

Ein von Copland entwickeltes Meßinstrument ähnlicher Art, das jedoch nicht universell verwendbar ist, sondern sich nur auf die Messung einer bestimmten Eingriffsteilung beschränkt, zeigt Abb. 140. Mit dem Gehäuse des Meßinstrumentes ist eine Rolle fest verbunden, die in eine Zahnlücke hineingelegt wird. Um diese Rolle wird das Meßinstrument bis zu einem festen, verstellbaren, am Kopfkreisdurchmesser des Rades anliegenden Anschlag geschwenkt. Hierdurch ergibt sich für jede Zahn-

Abb. 139. Messung der Eingriffsteilung auf der Zeiss'schen Meßvorrichtung nach Abb. 123.

lücke eine eindeutige Lage des Meßinstrumentes. Eine benachbarte Zahnflanke wird durch einen auf eine Meßuhr wirkenden Hebel abgetastet. Fehler in der Teilung werden durch Abweichungen in der Meßuhranzeige dargestellt.

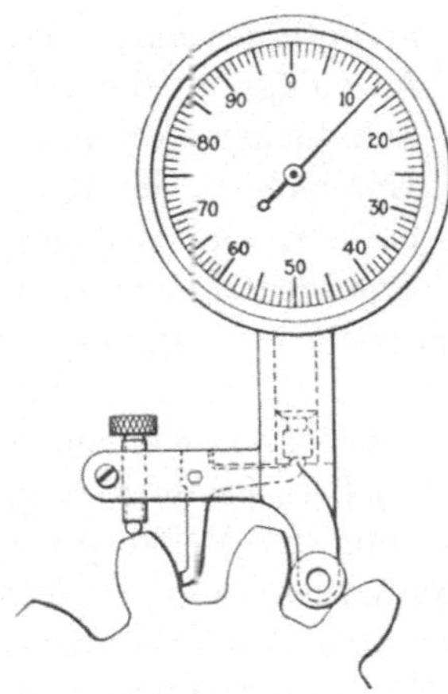

Abb. 140. Das Coplandsche Meßinstrument für Teilungsmessung.

Abb. 141. Messung der Kreisteilung an der Lees-Bradnerschen Meßeinrichtung.

Eine etwas abweichende Anordnung von Lees-Bradner zeigt Abb. 141.

Das Meßinstrument kann sowohl zur Messung der Teilung als auch zur Messung des Profils verwendet werden. Bei Messung der Teilung sind die Räder drehbar angeordnet. Der Meßrahmen ist am Bett der Einrichtung festgeklemmt. Am Meßrahmen ist ein verstellbarer fester Anschlag J befestigt, der gegen einen bestimmten Punkt, z. B. den Wälzpunkt der einen Flanke des zu prüfenden Rades anliegt. Ein Hebel K liegt gegen eine benachbarte gleichliegende Flanke an, und zwar möglichst in einem der Anlage des festen Anschlages entsprechenden Punkt. Liegt z. B. der feste Anschlag an dem Wälzpunkt der einen Flanke an, so legt man, wenigstens annäherungsweise, den Hebel K an den Wälzpunkt der benachbarten gleichliegenden Flanke an. Dieses Meßverfahren sei im Gegensatz zum Eingriffsteilungsmeßverfahren „Kreisteilungsmeßverfahren" genannt. Der längere Arm des Hebels K wirkt auf eine Meßuhr. Zur Messung wird das Rad gegen den festen Anschlag gedrückt, die Meßuhr abgelesen, das Rad axial herausgehoben und wieder so heruntergesenkt, daß die Anschläge in die folgenden Zahnlücken kommen. Die Unterschiede der Ablesungen bei den verschiedenen Flanken ergeben den Teilungsfehler. Teilungsfehler von der Größenordnung von etwa 0,0025 mm können noch sicher auf diese Weise festgestellt werden.

Abb. 142. Das Maagsche Meßgerät für Kreisteilungsmessung.

Prinzipiell gleichartige Messungen können auch an dem in Abb. 124 dargestellten Zeiss'schen Gerät ausgeführt werden. Der einzige Unterschied gegenüber der Teilungsmessung auf der Lees-Bradner'schen Meßeinrichtung besteht darin, daß zur Einführung der Meßkörper an die aufeinanderfolgenden Flanken nicht der Radkörper axial, sondern vielmehr der Meßschlitten radial herausgehoben wird. Auf ähnlicher Grundlage beruht auch das in Abb. 142 gezeigte Maag'sche Meßgerät, welches jedoch im Gegensatz zu dem Lees-Bradner'schen und dem in Abb. 124 gezeigten Zeiss'schen nicht von der Bohrung, sondern vom Kopfzylinder ausgeht; ein genau zur Bohrung laufender Kopfzylinder ist also bei der Messung mit diesem Gerät Vorbedingung. Das gleiche gilt für das in

Abb. 143 dargestellte Handmeßgerät der Fortuna-Werke zur Kreisteilungsmessung. Das Gerät liegt an zwei festen, jedoch einstellbaren Anschlägen am Kopfzylinder des zu messenden Rades und an einem festen einstellbaren Anschlag an der einen Zahnflanke an. Ein zweiter beweglicher Anschlag liegt an einer benachbarten, gleichliegenden Flanke an und wirkt auf einen Fühlhebel.

Ein ähnliches Gerät, jedoch mit zwei Fühlhebeln, wird von den Fortuna-Werken zur Prüfung von Zahndicke und Teilung der auf der Zahnbearbeitungsmaschine aufgespannten Räder gebaut (Abb. 143a). Je nachdem man beide Tastkörper an entgegengesetzt oder gleich liegenden Flanken ansetzt, kann die Zahndicke oder die Teilung gemessen werden. Das Gerät geht

Abb. 143. Handmeßgerät der Fortuna-Werke zur Kreisteilungsmessung.

von der Werkstückaufnahme bei der Bearbeitung und nicht vom Kopfzylinder aus. Nach Messung des einen Zahnes wird das Gerät um eine im Stativ befindliche Achse herausgeschwenkt, das Rad weiter gedreht und das Gerät bis zu einem festen Anschlag eingeschwenkt.

Die hier behandelten Teilungsmeßverfahren lassen sich ganz allgemein in drei Gruppen teilen:

a) Meßverfahren, bei denen Rollen in die Zahnlücke gelegt werden;

b) Meßverfahren zur Bestimmung der Eingriffsteilung;

c) Meßverfahren zur Bestimmung der Kreisteilung.

Bei der ersten Gruppe sind zur Ablesung keine teueren Sonderwerkzeuge erforderlich, die Messung ist jedoch mühsam, zeitraubend und die Genauigkeit nicht besonders groß.

Abb. 143a. Meßgerät für Kreisteilungs- und Zahndickenmessung an der Zahnbearbeitungsmaschine.

Die Meßgeräte der zweiten und dritten Gruppe sind für Zahnteilungsmessungen gebaute Sonderwerkzeuge, die eine schnellere und genauere Messung (gute Geräte dieser Art bis etwa 0,002 mm Genauigkeit) ermöglichen. Bezüglich Handhabung und Genauigkeit sind die Geräte in der zweiten und dritten Gruppe etwa gleichwertig.

Beim Formverfahren und Wälzverfahren mit Einzahnwerkzeug (Einzelstahl, Schleifscheibe), ergibt sowohl das Eingriffsteilungs- als auch das Kreisteilungsmeßverfahren die Teilfehler der Maschine; das erste Verfahren bietet jedoch den Vorteil, daß es von der Exzentrizität unabhängige Ergebnisse liefert. Ferner liefert es gleichzeitig eine Kontrolle für die Übereinstimmung des Eingriffswinkels bzw. der Eingriffsteilung von Rad und Gegenrad, als Absolutmessung ausgeführt, sogar für die Einhaltung des theoretisch korrekten Wertes für den Eingriffswinkel bzw. für die Eingriffsteilung.

Bei Mehrzahnabwälzwerkzeugen (Abwälzfräser, Fellows-Rad) bietet jedoch das Eingriffsteilungsmeßverfahren lediglich eine Kontrolle des Werkzeuges; die Eingriffsteilung ist von den Maschinenfehlern unabhängig. Die Maschinenfehler können in diesen Fällen durch Anwendung des Kreisteilungsmeßverfahrens aufgedeckt werden.

Warum soll die Zahnform gemessen werden? Zu gleichmäßigen Übertragungen müssen sowohl Teilung als auch Zahnform genau sein. Ungleichmäßige Profile ergeben auch einen ungleichmäßigen, geräuschvollen Eingriff.

Es wird vielfach besonderer Wert auf Zurücksetzung des Kopfes bzw. Fußes zur Erzielung eines ruhigen Eingriffs gelegt. Bei einer vollkommen genauen und starren Verzahnung wäre eine derartige Korrektion nicht erforderlich. Da diese Bedingungen jedoch nicht vollkommen erreicht werden, ist eine Korrektion dieser Art häufig empfehlenswert. Ein Kanteneingriff zu Beginn des Eingriffs führt stets zu Störungen; er ist daher stets zu vermeiden. Eine etwaige Korrektion soll nur so groß gewählt werden, daß ein Kanteneingriff gerade noch vermieden wird. Die Größe der Korrektion ist daher von der sonstigen Herstellungsgenauigkeit des Rades abhängig. Je genauer die Räder sind, um so geringer kann die Korrektion sein. Eine zu starke Korrektion ist häufig schlechter als gar keine. Auch der Überdeckungsgrad ist für die Größe der zulässigen Korrektion mitbestimmend. Bei einem kleinen Überdeckungsgrad kann nur eine ganz geringfügige Korrektion für ruhig laufende Räder zugelassen werden. Räder mit größerem Überdeckungsgrad ermöglichen eine größere Korrektion zur Vermeidung des Kanteneingriffes und entsprechend größere Möglichkeiten zur Erzielung eines ruhigen vibrationsfreien Laufes.

Obzwar theoretisch das ganze Evolventenprofil zur Übertragung verwendet werden kann, sind praktisch die in der unmittelbaren Nähe des Grundkreises liegenden Profilteile zur Übertragung weniger geeignet, da ihre genaue Messung und Herstellung auf größere Schwierigkeiten stößt. Räder mit anscheinend sehr geringen Teilungs- und Profilfehlern arbeiten vielfach unbefriedigend. Oft ist dies in derartigen Fällen darauf zurückzuführen, daß die Profile beinahe bis zum Grundkreis ausgenutzt werden sollen und Fehler an dieser Stelle durch direkte Messung nicht festgestellt werden konnten. Am zweckmäßigsten ist es, diesen Teil des Profils vom wirksamen Eingriff überhaupt auszuschalten. Der erste und beste Weg ist eine derartige Gestaltung der Zahnform, daß das wirksame Profil hinreichend weit oberhalb des Grundkreises aufhört. Es sollte z. B. bei Modul 10 nicht näher als 1,5 mm an den Grundkreis heranreichen, was durch Profilverschiebung erreicht werden kann.

Der zweite Weg besteht darin, daß man diejenigen Teile des Profils, die zu Störungen Veranlassung geben könnten, wegschneidet. Dies kann schon durch Wahl zweckentsprechender Wälzwerkzeuge erfolgen, die einen hinreichenden Unterschnitt am Werkstück erzeugen. Für diesen Zweck kann aber auch eine besondere Fräsoperation eingeführt werden.

Die dritte Methode besteht darin, daß man den Kopf des Gegenrades kürzt oder das Profil am Kopf derartig zurücksetzt, daß es nicht mehr mit dem empfindlichen Profilteil des kleinen Rades in der Nähe des Grundkreises in Berührung kommt.

Die Genauigkeit der Zahnprofile hängt in erster Linie von der Genauigkeit der Räderbearbeitungsmaschine und derjenigen der Werkzeuge ab. Die Genauigkeit kann nur durch eine strenge Kontrolle der Produktionseinrichtung aufrechterhalten bleiben. Auch hier soll die Prüfung der Werkstücke in erster Linie zur Kontrolle der Produktionseinrichtung dienen. Das Auftreten größerer Fehler im Zahnprofil soll auch zur Unterbrechung der Herstellung und zur Prüfung der Produktionseinrichtung zwecks Behebung der Fehler führen.

Wie kann die Zahnform gemessen werden? Zur Prüfung von Zahnprofilen sind eine ganze Anzahl von Meßinstrumenten auf dem Markt. In den meisten Fällen bestehen sie aus einer dem Grundkreis der Evolvente entsprechenden Wälzscheibe, einem geraden Lineal, das ohne zu gleiten auf dieser Wälzscheibe sich abwälzt und aus einem Tastpunkt, der bei der Abwälzung des Lineals auf der dem Grundkreis entsprechenden Scheibe das theoretische Evolventenprofil beschreibt. Dieser Tastpunkt ist meistens durch Hebelübersetzung mit einem am Wälzlineal befestigten Fühlhebelinstrument verbunden. Eine Bewegung des Tasthebels relativ zum Wälzlineal ruft einen Ausschlag des Fühlhebels hervor, der die Abweichung des zu prüfenden Profils vom theoretischen Evolventenprofil anzeigt.

Abb. 144 zeigt das auf dieser Grundlage beruhende Kavlesche Meßinstrument. Es besteht aus einem auf einer Grundplatte befestigten Zapfen oder einer Buchse, auf welchen das zu prüfende Rad und mit ihm fest verbunden eine dem Grundkreisdurchmesser entsprechende Wälzscheibe aufgespannt wird und aus einem Wälzlineal. Letzteres wird durch eine Feder gegen die Wälzscheibe gedrückt. Ein Gleiten des Wälzlineals an der Wälzscheibe wird durch Stahlbänder verhindert, deren eines Ende an der Wälzscheibe bzw. an der mit ihr bei der

Messung ein Ganzes bildenden Grundplatte und deren anderes Ende am Wälzlineal befestigt ist. Die Stärke der Stahlbänder beträgt etwa $^5/_{100}$ mm. Am Wälzlineal sind eine Meßuhr und ein Hebel angebracht, der an seinem kurzen Ende den Tastpunkt trägt, am langen Ende gegen den Taststift der Meßuhr anliegt. Entspricht ein Skalenteil an der Meßuhr einem Taststiftweg von $^1/_{100}$ mm und beträgt das Hebelarmverhältnis 5 : 1, so bedeutet ein Skalenteil einen Profilfehler von $^2/_{1000}$ mm an der Evolvente. Beim Abrollen des Wälzlineals auf der Wälzscheibe beschreibt der relativ zum Wälzlineal unbeweglich gedachte Tastpunkt eine Evolvente. Jede auf der Meßuhr angezeigte Relativbewegung des Tastpunktes zum Wälzlineal zeigt eine Abweichung vom Evolventenprofil an. Auch die Teilung kann mit Hilfe dieses Meßinstrumentes gemessen werden, und zwar mit Hilfe eines besonderen festen Anschlages, gegen welchen die eine Zahnflanke des zu messenden Rades gedrückt wird, während der Ausschlag des an einer zweiten Meßflanke anliegenden Tasthebels an der Meßuhr abgelesen wird. Der Unterschied der verschiedenen Meßuhrausschläge ergibt auch hier den Teilungsfehler.

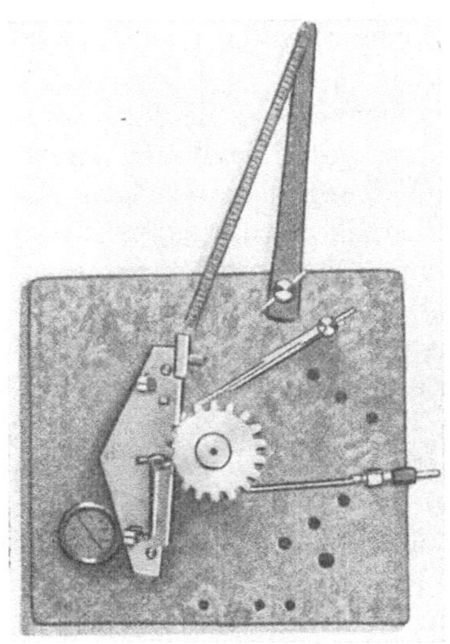

Abb. 144. Kavlescher Evolventenprüfer.

Eine andere Ausführungsform zeigt Abb. 145. Sie besteht aus einem Paar von geraden Linealen, auf denen ein Paar gleiche Wälzscheiben abrollen können. Die Wälzscheiben werden durch einen magnetischen Kreis, der durch die Grundplatte des Meßinstrumentes, die Lineale, die Wälzscheiben und den Aufspanndorn gelegt wird, an die Lineale fest herangedrückt, um beim Abrollen des

Abb. 145. Evolventenprüfer.

Rades ein Gleiten der Wälzscheiben auf dem Lineal zu verhindern. Das zu prüfende Rad ist an einem Aufspanndorn zwischen den beiden Wälzscheiben aufgespannt. Der Tastpunkt liegt in der Verbindungsgeraden der Berührungspunkte der Wälzscheiben mit den Wälzlinealen am Ende eines Hebels, der auf eine Meßuhr wirkt, die die Abweichung vom Evolventenprofil anzeigt.

Auch der Lees-Bradner-Evolventenprüfer, dargestellt in den Abb. 146 u. 147, ist ein Meßinstrument dieser Art, das jedoch in seinen Einzelheiten noch vollkommener ausgebildet ist. Die Grundplatte der Prüfeinrichtung trägt die dem Grundkreis entsprechende Wälzscheibe A. Das Wälzlineal B wird mit einem hinreichenden Druck gegen die Wälzscheibe A gepreßt, um ein Abwälzen des Lineals an der Wälzscheibe ohne Gleiten zu ermöglichen. Der Tasthebel C ist am Wälzlineal gelagert. Der Tastpunkt fluchtet mit der den Grundkreis berührenden Kante des Wälzlineals. Gleichachsig mit dem zu prüfenden Rad ist auf der Grundplatte ein Rahmen angeordnet. Der Rahmen trägt einen verstellbaren Schlitten mit zwei auf Kugellagern gelagerten Rollen H, die durch Federkraft gegen das Wälzlineal gedrückt werden und dasselbe an die Wälzscheibe heranpressen. Die Größe der Federkraft kann durch die Schraube K geregelt werden. Bei Drehung des Rahmens wälzt sich das Wälzlineal an der auf der Grundplatte befestigten Wälzscheibe ab. Der Tastpunkt des zunächst mit dem Wälzlineal fest verbunden gedachten Hebels C beschreibt die dem Grundkreis entsprechende Evolvente. Beim Abtasten eines theoretisch korrekten Profils findet keine Bewegung des Tastpunktes relativ zum Wälzlineal statt; jedem Profilfehler entspricht eine Relativbewegung des Tasthebels C, die durch

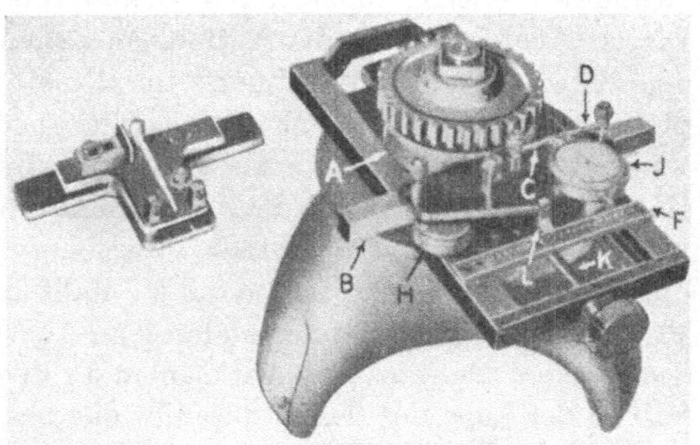

Abb. 146. Der Lees-Bradnersche Evolventenprüfer.

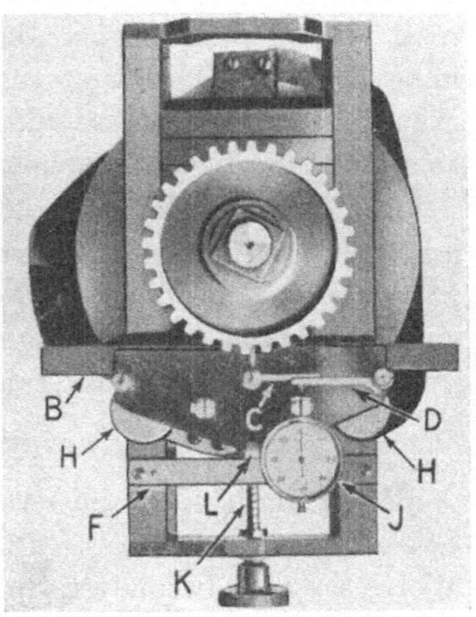

Abb. 147. Ansicht des Lees-Bradnerschen Evolventenprüfers von oben.

den Hebel D vergrößert auf die Meßuhr J übertragen wird. Ein Strich an der Skala der Meßuhr entspricht $\frac{1}{10\,000}{}''$ bzw. 0,0025 mm Profilfehler an der Evolvente. Am Wälzlineal ist ein Zeiger L befestigt, der entlang einer Skala F gleitet und den Abstand des Tastpunktes vom Grundkreis entlang einer an den Grundkreis gelegten Tangente anzeigt. Diesen Abstand durch den Grundkreishalbmesser dividiert, erhält man den Wälzwinkel des Wälzlineals im Bogenmaß. Auf diese Weise kann die Lage der einzelnen vom Tasthebel C abgetasteten Punkte bestimmt werden. Abb. 147 zeigt die Messung eines Rades. Rad und Wälzscheibe sind mit einer Mutter an dem Aufspanndorn festgespannt. Die Meßuhr wird in der Lage auf O gestellt, in welcher der Tastpunkt des Hebels C die Flanke am Grundkreis berührt. Fällt dieser Punkt außerhalb des Profils, so erfolgt die Nulleinstellung am tiefsten Punkt oder in der Nähe des tiefsten Punktes des wirksamen Profils. Der Strich am Zeiger L fällt in der Lage mit dem Nullpunkt der Skala F zusammen, in welcher die Flanke vom Tasthebel am Grundkreis berührt wird. Falls das Profil nicht ganz bis zum Grundkreis heranreicht, fängt man mit den Ablesungen erst einige Striche über Null an der Skala F an. Der Rahmen wird nun herumgedreht und hierdurch das Wälzlineal an der Wälzscheibe abgewälzt. Hierbei tastet der Tasthebel C das Evolventenprofil ab.

In einer Anzahl verschiedener von der Skala F angezeigten Lagen wird die Meßuhranzeige abgelesen. Die Ablesungen werden in Abhängigkeit vom Wälzweg eingetragen. Die Eintragung kann vorteilhaft graphisch auf einem Formular nach Abb. 148 erfolgen. Diese Art der Aufzeichnung ergibt ein übersichtliches Bild von der Gestaltung des Profils.

Das Formular läßt sowohl für Eintragungen für die Profilfehler als auch für Teilungsfehler Raum. Die Kurven der Profilkarte sind angenähert Evolventenkurven, die Wälzwinkel der Evolventenerzeugenden sind als Ordinaten aufgetragen. Für die Berechnung des Abwälzwinkels in Graden für jede Teilung der Skala F ist eine Formel angegeben, die

$$\text{aus der Beziehung Wälzwinkel im Bogenmaß} \times \frac{\text{Grundkreisdurchmesser}}{2}$$

= der an der Skala F gemessene Wälzweg abgeleitet werden kann. Ein Skalenteil ist gleich $\frac{1}{20}{}'' = 1{,}27$ mm. Für die Eintragung der errechneten Werte ist eine besondere Spalte vorgesehen. Hiernach können die erfolgten Ablesungen ohne Schwierigkeit in das Diagramm übernommen werden. Die Entfernung zwischen zwei benachbarten parallelen Kurven kann einer beliebig gewählten Größe des gemessenen Fehlers entsprechen. In Abb. 148 entspricht $0{,}0001{}'' \simeq 0{,}0025$ mm dem Abstand zweier benachbarter Kurven. Nachdem die Profile von Rad und Gegenrad gemessen und die Ergebnisse in dem Diagramm eingetragen worden sind, können verschiedene für den Eingriff kennzeichnende Größen, wie

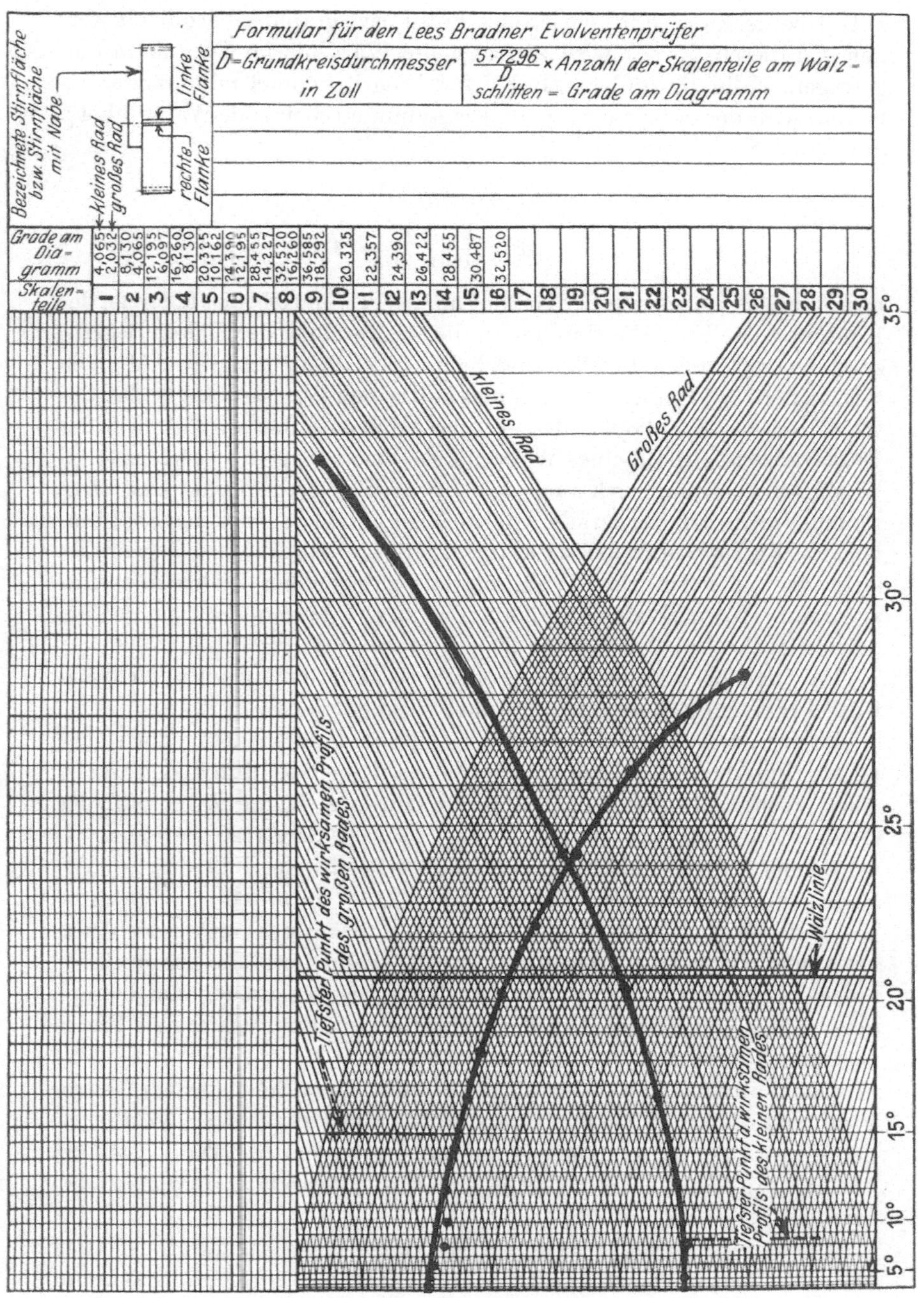

Abb. 148. Formular von Copland für Eintragung der Meßergebnisse
am Lees-Bradner-Evolventenprüfer.

z. B. Überdeckungsgrad, wirksames Profil usw. graphisch ermittelt werden. Zu diesem Zweck wird zunächst die Wälzlinie im Diagramm eingetragen. Falls die Räder z. B. bei 20⁰ Eingriffswinkel miteinander arbeiten, wird der entsprechende im Diagramm erscheinende Wälzwinkel β durch die Beziehung

$$\mathrm{arc}\ \beta = \mathrm{tang}\ 20^0$$

$$\beta^0 = \frac{\mathrm{tang}\ 20^0}{0{,}01745} = 20{,}8^0$$

bestimmt. Die Anzeigen der Meßuhr an der Prüfeinrichtung fallen an der Kopfkante steil ab. Hierdurch wird die Bestimmung der oberen Begrenzung des wirksamen Profils ermöglicht. Tritt dieses plötzliche Abfallen z. B. an der 35⁰-Linie des Diagrammes auf, so ersieht man hieraus, daß das Abwälzen des Zahnkopfes des entsprechenden Rades am Zahnfuß des Gegenrades innerhalb eines Wälzwinkels von $35 - 20{,}8 = 14{,}2^0$ erfolgt. Hierdurch bestimmt sich auch die Lage vom tiefsten Punkt des wirksamen Profils des Gegenrades. Bei gleicher Größe der miteinander kämmenden Räder würde das wirksame Profil am Zahnfuß des Gegenrades auch dem gleichen vom Wälzkreis aus gerechneten Wälzwinkel entsprechen. Das wirksame Profil am Fuß des Gegenrades würde also bei dem betrachteten Beispiel bis $20{,}8 - 14{,}2 = 6{,}6^0$ reichen.

Bei ungleichen Zähnezahlen sind die einander entsprechenden Wälzwinkel mit den Zähnezahlen umgekehrt proportional.

Ist z. B. das Gegenrad doppelt so groß wie das erste Rad, so wird der tiefste Punkt des wirksamen Profils am Gegenrad durch den Wälzwinkel von $\tfrac{1}{2} \cdot 14{,}2 = 7{,}1^0$ bestimmt. Würde z. B. die Zähnezahl des ersten Rades 30, die Zähnezahl des zweiten Rades 20 betragen, so würde der tiefste Punkt des wirksamen Profils am Fuß des zweiten Rades durch den Wälzwinkel $\tfrac{30}{20} \cdot 14{,}2 = 21{,}3^0$ unterhalb der Wälzlinie bestimmt sein. Dieser Punkt würde aber nicht mehr zwischen Wälzkreis und Grundkreis liegen; in diesem Falle tritt ein Unterschnitt auf. Auf die gleiche Weise kann der Kopf des Gegenrades und hieraus der tiefste Punkt des wirksamen Profils am Fuß des ersten Rades bestimmt werden.

Der Wälzwinkel zwischen höchster und tiefster Stelle des wirksamen Profils ist die im Winkelmaß angegebene Eingriffsstrecke. Wäre z. B. der Wälzwinkel 25⁰ bei einer Zähnezahl 18, bei der der Teilungswinkel von Zahn zu Zahn $\tfrac{360}{18} = 20^0$ beträgt, so würde dies einem Überdeckungsgrad von $\tfrac{25}{20} = 1{,}25$ entsprechen.

Der lineare Abstand zwischen Wälzkreis und Grundkreis ist stets bekannt. Der Unterschied der beiden Halbmesser ist im Diagramm annähernd durch den Abstand zwischen der Nullinie und der Wälzlinie, also im aufgetragenen Beispiel zwischen der „0"-Linie und der

20,8°-Linie dargestellt. Die den verschiedenen Eingriffspunkten entsprechenden, an der Zahnflanke direkt abmeßbaren Zahnhöhen können ohne Schwierigkeit direkt dem Diagramm entnommen werden. Es sei z. B. der Unterschied zwischen Teilkreishalbmesser und Grundkreishalbmesser 0,95 mm, der Abstand zwischen Teillinie und Nullinie im Diagramm 32,50 mm, so ergibt das Diagramm $\frac{32,5}{0,95} = 34,2$fache Vergrößerung der Zahnhöhe. Kennt man den Maßstab des Diagrammes, so läßt sich die Höhe des wirksamen Profils leicht annäherungsweise ermitteln. Das Diagramm zeigt auch, wie empfindlich die Profile in der Nähe des Grundkreises sein können. Die Winkelteilungen liegen an dieser Stelle sehr nahe aneinander. Beim Prüfen dieses Profilabschnittes wird die Lage des Tasthebels nicht von der jeweiligen Lage des gerade zu prüfenden Profilpunktes, sondern durch die Lage des höchsten Profilpunktes in der Umgebung bestimmt. Alle in diesen Profilabschnitt fallenden Ablesungen sind daher zweifelhaft.

Als Zahlenbeispiel sollen die Prüfergebnisse bei einem Räderpaar mit 20° Eingriffswinkel, Modul 2,116 = Diametral Pitch 12 und den Zähnezahlen 18 und 36 aufgetragen werden. Es wurden durch Messung die in der folgenden Tabelle enthaltenen Werte ermittelt:

Für das kleine Rad entspricht eine Teilung an der Skala F der Meßeinrichtung einem Wälzwinkel von 4,065°, für das große Rad von 2,032°. Die den verschiedenen Teilstrichen der Skala F entsprechenden Werte sind in die entsprechenden Spalten des Prüfformulars eingetragen.

Die Kopfkante des kleinen Rades wird bei einem Wälzwinkel von 32½°, d. h. 11,7° oberhalb der bei 20,8° liegenden Wälzlinie erreicht. Da das Übersetzungsverhältnis 1 : 2 beträgt, liegt dementsprechend der

Teilung	Rad mit 18 Zähnen mm	Rad mit 36 Zähnen mm
1	0	0
2	+ 0,0025	0
3	+ 0,0025	− 0,0025
4	+ 0,005	− 0,005
5	+ 0,0075	− 0,005
6	+ 0,005	− 0,0025
7	+ 0,0025	− 0,0025
8	− 0,005	0
9	− 0,050	+ 0,0025
10		+ 0,0025
11		− 0,0025
12		− 0,0075
13		− 0,0125
14		− 0,0375

tiefste Punkt des wirksamen Profils des großen Rades etwa 5,8° unterhalb der Wälzlinie. Die Kopfkante des großen Rades liegt etwa 6,2° oberhalb, dementsprechend der tiefste Punkt des wirksamen Profils des kleinen Rades um 12,4° unterhalb der Wälzlinie. Das wirksame Profil des kleinen Rades erstreckt sich dementsprechend auf ein Wälzwinkelintervall von 24°, des großen Rades auf 12°. Der Teilwinkel am kleinen Rad ist $\frac{360}{18} = 20°$. Der Überdeckungsgrad beträgt hiernach $\frac{24}{20} = 1,2$.

Die Prüfung des Profils läßt sich besonders schnell und bequem vornehmen, wenn die Fehler durch eine Registriereinrichtung in Form eines Diagrammes aufgezeichnet werden. Der in Abb. 149 gezeigte Maag'sche Evolventenprüfer ermöglicht die Aufnahme von Profildiagrammen. Das zu messende Rad wird gleichachsig mit einer mit dem Grundkreisdurchmesser als Durchmesser ausgeführten Scheibe auf einen Dorn aufgespannt, der mittels Kugellagern in einem entsprechend dem Grundkreishalbmesser einstellbaren Schlitten gelagert ist. Das Wälzlineal befindet sich auf einem zweiten tangential beweglichen Schlitten; der das Werkstück tragende Schlitten wird mit Federkraft gegen das Wälzlineal gedrückt, wobei die dem Grundkreis entsprechende Scheibe an das Lineal zur Anlage kommt. Auf dem das Wälzlineal tragenden Schlitten ist ein Tasthebel angeordnet, der an dem einen Ende eine mit

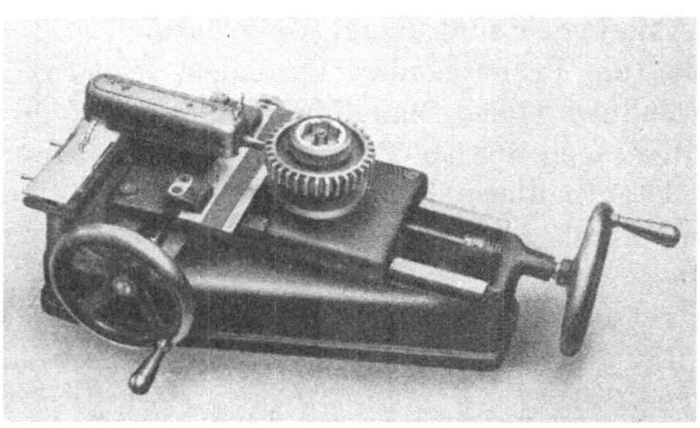

der Wälzkante des Wälzlineals fluchtende Meßschneide trägt. Wird der das Wälzlineal tragende Schlitten durch ein Handrad in Richtung des Wälzlineals verschoben, so wird die dem Grundkreis entsprechende Scheibe und das zu prüfende, mit der Scheibe verbundene, Rad durch Reibung

Abb. 149. Maag'scher Evolventenprüfer mit selbsttätiger Diagrammaufzeichnung.

mitgenommen: Scheibe und Lineal wälzen sich aufeinander ab. Hierbei würde die mit dem Wälzlineal fest verbunden gedachte Meßschneide relativ zum zu prüfenden Rad eine Evolvente beschreiben, deren Grundkreisdurchmesser dem mit dem Rad gleichachsigen Wälzscheibendurchmesser entspricht. Liegt nur der in Wirklichkeit im Wälzlinealschlitten drehbar gelagerte Tasthebel an der zu prüfenden Flanke an, so erfährt die Meßschneide relativ zum Wälzlineal bzw. Wälzschlitten eine Bewegung, die gleich der Abweichung des zu prüfenden Profils von der dem Wälzscheibendurchmesser entsprechenden Evolventenform ist. Die Bewegung des Tasthebels wird in 250fach vergrößertem Maßstab auf einen Schreibstift übertragen, der auf ein am Bett der Vorrichtung festgeklemmtes Papierblatt eine Fehlerkurve aufzeichnet. Durch Umschalten des Tasthebels kann in einer Aufspannung die rechte und die linke Flanke gemessen werden,

Die bisher besprochenen Profilprüfgeräte sind für Serienfabrikation sehr gut zu verwenden. Bei stets wechselnder Einzelfertigung macht sich indessen der Umstand unangenehm bemerkbar, daß für jeden Grundkreisdurchmesser die Anfertigung besonderer Wälzscheiben erforderlich ist. Bei den auf ähnlichen Grundlagen aufgebauten Meßgeräten von Mahr und Zeiss wird zur Prüfung sämtlicher im Meßbereich der Geräte liegender Grundkreisdurchmesser eine einzige Wälzscheibe verwendet. Die Zeiss'sche Meßeinrichtung ist in der Abb. 150 in Ansicht dargestellt. Abb. 151 und 152 zeigen die schematische Anordnung von oben und von der Seite. Das zu prüfende Rad wird zwischen Spitzen aufgenommen. Gleichachsig mit dem zu prüfenden Rad ist ein für alle Prüfstücke gleichbleibendes Wälzscheibensegment von 300 mm $\varnothing$ angeordnet. Die Welle der Wälzscheibe und der Aufspanndorn des zu prüfenden Rades werden mit einem Mitnehmer gekuppelt. Im unteren Teil der Einrichtung ist ein Schlitten vorgesehen, der in der Pfeilrichtung (Abb. 151) mit einem Handrad bewegt werden kann. An diesem Schlitten einerseits und am Wälzsegment ande-

Abb. 150. Zeiss'scher Evolventenprüfer.

rerseits sind Stahlbänder befestigt, die bei Bewegung des Schlittens eine gleichzeitige proportionale Drehung des Wälzscheibensegmentes und des zu prüfenden Rades hervorrufen. Der Tasthebel ist in einem oberen Meßwagen angebracht. Er trägt eine Tastkugel, die die Flanke des zu prüfenden Rades abtastet. Falls dem oberen Meßwagen eine Bewegung erteilt wird, die einer Abwälzbewegung des Meßwagens auf dem Grundkreis des zu prüfenden Rades entspricht, so beschreibt der Tastpunkt relativ zum prüfenden Rad eine dem Grundkreis entsprechende Evolvente, falls keine Relativbewegung zwischen Tastpunkt und oberem Meßwagen vorhanden ist. Wird die Lage des Tastpunktes relativ zum Meßwagen beim Abtasten der Flanke verändert, so entspricht die Größe der Änderung der Abweichung des geprüften Profils von dem zum eingestellten Grundkreis gehörenden Evolventenprofil.

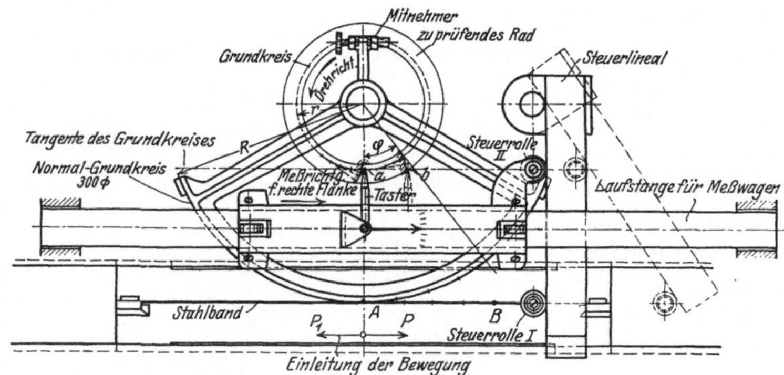

Abb. 151. Schematische Anordnung des Zeiss'schen Evolventenprüfers, Ansicht von oben.

Die Bewegung des Meßwagens wird mittels eines Steuerhebels vom unteren Meßschlitten abgeleitet. Die Achse des Steuerhebels und des Werkstückes sind gleich weit von der Meßwagenführung entfernt (siehe Abb. 151 rechts). Der Steuerhebel besteht aus einer Welle, die unten in Höhe des unteren Schlittens ein „Steuerlineal" und oben in Höhe des

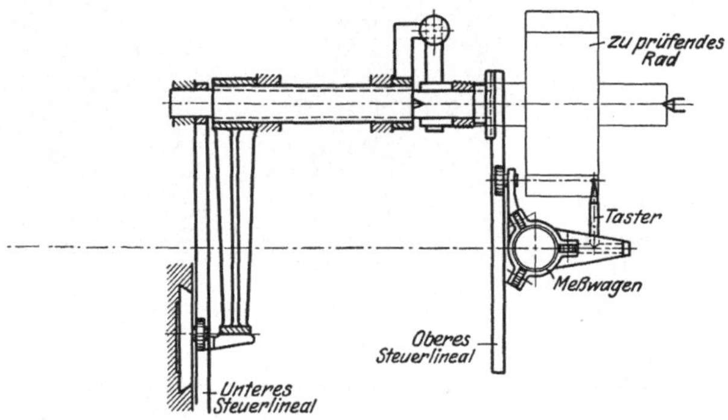

Abb. 152. Schematische Anordnung des Zeiss'schen Evolventenprüfers, Ansicht von der Seite.

Meßwagens ein zweites Steuerlineal trägt. Beide Steuerlineale sind auf ihrer Welle fest aufgekeilt. Das untere Steuerlineal arbeitet gegen eine Rolle am unteren Wälzschlitten, das obere Steuerlineal gegen eine Rolle am Meßwagen. Die Verbindungslinie zwischen Mittelpunkt der Tastkugel und der Steuerrolle am Meßwagen liegt parallel mit der Bewegungsrichtung des Wälzschlittens bzw. des Meßwagens. Bei Bewegung des unteren Schlittens wird einerseits durch die Stahlbänder das Wälzsegment und das zu prüfende Rad, andererseits durch die Steuerrolle auch das untere Steuerlineal und das hiermit fest verbundene obere Steuerlineal mitgenommen. Das obere Steuerlineal nimmt durch die Meßrollen den Meßwagen mit. Der ganze Meßwagen mit Führung läßt sich entsprechend dem Grundkreisdurchmesser des zu prüfenden Rades senkrecht zur Richtung der Meßschlitten- bzw. der Meßwagenbewegung verstellen. Für einen bestimmten Grundkreis wird der Meßwagen so eingestellt, daß die Bahn der Tastkugel bei Bewegung des Meßwagens den Grundkreis des zu prüfenden Rades berührt. Ist der Halbmesser der Wälzscheibe G der eingestellte Grundkreismesser g, so erfolgt bei einer Drehung φ des Rades eine Bewegung des unteren Meßschlittens um $G\varphi$. Diese Bewegung wird im Verhältnis von $\dfrac{g}{G}$ durch den Steuerhebel auf den Meßwagen übertragen. Die Bewegung des Meßwagens beträgt also $g\,\varphi$. Dies ist aber diejenige Bewegung, die beim Abwälzen des Meßwagens am Grundkreis des zu prüfenden Rades erforderlich ist. Die Einstellung des Meßwagens auf den entsprechenden Grundkreisdurchmesser erfolgt mit Hilfe eines Mikroskopes mit einer Genauigkeit von 0,001. Der Tastpunkt ist mit einem Fühlhebel verbunden, der die Ungenauigkeiten der Flanken in 500facher Vergrößerung anzeigt. Über dem Zeiger des Fühlhebels ist ein zweiter Zeiger angeordnet, der mit dem Schreibstift verbunden ist. Dieser zweite Zeiger kann von Hand in Bewegung gesetzt werden. Bei der Messung wird mit der einen Hand der Meßschlitten und hiermit das zu prüfende Rad und der Meßwagen in Bewegung gesetzt. Mit der anderen Hand wird mit Hilfe eines Kordelgriffes der zweite Nachfolgezeiger so bewegt, daß er stets den Zeiger des Fühlhebels überdeckt. Hierbei werden die Zahnformfehler von dem mit dem Nachfolgezeiger verbundenen Schreibstift auf einem Papierstreifen aufgezeichnet. Die Anordnung mit dem Nachfolgezeiger hat den Vorteil, daß die bei der starken Vergrößerung sonst sehr störende Trägheit eines unmittelbar am Fühlhebel befestigten Schreibstiftes aufgehoben wird, da ja zwischen Schreibstift und Fühlhebel keine mechanische Verbindung besteht.

Durch Umschalten des Fühlhebels kann in einer Aufspannung die Rechts- und Linksflanke gemessen werden. Die Bewegung des Meßwagens ist an einer Skala ablesbar. Sie gibt die jeweilige Entfernung des Tastpunktes vom Grundkreis an. Durch diese Skala läßt sich die Lage des Fehlers feststellen. Die Einrichtung ist zur Messung von Rädern mit 26 bis 400 mm $\varnothing$ geeignet.

Die Prüfung der Zahnprofile kann auch mit Hilfe einer optischen Projektionsmethode, wie sie auch zur Prüfung von Gewindeprofilen verwendet wird, erfolgen. Durch die Projektionseinrichtung wird ein vergrößertes Schattenbild des zu untersuchenden Profils auf einen Schirm geworfen, an welchem das theoretisch korrekte Profil im entsprechenden Maßstab aufgezeichnet ist. Es wird meistens eine Vergrößerung von $^1/_{100}$ verwendet.

Abb. 153. Optische Zahnprofilprüfung.

Eine Einrichtung dieser Art zeigt Abb. 153. Um optische Schwierigkeiten bei der Erzeugung des Schattenbildes zu vermeiden, wird eine Anzahl von Nadeln gegen das Profil gepreßt, deren Spitzen in der optischen Bildebene liegen. Durch die Schattenbilder der Nadelspitzen

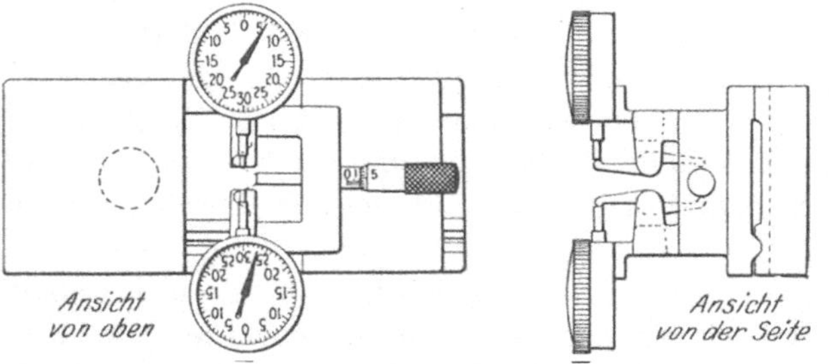

Abb. 154. Meßvorrichtung zum Abtasten des Profils an verschiedenen Punkten.

wird das Profil bestimmt. Diese Methode ist von R. E. Flanders in einem im April 1922 der American Gear Manufacturers' Association vorgelegten Bericht beschrieben worden.

Eine weitere Profilprüfanordnung zeigt Abb. 154. Die Vorrichtung besteht aus einer Grundplatte mit einem beweglichen Schlitten, der das zu prüfende Rad trägt. Die Lage des zu messenden Rades wird durch eine gegen den Außenumfang anliegende Mikrometerspindel bestimmt. Die Zahndicke in verschiedenen Abständen vom Zahnkopf wird durch zwei Meßuhren mit Hilfe von Tasthebeln abgetastet. Das Rad wird in Richtung der Mikrometerspindel in verschiedene Lagen gebracht, die durch die entsprechenden Anzeigen der Mikrometerschraube bestimmt werden. In jeder Lage des Rades werden auch die entsprechenden Anzeigen der Meßuhren abgelesen. Die Ablesungen an der Mikrometerschraube und den Meßuhren können in vergrößertem Maßstabe in ein rechtwinkliges Koordinatensystem eingetragen werden. Dieses Instrument wird vielfach zur Messung der Zahnabnutzung benutzt. Die Zähne eines Räderpaares werden ausgemessen und das Ergebnis in ein Diagramm eingetragen; das Räderpaar wird eingebaut und einer Laufprüfung unter bestimmter Belastung bei einer bestimmten Umlaufzahl eine bestimmte Zeit lang unterzogen. Hiernach werden die Räder wieder ausgebaut und gemessen. Die aufeinanderfolgenden Meßergebnisse werden in das gleiche Diagramm wie vorhin eingetragen. Eine etwaige Abnutzung, die Größe und Art derselben, ist dann sofort aus dem Diagramm zu ersehen.

Warum sollen die Gesamtfehler der Räder gemessen werden? Das Heulen der Räder wird weniger durch die Fehler der einzelnen Elemente als durch die Zusammenwirkung sämtlicher Fehler hervorgerufen. Die resultierende Wirkung der einzelnen Fehler kann nur durch Meßeinrichtungen festgestellt werden, die die Gesamtfehler messen. Häufig können Fehler bei einem Element durch Fehler bei anderen Elementen kompensiert werden. In anderen Fällen jedoch ist der resultierende Fehler beinahe gleich der Summe der Einzelfehler. Mit sehr viel Geduld und Zeitaufwand ließen sich die Räder eines Räderpaares selbst bei Vorliegen größerer einzelner Verzahnungsfehler so einander anpassen, daß sie zusammen ruhig laufen. Dies ist indessen kein zufriedenstellendes Produktionsverfahren.

Die Prüfung der Gesamtfehler erfolgt zu dem Zweck, den stoßfreien Eingriff der Räder zu prüfen, ohne Rücksicht auf die einzelnen Fehlerelemente. Es sollte versucht werden, die einzelnen Fehlerelemente so zu tolerieren, daß die Prüfung der Gesamtfehler auch ein zufriedenstellendes Ergebnis gibt. Solange derartige Toleranzen noch fehlen, ist eine wirklich einwandfreie Kontrolle der Fabrikation sehr schwierig.

Wie können die Gesamtfehler gemessen werden? Die einfachste Prüfmethode zur Feststellung der Gesamtfehler besteht darin, daß man Rad und Gegenrad in richtigem Achsenabstand aufnimmt und gegeneinander mit der Hand abrollt. Es sind eine Anzahl verschiedener Typen derartiger Prüfeinrichtungen auf dem Markt. Abb. 155 zeigt eine derartige

Einrichtung[1]. Sie besteht aus einem Bett mit einem festen Aufnahmedorn und aus einem auf dem Bett verstellbaren Schlitten, der einen zweiten Aufnahmedorn trägt. Die Verstellung des Schlittens kann an einer Skala mit Nonius abgelesen werden. Mit Hilfe der Skala werden die Aufnahmedorne in dem gewünschten Achsenabstand eingestellt, die zu prüfenden Räder aufgenommen und mit der Hand aufeinander abgewälzt. Die Prüfung des Zusammenarbeitens von Rad und Gegenrad erfolgt zu den folgenden Zwecken:

1. zur Feststellung dessen, ob bei richtigem Achsenabstand ein genügendes Flankenspiel vorhanden ist;

2. zur Prüfung der Konzentrizität;

3. zur Prüfung des weichen, stoßfreien Abrollens.

Das Flankenspiel kann durch Einführung von Fühllehren oder Papierstreifen zwischen die Zähne gemessen werden. Es wird die Dicke der Streifen gemessen, bei deren Einführung die Räder eng miteinander kämmen. Das Flankenspiel von Rädern, die schon in ihren Getriebekästen eingebaut sind, wird häufig derart gemessen, daß man zwischen die Zähne einen Bleidraht einfügt, der beim Abwälzen

Abb. 155. Einrichtung zum Abrollen von Rad und Gegenrad.

der Zähne aufeinander plattgedrückt wird. Die Dicke des plattgedrückten Drahtes ergibt das vorhandene Flankenspiel. Bei exzentrischen Rädern erhält man bei verschiedenen Lagen der Räder ein verschiedenes Flankenspiel.

Eine zweite Methode zur Bestimmung des Flankenspiels besteht darin, die Räder so eng aneinander heranzustellen, bis sie ohne Spiel miteinander kämmen. Der Unterschied zwischen dem theoretisch korrekten und dem gemessenen Achsenabstand multipliziert mit dem doppelten Betrag des Tangens des Eingriffswinkels ergibt das Flankenspiel.

Um die Weichheit des Abrollens festzustellen, werden die Räder mit der Hand aufeinander abgerollt, wobei man mit der einen Hand das treibende Rad zu drehen bestrebt ist, mit der anderen das getriebene Rad abbremst. Bei dieser Prüfung sollten die einzelnen Zähne beim Abrollen nicht herauszufühlen sein, wie es der Fall ist, wenn man glatte

---

[1] Außer Stirnrädern mit geraden Zähnen können auf dieser Einrichtung auch Schrägzahnstirnräder, Kegelräder und Schneckenräder geprüft werden.

unverzahnte Scheiben aufeinander abrollt. Mit einiger Geschicklichkeit und Übung läßt sich auf diese Weise ein harter Eingriff feststellen. Vielfach wird nicht Rad und Gegenrad gemessen, sondern die Räder werden mit besonders genauen Musterrädern geprüft. Andererseits wird aber auch diese Methode verwendet, um für ein Getriebe zueinander passende Räder auszusuchen. Die in Abb. 155 dargestellte Einrichtung ist nur für verhältnismäßig kleine Räder geeignet. Eine Prüfung dieser Art wird aber auch häufig bei größeren Rädern vorgenommen, wobei man für das kleine Rad eine besondere Aufspannmöglichkeit vorsieht, während sich das große Rad auf der Bearbeitungsmaschine befindet. Abb. 156 zeigt eine derartige Anordnung.

Eine etwas vollkommenere Einrichtung von Saurer prüft die Gleichförmigkeit und Weichheit des Abrollens unabhängig vom Gefühl. Sie ist

Abb. 156. Prüfung eines großen Rades mit seinem Gegenrad.

in Abb. 157 dargestellt. Abb. 158 zeigt einen Schnitt durch die wesentlichen Teile der Einrichtung. Gleichachsig mit Rad und Gegenrad ist je eine dem Wälzkreisdurchmesser der Räder entsprechende Wälzscheibe aufgespannt. Das eine Rad ist mit seiner zugehörigen Wälzscheibe auf einer gemeinsamen Hülse aufgespannt, das zweite Rad dagegen auf eine äußere und die zugehörige Wälzscheibe auf eine konzentrische innere Hülse. Ein Registrierfühlhebel ist an der Hülse der Wälzscheibe befestigt. Er tastet einen an der Hülse des Rades sitzenden Anschlag ab. An dem inneren sich nicht drehenden Schaft ist eine Papierscheibe befestigt, auf welcher die Fehler vom Registrierfühlhebel aufgezeichnet werden. Bei Drehung des ersten Rades nimmt dieses das Gegenrad und die mit dem ersten Rad gleichachsige Wälzscheibe durch Reibung die Wälzscheibe des zweiten Rades mit. Durch den Fühlhebel wird jeder Unterschied der Bewegungen des zweiten Rades und der Wälzscheibe registriert. Bei theoretisch korrekten Rädern ist kein Unterschied zwischen den beiden Bewegungen vorhanden. Der Ausschlag des

Registrierfühlhebels bleibt konstant. Die aufgezeichnete Kurve wird ein Kreis. Falls Fehler vorhanden sind, zeichnet der Registrierfühlhebel eine dementsprechend unregelmäßige Linie auf. Ein Kreis entsteht nur

Abb. 157. Die Meßvorrichtung von Saurer zur Messung der Gesamtfehler.

bei Prüfung von theoretisch korrekten Rädern mit Wälzscheiben, deren Durchmesser genau dem Wälzkreisdurchmesser entsprechen, und nur dann, wenn kein Gleiten zwischen den Wälzscheiben stattfindet. Bei Ab-

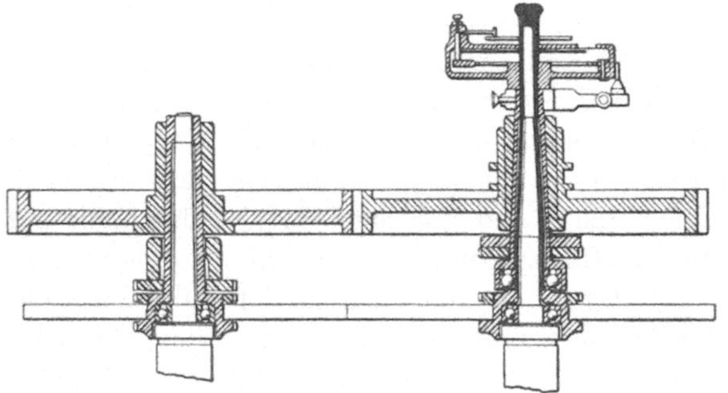

Abb. 158. Schnitt durch die Saurersche Meßeinrichtung.

weichungen in den Durchmessern der Wälzscheiben und bei auftretender Gleitung entsteht eine Spirale. In vielen Fällen ist die Aufzeichnung einer Spirale von Vorteil, da man 2 bis 3 Umdrehungen des getriebenen Rades hintereinander aufnehmen und die bei den aufeinanderfolgenden

Drehungen auftretenden Fehler direkt miteinander vergleichen kann. Dies ist vor allem dann von Vorteil, wenn das Übersetzungsverhältnis von 1 : 1 verschieden ist.

Abb. 159 zeigt in verkleinertem Maßstab einige, verschiedenen Genauigkeitsgraden entsprechende Diagramme von Räderpaaren, bestehend aus Rädern mit je 15 Zähnen; der Durchmesser der Diagrammscheibe beträgt in Wirklichkeit 75 mm. Ein Winkelunterschied von 1 Bogenminute zwischen Wälzscheibe und Prüfrad entspricht einem Aus-

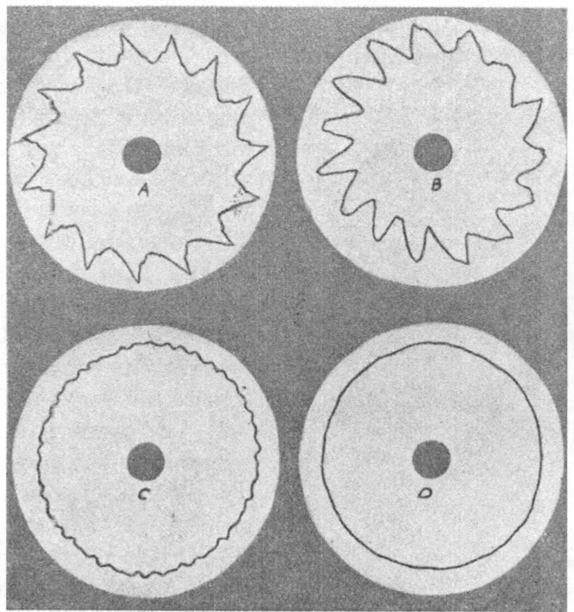

Abb. 159. Prüfdiagramme eines Getriebes mit der Übersetzung 15 : 15 an der Saurerschen Meßvorrichtung.

schlag des Registrierfühlhebels von etwa 1,5 mm. Der Fehler kann entweder ausschließlich in dem einen Rad oder teils in dem einen, teils in dem zweiten Rad liegen. Ist die Fehlerverteilung bei Rad und Gegenrad gleichmäßig, so würde ein Ausschlag von 1,5 mm einem Winkelfehler von 30 Bogensekunden bei Rad und Gegenrad entsprechen. Werden die zu prüfenden Räder mit einem genauen Musterrad geprüft, so können die Fehler des zu prüfenden Rades direkt gemessen und die Stelle, wo sie auftreten, bestimmt werden. Ein exzentrisches Rad ergibt ein exzentrisches Diagramm. Bei einem von 1 : 1 verschiedenen Übersetzungsverhältnis werden durch die Exzentrizität periodische Erhöhungen und Vertiefungen im Diagramm hervorgerufen. An der Länge der Periode läßt sich feststellen, welches von den geprüften Rädern exzentrisch ist.

Teilungsfehler zeigen sich als Stufen, Profilfehler als je nach Art der Fehler verschiedene, vielfach Zahn für Zahn gleichmäßig wiederkehrende Unregelmäßigkeiten im Diagramm.

Abb. 160 zeigt eine von der Gear Grinding Machine Co., Detroit, Mich., entwickelte Einrichtung zur Prüfung der beim Abwälzen mit einem Zahnstangenzahn auftretenden Fehler. Das zu prüfende Rad ist auf einer vertikalen Spindel aufgespannt, die mit Hilfe eines Armes und einer Teileinrichtung um je 1^0 weiter geteilt werden kann. Eine an einer horizontalen Spindel aufgespannte konische Scheibe legt sich an einen Zahn des zu prüfenden Rades an. Sie stellt einen Zahn des Bezugszahnstangenprofils dar. Oberhalb der die konische Scheibe tragenden Spindel ist eine zweite Spindel angebracht, die mit Hilfe einer Mikrometerschraube um bestimmte Beträge verschoben werden kann. Die untere Spindel mit der konischen Scheibe wird durch eine Federkraft gegen die zu prüfende Zahnflanke gedrückt. Der Unterschied der Verschiebungen der unteren Spindel mit der konischen Scheibe und der oberen, durch Mikrometerschraube eingestellten Spindel wird durch einen Hebel vergrößert auf eine Meßuhr übertragen. Die Messung wird auf folgende Weise ausgeführt: Das zu prüfende Rad und die konische Scheibe werden in eine Lage zueinander gebracht, die dem Beginn des Eingriffs entspricht. In dieser Lage wird die Meßuhr auf Null gestellt. Hiernach wird das Rad um 1^0 verdreht und die obere Spindel mit Hilfe der Mikrometerschraube um einen Betrag verschoben, der einem Bogen von 1^0 Zentriwinkel am Wälzkreis entspricht. Findet ein fehlerloser Eingriff zwischen Rad und konischer Scheibe statt, so wird nach dieser Einstellung die Meßuhr wieder 0 anzeigen. Jede Abweichung der Meßuhr zeigt einen entsprechenden Fehler im Eingriff des Rades mit der konischen Scheibe. Die Weiterteilung um je 1^0 erfolgt bis zur Beendigung des Eingriffs. Die Abweichungen können in einem Diagramm nach Abb. 148 oder auf gewöhnliches Millimeterpapier aufgetragen werden.

An dieser Meßeinrichtung können auch flache Scheiben- oder kugel- oder schneidenförmige Meßkörper verwendet werden. Hiermit wird die Meßeinrichtung universal. Sie gestattet sowohl die Bestimmung der

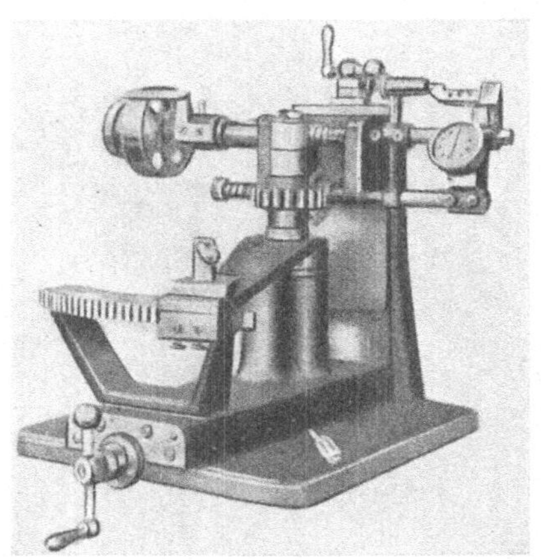

Abb. 160. Prüfvorrichtung mit zahnstangenzahnartigem Tastkörper.

Profilfehler als auch der Fehler der Abwälzung beim Kämmen des zu prüfenden Rades mit dem Zahnstangenzahn. Bei Verwendung eines kugel- oder schneidenförmigen Meßkörpers oder flacher Scheiben entspricht die durch die Mikrometerschraube eingestellte Verschiebung dem abgewälzten Bogen am Grundkreis. Nicht nur die reine Evolventenform, sondern auch andere Zahnformen können an dieser Meßeinrichtung geprüft werden, indem man die an den Zahnflanken anliegenden konischen Scheiben der Bezugszahnstange des Systems entsprechend profiliert. Insbesondere kann auch eine Mischverzahnung auf dieser Einrichtung geprüft werden.

Abb. 161 zeigt eine größere Einrichtung der gleichen Art, auf welcher Räder bis zu 1800 mm ⌀ gemessen werden können.

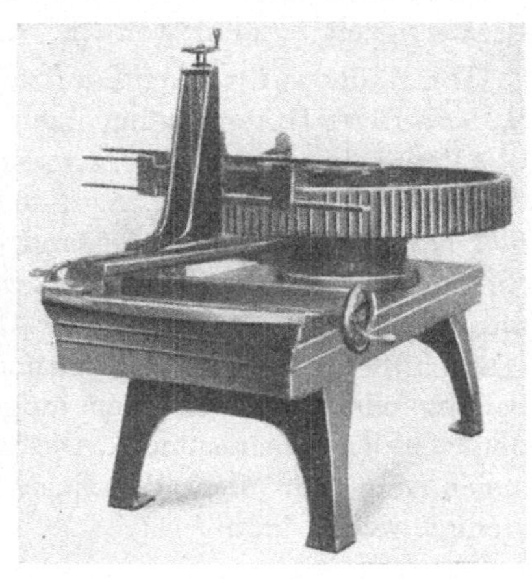

Abb. 161. Prüfvorrichtung mit zahnstangenzahnartigem Tastkörper für große Räder.

Abb. 162 zeigt eine etwas abweichende Ausführungsform dieser Einrichtung. Das zu prüfende Rad wird bei dieser Anordnung gleichachsig mit einem genauen Musterrad aufgespannt. Beide Horizontalspindeln tragen konische Scheiben, die Zahnstangenzähnen entsprechen. Bei Drehung des zu prüfenden Rades und des fest mit ihm verbundenen Musterrades verschieben sich die zugehörigen konischen Scheiben und die entsprechenden Spindeln. Jeder Unterschied in der Abwälzung wird durch die Meßuhr angezeigt. Diese Einrichtung gestattet ein sehr schnelles Messen. In 15 Sekunden kann ein Rad aufgesetzt und geprüft werden.

Abb. 162. Meßeinrichtung mit zahnstangenzahnartigem Tastkörper und Musterrad.

Der Vorteil dieser Meßeinrichtungen liegt in ihrer „positiven" Arbeitsweise, die Mitnahme erfolgt nicht durch Reibung oder Stahlbänder. Fehler infolge Gleitens oder Bandreckung werden vermieden.

Auch die Projektionsmethode kann zur Prüfung des Abwälzens verwendet werden. In diesem Falle wird das Schattenbild der eingreifenden Zähne auf einen Schirm projiziert; beim Abwälzen der Räder wird der Eingriff am Schirm beobachtet. Ein etwaiger Kanteneingriff kann ohne Schwierigkeit erkannt werden.

Um Räder auf ruhigen Lauf zu prüfen, läßt man sie unter Belastung laufen. Diese Untersuchung kann sowohl im Räderkasten, in welchen die Räder hineingehören, vorgenommen werden, als auch in besonderen Prüfeinrichtungen. Letztere bestehen aus zwei Spindeln, die auf den gewünschten Achsenabstand eingestellt werden können. Die eine Spindel wird angetrieben, und zwar zweckmäßig mit einem Riemen, an der anderen Spindel ist zur Abbremsung eine Bremstrommel vorgesehen. Sehr einfache Vorrichtungen dieser Art werden oft auf Drehbänken oder Fräsmaschinen aufgebaut. Das angetriebene Rad sitzt dann an der Arbeitsspindel. Die zweite Spindel wird am Querschlitten angebracht, mit dem die Einstellung des Achsenabstandes bewerkstelligt werden kann.

X. Erzeugung der Zähne im Abwälzfräsverfahren.

Die Erzeugung der Zähne im Formfräsverfahren ist im allgemeinen auf Räder mit verhältnismäßig kleinen Umfangsgeschwindigkeiten beschränkt. Unvermeidliche Härteverzugsfehler des Fräsers[1], die Schwierigkeit seiner exakten Profilierung und der genauen Maschineneinstellung stehen der Erzielung hoher Herstellungsgenauigkeiten entgegen. Diese Umstände, weiterhin die Suche nach einem schnelleren Produktionsprozeß, führten zur Entwicklung des Abwälzfräsverfahrens.

Beim Abwälzfräsverfahren bearbeitet ein sich kontinuierlich drehender, schneckenförmiger Fräser den sich kontinuierlich drehenden Radkörper. Zur Fertigstellung des Zahnprofiles wird dem Fräser eine mit der Achse des Rades parallele Vorschubbewegung erteilt. Das Übersetzungsverhältnis zwischen den Umdrehungen des Abwälzfräsers und des Radkörpers wird durch die Gangzahl des Fräsers und durch die Zähnezahl des zu schneidenden Rades bestimmt. Beim Schneiden eines 24zähnigen Rades vollführt z. B. ein eingängiger Fräser während einer Umdrehung des Rades 24, ein zweigängiger Fräser 12 Umdrehungen.

---

[1] Neuerdings werden von einzelnen amerikanischen Firmen die Formfräser nach dem Härten geschliffen und hierdurch die Härteverzugsfehler ausgeschaltet.

Normalerweise wird der Fräser in einem derartigen Winkel relativ zum Rad eingestellt, daß das Gewinde des Fräsers am Teilkreis tangential zu der Längsrichtung der Zahnflanken verläuft. Abb. 163 zeigt den Fräskopf und die Aufnahme des Werkstückes bei einer Räderfräsmaschine nach dem Abwälzverfahren.

Zur Veranschaulichung des Abwälzfräsverfahrens kann ein jeder Axialschnitt durch den Fräser annäherungsweise als das Profil einer Bezugszahnstange aufgefaßt werden. Bei der Drehung des Fräsers kommen infolge der Gewindesteigung nacheinander die Bezugsprofile in verschiedenen aufeinanderfolgenden Lagen zum Eingriff. Bei einer Umdrehung des Fräsers wird das Bezugsprofil bei einem eingängigen Fräser auf diese Weise nach und nach um eine Teilung verschoben.

Das Verfahren hat den Vorteil, daß miteinander kämmende Räder von beliebigen Zähnezahlen stets mit dem gleichen Werkzeug erzeugt werden können. Ein weiterer Vorteil besteht in der Möglichkeit der Verbesserung der Zahnformen durch Profilverschiebung bei Verwendung des norma-

Abb. 163. Fräsen eines Rades nach dem Abwälzfräsverfahren.

len Abwälzwerkzeuges. Beim Formfräsverfahren wären in jedem besonderen Fall Sonderwerkzeuge erforderlich.

Die mit dem Abwälzfräsverfahren erreichbaren Fräsleistungen sind sehr erheblich. Alle Bewegungen sind kontinuierlich und, vom Vorschub abgesehen, sind alle Bewegungen drehend. Der stetige Arbeitsvorgang ermöglicht eine große Schnittleistung.

Die mannigfaltigen Vorteile dieses Produktionsverfahrens führten zu seiner weitgehenden Verbreitung. Es zeigte sich jedoch bald, daß allein durch Einführung dieses neuen Herstellungsverfahrens auch nicht alle Schwierigkeiten behoben werden konnten, die bei der Erzeugung von genauen Rädern auftreten können. Zur Überwindung dieser Schwierigkeiten müssen Maschinen und Werkzeuge bestimmten Forderungen genügen.

Es sind zur Zeit eine Anzahl verschiedener Typen von Abwälzräderfräsmaschinen auf dem Markt. Der prinzipielle Aufbau ist jedoch bei sämtlichen Typen derselbe; er ist aus Abb. 164 zu ersehen. Außer den aus dieser Abbildung ersichtlichen Bewegungen müssen Möglichkeiten vorhanden sein, den Fräser sowohl entsprechend dem Durchmesser des zu fräsenden Rades, als auch dem Steigungswinkel des Gewindeganges einzustellen. Weiterhin muß eine Vorschubbewegung des Fräsers in der Achsrichtung des Werkstückes vorhanden sein. Der Übersichtlichkeit halber sind diese Einstell- und Bewegungsmöglichkeiten aus Abb. 164 fortgelassen.

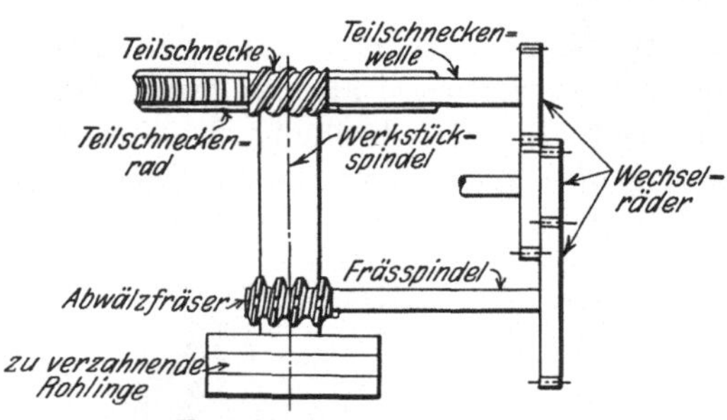

Abb. 164. Vereinfachtes Schema des Antriebes einer Räderfräsmaschine nach dem Abwälzverfahren.

Die Genauigkeit des Werkstückes hängt in erster Linie von folgenden drei Faktoren ab: Erstens, von der Genauigkeit der Abwälzfräsmaschine und der Aufnahme des Werkstückes; zweitens, von der Genauigkeit des Abwälzfräsers und drittens, von der Sorgfalt des Arbeiters beim Aufspannen des Radkörpers und beim Scharfschleifen des Abwälzfräsers.

Einfluß der Maschinenungenauigkeiten. Ungenauigkeiten wesentlicher Teile der Maschine zeigen sich auch am Werkstück. Die Aufspannspindel und der Dorn, auf den die Radkörper aufgespannt werden, müssen konzentrisch sein, andernfalls werden exzentrische Räder erzeugt. Teilschnecke und Teilschneckenrad gehören zu den wesentlichsten Teilen der Maschine. Die Teilschnecke muß konzentrisch und rundlaufend sein, andernfalls wird dem Teilschneckenrade und der Aufspannspindel eine ungleichförmige Bewegung erteilt. Fehlerhafte, zu Störungen Anlaß gebende Zahnprofile sind die Folge. Das Teilschneckenrad muß konzentrisch mit der Aufspannspindel sein; ist dies nicht der Fall, so erfährt die Aufspannspindel während einer Hälfte einer Umdrehung eine Beschleunigung, während der anderen Hälfte eine Verzögerung. Dies führt auch zu Verzahnungsfehlern, und zwar von der gleichen Art, wie sie durch exzentrische Aufspannung der Radkörper entstehen können. Auch die Teilung der Zähne des Teilschneckenrades muß genau sein. Ungenauigkeiten der Teilung wirken sich beim Werkstück sowohl als Kreisteilungs- als auch als Profilfehler aus.

Die Frässpindel muß konzentrisch und rundlaufend sein. Eine jede Exzentrizität oder durch unvollkommene axiale Lagerung entstehende, axiale Verschiebung führt zu Profilfehlern am Werkstück, die zu Störungen Veranlassung geben können.

Wechselräder müssen vor allem konzentrisch sein. Das ist die einzige Verwendungsart von Rädern, wo Exzentrizität außerordentlich schädlich ist. Der Exzentrizitätsfehler der Wechselräder erscheint beim Werkstück sowohl in Form von Kreisteilungs- als auch in Form von Profilfehlern. Die schädliche Wirkung der Exzentrizität kann herabgemindert werden, falls die Zähnezahlen der übrigen verwendeten Räder ein ganzes Vielfaches der Zähnezahl des kleinsten Rades betragen, wenn also z. B. bei 18 Zähnen des kleinen Rades die Zähnezahlen der anderen Räder ein Vielfaches von 18, also zum Beispiel 36, 54 usw. betragen.

Ein axiales Lagerspiel bei den Lagerungen der Teilschneckenwelle oder der Frässpindel führt zu fehlerhaften Zahnprofilen. Der Fräsdruck, sowohl am Rad als auch am Werkzeug, ändert während einer Umdrehung des Fräsers sowohl die Richtung als auch die Größe. Zeitweilig schneidet nur die eine Zahnseite, zeitweilig nur die gegenüberliegende und zeitweilig beide Zahnseiten. Um die größte Genauigkeit aus der Maschine herauszuholen, ist es oft zweckmäßig, mit einer etwas größeren Frästiefe vorzufräsen, — damit beim Schlichten das Werkzeug den Zahngrund nicht mehr berührt, — und das Schlichten beider Flanken in zwei getrennten aufeinanderfolgenden Operationen vorzunehmen. Auf diese Weise bleibt der Fräsdruck beim Fertigschneiden der Richtung nach unverändert; hierdurch wird die schädliche Wirkung des Spieles in den Axiallagerungen von Teilschneckenwelle und Frässpindel, in den Wechselrädern und in den übrigen Verbindungselementen zwischen Werkstück und Frässpindel auf ein Mindestmaß beschränkt. Vorbedingung für diese Arbeitsweise ist die Benützung eines Fräsers mit besonders schwachen Zähnen.

Der Aufbau der Maschine muß hinreichend starr sein, um eine unzulässige Durchbiegung, Verdrehung oder Vibration der Maschine und ihrer arbeitenden Teile infolge des Fräsdruckes zu vermeiden. Die Vorteile, die durch genaue Ausführung der Maschine zu erzielen sind, gehen bei einem nicht hinreichend starren Aufbau derselben verloren. Durch die Starrheit der Maschine wird weiterhin in hohem Maße die Fräsleistung bestimmt. Bei nicht hinreichender Starrheit der Maschine müssen kleinere Schnittgeschwindigkeiten und kleinere Vorschübe gewählt werden.

Die Abwälzräderfräsmaschinen werden in verschiedenen Ausführungsformen hergestellt. Bei einzelnen Typen liegt die Werkstückspindel horizontal, bei anderen vertikal. Bei größeren wird die vertikale Anordnung bevorzugt, da sie bessere Möglichkeiten zur Aufspannung des Werkstückes bietet. Kleinere Räder werden vielfach, zu mehreren auf den Dorn aufgespannt, bearbeitet. Die Lage der Werkstückspindel spielt dabei nur eine untergeordnete Rolle.

24*

Die größeren Maschinen dieser Art und auch eine Anzahl Ausführungsformen für kleinere Räder sind universal ausgebildet. Abb. 165 zeigt eine derartige Maschine. Andere Ausführungsformen für kleinere Werkstücke sind als Spezialmaschinen für Massenfertigung eines bestimmten Teiles ausgebildet, zum Beispiel zur Erzeugung von Rädern für Automobilgetriebe. Diese Maschinen sind soweit nur irgend möglich, in der Konstruktion vereinfacht und ganz besonders starr ausgeführt. Abb. 166 zeigt eine derartige Anordnung. Bemerkenswert ist die

Abb. 165. Abwälzfräsmaschine universaler Bauart. (Pfauter, Chemnitz.)

Schwungscheibe an der Frässpindel, die einen Ausgleich der Ungleichförmigkeiten des Drehmomentes bezweckt.

Der Abwälzfräser für Evolventenverzahnung. Eine richtige Gestaltung des Fräsers ist von eminenter Bedeutung. Der Abwälzfräser ist ein schneckenförmiges, praktisch geradflankiges Schneidwerkzeug, dessen Axialschnitt annäherungsweise einem Zahnstangenprofil entspricht, das mit den zu fräsenden Rädern kämmt. Wird beim Fräsen die Achse des Fräsers senkrecht zur Achse des Rades eingestellt, so ist die Projektion der Fräserschneckenflanken in eine parallel zur Fräserachse liegende Ebene mit dem Profil der Bezugszahnstange identisch. Die Steigung des Fräsers bei einem eingängigen Fräser entspricht der Teilung des Bezugszahnstangenprofils, bei mehrgängigen Fräsern einem

Mehrfachen der Teilung. — Wird der Fräser, wie üblich, im Steigungswinkel der Schnecke eingestellt, so ist Steigung und Flankenwinkel des Fräsers im Axialschnitt gegenüber Teilung und Flankenwinkel des Bezugszahnstangenprofils um einen geringen Betrag verändert. Das Bezugszahnstangenprofil wird in diesem Fall durch die Projektion der Frässchneckenflanken auf eine senkrecht zum Gewindegang stehenden Ebene gebildet.

Die Schneidkanten des Fräsers liegen auf einer Schraubenfläche. Die Flanken der Fräserzähne liegen infolge der Hinterarbeitung — von den Schneidkanten abgesehen — innerhalb der durch die Schneidkanten gehenden Schraubenflächen. In den zunächst folgenden Untersuchungen werden zuerst die Verhältnisse bei einer die Schneidkanten umhüllenden Schraubenfläche ohne Berücksichtigung der Hinterarbeitung geklärt. Die durch die Schraubenfläche bestimmte

Abb. 166. Abwälzfräsmaschine in starrer Sonderausführung für Automobilgetrieberäder. (Pfauter, Chemnitz.)

Schnecke sei kurz Frässchnecke genannt. Im weiteren Verlauf der Untersuchungen wird die Hinterarbeitung besonders berücksichtigt.

Es sei

β = Schrägstellungswinkel des Fräsers beim Fräsen
t = Teilung des Bezugszahnstangenprofils
s = Steigung der Frässchnecke

dann ist

$$s = \frac{t}{\cos \beta} \tag{149}$$

für eingängige Fräser,

$$s = \frac{2\,t}{\cos \beta} \tag{150}$$

für zweigängige Fräser,

$$s = \frac{n\,t}{\cos \beta} \tag{151}$$

für n gängige Fräser.

Ein vielfach beobachteter Fehler bei Rädern, die nach dem Abwälzverfahren hergestellt sind, besteht darin, daß die in der Nähe der Kopfkante liegenden Profilteile nicht mehr in Eingriff kommen, die Zähne „tragen zu tief". Das Evolventenprofil ist verzerrt, am Zahnkopf wird zu viel weggeschnitten. Eine geringfügige Zurücksetzung des Zahnkopfes ist oft von Vorteil, eine zu starke Zurücksetzung indessen verringert die Eingriffsdauer. Bei verhältnismäßig kleinen Zähnezahlen, wo die Eingriffsdauer bzw. der Überdeckungsgrad sowieso klein sind, verursacht eine starke Zurücksetzung des Kopfes ein geräuschvolles Laufen.

Die erzielbare Spanleistung ist bei mehrgängigen Fräsern wesentlich höher als bei eingängigen. Sie werden indessen — abgesehen vom Vorfräsen — nur selten verwendet wegen der verhältnismäßig großen Fehler, die bei ihrer Verwendung meistens bei den gefrästen Verzahnungen hervortreten. Die Ursache dieser Fehler bei den mehrgängigen Abwälzfräsern ist ein Problem, das Beobachtung verdient.

Die Abwälzfräser werden beim Fräsen meistens in Richtung der Gewindesteigung eingestellt. Neuerdings sind zum Fräsen von Stirnrädern mit geraden Zähnen auch Fräser auf dem Markt, die senkrecht zur Radachse eingestellt werden sollen. Bezüglich der Beurteilung des Einflusses der verschiedenen Winkeleinstellungen herrscht große Unsicherheit. Die Unterschiede — wenn überhaupt wesentliche Unterschiede bestehen sollten — in der Gestaltung des im Steigungswinkel eingestellten Fräsers einerseits und des senkrecht zur Radachse eingestellten Fräsers andererseits, bilden ein weiteres Problem, ebenso der Einfluß des Einstellwinkels überhaupt. — Viele Schwierigkeiten beim Abwälzfräsverfahren werden auf den Härteverzug der Fräser zurückgeführt. Dieser Härteverzug ist ein großer Nachteil, seine Vermeidung ist eine der am schwierigsten zu lösenden Aufgaben. Ein Schleifen der Fräser nach dem Härten ist zwar möglich, jedoch kostspielig, insbesondere das Schleifen der hinterarbeiteten Flanken. Von den Härtefehlern abgesehen, führt jedoch die übliche Herstellungsweise der Fräser zu Fehlern in der Zahnform der von den Fräsern erzeugten Verzahnung, bei deren Ausschaltung die Wahrscheinlichkeit, beim Härteprozeß einen brauchbaren Fräser zu erhalten, wesentlich erhöht wäre. Diese Probleme bilden den Gegenstand der nachfolgenden Untersuchungen.

Ein Evolventenrad kann im Abwälzverfahren von einer geradflankigen Zahnstange erzeugt werden. Ein Abwälzfräser, der ein genaues Evolventenrad erzeugt, würde theoretisch auch eine geradflankige Zahnstange erzeugen können, oder, mit anderen Worten, die dem Abwälzfräser entsprechende, nicht hinterarbeitete Frässchnecke könnte mit einer geradflankigen Zahnstange gepaart werden. Obzwar aus praktischen Gründen der Abwälzfräser nie zum Schneiden einer Zahnstange verwendet wird, gehen wir bei den nachfolgenden Untersuchungen von diesem Fall aus, da mathematisch ein geradflankiges Profil am leichtesten zu behandeln ist. Wie oben erwähnt, soll zunächst die Hinterarbeitung der Fräserflanken und die Ausführung der Spannuten nicht berücksichtigt werden.

Eine eingängige Frässchnecke kann als Schrägzahnrad mit einem einzigen Zahn aufgefaßt werden, das mit einer geradflankigen Zahnstange kämmt. — Abb. 167 zeigt eine derartige Frässchnecke im Eingriff mit einer geradflankigen Zahnstange. Die Frässchnecke besteht aus einer unendlichen Anzahl von unendlich schmalen Stirnrädern, die

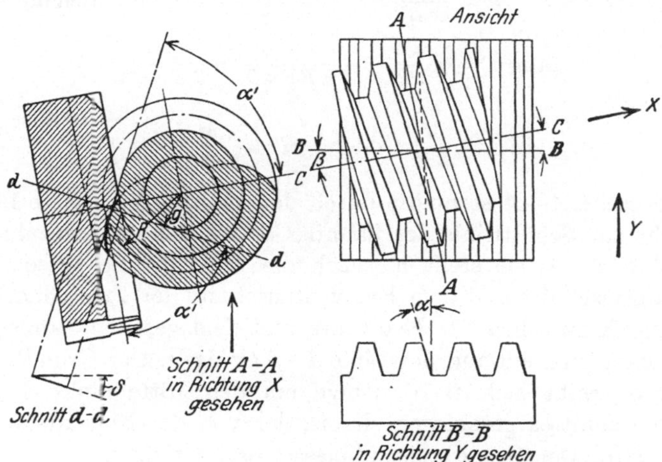

Abb. 167. Die theoretische Frässchnecke im Eingriff mit einer Zahnstange.

gegeneinander verdreht sind; durch ihre Aneinanderreihung entsteht eine Schraubenfläche. Ein Schnitt $A—A$ senkrecht zur Achse der eingängigen Frässchnecke stellt daher stets das Profil eines einzahnigen Evolventenrades dar, das mit der geraden Schnittlinie der Zahnstangenflanke mit der Schnittebene $A—A$ im Eingriff steht.

Es sei in Abb. 167:

$g =$ Halbmesser des Grundkreises der Evolvente im Schnitt $A—A$

$R =$ Halbmesser des Wälzkreises der Verzahnung im Schnitt $A—A$

$\alpha =$ Halber Flankenwinkel des mit der Frässchnecke kämmenden geradflankigen Zahnstangenprofils im Normalschnitt $B—B$

$\alpha' =$ Eingriffswinkel im Schnitt $A—A$. Der Winkel α ist die rechtwinklige Projektion des Winkels α' in die Ebene $B—B$

$\beta =$ Einstellwinkel des Fräsers. Dieser Winkel ist gleichzeitig auch der Steigungswinkel der Frässchnecke am Halbmesser R

$M =$ Modul der Bezugszahnstange

$t =$ Teilung der Bezugszahnstange

$s =$ Gewindesteigung der Frässchnecke.

Da Winkel α die rechtwinklige Projektion des Winkels α' in eine um $90^0 - \beta$ geneigte Ebene darstellt, wobei der eine Schenkel beider Winkel gemeinsam ist, so ist

$$\operatorname{tang} \alpha = \operatorname{tang} \alpha' \cos (90^0 - \beta)$$

oder

$$\operatorname{tang} \alpha' = \frac{\operatorname{tang} \alpha}{\sin \beta}. \tag{152}$$

Da die rechtwinklige Projektion der Fräsersteigung in eine um β geneigte Ebene der Teilung der Bezugszahnstange entspricht, ist

$$s = \frac{t}{\cos \beta}, \qquad \text{[s. Gleichung (149)]}$$

$$\operatorname{tang} \beta = \frac{s}{2 \pi R} = \frac{t}{2 \pi R \cos \beta} = \frac{M}{2 R \cos \beta}, \tag{153}$$

hieraus

$$\sin \beta = \frac{M}{2 R} \quad \text{oder} \quad R = \frac{M}{2 \sin \beta}. \tag{154}$$

Im Schnitt $A-A$ steht die durch den Wälzpunkt gelegte Linie dd senkrecht zur Schnittlinie der Zahnflanke des Zahnstangenzahnes mit der Ebene $A-A$; sie stellt hiernach die Eingriffslinie zwischen dem Zahnstangenschnitt und dem Evolventenschnitt der Frässchnecke dar. Der Eingriff zwischen der Evolvente und dem geraden Zahnstangenschnitt kann nur entlang der Linie $d-d$ erfolgen. Der Grundkreis der Evolvente ergibt sich als derjenige um den Mittelpunkt des Frässchneckenschnittes geschlagene Kreis, der von der Eingriffslinie $d-d$ berührt wird. Der Grundkreishalbmesser ergibt sich zu

$$g = R \cos \alpha'. \tag{155}$$

Wir betrachten nunmehr die unendliche Zahl der aufeinanderfolgenden Schnitte senkrecht zur Achse der Frässchnecke, die entsprechend der Steigung des Gewindes gegeneinander verdreht sind. Die Projektion der Eingriffslinien sämtlicher Schnitte in die Ebene $A-A$ fällt mit der Linie $d-d$ zusammen. Der Eingriff findet daher in einer senkrecht zu $A-A$ liegenden Ebene statt, die die Ebene AA in der Linie $d-d$ schneidet. Die augenblickliche Berührung zwischen Frässchnecke und Zahnstange findet entlang einer geraden Linie statt, die sich als Schnittlinie der durch die Linie $d-d$ bestimmten, senkrecht zu $A-A$ stehenden Eingriffsebene und der zugehörigen Zahnflanke der Bezugszahnstange bestimmt. Diese Gerade, die „Erzeugende", liegt vollkommen auf der Flanke der Frässchnecke, die anderseits ja eine Schraubenfläche darstellt. Die Frässchnecke wird durch Verdrehung und gleichzeitige, der Gewindesteigung entsprechende Verschiebung der Erzeugenden umhüllt; die Erzeugende berührt hierbei stets den Grundzylinder mit dem Halbmesser g. Wird noch der Neigungswinkel δ der Erzeugenden zu einer senkrecht zur Achse der Frässchnecke liegenden Ebene ermittelt, so ist die Flanke der Frässchnecke geometrisch vollkommen bestimmt. Im Schnitt $A-A$ liegt die Projektion der Erzeugenden zur Wälzlinie des Zahnstangenschnittes (Abb. 167) um den Winkel α' geneigt; im Schnitt $B-B$ bildet sie den Winkel $(90^0 - \alpha)$ mit der Wälzlinie der Bezugszahnstange, da sie anderseits auf einer Flanke der Bezugszahnstange liegen muß. Der gesuchte Winkel δ zeigt sich in seiner wahren Größe in dem zu $A-A$ senkrechten Schnitt $d-d$. Abb. 168 zeigt nur diejenigen Linien, die zur Bestimmung dieses Winkels er-

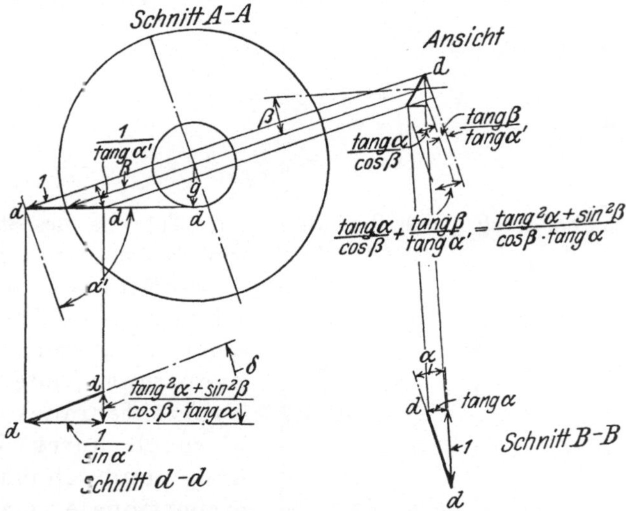

Abb. 168. Die Bestimmung der Lage der Erzeugenden der Frässchnecke.

forderlich sind. Dies ist eine Aufgabe, die mit den Methoden der darstellenden Geometrie gelöst werden kann. Die Erzeugende $d-d$ ist stark ausgezogen in vier Projektionen gezeichnet. Die schwach ausgezogenen Projektionslinien ermöglichen eine Verfolgung des Konstruktionsganges. Die Längen der einzelnen projizierten Abschnitte sind in Abb. 168 eingetragen. Nach dieser Konstruktion ergibt sich

$$\tan \delta = \frac{(\tan^2 \alpha + \sin^2 \beta)\sin \alpha'}{\cos \beta \tan \alpha}.$$

Es ist aber

$$\sin \alpha' = \frac{g \tan \alpha}{R \sin \beta}. \quad \text{[vgl. die Gleichungen (152), (155)]}$$

Diesen Wert von α' in die vorhergehende Gleichung eingesetzt, erhält man

$$\tan \delta = \frac{g\,(\tan^2 \alpha + \sin^2 \beta)}{R \sin \beta \cos \beta}.$$

Da ferner

$$\tan^2 \alpha = \sin^2 \beta \, \tan^2 \alpha', \qquad \text{[vgl. Gleichung (152)]}$$

so ist

$$\tan \delta = \frac{g \sin \beta \, (\tan^2 \alpha' + 1)}{R \cos \beta} = \frac{g \tan \beta \, (\tan^2 \alpha' + 1)}{R}.$$

Durch Einsetzen von

$$\tan \beta = \frac{s}{2 \pi R} \qquad\qquad (153)$$

erhält man

$$\tan \delta = \frac{g s \, (\tan^2 \alpha' + 1)}{2 \pi R^2} = \frac{g s}{2 \pi R^2 \cos^2 \alpha'}.$$

Unter Berücksichtigung von

$$R \cos \alpha' = g, \qquad\qquad (155)$$

erhält man

$$\tan \delta = \frac{s}{2 \pi g}. \qquad\qquad (156)$$

$\dfrac{s}{2 \pi g}$ ist aber auch gleich dem Betrag des Tangens des Steigungswinkels am Grundzylinder.

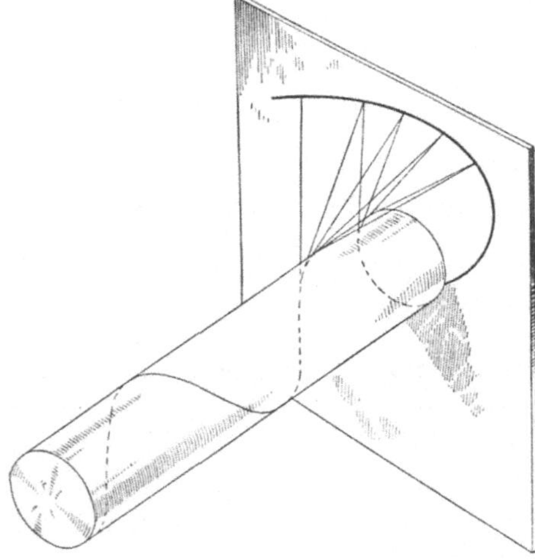

Abb. 169. Die Erzeugung einer Evolventenschraubenfläche.

Die Flanke einer Frässchnecke zur Erzeugung einer geradflankigen Zahnstange oder eines Evolventenrades kann hiernach durch Verdrehung und gleichzeitige proportionale axiale Verschiebung einer Geraden, entsprechend einer gleichbleibenden Gewindesteigung entwickelt werden, wobei die erzeugende Gerade einen Zylinder berührt und den gleichen Winkel mit einer senkrecht zur Achse stehenden Ebene bildet wie eine auf dem Zylinder liegende Schraubenlinie mit der gleichen Gewindesteigung, mit der die Schnecke erzeugt wird.

Die Kennzeichen einer derartigen Fläche können durch Aufwickeln eines Fadens auf einen Zylinder in einer Schraubenlinie veranschaulicht werden. Dies zeigt Abb. 169. Der Zylinder, auf den der Faden aufgewunden wird, stellt den Grundzylinder der Evolventenschraubenfläche dar. Der Faden sei mit seinen beiden Enden an den beiden Enden des Zylinders befestigt. Hiernach wird der Faden an einem Punkt in der Mitte angefaßt und so angespannt, daß der eine von diesem Punkt aus verlaufende Teil des Fadens in einer senkrecht zur Achse des Zylinders stehenden Ebene liegt und der andere Teil des Fadens einen bestimmten Winkel hierzu bildet. Wird der so angespannte Faden aufgewickelt, so erfolgt dies bei dem in der senkrechten Ebene liegenden Fadenteil in dieser Ebene selbst, bei dem anderen Teil in einer Schraubenlinie. Der Neigungswinkel des zweiten Teiles zur senkrechten Ebene bleibt bei der Aufwicklung gleich, er bildet eine Fortsetzung der aufgewickelten Schraubenlinie. Bei diesem Vorgang beschreibt der

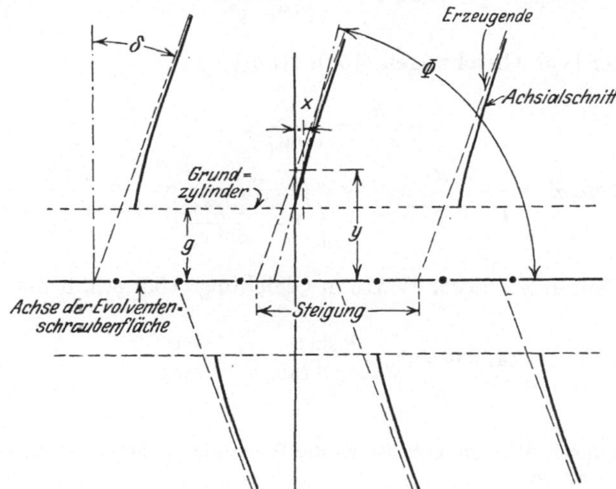

Abb. 170. Axialschnitt einer Evolventenschraubenfläche.

schräg liegende Fadenteil eine Evolventenschraubenfläche, der Grenzpunkt zwischen beiden Fadenteilen eine Evolventenkurve in der senkrecht zur Zylinderachse liegenden Ebene. Es sei bemerkt, daß die erzeugende Gerade der Evolventenschraubenfläche einen Schnitt derselben mit einer den Grundzylinder berührenden Ebene und nicht einen Axialschnitt darstellt.

Diese kennzeichnenden Eigenschaften gestatten nicht nur die geometrische Bestimmung der Frässchnecke, sondern auch ganz allgemein die Bestimmung von Schrägzahnrad- bzw. Schraubenradprofilen, die ja auch Evolventenschraubenflächen sind.

Den Axialschnitt der Evolventenschraubenfläche zeigt Abb. 170, ihre Gleichung läßt sich unschwer in folgende Form bringen:

$$x = \frac{s}{2\pi}\left(\frac{\sqrt{y^2 - g^2}}{g} - \text{arc tang}\,\frac{\sqrt{y^2 - g^2}}{g}\right). \tag{157}$$

In dieser Gleichung ist

x = Abszisse in Richtung der Achse der Schraubenfläche
y = Abstand von der Achse im Axialschnitt.

Der Tangens des von der X-Achse aus gemessenen Neigungswinkels bestimmt sich zu

$$\tan \Phi = \frac{dy}{dx} = \frac{2\pi g y}{s\sqrt{y^2 - g^2}}. \tag{158}$$

Soll der Neigungswinkel an der Wälzlinie bestimmt werden, so ist $y = R$

$$\tan \Phi = \frac{2\pi g R}{s\sqrt{R^2 - g^2}}. \tag{159}$$

Es ist weiter [vgl. Gleichungen (153), (155)]

$$\frac{2\pi R}{s} = \frac{1}{\tan \beta},$$

$$g = R\cos\alpha' = \frac{R}{\sqrt{1 + \tan^2\alpha'}} = \frac{R}{\sqrt{1 + \dfrac{\tan^2\alpha}{\sin^2\beta}}} = \frac{R\sin\beta}{\sqrt{\tan^2\alpha + \sin^2\beta}}.$$

Durch Einsetzen dieser Werte in Gleichung (159) erhält man

$$\tan \Phi = \frac{R\sin\beta}{R\tan\beta\tan\alpha} = \frac{\cos\beta}{\tan\alpha}. \tag{160}$$

Ist

$\alpha'' =$ Neigungswinkel zur y-Achse an der Wälzlinie = halber Flankenwinkel im Axialschnitt,

so ist

$$\alpha'' = 90^0 - \Phi,$$

$$\tan \alpha'' = \frac{1}{\tan \Phi},$$

$$\tan \alpha'' = \frac{\tan\alpha}{\cos\beta}. \tag{161}$$

Als Zahlenbeispiel zur Bestimmung des Axialschnittes wählen wir einen Fräser von 90 mm Teilkreisdurchmesser, Modul 5, $14\frac{1}{2}^0$ Eingriffswinkel, und zwar in 1-, 2- und 3 gängiger Ausführung. Für den eingängigen Fräser erhält man folgende Werte:

$\alpha = 14\frac{1}{2}^0$ $\beta = 3^0\ 11'\ 5''$

$R = 45$ mm

$M = 5$ mm $s = \dfrac{t}{\cos\beta} = \dfrac{15{,}708}{0{,}99845} = 15{,}732$ mm

$t = \pi M = 15{,}708$ mm

$\sin\beta = \dfrac{M}{2R} = \dfrac{5}{2\cdot 45} = 0{,}05556,$ $g = \dfrac{R\sin\beta}{\sqrt{\tan^2\alpha + \sin^2\beta}} = \dfrac{2{,}5}{0{,}26451} = 9{,}451$ mm.

Durch Einsetzen verschiedener y-Werte in Gleichung (157) werden die zugehörigen x-Werte ermittelt; hierdurch werden eine Anzahl Profilpunkte bestimmt. Folgende Tabelle enthält die zueinander gehörigen Werte:

Aus Gleichung (160) ergibt sich

$$\tan \Phi = 3{,}8607,$$

$$\Phi = 75^0\,28'\,45''$$

und hieraus

$$\alpha'' = 14^0\,31'\,15''.$$

Die Tabellenwerte sind in vergrößertem Maßstab in Abb. 171 aufgetragen. Das Profil im Axialschnitt ist praktisch geradlinig, am Kopf

y	x	$x - 8{,}252$
40	6,960	$-1{,}292$
41	7,218	$-1{,}034$
42	7,476	$-0{,}776$
43	7,735	$-0{,}517$
44	7,993	$-0{,}259$
45	8,252	0
46	8,511	$+0{,}259$
47	8,771	$+0{,}519$
48	9,030	$+0{,}778$
49	9,290	$+1{,}038$
50	9,550	$+1{,}298$

und Fuß sind nur Abweichungen von 0,003 mm vorhanden. Um die Abweichungen vom geraden Profil besser veranschaulichen zu können, sind sie relativ zur Profilhöhe in stark vergrößertem Maßstabe auf-

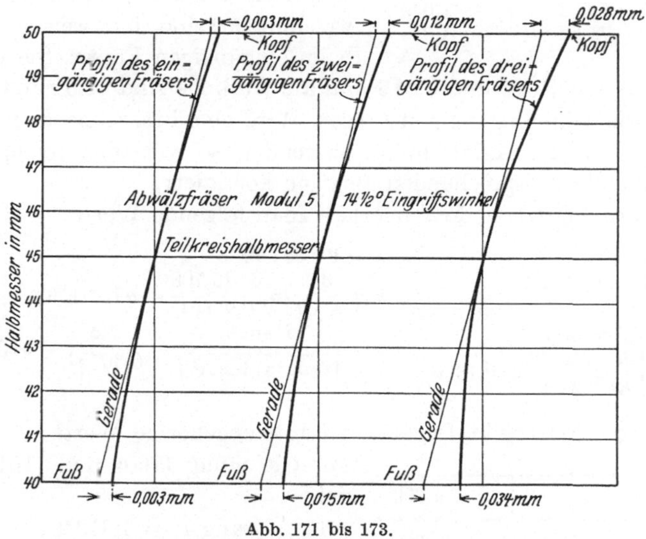

Abb. 171 bis 173.

Abb. 171. Axialschnitt einer eingängigen Evolventenschraubenfläche.
Abb. 172. Axialschnitt einer zweigängigen Evolventenschraubenfläche.
Abb. 173. Axialschnitt einer dreigängigen Evolventenschraubenfläche.

getragen, das Profil ist in Wirklichkeit viel weniger gekrümmt. Wäre die Frässchnecke im Axialschnitt mit geradem Profil versehen, so würden Kopf und Fuß des Rades um 0,003 korrigiert, in dem Sinne, daß ein Kanteneingriff vermieden bzw. verringert wird.

Wir betrachten nun den zweigängigen Fräser mit dem gleichen Teilkreisdurchmesser und Modul. Wir erhalten folgende Werte:

$$\alpha = 14\tfrac{1}{2}^0$$
$$R = 45 \text{ mm}$$
$$M = 5 \text{ ,,}$$
$$t = 15{,}708 \text{ mm}$$
$$\sin\beta = \frac{2M}{2R} = \frac{2\cdot 5}{2\cdot 45} = 0{,}11111$$

$$\beta = 6^0\ 22'\ 46''$$
$$s = \frac{2t}{\cos\beta} = \frac{2\cdot 15{,}708}{0{,}99380} = 31{,}611 \text{ mm}$$
$$g = \frac{R\sin\beta}{\sqrt{\tan^2\alpha + \sin^2\beta}} = \frac{5}{0{,}28147} = 17{,}764 \text{ mm}.$$

Gleichung (157) ergibt folgende zusammengehörige Werte:

y	x	$x - 5{,}849$
40	4,563	− 1,286
41	4,817	− 1,032
42	5,074	− 0,775
43	5,331	− 0,518
44	5,589	− 0,260
45	5,849	0
46	6,110	+ 0,261
47	6,371	+ 0,522
48	6,634	+ 0,785
49	6,898	+ 1,049
50	7,162	+ 1,313

Aus den Gleichungen (160) und (161) ergibt sich

$$\tan\Phi = 3{,}8427,$$
$$\Phi = 75^0\ 24'\ 48'',$$
$$\alpha'' = 14^0\ 35'\ 12''.$$

Die Tabellenwerte sind in Abb. 172 eingetragen. Das Profil ist wiederum praktisch beinahe geradlinig; die Abweichungen sind indessen größer als beim eingängigen Fräser. Sie betragen 0,012 mm am Kopf und 0,015 mm am Fuß, sie sind also rund viermal so groß wie beim eingängigen Fräser. Wird eine Frässchnecke mit einem geraden Profil im Axialschnitt verwendet, so wird das erzeugte Radprofil um die entsprechenden Beträge korrigiert.

Beim dreigängigen Fräser erhält man folgende Werte:

$$\alpha = 14\tfrac{1}{2}^0$$
$$R = 45 \text{ mm}$$
$$M = 5 \text{ ,,}$$
$$t = 15{,}708 \text{ mm}$$
$$\sin\beta = \frac{3M}{2R} = \frac{3\cdot 5}{2\cdot 45} = 0{,}16667$$

$$\beta = 9^0\ 35'\ 40''$$
$$s = \frac{3t}{\cos\beta} = \frac{3\cdot 15{,}708}{0{,}98601} = 47{,}791 \text{ mm}$$
$$g = \frac{R\sin\beta}{\sqrt{\tan^2\alpha + \sin^2\beta}} = \frac{7{,}5}{0{,}30767} = 24{,}376 \text{ mm}.$$

Gleichung (157) ergibt folgende zusammengehörige Werte:

y	x	$x - 4{,}209$
40	2,932	− 1,277
41	3,181	− 1,028
42	3,434	− 0,775
43	3,689	− 0,520
44	3,948	− 0,261
45	4,209	0
46	4,472	0,263
47	4,738	0,529
48	5,006	0,797
49	5,276	1,067
50	5,547	1,338

Aus Gleichung (160) und (161) ergibt sich

$$\tan\Phi = 3{,}81256,$$
$$\Phi = 75^0\ 18'\ 11''$$

und hieraus

$$\alpha'' = 14^0\ 41'\ 49''.$$

Die Tabellenwerte sind in Abb. 173 eingetragen. Die Abweichung vom geradlinigen Profil wird hier wieder wesentlich größer. Sie beträgt 0,028 mm am Zahnkopf und 0,034 mm am Fuß. Die Abweichung ist etwa neunmal so groß wie beim eingängigen Fräser. Bei Verwendung einer im Axialschnitt geradflankigen Frässchnecke würden die Profilabweichungen am Rad die für einen ruhigen Lauf noch zulässigen Werte übersteigen.

Bei gleichem Teilkreisdurchmesser des Fräsers, jedoch bei Vergrößerung des Moduls, werden die Abweichungen vom geraden Profil größer, da Zahnhöhe und Steigungswinkel größer werden.

Es dürfte aus dem Vorhergehenden klar hervorgehen, warum bei geradflankigen Profilen ein eingängiger Fräser bessere Resultate ergeben muß als ein mehrgängiger. Es ist indessen kein theoretischer Grund vorhanden, warum nicht auch ein mehrgängiger Fräser zufriedenstellend ausgeführt werden könnte, falls nur eine richtige Profilkorrektion vorgesehen wird. Dies kann in einfacher Weise dadurch erfolgen, daß man die Hilfswerkzeuge zur Bearbeitung des Fräsers um einen entsprechenden Betrag aus der Mitte setzt.

90⁰-Fräser. Der Schrägstellungswinkel β des Fräsers kann innerhalb bestimmter praktischer Grenzen beliebig gewählt werden, es läßt sich stets für ein geradflankiges Bezugsprofil mit gegebener Teilung ein entsprechender Fräser entwickeln. Der Schrägstellungswinkel β kann auch gleich null angenommen werden, d. h. die Achse des Fräsers kann senkrecht zur Achse des Werkstückes eingestellt werden. Derartige Fräser sind unter dem Namen 90⁰-Fräser bekannt. Nach Gleichung (152) ist

$$\operatorname{tang}\alpha' = \frac{\operatorname{tang}\alpha}{\sin\beta}.$$

In dieser Gleichung ist

$\alpha' =$ der Eingriffswinkel des Zahnstangenschnittes senkrecht zur Achse des Fräsers
$\alpha =$ Eingriffswinkel = halber Flankenwinkel des mit der Frässchnecke kämmenden Zahnstangenprofils im Normalschnitt, d. h. Eingriffswinkel des Bezugsprofils.

Wenn

$$\beta = 0,$$

$$\sin\beta = 0,$$

so ist

$$\operatorname{tang}\alpha' = \frac{\operatorname{tang}\alpha}{0} = \infty,$$

oder

$$\alpha' = 90^0.$$

Es sei:

$R =$ Wälzkreishalbmesser der Frässchnecke
$M =$ Modul des Bezugsprofils
$\delta =$ Winkel, den die Erzeugende der Frässchnecke mit einer senkrecht zur Achse der Frässchnecke liegenden Ebene bildet; er soll kurz als Erzeugungswinkel der Frässchnecke bezeichnet werden.

So ist

$$R = \frac{M}{2\sin\beta} = \frac{M}{0} = \infty,$$

$$\tan\delta = \frac{(\tan^2\alpha + \sin^2\beta)\sin\alpha'}{\cos\beta\,\tan\alpha},$$

für

$$\beta = 0, \qquad \sin\beta = 0, \qquad \cos\beta = 1,$$

$$\alpha' = 90^0, \qquad \sin\alpha' = 1,$$

wird

$$\tan\delta = \frac{(\tan^2\alpha + 0)\cdot 1}{1\cdot\tan\alpha} = \tan\alpha,$$

$$\delta = \alpha.$$

Bei $\beta = 0^0$ Schrägstellungswinkel stimmt demnach der Erzeugungswinkel der Frässchnecke mit dem Eingriffswinkel des mit ihr kämmenden Zahnstangenprofils überein. Der

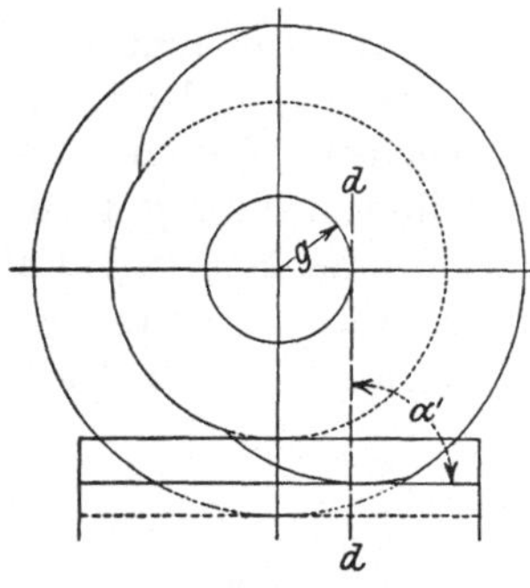

Abb. 174. Im Schrägstellungswinkel $\beta = 0$ eingestellte Frässchnecke im Eingriff mit einer Zahnstange.

Eingriffswinkel im Schnitt senkrecht zur Frässchneckenachse (Abb. 174) ist gleich 90^0, der Wälzkreis- bzw. Wälzzylinderhalbmesser wird unendlich groß, wenn unter Wälzzylinder derjenige Zylinder verstanden wird, in dessen Schraubenlinienschnitt mit der Frässchnecke Tangenten in der Längsrichtung der zu erzeugenden Flanke, d. h. in der Vorschubrichtung des Fräsers gelegt werden können. Der Wälzzylinder des Fräsers muß nicht unbedingt den Teilkreis des zu erzeugenden Rades berühren; dies ist nur der Fall, wenn der Fräser im „Steigungswinkel", jedoch nicht, wenn er senkrecht zur Werkstückachse eingestellt ist.

Einstellung eines gegebenen Fräsers in verschiedenen Schrägstellungswinkeln. Wird die Frässchnecke in einem derartigen Winkel eingestellt, daß an einem bestimmten Durchmesser derselben die Gewindesteigung in die Längsrichtung der Zähne fällt, so ist an diesem Durchmesser die senkrecht zum Gewindegang gemessene Dicke des Fräserzahnes gleich der Breite der geschnittenen Zahnlücke. An allen andern Durchmessern des Fräsers ist die geschnittene Zahnlücke breiter als die Zahndicke des Fräsers. Soll also an einem bestimmten Durchmesser eine Zahnlücke von bestimmter Weite entstehen, so muß der Fräserzahn an diesem Durchmesser um einen entsprechenden Betrag schwächer gehalten werden, wenn das Schneckengewinde an diesem Durchmesser nicht in der Längsrichtung der zu schneidenden Zähne steht. Durch diese Verringerung der Zahndicke des Fräsers wird die Wahl des Schrägstellungswinkels etwas begrenzt. Eine wesentlich engere Begrenzung ergibt sich indessen aus der Höhe der Übergangsrundung zwischen Evolventenzahnprofil und Zahngrund des Werkstückes, die sich bei den verschiedenen Schrägstellungswinkeln ergibt.

Wir untersuchen zunächst den Einfluß der Änderung des Schrägstellungswinkels bei ein und demselben Fräser auf das erzeugte Evolventenprofil, vorerst ohne Rücksicht auf die Übergangsrundung.

Nach den vorangehenden Gleichungen ist

$$s = \frac{t}{\cos\beta} = \text{Steigung des Fräsers,} \qquad \text{[s. Gleichung (149)]}$$

hiernach ist bei einem gegebenen Fräser mit der Steigung s die Teilung des mit der Frässchnecke kämmenden Zahnstangenprofils bei dem beliebig gewählten Schrägstellungswinkel β

$$t = s\cos\beta,$$

es ist weiter für die gegebene Frässchnecke

$$\operatorname{tang}\delta = \frac{s}{2\,\pi\,g}. \qquad \text{[s. Gleichung (156)]}$$

Ist R der dem beliebig gewählten Schrägstellungswinkel entsprechende Wälzkreishalbmesser, so ist

$$R = \frac{t}{2\,\pi\sin\beta} = \frac{M}{2\sin\beta}. \qquad \text{[s. Gleichung (154)]}$$

Gleichung (152)

$$\operatorname{tang}\alpha' = \frac{\operatorname{tang}\alpha}{\sin\beta}$$

läßt sich in folgender Form schreiben:

$$\frac{\sin\alpha'}{\cos\alpha'} = \frac{\operatorname{tang}\alpha}{\sin\beta},$$

$$\frac{\sin^2\alpha'}{\cos^2\alpha'} = \frac{1-\cos^2\alpha'}{\cos^2\alpha'} = \frac{\operatorname{tang}^2\alpha}{\sin^2\beta},$$

hieraus ergibt sich

$$\cos\alpha' = \frac{\sin\beta}{\sqrt{\operatorname{tang}^2\alpha + \sin^2\beta}}.$$

Nach den Gleichungen (154) und (155) ist

$$g = R\cos\alpha' = \frac{t}{2\,\pi\,\sqrt{\operatorname{tang}^2\alpha + \sin^2\beta}}.$$

Nach den Gleichungen (149) und (156) wird

$$\operatorname{tang}\delta = \frac{s}{2\,\pi\,g} = \frac{s\,\sqrt{\operatorname{tang}^2\alpha + \sin^2\beta}}{t} = \frac{\sqrt{\operatorname{tang}^2\alpha + \sin^2\beta}}{\cos\beta},$$

$$\cos\delta = \frac{1}{\sqrt{1 + \operatorname{tang}^2\delta}},$$

hieraus ergibt sich nach leichter Umformung

$$\cos \delta = \cos \alpha \cos \beta \, . \tag{162}$$

Diese Gleichung zeigt, daß der Erzeugungswinkel δ des Fräsers durch Annahme des Eingriffswinkels α des mit dem Fräser kämmenden Zahnstangenprofils und des Schrägstellungswinkels β allein bestimmt wird. Andererseits kann bei gegebenem Fräser (δ gegeben) und gewähltem Schrägstellungswinkel β aus Gleichung (162) der Eingriffswinkel des mit dem Fräser kämmenden Zahnstangenprofils bestimmt werden.

Es sei nun der ursprünglich für Schrägstellungswinkel β_1 bestimmte Fräser im veränderten Schrägstellungswinkel β_2 eingestellt.

Es sei also

$t_1 =$ ursprüngliche Teilung des mit dem Fräser kämmenden Zahnstangenprofils
$t_2 =$ die bei Änderung des Schrägstellungswinkels entstehende Teilung
$\alpha_1 =$ ursprünglicher Eingriffswinkel des mit dem Fräser kämmenden Zahnstangenprofils
$\alpha_2 =$ der bei Änderung des Schrägstellungswinkels entstehende Eingriffswinkel
$\beta_1 =$ ursprünglicher Schrägstellungswinkel
$\beta_2 =$ veränderter Schrägstellungswinkel
$t_{1e} =$ ursprüngliche Eingriffsteilung $= t_1 \cos \alpha_1$
$t_{2e} =$ veränderte Eingriffsteilung $= t_2 \cos \alpha_2$.

Nach dem Vorhergehenden ist

$$t_1 = s \cos \beta_1 \, ,$$
$$t_2 = s \cos \beta_2 \, ,$$
$$t_{1e} = t_1 \cos \alpha_1 = s \cos \alpha_1 \cos \beta_1 = s \cos \delta \, ,$$
$$t_{2e} = t_2 \cos \alpha_2 = s \cos \alpha_2 \cos \beta_2 = s \cos \delta \, ,$$

also

$$t_{1e} = t_{2e} \, .$$

Die ursprüngliche und die bei Änderung des Schrägstellungswinkels entstehende Eingriffsteilung sind also gleich. Hieraus folgt, daß bei einem mit der ursprünglichen und bei einem zweiten, mit veränderter Schrägstellung erzeugten Rad die Evolventenprofile identisch sind; der Schrägstellungswinkel ist daher ohne Einfluß auf das erzeugte Evolventenprofil. Bei Änderung des Schrägstellungswinkels ändert sich lediglich die Zahndicke und die Höhe der Übergangsrundung.

Die Freiheit in der Wahl des Schrägstellungswinkels ist praktisch von großem Wert. Maschineneinstellungen sind nie mathematisch genau und sind beim Abwälzfräsverfahren auch nicht unbedingt erforderlich. Es genügt, wenn die Schrägstellungswinkel und die Frästiefe so eingestellt werden, daß die gewünschte Zahndicke erzeugt wird. Dies kann durch Nachmessen des Werkstückes und eine etwaige Korrektion der vorhandenen Maschineneinstellung auf Grund des Meßergebnisses ohne

Schwierigkeit erfolgen. Eine Profilverzerrung infolge der veränderten Einstellung kann hierbei nicht entstehen.

Ebenfalls belanglos ist die genaue Einhaltung der Zahndicke beim Fräser, nur darf der Fräserzahn nicht zu dick werden. Durch eine.geringe Änderung des Schrägstellungswinkels können Fehler in der Zahndicke ausgeglichen werden.

Fräser mit korrigierter Steigung. Ein weiterer Vorteil der freien Wahl des Schrägstellungswinkels liegt darin, daß man die Steigung des Fräsers so wählen kann, daß sie genau und nicht nur annähernd genau mit den vorhandenen Wechselrädern und Leitspindeln erzeugt werden kann. In dem auf S. 380 behandelten Beispiel ergab sich für einen eingängigen Fräser von Modul 5, 90 mm Teilkreisdurchmesser und $14\frac{1}{2}^0$ Eingriffswinkel eine theoretische Steigung von 15,732 mm. Wird der Fräser auf einer Bank mit einer Leitspindel von 6 mm Steigung mit der Wechselradübersetzung $\frac{55}{21}$ geschnitten, so ergibt sich statt 15,732 mm eine Steigung von 15,714 mm. Die Änderung der Steigung kann durch geringfügige Verringerung des Flankenwinkels kompensiert werden. Es kommt nur darauf an, daß die Eingriffsteilung, d. h. der kürzeste Abstand zwischen zwei benachbarten gleichliegenden Flanken den richtigen Wert erhält.

Nach dem Vorhergehenden ist die Eingriffsteilung auf einer eingängigen Frässchnecke gleich

$$s \cos \delta = s \cos \alpha \cos \beta = t \cos \alpha .$$

Es sei

$s =$ theoretische Steigung der Frässchnecke, die entsprechend dem Gewindesteigungswinkel am Wälzkreis schräggestellt wird

$R =$ Wälzkreishalbmesser der Frässchnecke

$\alpha =$ theoretischer Eingriffswinkel des Bezugsprofils der zu erzeugenden Verzahnung

$\beta =$ Schrägstellungswinkel der theoretischen Frässchnecke

$\delta =$ Erzeugungswinkel der theoretischen Frässchnecke

$s_1 =$ tatsächlich ausgeführte Steigung der Frässchnecke

$\alpha_1 =$ korrigierter Eingriffswinkel des Bezugsprofils

$\beta_1 =$ korrigierter Schrägstellungswinkel der Frässchnecke oder Steigungswinkel des Gewindes am Wälzkreis

$\delta_1 =$ korrigierter Erzeugungswinkel.

Es ist dann

$$s \cos \delta = s_1 \cos \delta_1 ,$$

$$\cos \delta_1 = \frac{s \cos \delta}{s_1} , \tag{163}$$

$$\tang \beta_1 = \frac{s_1}{2 \pi R} , \tag{164}$$

$$\cos \alpha_1 = \frac{\cos \delta_1}{\cos \beta_1} . \tag{165}$$

25*

In dem angenommenen Zahlenbeispiel ist[1]

$$s = 15{,}732 \text{ mm}$$
$$R = 45 \text{ mm}$$
$$\alpha = 14\tfrac{1}{2}\,^0$$
$$\beta = 3^0\ 11'\ 5''$$
$$\cos \delta = \cos \alpha \cos \beta = 0{,}96815 \cdot 0{,}99845 = 0{,}96665$$
$$\delta = 14^0\ 50'\ 15''$$
$$s_1 = 15{,}714 \text{ mm}$$
$$\cos \delta_1 = \frac{15{,}732 \cdot 0{,}96665}{15{,}714} = 0{,}96776$$
$$\delta_1 = 14^0\ 35'\ 20''$$
$$\operatorname{tang} \beta_1 = \frac{15{,}714}{90 \cdot 3{,}1416} = 0{,}05558$$
$$\beta_1 = 3^0\ 10'\ 52''$$
$$\cos \alpha_1 = \frac{0{,}96776}{0{,}99846} = 0{,}96925$$
$$\alpha_1 = 14^0\ 14'\ 40''.$$

Wird die Frässchnecke in einem derartigen Winkel schräggestellt, daß an einem bestimmten Durchmesser derselben die Gewindesteigung in die Längsrichtung der zu erzeugenden Zähne fällt, so ist an diesem Durchmesser die senkrecht zum Gewindegang gemessene Zahndicke des Fräserzahns gleich der Breite der zu schneidenden Zahnlücke. An allen anderen Durchmessern ist die Zahnlücke weiter als die Zahndicke des Fräsers.

Durch die Veränderung der Schrägstellung der Frässchnecke wird lediglich die Weite der geschnittenen Zahnlücke und der Verlauf der Übergangsrundung am geschnittenen Zahn beeinflußt. Oberhalb des Übergangsprofils bleibt das Evolventenprofil unverändert. Bei einem mit der Frässchnecke erzeugten Bezugsprofil würde sich bei Änderung des Schrägstellungswinkels sowohl der Eingriffswinkel als auch die Teilung ändern, jedoch würde die Änderung des einen Elementes die Änderung des anderen Elementes kompensieren; die bei verschiedenen Schrägstellungswinkeln erzeugten Bezugsprofile haben die gleiche Eingriffsteilung und kämmen daher mit den gleichen Evolventenrädern.

Die Änderung der Zahndicke ist nur in zweiter Linie zu beachten, der wesentliche Faktor bei Änderung des Schrägstellungswinkels ist die Änderung der Höhe der Übergangsrundung. Wird die Übergangsrundung zu hoch, so führt dies zu einem Kanteneingriff der Kopfkanten des Gegenrades. Das ist ein sehr schwer wiegender Fehler. In vielen Fällen trägt ein Kanteneingriff am Übergangsprofil die Schuld für auftretende Störungen. Die Höhe der Übergangsrundung begrenzt die zulässigen Änderungsmöglichkeiten in der Schrägstellung. In dem Folgenden wollen wir die Übergangsprofile untersuchen, die bei den verschiedenen Schrägstellungswinkeln des Fräsers entstehen.

---

[1] Siehe S. 380.

Das von einem gegebenen, in verschiedenen Schrägstellungswinkeln eingestellten Fräser erzeugte Übergangsprofil. Der Einfachheit halber betrachten wir zunächst die Übergangsrundung bei einer mit der Frässchnecke kämmenden Zahnstange. Das Übergangsprofil an einem Radzahn ist höher als an einem Zahnstangenzahn, seine Höhe ist von der Zähnezahl des Rades abhängig, je kleiner die Zähnezahl des Rades, um so größer ist die Höhe der Übergangsrundung.

Wir betrachten eine Frässchnecke mit scharfen Ecken am Zahnkopf. Sind keine scharfen Ecken, sondern eine Kopfabrundung vorgesehen, so vergrößert sich die Höhe und Breite des geschnittenen Übergangsprofils angenähert um den Betrag des Halbmessers der Kopfabrundung am Fräserzahn.

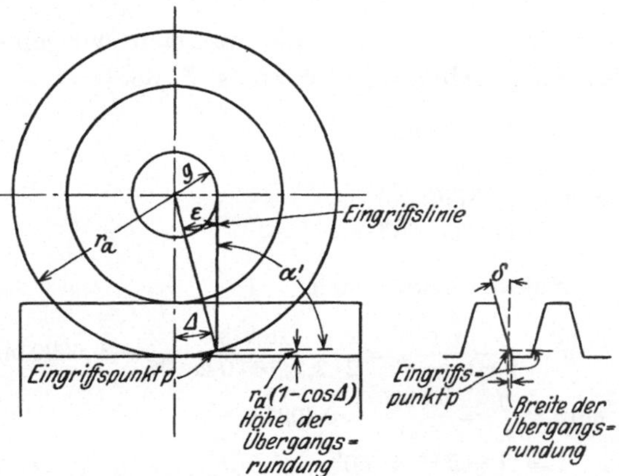

Abb. 175. Bestimmung der von einer im Schrägstellungswinkel 0^0 eingestellten Frässchnecke erzeugten Übergangsrundung.

Wir untersuchen zunächst eine Frässchnecke, die im Schrägstellungswinkel $\beta = 0$ eingestellt wird. Es sei entsprechend Abb. 175

s = Steigung der Frässchnecke
g = Halbmesser des Grundzylinders
r_a = Außendurchmesser der Frässchnecke
δ = Erzeugungswinkel der Frässchnecke
$\varDelta$ = Zentriwinkel vom tiefstliegenden Eingriffspunkt p bis zu der zur Vorschubrichtung senkrechten Mittenlinie
ε = Winkel zwischen der radialen Linie durch den tiefsten Eingriffspunkt p und der Eingriffslinie.

Es ist:

$$\sin \varepsilon = \frac{g}{r_a} \; ;$$

bei dieser Ausführungsform ist

$$\varepsilon = \varDelta \, .$$

Die Übergangsrundung reicht bis zum tiefsten Eingriffspunkt p. Es ist daher

$$\text{Höhe der Übergangsrundung} = r_a \left(1 - \cos \varepsilon\right) . \tag{166}$$

Die Breite der Übergangsrundung ergibt sich aus der Projektion des zwischen dem tiefsten Eingriffspunkt p und der Mittenebene liegenden Teiles der am Außenumfang der Frässchnecke verlaufenden Schraubenlinie auf die senkrecht zur Vorschubrichtung liegende Mittenebene. Es ist hiernach

$$\text{Breite der Übergangsrundung} = \frac{\text{arc}\,\Delta \cdot s}{2\,\pi}. \tag{167}$$

Für ein Zahlenbeispiel nehmen wir eine Frässchnecke mit den folgenden Abmessungen an (s. S. 388):

$$s = 15{,}714 \text{ mm}$$
$$r_a = 50 \text{ mm}$$
$$\cos \delta = 0{,}96776$$
$$\delta = 14^0\ 35'\ 20''.$$

Hieraus ergibt sich

$$g = \frac{s}{2\,\pi\,\text{tang}\,\delta} = \frac{15{,}714}{2\cdot 3{,}1416 \cdot 0{,}26027} = 9{,}6090 \text{ mm}$$
$$\sin \varepsilon = \frac{g}{r_a} = \frac{9{,}6090}{50} = 0{,}19218$$
$$\varepsilon = \Delta = 11^0\ 4'\ 50''$$

$$\text{Höhe der Übergangsrundung} = r_a\,(1 - \cos\varepsilon) = 50\cdot 0{,}01865 = 0{,}933 \text{ mm}$$

$$\text{Breite der Übergangsrundung} = \frac{\text{arc}\,\Delta \cdot s}{2\,\pi} = \frac{0{,}19339 \cdot 15{,}714}{2 \cdot 3{,}1416} = 0{,}484 \text{ mm}.$$

Ist das Fräserprofil nicht mit einer scharfen Ecke, sondern mit einer Abrundung von 1 mm Halbmesser versehen, so ergeben sich die folgenden Werte:

Höhe der Übergangsrundung $= 1 + 0{,}933 = 1{,}933$ mm
Breite der Übergangsrundung $= 1 + 0{,}484 = 1{,}484$ mm.

In Wirklichkeit sind die Werte etwas kleiner, da der Zentriwinkel des Abrundungskreisbogens nicht ganz 90[0] beträgt. Die praktisch unwesentlichen Unterschiede kann man indessen vernachlässigen.

Der Eingriffswinkel des Bezugszahnstangenprofils beträgt in diesem Beispiel $14^0\ 35'\ 20''$, die Teilung ist gleich groß wie die Steigung der Frässchnecke, sie beträgt 15,714 mm. Abb. 176 zeigt das Profil der Frässchnecke und der Bezugszahnstange im vergrößerten Maßstab.

Wir untersuchen nunmehr den Fall, in dem der Fräser beim Fräsen in Richtung des Gewindeganges schräggestellt wird. Dieser Fall ist in Abb. 177 dargestellt. R, g, r_a, δ, ε und Δ sollen die gleichen Größen bezeichnen wie im vorhergehenden Beispiel. Es sei weiter

$\alpha =$ Eingriffswinkel des Bezugsprofils der erzeugten Verzahnung
$\alpha' =$ Eingriffswinkel des Zahnstangenprofils im Schnitt senkrecht zur Achse der Frässchnecke
$t =$ Teilung des erzeugten Bezugsprofils
$\beta =$ Schrägstellungswinkel.

In Abb. 177 ist

$$\sin \varepsilon = \frac{g}{r_a} \quad \text{und nach Gl. (152)} \quad \operatorname{tang} \alpha' = \frac{\operatorname{tang} \alpha}{\sin \beta},$$

$$\varDelta = 90^0 - (\alpha' + \varepsilon).$$

Höhe der Übergangsrundung =

$$= r_a (1 - \cos \varDelta). \tag{168}$$

Die Breite der Übergangsrundung ergibt sich aus der Projektion des dem Zentriwinkel $\varDelta$ entsprechenden Abschnittes der Schraubenlinie am Kopfzylinder in der Vorschubrichtung, d. h. in der Längsrichtung der Bezugszahnstange.

Breite der Übergangsrundung =

$$= r_a \sin \varDelta \sin \beta - \frac{\operatorname{arc} \varDelta \cdot s \cos \beta}{2\pi}. \tag{169}$$

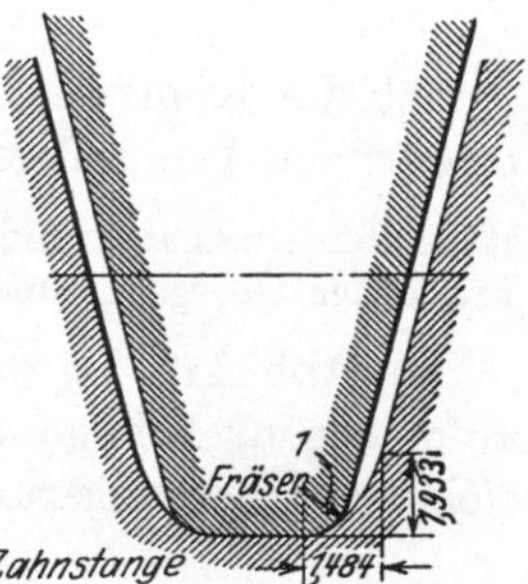

Abb. 176. Profil der im Schrägstellungswinkel 0° eingestellten Frässchnecke und der zugehörigen Zahnstange.

Als Zahlenbeispiel sei die Berechnung der Übergangsrundung bei einer Frässchnecke mit den gleichen Abmessungen wie im vorigen Beispiel und bei einem Schrägstellungswinkel von 10° durchgeführt.

Es ist also

$$s = 15{,}714 \text{ mm}$$
$$r_a = 50 \text{ mm}$$
$$\delta = 14^0\ 35'\ 20''$$
$$\beta = 10^0$$
$$g = 9{,}6090 \text{ mm}$$
$$\cos \alpha = \frac{\cos \delta}{\cos \beta} = \frac{0{,}96776}{0{,}98481} = 0{,}98269$$
$$\alpha = 10^0\ 40'\ 30''$$
$$t = s \cos \beta = 15{,}714 \cdot 0{,}98481$$
$$= 15{,}475 \text{ mm}$$
$$\sin \varepsilon = \frac{g}{r_a} = \frac{9{,}6090}{50} = 0{,}19218$$
$$\varepsilon = 11^0\ 4'\ 50''$$
$$\operatorname{tang} \alpha' = \frac{\operatorname{tang} \alpha}{\sin \beta} = \frac{0{,}18850}{0{,}17365} = 1{,}08552$$
$$\alpha' = 47^0\ 20'\ 54''$$
$$\varDelta = 90^0 - (\alpha' + \varepsilon) = 90^0 -$$
$$- (11^0\ 4'\ 50''$$
$$+ 47^0\ 20'\ 54'')$$
$$\varDelta = 31^0\ 34'\ 16''$$

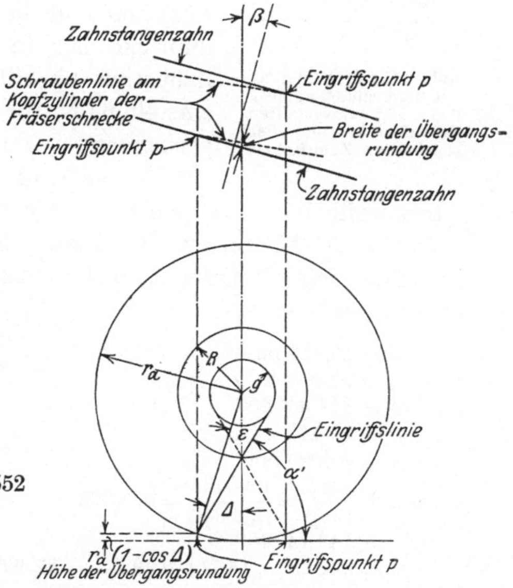

Abb. 177. Bestimmung der von einer im beliebigen Schrägstellungswinkel eingestellten Frässchnecke erzeugten Übergangsrundung.

Höhe der Übergangsrundung =

$$= r_a (1 - \cos \varDelta) = 50 \cdot 0{,}14801 = 7{,}400 \text{ mm}$$

Breite der Übergangsrundung =

$$= r_a \sin \varDelta \sin \beta - \frac{\text{arc}\,\varDelta \cdot s \cos \beta}{2\,\pi} = 50 \cdot 0{,}52355 \cdot 0{,}17365 -$$

$$- \frac{0{,}55102 \cdot 15{,}714 \cdot 0{,}98481}{2 \cdot 3{,}1416} = 3{,}189 \text{ mm} .$$

Ist die Kopfkante der Frässchnecke mit einem Krümmungshalbmesser von 1 mm abgerundet, so ist die

Höhe der Übergangsrundung $= 1 + 7{,}400 = 8{,}400$ mm
Breite der Übergangsrundung $= 1 + 3{,}189 = 4{,}189$ mm.

In Abb. 178 ist das Zahnstangenprofil in vergrößertem Maßstab aufgetragen. Infolge des zu großen Schrägstellungswinkels erstreckt sich die Übergangsrundung bis zu mehr als der Hälfte des Gesamt-

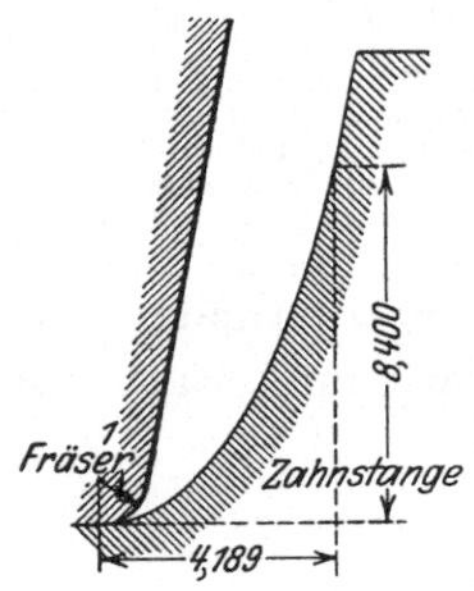

Abb. 178. Profil der im Schrägstellungswinkel von 10° eingestellten Frässchnecke und der zugehörigen Zahnstange.

profils. Da außerdem noch der geschnittene Zahn wesentlich schwächer wird, ist ein derartiger Schrägstellungswinkel praktisch vollkommen unbrauchbar.

Würde man den Schrägstellungswinkel entsprechend dem Gewindesteigungswinkel am Außenumfang der Schnecke wählen, so würde am Außendurchmesser keine seitliche Nachschneidewirkung auftreten und die Übergangsrundung an der Frässchnecke sich in gleicher Größe am zugehörigen Zahnstangenprofil wiederholen. Bei dieser Fräsereinstellung ist die Höhe der Übergangsrundung am geringsten.

Als nächstes Zahlenbeispiel wird das Übergangsprofil bei dem gleichen Fräser bei einem Schrägstellungswinkel von 3° 11′ ermittelt. Dieser Schrägstellungswinkel entspricht ungefähr dem Steigungswinkel in der Mitte des Profiles. Es ergeben sich folgende Werte:

$$s = 15{,}714 \text{ mm}$$
$$r_a = 50 \text{ mm}$$
$$\delta = 14° \, 35' \, 20''$$
$$\beta = 3° \, 11'$$
$$g = 9{,}6090 \text{ mm}$$
$$\cos \alpha = \frac{\cos \delta}{\cos \beta} = \frac{0{,}96776}{0{,}99846} = 0{,}96925$$
$$\alpha = 14° \, 14' \, 40''$$
$$t = s \cos \beta = 15{,}714 \cdot 0{,}99846 = 15{,}690 \text{ mm}$$

$$\sin \varepsilon = \frac{g}{r_a} = \frac{9{,}6090}{50} = 0{,}19218$$
$$\varepsilon = 11° \, 4' \, 50''$$
$$\text{tang}\,\alpha' = \frac{\text{tang}\,\alpha}{\sin \beta} = \frac{0{,}25386}{0{,}05553} = 4{,}5715$$
$$\alpha' = 77° \, 39' \, 40''$$
$$\varDelta = 90° - (\alpha' + \varepsilon) = 1° \, 15' \, 30''$$

Höhe der Übergangsrundung

$$= r_a\,(1 - \cos \varDelta) = 50 \cdot 0{,}00024 = 0{,}012 \text{ mm} .$$

Bei einer Kopfrundung von 1 mm Krümmungshalbmesser am Fräser wäre die Höhe der Übergangsrundung $= 1 + 0{,}012 = 1{,}012$ mm.

Die praktische Grenze für die Änderung des Schrägstellungswinkels nach jeder Seite von der Lage aus, in welcher der Schrägstellungswinkel dem Steigungswinkel in der Mitte des Profils entspricht, beträgt etwa 3⁰. Bei größeren Winkeländerungen wird die Übergangsrundung zu hoch, und demzufolge wird ein Kanteneingriff an der Kopfkante des Gegenrades herbeigeführt. Die Grenzen, unterhalb welcher die Änderung des

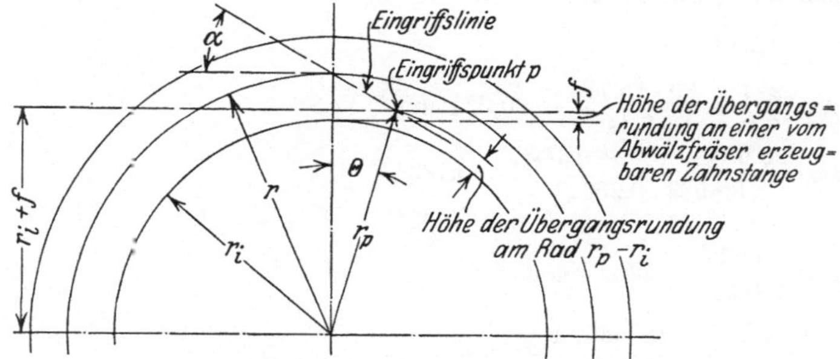

Abb. 179. Bestimmung der Übergangsrundung an einem Rad.

Schrägstellungswinkels zulässig ist, sind jedoch für jeden praktischen Zweck hinreichend weit.

Es soll nunmehr die Höhe der Übergangsrundung am Fuß eines Rades von beliebiger Zähnezahl bestimmt werden.

Es sei in Abb. 179:

r = Wälzkreishalbmesser des Rades beim Kämmen mit einer, der Frässchnecke entsprechenden Zahnstange.

r_i = Fußkreishalbmesser des Rades

z = Zähnezahl

α = Eingriffswinkel der Zahnstange

t = Teilung der Zahnstange

f = Höhe des Übergangsprofils an der Zahnstange

Θ = Zentriwinkel zwischen dem tiefsten Eingriffspunkt und der Mittenlinie am Rad

r_p = der zum tiefsten Punkt der Eingriffslinie gehörige Halbmesser.

Die trigonometrische Lösung der Aufgabe ist

$$\operatorname{tang} \Theta = \frac{r - (r_i + f)}{(r_i + f)\operatorname{tang}\alpha}, \tag{170}$$

$$r_p = \frac{r_i + f}{\cos \Theta}. \tag{171}$$

Höhe der Übergangsrundung am Rad =

$$= r_p - r_i. \tag{172}$$

Als Beispiel nehmen wir ein Rad mit 36 Zähnen, Modul 5, an, das mit dem im vorigen Beispiel behandelten Fräser, der senkrecht zur Achse des Rades eingestellt werden soll, gefräst wird. Die Höhe der

Kopfrundung des Fräserzahnes sei gleich dem Kopfspiel $= 1$ mm. In die Gleichungen (170) bis (172) sind folgende Werte einzusetzen:

$z = 36$
$r_i = 90 - 6 = 84$ mm
$\alpha = 14^0\ 35'\ 20''$
$t = 15,714$ mm
$f = 1,933$ mm (s. Seite 390).

Hieraus ergibt sich:

$$r = \frac{z \cdot t}{2\,\pi} = \frac{36 \cdot 15,714}{2 \cdot 3,1416} = 90,034 \text{ mm}$$

$$\operatorname{tang} \Theta = \frac{90,034 - (84 + 1,933)}{85,933 \cdot 0,26027} = 0,18336$$

$$\Theta = 10^0\ 23'\ 25''$$

$$r_v = \frac{85,933}{0,98360} = 87,366 \text{ mm}.$$

Höhe der Übergangsrundung $=$

$$= 87,366 - 84 = 3,366 \text{ mm}.$$

Erstreckt sich die Übergangsrundung bis innerhalb des wirksamen Profils, so findet ein Klemmen bzw. ein Kanteneingriff vom Kopf des Gegenrades an der Übergangsrundung statt.

Der Einfluß der Spannuten und der Hinterarbeitung des Fräsers. In dem Vorhergehenden wurden die Verhältnisse an der nicht hinterarbeiteten Frässchnecke untersucht, deren Flanken von Evolventenschraubenflächen gebildet werden. Die Flanken der Zähne eines Fräsers müssen zur Erzielung einer günstigen Schneidwirkung hinterarbeitet werden. Die theoretisch korrekte Form der hinterarbeiteten Flanken ist von der Größe der Hinterarbeitung und von der Gestaltung der Spannuten abhängig, insbesondere davon, ob sie gerade oder spiralförmig und ob sie radial oder unterschnitten ausgeführt werden.

Wir untersuchen zunächst die hinterarbeiteten Flanken bei geraden radialen Spannuten. Ist der Axialschnitt des Profils der Evolventenfrässchnecke mit großer Annäherung geradlinig, wie dies bei kleinen Steigungswinkeln der Frässchnecke der Fall ist, so ist die übliche radiale Hinterarbeitung hinreichend genau. In allen anderen Fällen entstehen durch die Hinterarbeitung Fehler; das Profil der mit dem Fräser erzeugten Verzahnung ändert sich beim Nachschleifen des Fräsers. Dieser Fehler kann dadurch wesentlich verringert und praktisch ganz ausgeschaltet werden, daß man die hinterarbeiteten Flanken auch als Evolventenschraubenflächen ausbildet. Das hat auch noch den Vorteil, daß beim Schleifen der Flanken diese Flankenform am leichtesten zu erzeugen ist.

Die Wirkung der Hinterarbeitung der seitlichen Flanken des Fräserzahnes ist die gleiche, als wenn man die eine Flanke mit einer etwas größeren, die andere Flanke mit einer etwas kleineren Steigung ausführt, als die Steigung der nicht hinterarbeiteten Frässchnecke. Die Schnittlinie dieser, bei der Hinterarbeitung entstehenden Evolventenschraubenflächen mit der, durch die Form der Spannute bestimmten Brustfläche der Zähne muß mit der Schnittlinie der Brustfläche mit den ursprünglichen Evolventenschraubenflächen der nicht hinterarbeiteten Frässchnecke übereinstimmen. Stimmen in der Mitte des Profils die an die beiden Schnittlinien gezogenen Tangenten überein, so stimmen auch die Schnittlinien in ihrem weiteren Verlauf mit praktisch hinreichender Genauigkeit überein (Annäherung erster Ordnung).

Die Brustfläche liegt — eine gerade radiale Spannute vorausgesetzt, — in einer, durch die Achse des Fräsers gehenden Ebene.

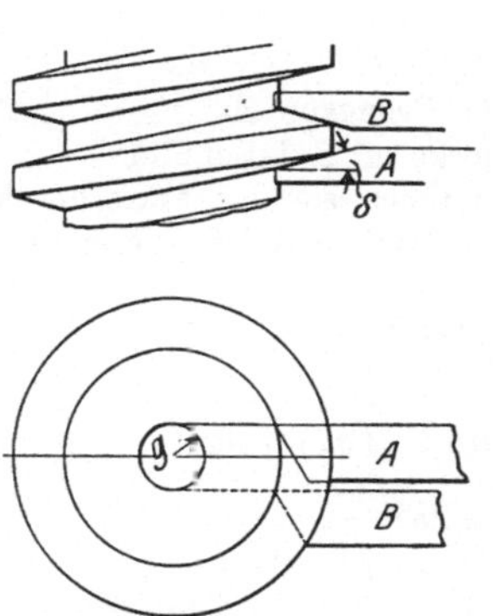

Abb. 180. Einstellung des Stahles beim Schneiden einer Evolventenschraubenfläche.

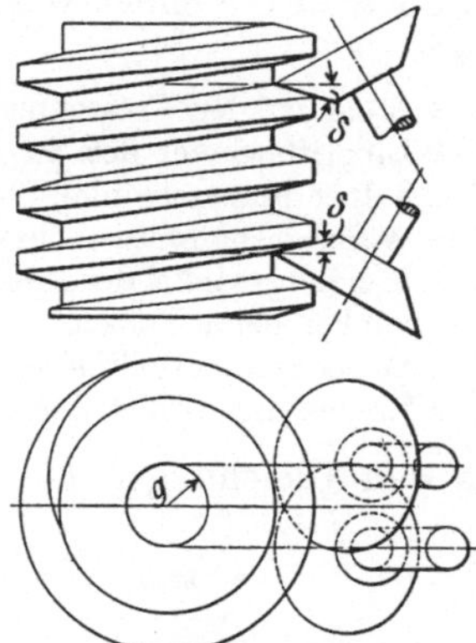

Abb. 181. Einstellung der Schleifscheiben beim Schleifen einer Evolventenschraubenfläche.

Die theoretisch korrekte Erzeugung einer Frässchnecke ohne Hinterarbeitung kann durch Stähle erfolgen, die im Erzeugungswinkel der Frässchnecke eingestellt sind und die um den Betrag des Grundzylinderhalbmessers ober- oder unterhalb der Mitte liegen (Abb. 180). Ein gleichartiges Profil kann auch durch kegelförmige Schleifscheiben erzeugt werden, deren Achsen in einem beliebigen Winkel liegen können. Die Profile werden entsprechend dem Erzeugungswinkel abgezogen. Die Achsen der Schleifscheiben liegen um den Betrag des Grundzylinderhalbmessers über bzw. unter der Mitte (Abb. 181). Die Berührungslinie zwischen Werkstück und Schleifscheibe liegt in einer durch die Achse der Schleifspindel gehenden Ebene, infolgedessen findet kein Nachschneiden der Schleifscheibe statt; die Evolventenschraubenfläche kann ebenso korrekt wie mit einem Stahl mit gerader Schneidkante, auch durch eine geradlinig abgezogene Schleifscheibe erzeugt werden. Der Durchmesser der Schleifscheibe ist ohne Einfluß auf die geschliffene Profilform. Wird die Schleifspindel nicht so eingestellt,

daß ihre Achse den Grundzylinder der zu erzeugenden Evolventenschraubenfläche berührt, so bewirkt eine Änderung des Schleifscheiben-
durchmessers auch eine Änderung des geschliffenen Profils. Dies ist auch
der Fall bei der Erzeugung jeder anderen Schraubenfläche außer der
Evolventenschraubenfläche.

Falls die hinterarbeiteten Flanken auch als Evolventenschraubenflächen mit vergrößerter bzw. verringerter Steigung ausgebildet werden,
so kann der Grundzylinder und Erzeugungswinkel dieser Evolventenschraubenflächen rechnerisch ermittelt werden. Diese zwei Größen
kennzeichnen die erforderliche Werkzeugeinstellung hinreichend.

Steigung, Grundzylinderhalbmesser und Erzeugungswinkel der
hinterarbeiteten Flanken eines Fräsers mit radialen Spannuten können
folgendermaßen errechnet werden:

Es sei:

s = Steigung der Frässchnecke
α' = Eingriffswinkel des zu erzeugenden Bezugsprofils
α'' = halber Flankenwinkel der Frässchnecke im Axialschnitt
R = Wälzkreishalbmesser bzw. Teilkreishalbmesser der Frässchnecke
β = Steigungswinkel der Frässchnecke am Halbmesser R = Schrägstellungs-
　　winkel beim Fräsen
g = Grundzylinderhalbmesser der Frässchnecke
δ = Erzeugungswinkel der Frässchnecke.

Aus den Gleichungen (159), (160) und (161) folgt:

$$\tan \alpha'' = \frac{\tan \alpha}{\cos \beta} = \frac{s \sqrt{R^2 - g^2}}{2 \pi g R} , \qquad (173)$$

$$\cos \delta = \cos \alpha \cos \beta . \qquad \text{[s. Gleichung (162)]}$$

Es sei nun weiter:

N = Anzahl der Spannuten
F = Hinterarbeitung eines Fräserzahnes
s_1 = durch die Hinterarbeitung scheinbar vergrößerte Steigung der einen Flanke
s_2 = durch die Hinterarbeitung scheinbar verringerte Steigung der zweiten Flanke
δ_1 = Erzeugungswinkel der ersten Flanke
δ_2 = Erzeugungswinkel der zweiten Flanke
g_1 = Grundzylinderhalbmesser der ersten Flanke
g_2 = Grundzylinderhalbmesser der zweiten Flanke.

Die veränderten Steigungen sind:

$$s_1 = s + N F \tan \delta_1 , \qquad (174)$$

$$s_2 = s - N F \tan \delta_2 , \qquad (175)$$

da nach (156)

$$\tan \delta_1 = \frac{s_1}{2 \pi g_1} , \quad \tan \delta_2 = \frac{s_2}{2 \pi g_2} , \text{ so ist } s_1 = s + N F \frac{s_1}{2 \pi g_1} , \quad (176)$$

$$s_2 = s - N F \frac{s_2}{2 \pi g_2} . \qquad (177)$$

Für die Axialschnitte der hinterarbeiteten Flanken ergibt sich nach (173)

$$\tan \alpha'' = \frac{s_1 \sqrt{R^2 - g_1^2}}{2\pi g_1 R} = \frac{s \sqrt{R^2 - g^2}}{2\pi g R}, \tag{178}$$

$$\frac{s_2}{2\pi g_2} \frac{\sqrt{R^2 - g_2^2}}{R} = \frac{s \sqrt{R^2 - g^2}}{2\pi g R}, \tag{179}$$

da ja die mit der axialen Brustfläche gebildeten Schnittkanten der Frässchnecke und des hinterarbeiteten Fräsers sich am Teilkreis berühren und daher die Flankenwinkel übereinstimmen.

Aus den Gleichungen (178) und (179) ergibt sich

$$s_1 = s \cdot \frac{\sqrt{R^2 - g^2}}{g} \cdot \frac{g_1}{\sqrt{R^2 - g_1^2}}, \tag{180}$$

$$s_2 = s \frac{\sqrt{R^2 - g^2}}{g} \cdot \frac{g_2}{\sqrt{R^2 - g_2^2}}. \tag{181}$$

Diese Werte in (176) und (177) eingesetzt, und die so erhaltenen Gleichungen nach g_1 und g_2 aufgelöst, erhält man:

$$g_1 = \frac{NF}{2\pi}\left(1 - \frac{g^2}{R^2}\right) + \sqrt{g^2 - \left(\frac{NF}{2\pi}\right)^2 \frac{g^2}{R^2}\left(1 - \frac{g^2}{R^2}\right)}, \tag{182}$$

$$g_2 = -\frac{NF}{2\pi}\left(1 - \frac{g^2}{R^2}\right) + \sqrt{g^2 - \left(\frac{NF}{2\pi}\right)^2 \frac{g^2}{R^2}\left(1 - \frac{g^2}{R^2}\right)}. \tag{183}$$

Aus den Gleichungen (176) und (177) ergibt sich:

$$s_1 = \frac{s}{1 - \dfrac{NF}{2\pi g_1}}, \tag{184}$$

$$s_2 = \frac{s}{1 + \dfrac{NF}{2\pi g_2}}. \tag{185}$$

Aus (156) ergibt sich

$$\tan \delta_1 = \frac{s_1}{2\pi g_1},$$

$$\tan \delta_2 = \frac{s_2}{2\pi g_2}.$$

Hiermit sind sämtliche, zur Werkzeugeinstellung benötigte Werte bestimmt.

Als Zahlenbeispiel sei ein eingängiger Fräser von 90 mm $\varnothing$, Modul 5, $14\tfrac{1}{2}^{0}$ Eingriffswinkel, mit 15 geraden radialen Spannuten und einer radialen Hinterarbeitung von 1,5 mm angenommen. Hierbei ergeben sich die folgenden Werte:

$M = 5$ mm
$t = 15{,}708$ mm
$R = 45$ mm

$$\alpha = 14\tfrac{1}{2}^{\,0}$$

$$N = 15$$

$$F = 1,5 \text{ mm}$$

$$\sin \beta = \frac{M}{2\,R} = \frac{5}{2 \cdot 45} = 0,055555. \qquad\qquad \text{[s. Gleichung (154)]}$$

$$\beta = 3^0\ 11'\ 5''$$

$$s = \frac{t}{\cos \beta} = \frac{15{,}708}{0{,}99845} = 15{,}732 \text{ mm}$$

$$\cos \delta = \cos \alpha\ \cos \beta = 0{,}96815 \cdot 0{,}99845 = 0{,}96665$$

$$\delta = 14^0\ 50'\ 15''$$

$$g = \frac{s}{2\,\pi\,\text{tang}\,\delta} = \frac{15{,}732}{2 \cdot 3{,}1416 \cdot 0{,}26491} = 9{,}451 \text{ mm}$$

$$g_1 = \frac{15 \cdot 1{,}5}{2 \cdot 3{,}1416}\left[1 - \left(\frac{9{,}451}{45}\right)^2\right] +$$

$$+ \sqrt{9{,}451^2 - \left(\frac{15 \cdot 1{,}5}{2 \cdot 3{,}1416}\right)^2 \left(\frac{9{,}451}{45}\right)^2 \left[1 - \left(\frac{9{,}451}{45}\right)^2\right]}$$

$$= 3{,}423 + 9{,}422 = 12{,}845 \text{ mm}$$

$$s_1 = \frac{15{,}732}{1 - \dfrac{15 \cdot 1{,}5}{2 \cdot 3{,}1416 \cdot 12{,}845}} = 21{,}814 \text{ mm}$$

$$\text{tang}\,\delta_1 = \frac{21{,}814}{2 \cdot 3{,}1416 \cdot 12{,}845} = 0{,}27027$$

$$\delta_1 = 15^0\ 7'\ 26'',$$

$$g_2 = - \frac{15 \cdot 1{,}5}{2 \cdot 3{,}1416}\left[1 - \left(\frac{9{,}451}{45}\right)^2\right] +$$

$$+ \sqrt{9{,}451^2 - \left(\frac{15 \cdot 1{,}5}{2 \cdot 3{,}1416}\right)^2 \left(\frac{9{,}451}{45}\right)^2 \left[1 - \left(\frac{9{,}451}{45}\right)^2\right]}$$

$$= - 3{,}423 + 9{,}422 = 5{,}999 \text{ mm}$$

$$s_2 = \frac{15{,}732}{1 + \dfrac{15 \cdot 1{,}5}{2 \cdot 3{,}1416 \cdot 5{,}999}} = 9{,}851 \text{ mm}$$

$$\text{tang}\,\delta_2 = \frac{9{,}851}{2 \cdot 3{,}1416 \cdot 5{,}999} = 0{,}26137$$

$$\delta_2 = 14^0\ 38'\ 48''.$$

Die Einstellwerte für das Werkzeug entsprechend Abb. 180 und Abb. 181 ergeben sich also, wie folgt:

	Fräs-schnecke	Flanke 1 mit vergrößerter Steigung	Flanke 2 mit verkleinerter Steigung
Erzeugungswinkel δ	$14^0\ 50'\ 15''$	$15^0\ 7'\ 26''$	$14^0\ 38'\ 48''$
Abstand des Werkzeuges von der Mitte g in mm.	9,451	12,845	5,999

Wie schon erwähnt sind obige Beziehungen unter der Annahme abgeleitet, daß an der Teillinie die von den Flanken und von der Brustfläche gebildeten Schnittlinien bei dem nicht hinterarbeiteten Gewindegang der Frässchnecke einerseits und bei dem hinterarbeiteten Fräser andererseits sich gegenseitig berühren. Bei einem Fräser mit geraden radialen Spannuten sind daher die Flankenwinkel im Axialschnitt unabhängig von der Hinterarbeitung und stets durch den Flankenwinkel bei der nicht hinterarbeiteten Frässchnecke bestimmt.

Der Rechnungsgang ist auch dann ähnlich, wenn der mit radialen geraden Spannuten versehene Fräser beim Fräsen senkrecht zur Radachse eingestellt wird bzw. bei dem Schrägstellungswinkel $\beta = 0$ der Eingriffswinkel des Bezugsprofils α betragen soll. In diesem Fall ist:

$$\delta = \alpha \,,$$

$$s = t \,,$$

$$g = \frac{s}{2\,\pi} \cotg \delta \,. \qquad \text{[s. Gleichung (156)]}$$

Für R ist in diesem Fall nicht der unendlich große Wälzkreishalbmesser, sondern der Teilkreishalbmesser, bzw. der, der Mitte der gemeinsamen Zahnhöhe entsprechende Halbmesser einzusetzen. Die weitere Rechnung erfolgt wie oben nach den Gleichungen (174) bis (185).

Bei Fräsern mit radialer, spiralförmig verlaufender Schneidbrust wird infolge der Hinterarbeitung das Profil im Axialschnitt unsymmetrisch und verzerrt. Zur Errechnung der Werkzeugeinstellung wird die Gleichung der Schneidkante bei der Frässchnecke mit nicht hinterarbeiteten Flanken einerseits und bei dem hinterarbeiteten Fräser andererseits aufgestellt und die Bedingung der Berührung der Schneidkanten in der Mitte des Profils bei den Flanken mit und ohne Hinterarbeitung mathematisch formuliert.

Außer den Bezeichnungen bei der rechnerischen Behandlung des Fräsers mit geraden radialen Spannuten sei noch

$L =$ Steigung der Spannute
$\sigma =$ Neigungswinkel der Spannute zur Achse, gemessen am Teilkreis

$$\tang \sigma = \frac{2\,\pi\,R}{L} \,,$$

$$L = \frac{2\,r\,R}{\tang \sigma} \,, \qquad (186)$$

normalerweise stehen die Spannuten senkrecht zum Gewindegang — also $\beta = \sigma$. Die folgende Rechnung gilt indessen auch dann, wenn die Spannuten beliebig geneigt sind.

Die Gleichung der Schneidkante ergibt sich folgendermaßen: Der Schnitt senkrecht zur Achse durch eine Evolventenschraubenfläche mit dem Grundkreishalbmesser g ist eine Evolvente; ihre Polargleichung ergibt sich nach Abschnitt II Gl. (14):

$$\vartheta = \sqrt{\left(\frac{r}{g}\right)^2 - 1} - \operatorname{arc\,tang} \sqrt{\left(\frac{r}{g}\right)^2 - 1}\,, \qquad (187)$$

hierbei ist

$\vartheta =$ Polarwinkel
$r =$ ein beliebiger Halbmesser
$g =$ Grundkreishalbmesser.

In einem Abstand x parallel zum ersten Schnitt ergibt sich folgende Polargleichung, falls der Polarwinkel ϑ_x von der gleichen Ebene aus gerechnet wird wie beim ersten Schnitt:

$$\vartheta_x = -\frac{x}{s} \cdot 2\pi + \vartheta\,, \qquad (188)$$

wenn $s =$ Gewindesteigung der Evolventenschraubenfläche.

Gleichung (188), in welche ϑ aus Gleichung (187) eingesetzt werden kann, ist die Gleichung der Evolventenschraubenflächen; sie enthält nach Elimination von ϑ die Veränderlichen ϑ_x, r und x.

Wird durch die radiale $\vartheta = O$-Linie im ersten Schnitt eine Schraubenfläche mit der Steigung der Spannute gelegt, so ist ihre Gleichung

$$\vartheta_x = \frac{x}{L} 2\pi\,. \qquad (189)$$

Die Gleichung der Schnittlinie der durch die Gleichungen (188) und (189) gekennzeichneten Flächen, d. h. die Gleichung der Schnittkante, ergibt sich durch Eliminierung von ϑ_x aus den Gleichungen (188) und (189).

Hieraus ergibt sich

$$\frac{x}{L} 2\pi = -\frac{x}{s} 2\pi + \vartheta\,,$$

$$x = \frac{L\,s}{L+s} \cdot \frac{1}{2\pi} \left[\sqrt{\left(\frac{r}{g}\right)^2 - 1} - \operatorname{arc\,tang} \sqrt{\left(\frac{r}{g}\right)^2 - 1} \right]\,, \qquad (190)$$

$$\frac{dx}{dr} = \frac{L\,s}{L+s} \frac{1}{2\pi} \frac{\sqrt{r^2 - g^2}}{g\,r}\,. \qquad (191)$$

Für den Teilkreis ist $r = R$

$$\left(\frac{dx}{dr}\right)_{r=R} = \frac{L\,s}{L+s} \frac{1}{2\pi} \frac{\sqrt{R^2 - g^2}}{g\,R}\,. \qquad (192)$$

Für die Schnitte mit den hinterarbeiteten Flanken ergibt sich auf die gleiche Weise

$$\left(\frac{dx_1}{dr}\right)_{r=R} = \frac{L\,s_1}{L+s_1} \cdot \frac{1}{2\pi} \frac{\sqrt{R^2 - g_1^2}}{g_1\,R}\,, \qquad (193)$$

$$\left(\frac{dx_2}{dr}\right)_{r=R} = \frac{L\,s_2}{L+s_2} \frac{1}{2\pi} \frac{\sqrt{R^2 - g_2^2}}{g_2\,R}\,. \qquad (194)$$

Falls am Teilkreis ($r = R$) die Schnitte an der nicht hinterarbeiteten Frässchnecke und an den hinterarbeiteten Fräserflanken sich berühren sollen, so muß

$$\left|\frac{dx}{dr}\right| = \left|\frac{dx_1}{dr}\right| = \left|\frac{dx_2}{dr}\right|_{r=R}$$

sein.

Hieraus ergibt sich

$$\frac{Ls}{L+s}\cdot\frac{\sqrt{R^2-g^2}}{Rg} = \frac{Ls_1}{L+s_1}\cdot\frac{\sqrt{R^2-g_1^2}}{Rg_1}, \qquad (195)$$

$$\frac{Ls}{L+s}\cdot\frac{\sqrt{R^2-g^2}}{Rg} = \frac{Ls_2}{L+s_2}\cdot\frac{\sqrt{R^2-g_2^2}}{Rg_2}. \qquad (196)$$

Die Gleichungen (195) und (196) auf s_1 und s_2 aufgelöst, erhält man:

$$s_1 = \frac{\dfrac{Ls}{L+s}\dfrac{\sqrt{R^2-g^2}}{g}}{\dfrac{\sqrt{R^2-g_1^2}}{g_1} - \dfrac{s}{L+s}\cdot\dfrac{\sqrt{R^2-g^2}}{g}}, \qquad (197)$$

$$s_2 = \frac{\dfrac{Ls}{L+s}\dfrac{\sqrt{R^2-g^2}}{g}}{\dfrac{\sqrt{R^2-g_2^2}}{g_2} - \dfrac{s}{L+s}\cdot\dfrac{\sqrt{R^2-g^2}}{g}}. \qquad (198)$$

Bei der Aufstellung der den Gleichungen (174) und (175) entsprechenden Gleichungen ist zu beachten, daß die Gesamthinterarbeitung NF nicht auf den vollen Umfang $2\pi R$ fällt, wie bei geraden Spannuten. — Abb. 182 zeigt die Abwickelung des Teilzylinders der Frässchnecke. Die Hinterarbeitung NF erstreckt sich auf den Bogen $2\pi R - u$; u ergibt sich aus

$$\frac{u}{2\pi R}(L+s) = s$$

zu

$$u = \frac{2\pi Rs}{L+s}.$$

Hieraus ergibt sich

$$2\pi R - u = \frac{2\pi RL}{L+s}.$$

Auf den vollen Umfang entfällt die Hinterarbeitung

$$NF\cdot\frac{2\pi R}{2\pi R-u} = NF\cdot\frac{L+s}{L}.$$

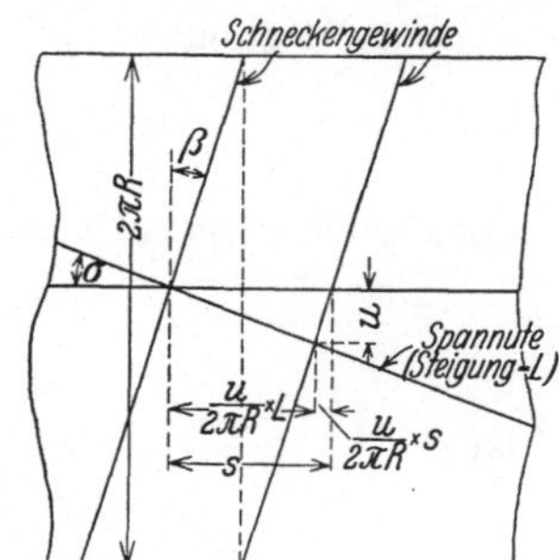

Abb. 182

Hiermit erhält man an Stelle der Gleichungen (174) und (175)

$$s_1 = s + \frac{NFs_1}{2\pi g_1}\cdot\frac{L+s}{L}, \qquad (199)$$

$$s_2 = s - \frac{NFs_2}{2\pi g_2}\cdot\frac{L+s}{L}. \qquad (200)$$

Die Werte für s_1 und s_2 aus Gleichung (197) und (198) in (199) und (200) eingesetzt, und die so erhaltenen Gleichungen nach g_1 und g_2 aufgelöst, erhält man die folgenden Werte:

$$g_1 = \frac{N\,F}{2\,\pi}\left(1 - \frac{g^2}{R^2}\right) + \sqrt{g^2 - \left(\frac{N\,F}{2\,\pi}\right)^2 \frac{g^2}{R^2}\left(1 - \frac{g^2}{R^2}\right)}\,, \qquad (182\,\mathrm{a})$$

$$g_2 = -\frac{N\,F}{2\,\pi}\left(1 - \frac{g^2}{R^2}\right) + \sqrt{g^2 - \left(\frac{N\,F}{2\,\pi}\right)^2 \frac{g^2}{R^2}\left(1 - \frac{g^2}{R^2}\right)}\,. \qquad (183\,\mathrm{a})$$

Diese Werte sind mit den durch die Gleichungen (182) und (183) für gerade radiale Spannuten angegebenen Werten identisch, die Gleichungen (182) und (183) gelten also sowohl für gerade, als auch für spiralförmige radiale Spannuten.

s_1 und s_2 ergeben sich aus (199) und (200) zu

$$s_1 = \frac{s}{1 - \dfrac{N\,F\,(L + s)}{2\,\pi\,g_1\,L}}\,, \qquad (201)$$

$$s_2 = \frac{s}{1 + \dfrac{N\,F\,(L + s)}{2\,\pi\,g_2\,L}}\,. \qquad (202)$$

$$\tan \delta_1 = \frac{s_1}{2\,\pi\,g_1}\,, \quad [\text{s. Gleichung (156)}]$$

$$\tan \delta_2 = \frac{s_2}{2\,\pi\,g_2}\,.$$

Hierdurch ist die Einstellung bei Hinterarbeitung des Fräsers gegeben.

Aus meßtechnischen Gründen ist es vielfach erwünscht, den Axialschnitt auch angeben zu können.

Der Neigungswinkel $\varkappa$ an der Kopfkante (s. Abb. 183) ergibt sich zu:

$$\tan \varkappa = \left(\frac{u}{2\,\pi\,R - u}\right)\frac{N\,F}{s}\,.$$

(Bezüglich u vergleiche Abb. 182.)

Da

$$u = \frac{2\,\pi\,R\,s}{L + s}$$

ist

$$\tan \varkappa = \frac{N\,F}{L}\,. \qquad (203)$$

Die Winkel α_1'' und α_2'' an den Axialschnitten der Seitenkanten ergeben sich folgendermaßen. Es wird:

$$\tan \beta_1 = \frac{s_1}{2\,\pi\,R}$$

bzw. $\qquad\qquad\qquad\qquad\qquad\qquad\qquad\qquad\left.\begin{matrix}\\ \\ \\ \end{matrix}\right\}\ [\text{s. Gleichung (153)}]$

$$\tan \beta_2 = \frac{s_2}{2\,\pi\,R}$$

bestimmt, hiernach

$$\left.\begin{aligned} \cos \alpha_1 &= \frac{\cos \delta_1}{\cos \beta_1}, \\[2mm] \cos \alpha_2 &= \frac{\cos \delta_2}{\cos \beta_2}. \end{aligned}\right\} \quad \text{[s. Gleichung (162)]}$$

Die gesuchten Winkel α_1'' und α_2'' ergeben sich aus

$$\left.\begin{aligned} \operatorname{tang} \alpha_1'' &= \frac{\operatorname{tang} \alpha_1}{\cos \beta_1}, \\[2mm] \operatorname{tang} \alpha_2'' &= \frac{\operatorname{tang} \alpha_2}{\cos \beta_2}. \end{aligned}\right\} \quad \text{[s. Gleichung (161)]}$$

Als Zahlenbeispiel sei ein zweigängiger Fräser von 90 mm $\varnothing$ für 14½° Eingriffswinkel, Modul 5, mit 15 Spannuten und einer Hinterarbeitung von 6 mm pro Zahn angenommen. Praktisch wird die Hinterarbeitung wesentlich kleiner ausgeführt; im Zahlenbeispiel wurde eine größere Hinterarbeitung angenommen, um die Art der Profilverzerrung besser kenntlich zu machen. Weiterhin wurde angenommen, daß am Teilkreis die Spannute senkrecht zum Gewindegang ausgeführt wird. Hierbei ergeben sich folgende Werte:

$$M = 5 \text{ mm}$$
$$t = 15,708 \text{ mm}$$
$$R = 45 \text{ mm}$$
$$\alpha = 14\tfrac{1}{2}°$$
$$N = 15$$
$$F = 6 \text{ mm}$$

$$\sin \beta = \frac{2 M}{2 R} = \frac{2 \cdot 5}{2 \cdot 45} = 0,11111$$

$$\beta = 6° \ 22' \ 46''$$

$$s = \frac{2 t}{\cos \beta} = 31,611 \text{ mm}$$

$$L = \frac{2 \pi R}{\operatorname{tang} \beta} = \frac{90 \cdot 3,1416}{0,11180} = 2529,0 \text{ mm}$$

$$\cos \delta = \cos \alpha \ \cos \beta = 0,96815 \cdot 0,99380 = 0,96214$$
$$\delta = 15° \ 49' \ 0''$$

$$g = \frac{s}{2 \pi \operatorname{tang} \delta} = \frac{31,611}{2 \cdot 3,1416 \cdot 0,28328} = 17,760 \text{ mm}$$

$$NF = 15 \cdot 6 = 90 \text{ mm}$$

$$g_1 = \frac{90}{2 \cdot 3,1416}\left[1 - \left(\frac{17,76}{45}\right)^2\right] + \sqrt{17,76^2 - \left[\frac{90}{2 \cdot 3,1416} \cdot \frac{17,76}{45}\right]^2 \left[1 - \left(\frac{17,76}{45}\right)^2\right]}$$

$$g_1 = 29,077 \text{ mm}$$

$$s_1 = \frac{s}{1 - \dfrac{N F (L + s)}{2 \pi g_1 L}} = \frac{31,611}{1 - \dfrac{90 \cdot 2560,611}{2 \cdot 3,1416 \cdot 29,077 \cdot 2529}}$$

$$s_1 = 63{,}069 \text{ mm}$$

$$\operatorname{tang} \delta_1 = \frac{s_1}{2\,\pi\,g_1} = \frac{63{,}069}{2 \cdot 3{,}1416 \cdot 29{,}077} = 0{,}34523$$

$$\delta_1 = 19^0\ 2'\ 45''$$

$$g_2 = -\frac{90}{2 \cdot 3{,}1416}\left[1 - \left(\frac{17{,}76}{45}\right)^2\right] + \sqrt{17{,}76^2 - \left[\frac{90}{2 \cdot 3{,}1416}\,\frac{17{,}76}{45}\right]^2 \left[1 - \left(\frac{17{,}76}{45}\right)^2\right]}$$

$$g_2 = 4{,}891 \text{ mm}$$

$$s_2 = \frac{31{,}611}{1 + \dfrac{90 \cdot 2560{,}611}{2 \cdot 3{,}1416 \cdot 4{,}891 \cdot 2529}} = 7{,}972 \text{ mm}$$

$$\operatorname{tang} \delta_2 = \frac{s_2}{2\,\pi\,g_2} = \frac{7{,}972}{2 \cdot 3{,}1416 \cdot 4{,}891} = 0{,}25943$$

$$\delta_2 = 14^0\ 32'\ 37''.$$

Hiermit sind sämtliche, für die Einstellung des Hilfswerkzeuges erforderlichen Werte bestimmt.

Für den Axialschnitt der nicht hinterarbeiteten Flanken der Frässchnecke ergibt sich der halbe Flankenwinkel am Teilkreis aus

$$\operatorname{tang} \alpha'' = \frac{\operatorname{tang} \alpha}{\cos \beta} = \frac{0{,}25862}{0{,}99380} = 0{,}26023\,.$$

$$\alpha'' = 14^0\, 35'\, 12''\,.$$

Die Kopflinie im Axialschnitt bei der nicht hinterarbeiteten Frässchnecke ist parallel zur Achse.

Bei dem hinterarbeiteten Zahn ergibt sich für die Neigung der Kopflinie im Axialschnitt

$$\operatorname{tang} \varkappa = \frac{N\,F}{L} = \frac{90}{2529} = 0{,}03559\,,$$

$$\varkappa = 2^0\, 2'\, 21''\,.$$

Weiterhin ergibt sich

$$\operatorname{tang} \beta_1 = \frac{s_1}{2\,\pi\,R} = \frac{63{,}069}{90 \cdot 3{,}1416} = 0{,}22306\,.$$

$$\beta_1 = 12^0\, 34'\, 29''\,,$$

$$\cos \alpha_1 = \frac{\cos \delta_1}{\cos \beta_1} = \frac{0{,}94526}{0{,}97600} = 0{,}96848\,,$$

$$\alpha_1 = 14^0\, 25'\, 20''\,,$$

$$\operatorname{tang} \alpha_1'' = \frac{\operatorname{tang} \alpha_1}{\cos \beta_1} = \frac{0{,}25718}{0{,}97600} = 0{,}26349\,,$$

$$\alpha_1'' = 14^0\, 45'\, 40''\,,$$

$$\operatorname{tang} \beta_2 = \frac{s_2}{2\,\pi\,R} = \frac{7{,}972}{90 \cdot 3{,}1416} = 0{,}02820\,,$$

$$\beta_2 = 1^0\, 36'\, 54''\,,$$

$$\cos \alpha_2 = \frac{\cos \delta_2}{\cos \beta_2} = \frac{0,96796}{0,99960} = 0,96835,$$

$$\alpha_2 = 14^0\, 27'\, 20'',$$

$$\tan \alpha_2'' = \frac{\tan \alpha_2}{\cos \beta_2} = \frac{0,25779}{0,99960} = 0,25789,$$

$$\alpha_2'' = 14^0\, 27'\, 40''.$$

Die ermittelten Werte sind in folgender Tabelle zusammengefaßt:

	Fräs-schnecke	Flanke 1 mit vergrößerter Steigung	Flanke 2 mit verkleinerter Steigung
Erzeugungswinkel δ	$15^0\, 49'$	$19^0\, 2'\, 45''$	$14^0\, 32'\, 37''$
Abstand des Werkzeuges von der Mitte g in mm	17,760	29,077	4,891
Halber Flankenwinkel im Axialschnitt α''	$14^0\, 35'\, 12''$	$14^0\, 45'\, 40''$	$14^0\, 27'\, 40''$

Abb. 183 zeigt die Profilverzerrung im Axialschnitt in starkvergrößertem Maßstab.

Bei den bisherigen Untersuchungen ist eine radiale Spannute angenommen worden. Bei unterschnittener Schneidbrust entstehen weitere Profilverzerrungen. Die unterschnittenen Spannuten werden bei den Abwälzfräsern selten angewendet; denn erstens wird infolge des Unterschnittes die Schneide am Kopf geschwächt; dies kann bei schweren Schruppschnitten zum Ausbrechen der Kopfkante führen. Andererseits aber ergeben, wenn der Fräser nur zum Schlichten verwendet wird, unterschnittene Spannuten an den Seitenflanken einen glatteren Schnitt. — Ein zweiter Nachteil der unterschnittenen Spannuten liegt in der Schwierigkeit eines genauen Scharfschliffes, insbesondere, wenn die Spannuten spiralförmig verlaufen. Ein dritter

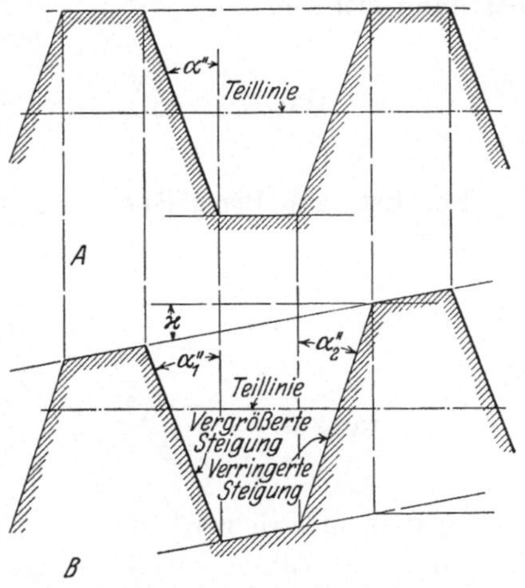

Abb. 183. *A* Axialschnitt einer Frässchnecke, *B* Axialschnitt eines hinterarbeiteten Abwälzfräsers.

Nachteil liegt in der Schwierigkeit der Kompensation der infolge des Unterschnittes erzeugten Profilverzerrungen.

Der Schnitt eines Fräsers mit als Evolventenschraubenflächen ausgebildeten Flanken mit einer zur Achse parallelen Ebene ist unsymmetrisch, ausgenommen den Fall, in dem die Ebene durch die Achse geht. In Abb. 184 ist ein derartiger Fräser mit gerader, unterschnittener Schneidbrust dargestellt. In dieser Abbildung sei:

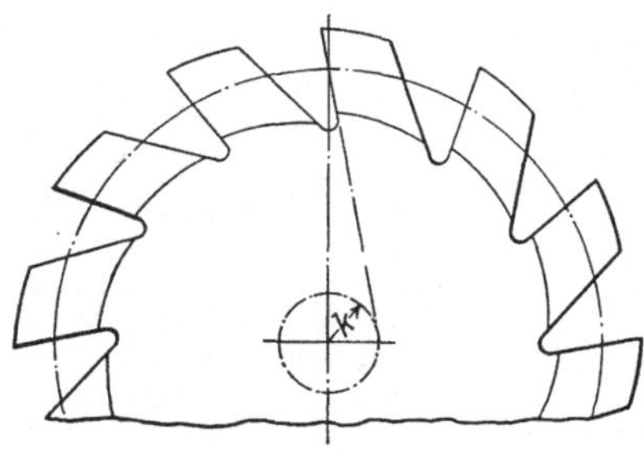

Abb. 184. Fräser mit unterschnittener Schneidbrust.

$k =$ Abstand der Brustebene von der Achse.

Weiterhin sei

$x =$ Koordinate in der Brustebene in Richtung der Fräserachse
$y =$ Koordinate in der Brustebene senkrecht zur X-Achse.

Die Gleichung der Schnittlinien der Flanken der nicht hinterarbeiteten Frässchnecke mit der Brustfläche ergibt sich zu

$$x = \frac{s}{2\pi}\left(\sqrt{\frac{k^2 - g^2 + y^2}{g^2}} - \text{arc tang} \sqrt{\frac{k^2 - g^2 + y^2}{g^2}} \mp \text{arc tang}\, \frac{k}{y}\right). \qquad (204)$$

Die Gl. (204) kann auf ähnliche Weise abgeleitet werden wie Gl. (190).

Der Neigungswinkel Φ_k der Tangente der Schnittline zur X-Achse bestimmt sich aus

$$\text{tang}\, \Phi_k = \frac{dy}{dx} = \frac{2\pi g\,(k^2 + y^2)}{s\,(y \cdot \sqrt{k^2 - g^2 + y^2} \pm k \cdot g)}. \qquad (205)$$

Berührt die Brustfläche den Grundzylinder, ist also $k = g$, so wird

$$x = \frac{s}{2\pi}\left(\frac{y}{g} - \text{arc tang}\, \frac{y}{g} \mp \text{arc tang}\, \frac{g}{y}\right), \qquad (204\,\text{a})$$

$$\text{tang}\, \Phi_k = \frac{2\pi g\,(g^2 + y^2)}{s\,(y^2 \pm g^2)}. \qquad (205\,\text{a})$$

In diesem Fall wird die eine Flanke gerade, die zweite Flanke gekrümmt. Als Zahlenbeispiel sei ein dreigängiger Fräser mit 90 mm $\varnothing$, für Modul 5, $14\frac{1}{2}°$ Eingriffswinkel angenommen. (Vgl. das Zahlenbeispiel auf S. 382.) Ein Bezugsprofil von $14\frac{1}{2}°$ entspricht einem Schrägstellungswinkel entsprechend dem Gewindesteigungswinkel am Teil- bzw. Wälzkreis. Die in die Gleichung einzusetzenden Werte sind die folgenden:

$$s = 47{,}791 \text{ mm} \qquad g = 24{,}376 \text{ mm} \qquad R = 45 \text{ mm}$$

Die aus Gleichung (204a) ermittelten zusammengehörigen Werte von x und y sind in der folgenden Tabelle enthalten:

	Erste Seite		Zweite Seite	
y mm	x mm	$x - 2{,}094$ mm	x mm	$x - 9{,}646$ mm
40	0,534	− 1,560	8,860	− 0,786
41	0,846	− 1,248	9,006	− 0,640
42	1,158	− 0,936	9,158	− 0,488
43	1,470	− 0,624	9,315	− 0,331
44	1,782	− 0,312	9,478	− 0,168
45	2,094	0	9,646	0
46	2,406	+ 0,312	9,819	+ 0,173
47	2,718	+ 0,624	9,996	+ 0,350
48	3,030	+ 0,936	10,178	+ 0,532
49	3,342	+ 1,248	10,365	+ 0,719
50	3,654	+ 1,560	10,555	+ 0,909

Der Neigungswinkel am Teilkreis ergibt sich zu:

$$\text{Erste Seite:} \qquad \operatorname{tang} \Phi_{k_1} = \frac{2\pi g}{s} = 3{,}2047 \,,$$

$$\Phi_{k_1} = 72^0\, 40'\, 13'' \,,$$

$$\text{Zweite Seite: } \operatorname{tang} \Phi_{k_2} = \frac{2\pi g}{s}\left(\frac{g^2 + y^2}{y^2 - g^2}\right) = 5{,}8667 \,,$$

$$\Phi_{k_2} = 80^0\, 19'\, 37'' \,.$$

Die Werte sind in Abb. 185 eingetragen, aus welcher die Form der Zahnlücke im Schnitt mit der den Grundzylinder berührenden Brustfläche ersichtlich ist.

Die Errechnung der Einstellung des Hilfswerkzeuges ist bei unterschnittener Zahnbrust zu verwickelt, um an dieser Stelle behandelt werden zu können. Bei kleinem Steigungswinkel der Frässchnecke indessen, wenn der Axialschnitt der Frässchnecke mit hinreichender Annäherung als geradlinig angesehen werden kann und dementsprechend ein

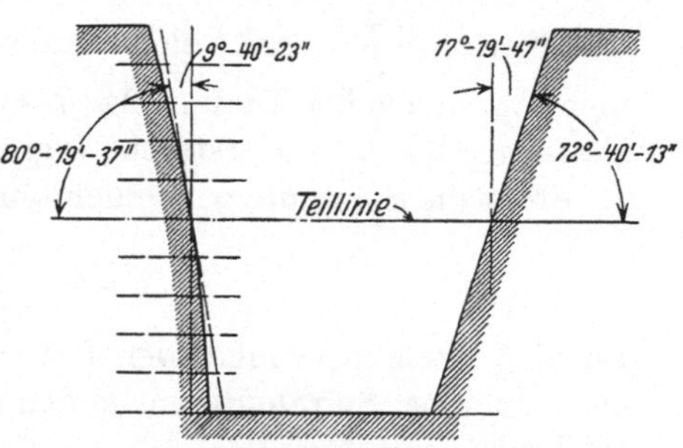

Abb. 185. Schnitt der Frässchnecke mit einer den Grundzylinder berührenden Ebene.

geradflankiges, auf Mitte gestelltes Hilfswerkzeug (Profilstahl) mit hinreichender Genauigkeit einen Fräser mit radialen Spannuten erzeugen könnte, ist eine einfache Annäherungslösung des Problems möglich. Um einen Fräser mit unterschnittener Schneidbrust in dieser Weise zu erzeugen, kann das gleiche Hilfswerkzeug benützt werden, das hierbei um einen entsprechenden Betrag außer Mitte eingestellt wird. Dieser Betrag kann folgendermaßen bestimmt werden:

Es sei:

R = Teilkreishalbmesser des Fräsers
N = Anzahl der Spannuten
F = radiale Hinterarbeitung pro Zahn
k = Abstand der Brustfläche von der Fräserachse
γ = bei der radialen Hinterarbeitung entstehender Rückenwinkel
γ' = Brustwinkel
γ'' = Zentriwinkel zwischen der mit der Achse des Hilfswerkzeuges parallelen, durch die Achse des Fräsers gehenden Ebene und dem Angriffspunkt des Hilfswerkzeuges am Teilkreis
k' = der Betrag, um welchen das Hilfswerkzeug außer Mitte gestellt wird

so ist

$$\operatorname{tang}\gamma = \frac{NF}{2\pi R}, \tag{206}$$

$$\sin\gamma' = \frac{k}{R}, \tag{207}$$

$$\cos(\gamma + \gamma'') = \cos\gamma\,(1 - \operatorname{tang}\gamma\,\operatorname{tang}\gamma') \tag{208}$$

$$k' = R\sin\gamma''. \tag{209}$$

Diese Formeln gelten für gerade Spannuten; bei Spiralnuten ist:

$$\operatorname{tang}\gamma = \frac{NF}{2\pi R}\cdot\frac{L+s}{L} \tag{210}$$

zu setzen, wobei

s = Steigung des Frässchneckengewindes
L = Steigung der Spannute.

Der Faktor $\dfrac{L+s}{L}$ ergibt sich daraus, daß die Hinterdrehung NF sich nicht auf den vollen Umfang $2\pi R$, sondern nur auf einen Teil des vollen Umfanges $2\pi R - u$ erstreckt (vgl. Abb. 182).

Steht die Spannute wie üblich senkrecht zum Gewindegang, so ist

$$L = \frac{2\pi R}{\operatorname{tang}\beta},$$

wobei β Steigungswinkel der Frässchnecke. Die weitere Berechnung kann auch bei Spiralnuten nach den Gleichungen (207), (208) und (209) erfolgen.

Als Zahlenbeispiel sei ein Fräser von 90 mm Teilkreisdurchmesser mit geraden Spannuten, mit einer Hinterarbeitung von 3 mm pro Zahn und mit einem Unterschnitt der Zahnbrust von 9 mm angenommen. Auch in diesem Beispiel ist die Hinterarbeitung größer angenommen worden als sie praktisch ausgeführt wird, um die Verhältnisse klar hervortreten zu lassen. Hierbei ergeben sich die folgenden Werte:

R = 45 mm
N = 15 Spannuten
F = 3 mm pro Zahn

$$k = 9 \text{ mm}$$

$$\operatorname{tang} \gamma = \frac{15 \cdot 3}{2 \cdot 3{,}1416 \cdot 45} = 0{,}15915$$

$$\gamma = 9^0\ 2'\ 34''$$
$$\cos \gamma = 0{,}98757$$

$$\sin \gamma' = \frac{9}{45} = 0{,}20000$$

$$\gamma' = 11^0\ 32'\ 13''$$
$$\operatorname{tang} \gamma' = 0{,}20412$$
$$\cos (\gamma + \gamma'') = 0{,}98757\ (1 - 0{,}15915 \cdot 0{,}20412) = 0{,}95549$$
$$\gamma + \gamma'' = 17^0\ 9'\ 30''$$
$$\gamma'' = 9^0\ 6'\ 56''$$
$$\sin \gamma'' = 0{,}14117$$
$$k' = 45 \cdot 0{,}14117 = 6{,}353 \text{ mm}.$$

In diesem Fall müßte also das Hilfswerkzeug, das, auf Mitte gestellt, mit hinreichender Genauigkeit einen Fräser mit radialen Spannuten erzeugen könnte, zur Herstellung eines Fräsers mit unterschnittener Zahnbrust um 6,353 mm aus der Mitte gesetzt werden, und zwar in dem Sinne, daß der Winkel zwischen der Brustfläche des Hilfswerkzeuges und des Fräsers durch das Außermittesetzen verkleinert wird.

Das Schärfen des Fräsers muß mit der größten Sorgfalt erfolgen. Werden die Spannuten beim Scharfschleifen nicht richtig geteilt, oder ist die Lage der Brustfläche relativ zur Fräserachse falsch, so werden die Schneidkanten nicht auf der Evolventenschraubenfläche liegen, auf der sie liegen müßten. Die ursprüngliche Genauigkeit des Abwälzfräsers kann durch falsches Scharfschleifen vollständig verloren gehen.

Die Schneidverhältnisse beim Abwälzfräser. Die Schneidwirkung des Abwälzfräsers ist vollkommen verschieden von der des Formfräsers, lediglich die Kontinuität der Schnittbewegung ist beiden gemeinsam. Die eigentliche Spanbildung beim Abwälzfräser erstreckt sich auf einen verhältnismäßig kleinen Teil einer Fräserumdrehung, der zeitliche Verlauf des Schneiddruckes ist sehr ungleichmäßig.

Beim ersten Schruppschnitt wird der Hauptteil der Schneidarbeit von der Seite der Fräserzähne geleistet, an welcher der Schnittdruck das Werkstück in seiner Umlaufrichtung vorzuschieben bestrebt ist; die Schneidarbeit der anderen Zahnseite des Fräsers, an welcher der auf das Werkstück wirkende Schnittdruck der Umlaufrichtung des Werkstückes entgegengesetzt ist, ist wesentlich geringer.

Jeder Fräserzahn hat drei Schneidkanten, je eine am Kopf und an den beiden Seiten. Die Kopfkante ist am kürzesten, sie allein hat aber etwa die Hälfte der Verspanungsarbeit zu leisten. Hierzu kommt noch, daß ihre Schneidwirkung nicht kontinuierlich ist. Die Zeit, während der die Kopfkante schneidet, ist in hohem Maße von der Zähnezahl des zu schneidenden Rades abhängig. Hat das zu schneidende Rad 25 Zähne, so schneidet die Kopfkante nur etwa während einer halben Umdrehung des Fräsers. Je kleiner die Zähnezahl des Rades, auf einen um so geringeren Teil einer vollen Umdrehung erstreckt sich die Schneidwirkung der Kopfkante, je größer die Zähnezahl, auf einen um so größeren Teil. Erst bei 200 Zähnen schneidet die Kopfkante während einer vollen Umdrehung. Auch die Schneidwirkung der Seitenkanten eines Fräserzahnes ist nicht kontinuierlich, erst schneidet die eine Seite, dann beide Seiten und zum Schluß die andere Seite. Die Schneiddauer der seitlichen Kanten ist ebenfalls von der Zähnezahl abhängig, sie ist wesentlich kürzer als die Schneiddauer der Kopfkanten. Hierzu kommt noch, daß der an den Seitenkanten entstehende Fräsdruck zeitweilig den Radkörper vorwärts, zeitweilig rückwärts zu treiben versucht. Infolge der unregelmäßigen, sowohl der Größe, wie der Richtung nach veränderlichen Fräsdrücke werden die schon an und für sich schwierigen Schneidverhältnisse noch verwickelter. Eine der wichtigsten an eine Abwälzräderfräsmaschine zu stellenden Forderungen ist eine hinreichend starre und massive Gestaltung, damit sie der wechselnden Belastung ohne nennenswerte Durchbiegung standhält und die infolge der unregelmäßigen Schneidwirkung entstehenden Vibrationen genügend absorbiert oder abdämpft. In dieser Hinsicht muß von einer Abwälzräderfräsmaschine noch wesentlich mehr verlangt werden, als von einer gewöhnlichen Fräsmaschine. Der Abwälzfräser ist auch weit höheren Beanspruchungen ausgesetzt als ein Formfräser, Schnittgeschwindigkeit und Vorschub müssen beim Abwälzfräser niedriger bemessen werden. Zur Erzielung der größtmöglichen Genauigkeit ist es zweckmäßig, jede Flanke in einer besonderen Operation fertigzuschneiden, um die Änderung der Schnittdruckrichtung während ein und desselben Arbeitsganges auszuschalten.

Die Oberfläche der durch Abwälzfräsverfahren hergestellten Flanken besteht aus Erhöhungen und Vertiefungen. Die korrekte Evolventenflanke ist die Umhüllungsfläche der vertieften Stellen. Die Menge des über die Vertiefungen hinausragenden Materials ist vom Durchmesser des Fräsers, von der Anzahl der Spannuten und vom Vorschub abhängig, weiterhin von der Zähnezahl des zu fräsenden Rades. Je größer der Durchmesser des Fräsers, je größer die Anzahl der Spannuten, je feiner der Vorschub und je größer die Zähnezahl des zu schneidenden Rades, um so kleiner ist die Menge des über die Vertiefungen hinausragenden Materials. Ist die Menge des überschüssigen Materials nicht allzu groß, so können die hohen Stellen durch Einlaufen beseitigt werden. Das Einlaufen kann entweder während der Inbetriebnahme der Räderkästen oder in einer besonderen Glätt- oder Burnishing-Operation erfolgen. Es sind verschiedene Maschinen für diesen Zweck auf dem Markt.

Jeder Produktionsprozeß hat seine Vorzüge aber auch seine Grenzen. Um die Vorteile voll ausnutzen zu können, darf man die Grenzen nicht aus den Augen verlieren. Beim Abwälzfräsverfahren ist die Schnittgeschwindigkeit begrenzt, sie ist von den physikalischen Eigenschaften des Werkstückes und des Werkzeuges abhängig; sie muß etwas geringer sein als beim Formfräsverfahren unter ähnlichen Umständen. Ist die höchst zulässige Schnittgeschwindigkeit festgesetzt, so muß überlegt werden, wie man dieselbe am besten ausnützen kann. Der Durchmesser des Fräsers ist hierbei von wesentlichem Einfluß. Je kleiner der Durchmesser des Fräsers, um so höher ist seine Umlaufzahl und die Umlaufzahl des Werkstückes. Nur von diesem Gesichtspunkt aus gesehen, geht die Produktion um so schneller vonstatten, je kleiner der Fräser ist; je kleiner aber der Durchmesser des Fräsers, um so geringer die Anzahl der Spannuten, und um so kleiner muß der Vorschub gewählt werden, um eine genügend glatte Oberfläche zu erzeugen. Weiterhin wird das korrekte Profil der Fräserzähne desto empfindlicher und ist um so schwieriger zu erzeugen, je kleiner der Durchmesser des Fräsers ist. Die Wahl des richtigen Fräserdurchmessers ist also ein Kompromiß zwischen diesen einander widersprechenden Bedingungen.

Eine weitere Möglichkeit in dieser Richtung liegt in der Vervollkommnung der mehrgängigen Fräser bezüglich der Genauigkeit. Bei gleichem Durchmesser und gleicher Schnittgeschwindigkeit sind bei einem zweigängigen Fräser die Umlaufzahlen des Fräsers und des Werkstückes doppelt so hoch wie bei einem eingängigen, bei einem dreigängigen Fräser dreimal so hoch usw. Der Vorschub müßte zwar, um eine glatte Oberfläche zu erhalten, um einen geringen Betrag bei Verwendung von mehrgängigen Fräsern verringert werden; die Herabsetzung des Vorschubes ist indessen nicht mit der Erhöhung der Umlaufzahl proportional, sie ist wesentlich geringer. Mehrgängige Fräser bieten hiernach eine Möglichkeit zur Steigerung der Produktion. Sie werden zur Zeit auch schon vielfach zum Vorfräsen benutzt. Eine Fertigbearbeitung von hinreichender Güte kann indessen nur durch Verwendung mehrgängiger Fräser von großer Genauigkeit erzielt werden. Ihre Profile sind empfindlicher als die Profile eingängiger Fräser, auch die Annäherung durch eine geradlinige Erzeugende wird nicht mehr hinreichend genau.

XI. Das Hobeln der Zähne.

Ein weiteres Verfahren zur Bearbeitung der Zähne ist das Hobeln oder Stoßen. Ältere Maschinentypen dieser Art arbeiteten mit einem entsprechend dem Zahnprofil geformten Formwerkzeug oder mit einem Spitzstahl in Verbindung mit Schablonen. Zur Zeit kommt das Schablonenverfahren nur noch bei sehr großen Rädern zur Anwendung, vielfach unter Benutzung von Satzschablonen, die den Satzfräsern beim Formfräsverfahren entsprechen. Zur Kompensierung von theoretischen Fehlern in der Zahnform kann die Einstellung der Schablonen in ähnlicher Weise korrigiert werden, wie dies beim Formfräsverfahren besprochen worden ist. Das gleiche gilt auch für die Verwendung eines Form-Hobelstahles. Im Prinzip ist das Hobelverfahren mit Formstahl und mit Schablonen identisch mit dem Formfräsverfahren. Der einzige Unterschied besteht in der Ersetzung des Formfräsers durch einen Hobelstahl.

Im Gegensatz zu dem nur in vereinzelten Fällen zur Anwendung kommenden Formhobelverfahren hat das Abwälzhobelverfahren eine große Bedeutung erlangt. Entsprechend dem zur Anwendung kommenden Werkzeug wurden für das Abwälzhobelverfahren zwei verschiedene Maschinentypen entwickelt. Man unterscheidet Abwälzhobelmaschinen mit

1. zahnradartigem Werkzeug,

2. zahnstangenartigem Werkzeug.

Das Hobeln der Zähne mit einem zahnradartigen Werkzeug. Dieses Verfahren, bei dem das Werkzeug außer der Wälzbewegung noch eine in der Längsrichtung der Zähne verlaufende Schnittbewegung ausführt, ist von

Abb. 186. Hobeln eines Rades nach dem Fellows-
Verfahren.

der Fellows Gear Shaper Co. entwickelt worden. Abb. 186 zeigt die gegenseitige Lage von Werkzeug und Werkstück.

Der Radkörper ist auf einem Dorn aufgespannt. Das Schneidrad wird von einer Spindel getragen, die eine hin- und hergehende Bewegung ausführt. Sowohl an der Spindel des Schneidrades als auch an der Spindel des Werkstückes sitzen Teilschneckenräder, die durch entsprechende Teilschnecken angetrieben werden. Die Wellen der Teilschnecken sind durch eine Räderkette miteinander verbunden. In diese Räderkette sind Wechselräder eingefügt, um das richtige Übersetzungsverhältnis bei einer bestimmten Zähnezahl des Werkstückes und des Schneidrades zu erhalten. Die Umlaufzahlen von Werkstück und Werkzeug sind ihren Zähnezahlen umgekehrt proportional. Während des

Schneidvorganges erfolgt als Vorschubbewegung eine langsame Drehung von Werkstück und Schneidrad.

Wie beim Abwälzfräsverfahren ist auch hier die Genauigkeit des Produktes von folgenden 3 Hauptfaktoren abhängig: Von der Genauigkeit der Maschine, der Genauigkeit des Schneidrades und der Sorgfalt des Arbeiters beim Aufspannen der Radkörper und Schärfen des Werkzeuges.

Die Exzentrizität der Wechselräder, der Teilschneckenräder, Teilschnecken und des Schneidrades bewirkt hier auch Zahnform- und Teilungsfehler, die zu Störungen Veranlassung geben können. Es kommt insbesondere auf die Konzentrizität von Schneidrad und Schneidradspindel an. Bestehen Exzentrizitätsfehler oder akkumulierte Teilungsfehler am Schneidrad, so hat dies auf die Verzahnung des Werkstückes den gleichen Einfluß wie die Exzentrizität des Werkstückes selbst, falls die Zähnezahlen von Schneidrad und Werkstück übereinstimmen. Sind die Zähnezahlen jedoch verschieden, so kann unter Umständen zwischen dem ersten und dem letzten Zahn ein unzulässig großer Teilungsfehler entstehen,

Abb. 187. Fellows-Schneidrad.

infolge der Akkumulierung der Fehler am Schneidrad. An dieser Stelle tritt zu dem hier auch sonst auftretenden Teilungsfehler noch der gesamte Exzentrizitätsfehler hinzu. Es ist hiernach ebenso wie beim Abwälzfräsverfahren die Genauigkeit des Werkzeuges von entscheidendem Einfluß auf die des Werkstückes.

Die an die Maschinen zu stellenden Forderungen bezüglich Starrheit, Fluchten, Lagerspiel und Flankenspiel in den Räderketten usw. sind von der gleichen Art wie beim Abwälzfräsverfahren.

Das Schneidrad. Der Durchmesser des Schneidrades ist normalisiert. Die Durchmesser betragen meistens 3″ oder 4″ bzw. 75 oder 100 mm. Am meisten werden 3″- bzw. 75-mm-Schneidräder benutzt. Abb. 187 zeigt ein derartiges Schneidrad.

Dieses Herstellungsverfahren weist bezüglich Verwendung eines einzigen Schneidwerkzeuges für einen bestimmten Modul zur Erzeugung sämtlicher Zähnezahlen die gleichen Vorteile auf, wie das Abwälzfräsverfahren, allerdings infolge des begrenzten Durchmessers des Fellows-Schneidrades mit einiger Beschränkung. Bei größeren Modulen ist die Zähnezahl des Schneidrades derartig klein, daß sich dessen Profil teilweise bis unterhalb des Grundkreises erstreckt und demzufolge das volle Evolventenprofil des zu schneidenden Rades nicht voll ausgewälzt werden kann. Im allgemeinen werden derartige Schneidräder unterhalb des Grundkreises mit geraden, nahezu radial liegenden Flanken ausgeführt. Diese unterhalb des Grundkreises liegenden Profilabschnitte am Schneidrad erzeugen eine Korrektion am Kopf des Werkstückes. Weiterhin entsteht infolge des kleinen Durchmessers des Werkzeuges eine verhältnismäßig hohe Übergangsrundung zwischen Fußprofil und Zahngrund des zu erzeugenden Rades; demzufolge werden größere Kopfspiele erforderlich als bei den anderen Herstellungsverfahren. Diese Verhältnisse trugen wesentlich zur weitgehenden Verbreitung des 20^0-Stumpfverzahnungssystems bei dem Fellows-Verfahren bei, da diese Zahnform bezüglich der mehr oder weniger vollständigen Auswälzung des Evolventenprofils und der Übergangsrundung die geringsten Schwierigkeiten bietet.

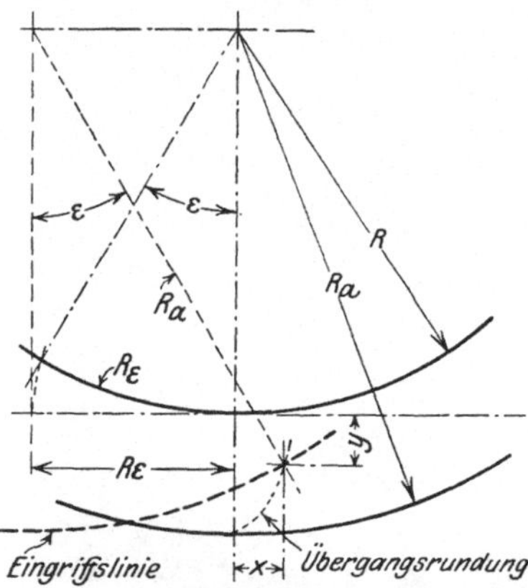

Abb. 188. Erzeugung der Übergangsrundung am Zahnfuß einer Zahnstange durch ein Schneidrad.

Wir untersuchen zunächst das Zahnstangenprofil, das dem Profil des Schneidrades zugeordnet ist bzw. von ihm erzeugt werden kann, und zwar hinsichtlich der Übergangsrundung und der Korrektion des Zahnkopfes, die durch die unterhalb des Grundkreises liegende radiale Flanke des Schneidrades erzeugt wird.

Es sei in Abb. 188

R_a = Kopfkreishalbmesser des Schneidrades

R = Teilkreishalbmesser

ε = Verdrehungswinkel des Schneidrades.

Die Gleichung des durch die Kopfkante des Schneidrades am Zahnfuß der Zahnstange erzeugten Übergangsprofils ergibt sich folgendermaßen:

$$x = R_a \sin \varepsilon - R\,\varepsilon\,, \tag{211}$$

$$y = R - R_a \cos \varepsilon\,. \tag{212}$$

Die Kurve ist eine sog. erweiterte Zykloide; sie ist einer gewöhnlichen Zykloide verwandt. Fiele der beschreibende Punkt auf den Teilkreis, so wäre die Kurve eine gewöhnliche Zykloide. Der Neigungswinkel Φ der Kurventangente zur x-Achse ergibt sich aus

$$\operatorname{tang} \Phi = \frac{dy}{dx} = \frac{R_a \sin \varepsilon}{R_a \cos \varepsilon - R} = \frac{R_a \sin \varepsilon}{-y}. \tag{213}$$

Sind x' und y' die Koordinaten eines Punktes der Eingriffslinie, die beim Zusammenarbeiten der Kopfkante des Schneidrades mit der zur gehörigen Übergangsrundung entsteht, so wird die Eingriffslinie durch die folgenden Gleichungen bestimmt

$$x' = - y \operatorname{tang} \Phi = R \varepsilon + x = R_a \sin \varepsilon, \tag{214}$$

$$y' = y. \tag{215}$$

Die Eingriffslinie ist in diesem Fall der Kopfkreis des Schneidrades. — Die Wälzlinie der Zahnstange ($y = 0$) wird von der Übergangskurve rechtwinklig geschnitten. Theoretisch wäre zwar eine richtige Übersetzung beim Zusammenarbeiten der Kopfkante eines Rades mit dem zugehörigen Übergangsrundungsprofil zu erzielen; praktisch ist dies indessen nicht gut durchführbar.

Wir betrachten nunmehr das von dem radialen Fußteil der Flanke des Schneidrades an der Zahnstange erzeugte Kopfprofil. Dies ist eine Orthozykloide mit einem Rollkreisdurchmesser gleich dem halben Wälzkreisdurchmesser, da die gerade radiale Flanke als Hypozykloide mit dem gleichen Rollkreisdurchmesser aufgefaßt werden kann.

Die Gleichung des Zahnkopfes des dem radialen Schneidradprofil zugeordneten Zahnstangenprofils ergibt sich wie folgt:

$$x = \frac{R}{2} (2 \varepsilon - \sin 2 \varepsilon), \tag{216}$$

$$y = \frac{R}{2} (1 - \cos 2 \varepsilon), \tag{217}$$

$$\operatorname{tang} \Phi = \frac{dy}{dx} = \frac{\sin 2 \varepsilon}{1 - \cos 2 \varepsilon}. \tag{218}$$

Bei den Gleichungen (216) bis (218) ist zu beachten, daß einer Verdrehung ε des Schneidrades die Verdrehung 2ε des Rollkreises entspricht, da Rollkreisdurchmesser $= \frac{1}{2}$ Schneidradteilkreishalbmesser. Daher tritt der Winkel 2ε statt ε in den Gleichungen (216) bis (218) auf. Für die Eingriffslinie ergibt sich

$$x' = - y \operatorname{tang} \Phi = \frac{R}{2} \sin 2 \varepsilon, \tag{219}$$

$$y' = y. \tag{220}$$

Die Eingriffslinie der Zykloide ist der Rollkreis.

Wir nehmen als Zahlenbeispiel ein Schneidrad mit einem Teilkreisdurchmesser von 72 mm mit 12 Zähnen, Modul 6 und 20^0-Eingriffswinkel an. Das Schneidrad soll bei Rädern ohne Profilverschiebung ein Kopfspiel von 0,25 Modul erzeugen. Wir bestimmen Profil und Eingriffslinie der zugeordneten Zahnstange. Die in die Formeln einzusetzenden Werte sind die folgenden:

$$
\begin{aligned}
\text{Kopfkreishalbmesser} \quad &= R_a = 36 + 6 + 0{,}25 \cdot 6 = 43{,}5 \text{ mm} \\
\text{Teilkreishalbmesser} \quad &= R = 36 \quad \text{mm} \\
\text{Eingriffswinkel } \alpha \quad & \qquad\qquad = 20^0 \\
\text{Grundkreishalbmesser} \quad &= g = 36 \cdot \cos 20^0 = 33{,}828 \text{ mm} .
\end{aligned}
$$

Der dem Evolvententeil des Schneidradprofils zugeordnete Teil des Zahnstangenprofils ist geradlinig mit einer Neigung von 20^0 zur Mittenlinie. An den Anschlußstellen des Übergangsprofils am Fuß und der Zykloide am Kopf an den gradlinigen Mittelteil des Zahnstangenprofils bilden die Tangenten dieser Kurven einen Winkel von 20^0 mit der Mittenlinie ($\Phi = 90^0 - 20^0 = 70^0$). Die aus den vorhergehenden Gleichungen ermittelten Koordinaten einer Anzahl Punkte von Profil und Eingriffslinie sind in den folgenden Tabellen enthalten:

Übergangsprofil am Fuß			Eingriffslinie		
ε^0	x mm	y mm	tang Φ	x' mm	y' mm
0	0	− 7,500	0	0	− 7,500
5	0,650	− 7,334	0,5169	3,791	− 7,334
10	1,271	− 6,839	1,1045	7,554	− 6,839
15	1,834	− 6,018	1,8709	11,259	− 6,018
20	2,311	− 4,877	3,0509	14,878	− 4,877
25	2,676	− 3,424	5,369	18,384	− 3,424
30	2,900	− 1,672	13,007	21,750	− 1,672

Für das Kopfprofil ergibt sich:

Profil der Zykloide			Eingriffslinie		
ε^0	x mm	y mm	tang Φ	x' mm	y' mm
0	0	0	∞	0	0
5	0,016	0,273	11,43005	− 3,126	0,273
10	0,127	1,086	5,67128	− 6,156	1,087
15	0,425	2,412	3,73205	− 9	2,412
20	0,996	4,211	2,74748	− 11,570	4,211
25	1,920	6,430	2,14452	− 13,789	6,430
30	3,261	9	1,73205	− 15,588	9

Abb. 189 zeigt in vergrößertem Maßstab das errechnete Profil und die Eingriffslinie.

Im Abschnitt I wurde auf den Umstand hingewiesen, daß bei einer Satzverzahnung die Eingriffslinie symmetrisch zum Wälzpunkt liegen muß. Im vorliegenden Fall ist die Eingriffslinie nicht symmetrisch.

Am Zahnfuß der Bezugszahnstange bleibt beim Übergangsprofil mehr Material stehen als vom Kopf weggeschnitten wird. Die Folge hiervon ist ein Klemmen des Zahnkopfes des Gegenrades am Zahnfuß, d. h. Kanteneingriff, falls das wirksame Profil des Rades sich bis zum Übergangsprofil erstreckt. —

Bei $14\frac{1}{2}^0$ Eingriffswinkel würden Übergangsprofil und Kopfrundung einen noch größeren Teil des Gesamtprofils einnehmen, das Klemmen des Kopfes des Gegenrades wäre noch viel stärker. So große Module indessen, wie in dem durchgerechneten Zahlenbeispiel werden normalerweise auf

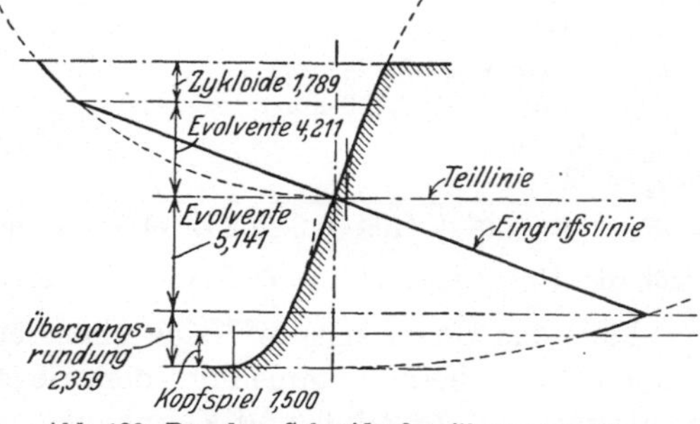

Abb. 189. Das dem Schneidradprofil zugeordnete Zahnstangenprofil.

den Fellows-Maschinen nicht verzahnt, jedenfalls nicht mit einem $3''$-Schneidrad. Bei kleineren Modulen bzw. größeren Schneidrädern sind die Verhältnisse günstiger.

Wir bestimmen nunmehr die Höhe des Übergangsprofils an einem von dem Schneidrad erzeugten Rad. Sie ist vom Durchmesser des Schneidrades und des zu schneidenden Radkörpers abhängig. Sie erstreckt sich vom Zahngrund bis zum tiefsten Punkt des wirksamen Profils des geschnittenen Rades, wenn dasselbe mit dem Schneidrad kämmt.

Nach Abschnitt II bestimmt sich das wirksame Profil bei der Paarung des Werkstückes mit dem Schneidrad aus folgender Gleichung:

$$S = \sqrt{g_2^2 + \left[a \sin \alpha - \sqrt{R_{a_1}^2 - g_1^2}\right]^2}. \qquad \text{(s. Seite 32)}$$

In dieser Formel ist

S = Halbmesser an der höchsten Stelle des Übergangsprofils bzw. an der tiefsten Stelle des wirksamen Profils beim Kämmen mit dem Schneidrad

R_1 = Teilkreishalbmesser des Schneidrades

R_2 = Teilkreishalbmesser des zu schneidenden Rades

g_1 = Grundkreishalbmesser des Schneidrades

g_2 = Grundkreishalbmesser des zu schneidenden Rades

a = Achsenabstand beim Schneiden

R_{a_1} = Kopfkreishalbmesser des Schneidrades

α = Eingriffswinkel,

wenn

R_{i_2} = Fußkreishalbmesser des zu schneidenden Rades
Höhe des Übergangsprofils $= S - R_{i_2}$.

Als Zahlenbeispiel nehmen wir die Erzeugung eines Rades mit 36 Zähnen, Modul 4, 20^0 Eingriffswinkel und voller Zahnhöhe an mit einem Schneidrad von 72 mm Teilkreisdurchmesser. Die in die Formeln einzusetzenden Werte sind folgende:

$$\alpha = 20^0$$
$$R_1 = 36 \ \text{mm}$$
$$R_2 = 72 \ \text{,,}$$
$$a = 108 \ \text{,,}$$
$$g_1 = R_1 \cos \alpha = 33{,}828 \ \text{mm}$$
$$g_2 = R_2 \cos \alpha = 67{,}656 \ \text{mm}$$
$$R_{a_1} = 41 \ \text{mm}$$
$$R_{i_2} = 67 \cdot \ \text{,,}$$
$$S = \sqrt{67{,}656^2 + (108 \cdot 0{,}34202 - \sqrt{41^2 - 33{,}828^2})^2} = 69{,}043 \ \text{mm}$$

Höhe des Übergangsprofils $= 69{,}043 - 67 = 2{,}043$ mm .

Falls das Übergangsprofil sich über den tiefsten Punkten des wirksamen Profils beim Kämmen mit dem Gegenrad erstreckt, ist ein Klemmen zwischen Zahnfuß und Zahnkopf des Gegenrades die Folge. Um dies zu bestimmen, wird der zum tiefsten Punkt des wirksamen Profils beim Kämmen mit dem Gegenrad gehörige Halbmesser bestimmt und mit dem zum höchsten Punkt des Übergangsprofils gehörigen Halbmesser verglichen.

Wenn z. B. das Rad im vorigen Beispiel mit einem gleichen Gegenrade kämmt, so ist

$$\alpha = 20^0$$
$$R_1 = 72 \ \text{mm}$$
$$R_2 = 72 \ \text{,,}$$
$$a = 144 \ \text{,,}$$
$$g_1 = 67{,}656 \ \text{mm}$$
$$g_2 = 67{,}656 \ \text{,,}$$
$$R_{a_1} = 76 \ \text{,,}$$
$$S = \sqrt{67{,}656^2 + [144 \cdot 0{,}34202 - \sqrt{76^2 - 67{,}656^2}]^2} = 69{,}223 \ \text{mm} .$$

In diesem Beispiel liegt der tiefste Punkt des wirksamen Profils um 0,180 oberhalb des höchsten Punktes des Übergangsprofils. Ein Klemmen des Zahnkopfes bzw. ein Kanteneingriff wird gerade noch vermieden.

Die vorhergehenden Gleichungen beruhen auf der Annahme, daß der Kopf des Schneidrades scharfkantig ausgebildet ist. In Wirklichkeit ist die Kopfkante etwas gebrochen oder mit einem ganz kleinen Krümmungshalbmesser abgerundet. Demzufolge wird das Übergangsprofil um einen etwas kleineren Betrag höher als der Abrundungshalbmesser oder die Kantenbrechung. Dies kann bei der Rechnung mit hinreichender Genauigkeit durch Abzug des Abrundungshalbmessers oder der Kantenbrechung von dem Kopfkreishalbmesser des Schneidrades berücksichtigt werden.

Die Ausdehnung des radialen Flankenteiles am Schneidrad und dementsprechend die Korrektion des Kopfes der zu erzeugenden

Räder könnte zwar durch Vergrößerung des Schneidrades (Profilverschiebung) verringert werden; dies hätte aber wegen des größeren Eingriffswinkels bei der Erzeugung der Räder eine Vergrößerung des Übergangsprofils zur Folge.

Durch diese Eigenschaften des Schneidrades wird sein hauptsächliches Anwendungsgebiet auf Räder mit verhältnismäßig feinen Teilungen und kleinen Durchmessern beschränkt.

Das Hinterarbeiten des Schneidrades. Die Flanken der Schneidradzähne müssen zur Erzielung günstiger Schneidverhältnisse hinterarbeitet werden; die Schneidkanten müssen jedoch so liegen, daß die richtige Zahnform erzeugt wird.

Dies wird durch die Gestaltung der Flanken als Evolventenschraubenflächen erreicht. Die eine hinterarbeitete Seite des Zahnes wird eine rechtsgängige, die zweite eine linksgängige Schraubenfläche. Betrachtet man nur die eine Zahnseite, so ist das Schneidrad ein rechtsgängiges, bei Betrachtung von nur der zweiten Zahnseite ein linksgängiges Schraubenrad. Mathematisch sind die Schneidräder mehrgängige Abwälzfräser mit unendlich großer Steigung, bei welchen die Schneidwirkung nicht durch kontinuierliches Drehen, sondern durch eine hin- und hergehende Schnittbewegung erzielt wird.

Auch die Kopfkante des Schneidradzahnes wird hinterarbeitet, und zwar so, daß beim Nachschleifen die Zahndicke in der Mitte des Profils angenähert gleich bleibt; die Mitte des Profils liegt um den Betrag der Kopfhöhe innerhalb des Kopfkreises. Da beim Schärfen des Schneidrades durch Nachschleifen der Brustfläche der Durchmesser des Schneidrades verkleinert wird, kommen bei wiederholtem Nachschleifen immer andere Teile des Evolventenprofils zum Eingriff. Hierdurch wird aber die erzeugte Zahnform nicht verändert, da sie durch den beim Nachschleifen sich nicht ändernden Grundkreisdurchmesser des Schneidrades eindeutig bestimmt ist. Die Wirkung des Nachschleifens läuft darauf hinaus, daß das zu erzeugende Rad bei der Erzeugung nicht mit einem „O"-Rad, sondern mit einem Rad mit Profilverschiebung mit der gleichen Eingriffsteilung gepaart wird.

Die Schnittkurve der hinterarbeiteten Flanke mit einer senkrecht zur Schneidradachse liegenden Ebene ist eine Evolvente mit der Polargleichung

$$\vartheta = \sqrt{\left(\frac{r}{g'}\right)^2 - 1} - \text{arc tang} \sqrt{\left(\frac{r}{g'}\right)^2 - 1}. \quad \text{[s. Gleichung (14)]}$$

In dieser Formel ist

r = ein beliebiger Halbmesser
g' = Grundzylinderhalbmesser der Evolventenschraubenfläche
ϑ = Polarwinkel.

Die Brustfläche des Schneidrades wird indessen zur Herbeiführung einer günstigeren Schneidwirkung nicht als Ebene, sondern als Kegelfläche ausgebildet. Die Gerade $A-B$ ist der Schnitt dieser Kegelfläche mit der Zeichnungsebene. Diese Linie ist gegen die zur Achse senkrechten Ebene mit dem Winkel γ geneigt (s. Abb. 190).

Die Entfernung eines beliebigen Punktes der Schneidkante von einer, durch die Kegelspitze A senkrecht zur Schneidradachse gelegten Ebene beträgt

$$\zeta = r \operatorname{tang} \gamma.$$

Der Schnitt der hinterarbeiteten Flanken mit einer Reihe von senkrecht zur Schneidradachse stehenden Ebenen ist eine Evolventenkurvenschar. Sind die Schnittebenen im gleichen Abstand voneinander, so sind die entsprechenden Evolventenschnitte auch um den gleichen Winkel $\varDelta'$, dessen Größe von der Gewindesteigung der Evolventenflanken abhängt, gegeneinander um die Achse des Schneidrades verdreht. Der Verdrehungswinkel von einer bestimmten O-Lage aus ist proportional mit dem axialen Abstand der Schnitte von der Kegelspitze A. In einem Abstand gleich der Gewindesteigung wäre der Verdrehungswinkel im

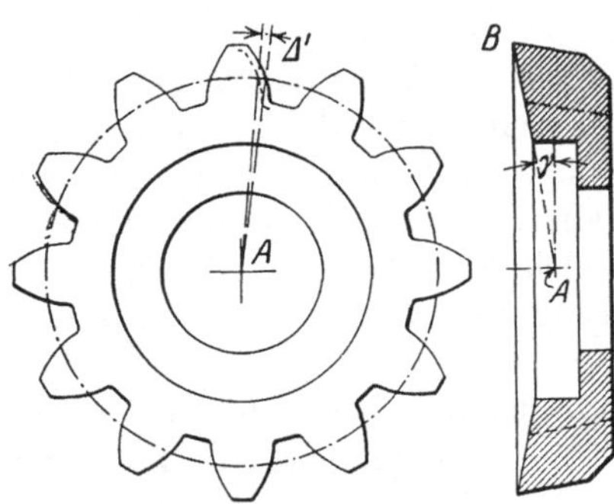

Abb. 190. Fellows-Schneidrad.

Bogenmaß $= 2\pi$, im Abstand ζ also $\dfrac{\zeta}{s} 2\pi$, wenn s die Steigung der Evolventenschraubenfläche ist. Die Polargleichung der Schnittkurve der hinterarbeiteten Flanken mit der kegeligen Brustfläche ergibt sich zu

$$\Theta = -2\pi\frac{\zeta}{s} + \sqrt{\left(\frac{r}{g'}\right)^2 - 1} - \operatorname{arc\,tang}\sqrt{\left(\frac{r}{g'}\right)^2 - 1}.$$

Da $\zeta = r \operatorname{tang}\gamma$, ist

$$\Theta = -\frac{2\pi}{s}\operatorname{tang}\gamma \cdot r + \sqrt{\left(\frac{r}{g'}\right)^2 - 1} - \operatorname{arc\,tang}\sqrt{\left(\frac{r}{g'}\right)^2 - 1}.$$

Wir setzen

$$\frac{2\pi}{s}\operatorname{tang}\gamma = C, \tag{221}$$

$$\Theta = -Cr + \sqrt{\left(\frac{r}{g'}\right)^2 - 1} - \operatorname{arc\,tang}\sqrt{\left(\frac{r}{g'}\right)^2 - 1}. \tag{222}$$

Durch Differentation erhält man

$$\frac{d\Theta}{dr} = -C + \frac{1}{r}\sqrt{\left(\frac{r}{g'}\right)^2 - 1}.$$

Der Neigungswinkel der Kurventangente zu der durch den Berührungspunkt gehenden radialen Linie ergibt sich zu

$$\operatorname{tang} \psi = \frac{r\, d\Theta}{dr}\,.$$

Am Teilkreis des Schneidrades soll dieser Winkel gleich dem Eingriffswinkel α sein, für welches das Schneidrad bestimmt ist. Man erhält daher
am Teilkreis mit dem Halbmesser R

$$\operatorname{tang} \alpha = -\,C\,R + \sqrt{\left(\frac{R}{g'}\right)^2 - 1}\,. \tag{223}$$

Es sei

$\alpha =$ Eingriffswinkel, für den das Schneidrad bestimmt ist, am Teilkreis
$\alpha' =$ Eingriffswinkel der Evolventenschraubenflanken im Schnitt senkrecht zur
Achse am Teilkreis
$g =$ Grundkreishalbmesser, entsprechend dem Eingriffswinkel α
$g' =$ Grundkreishalbmesser, entsprechend dem Eingriffswinkel α'
$R =$ Teilkreishalbmesser

$$\operatorname{tang} \alpha = -\,C\,R + \sqrt{\left(\frac{R}{g'}\right)^2 - 1} = \sqrt{\left(\frac{R}{g}\right)^2 - 1}\,,$$

$$\operatorname{tang} \alpha' = \sqrt{\left(\frac{R}{g'}\right)^2 - 1} = \operatorname{tang} \alpha + C\,R\,.$$

Es ist aber

$$C\,R = \frac{2\,\pi\,R}{s}\operatorname{tang} \gamma\,.$$

Nun ist $\dfrac{2\,\pi\,R}{s}$ die Tangente des Schrägungswinkels der hinterarbeiteten
Flanken am Teilkreis, d. h. des Winkels, der von der Achse und von
der Schraubenlinie mit der Steigung s am Halbmesser R gebildet wird.
Dieser Winkel mit sei Σ bezeichnet, dann wird

$$C\,R = \operatorname{tang} \gamma \operatorname{tang} \Sigma\,, \tag{224}$$

$$\operatorname{tang} \alpha' = \operatorname{tang} \alpha + \operatorname{tang} \gamma \operatorname{tang} \Sigma\,. \tag{225}$$

Es sei als Zahlenbeispiel ein Schneidrad für 20^0 Eingriffswinkel, Modul 6,
Stumpfverzahnung mit 72 mm Teilkreisdurchmesser, einer Hinter-
arbeitung des Kopfkreises um 7^0 und einem Brustwinkel der kegeligen
Brustfläche von 5^0 angenommen. Es ergeben sich hierbei die folgenden
Werte:

$$R = 36\,\mathrm{mm}\,, \qquad \gamma = 5^0\,, \qquad \alpha = 20^0\,.$$

Der Schrägungswinkel Σ soll entsprechend dem Hinterarbeitungswinkel
von 7^0 gewählt werden. Soll beim Nachschleifen die Zahndicke in der
Mitte des Profils, d. h. an einem Halbmesser, der um den Betrag der
Kopfhöhe des Schneidrades kleiner ist als der jeweilige Kopfkreishalb-
messer, angenähert gleich bleiben, so ist $\operatorname{tang} \Sigma = \operatorname{tang} 7^0 \operatorname{tang} \alpha$ zu
wählen.

Hieraus ergibt sich

$$\operatorname{tang}\alpha' = \operatorname{tang}\alpha + \operatorname{tang}\gamma\,\operatorname{tang}\varSigma = \operatorname{tang}\alpha\,(1 + \operatorname{tang}7^0\,\operatorname{tang}\gamma)$$
$$= 0{,}36397\,(1 + 0{,}01074) = 0{,}36788\,.$$
$$\alpha' = 20^0\,11'\,51''\,.$$

Die Projektion der Schneidkante auf eine senkrecht zur Achse stehende Ebene, die für das Profil des Werkstückes maßgebend ist, ist bei einer kegeligen Brustfläche keine theoretisch korrekte Evolventenkurve. In dem Nachfolgenden wird der Betrag der Abweichungen von der theoretisch korrekten Form ermittelt.

Die Gleichung der korrekten Kurve lautet:

$$\vartheta = \sqrt{\left(\frac{r}{g}\right)^2 - 1} - \operatorname{arc\,tang}\sqrt{\left(\frac{r}{g}\right)^2 - 1}\,. \qquad \text{[s. Gleichung (14)]}$$

Wir bestimmen 3 Punkte der Kurve, und zwar für

$$r = \text{Kopfkreishalbmesser } R_a$$
$$r = \text{Teilkreishalbmesser } R$$
$$r = \text{Grundkreishalbmesser } g\,.$$

Für $r = g = R\cos 20^0 = 33{,}828$ mm wird

$$\vartheta = \sqrt{\left(\frac{g}{g}\right)^2 - 1} - \operatorname{arc\,tang}\sqrt{\left(\frac{g}{g}\right)^2 - 1} = 0\,.$$

Für $r = R = 36$ mm wird

$$\vartheta = \operatorname{tang}20^0 - \operatorname{arc}20^0 = \operatorname{inv}20^0 = 0{,}01490\,.$$

Für $r = R_a = 42$ mm ist

$$\left(\frac{R_a}{g}\right)^2 - 1 = \left(\frac{42}{33{,}828}\right)^2 - 1 = 0{,}54152\,,$$
$$\sqrt{\left(\frac{R_a}{g}\right)^2 - 1} = 0{,}73588\,,$$

$$\vartheta = 0{,}73588 - \operatorname{arc\,tang}0{,}73588 = 0{,}73588 - 0{,}63441 = 0{,}10147\,.$$

Bei der tatsächlich ausgeführten Schneidkante wird

$$\Theta = -\,C\,r + \sqrt{\left(\frac{r}{g'}\right)^2 - 1} - \operatorname{arc\,tang}\sqrt{\left(\frac{r}{g'}\right)^2 - 1}\,.$$
$$C = \frac{2\pi}{s}\operatorname{tang}\gamma\,,$$
$$\gamma = 5^0\,,$$
$$\frac{2\pi R}{s} = \operatorname{tang}\varSigma = \operatorname{tang}7^0\,\operatorname{tang}20^0\,.$$

Hieraus ergibt sich

$$s = \frac{2\,\pi\,R}{\tan g\,7^0\ \tan g\,20^0} = 5061,4 \text{ mm},$$

$$C = \frac{2\,\pi\,\tan g\,5^0}{5061,4} = 0,0001086,$$

für $r = g = 33,828$ mm wird

$$\Theta = -\,C\,g + \sqrt{\left(\frac{g}{g'}\right)^2 - 1} - \text{arc tang}\,\sqrt{\left(\frac{g}{g'}\right)^2 - 1},$$

$$g' = R\cos\alpha' = 36\cos 20^0\,11'\,51'' = 33,786 \text{ mm},$$

$$\sqrt{\left(\frac{g}{g'}\right)^2 - 1} = 0,0502,$$

$$\Theta = -\,0,0001086\cdot 33,828 + 0,0502 - \text{arc tang}\,0,0502 = -\,0,00363.$$

Für $r = R = 36$ mm ist

$$\Theta = -\,C\,R + \sqrt{\left(\frac{R}{g'}\right)^2 - 1} - \text{arc tang}\,\sqrt{\left(\frac{R}{g'}\right)^2 - 1} = 0,01146.$$

Für $r = R_a = 42$ mm ist

$$\Theta = -\,C\,R_a + \sqrt{\left(\frac{R_a}{g'}\right)^2 - 1} - \text{arc tang}\,\sqrt{\left(\frac{R_a}{g'}\right)^2 - 1} = 0,09783.$$

Die errechneten Werte sind in folgender Tabelle zusammengestellt:

Um die Winkelfehler festzustellen, müssen die Werte auf ein gleiches Polarkoordinatensystem reduziert werden. Am Teilkreis berühren sich beide Kurven, die auf

Wert von r	ϑ bei korrektem Evolventenprofil	$\Theta*$ bei wirklichem Profil
$g = 33,828$	0	$-\,0,00363$
$R = 36$	$+\,0,01490$	$+\,0,01146$
$R_a = 42$	$+\,0,10147$	$+\,0,09783$

das gleiche Koordinatensystem bezogenen ϑ- und Θ-Werte sind identisch. Zwecks Reduktion der Θ-Werte auf das ϑ-Koordinatensystem muß das Θ-Koordinatensystem um den Winkel $0,01490 - 0,01146$ verdreht werden — wobei sämtliche Werte im Θ-System um den Betrag von $0,01490 - 0,01146 = 0,00344$ vergrößert werden. Auf diese Weise ergibt sich die folgende Tabelle.

Wert von r	ϑ bei korrektem Evolventenprofil	Θ reduziert* bei wirklichem Profil	Winkelfehler
$g = 33,828$	0	$-\,0,00019$	$-\,0,00019$
$R = 36$	$0,01490$	$0,01490$	0
$R_a = 42$	$0,10147$	$0,10127$	$-\,0,00020$

* ϑ und Θ sind im Bogenmaß angegeben.

Um die entsprechenden Fehler im Längenmaß zu erhalten, müssen die Winkelfehlerwerte mit den zugehörigen Halbmessern multipliziert werden. Es ergeben sich auf diese Weise folgende Profilfehler an der Schneidkante.

Wert von r	Fehler an der Schneidkante in mm
$g = 33{,}828$	— 0,0064
$R = 36$	0
$R_a = 42$	— 0,0084

Die Abweichung beträgt also — 0,0084 mm am Kopf des Schneidrades, 0 am Teilkreis und —0,0064 mm am Grundkreis.

Die Art der Abweichung zeigt Abb. 191. Der entstehende Fehler ist geringfügig, er ist kleiner als die sonstigen Herstellungsfehler des Schneidrades oder die Fehler, die beim Schneiden eines Rades mit dem Schneidrad auftreten können. Das wirkliche Profil ist weniger stark gekrümmt als das theoretisch korrekte Profil. Am Zahnkopf und Zahnfuß des zu schneidenden Rades wird daher, im Verhältnis zum Teilkreis, etwas mehr Material weggenommen. Hierdurch wird die Wahrscheinlichkeit eines Kanteneingriffes infolge von etwaigen sonstigen Fehlern verringert. Abweichungen dieser Art vom theoretischen Profil sind wesentlich vorteilhafter als solche entgegengesetzter Art.

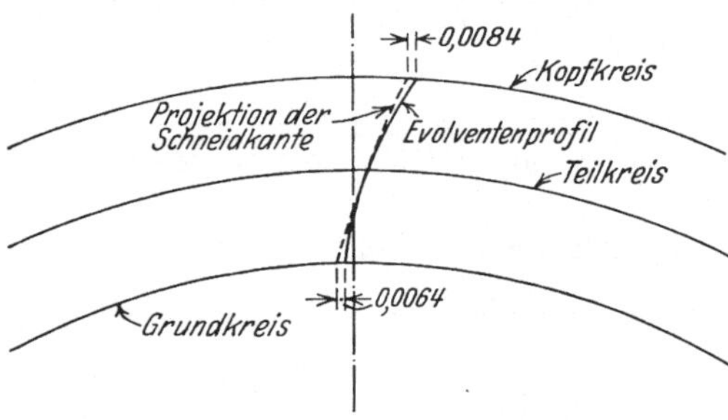

Abb. 191. Profilverzerrung infolge der Hinterarbeitung des Schneidrades.

Größte Sorgfalt muß auf das Schärfen der Schneidräder verwendet werden. Der Anschliff der kegeligen Brustfläche muß konzentrisch erfolgen, sonst werden infolge der Hinterarbeitung der Schneidradzähne auch die Schneidkanten exzentrisch. Bei Nichteinhaltung des Brustwinkels γ wird die Schneidkante verzerrt, hierdurch entstehen Fehler im Eingriffswinkel bzw. in der Eingriffsteilung. Der Einfluß des Brustwinkels γ auf den Eingriffswinkel bzw. auf die Eingriffsteilung kann folgendermaßen ermittelt werden.

Der Eingriffswinkel der Schnittevolvente der hinterarbeiteten Flanke mit einer senkrecht zur Achse stehenden Ebene ergab sich nach Gleichung (225) zu

$$\operatorname{tang} \alpha' = \operatorname{tang} \alpha + \operatorname{tang} \gamma \operatorname{tang} \Sigma.$$

α' ist bei einem fertigen Fräser ein feststehender, vom weiteren Nachschliff unabhängiger Winkel. Hieraus kann der Eingriffswinkel der Schneidkanten bei verschiedenen angeschliffenen Brustwinkeln durch folgende, aus obiger Formel sich ergebende Gleichung bestimmt werden:

$$\tan \alpha = \tan \alpha' - \tan \gamma \tan \Sigma . \tag{226}$$

Bei dem in dem vorigen Zahlenbeispiel behandelten Schneidrad von 72 mm Teilkreisdurchmesser und 20^0 Eingriffswinkel erhielten wir

$$\tan \alpha' = 0{,}36788 ,$$

$$\tan \Sigma = \tan 7^0 \tan 20^0 = 0{,}04469 .$$

Durch Einsetzen dieser Zahlen und verschiedener Werte für γ zwischen 0^0 und 10^0 erhält man die folgende Tabelle, in die außer den Eingriffswinkeln noch die Eingriffsteilungen bei Modul 1 aufgenommen sind. Nach der Tabelle entspricht einer Änderung des Brustwinkels von 1^0 eine Änderung der Eingriffsteilung von etwa 0,00074 mm bei Modul 1. Bei Modul 4 wäre z. B. die Änderung 4mal so groß — also etwa 0,00296 mm.

Die Eingriffsteilung steigt bei wachsendem und sinkt mit fallendem Brustwinkel. Diese Eigenschaft der Schneidräder wird zuweilen zur Kompensierung von kleinen Fehlern der Schneidräder und auch zu dem Zweck ausgenutzt, um die Eingriffstei-

Brustwinkel γ	Eingriffswinkel α	Eingriffsteilung bei Modul 1 $t_e = \pi \cos \alpha$
$0^0\ 0'$	$20^0\ 11'\ 51''$	2,9484
$0^0\ 30'$	$20^0\ 10'\ 40''$	2,9488
$1^0\ 0'$	$20^0\ 9'\ 30''$	2,9492
$1^0\ 30'$	$20^0\ 8'\ 19''$	2,9495
$2^0\ 0'$	$20^0\ 7'\ 8''$	2,9499
$2^0\ 30'$	$20^0\ 5'\ 57''$	2,9503
$3^0\ 0'$	$20^0\ 4'\ 46''$	2,9506
$3^0\ 30'$	$20^0\ 3'\ 34''$	2,9510
4^0	$20^0\ 2'\ 22''$	2,9514
$4^0\ 30'$	$20^0\ 1'\ 11''$	2,9518
5^0	$20^0\ 0'\ 0''$	2,9521
$5^0\ 30'$	$19^0\ 58'\ 49''$	2,9525
6^0	$19^0\ 57'\ 38''$	2,9529
$6^0\ 30'$	$19^0\ 56'\ 26''$	2,9532
7^0	$19^0\ 55'\ 13''$	2,9536
$7^0\ 30'$	$19^0\ 54'\ 1''$	2,9540
8^0	$19^0\ 52'\ 48''$	2,9544
$8^0\ 30'$	$19^0\ 51'\ 35''$	2,9548
9^0	$19^0\ 50'\ 22''$	2,9551
$9^0\ 30'$	$19^0\ 49'\ 9''$	2,9555
10^0	$19^0\ 47'\ 56''$	2,9559

lungen bei den miteinander kämmenden Rädern zwecks Vermeidung des Kanteneingriffes zu Beginn des Eingriffes etwas verschieden zu gestalten.

Die Schnittverhältnisse beim Schneidrad sind ähnlich wie bei einem gewöhnlichen Hobelstahl, mit dem Unterschied, daß nicht bei jedem Hub die gleiche Spanmenge abgehoben wird. Wie beim Abwälzfräsverfahren wird der größte Teil der Verspanungsarbeit von der Seite der Schneidradzähne geleistet, an welcher der auf das Werkstück ausgeübte Schnittdruck das Werkstück in seiner Umlaufrichtung vorwärts zu drehen bestrebt ist.

Wie beim Abwälzfräser, hat die relativ kurze Kopfkante des Schneidrades allein beinahe die Hälfte der Verspanungsarbeit zu leisten.

Die seitlichen Kanten eines Schneidradzahnes schneiden nicht gleichmäßig. Erst arbeitet die eine Seite, dann beide Seiten gleichzeitig, dann die entgegengesetzte Seite usw. Wie beim Abwälzfräsverfahren wird der Radkörper vom Werkzeug bald vorwärts, bald rückwärts gedrückt. Der sowohl der Richtung als auch der Größe nach wechselnde Schneiddruck wirkt sich insofern ungünstig aus, als er wechselnde elastische Deformationen und bei etwa vorhandenen Lagerspielen an der Werkstück- bzw. Werkzeuglagerung oder bei etwa vorhandenem toten Gang im Teilgetriebe wechselnde Verlagerungen hervorruft. Um diese Fehlerquellen möglichst auszuschalten ist bei sehr genauen Arbeiten zu empfehlen, das Schlichten in 2 Operationen vorzunehmen, wobei jede Flanke besonders geschlichtet werden soll.

Die Oberflächen der Flanken, die mit einem Schneidrad erzeugt werden, bestehen aus einer Reihe von Vertiefungen und Erhöhungen, die in der Längsrichtung der Zähne verlaufen. Der Vorschub beim Schneiden der Verzahnung muß so klein gewählt werden, daß diese Erhöhungen beim Einlaufen unter Belastung weggequetscht werden können. Diese entlang des ganzen Zahnes verlaufenden Erhöhungen widerstehen viel mehr einer Verquetschung als die einzelnen erhöhten Spitzen, die beim Abwälzfräsverfahren entstehen.

Diese Erhöhungen sind nicht gleichförmig entlang des ganzen Zahnprofils verteilt; unterhalb des Teilkreises liegen sie näher, oberhalb desselben weiter auseinander. Der Vorschub muß hiernach genügend klein gewählt werden, um auch in der Nähe des Zahnkopfes eine genügend glatte Oberfläche zu erzeugen.

Das Hauptanwendungsgebiet des Schneidradhobelverfahrens sind Räder mit kleinem Durchmesser und feinen Teilungen, so z. B. Räder für Automobilgetriebe. Der Anwendung des Verfahrens auf große Räder und grobe Teilungen sind jedoch dadurch Grenzen gesetzt, daß Schneidräder mit den üblichen Abmessungen von $3''$ und $4''$ Durchmesser infolge der zu geringen Zähnezahl kein einwandfreies Profil mehr erzeugen; ferner werden bei größeren Schneidrädern und auch bei größeren Werkstücken die hin- und herbewegten Massen zu groß.

Das Hobelverfahren bietet den Vorteil, daß die Zähne dicht bis zu einem Bund geschnitten werden können. Bei beschränktem Gewicht und knappen Platzverhältnissen können mehrere Räder mit verschiedenen Durchmessern zu einem einzigen Block vereinigt werden. Nach dem Hobelverfahren lassen sich derartige Räderblöcke auch bei ganz kleinem Spielraum zwischen den einzelnen Zahnkränzen noch gut bearbeiten.

Bei Verwendung von Schneidrädern entsprechender Form können nach diesem Verfahren auch Kettenräder, kleine Nockenscheiben, Sperr-

räder usw. hergestellt werden. Das Profil des Schneidrades muß dem zu
schneidenden Profil zugeordnet sein.

**Das Hobeln der Zähne mit einem zahnstangenförmigen Schneid-
werkzeug.** Die erste für dieses Verfahren entwickelte Maschine war die
englische Sunderland-Räderhobelmaschine. Sie wurde in der Schweiz
von Maag weiter entwickelt und vervollkommnet. Abb. 192 zeigt eine
kleinere Maschine dieser Art.

Abb. 192. Kleine Maag-Zahnradhobelmaschine.

Die Maschinen haben eine vertikale Spindel zum Aufspannen des
Werkstückes. Das Werkzeug wird von einem hin- und hergehenden
Stößel getragen. Die allgemeine Anordnung ähnelt der des Fellows-
Shapers mit dem Unterschied, daß das Schneidrad durch ein zahn-
stangenförmiges Werkzeug ersetzt wird, und daß der Werkstücks-
tisch statt der reinen drehenden, eine drehende und eine proportio-
nale geradlinige Verschiebebewegung ausführt. Bei jedem Hub des
Werkzeuges wird das Werkstück um einen bestimmten kleinen Be-

trag weitergedreht und um einen entsprechenden Betrag geradlinig in Richtung der Wälzlinie des Zahnstangenwerkzeuges verschoben; bei diesem Vorgang wird der Wälzkreis des Werkstückes an der Wälzlinie des Werkzeuges abgewälzt. Nach Beendigung einer Wälzperiode erfolgt bei stillstehendem Werkstück ein Rücklauf des Tisches um eine oder mehrere Teilungen. Hiernach fängt der Tisch wieder seine Vorwärtswälzung an, bei gleichzeitiger Drehung des Werkstückes. Infolge des Aussetzens der Drehbewegung beim Rücklauf des Tisches wird das Werkstück nach jeder Wälzperiode um einen oder mehrere Zähne geteilt. Auf diese Weise genügt ein einziger oder einige Zahnstangenzähne, die zu einem kammstahlartigen Werkzeug vereinigt sind, zur Fertigstellung des Werkstückes. Abb. 193 zeigt einen derartigen Kammstahl mit einem teilweise fertiggestellten Radkörper.

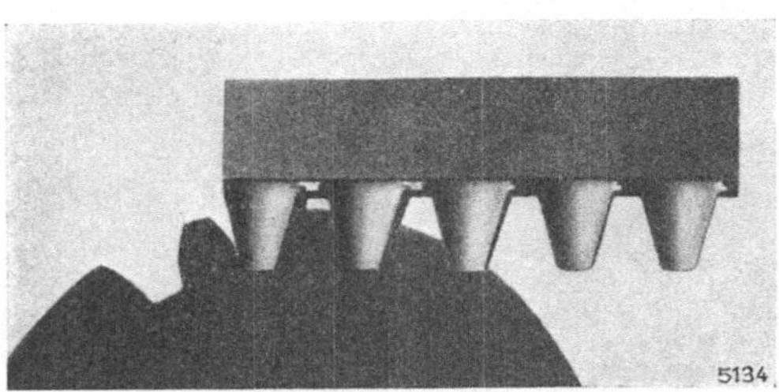

Abb. 193. Erzeugung eines Rades mit einem Zahnstangenwerkzeug.

Auch bei diesem Herstellungsverfahren ist die Genauigkeit des Produktes von folgenden 3 Faktoren abhängig: Genauigkeit der Maschine, Genauigkeit des Werkzeuges und Genauigkeit des Arbeiters beim Aufspannen des Werkstückes, beim Schärfen des Werkzeuges usw.

Die an die Maschine zur Erreichung der gewünschten Genauigkeit gestellten Forderungen sind ähnlicher Art wie beim Abwälzfräsverfahren oder beim Schneidradhobelverfahren. Ungenauigkeiten von wesentlichen Teilen der Maschine spiegeln sich im Werkstück wider. Daher muß ihre Konstruktion stark genug sein, um elastische Formänderungen und Vibrationen infolge des Schnittdruckes zu vermeiden. In einer Hinsicht indessen sind die Bedingungen wesentlich anders als beim Abwälzfräs- und Schneidradhobelverfahren. Beim Zahnstangenverfahren ist der ganze Wälzmechanismus am Werkstück konzentriert. Er ist in keiner Weise mit den Bewegungen des Werkzeuges verbunden, wie dies notwendigerweise bei einem sich drehenden Wälzwerkzeug der Fall ist. Der Wälzmechanismus besteht aus einem Teilschneckenrad mit Teilschnecke und einer Leitspindel zur Bewegung des Tisches, die durch Wechselräder miteinander verbunden werden, um auf diese Weise jedes mögliche Übersetzungsverhältnis zwischen geradliniger und drehender Bewegung zu erhalten. Der Wälzmechanismus ist schematisch in Abb. 194 dargestellt. Dieses Hobelverfahren ermöglicht ebenso wie das Abwälzfräs- und das Schneidradhobelverfahren die Erzeugung zusammenarbeitender Räder von beliebiger Zähnezahl mit dem gleichen Werkzeug. Das Schneidrad kann mathematisch als ein mehrgängiger Abwälzfräser mit unendlicher Steigung betrachtet werden, das Zahnstangenwerkzeug sowohl als ein Schnitt durch einen Abwälzfräser von unendlich großem Durchmesser als auch als ein Abschnitt eines unendlich großen Schneidrades.

Das Hobelverfahren mit Zahnstangenwerkzeug findet zur Herstellung von Rädern in allen möglichen Abmessungen Anwendung. Abb. 195 zeigt eine Maschine zur Bearbeitung von Rädern bis zu 12 m ∅.

Sämtliche Schneidkanten des zahnstangenförmigen Werkzeuges zur Herstellung von Evolventerädern sind geradlinig. Sie werden durch den Schnitt der ebenen hinterarbeiteten Flächen mit der ebenen Brustfläche gebildet. Die mathematische Analyse derartiger Werkzeuge ist demnach außerordentlich einfach. Das Werkzeug ist schematisch in Abb. 196 dargestellt. Es sei:

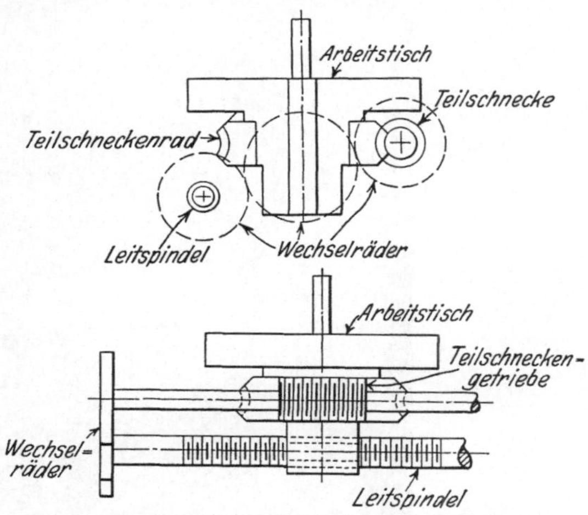

Abb. 194. Schema des Wälzmechanismus einer Räderhobelmaschine mit zahnstangenartigem Werkzeug.

α = die Projektion des halben Flankenwinkels auf eine zur Schnittrichtung des Werkzeuges senkrecht stehende Ebene, gleichzeitig der halbe Flankenwinkel bzw. Eingriffswinkel des Bezugsprofils
α' = der halbe Betrag des zwischen den Flanken des Werkzeuges eingeschlossenen Winkels
γ = Brustwinkel
ε = Rückenwinkel
β = Seitenwinkel.

Es ist dann

$$\tan\alpha' = \frac{\tan\alpha\cos\gamma}{\cos(\gamma+\varepsilon)} \tag{227}$$

und

$$\tan\beta = \frac{\tan\alpha\tan\varepsilon}{1-\tan\varepsilon\tan\gamma}. \tag{228}$$

Das Profil des Schneidwerkzeuges ist mathematisch vollkommen korrekt, im Gegensatz zum Abwälzfräser und zum Schneidrad, bei welchen die Hinterarbeitung der Flanken bzw. die Anbringung des Brustwinkels gewisse Abweichungen von der theoretischen Form verursacht. Diese Abweichungen sind indessen klein und liegen vorteilhaft; Kopf und Fuß der geschnittenen Profile sind gegenüber dem Teilkreis etwas zurückgesetzt und hierdurch die Möglichkeiten eines Kanteneingriffes verringert, oder ganz ausgeschaltet. Ist eine derartige Profilkorrektion auch beim zahnstangenartigen Werkzeug erwünscht, so kann dies ohne Schwierigkeiten beim Scharfschleifen dadurch erfolgen,

Abb. 195. Große Maag-Räderhobelmaschine.

daß man die Brustfläche statt eben in Form eines hohlen Zylinders anschleift. Dies ist in Abb. 197 gezeigt. Es sei in Abb. 197:

f = gewünschte Profilabweichung vom geradlinigen Profil
h = Kopfhöhe des Werkstückes = halber Betrag der gemeinsamen Zahnhöhe
F = Halbmesser der Brustzylinderfläche
β = Seitenwinkel des Zahnstangenwerkzeuges

so ist mit großer, praktisch hinreichender Annäherung

$$F = \frac{f^2 + h^2 \tan^2\beta}{2\,f \tan\beta}\,. \tag{229}$$

Als Zahlenbeispiel nehmen wir ein Schneidmesser Modul 5, 20° Eingriffswinkel, normale Zahnhöhe mit 7° Rückenwinkel und 5° Brust-

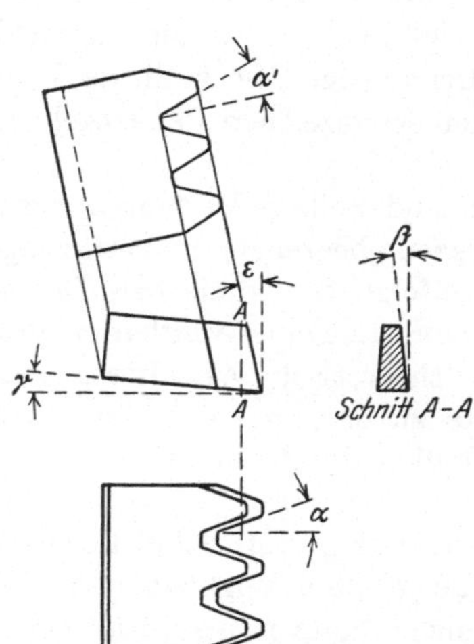

Abb. 196. Zahnstangenartiges Werkzeug.

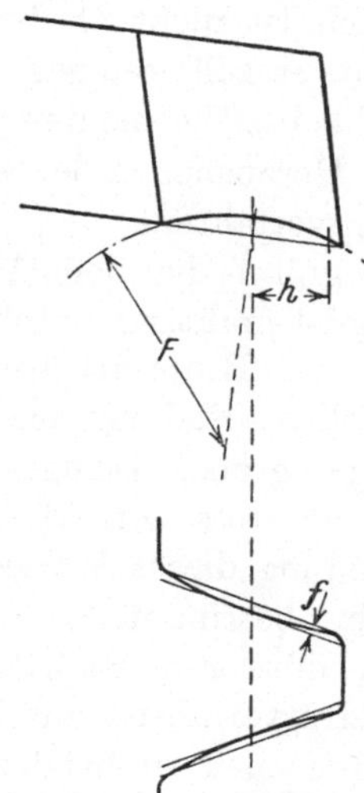

Abb. 197. Korrigiertes zahnstangenartiges Werkzeug.

winkel an. Zu berechnen ist der Halbmesser der Brustfläche für eine Korrektion von 0,004 mm. Es ist bei diesem Beispiel:

$$\alpha = 20^0$$
$$\gamma = 5^0$$
$$\varepsilon = 7^0$$
$$f = 0{,}004 \text{ mm}$$
$$h = 5 \text{ mm}$$

$$\tan\beta = \frac{0{,}36397 \cdot 0{,}12278}{1 - 0{,}12278 \cdot 0{,}08749} = 0{,}04517$$

$$F = \frac{0{,}004^2 + (5 \cdot 0{,}04517)^2}{2 \cdot 0{,}004 \cdot 0{,}04517} = 141{,}2 \text{ mm}\,.$$

In diesem Beispiel entspricht also ein Halbmesser von etwa 140 mm der Brustfläche einer Profilkorrektion von 0,004 mm.

Die Schneidwirkung des Zahnstangenwerkzeuges ist ganz ähnlich wie die des Schneidrades, nur die Eingriffsdauer der Schneidkanten beim Schlichtschnitt ist etwas größer als beim Schneidrad. Der Schnittdruck ist auch bei diesem Verfahren sowohl hinsichtlich der Größe als auch der Richtung nach wechselnd, so daß auch in diesem Fall zur Erzielung hoher Genauigkeiten für die rechte und linke Flanke je eine Schlichtoperation zu empfehlen ist.

Die Oberfläche der auf diese Weise erzeugten Zahnflanken besteht auch aus einer Reihe von in Richtung der Zahnlänge verlaufenden Erhöhungen und Vertiefungen. Die Oberfläche ist gleichartig wie beim

Schneidradhobelverfahren. Bei genügend feinem Vorschub werden beim Einlaufen unter Belastung die Erhöhungen verquetscht und es entsteht eine glatte stetige Oberfläche. Das Einlaufen kann sowohl nach Inbetriebnahme der Räder als auch in besonderen Glätt- bzw. Burnishing-Operationen erfolgen.

Vergleich des Abwälzfräs- und Hobelverfahrens. Der folgende Vergleich ist nicht als Kritik der einzelnen Herstellungsverfahren anzusehen, es soll weniger der derzeitige Zustand als die Entwicklungsmöglichkeiten betrachtet werden. Der einzige Zweck dieses Vergleichs ist das Herausheben der wesentlichen Kennzeichen der einzelnen Herstellungsverfahren.

Die größte, bei dem Abwälzfräs- und Fellows-Verfahren erzeugbare Teilung ist praktisch durch das Werkzeug begrenzt; die Werkzeuge sind infolge der Hinterarbeitung bzw. infolge der konischen Brustfläche beim Fellows-Rad nur angenähert genau: die Fehler werden bei größeren Teilungen größer. Demgegenüber ist theoretisch das zahnstangenartige Werkzeug stets korrekt. Die größte zu erzeugende Teilung wird bei Verwendung dieses Werkzeuges lediglich durch die Abmessungen der Maschine bestimmt.

Bei mittleren Rädern bietet in bezug auf Schnittleistung das Abwälzfräsverfahren anscheinend die größten Möglichkeiten. Die ununterbrochenen drehenden Bewegungen können als Ideal betrachtet werden.

Die Hobelverfahren mit zahnrad- und mit zahnstangenartigen Werkzeugen sind bei kleinen und mittleren Rädern beinahe gleichwertig, nur unwesentlich ist das Schneidradverfahren im Vorteil. Die Schneidbewegung ist bei beiden Methoden hin- und hergehend. Die Vorschubbewegung jedoch ist beim Schneidradverfahren kontinuierlich, beim Hobeln mit Zahnstangenwerkzeug dagegen aussetzend. Die erreichbare Schnittgeschwindigkeit ist wohl bei beiden Verfahren die gleiche. Das zahnstangenartige Werkzeug erfordert zur Herstellung einer gleich guten Oberfläche weniger Schnitte. Dieser Vorteil genügt indessen nicht vollkommen, um den Nachteil des Aussetzens der Abwälzbewegung beim Tischrücklauf am Ende jeder Abwälzperiode aufzuwiegen.

Die Verhältnisse ändern sich bei großen Rädern. Der Abwälzfräser wird aus konstruktiven Gründen im Durchmesser größer, so daß seine Umlaufzahl dementsprechend herabgesetzt wird, wobei der Vorschub nicht im gleichen Maße heraufgesetzt werden kann. Die Schneidradmethode wäre nur beim Entwickeln von wesentlich größeren Maschinen und Werkzeugen, wie sie heute auf dem Markt sind, zu verwenden. Das Hobelverfahren mit zahnstangenartigem Werkzeug ist bezüglich der Schnittgeschwindigkeit bei größeren Rädern keiner stärkeren Begrenzung unterworfen, als bei kleinen Rädern, im Gegenteil, das Ver-

hältnis der Nutzzeiten zu den Leerzeiten wird noch günstiger. Bei
großen Rädern ist daher dieses Verfahren am leistungsfähigsten.

Die derzeit auf dem Markt befindlichen Maschinen arbeiten bei den
verschiedenen Herstellungsverfahren etwa mit der gleichen Genauigkeit. Es liegt indessen im Wesen des Abwälzverfahrens, daß dies bei
einzelnen Bauarten mit weniger, bei anderen Bauarten mit wesentlich
mehr Mühe und Sorgfalt bei dem Bau der Maschinen zu erreichen
ist. Dies ist nicht nur bei den verschiedenen Herstellungsverfahren der
Fall, sondern auch bei den verschiedenen Ausführungsformen von Maschinen für das gleiche Arbeitsverfahren.

Der Abwälzmechanismus ist beim Hobelverfahren mit zahnstangenartigem Werkzeug am einfachsten. Er besteht aus nur 3 Hauptelementen,
und zwar aus dem Teilschneckengetriebe, der Leitspindel und den
Wechselrädern. Die Leitspindel indessen ist einer örtlichen Abnutzung
unterworfen und erfordert eine periodische Kontrolle, wie auch die
Leitspindel einer Drehbank, falls die höchsten Genauigkeiten erhalten
werden sollen.

Hinsichtlich der Einfachheit steht das Abwälzfräsverfahren an zweiter Stelle. Der Wälzmechanismus besteht aus dem Teilschneckenantrieb
für das Werkstück, aus dem Antrieb der Frässpindel und aus einer
Räderkette zwischen Teilschneckentrieb und Fräserantrieb mit da-
zwischengeschalteten Wechselrädern. Um eine Winkeleinstellung des
Fräsers zu ermöglichen, sind meistens in der Räderkette zwischen
Fräser- und Werkstückantrieb eine Anzahl von Kegelräderpaaren
und Schiebewellen eingeschaltet. Hierdurch wird der Antrieb verwickelter, die Erreichung der gewünschten Genauigkeit schwieriger.
Der Vorteil dieser Anordnung besteht indessen darin, daß sich die Abnutzung an den verschiedenen Elementen gleichmäßig verteilt; eine
örtliche starke Abnutzung findet nicht statt, wobei allerdings die von
den einzelnen Elementen ausgeführte Bewegung wesentlich größer
ist als bei den anderen Herstellungsverfahren.

Beim Schneidradhobelverfahren ist der Abwälzmechanismus am
verwickeltesten. Er besteht aus je einem Teilschneckenantrieb für
das Werkstück und für das Schneidrad, einer Räderkette zwischen
den beiden und Wechselrädern. Auch hier sind Kegelräderpaare mit
Schiebewellen erforderlich, um die notwendigen Verstellmöglichkeiten
zu ermöglichen; die einzelnen Elemente sind keiner örtlichen Abnutzung ausgesetzt.

Auch die Schwierigkeiten bei der Herstellung genauer Werkzeuge
sind bei den verschiedenen Abarten des Abwälzverfahrens nicht
gleichartig.

Am einfachsten ist ein zahnstangenförmiges Werkzeug genau herzustellen. Alle Flächen sind eben. Sie sind leicht herzustellen und zu

messen. Weiterhin wird durch Hinterarbeitung kein theoretischer Fehler hervorgerufen. Ferner kann eine etwa gewünschte Profilkorrektion zur Kompensierung Fehler anderer Art ohne Schwierigkeit durch entsprechendes Scharfschleifen der Brustfläche des Werkzeuges erzielt werden.

Obgleich die Zahnform des Schneidrades empfindlicher ist als die des Abwälzfräsers, ist das erste doch in vieler Hinsicht leichter herzustellen als der letztere. Vor allem kann beim Schleifen der hinterarbeiteten Flanken eine Schleifscheibe von jeder gewünschten Größe verwendet werden. Beim Abwälzfräser dagegen ist die Größe der Schleifscheibe für den Flankenschliff dadurch begrenzt, daß beim Schleifen des Hinterteils des Fräserzahnes die Schleifscheibe nicht mit der Schneidkante des nachfolgenden Zahnes in Berührung kommen darf. Weiterhin sind die hinterarbeiteten Flanken des Schneidrades für Stirnradererzeugung symmetrisch, so daß eine etwaige Korrektion des Eingriffswinkels durch Änderung des Brustkegelwinkels beim Scharfschleifen erfolgen kann. Beim Abwälzfräser dagegen sind die hinterarbeiteten Flächen unsymmetrisch. Andererseits aber sind akkumulierte Teilungsfehler bei einem Schneidrad besonders schädlich, da unter Umständen zwischen dem ersten und dem letzten Zahn des Werkstückes als Teilungsfehler der ganze akkumulierte Fehler des Schneidrades auftreten kann. Bei einem, einem einzigen Zahnstangenzahn entsprechenden Werkzeug und beim eingängigen Abwälzfräser dagegen werden sämtliche aufeinanderfolgende Zähne des Radkörpers immer durch den gleichen Zahn des Werkzeuges erzeugt, so daß Fehler der Werkzeuge nur das Zahnprofil und nicht die Teilung beeinflussen können. Bei mehrgängigen Abwälzfräsern und bei Kammstählen mit mehreren Zähnen nähern sich die Verhältnisse wieder denen des Schneidrades.

Ein Vergleich der Schneidwirkung der Werkzeuge bei den verschiedenen Herstellungsverfahren kommt auf dasselbe hinaus wie ein Vergleich von Hobeln und Fräsen im allgemeinen. Diese Frage ist auch bei der Bearbeitung anderer Oberflächen nicht eindeutig zu beantworten. Sie ist mehr oder weniger Ansichtssache. Auch die Art des zu bearbeitenden Materials spielt eine Rolle. Die physikalischen Eigenschaften mancher Werkstoffe sind derart, daß sie beim Fräsen, andere Werkstoffe wieder so, daß sie beim Hobeln eine glattere Oberfläche ergeben. Die Hobelverfahren haben indessen den Vorteil, daß eine Bearbeitung ganz nahe bis an etwa vorhandene Bunde heran möglich ist.

Es ist offensichtlich, daß jedes Verfahren seine Vorteile hat. Welches Verfahren in einem besonderen Fall vorzuziehen ist, wird durch die jeweils vorliegenden Verhältnisse bestimmt.

XII. Das Schleifen der Zähne.

An die Einführung der Räderschleifverfahren wurde vielfach die Hoffnung geknüpft, daß sie zu einer vollkommenen Behebung der Störungserscheinungen führen würden, die sonst infolge von Ungenauigkeiten in der Verzahnung entstehen könnten. Diese Hoffnungen wurden nur zum Teil erfüllt. Die Mißerfolge, die mit geschliffenen Rädern gelegentlich erzielt worden sind, sind indessen weniger auf die Unvollkommenheit des Verfahrens selbst als auf die hohen und nicht immer erfüllten Anforderungen zurückzuführen, die das Schleifen der Räder an die Geschicklichkeit und Intelligenz des Bedienungspersonals stellt.

Beim Hobeln und Fräsen von Zahnrädern ist die Genauigkeit der Arbeit in erster Linie von der Genauigkeit der Maschine und des Werkzeuges, und erst in zweiter Linie von der Geschicklichkeit des Bedienungspersonals abhängig; dagegen ist besondere Sorgfalt und Geschicklichkeit bei der Herstellung der Schneidwerkzeuge erforderlich. Die neuzeitliche Entwicklung dieser Verfahren besteht vor allem in der Steigerung der Präzision der Schneidwerkzeuge.

Die Genauigkeit des Erzeugnisses bei den Räderschleifverfahren hängt von 2 Hauptfaktoren ab:

1. von der Genauigkeit der Schleifmaschine,
2. von der Geschicklichkeit und Intelligenz des Bedienungspersonals.

Die Mühe und Sorgfalt, die sonst bei der Herstellung der Schneidwerkzeuge für Zahnräder verwendet wird, muß hier für die Bedienung der Räderschleifmaschinen aufgebracht werden. Diese Forderung steht in einem gewissen Gegensatz zu der derzeitigen allgemeinen Entwicklungstendenz in der Fabrikation, die darauf hinausläuft, daß vom Bedienungspersonal nur ein Minimum an Geschicklichkeit verlangt wird; dies trägt auch dazu bei, daß auf die Geschicklichkeit des Arbeiters beim Schleifen von Zahnrädern vielfach nicht so viel Wert gelegt wird, wie es zur Erzielung eines Erfolges unbedingt erforderlich wäre.

Unter diesen Umständen ist es nicht zu verwundern, daß die ersten Fabrikationsversuche, Zahnräder zu schleifen, nicht vollkommen zufriedenstellend verliefen.

Das Schleifen der Zahnräder hat seinen großen Wert und ist unter Umständen kaum zu umgehen. Seine Bedeutung wird durch seine ständig wachsende Verbreitung bestätigt. Es muß aber gesagt werden, daß es ein Fabrikationsprozeß ist, bei welchem Geschicklichkeit und Intelligenz nicht ausgeschaltet werden können. Wahrscheinlich wird die zukünftige Entwicklung aus diesem Grunde zur Bildung von Werkstätten führen, die sich ausschließlich auf die Räderschleiferei spezialisieren.

Für ein Fertigbearbeitungsverfahren für die Zähne von gehärteten Stahlrädern ist unbedingt Bedarf vorhanden. Wo größte Festigkeit bei kleinstem Gewicht verlangt wird, sind harte Stahlteile am Platze. Dies führte zur Verwendung von harten Stahlrädern bei Automobilen, Flugzeugen, Werkzeugmaschinen usw. Zahnprofile sind gegen Ungenauigkeiten sehr empfindlich; selbst die kleinsten Härteverziehungen führen zu Schwierigkeiten. Sie verursachen nicht nur einen geräuschvollen Gang, sondern sie setzen auch die Tragfähigkeit der Zähne herab. Die zusätzliche Belastung, die die Verzahnungsfehler erzeugen, scheint bis zu einem gewissen Grade proportional mit den Fehlern zu sein. Jede Vergrößerung der Genauigkeit der Zahnprofile von gehärteten Zahnrädern führt daher zur Erhöhung der Tragfähigkeit. Dies tritt um so mehr in Erscheinung, je höher die Umfangsgeschwindigkeiten sind. Es laufen z. Z. schon gehärtete und geschliffene geradzahnige Stirnrädergetriebe ohne Störungen bei Umfangsgeschwindigkeiten bis zu 80 m in der Sekunde. Die geschliffenen Getriebe erzeugen unter Belastung bei großen Umfangsgeschwindigkeiten einen hohen Ton, der vollkommen verschieden ist vom Geräusch von nur gefrästen oder gehobelten Zahnrädern. Er wird von den feinen Marken an der Oberfläche der Zähne erzeugt, die nie vollkommen glatt sind. Falls die Schleifmarken nicht zu tief sind, werden sie bald abgenutzt und geglättet. Hierbei wird das Geräusch immer kleiner, bis es praktisch vollkommen verschwindet. In vielen Fällen führte der abweichende Charakter der von den geschliffenen Rädern herrührenden Geräusche zur Ablehnung des Schleifverfahrens überhaupt. Um das stoßfreie Arbeiten von geschliffenen Rädern durch Abhorchen beurteilen zu können, ist es erforderlich festzustellen, ob der hohe, bei geschliffenen Getrieben charakteristische Ton nicht noch andere charakteristische Geräusche, die von fehlerhaften Teilungen, Zahnprofilen usw. herrühren, überdeckt.

Eine der größten Schwierigkeiten und der häufigsten Fehlerquellen bei der Räderschleifmaschine ist die Abnutzung der Schleifscheibe. Dies führt zum Problem der zweckmäßigen Auswahl der Härte und Körnung. Ist die Schleifscheibe hart, so hält sie länger ihre Form, die Schleifleistung ist indessen geringer, da die Schleifscheibe die Neigung zum Verschmieren hat. Eine weiche Scheibe schneidet freier, verliert aber schneller ihre Form. Diese Probleme bestehen bei allen Arten von Räderschleifmaschinen. Die Lösung ist auch hier, wie praktisch bei beinahe allen Fabrikationsproblemen, ein Kompromiß zwischen den einander widersprechenden Bedingungen. Für jedes zu schleifende Material muß die geeignete Schleifscheibe gewählt werden.

Falls ein Zahn nach dem andern fertiggeschliffen wird, erzeugt die Abnutzung der Schleifscheibe einen größten akkumulierten Fehler zwischen der ersten und letzten geschliffenen Zahnflanke. Dieser Fehler kann jedoch wesentlich durch eine geeignete Vielfachteileinrichtung verringert werden. Bei einer solchen Einrichtung wird nicht um ein Teilungsintervall von Zahn zu Zahn geteilt, sondern um mehrere Intervalle, so daß die zuerst und zuletzt geschliffenen Flanken nicht nebeneinander zu liegen kommen. Ist z. B. ein Rad mit 20 Zähnen zu bearbeiten, so könnten die Flanken zweckmäßig in folgender Reihenfolge geschliffen werden:

$$
\begin{array}{ccccccccc}
1 & 10 & 19 & 8 & 17 & 6 & 15 & 4 & 13 \\
2 & 11 & 20 & 9 & 18 & 7 & 16 & 5 & 14 \\
3 & 12. & & & & & & &
\end{array}
$$

Es würde eine Weiterteilung stets um 9 Intervalle erfolgen. Falls ein zweiter Schnitt genommen wird, wiederholt sich die gleiche Reihenfolge. Die Schleifscheiben-abnutzung wird auf diese Weise auf den ganzen Umfang verteilt. Sie führt nicht zu einem großen akkumulierten Fehler zwischen nebeneinander liegenden Zähnen.

Die Räderschleifmaschinen können in zwei Klassen eingeteilt werden:

1. Maschinen mit Formscheiben,

2. Maschinen, die nach dem Abwälzverfahren mit Schleifscheiben arbeiten, die entsprechend einem Zahnstangenzahn profiliert sind.

Abb. 198. Räderschleifmaschine mit Formschleifscheibe.

Prinzipiell entspricht das Formschleifverfahren dem Formfräsverfahren. Der Formfräser wird nur durch die Formschleifscheibe ersetzt. Dieses Verfahren wurde von der Gear Grinding Machine Co. in Detroit, Mich., entwickelt. Es war eines der ersten erfolgreichen Räderschleifverfahren. Abb. 198 zeigt eine derartige Maschine von der Größe, wie sie zum Schleifen von Automobilgetrieberädern verwendet wird.

Die Schleifscheibe wird von einer Abziehvorrichtung, die am Ende des Werkstücktisches liegt, auf richtige Form gebracht. Sie wird von genauen Schablonen, die nach der gewünschten Form in vergrößertem Maßstab ausgeführt sind, abgeleitet. Die Schleifscheibe wird stets vor dem letzten Schliff eines jeden aufgespannten Rades oder Radsatzes abgezogen, um die Genauigkeit des letzten Schnittes zu sichern.

Die Abziehvorrichtung muß relativ zum Radkörper eine richtige Lage einnehmen, um korrekte und korrekt liegende Zahnprofile zu erzeugen. Falls die richtige Lage einmal erreicht ist, bleibt sie beim Schleifen einer Serie gleichartiger Räder unverändert.

Die Anzahl der wirksamen Getriebeelemente bei dieser Maschine ist auf ein Minimum reduziert. Die Maschine besteht in der Hauptsache ja nur aus einer Teilvorrichtung, aus der Formscheibe und aus der Einrichtung zur Profilierung der Formscheibe. Mit Hilfe von entsprechenden Schablonen kann jede beliebige Zahnform erzeugt werden. Abb. 199 zeigt eine größere Maschine dieser Art, auf welcher Räder bis zu 1270 mm ⌀ und 535 mm Breite geschliffen werden können.

Es sind z. Z. mehrere Maschinentypen auf dem Markt, die nach dem Abwälzverfahren mit einer ebenen Schleifscheibe arbeiten. Die Grundgedanken bei allen Typen sind die gleichen.

Abb. 199. Große Räderschleifmaschine mit Formschleifscheibe.

Die erste brauchbare derartige Maschine wurde von der Fellows Gear-Co. zum Schleifen der Flanken der Schneidräder entwickelt.

Die meisten Maschinen dieser Art arbeiten mit einer flachen, ebenen, entsprechend dem Eingriffswinkel geneigten Schleifscheibe, die einem Zahnstangenzahn des Verzahnungssystems entspricht. Um das Evolventenprofil zu erzeugen, wird der Radkörper an der Schleifscheibe vorbeigeführt, und zwar mit einer gleichartigen Bewegung, als wenn das Rad auf seiner Bezugszahnstange abrollen würde. Zur Teilung werden zumeist der zu schleifenden Zähnezahl entsprechende Teilscheiben verwendet, die während des Schleifvorganges verriegelt sind und nach dem Schleifen eines jeden Zahnes weitergeteilt werden. Sowohl hier, als auch beim Formverfahren wäre eine Vielfachteileinrichtung mit Vorteil zu verwenden, um eine Ansammlung der Fehler zwischen erstem und letztem Zahn zu vermeiden.

Eine Räderschleifmaschine dieser Art ist die Lees-Bradner-Maschine (Abb. 200). Sie arbeitet mit einer Schleifscheibe, in einer Aufspannung wird nur die eine Zahnflanke geschliffen. Die Abwälzbewegung wird bei dieser Maschine durch eine Wälzscheibe gesteuert, die den gleichen Durchmesser hat wie der Teilkreisdurchmesser des zu schleifenden Rades. An der Wälzscheibe sind zwei dünne biegsame Stahlbänder befestigt, die an ihren gegenüberliegenden Enden am Maschinenbett befestigt und fest angezogen sind.

Falls der Werkstückschlitten mit der Werkstückspindel eine gerad-

Abb. 200. Räderschleifmaschine nach dem Abwälzverfahren (Lees-Bradner) mit großer ebener Schleiffläche.

linige Bewegung in Richtung der Bänder ausführt, so erzeugen die Stahlbänder eine gleichzeitige Drehbewegung der Werkstückspindel ohne toten Gang. Die geradlinige Bewegung und die gleichzeitige Drehung ergeben die gewünschte Abwälzbewegung.

Diese Anordnung ist schematisch in Abb. 201 gezeigt.

Wie schon ausgeführt, wäre bei vollkommen genauem Zahnprofil und genauer Teilung eine Korrektion des Evolventenprofils nicht erforderlich. Da aber schon sehr kleine Fehler zu einem geräuschvollen Laufen führen können, besonders, wenn durch diese Fehler ein Kanteneingriff zu Beginn des Eingriffes hervorgerufen wird, ist häufig mit Vorteil eine geringfügige Korrektion anzubringen. Dies kann an der Lees-Bradner-Maschine auf folgenden zwei Wegen erzielt werden:

1. Die Eingriffsteilung wird beim treibenden Rad etwas größer gewählt als beim getriebenen.

Zwecks Vergrößerung der Eingriffsteilung wird der dem Eingriffswinkel entsprechende Neigungswinkel der Schleifscheibe verkleinert, zwecks Verkleinerung der Eingriffsteilung vergrößert.

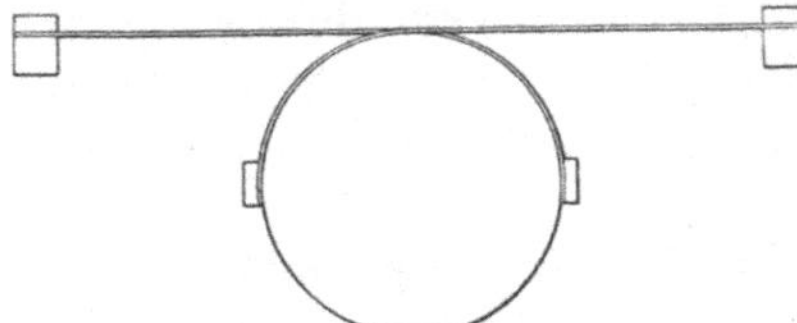

Abb. 201. Wälzzylinder und Wälzbänder an der Lees-Bradner-Maschine.

2. Der zweite Weg besteht in der Verwendung einer exzentrisch zur Arbeitsspindel liegenden Wälzscheibe. Der günstigste Wert einer derartigen Korrektion ist von der Genauigkeit der Maschine selbst abhängig und muß durch Versuche festgestellt werden. Auf alle Fälle müssen derartige Korrektionen innerhalb sehr enger Grenzen gehalten werden. Räder mit Fehlern, die große Korrektionen zur Kompensierung benötigen, werden nie ganz zufriedenstellend laufen.

Die ebenen Schleifscheiben werden bei dieser Maschine durch einen Diamanten abgerichtet, der an einem Arm befestigt ist, der um eine

Abb. 202. Neue Lees-Bradner-Räderschleifmaschine mit zwei Schleifscheiben.

zur Schleifspindel parallele Achse geschwenkt werden kann. Relativ zum Maschinenbett liegt die Abziehvorrichtung fest. Zum Abziehen wird die Schleifscheibe gegen die feststehende Abziehvorrichtung zugestellt. Auf diese Weise bleibt die Lage der Schleifflächen relativ zum Maschinenbett immer die gleiche, so oft auch abgezogen wird.

Eine in ihrem Aufbau der Lees-Bradner-Maschine ähnliche Maschine wird in Deutschland von J. E. Reinecker in Chemnitz gebaut.

Außer der Teilscheibe für die zu schleifende Zähnezahl ist bei der besprochenen Anordnung nur noch ein rundes Wälzsegment für eine bestimmte Radgröße erforderlich, das sich mit den üblichen werkstattmäßigen Mitteln leicht mit der erforderlichen Genauigkeit herstellen läßt. Räderübersetzungen sind ohne Einfluß auf die Genauigkeit des Werkstückes. Das ist ein Vorteil dieser Anordnung. Einen Nachteil bildet die elastische Nachgiebigkeit der Stahlbänder, die sich infolge des großen Schleifdruckes auf der verhältnismäßig breiten Auflage der Schleifscheibe unangenehm bemerkbar macht. Hierdurch wird die Schleifleistung begrenzt.

Um diesen Nachteil zu beheben, kommt bei der in Abb. 202 dargestellten Lees-Bradner-Maschine eine sogenannte „positive Steuerung" der Abwälzbewegung zur Anwendung. Zu diesem Zweck wird gleichachsig mit dem zu schleifenden Rad ein Meisterrad mit der gleichen Zähnezahl aufgespannt, die sich auf einer Meisterzahnstange abwälzt. (Vgl. auch die Garrison-Räderschleifmaschine Seite 447.) Die Teilung erfolgt durch Herausheben der Meisterzahnstange und Ansetzen derselben um eine Teilung weiter. Die Maschine bearbeitet mit zwei

Abb. 203. Nockensteuerung an der Räderschleifmaschine der National Tool Co.

Schleifscheiben beide Flanken des zu schleifenden Rades gleichzeitig.

Die meisten Räderschleifmaschinen nach dem Abwälzverfahren für geradzähnige Stirnräder sind mit geringfügigen baulichen Ergänzungen — worauf hier jedoch nicht näher eingegangen werden kann — auch zum Schleifen für Schrägzahnräder geeignet, so die Lees-Bradner-Maschine, die Reinecker-Räderschleifmaschine, die Maag-Räderschleifmaschine. Abb. 202 zeigt die Lees-Bradner-Maschine beim Schleifen eines Schrägzahnrades. Beim Schleifen eines geradzahnigen Stirnrades liegt die Werkstückachse vertikal.

Die Fellows-Gear Shaper Co. hat auch eine Maschine zum Schleifen von Automobilgetrieberädern entwickelt. Jede Zahnseite wird in einer besonderen Operation geschliffen. Auf der gleichen Grundplatte sind jedoch mehrere Schleifaggregate befestigt, die nacheinander teils die eine, teils die andere Zahnseite bearbeiten. Die Steuerung der Abwälzbewegung erfolgt statt durch Wälzscheibe und Stahlbänder durch eine Evolventennocke, die mit einem im Winkel verstellbaren Lineal zusammenarbeitet. Eine Maschine in ähnlicher Anordnung wurde von der National Tool Co., Cleveland, Ohio, entwickelt. Abb. 203 zeigt den Nockenantrieb; der Steuernocken K arbeitet gegen die Rolle L.

Alle bisher besprochenen Räderschleifmaschinen nach dem Abwälzverfahren sind nur für schmale Räder, wie sie z. B. in Automobilgetriebekästen verwendet werden, geeignet. Eine auch zum Schleifen von breiten Zahnrädern geeignete Konstruktion stellt die Maag-Räderschleifmaschine dar. Sie bearbeitet mit zwei Schleifscheiben beide Zahnflanken

Abb. 204. Maag-Räderschleifmaschine.

zu gleicher Zeit. Sie weist einige interessante und originelle Konstruktionseinzelheiten auf.

Die Schleifscheiben sind als Topfscheiben ausgebildet. Sie arbeiten nicht mit der ebenen Stirnfläche, sondern nur mit der Kante; hierdurch wird der Schleifdruck stark verringert. Seitlich schlagende Schleifkanten richten sich selbst bei der Abnutzung rundlaufend ab. Außer der Abwälzbewegung wird das Werkstück, im Gegensatz zu den bisher besprochenen Maschinen, auch in Richtung seiner eigenen Achse bewegt. Hierbei bestreichen bei der Relativbewegung zum Werkstück die Kanten der Schleifscheiben Ebenen, die den Seiten eines Zahnstangenzahnes entsprechen. Um die Abnutzung der Schleifkanten, die wesentlich größer ist als die Abnutzung von ebenen Schleifflächen, zu

kompensieren, dient die in Abb. 205 gezeigte Einrichtung. Die Schleifkanten werden mit einem flachen polierten Diamanten abgetastet,
der an einem durch einen Nocken gesteuerten Hebel angebracht ist.
Alle 6 Sekunden wird durch den Nocken der Hebel freigegeben. Das
Hebelende mit dem flachen Diamanten schwingt gegen die Schleifkante vor; falls die Schleifkante abgenutzt ist, schwingt der Hebel über
seine O-Lage hinaus; hierbei schließt er einen elektrischen Kontakt.
Beim Schließen des Kontaktes wird ein weiterer Hebel magnetisch
angezogen, der mit einer Sperrklinke verbunden ist; die Sperrklinke
dreht ein auf einer Differentialschraubenspindel sitzendes Sperrad um

ein oder mehrere Zähne je nach
Einstellung. Die Differentialspindel schiebt die Schleifspindel
axial vor. Die Bewegung des
Sperrades um einen Zahn entspricht einer Zustellung von ca.
0,001 mm. Falls die Schleifkante
sich nicht abgenutzt hat, findet
kein elektrischer Kontakt und
hiermit keine Vorschiebung der
Schleifspindel statt. Die Zustellung
der Schleifspindel zur Kompensierung der Abnutzung vollzieht
sich auch während des Schnittes.

Diese Einrichtung hat sich
als sehr empfindlich und zuverlässig erwiesen. Bei ganz geringfügiger Abnutzung der Schleif

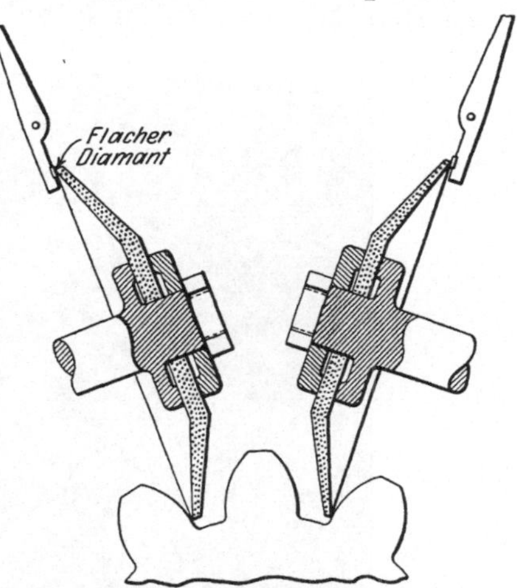

Abb. 205. Einrichtung zur Kompensierung der
Schleifscheibenabnützung an der Maag-
Räderschleifmaschine.

scheibe genügt der elektrische Kontakt nicht, um die Sperrklinke
um einen vollen Zahn weiter zu schalten.

Zwecks Betätigung der Zustelleinrichtung unabhängig von der
zeitweilig wirkenden automatischen Zustellung ist ein Knopf vorgesehen. Die Schleifspindel kann beliebig weit vom Werkstück zurückgezogen werden. Durch wiederholtes Drücken des Knopfes wird die
Schleifscheibe so lange automatisch vorgeschoben, bis die Sperrklinke
keine weitere Verschiebung mehr veranlaßt, als Zeichen dafür, daß die
Schleifkanten an dem flachen Diamanten anliegen. Falls die Schleifscheiben wiederholt auf diese Weise aus ihrer Schleiflage gebracht und
automatisch wieder zurückgestellt werden, wird stets die gleiche Lage
erreicht. Die größte Ungenauigkeit in der Einstellung entspricht höchstens
2 Zähnen am Sperrad entsprechend 0,002 mm. Der Druck, mit welchem
der flache Diamant am Hebel an die Schleifscheibe herangepreßt wird,
muß ganz gering sein, sonst wird die polierte Fläche des Diamanten

schnell zerstört. Die einzelnen Diamantensorten sind verschieden hart und haben dementsprechend verschiedene Lebensdauer. Viele von ihnen hielten indessen 4 Jahre lang, ohne die geringsten Kratzstellen unter dem Mikroskop zu zeigen.

Ein weiteres interessantes Merkmal dieser Maschinen ist der Wälzmechanismus. Die Arbeitsspindel ist an einem Querschlitten angebracht. Die Steuerung erfolgt mittels einer Wälzscheibe und Stahlbändern. Die Enden der Rollbänder sind nicht am Maschinenbett, sondern an einem zweiten Querschlitten befestigt. Die Bewegungen beider Querschlitten sind einander proportional; sie werden durch einen am Maschinenbett gelagerten Kompensationshebel gesteuert, der durch Kulissen und

Abb. 206. Schleifen eines großen, breiten Rades an der Maag-Räderschleifmaschine.

Steine an den beiden Querschlitten angreift. Durch Verstellung des Kompensationshebels ist es möglich, mit der gleichen Wälzscheibe ein korrektes Abwälzen bei verschiedenen, innerhalb des Verstellbereichs des Kompensationshebels liegenden Teilkreisdurchmessern zu erzielen. Diese Anordnung hat zwei Vorteile:

1. daß für eine große Anzahl von Teilkreisdurchmessern die gleiche Wälzscheibe verwendet werden kann und

2. daß die Wälzscheibe stets größer ist als der Teilkreisdurchmesser des zu schleifenden Rades. Dies ist besonders bei kleinen Rädern von Vorteil.

An diesen Maschinen können Räder bis 400 mm $\varnothing$ und bis 300 mm Breite geschliffen werden. Abb. 206 zeigt das Schleifen eines größeren Rades an einer derartigen Maschine. Ein größeres Modell schleift Räder bis zu 900 mm $\varnothing$.

In der letzten Zeit ist ein neues kleineres Modell entwickelt worden, speziell zum Schleifen von Automobil- und Werkzeugmaschinen - Getrieberädern, das sich vor allem durch die außerordentlich schnelle Wälzbewegung und die hierdurch erhöhte Schleifleistung auszeichnet. Abb. 207 zeigt dieses Modell. Die Anzahl der Schleifhübe beträgt bis zu 240 in der Minute. Zwecks Erzielung dieser hohen Hubgeschwindigkeit ist man von der Kompensationshebelanordnung abgekommen. Wie bei der Lees - Bradner - Maschine werden für jeden Teilkreisdurchmesser besondere Wälzscheiben benötigt. Die Kompensierung der Schleifscheibenabnutzung wird auch bei diesem Modell entsprechend der Abbildung 205 ausgeführt. Es können auf der Maschine Räder bis zu 240 mm ⌀ geschliffen werden.

Eine andere Maschine nach dem Abwälzverfahren zeigt Abb. 208. Sie ist von der Pratt & Whitney Co. entwickelt worden[1].

Der Grundgedanke bei der Konstruktion dieser Maschine war folgender:

Abb. 207. Kleine Maag-Räderschleifmaschine (Schnelläufer).

Abb. 208. Die Räderschleifmaschine von Pratt & Whitney.

1. Die hohe zum ruhigen Lauf der Räder benötigte Genauigkeit

---

[1] Sie ist im „American Machinist" vom 11. 10. 23 beschrieben.

wird am besten durch eine große Anzahl leichter statt durch eine geringe Anzahl schwerer Schnitte erreicht, da die Fehler infolge Federung der Schleifscheibe, des Werkstückes und des das Werkstück tragenden Mechanismus kleiner werden.

2. Die Teilung um mehrere Zahnintervalle ergibt infolge der besseren Verteilung der von der Schleifscheibenabnutzung herrührenden Fehler eine höhere Genauigkeit.

3. Um unter diesen Umständen eine hohe Schleifleistung zu erzielen, müssen die Schnitte sehr schnell aufeinanderfolgen. Aus diesem Grunde müssen alle Bewegungen sowohl der Schleifscheibe als auch des Werkstückes kontinuierlich sein, ohne Umkehrung und ohne Unterbrechung zur Teilung.

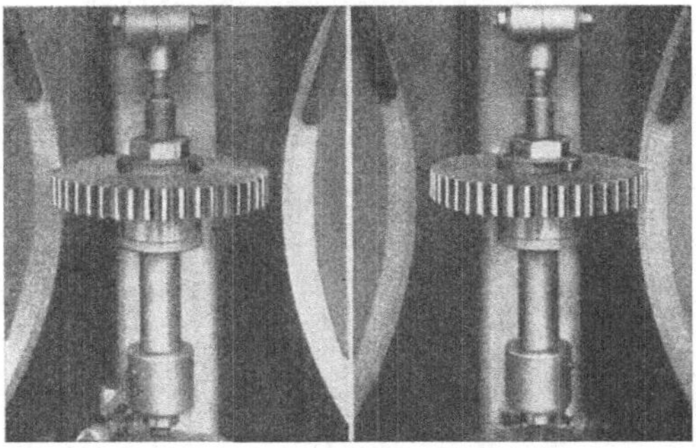

Es werden topfförmige Schleifscheiben verwendet von ca. 600 mm $\varnothing$. Die aktive Schleiffläche ist ein schmaler, der Zahnhöhe entsprechender Rand und ist als Ebene ausgebildet. Die Schleifscheiben sind unabhängig voneinander auf zwei besonderen Schleifspindeln angebracht. Sie können in zwei Richtungen verstellt und auch in jedem beliebigen Eingriffswinkel geschwenkt werden. Diese Bewegungen sind nur Einstellbewegungen. Während des Arbeitens haben die Schleifscheiben außer der Drehung keine andere Bewegung.

Abb. 209. Schwingender Rahmen mit Werkstück an der Pratt & Whitney-Räderschleifmaschine.

Die Achse der zu schleifenden Räder liegt vertikal. Die Aufnahme erfolgt zwischen Spitzen, die von einem Rahmen getragen werden. Dieser Rahmen ist in der Maschine so aufgehängt, daß er senkrecht zur Werkstücksachse frei beweglich ist. Der Mechanismus, der die Bewegung des Rades bestimmt, liegt unterhalb des Rahmens im Maschinenbett. Abb. 209 zeigt ein derartiges im schwingenden Rahmen aufgenommenes Rad.

Die Bewegung des schwingenden Rahmens, Drehung und Teilung des Werkstückes wird durch ein Meisterrad gesteuert, das am unteren Ende der Arbeitsspindel im schwingenden Rahmen sitzt. Dieses Meisterrad kämmt mit einer Verzahnung, die entsprechend Abb. 210 aus zwei Zahnstangenabschnitten und zwei Hälften einer Innenverzahnung besteht. Um ein zu enges Kämmen des Meisterrades zu verhindern, wird eine an der Arbeitsspindel sitzende Rolle an einer glatten Bahn innerhalb der mit dem Meisterrad kämmenden Verzahnung geführt. Falls die

Arbeitsspindel in Drehung versetzt wird, wird die Spindel mit dem schwingenden Rahmen infolge des Eingriffes des Meisterrades entlang der in Abb. 210 gezeichneten Bahn be-
wegt. Der Radkörper kommt zuerst mit der einen Schleifscheibe in Berührung, wobei das Meisterrad auf dem einen Zahnstangenabschnitt sich abwälzt. Hiernach wandert das Meisterrad entlang dem einen Innenverzahnungsabschnitt zum gegenüberliegenden Zahnstangenabschnitt, wälzt sich auf diesem ab, wobei die zweite Flanke mit der zweiten Schleifscheibe in Berührung kommt. Das Hinüberwechseln des Rades von der einen zur anderen Schleifscheibe ist auch aus Abb. 209 zu ersehen.

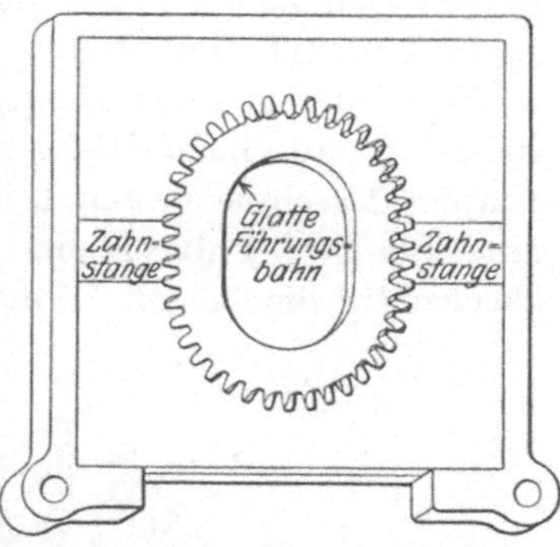

Abb. 210. Steuerorgan für die Wälzbewegung an der Pratt & Whitney-Räderschleifmaschine.

Diese Bewegung ist kontinuierlich. Die Gesamtzahl der Zähne der mit dem Meisterrad kämmenden Verzahnung und die Zähnezahl des Meisterrades sind relative Primzahlen. Das Meisterrad hat die gleiche Teilung und die gleiche Zähnezahl wie das zu schleifende Rad. Durch diese Anordnung ist die Möglichkeit eines Vielfachteilens gegeben. Falls das Rad z. B. 20 Zähne hat, die mit dem Meisterrad kämmende Verzahnung 29, so wird nach jeder Umlaufperiode stets jeder 9. Zahn geschliffen.

Die Spanzustellung beim Schleifen erfolgt durch Verschiebung desjenigen Teiles, der die mit dem Meisterrad kämmende Verzahnung trägt.

Abb. 211. Garrison-Räderschleifmaschine mit konischer Schleifscheibe.

Hierbei werden die Flanken des zu schleifenden Rades immer näher an die Schleifscheibe herangestellt. Die Vorschubbewegung erfolgt auch kontinuierlich bis zum Endanschlag. Die Abwälzbewegung des Radkörpers wird nach Erreichung des Endanschlages der Vorschubbewegung noch solange fortgesetzt, bis die Federung der Schleifscheibe ausgeglichen wird und die letztere ausfunkt.

Eine weitere Maschinentype, die in vieler Hinsicht von den bisher besprochenen abweicht, wurde von der Garrison Gear Grinder Co. entwickelt. Zur Zeit wird sie von Pratt & Whitney gebaut. Die Maschine ist in Abb. 211 dargestellt.

Es wird eine kegelförmige Schleifscheibe verwendet. Die Schleifspindel ist an einem Stößel befestigt, der ähnlich wie der Stößel einer Shaping-Maschine gestaltet ist. Die kegelförmige Schleifscheibe wird mit dem Stößel durch eine Zahnlücke axial durchgeschoben, wobei gleichzeitig die beiden Zahnflanken geschliffen werden. Hierbei wird

Abb. 212. Garrison-Räderschleifmaschine mit hydraulischem Antrieb.

der Radkörper unter der Schleifscheibe hin-und hergewälzt. Prinzipiell ist diese Maschine ähnlich gestaltet wie die Sunderland- und die Maag-Räderhobelmaschinen, bei denen zahnstangenförmige Messer zur Erzeugung der Verzahnung im Abwälzverfahren verwendet werden.

Die Arbeitsweise der Maschine ist die folgende:

Dem die Schleifscheibe tragenden Stößel wird eine axial verlaufende hin- und hergehende Bewegung erteilt. Inzwischen vollführt der Tisch, der das Werkstück trägt, eine Verschiebung in der Querrichtung. Gleichzeitig wird die Werkstückspindel durch ein sich an einer Zahnstange abwälzendes Meisterrad in Drehung versetzt. Nach Beendigung des Abwälzweges des Tisches wird die Meisterzahnstange aus dem Meisterrad herausgehoben und um einen Zahn weiter geteilt.

Die Weiterentwicklung dieser Maschinentype führte zu einem

hydraulischen Antrieb sämtlicher Bewegungen außer der Drehbewegung der Schleifscheibe. Die Maschine mit hydraulischem Antrieb ist in Abb. 212 dargestellt.

Das Läppen der Zähne. Bis vor kurzem war das Läppen der Zahnräder mehr ein Laboratoriumsverfahren. Neuerdings scheint es sich zu einem wirklichen Produktionsverfahren zu entwickeln.

Abb. 213. 2 spindlige Läppmaschine von Boehm & Bormann.

Gehärtete Räder läßt man häufig unter Belastung einlaufen, wobei ein Schmirgelmittel mit einem Schmiermittel zwischen die Zähne geführt wird. Zwecks dieser Operation ist die Glättung der Flanken und die Korrektion der Fehler. Bei diesem Prozeß indessen erfolgt mehr ein Zerdrücken und Zermahlen der Schleifkörnchen als ein wirkliches Polieren oder Läppen der Zahnprofile. Zwecks befriedigender Läppwirkung müssen die zu läppenden Oberflächen gegeneinander gerieben werden. Die Gleitbewegung zwischen zwei miteinander kämmenden Rädern ist weder genügend groß noch gleichmäßig genug, um auf dem ganzen Zahnprofil eine gleichmäßige Läppwirkung zu erzielen.

Nach einer anderen Methode wird das gehärtete Rad mit einem wesentlich breiteren weichen Rad geläppt. Die Räder werden bei entsprechender Belastung und unter Zuführung von Schmirgelmitteln langsam in Drehung versetzt. Gleichzeitig erfährt das gehärtete Rad eine schnelle axial hin- und hergehende Bewegung relativ zu dem weichen, zum Läppen verwendeten Rad. Dieser Prozeß verläuft sehr langsam. Er erfordert häufig 10 bis 20 Stunden zur Fertigstellung eines Rades, ergibt aber zuweilen in Bezug auf Genauigkeit und Oberflächenglätte bemerkenswert gute Ergebnisse.

Abb. 214. Klingelnberg-Läppmaschine.

Das weiche Rad kann auch durch eine breite gußeiserne Zahnstange ersetzt werden. Es können auch mehrere zu läppende Räder auf einen Dorn gespannt und langsam auf der Zahnstange hin- und zurückgerollt werden, bei einer gleichzeitigen, schnellen, hin- und hergehenden Bewegung in Richtung der Zähne. Sowohl bei Benutzung eines weichen Rades als auch einer weichen Zahnstange als Läppwerkzeug besteht die größte Schwierigkeit in der Erhaltung der genauen Form desselben.

Eine noch in der Entwicklung begriffene Methode benutzt als Läppwerkzeug ein im Abgußverfahren hergestelltes Rad mit Innenverzahnung, die der Verzahnung des zu läppenden Rades entspricht. Das Läppwerkzeug ist auch hier wesentlich breiter als das zu läppende Rad. Dieses wird axial im Läppwerkzeug hin- und hergeschoben. Nach jedem Hub wird es um einen Zahn geteilt, um die Fehler gleichmäßig am ganzen Umfang zu verteilen. Zwischen dem zu läppenden Rad und dem Läppwerkzeug ist ein geringes Spiel vorhanden. Das Rad wird durch ein von außen zugeführtes Drehmoment einseitig gegen das Läppwerkzeug gedrückt; zum Läppen beider Flanken sind zwei Operationen erforderlich.

Neuerdings sind zur Ausführung des Läppens als Produktionsverfahren in Deutschland zwei neue Maschinen entwickelt worden, mit denen, insbesondere beim Läppen von Schrägzahnrädern, Erfolge erzielt worden sind.

An der Läppmaschine von Boehm & Bormann, Berlin (Abb. 213) wird die Gleichmäßigkeit der Gleitbewegung zwischen Rad und Gegenrad dadurch angestrebt, daß als Hauptläppbewegung nicht die Abwälzbewegung, sondern eine axiale Verschiebung von Rad und Gegenrad relativ zueinander gewählt wird; die Abwälzbewegung dient nur als Vorschub, Rad und Gegenrad arbeiten wie Schneidrad und Werkstück an der Fellows-Maschine miteinander. Es kommt aber zur Erzielung einer gleichmäßigen Läppwirkung eine neue Bewegung hinzu: Der Achsenabstand von Rad und Gegenrad wird dauernd verändert. Das eine Rad ist treibend, das zweite wird getrieben; die Anlage der Flanken unter Druck wird dadurch hervorgerufen, daß das getriebene Rad abgebremst wird. Das zu läppende Rad kann mit einem elastischen, z. B. Novotext-Rad vor- und mit seinem Gegenrad fertiggeläppt werden.

An der Maschine von Klingelnberg, Remscheid

Abb. 215. Burnishing-Maschine von Reinecker.

(Abb. 214) läßt man Rad und Gegenrad unter dauernder kleiner Änderung des Achsenabstandes, geringer axialer Verschiebung des einen Rades und unter einer kleinen torkelnden Bewegung der einen Welle miteinander einlaufen. Die Hauptläppbewegung besteht in dem Abwälzen von Rad und Gegenrad aufeinander; die Zusatzbewegungen (Schwingungsläppen) bezwecken einerseits eine gleichmäßigere Gestaltung der bei der reinen Abwälzung ungleichförmigen Gleitbewegung, andererseits dienen sie dazu, die Räder unempfindlicher gegen Montageungenauigkeiten des Räderkastens zu machen, indem beim Läppen durch die

Zusatzbewegungen die Räder sukzessiv in alle Lagen gebracht werden, in die sie infolge von Montagefehlern gelangen können. Um das infolge der kleineren Gleitung geringere Angreifen am Teilkreis zu kompensieren, wird von Klingelnberg ein Vorfräsen mit Materialzugabe an Kopf und Fuß empfohlen.

Das Glätten der Zähne. Das Glätten oder Burnishen wird bei weichen Zahnrädern angewandt. Dieses Verfahren besteht im Einlaufenlassen der geschnittenen Räder unter hoher Belastung mit einem oder mehreren gehärteten und vorzugsweise geschliffenen Meisterrädern. Die Flanken der zu glättenden Räder erfahren eine Glättung durch die Preßwirkung im kalten Zustande. Es werden auf diese Weise sehr glatte Oberflächen erzeugt. Bei einer Abart dieses Verfahrens, die von Pratt & Whitney entwickelt worden ist, werden drei harte, geschliffene Glätträder verwendet. Das zu glättende Rad wird ohne besondere Aufnahme zwischen die drei Glätträder gelegt, es zentriert sich von selbst zwischen ihnen. Da eine besondere Aufnahme fortfällt und das Glätten selbst auch sehr schnell vor sich geht, ist die Leistungsfähigkeit dieses Verfahrens sehr groß. Eine geringfügige Korrektion der Zahnform zur Vermeidung des Kanteneingriffes bzw. zur Zurücksetzung des Zahnkopfes kann dadurch erzielt werden, daß man 1 oder 2 der Glätträder mit einer etwas kleineren Eingriffsteilung ausführt als die zu glättenden Räder. Dieses Verfahren ist besonders vorteilhaft bei nach dem Fellows-Verfahren vorgeschnittenen Rädern zu verwenden. Außer der Glättwirkung entfernen die scharfen Kopfkanten der Glätträder das überschüssige Material, das am Übergang von Zahngrund und Zahnfußprofil beim Fellows-Verfahren möglicherweise stehen geblieben ist, und zu Störungen Veranlassung geben könnte. Auch kleine Beschädigungen, die die weichen Räder erlitten haben, können durch Glätten beseitigt werden, so Kratzstellen und Beulen an den Flanken. Abb. 215 zeigt eine von J. E. Reinecker, Chemnitz, ausgeführte Maschine ähnlicher Bauart.

Sachverzeichnis.

Abgangswinkel 29.
Abnützung der Zähne 301.
—, Dimensionierung auf 299, 306.
— —, spezifische Druckkoeffizienten bei 309.
Abnützungsversuche 286, 301.
Abwälzfräser 372.
—, 90⁰-Fräser 383.
—, Axialschnitt 379, 405.
—, Einfluß der Winkeleinstellung 385.
—, geometrische Form 375, 378.
—, Hinterarbeitung des 394.
— mit korrigierter Steigung 387.
— mit unterschnittener Schneidbrust 406.
—, Schneidverhältnisse des 409.
—, Übergangsprofil 389.
Abwälzfräsverfahren 368.
Achsenabstand 25, 69.
—, Berechnung bei „V“-Getrieben 182, 189, 205.
—, — zwischen Rad und Gegenrad 56, 58.
—, — zwischen Rad und Zahnstange 59.
Äquivalente statische Belastung 287, 294, 296, 308, 310.
Allgemeinverzahnung 10.
Amerikanische Normung 76, 96, 103, 110.
A. S. M. E. Forschungsberichte 267, 285, 286, 319.

Barthsche Gleichung 260, 291.
Bezugsprofil 10, s. auch Verzahnungssysteme.
Bruchfestigkeit 257, 259, 291.
—, Materialkonstanten 293.
Böhm u. Bormann, Läppmaschine 451.
Burnishen 452.

Coplandsches Teilungsmeßgerät 345.
— Prüfformular für Teilungs- und Zahnformmessung 353.

Deutsche Normung 69, 118, 119, 179.
Diametral pitch 70, 119.
Differentialgetriebe 255.
Drehmoment 231, 233, s. auch Umlaufrädergetriebe.

Dynamische Zusatzbeanspruchung 265, 272, 283, 288.

Eingriff, Gesetz des 2.
—, Grenzbedingungen des 9.
Eingriffslänge 28, 71.
Eingriffspunkt 71.
Eingriffsteilung 28, 71, 211.
Eingriffswinkel 24, 26, 71.
Eingriff eines Evolventenprofils mit einer Geraden 25.
— eines Evolventenprofils mit einer Rolle 22.
— zweier Evolventenprofile 22.
— zusammengehöriger Zahnprofile 1.
Eingriffslinie 3, 71.
— bei Evolventenprofilen 22, 25.
— bei Kreissegmentprofilen 18.
— bei Vielkeilwellenprofilen 19.
— bei Zykloidenprofilen 15.
—, Konstruktion der 3, 6.
Elastische Kupplungen 218.
— Räder 297.
Elastizitätszahnformfaktoren 275.
Epizykloide 12.
Exzentrizität 79.
—, Heulen der Zahnräder infolge von 211.
—, Messung der 336.
Evolvente 20.
—, Eigenschaften der 26.
Evolventenfunktion 43.
Evolvente, Gleichungen der 21.
—, Krümmung der 21, 33.
Evolventenschraubenfläche 378.
Evolvente, Unterschnitt bei der 38, 66, 72, s. auch Verzahnungssysteme.

Fellows Hobelverfahren 17, 120, 412.
— Vergleich mit Abwälzfräsverfahren 432.
Fellows Räderschleifmaschine 441.
Fellows Schneidrad 412.
— Brustwinkel des 420.
— Hinterarbeitung des 419.
— Profilverzerrung bei dem 424.
— Übergangsprofil bei dem 414.

Festigkeit der Zähne 257.
—, äquivalente statische Belastung 287, 294, 296, 308, 310.
—, Barthsche Gleichung 260, 291.
—, dynamische Zusatzbelastung 265, 272, 283, 288.
—, Einfluß der Verzahnungsfehler 264, 270, 274, 282, 288.
— der Übergangsrundung 314.
—, elastische Räder 297.
—, Flankenablösung 271, 283.
—, Lewis-Formel 258, 291.
—, Massenfaktoren 277, 279, 280.
—, Massen von Radkörpern 281.
—, Massenwirkung 273.
—, Resultierende der statischen und dynamischen Belastung 272, 283, 288.
—, statische Nutzbelastung 265, 288.
—, Sicherheitsfaktoren 289, 293.
—, Stoßwirkung 272.
—, Trägheitskräfte 270, 273, 282.
—, vereinfachte Annäherungsrechnung 288.
—, Versuche an der Lewis-Prüfmaschine 267, 285, 301.
—, Versuche von Marx und Cutter 263.
—, zur Zeit übliche Rechnung 291.
Festigkeitskoeffizienten s. Konstanten.
Flankenablösung 271, 283.
Flankenspiel 71.
— bei hohen Umfangsgeschwindigkeiten 225.
Fluchten der Zähne, Prüfung des 340.
Formfräser s. Zahnformfräser.
Formfräsverfahren 76, s. auch Zahnformfräser.
Forschungsberichte der A. S. M. E. 267, 268, 285, 286, 319.
Friedrichshafener Dimensionierungsformel 313.
Fußhöhe 70, s. auch Verzahnungssysteme.

Garrison-Räderschleifmaschine 448.
Gebläse mit Zykloidenrotoren 16.
Geckelersche Formel 205.
Gegenprofil 5, 6.
Gemeinsame Zahnhöhe 71, 74, s. auch Verzahnungssysteme.
Gesamtfehler, Prüfung der 361.
Geschwindigkeitskoeffizienten 263, 292.
Glätten der Zähne 452.
Gleiten und Wälzen 32.

Gleitung, spezifische 35.
—, s. auch Verzahnungssysteme.
Grenzfußkreishalbmesser 65, s. auch Verzahnungssysteme.
Grenzzähnezahl 184.
Grundkreis 20.
Grundzylinder 378.

Harmonische Übersetzungsverhältnisse 214.
Hertz'sche Gleichung 305.
Heulen der Zahnräder 208.
—, Einfluß der Exzentrizität 211.
—, Einfluß der Oberflächenrauhheit 212.
—, Einfluß der Profil- und Teilungsfehler 209.
—, Einfluß des Radkörpers und des Räderkastens 216.
—, Resonanz 213.
Hobeln der Zähne 411, 427, 432.
Hypozykloide 13.

Interferenz 39, 71.

Kammstahl 428.
Kanteneingriff 80, 209, 381, 424, 439.
Kavle'sches Zahnformmeßgerät 350.
Kleine Zähnezahlen 174, 179.
Klingelnberg-Läppmaschine 451.
Konstanten für Zahnfestigkeitsberechnung.
—, Bruchfestigkeit verschiedener Werkstoffe 293.
— elastischer Zähne, zulässige Beanspruchung bei 298.
—, Elastizitätszahnformfaktor 275.
—, Geschwindigkeitskoeffizienten 263, 264, 292.
— für die Hertzsche Formel 309.
—, Massenfaktoren 277, 279, 280.
— für vereinfachte Annäherungsrechnung 288.
—, Zahnformfaktor für die Lewis-Formel 261.
Kopfhöhe 70, 74, s. auch Verzahnungssysteme.
Kopfspiel 71, 74, 127, 183.
Kraftkomponente 230.
Kritische Umlaufzahl 227.
Krümmung des Evolventenprofils 21, 33.

Lagerdruck 40, 232.
Läppen 449.
Lees-Bradner-Räderschleifmaschine 439.
— -Zahnradmeßeinrichtung 345, 351.

Leistung 229, 233, s. auch Umlauf-
rädergetriebe.
Lewis-Formel 258, 291.
— -Zahnfestigkeitsprüfmaschine 267,
285.
— -Zahnformfaktoren 261.

Maag-Hobelmaschine 427.
— -Schleifmaschine 442.
— -Teilungsprüfer 344, 346.
— -Zahnformprüfer 356.
Marx u. Cutter 263.
Massenfaktoren 277, 279, 280.
— von Radkörpern 281.
Massenwirkung 271, 273.
Messen der Zähne 321.
—, Exzentrizität 336.
—, Fluchten 340.
—, Gesamtfehler 361.
—, Teilung 341.
—, Zahndicke 323.
—, Zahnform 349.
Mischverzahnung 72.
Modul 70, 119.
Motoranlasser, Ritzel zu 177.

National Tool-Schleifmaschine 441.
Nichtmetallische Räder 297.
Normung, amerikanische 76, 96, 103,
110.
—, deutsche 69, 118, 119, 179.

Odontometer 343.
Öle s. Schmiermittel.
Ölkühlung 225.
Orthozykloide 10.

Pfauter-Abwälzfräsmaschine 373.
Planetengetriebe 238, s. auch Umlauf-
rädergetriebe.
Pratt u. Whitney, Odontometer 343.
—, Schleifmaschine 445.
Pressungswinkel 20, 71.
Profil, Kreissegment- 18.
Profilmittellinie 125, 180.
Profilverschiebung 125, 180.
Profil, Vielkeilen- 18.
—, wirksames 32, 71.

Rädergetriebe mit anormalem Achsen-
abstand 171.
—, Differential- 255,
—, Umlauf- 238.
—, „V“-Getriebe 125, 180.
Räder mit kleinen Zähnezahlen 174, 179.

Räderschleifmaschinen 437.
—, Fellows- 441.
— mit Formscheibe 437.
—, Garrison- 448.
—, Lees-Bradner- 439.
—, Maag- 442.
—, National Tool- 441.
—, Pratt u. Whitney- 445.
—, Reinecker- 440.
Reibung 219.
Reibungsverluste bei einem Differen-
tialgetriebe 255.
Reibung bei Umlaufrädergetrieben 242,
246, 248, 250, 252, 254.
Reibungswärme 225.
Reinecker-Burnishingmaschine 452.
— -Räderschleifmaschine 440.
Resultierende von Kräften 230, 235.
— der statischen und dynamischen
Belastung 272, 283, 288.
Resonanz 213.
Rollen, Messung der Exzentrizität mit
337.
—, Messung der Teilung mit 341.
—, Messung der Zahndicke mit 329.

Saurer'sche Meßeinrichtung 363.
Satzfräser s. Zahnformfräser.
Satzfräsersystem, unterschnittsfreies
153.
Schieberäder 217.
Schleifen von Zahnrädern 435.
— mit flacher Scheibe 438, 445.
— mit Formscheibe 437.
— mit kegeliger Schleifscheibe 448.
— mit Topfscheibe 442.
Schleifmaschine für Zahnräder s. Rä-
derschleifmaschine.
Schmiermittel 220.
Schmierung 218.
— von Kammwalzen 223.
Schmierungssysteme 222.
Schneidrad s. Fellows-Schneidrad.
Schneidwerkzeuge für Zahnräder s.
Zahnformfräser, Abwälzfräser, Fel-
lows-Schneidrad, Kammstahl.
Sicherheitsfaktoren 289, 293.
Statische Nutzbelastung 265, 288.
Stifte s. Rollen.
Stumpfverzahnung 110.

Teilkreis 70.
Teilung 70, 74.
—, Eingriffs- 28, 71.

Teilungsmessung 341.
Teilung, Trägheitskräfte 270, 273, 282.

Überdeckungsgrad 28.
— bei „O"-Systemen, bei $14\frac{1}{2}^0$ Eingriffswinkel 101.
— — bei 20^0 Eingriffswinkel normale Zahnhöhe 107.
— — bei 20^0 Eingriffswinkel Stumpfverzahnung 113.
— bei „V"-Systemen, bei dem $14\frac{1}{2}^0$ unterschnittsfreien „V"-System 147.
— — bei dem unterschnittsfreien „V-O"-Satzfräsersystem 168.
— — bei dem unterschnittsfreien $22\frac{1}{2}^0$ „V-O"-System 179.
— — im DIN-System 195.
— — im erweiterten DIN-System 199, 202.
Übergangsrundung, Einfluß auf Zahnfestigkeit 315.
— erzeugt durch Abwälzfräser 389.
— erzeugt durch Fellows-Schneidrad 414.
Umlaufrädergetriebe 238.
— mit Außenrädern 238.
— mit Außen- und Innenrädern 246.
Unterschnitt 38, 66, 72, s. auch Verzahnungssysteme.

„V"-Getriebe 125, 180.
—, Berechnung des Achsenabstandes 182, 189, 205.
„V"-Räder 125, 180.
Versuche, Festigkeit und Abnützung 263, 264, 267, 285, 301, 302, 314.
—, Wirkungsgradbestimmung 316.
Verzahnungssysteme, „O"- u. „V"-Systeme 125, 180.
—, „O"-Systeme, $14\frac{1}{2}^0$ Mischverzahnung 76.
—, —, $14\frac{1}{2}^0$ reine Evolvente 96.
—, —, 20^0 mit normaler Zahnhöhe (DIN) 103, 120.
—, —, 20^0 Stumpfverzahnung 110.
—, „V"-Systeme, unterschnittsfreies $14\frac{1}{2}^0$ System 125.
—, —, „V-O" Satzfräsersystem 153.
—, —, $22\frac{1}{2}^0$ „V-O" System 175.
—, —, DIN-System für kleine Zähnezahlen 179.
—, —, Erweiterung des DIN-Systems 199.
Vielkeilwellen 19.

Wälzen und Gleiten 32.
Wälzbahn 3, 70.
Wälzkreis 2, 70.
Wälzlinie 3, 70.
Wärmeabgabe 226.
Wärmeentwicklung infolge Zahnreibung 224.
Wärmestauung, Dimensionierung der Räder auf 313.
Wirksame Masse 273.
Wirksames Profil 32, 71.
Wirkungsgrad 315.

Zahndicke, Berechnung der 42.
—, Messung der 323.
Zahnfestigkeit s. Bruchfestigkeit und Festigkeit.
Zahnformen s. Verzahnungssysteme, Evolvente und Zykloide.
Zahnformfräser 77.
—, Einteilung des Fräsersatzes 77.
—, Fehler bei zu tiefem Fräsen 80.
—, Korrektion der Frästiefe 82.
—, Korrektion der Frästiefe, Tabellen hierzu 86.
Zahnhöhe 70, 74, s. auch Verzahnungssysteme.
Zahnräderbezeichnungen 69.
Zahnstangenartiges Werkzeug s. Kammstahl.
Zahnstange 6, 10, s. auch Bezugsprofil.
—, Bestimmung der Eingriffslinie 6.
—, — des Gegenprofils 6.
—, — der Lage relativ zum Gegenrad 59, 61.
—, — des Zahnstangenprofils bei gegebener Eingriffslinie 8.
Zahnzuspitzung, Berechnung der 55.
Zeiss'sche Meßgeräte, optische Zahnmeßschraublehre 326.
— —, Teilungs-, Zahndicken- und Exzentrizitätsmessung 334, 339, 345.
— —, Zahnformprüfgerät 357.
Zerlegung von Kräften 230.
Zugangswinkel 29.
Zusammengehörige Zahnprofile 1.
— —, Konstruktion von 4, 5, 6.
Zykloide 11.
Zykloidenverzahnung 15.
—, Erzeugung der 17.
— in Kapselgebläsen 17.

Druck von Oscar Brandstetter in Leipzig.